Schreiber

Fertigung von Lithium-Ionen-Batteriezellen

Werner Schreiber

Fertigung von Lithium-Ionen-Batteriezellen

Prozessparameter und ihr Zusammenwirken

HANSER

Über den Autor:
Prof. Dr.-Ing. Werner Schreiber, Wolfsburg

MIX
Papier aus verantwortungsvollen Quellen
FSC® C083411

Print-ISBN: 978-3-446-48409-2
E-Book-ISBN: 978-3-446-48642-3

Bibliografische Information der Deutschen Nationalbibliothek:
Die Deutsche Nationalbibliothek verzeichnet diese Publikation in der Deutschen Nationalbibliografie; detaillierte bibliografische Daten sind im Internet unter http://dnb.d-nb.de abrufbar.

Vilshofener Straße 10 | 81679 München | info@hanser.de
www.hanser-fachbuch.de
Lektorat: Julia Stepp
Herstellung: Der Buchmacher – Arthur Lenner, Windach
Coverkonzept: Marc Müller-Bremer, www.rebranding.de, München
Covergestaltung: Max Kostopoulos
Titelmotiv: © Max Kostopoulos
Satz: le-tex publishing services GmbH, Leipzig
Druck: CPI Books GmbH, Leck
Printed in Germany

Inhalt

1 Einführung

Lithium-Ionen-Batteriezellen (LIB) speichern elektrische Energie und stellen diese gespeicherte Energie für mobile und stationäre Anwendungen zur Verfügung. Ihre Bedeutung steigt seit einiger Zeit kontinuierlich an (siehe Bild 1.1). Das gilt für eine große Bandbreite kleiner und großer Anwendungen beziehungsweise Anwendungen mit kleinem oder großem Energiebedarf. Insbesondere für mobile Anwendungen bilden diese Energiespeicher die Basis. Zu solchen Anwendungen gehören Consumerelektronik, Smartphones, Laptops, Smartwatches, Fitnesstracker, aber auch medizinische Geräte wie Herzschrittmacher oder Insulinpumpen. In etwas größeren Anwendungen speichern LIB die elektrische Energie für E-Bikes, Elektrofahrzeuge oder stationäre Speicher. LIB zeichnen sich durch eine hohe Energiedichte und lange Lebensdauer aus. Sie besitzen keinen Memoryeffekt, der bei älteren Energiespeichersystemen auftritt.

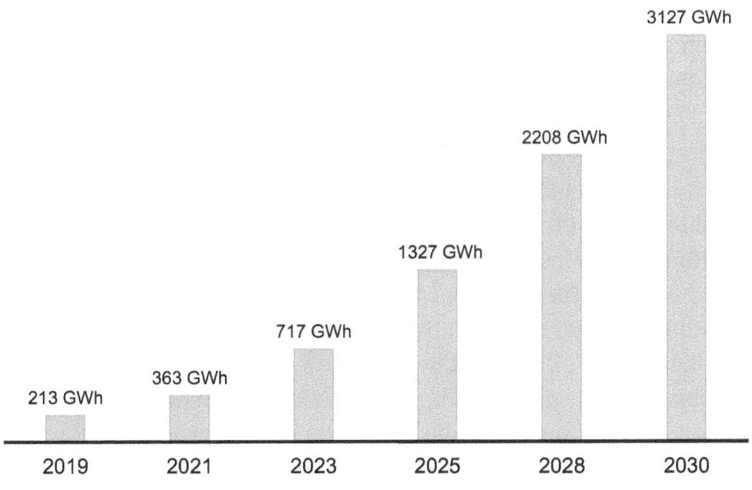

Bild 1.1 Globale Nachfrageentwicklung von LIB, in Anlehnung an [1], Datenquellen: Avienne, Fraunhofer, IHS Markit, Interviews mit Marktteilnehmern, Roland Berger

Die verschiedenen Anwendungen benötigen LIB mit unterschiedlich angepassten Eigenschaften. Dazu zählen Größe, Bauform oder Energieinhalt. Künftig wird also sowohl der Bedarf an LIB als auch die Anzahl der vom Markt geforderten Zellvarianten steigen. Damit rückt die effiziente, ressourcenschonende Produktion immer mehr in den Fokus.

Die Herstellung von LIB in großer Stückzahl zu möglichst niedrigen Kosten stellt eine sehr große Herausforderung für die deutsche und europäische Industrie dar. Asiatische Hersteller besitzen bedeutend mehr Erfahrung auf diesem Gebiet, da sie bereits über einen längeren Zeitraum sehr große Fertigungskapazitäten dafür betreiben und eine sehr große Anzahl von LIB für unterschiedliche Anwendungsbereiche produziert haben. Für die effiziente und nachhaltige Herstellung von LIB benötigt ein Unternehmen zahlreiche Mitarbeiter im Bereich der Produktionsplanung und der Produktion mit ihren direkten und indirekten Bereichen, die auf unterschiedlichen Ebenen über umfassende Expertise verfügen. Das ist mit Sicherheit ein Punkt, an dem die deutsche LIB-Industrie noch nicht ihre volle Stärke aufgebaut hat. Es müssen also Erfahrungen gesammelt und weitergegeben werden.

Die Hersteller von Maschinen und Anlagen für die LIB-Produktion müssen den gesamten Produktionsprozess verstehen, um auch die einzelnen Parameter im Produktionsprozess und ihre Einflüsse auf Anlagen zu kennen, die sie nicht selbst herstellen, mit denen sie aber im Prozess verbunden sind. Hierbei ist zu berücksichtigen, dass es sich beim LIB-Herstellungsprozess um einen Prozess mit sehr vielen Prozessschritten und zahlreichen unterschiedlichen Prozessparametern aus verschiedenen Bereichen der Wissenschaft handelt. Es reicht nicht aus, eine gute Zellchemie zu kennen. Vielmehr muss diese auch in großer Stückzahl, in sehr guter Qualität und zu geringen Kosten in Form von LIB umsetzbar sein. Auf der anderen Seite garantieren sehr gute Maschinen und Anlagen alleine noch keine funktionierende Fertigung. Eine erfolgreiche LIB-Produktion verbindet eine sorgfältig ausbalancierte und abgestimmte Abfolge von Prozessschritten, die immer ganzheitlich betrachtet und optimiert werden müssen, um dem Kunden die sehr gute Zellkonstruktion zu möglichst geringen Kosten und in bester Qualität bereitstellen zu können.

Zur Funktionsweise von LIB sowie deren Herstellung gibt es viel Literatur. Allerdings fokussiert sich diese Literatur nicht auf die vielen unterschiedlichen Parameter, die die LIB in den unterschiedlichen Produktionsprozessschritten bei ganzheitlicher Betrachtungsweise beeinflussen. Dieses große Orchester von Parametern muss sorgsam arrangiert und dirigiert werden. Dieses Buch erläutert für jeden Prozessschritt eines verallgemeinerten Produktionsprozesses sämtliche relevanten Parameter, die zu beachten oder zu kontrollieren sind. Der Fokus liegt also auf diesen Parametern, unabhängig von der Verfügbarkeit der Messtechnik für die Erfassung der dazugehörigen Messwerte. Die Parameter sind unterteilt in die Parameter des Vorproduktes, hier als Zwischenprodukt bezeichnet, des jeweiligen Prozessschrittes und des Produktes aus diesem Prozessschritt.

Der Produktionsprozess zur LIB-Herstellung ist ein linearer Prozess, d. h. eine Fließfertigung ohne komplexe Verzweigungen. Abweichungen der Parameter müssen im jeweiligen Prozessschritt nicht zwangsläufig zu negativen Auswirkungen führen. Die Auswirkungen können auch erst in späteren Prozessschritten, in der fertigen LIB oder im Betrieb der LIB zutage treten.

Dieses Buch ist ein Kompendium für die LIB-Großserienproduktion. Es vermittelt Praxiserfahrungen und Informationen aus der Wissenschaft. Bei der Suche nach Fehlern oder Abweichungen im Produktionsprozess kann es als Unterstützung herangezogen werden. Da es sich bei der LIB-Herstellung um Prozesse mit vernetzten Parametern handelt, kann das Buch darüber hinaus auch als Unterstützung bei der Ursachensuche von Abweichungen im Prozess oder am Produkt dienen. Die dazu erforderlichen grafischen Darstellungen und Erläuterungen tragen zur Problemlösung bei. Außerdem enthält das Buch viele Querverweise auf die anderen Kapitel, um die jeweiligen relevanten Stellen schnell auffindbar zu machen.

Die Rechteinhaber der im Buch verwendeten Bilder sind in den Bildunterschriften benannt. Alle Bilder, bei denen kein gesonderter Hinweis auf eine Quelle oder einen Rechteinhaber erfolgt, stammen von mir selbst.

Zur besseren Lesbarkeit werden in diesem Buch keine geschlechtsspezifischen Personenbezeichnungen verwendet. Die entsprechenden Begriffe gelten im Sinne der Gleichbehandlung für alle Geschlechter.

Danksagung

Dieses Buch basiert auf Erfahrungen, die ausgetauscht und damit weitergegeben wurden. Den Personen, die diesen Austausch unterstützten und förderten, möchte ich hier meinen Dank aussprechen. Das sind insbesondere die Mitarbeiter des damaligen Joint Venture VW-VM GmbH & Co. KG in Ellwangen sowie Dr. Konrad Holl, mit dem ich das Unternehmen leiten durfte. An dieser Stelle möchte ich auch an Dr. Markus Pompetzki erinnern, der am 17.09.2018 völlig unerwartet verstarb und an Rainer Hald, der am 23.11.2025 ebenfalls unerwartet verstarb.

Darüber hinaus möchte ich mich für die angenehme und professionelle Zusammenarbeit mit Julia Stepp und Dr. Philippa Söldenwagner-Koch, Tim Borck sowie Sophia Zschache vom Carl Hanser Verlag bedanken.

Spezieller Dank für die Bereitstellung von Bildmaterial und Informationen gilt des Weiteren folgenden Personen:

Dr. Timo Bernthaler, Matworks GmbH

Joachim Bormann, Breyer GmbH Maschinenfabrik

Heiko Breitbeck, Lyric Automation GmbH

Julia Conrad, Coperion GmbH

Prof. Dr. Daniel Eggenrath, Jagenberg Converting Solutions GmbH

Dr.-Ing. Martin Gotterbarm, Jagenberg Converting Solutions GmbH

Dr. Jürgen Heindl, Jamesa GmbH

Marius Heller, Fraunhofer-Einrichtung Forschungsfertigung Batteriezelle FFB

Sebastian Hunger, Miele & Cie. KG

Dr. Stefan Koller, VARTA Innovation GmbH

Andreas Kopp, Hochschule Aalen, Institut für Materialforschung

Markus Lehmann, Coperion GmbH

Klaus Löffler, Precitec GmbH & Co. KG

Christiana Malchus, Hochschule Aalen, Institut für Materialforschung

Matthias Miggelt, Fraunhofer-Einrichtung Forschungsfertigung Batteriezelle FFB

Dr. Jens Reiser, Precitec GmbH & Co. KG

Jiefei Shi, Lyric Automation GmbH

Dr. Christian Wieser, I21 Sonem Invest GmbH

Wolfsburg, Januar 2026

Werner Schreiber

Literatur

[1] *Blenk, G.:* Das Recycling von Lithium-Ionen-Batterien kann Rohstoffengpässen entgegenwirken. WM SE, 07/2022. *https://blog.wm.de/details/das-recycling-von-lithium-ionen-batterien-kann-rohstoffengpaessen-entgegenwirken* (abgerufen am 12.08.2025)

2 Aufbau von Lithium-Ionen-Batteriezellen

2.1 Aufbau und Funktionsweise

Eine Lithium-Ionen-Batterie (LIB) speichert elektrische Energie und ist mehrfach wiederaufladbar. Sie besteht aus folgenden Hauptkomponenten:

- Grafit-Elektrode
- Lithium-Metall-Oxid-Elektrode
- Metallfolien als Stromableiter oder Stromsammler
- Separator
- Elektrolyt

Dieses Buch nutzt im Folgenden die in der Literatur meist verwendete Zuordnung aus dem Entladevorgang: **Kathode** bezeichnet die Lithium-Metall-Oxid-Elektrode und **Anode** bezeichnet die Grafit-Elektrode.

Die Anode ist eine mit einem Gemisch aus Grafit, Leitruß, Binder und Additiven beschichtete Kupferfolie. Als Lösungsmittel wird für die Anodenpaste sehr häufig Wasser verwendet. Die Lithium-Metall-Oxid-Elektrode besteht aus einer Aluminiumfolie, die mit einem Gemisch aus Lithium-Metall-Oxid, Leitruß, Binder und Additiven beschichtet ist. Diese Stoffe werden typischerweise mit dem Lösungsmittel N-Methyl-2-pyrrolidon (NMP) (C_5H_9NO) vermischt. Da es sich bei NMP um einen Gefahrstoff handelt, wird vermehrt nach weniger kritischen Alternativen des Lösungsmittels gesucht. Als Kathoden-Aktivmaterial kommt auf der Elektrode meist NMC ($LiNi_xMn_yCo_zO_2$) mit unterschiedlichen Verhältnissen der Metalloxide, NCA ($LiNi_xCo_yAl_zO_2$), LCO ($LiCoO_2$), LMO ($LiMn_2O_4$), LFP ($LiFePO_4$) oder LMFP ($LiMn_xFe_yPO_4$) zum Einsatz [1]. Unterschiedliche Eigenschaften kennzeichnen diese Materialien.

NMC wird bei der Mehrzahl der LIB für Elektrofahrzeuge verwendet. Es zeichnet sich durch eine hohe gravimetrische Energiedichte aus, ist vielseitig modifizierbar, an die speziellen Anforderungen anpassbar und lässt sich in einem ausgewogenen Kosten-Leistungs-Verhältnis in Großserie darstellen. Nachteilig sind der der hohe Kobalt- und Nickelanteil in der Aktivmasse und die nur moderate Sicherheit dieser Energiespeicher [2].

LCO bietet eine Zyklenlebensdauer von mehr als 500 Zyklen bei einer mäßigen gravimetrischen Energiedichte, aber aufgrund seiner hohen kristallographischen Packungsdichte eine gute volumetrische Energiedichte. Das 1991 eingeführte System wird am häufigsten in handelsüblichen LIB verwendet, da das System als ausgereift und sicher für Verbraucheranwendungen gilt. Allerdings ist das System nicht sicher genug für große, in Elektrofahrzeugen verwendete LIB. Das Material Kobalt birgt Umweltgefahren sowie Gefährdungen und unterliegt starken Preisschwankungen aufgrund seiner relativen Knappheit [2].

NCA weist eine bis zu 30 % höhere spezifische Kapazität auf als das thermisch stabilere LCO. Leider ist es mit Sicherheitsbedenken behaftet. Die Verwendung weiterer Elemente wie Aluminium oder Kobalt in der Aktivmasse verbessert die Sicherheit. Des Weiteren besitzt das Material eine sehr gute Schnellladefähigkeit. Die vorangehend erwähnte geringere Sicherheit, die hohen Kosten sowie eine geringere Lebensdauer wirken sich nachteilig aus [2].

LMO zeichnet sich durch eine hohe Belastbarkeit, gute Sicherheit sowie ein gutes Hochtemperaturverhalten aus. Allerdings leidet das Material unter seiner geringen Lebensdauer in Form kurzer Zyklenlebensdauer und schlechter kalendarischer Stabilität [2].

LFP stellt speziell für größere LIB eine umweltfreundlichere Alternative dar. Eine hohe Sicherheit und eine lange Lebensdauer zählen zu den positiven Eigenschaften des Materials. Insbesondere die Vermeidung von Kobalt stellt einen großen Vorteil dar. Es wird als kostengünstiges Material eingestuft, das allerdings eine geringere Energiedichte besitzt [2].

Bei LMFP substituiert Mangan (Mn) einen Teil des darin enthaltenen Eisens (Fe). Das Material bietet eine höhere Zellspannung von bis zu 4,1 V, was zu einer höheren Energiedichte führt. Des Weiteren zeichnet sich dieses Material durch eine hohe Sicherheit aus. Zu den Herausforderungen gehören ein erheblicher Spannungs- und Kapazitätsverlust während des Zyklus solcher LIB, der auf strukturelle Instabilitäten in der Verbundstruktur zurückzuführen ist. Darüber hinaus weisen LMFP-LIB aufgrund der schlechten elektronischen Leitfähigkeit des manganhaltigen Oxids eine begrenzte Leistungsfähigkeit auf [3].

Da sich der generelle Produktionsprozess der LIB mit den unterschiedlichen Kathoden-Aktivmaterialien nicht signifikant unterscheidet, wird im Folgenden nur die NMC-Variante beispielhaft erläutert. Hierbei ist auch zu berücksichtigen, dass die Anforderungen an die Produktionsanlagen und das Umfeld von einer NMC-1:1:1-Zellchemie ($LiNi_{0,33}Mn_{0,33}Co_{0,33}O_2$) hin zu einer NMC-8:1:1-Zellchemie ($LiNi_{0,8}Mn_{0,1}Co_{0,1}O_2$) aufgrund des zunehmenden Nickel-Gehalts drastisch steigen. Es sei nur auf die steigenden Anforderungen hinsichtlich der Luftfeuchtigkeit in den Räumen, in denen die Komponenten der LIB produziert werden, hingewiesen. Für die Verarbeitung von NMC 1:1:1 reicht eine relative Luftfeuchtigkeit von 2 % für die Produktion. Die Verarbeitung von NMC 8:1:1 erfordert beispielsweise eine relative Luftfeuchtigkeit von weniger als 1 % in der Produktionsumgebung.

Die Verarbeitung der weiteren aufgeführten Materialsysteme kann auf Basis der in diesem Buch beschriebenen Prozessschritte der LIB-Produktion erfolgen. Einzelne Prozessschritte oder Parameter in den jeweiligen Prozessschritten sind entsprechend den Anforderungen der Zellchemie anzupassen.

Die beiden unterschiedlichen Elektroden und die dazwischenliegenden Separatoren bilden den Anoden-Separator-Kathoden-Verbund (A-S-K-Verbund). Der Separator trennt die Grafit-Elektroden und die Lithium-Metall-Oxid-Elektroden elektrisch, lässt aber Lithiumionen beim Lade- oder Entladevorgang in beide Richtungen hindurchwandern. Der Elektrolyt gewährleistet die ionische Kontaktierung der einzelnen Komponenten auf der Anode und Kathode und ermöglicht damit die Bewegung der Lithiumionen (siehe Bild 2.1). Der Elektrolyt besteht hauptsächlich aus dem Leitsalz $LiPF_6$ sowie weiteren Additiven zur Beeinflussung seiner Eigenschaften und aus dazugehörigen nichtwässrigen Lösungsmitteln. Typischerweise kommen folgende organische Lösungsmittel zum Einsatz [4] [5].

- Ethylencarbonat (EC) ($C_3H_4O_3$)
- Dimethylcarbonat (DMC) ($C_3H_6O_3$)
- Ethylmethylcarbonat (EMC) ($C_4H_8O_3$)
- Diethylcarbonat (DEC) ($C_5H_{10}O_3$)
- Propylencarbonat (PC) ($C_4H_6O_3$)

Da das Leitsalz ($LiPF_6$) mit Wasser reagiert und dabei Flusssäure (HF) bildet, muss der Wassergehalt der Elektroden geringer als 20 ppm sein [6] [7] [8]. Die Flusssäure führt in der LIB zu erhöhter Korrosion. Sie erhöht das Risiko von Zellversagen und Kurzschlüssen innerhalb der LIB. Des Weiteren greift diese Säure die Schutzschicht auf der Anode, die Solid-Electrolyte Interphase (SEI) an, wodurch sich Zyklusstabilität und Lebensdauer der LIB verschlechtern.

Auf der Kathode bildet sich bei der Formation auch eine Schutzschicht, die Cathode-Electrolyte Interphase (CEI). Ihre Aufgabe ist der Schutz der Kathode vor negativen Einflüssen des Elektrolyten. Irreversible Nebenreaktionen werden durch die Passivierung der Kathodenoberfläche unterdrückt. Die CEI ist meist dünner als die SEI [9].

Es existieren auch andere Formen von ionenleitenden Elektrolyten, nämlich Polymerelektrolyte und Festelektrolyte. Polymerelektrolyte weisen überwiegend eine geringere Ionenleitfähigkeit im Vergleich zu Flüssigelektrolyten auf. Als Festelektrolyte werden ionenleitende, meist keramische Verbindungen genutzt. Solche Festkörperbatterien weisen eine höhere Energiedichte als die Standard-LIB mit flüssigem Elektrolyten auf. Aufgrund nicht entflammbarer fester Komponenten weisen sie des Weiteren eine bedeutend höhere Sicherheit auf [10].

Der Separator besteht typischerweise aus Polypropylen (PP) oder Polyethylen (PE) oder aus einer mehrlagigen Kombination der beiden Materialien. Eine Beschichtung des Separators mit beispielsweise Aluminiumoxid bildet die Shut-Down-Funktion, die den Separator im Falle eines Kurzschlusses an dieser Stelle undurchlässig für Lithiumionen macht und als Isolator fungiert. Diese lokale Unterbrechung des Ionentransports dient als Sicherheitsmechanismus, um ein thermisches Durchgehen (thermal runaway) der LIB zu verhindern. Ein thermisches Durchgehen bezeichnet eine selbständige exotherme Reaktion aufgrund der im Prozess selbst erzeugten Wärme. Das thermische Durchgehen einer LIB führt zwangsläufig zu einer Zerstörung der LIB durch den dabei entstehenden Gasdruck in Verbindung mit der selbst erzeugten Hitze.

Im ungeladenen Zustand der LIB befinden sich die Lithiumionen in der Aktivmasse der Kathode. Durch das Anlegen der Ladespannung wandern die Lithiumionen von der Lithium-Metall-Oxid-Elektrode durch den Elektrolyten, der sich auch in den Poren der Aktivmasse befindet, und durch den Separator in Richtung Grafit-Elektrode (siehe Bild 2.1). Während des Ladevorgangs setzt die Lithium-Metall-Oxid-Elektrode Lithiumionen und gleichzeitig auch Elektronen frei. Die Lithium-Metall-Oxid-Elektrode wird oxidiert. Die Elektrode ist damit die positive Elektrode, die auch als Anode bezeichnet wird. Die freigesetzten Lithiumionen interkalieren in den Grafit. Dabei durchdringen die Lithiumionen auch die SEI auf der Grafit-Elektrode. Die Grafit-Elektrode wird damit reduziert und wird zur Kathode. Bei der Entladung wandern die Lithiumionen von der Grafit-Elektrode wieder zurück zur Lithium-Metall-Oxid-Elektrode. Die Grafit-Elektrode gibt Elektronen sowie Lithiumionen ab und wird auf diese Weise oxidiert (Anode). Die Lithium-Metall-Oxid-Elektrode nimmt Elektronen und Lithiumionen auf und wird damit reduziert (Kathode).

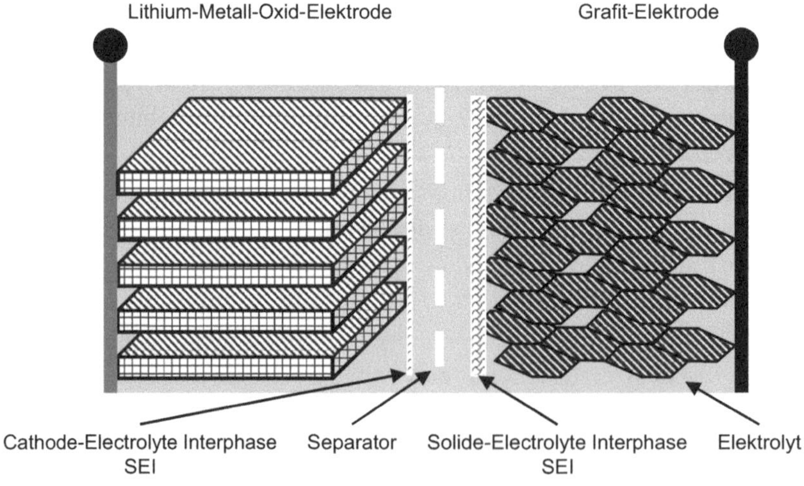

Bild 2.1 Schematischer Aufbau einer LIB

Das Lithiumion wird beim Laden bei seiner Bewegung durch den Elektrolyten von dieser Flüssigkeit umgeben, Elektrolyt haftet am Lithiumion und würde ohne eine Schutzschicht in das Grafit der Anode eingeschleust werden (siehe Bild 2.2 oben). Das zersetzt die Anode. Im Produktionsschritt „Zelle formieren" (siehe Abschnitt 6.9) bildet sich durch das erstmalige Anlegen einer Spannung an die LIB auf der Oberfläche der Anode diese Schutzschicht oder Solid-Electrolyte Interphase (SEI) aus Zersetzungsprodukten des Elektrolyten. Diese Schutzschicht lässt Lithiumionen passieren, hält den anhaftenden Elektrolyten zurück und schützt die Anode vor weiterer Zersetzung durch den Elektrolyten (siehe Bild 2.2 unten) [11].

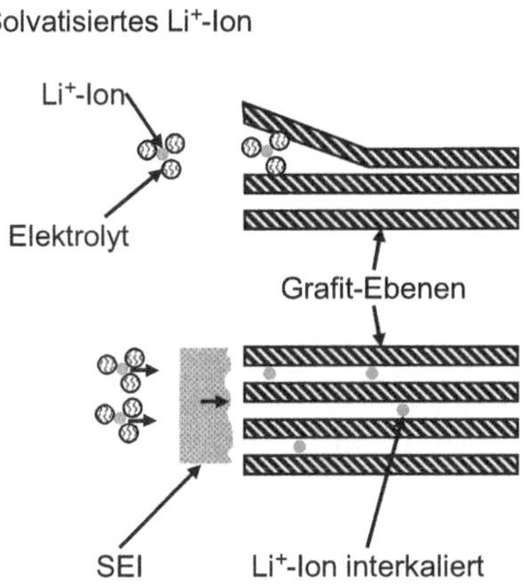

Bild 2.2 Co-Interkalation von Elektrolyten (oben), Abscheidung von Elektrolyten in der SEI (unten)

Bild 2.3 zeigt schematisch die Schichtung der einzelnen Elektrodenfolien und der Separatorfolien einer LIB. Die beiden Elektroden besitzen eine doppelseitige Beschichtung. Das bedeutet, dass jeweils auf der Folienvorder- und Folienrückseite Aktivmasse aufgetragen ist.

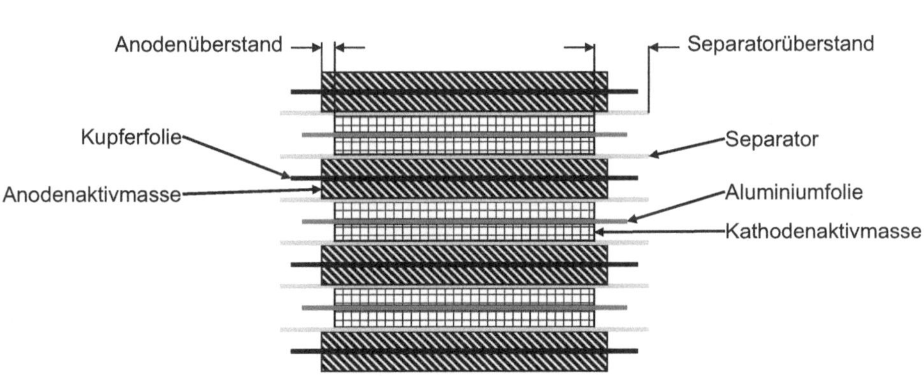

Bild 2.3 Schematischer Aufbau der Elektrodenschichtung einer LIB, A-S-K-Verbund (Querschnitt)

Die gewünschten Eigenschaften einer LIB bestimmen auch die Dicke der Beschichtung der Elektroden (siehe Tabelle 2.1). Energiezellen tragen dickere Beschichtungen auf den Elektrodenfolien. Damit kann im Verhältnis mehr Ladung in der Aktivmasse gespeichert werden als bei den Leistungszellen einer höheren Energiedichte. Leistungszellen besitzen dünnere Beschichtungen, sodass die Ladungen aufgrund der kürzeren mittleren Strecken von der Aktivmasse zur Metallfolie schneller von einer Elektrode auf die andere Elektrode bewegt werden können.

Tabelle 2.1 Typische Dicken der einzelnen Komponenten der LIB

Komponenten	Dicke
Aluminiumfolie	8 - 15 µm
Kathodenaktivpaste	30 - 200 µm
Kupferfolie	6 - 11 µm
Anodenaktivpaste	30 - 100 µm
Separator	6 - 15 µm

Durch das flächige Aufbringen von Klebstoffen auf den Separator kann der Separator bei der Herstellung des A-S-K-Verbunds auf die Elektrode auflaminiert oder aufgeklebt werden. Das verbessert den physischen Kontakt zwischen den Elektroden und dem Separator und optimiert die Grenzschicht zwischen beiden Komponenten. Des Weiteren verhindert das Laminieren das Risiko des Delaminierens während des Betriebs der LIB. Delaminieren bezeichnet das Lösen des Verbunds zwischen Elektroden und Separator im A-S-K-Verbund während des Betriebs der LIB. Es besteht in diesem Fall örtlich kein Kontakt zwischen den Komponenten mehr, sodass der Ionentransport gestört ist. Ein solches Delaminieren verringert auch die Zyklenstabilität.

Für den Produktionsprozess und während des Betriebs der LIB verbessert das Laminieren die mechanische Stabilität des A-S-K-Verbunds. Zusätzlich kann durch das Laminieren die Dentritenbildung verringert werden. Allerdings bildet die zusätzliche klebende Schicht einen Widerstand für die Bewegung der Lithiumionen während des Lade- oder Entladevorgangs.

Die einzelnen Elektroden und der Separator besitzen unterschiedliche Größen. Die Anoden sind typischerweise größer als die Kathoden (Anodenüberstand), damit immer sichergestellt ist, dass während des Betriebs der LIB immer ausreichend Anodenmaterial dem Kathodenmaterial gegenübersteht, um die Lithiumionen beim Laden aufnehmen zu können. Können die Lithiumionen beim Laden nicht von der Anode aufgenommen werden, erhöht sich die lokale Konzentration der Lithiumionen und es besteht die Gefahr, dass sie sich auf der SEI abscheiden und Dendriten ausbilden, die dann zum internen Kurzschluss der LIB führen können [12].

Bild 2.4 zeigt in den beiden Situationen (Bild 2.4 oben und Bild 2.4 Mitte), in denen die Anode kleiner als die Kathode oder beide Elektroden gleich groß sind, dass sich an den

Anodenkanten die Lithiumionen konzentrieren. Der Anodenüberstand sorgt dafür, dass sich die Konzentration ausgleicht.

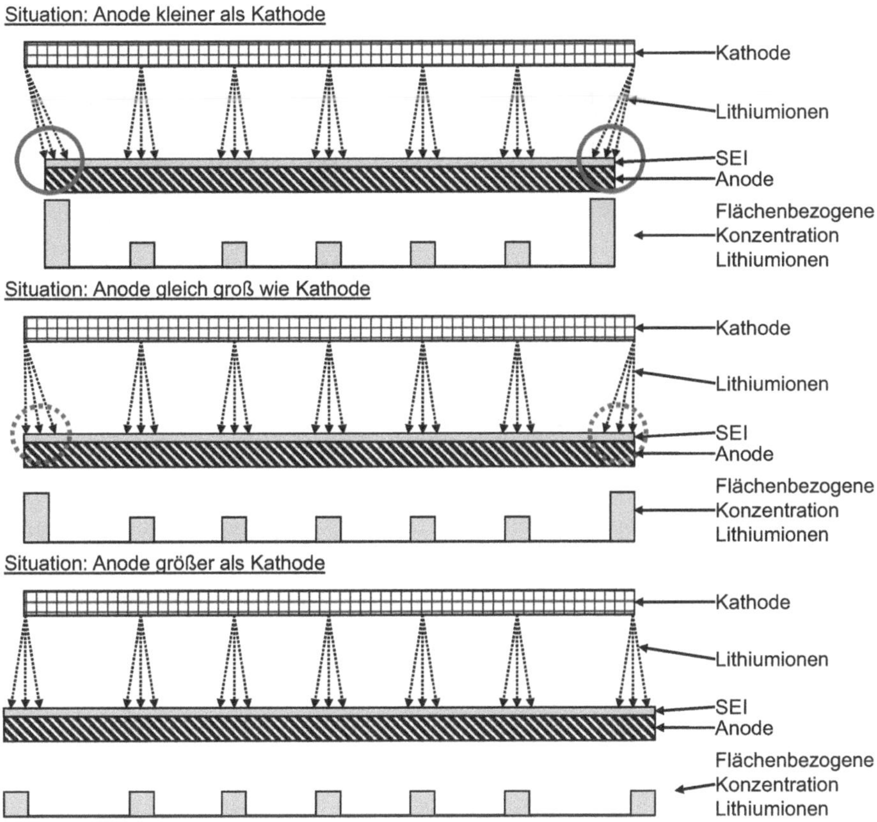

Bild 2.4 Auswirkung des Anodenüberstands – schematische Darstellung, in Anlehnung an [12]

Der Separatorüberstand gewährleistet die elektrische Isolation der einzelnen Elektroden gegeneinander.

An den Metallfolien der Elektroden befinden sich die Ableiter. Sie sind entweder aus der Metallfolie herausgeschnitten (siehe Bild 5.39, Bild 5.67, Bild 5.72 oder Bild 5.73) oder in einem separaten Prozessschritt an die Metallfolie angeschweißt. Sie bilden den elektrischen Kontakt zwischen dem A-S-K-Verbund und dem Terminal oder Kontaktpol, über den die LIB extern kontaktiert wird.

Es existiert eine weitere Bauform von LIB, die sich bei der Kontaktierung differenzieren. Bei diesen LIB verbindet nicht eine Schweißung oder eine ähnliche stoffliche Verbindung die Elektroden untereinander und mit dem Kontaktpol, sondern eine ausschließliche mechanische Verbindung durch beispielsweise eine Multikontaktscheibe. Bild 2.5 zeigt eine solche Kontaktierung [13].

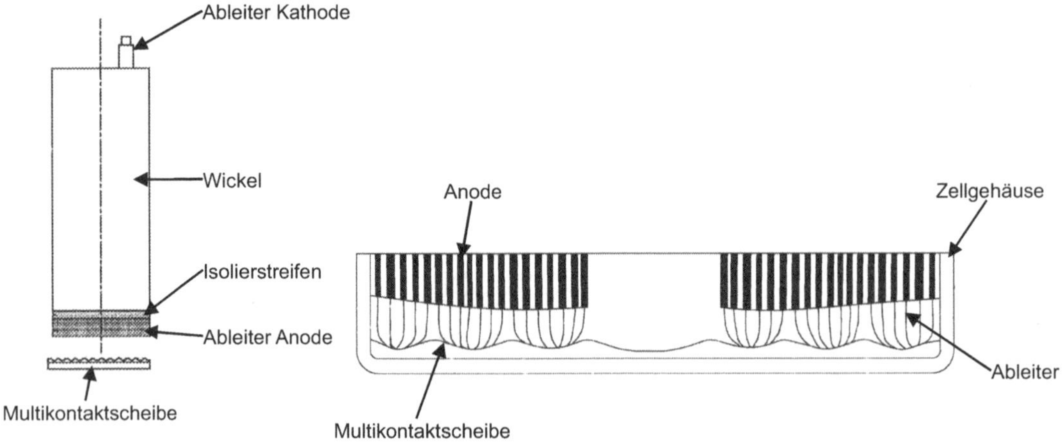

Bild 2.5 Kontaktierung beim Zelltyp 46 800, Quelle: [13]

In dem in Bild 2.5 dargestellten Fall trennt ein Isolierbereich oder Isolierstreifen die Aktivmasse zur Kante hin ab. Der Rand der Elektrode ist nur eingeschnitten, sodass sie beim Kontaktieren einfacher umknicken können. Bei der Assemblierung der LIB wird der Wickel gegen die Multikontaktscheibe im Boden des Zellgehäuses gedrückt. Dabei legen sich die Anodenableiter an die gewellte Multikontaktscheibe an und stellen so den elektrischen Kontakt zum Zellgehäuse her. Durch die Einschnitte der Anschlussbereiche können sich die Bereiche überlappen.

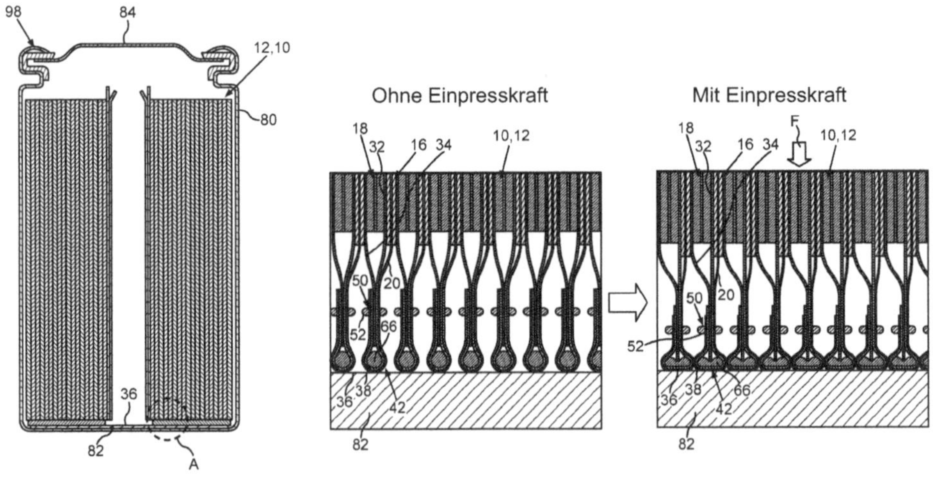

Bild 2.6 Kontaktierung durch Verformung, Quelle: [14]

Eine andere Art mechanischer Kontaktierung zeigt (siehe Bild 2.6) [14]. Hierbei bilden umgebogene Ableiter den verformbaren Kontakt zu einer ebenen Kontaktplatte. Die Einpresskraft, mit *F* gekennzeichnet, verformt die Enden der umgebogenen Ableiter beim Einschieben und stellt so den elektrischen Kontakt her.

2.2 Zellgehäuse

Für die LIB werden zwei unterschiedliche Arten von Zellgehäusen eingesetzt. Das sind die beiden Zellgehäusearten Hartgehäuse und Verbundfoliengehäuse. Bei den Hartgehäusen oder Hardcase-Gehäusen handelt es sich um meist tiefgezogene Metallgehäuse aus Aluminium oder Edelstahl, die im LIB-Produktionsprozess mit einem Metalldeckel verschlossen werden.

Es gibt die Zellgehäuseformen der zylindrischen LIB unterschiedlicher Größe (siehe Bild 2.7) sowie der prismatischen LIB (siehe Bild 2.8).

Höhe	90 mm	68 mm	67 mm
Durchmesser:	71 mm	26 mm	18 mm
Zelltyp:	71910	26650	18650

Bild 2.7 Rundzellgehäuse – unterschiedliche Größen

Bei der Höhe der Rundzellen ist zu beachten, dass ein kleiner Teil des Wandmaterials der Zylinderfläche für den späteren Bördelprozess beim Verschließen der LIB im Prozessschritt „Gehäuse verschließen“ (siehe Abschnitt 6.5.1.2) erforderlich ist.

Die Maße unterschiedlicher prismatischer LIB zeigt Abschnitt 14.8.

Bild 2.8 Hartgehäuse für prismatische Zelle, PHEV2-Format

Bei den Verbundfoliengehäusen, die auch als Pouchgehäuse oder Softcase-Gehäuse (siehe Bild 2.9) bezeichnet werden, handelt es sich um Hüllen aus mehrlagigen Aluminium-Kunststoff-Verbundfolien, die im LIB-Produktionsprozess am Rand zusammengefügt werden und so zu einem dichten Zellgehäuse geschlossen werden. Die Verbundfolie oder die Pouchfolie besteht aus mehreren Lagen aus unterschiedlichen Materialien wie beispielsweise Kunststofffolie oder Aluminiumfolie. Diese mehrschichtige Struktur kann aus den folgenden Schichten bestehen:

- einer Außenschicht aus orientiertem Polyamid (OPA) oder orientiertem Polypropylen (OPP) als mechanischer Schutz und Schutz gegen äußere Einflüsse
- einer Metallschicht, meist Aluminiumfolie, als Barriere gegen Feuchtigkeit und Gase
- einer Innenschicht aus Polypropylen (PP) oder Polyethylen (PE) in Form einer thermoplastischen Schicht, die das Verschweißen oder Siegeln ermöglicht

Die Verbundfolie kann herstellerindividuell weitere Schichten beinhalten [15].

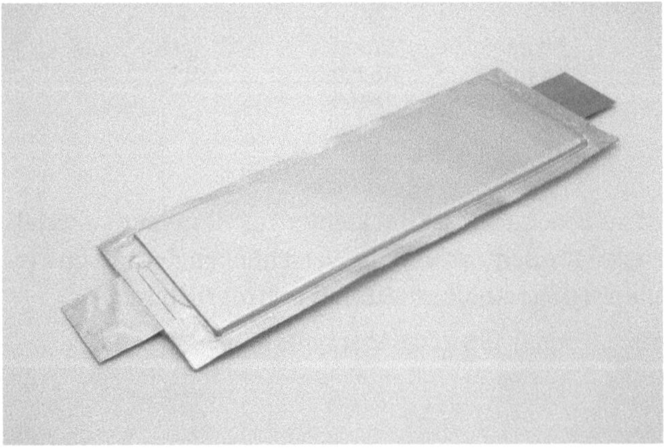

Bild 2.9 Verbundfolienzelle

Die unterschiedlichen Zellgehäusebauarten besitzen unterschiedliche Eigenschaften während der Herstellung und des Betriebs der LIB. Tabelle 2.2 beschreibt die Gegenüberstellung und Bewertung der unterschiedlichen Zellgehäusebauarten.

In LIB mit Hartgehäuse herrscht meist Atmosphärendruck. Den Anpressdruck für die Elektroden im A-S-K-Verbund erzeugt typischerweise die Elastizität des A-S-K-Verbunds, der vor der Assemblierung im Prozessschritt „Flachwickel oder Stapel verpressen" (siehe Abschnitt 6.2) zusammengepresst wird. Die Stabilität des Hartgehäuses hält den Anpressdruck während des Betriebs der LIB aufrecht.

Der Innendruck von LIB mit Verbundfoliengehäuse ist geringer als der Atmosphärendruck. Bei der Produktion und hier speziell im Prozessschritt „Zelle mit Elektrolyten befüllen" (siehe Abschnitt 6.7) wird der Innendruck entsprechend abgesenkt. Die Druckdifferenz zwischen Innendruck und dem umgebenden Atmosphärendruck bestimmt die Anpresskraft, die auf den A-S-K-Verbund wirkt und so die Elektroden zusammenpresst.

Tabelle 2.2 Eigenschaften unterschiedlicher Zellgehäusebauarten

Eigenschaften	Rundgehäuse	Prismatisches Gehäuse	Verbundfoliengehäuse
Masse	- hoch	- hoch	+ gering
Deformierbarkeit der Seitenwände[1]	++ sehr schwer	+ schwer	- leicht
Penetrierbarkeit der Seitenwände	+ schwer	+ schwer	- leicht
Elektrolytmenge	+ freier Elektrolyt kann eindosiert werden	+ freier Elektrolyt kann eindosiert werden	- kein Elektrolytreservoir möglich
Dichtflächen mit Materialmix	+ klein (Pol(e))	+ klein (Pol(e))	- groß (Siegelnähte)
Außen-Raumfüllung & Kühlbarkeit	- geringer als bei prismatischen Zellen	++ sehr gut	+/- Freiräume für die Siegelnähte erforderlich
Potenzial-Freiheit des Gehäuses	- wenn ein Pol auf Gehäuse liegt + wenn kein Pol auf Gehäuse liegt	- wenn ein Pol auf Gehäuse liegt + wenn kein Pol auf Gehäuse liegt	+ immer gegeben

[1] Die Deformierbarkeit bezieht sich auf auftretende innere Kräfte aus Gasung oder Quellung sowie auf Krafteinwirkung von außen.

Tabelle 2.2 Eigenschaften unterschiedlicher Zellgehäusebauarten (*Fortsetzung*)

Eigenschaften	Rundgehäuse	Prismatisches Gehäuse	Verbundfoliengehäuse
Anzahl der Bauteile	– hoch	– hoch	+ geringer
	– zusätzliche Isolierung der Außenseiten nötig	– zusätzliche Isolierung der Außenseiten nötig	+ durch Verbundfolie erfüllt
	– zusätzliche Isolierung des Wickels gegen Gehäuse nötig	– zusätzliche Isolierung des Wickels/Stapels gegen Gehäuse nötig	+ durch Verbundfolie erfüllt
	– Berstmembrane nötig	– Berstmembrane nötig	+ Berstmembrane entfällt
	+ passive(s) Sicherheits-element(e) möglich	+ passive(s) Sicherheits-element(e) möglich	– passive(s) Sicherheits-element(e) nicht vorgesehen

Neben diesen Standard-Zellbauformen stehen auch direkt an die Anwendung angepasste Zellbauformen zur Verfügung. Bild 2.10 zeigt ein an die Raumbedingungen des Produktes angepasstes Batteriemodul, das aus mehreren teilweise unterschiedlichen LIB mit unterschiedlichen Zellgehäusebauformen besteht. Bei solchen produktspezifischen Anwendungen kommen meist Stapelzellen oder Flachwickelzellen mit Verbundfoliengehäuse zum Einsatz. Unterschiedliche Modulspannungen erzeugt die entsprechende elektrische Zusammenschaltung der LIB.

Bild 2.10 Batteriemodul

Diese Module können neben den LIB auch weitere Elektronikkomponenten zur Steuerung des Ladestroms oder zur Erfassung der Temperatur im Modul oder an jeder einzelnen darin verbauten LIB enthalten.

2.3 Zellbauformen

In den Gehäusen der LIB können unterschiedliche Bauformen des A-S-K-Verbunds eingebaut werden. Eine Zellbauform ist der spiralförmige Wickel des A-S-K-Verbunds (siehe Bild 2.11). Jeweils eine Anode, eine Kathode und zwei Separatoren sind spiralförmig aufgewickelt. Die Zellbauform wird mit zylindrischen Zellgehäusen kombiniert.

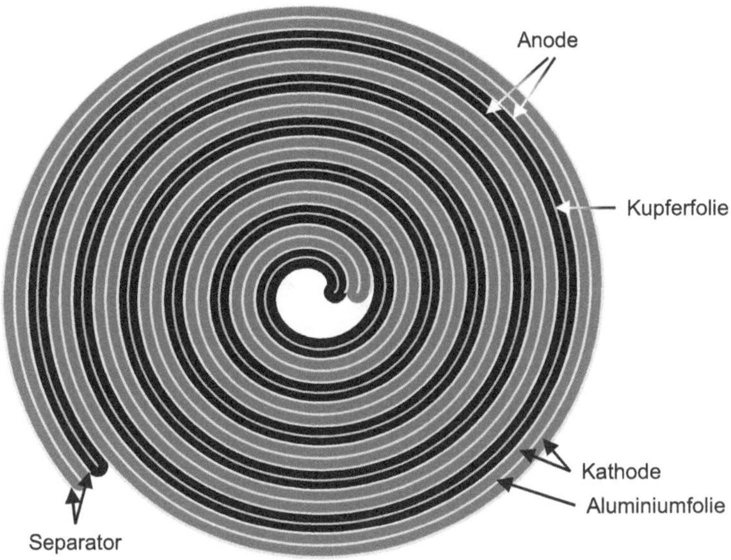

Bild 2.11 Wickel einer Rundzelle – schematische Darstellung

Die Zellbauform Flachwickel oder prismatischer Wickel (siehe Bild 2.12) kann sowohl in einem prismatischen Hartgehäuse als auch in einem Verbundfoliengehäuse verbaut werden. Gleiches gilt für die Zellbauform Stapel, die auch in prismatischen Hartgehäusen oder in prismatischen Verbundfoliengehäusen eingebaut werden können.

Bild 6.6 zeigt einen kleinen Flachwickel. Bild 6.5 stellt größere Flachwickel mit unterschiedlichen Ableiterpositionen dar.

Bei einer Stapelzelle sind mehrere einzelne Elektrodenblätter abwechselnd aufeinandergelegt. Ein Separator trennt die Elektroden. Bild 2.13 zeigt den schematischen Aufbau einer solchen Stapelzelle. Die Z-Faltung oder das Z-Folding ist eine Spezialform der Stapelzelle. Hierbei sorgt ein zickzackförmig gelegter Separator für die Trennung von Anode und Kathode. Es handelt sich in diesem Fall um einen längeren Separator und nicht um mehrere Einzelblätter.

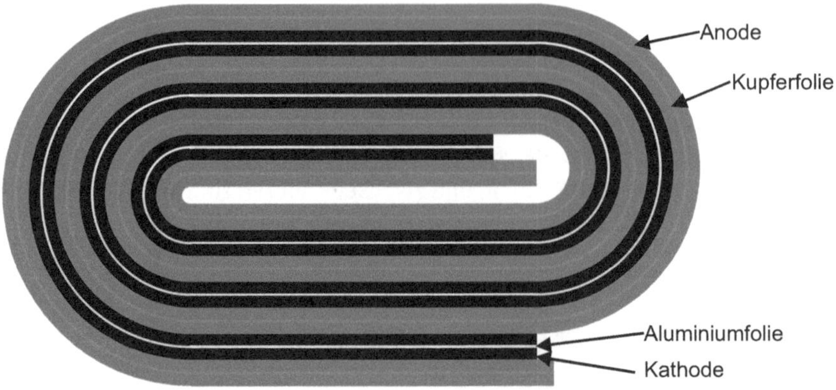

Bild 2.12 Flachwickel für eine prismatische Zelle ohne Darstellung des Separators – schematische Darstellung

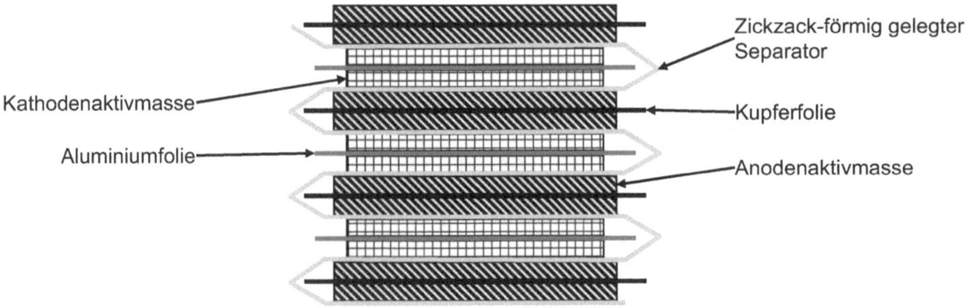

Bild 2.13 Stapel mit Z-Faltung des Separators

Die einzelnen Zellbauformen besitzen unterschiedliche generelle Eigenschaften, die in Tabelle 2.3 zusammengefasst und bewertet sind.

Die Anforderungen der Anwendungen, in denen die LIB eingesetzt werden sollen, bestimmen die Auswahl der Zellbauform, der Zellgehäusebauform und der Zellgehäusebauart. Eine allgemein gültige optimale Gehäuseform gibt es daher nicht.

Bei Stapeln oder Flachwickeln im Hartgehäuse kann eine Isolationseinlage am Gehäuseboden den A-S-K-Verbund elektrisch vom metallischen Gehäuse trennen. Bei Rundzellen des Typs 18650 oder 21700 fungiert das Zellgehäuse auch als elektrischer Anschluss, sodass eine Isolation entfällt.

LIB können aus unterschiedlichen Kombinationen der Zellbauformen und der Zellgehäusebauformen bestehen. Bild 2.14 zeigt diese Kombinationen.

Tabelle 2.3 Eigenschaften der unterschiedlichen Zellbauformen

Eigenschaft	Rundwickel	Prismatischer Wickel oder Flachwickel	Stapel
Anisotropie der Wärmeverteilung	– hoch	+/– geringer als bei rundem Wickel	+ gering
Homogenität des Kontakts zwischen Elektroden und Separator	+ homogen	– inhomogen (Rundungen)	+ homogen
mechanischer Stress der Elektroden	– hoch (radialer Druck nach innen zunehmend, tangentialer Zug nach außen hin zunehmend)	– geringer als bei rundem Wickel (nur in Rundungen)	+ gering
Zell-Innenraumfüllung	+ hoch	+/– geringer als bei rundem Wickel (Gehäuseecken)	+ hoch
Gefahr der Elektrodenschädigung beim Handhaben des A-S-K-Verbundes (korreliert mit Zellsicherheit)	+ gering	+ gering	– höher, Ecken sind leicht deformierbar
Fertigungsgeschwindigkeit	++ sehr hoch	+ hoch	– gering
Elektrodendeformation bei zyklischer Alterung	+ gering	+ gering	+ keine

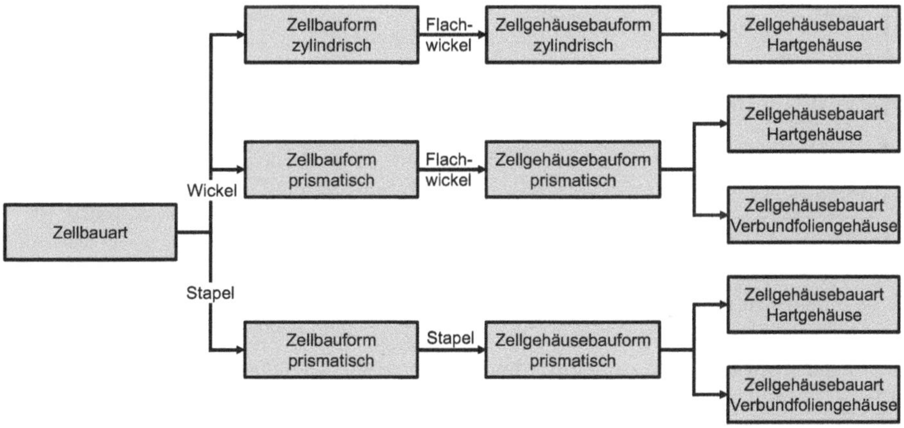

Bild 2.14 Zellbauart, Zellbauform, Zellgehäusebauform und Zellgehäusebauart

2.4 Quellung (Swelling)

Beim Laden der LIB verändern sich die Dicken der beiden Elektroden. Die Dicke der Anode in der LIB vergrößert sich. Das Maß hängt von den verwendeten Elektrodenmaterialien ab. Die Art der Veränderung der Kathode bestimmt auch hierbei das verwendete Material. [16] gibt die Volumenänderungen unterschiedlicher Aktivmaterialien an. Nimmt man für die Ausdehnung der Anode beim Laden der LIB einen Wert von 10 % an und für die Abnahme der Kathode 3 %, so ergibt sich eine gesamte Dickenänderung von 7 %. Dieser Wert gilt dann für jede Lage des A-S-K-Verbundes.

Durch die Dickenzunahme des A-S-K-Verbunds übt dieser Anpresskräfte auf die Gehäusewände von innen aus. Bild 2.15 zeigt schematisch diesen Zusammenhang. Die Anpresskräfte wirken natürlich nicht nur auf das Gehäuse, sondern auch auf die Elektroden im A-S-K-Verbund und pressen dementsprechend die Elektroden zusammen.

Bild 2.15 Kräfte in der LIB durch Quellung – Ansicht von oben auf die LIB

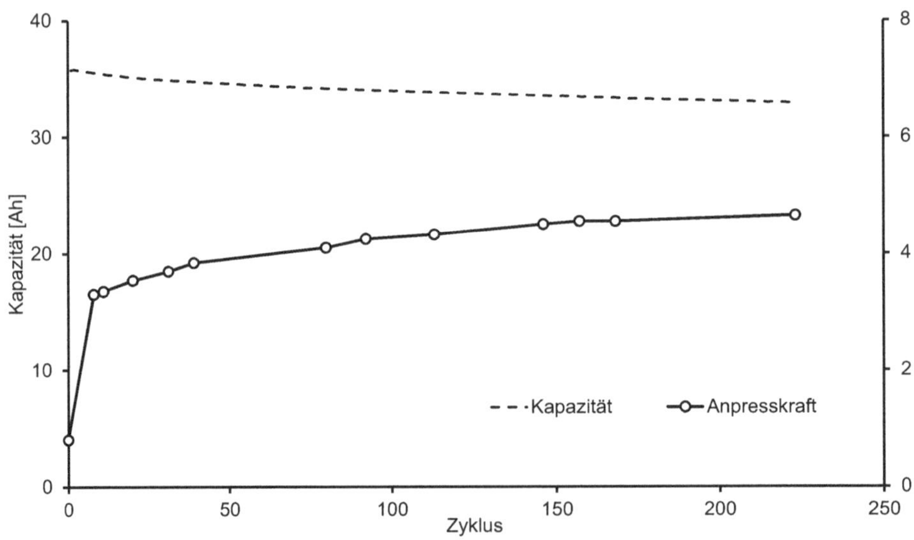

Bild 2.16 Zusammenhang zwischen Restkapazität und Anpresskraft, PHEV2

Die Größe der Anpresskräfte zu Beginn des Einsatzes der LIB liegen im Bereich von mehr als 1 kN (siehe Bild 2.16). Bei LIB im Format PHEV2 können Anpresskräfte am Ende des

Einsatzes in der Größenordnung von 10 kN bis 15 kN auftreten. Das kann die Eigenschaften oder das Verhalten der LIB verändern. [17] beschreibt diese Zusammenhänge im Detail.

Die gesamten Dickenschwankungen des A-S-K-Verbunds führen zu mechanischen Belastungen der Elektroden und der Separatoren im A-S-K-Verbund sowie des Gehäuses. Bei einem Rundwickel oder einem Flachwickel führt die Vergrößerung des Durchmessers dazu, dass mindestens die äußere Elektrode des Wickels gegen die Innenwand des Zellgehäuses gepresst wird und sich damit nicht mehr tangential bewegen kann. Diese Ausdehnungen der Beschichtung können gerade bei Rundzellen zu beachtlichen mechanischen Beanspruchungen der äußeren Elektrode führen. Betrachtet man beispielsweise eine Rundzelle im Format 18650 mit dem Außendurchmesser des Wickels d_{Wickel} und dem Durchmesser des Wickelkerns d_{Kern}, so ergeben sich folgende Zusammenhänge für die Dehnung der äußeren Elektrode $\Delta U/U$ in Abhängigkeit des Ausdehnungskoeffizienten des A-S-K-Verbunds beim Laden α_{A} (siehe Bild 2.17):

$$\frac{\Delta U}{U} = \frac{\alpha_{\text{A}}}{2}\left(1 - \frac{d_{\text{Kern}}}{d_{\text{Wickel}}}\right) \qquad (2.1)$$

Bei einer Dehnung der Aktivmasse in Höhe von $\alpha_{\text{A}} = 7\,\%$ beim Laden tritt in der äußeren Elektrode eine mechanische tangentiale Dehnung von ungefähr 3 % auf. Das kann zur mechanischen Überlastung der äußeren Elektrode und damit zum Elektrodenriss führen.

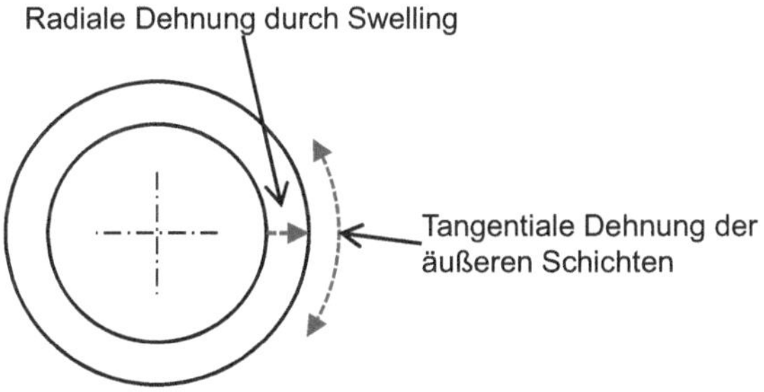

Bild 2.17 Radiale und daraus resultierende tangentiale Dehnung im Wickel einer Rundzelle

Dieser Effekt tritt auch bei Zellen mit einem Flachwickel auf, wenn die Anzahl der Wicklungen zu groß ist. Hierbei reißen typischerweise die äußeren Elektroden – die Anoden – beim Übergang von der Rundung zum geraden Teil des Wickels, was Bild 2.18 zeigt.

Solche Elektrodenrisse führen zu einer Dekontaktierung von äußeren Elektrodenbereichen. Aufgrund des fehlenden oder unsicheren elektrischen Kontaktes reduziert sich die Kapazität der LIB. Die LIB arbeitet instabil.

Bild 2.18 Flachwickel mit Elektrodenriss, © Bild: VW-VM-Forschungsgesellschaft mbH, Quelle: [18]

2.5 Ableiterposition

Die Ableiter für Anode und Kathode können an unterschiedlichen Positionen am A-S-K-Verbund angeordnet sein. Beide Ableiter können an einer Seite des A-S-K-Verbundes herausgeführt werden. Bild 2.19 zeigt diese Bauform exemplarisch für eine Flach- und eine Rundwickelzelle.

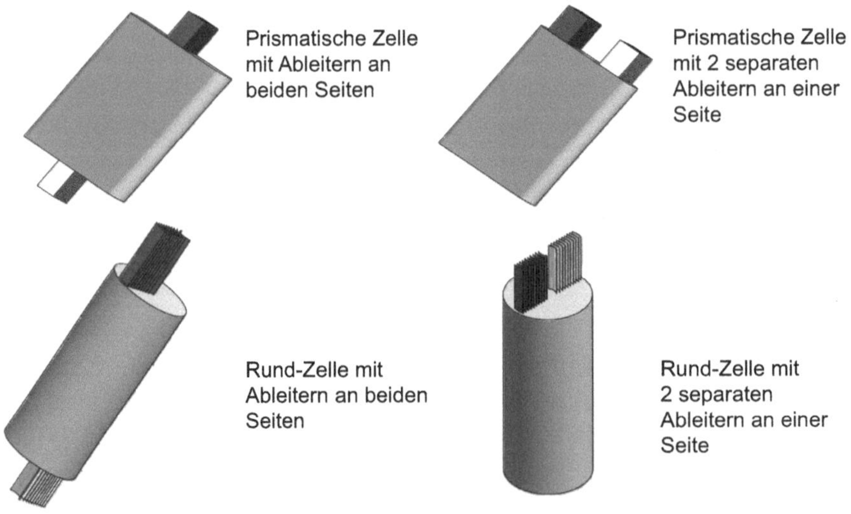

Bild 2.19 A-S-K-Verbund mit unterschiedlichen Ableiterpositionen, Quellen: [19] und [20], © Bild: VW-VM-Forschungsgesellschaft mbH

Die Ableiter können sich auch an gegenüberliegenden Seiten des A-S-K-Verbunds befinden. Hierbei ist zu beachten, dass typischerweise solche Zellbauformen den verfügbaren Bauraum innerhalb des Zellgehäuses nicht so gut ausnutzen. Jede Seite des A-S-K-Verbunds benötigt den Platz im Gehäuse für das Zusammenführen und Kontaktieren der Ableiter. Das beeinflusst die volumetrische Energiedichte der LIB negativ.

2.6 Sicherheitseinrichtungen

LIB können durch einen zu hohen Strom beim Laden oder Entladen in Zustände kommen, die ein elektrisches Abschalten der LIB beziehungsweise ein Unterbrechen des Stromflusses von oder zur LIB erfordern. Solche kritischen Zustände der LIB müssen frühzeitig erkannt werden, um eine Havarie der LIB sicher zu verhindern oder weitere Maßnahmen zum Schutz einzuleiten. Weitere Sicherheitseinrichtungen reduzieren den Druck innerhalb der LIB, der bei solchen Havariesituationen durch Gasung innerhalb der LIB entsteht.

Neben den hier dargestellten mechanischen und elektrischen Sicherheitseinrichtungen können chemische Komponenten für einen entsprechenden Schutz sorgen. Additive im Elektrolyten können bei Überladung oder hohen Temperaturen reagieren und die chemische Stabilität erhöhen [21].

2.6.1 Druckentlastung

Der Deckel des Hartgehäuses besitzt in der Regel eine Berstmembrane oder eine ähnliche Sicherheitseinrichtung gegen Überdruck. Steigt im Falle eines kritischen Zustands der Gasdruck in der LIB an und überschreitet den vorgegebenen Grenzwert, so öffnet sich die Berstmembrane und ermöglicht es dem unter Druck stehenden Gas, nach außen zu entweichen. Damit wird die Explosionsgefahr für die LIB im Havariefall reduziert.

Größere LIB mit Hartgehäuse besitzen eine freiliegende Berstmembrane, die sich beim Überschreiten des Berstdruckes nach außen öffnet (siehe Bild 2.20). Bei Rundzellen des Typs 18650 oder 21700 zum Beispiel ist die Berstmembrane in den Deckel integriert. Bild 2.21 zeigt oben einen solchen Deckel für eine Rundzelle des Typs 18650 mit der Vorderseite und der Rückseite. Bild 2.21 unten enthält Darstellungen der Deckel einer Rundzelle des Typs 26650.

Eine LIB mit einer geöffneten Berstmembrane gibt Gefahrstoffe an die Umgebung ab (siehe Abschnitt 3.3 sowie Abschnitt 4.2) und ist auch nicht mehr sicher funktionsfähig. Sie kann aber noch elektrische Energie beinhalten. Die geöffnete LIB befindet sich daher in einem kritischen Zustand und ist entsprechend zu handhaben.

Bild 2.20 Berstmembrane (oben: PHEV2-Hartgehäuse-Zelle, unten: Rundzelle 71910)

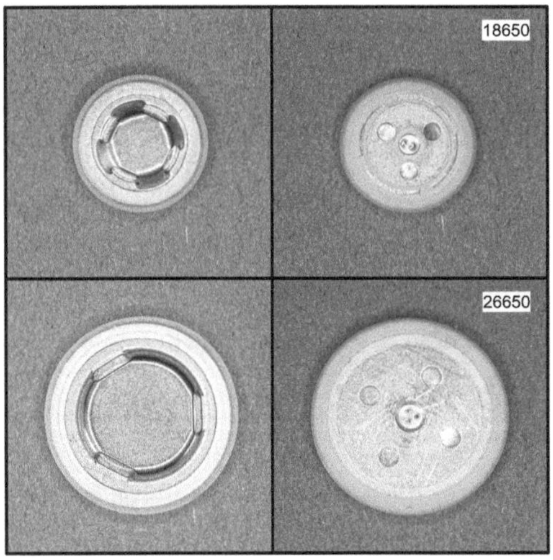

Bild 2.21
Deckel des Rundgehäuses mit integrierter Berstmembrane

2.6.2 Elektrische Sicherheitseinrichtungen

Elektrische Sicherheitseinrichtungen trennen die LIB vom externen Stromabnehmer oder Stromlieferanten. Sie unterbrechen den Stromfluss. Auslöser dieser Sicherheitseinrichtung kann eine erhöhte Temperatur in der LIB oder ein hoher Druck des Gases innerhalb der LIB sein.

Ein solcher Überstromschutz oder Current Interrupt Device (CID) unterbricht den Stromkreis im Falle eines kritischen Zustands der LIB (siehe Bild 2.22). Meistens löst der höhere Gasdruck innerhalb der LIB den Überstromschutz aus. Es handelt sich dabei um eine bistabile Druckmembrane, die auf einer Seite mit dem Gasvolumen der LIB verbunden ist. Überschreitet der Gasdruck innerhalb der LIB den zulässigen Grenzwert, verändert die Druckmembrane ihre Form. Die elektrische Verbindung vom A-S-K-Verbund zum Terminal innerhalb des CID reißt meist irreversibel ab. Tritt dieser Fall bei einer vollgeladenen oder überladenen LIB auf, kann die LIB nicht mehr entladen werden, da es keinen elektrischen Kontakt von außen zum A-S-K-Verbund gibt. Bild 2.23 zeigt einen solchen durch erhöhten Druck irreversibel geöffneten Kontakt in einem CID.

Bild 2.22 CID im Gehäusedeckel (für PHEV2 montiert)

Bild 2.23
Geöffneter Kontakt im CID, © Bild:VW-VM-Forschungsgesellschaft mbH, Quelle: [19]

[22] zeigt ein rückstellbares CID (siehe Bild 2.24). Im Normalzustand berühren sich der interne Anschlusspunkt des A-S-K-Verbunds (Nr. 108) und die Membrane (Nr. 106). Der Strom kann über die Kontaktstelle fließen. Steigt bei einer kritischen Situation der Druck in der LIB an, wird die Membrane (Nr. 106) nach oben bewegt, und der Kontakt wird gelöst. Die Membrane nimmt ihre zweite definierte Lage ein. Soll die LIB dann entladen werden, muss der elektrische Kontakt dafür wieder geschlossen werden. Ein unter Druck stehendes Gas oder Druckluft kann die Membrane wieder in die ursprüngliche Lage zurückbewegen. Der elektrische Kontakt wird dabei geschlossen und die LIB kann entladen werden und so wieder in einen sicheren Zustand überführt werden.

Ein Temperaturanstieg der LIB im Falle einer Havarie kann auch der Auslöser für eine Sicherheitseinrichtung sein. Hierfür sind unterschiedliche Sensortypen denkbar. Beim PTC-Schutz (Positive Temperature Coefficient, PTC) steigt der elektrische Widerstand der Sicherheitseinrichtung mit der Temperatur. Der höhere elektrische Widerstand begrenzt den Strom, den die LIB abgeben kann. Je nach Bauart ist die LIB nach Absinken der Temperatur weiterhin funktionsfähig [21].

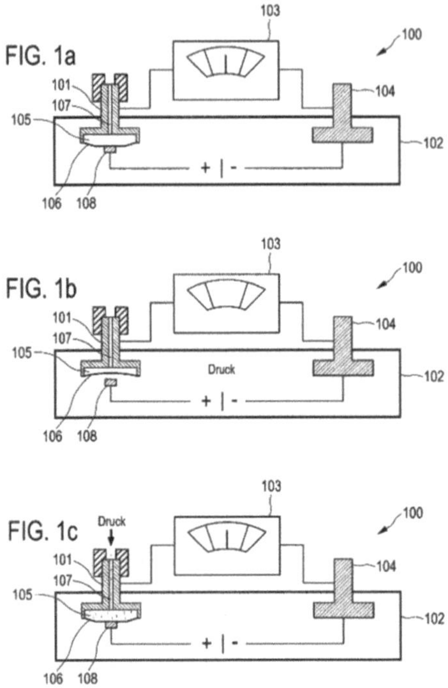

Bild 2.24
Rückstellbares CID, Quelle: [22]

2.6.3 Sicherheitseinrichtung Separator

Ein Separator mit Shut-Down-Funktion schmilzt bei zu hoher Temperatur an diesen Positionen und unterbricht den Ionenfluss zwischen der Anode und Kathode. Ein solcher Separator inaktiviert im Falle der hohen Temperatur die LIB örtlich. In diesem Falle ist die LIB trotzdem weiter funktionsfähig, allerdings kann ihre Leistungsfähigkeit eingeschränkt sein [21].

2.7 Technische Eigenschaften von Lithium-Ionen-Batteriezellen

LIB besitzen unterschiedliche technische Eigenschaften, die für deren Einsatz von Bedeutung sind. Diese sind im Folgenden zusammengefasst.

2.7.1 Zellspannung

Unter der Zellspannung wird die Spannung zwischen den beiden Anschlusspolen der LIB verstanden, die anliegt, wenn kein Strom der LIB entnommen wird [10]. Sie wird auch als Open Circuit Voltage (OCV) oder Ruhespannung bezeichnet. Das verwendete chemische System der LIB bestimmt deren Zellspannung. Bei den hier betrachteten Systemen NMC gegen Grafit liegt die Nennzellspannung bei ungefähr 3,7 V, bei LFP gegen Grafit liegt sie bei ungefähr 3.5 V [2]. Eine solche LIB mit NMC kann herstellerindividuell im Bereich zwischen einer Entladeschlussspannung von 2,7 – 3,0 V bis zur Ladeschlussspannung von 4,2 V betrieben werden [10]. Des Weiteren begrenzen die Eigenschaften des Elektrolyten die maximale Zellspannung. Ab 4,3 – 4,4 V beginnen Zersetzungsprozesse im Elektrolyten, die seine Eigenschaften negativ beeinflussen.

2.7.2 Zellkapazität und Zellladung

Die Zellkapazität einer LIB gibt an, wie viel elektrische Energie die LIB bei definitionsgemäßem Betrieb maximal speichern kann. Sie wird in Amperestunden (Ah) angegeben. Die aktuell in der LIB gespeicherte elektrische Energie oder Ladung und die dazu jeweils anliegende Zellspannung stehen in einem eindeutigen Zusammenhang. Das bedeutet, dass sich die in der LIB befindliche elektrische Energie durch die Messung der Zellspannung bei Verwendung entsprechender Kennlinien ermitteln lässt. Der Verlauf der Kennlinie, die den Zusammenhang zwischen Zellspannung und Kapazität beschreibt, hängt von der eingesetzten Zellchemie ab. Bild 2.25 zeigt beispielhaft einen solchen Zusammenhang für eine auf NMC-Chemie basierte LIB.

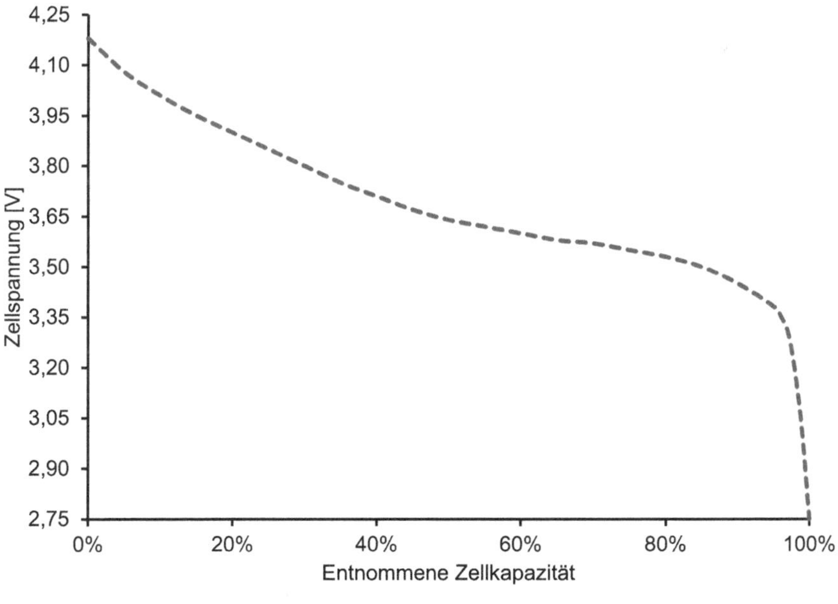

Bild 2.25 Zusammenhang von Zellspannung und aktuellem Energieinhalt der LIB – schematische Darstellung

Eine LIB mit der Zellchemie LFP zeigt im mittleren Bereich meist einen fast horizontalen Verlauf der Kurve der entnommenen Kapazität. In diesem Bereich ist eine Bestimmung des aktuellen Energieinhaltes der LIB anhand der Zellspannung daher nicht sicher möglich. In diesem Fall kann die jeweils aktuelle Zellladung durch eine kontinuierliche Erfassung des Stroms, der in die LIB fließt oder der LIB entnommen wird, bestimmt werden. Eine Integration des Stroms gibt dann einen direkten Hinweis auf die entnommene oder eingespeiste elektrische Energie. Diese Methode erfordert eine sehr präzise Strommessung, da schon geringe Fehler bei der Strommessung zu einer falschen Einschätzung des Ladezustands führen können.

2.7.3 Zellleistung

Die Zellleistung ist die elektrische Leistung einer LIB, angegeben in Watt (W), die in einer Zeitspanne entnommen werden kann bezogen auf diese Zeitspanne. LIB lassen sich grob in Leistungs- und Energiezellen einteilen. Leistungszellen sind in der Lage innerhalb kurzer Zeit eine hohe elektrische Leistung abzugeben. Energiezellen besitzen eine höhere Energiedichte. Sie können mehr elektrische Energie speichern, aber nicht so schnell in hohen Raten abgeben.

2.7.4 Ladestrom

Der Ladestrom bezeichnet die Stromstärke (A), mit der eine LIB geladen werden kann. Häufig wird dieser Wert ins Verhältnis zur Kapazität der LIB gesetzt. Diese C-Rate beschreibt die Belastung der LIB beim Laden oder Entladen. Wird beispielsweise eine LIB mit einer Kapazität von 10 Ah mit einem Ladestrom von 20 A geladen, so beträgt die Laderate 2 C. Typischerweise beträgt die Laderate 1 C.

2.7.5 Impedanz

Die Impedanz einer LIB beschreibt den gesamten Widerstand einer Wechselstromanregung der LIB. Die Impedanz berücksichtigt sowohl den direkten elektrischen Widerstand als auch die dynamischen Prozesse innerhalb der LIB. Es handelt sich um eine komplexe Größe aus einem Realteil und einem Imaginärteil. Die Impedanz ist frequenzabhängig aufgrund der unterschiedlichen Komponenten. Das Nyquist-Diagramm zeigt den Realteil in Abhängigkeit von dem Imaginärteil, das Bode-Diagramm visualisiert Betrag und Phase in Abhängigkeit der Frequenz.

Bei der elektrochemischen Impedanzspektroskopie (EIS) regt eine Wechselspannung mit einer über einen weiten Bereich variierenden Frequenz die LIB an. Die dann erfasste resultierende Stromantwort der LIB ermöglicht die Bestimmung des komplexen Widerstands als Funktion der Frequenz. Die Messung der Impedanz mittels elektrochemischer Impedanzspektroskopie ermöglicht es, den Zustand der LIB und ihre internen Prozesse zu analysieren, ohne dass die LIB geöffnet werden muss [23].

Bild 2.26 zeigt ein solches Bode-Diagramm, das den Mittelwert der EIS-Verläufe mehrerer PHEV2-LIB darstellt. Die Veränderungen des Graphen des Bode-Diagrammes in den unterschiedlichen Prozessschritten stellen die jeweiligen Abschnitte in Kapitel 6 dar.

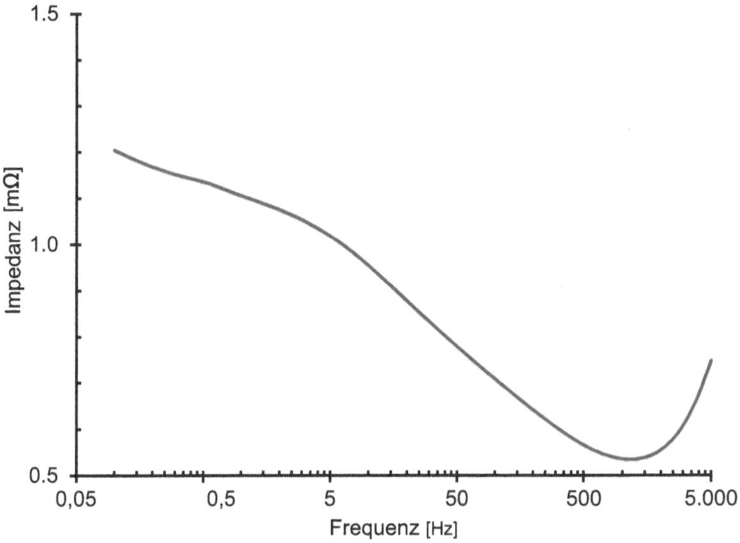

Bild 2.26 Bode-Diagramm einer LIB, Quelle: [23]

2.7.6 Zellvolumen

Das Zellgehäuse zusammen mit den elektrischen Anschlüssen definiert das Volumen der LIB, das diese für ihren Einbau beispielsweise im Modul benötigt. Es handelt sich hierbei um die Außenabmessungen der LIB. Dieses Zellvolumen bildet eine Basis für die volumetrische oder spezifische Energiedichte und die volumetrische Leistungsdichte der LIB.

2.7.7 Energiedichte

Die gravimetrische Energiedichte oder die spezifische Energiedichte bezieht die in der LIB speicherbare elektrische Energie auf das Gewicht der LIB. Das Zellgewicht berücksichtigt alle Massen, die in der LIB verwendet werden. Die volumetrische Energiedichte bezieht die in der LIB speicherbare elektrische Energie auf das Volumen der LIB. Beide Angaben der Energiedichte beschreiben die Charakteristika der LIB und dienen häufig zur Beurteilung der LIB oder zur Definition der Anforderungen an eine LIB im Lastenheft.

2.7.8 Leistungsdichte

Die Leistungsdichte bezieht die Zellleistung entweder auf das Gewicht oder das Volumen der LIB. Die gravimetrische Leistungsdichte oder spezifische Leistungsdichte bezeichnet das Verhältnis der Zellleistung zum Gewicht der LIB und die volumetrische Leistungsdichte kennzeichnet das Verhältnis der Zellleistung zum Volumen der LIB.

Das Ragone-Diagramm verknüpft die gravimetrische Energiedichte und die gravimetrische Leistungsdichte unterschiedlicher Speichersysteme (siehe Bild 2.27). Das Ragone-Diagramm spielt eine wichtige Rolle bei der Bewertung von Batterien, Superkondensatoren, Brennstoffzellen und anderen Energiespeichern, insbesondere im Hinblick auf mobile und stationäre Anwendungen. Es ermöglicht den Vergleich verschiedener Energiespeicher in Bezug auf die speicherbare Energiemenge und die Geschwindigkeit der Energieabgabe [25].

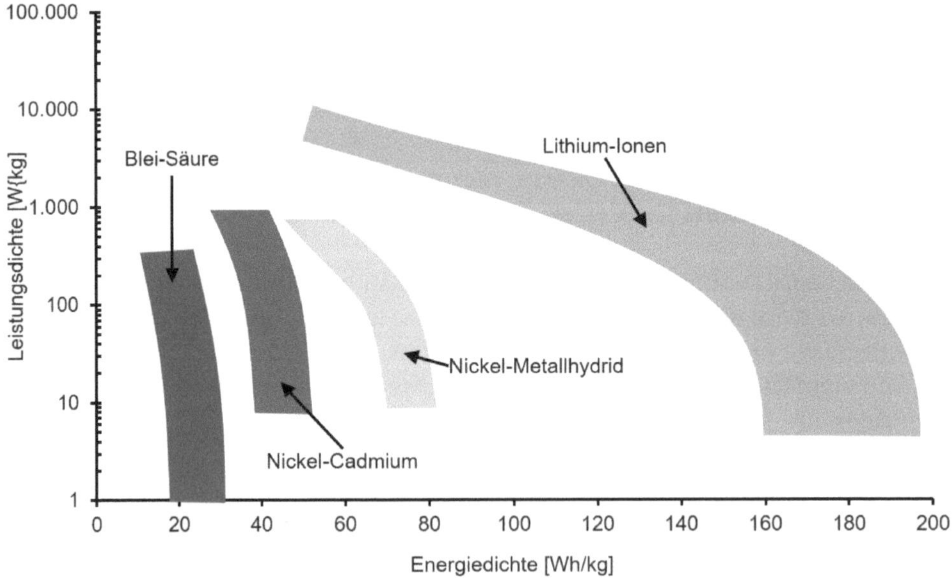

Bild 2.27 Ragone-Diagramm, Quelle: [24]

2.7.9 Lebensdauer

Die kalendarische Lebensdauer einer LIB wird ausschließlich durch ihr kalendarisches Alter unabhängig von der Anzahl der Lade- und Entladevorgänge bestimmt. Hierbei bestimmen zeitlich initiierte Veränderungen innerhalb der LIB ihre Alterung oder ihren Zustand.

Jede LIB kann nur eine begrenzte Anzahl an Lade- und Entladezyklen absolvieren, bevor ihre Kapazität die Grenze von 80 % unterschreitet. Ein Zyklus entspricht dabei einer vollständigen Ladung und Entladung (zum Beispiel von 0 % auf 100 % Ladezustand und zurück). Typische zyklische Lebensdauern einer LIB liegen zwischen 300 und 1000 Zyklen bei einer Laderate von 1 C, abhängig von der Zellchemie und den Betriebsbedingungen. Eine Reduzierung der Laderate vergrößert die zyklische Lebensdauer der LIB.

Die Kapazitätsgrenze von 80 % beschreibt einen empirischen Wert, ab dem die Versagensneigung einer LIB besonders unter Laborbedingungen zunimmt. Es ist ein Versuch, ein möglichst allgemeingültiges Kriterium für das Lebensdauerende einer LIB festzulegen. Das tatsächliche Nutzungsprofil beeinflusst diese Kapazitätsgrenze maßgeblich [26] [27].

2.8 Haupteigenschaften

Die einzelnen Parameter der Prozessschritte, die bei der Herstellung der LIB durchlaufen werden, beeinflussen die Eigenschaften der LIB. Die Eigenschaften der LIB, die für den Kunden oder Nutzer relevant sind, werden im Folgenden als Haupteigenschaften bezeichnet (siehe Bild 2.28). Das sind Sicherheit, Energieinhalt, Leistung, Kosten und Lebensdauer. Die Haupteigenschaften Energieinhalt, Leistung und Lebensdauer beschreibt Abschnitt 2.7.

Diese Haupteigenschaften sind voneinander abhängig. Typischerweise erfordert die Veränderung einer Haupteigenschaft gleichzeitig die Anpassung anderer Haupteigenschaften.

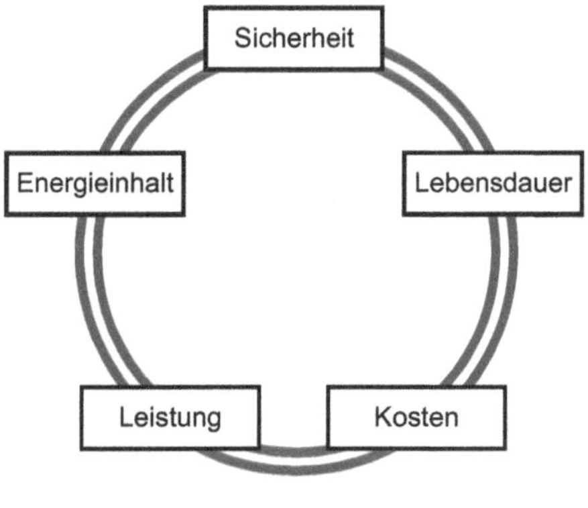

Bild 2.28
Haupteigenschaften von LIB

2.8.1 Sicherheit

Das Hauptkriterium „Sicherheit" beschreibt, ob durch die Produktion, Handhabung oder Nutzung der LIB eine Gefährdung für Menschen, Tiere oder Sachen ausgeht. Hier ist immer zu berücksichtigen, dass es sich bei den LIB um Systeme mit einer hohen Energiedichte handelt, die Gefahrstoffe beinhalten und die diese im Havariefall auch freisetzen können.

Zu solchen Sicherheitsrisiken für den Menschen zählen beispielsweise

- Brand- und Explosionsgefahr,
- Freisetzung toxischer oder reizender Gase,
- elektrische Gefährdung (bei hoher Zell- oder Modulspannung),
- mechanische Verletzungen im Falle einer Explosion durch weggeschleuderte Teile, oder
- Kontakt mit Elektrolyten.

Es sind daher geeignete Maßnahmen zum Schutz vor diesen Gefährdungen zu treffen.

2.8.2 Kosten

Das Hauptkriterium „Kosten" beschreibt, welche Kosten bei der Fertigung der LIB verursacht werden. Das Kriterium beinhaltet alle Kostenarten, wie Abschreibung, Materialkosten, Wartungskosten, Personalkosten und Energiekosten. Die Kostensituation bestimmt den Preis der LIB, der für den Kunden relevant ist.

In der Vergangenheit verringerten sich die Preise für LIB in teilweise großem Ausmaß, was Bild 2.29 zeigt. Ab dem Jahr 2020 zeigen sich keine sehr großen Preisreduzierungen mehr. Das Preisniveau liegt bei ungefähr 150 €/kWh. Mit Sicherheit trugen Skaleneffekte im Bereich der Produktionsanlagen und der Produktionsprozess zu der Reduzierung bei. Der Preis scheint sich auf dem Niveau von ungefähr 150 €/kWh einzupendeln. Der Preis hängt jedoch nicht ausschließlich von den Kosten in der Produktion der LIB ab. Fortschritte in der Fertigungstechnologie können Kostenreduzierungen ermöglichen. Auf der anderen Seite führen daraus entstehende zusätzliche Fertigungskapazitäten zu Überkapazitäten. Diese verursachen ein großes Angebot, was üblicherweise zu sinkenden Preisen führt. Zusätzlich üben neue Wettbewerber im Markt mit aggressiver Preisstrategie einen großen Einfluss auf die Preisgestaltung am Markt aus.

Die verfügbare Literatur zeigt eine unterschiedliche Aufteilung und Höhe der Herstellkosten von LIB. Die Daten aus [23] zeigen, dass die Materialkosten den größten Kostenblock darstellen. Fast drei Viertel der Herstellkosten entfallen auf das verwendete Material. Bei der Bewertung einer solchen Aussage sind natürlich viele zellindividuelle Aspekte zu betrachten. Diese Aussage zeigt aber die generelle Kostenverteilung bei der Herstellung von LIB.

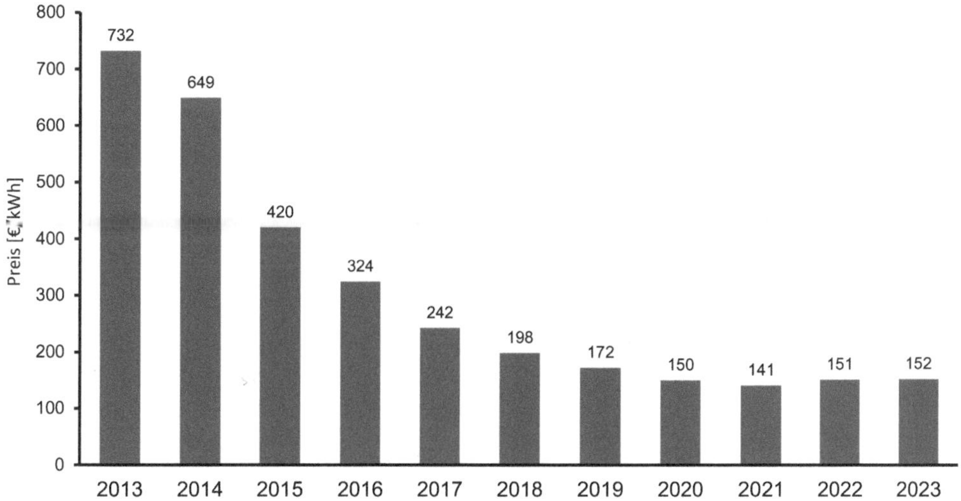

Bild 2.29 Weltweite Preisentwicklung von LIB, Datenquelle: [28]

Die Berechnungen, die der Verteilung in Bild 2.30 zugrunde liegen, basieren auf Kosteninformationen aus den Jahren 2013 bis 2015. Der Vergleich mit der aktuelleren Kostenverteilung aus dem Jahr 2024 (siehe Bild 2.31) zeigt einen Anstieg des Anteils der Materialkosten. Das kann auf steigende Materialkosten aufgrund des verbesserten Materials (NMC111 zu NMC811) zurückgeführt werden. Die Dominanz des Einflusses der Materialkosten auf die Herstellkosten der LIB bleibt weiterhin bestehen, sie verstärkt sich sogar.

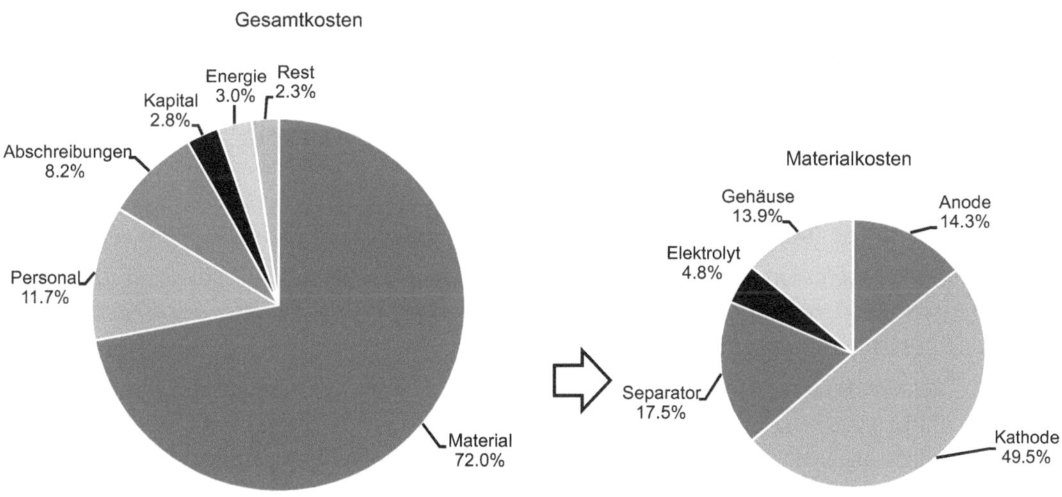

Bild 2.30 Herstellkosten- und Materialkostenverteilung bei einer Referenzzelle, Datenquelle: [23]

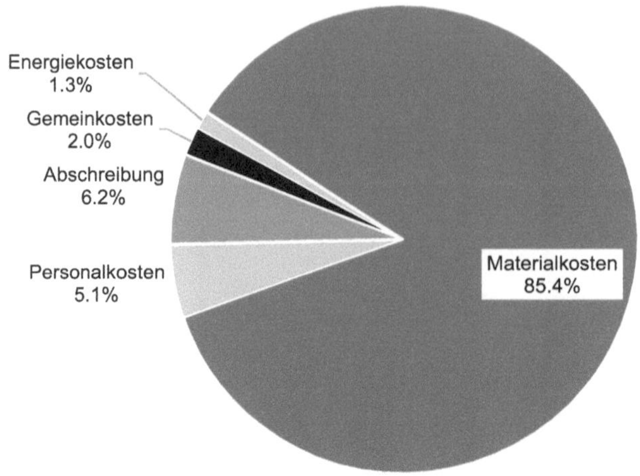

Bild 2.31
Verteilung der Kosten bei einer PVEH2-LIB, Datenquelle [29]

[23] ermittelt mit einem detaillierten Berechnungsmodell auf Ebene von Einzelanlagen die bei einer LIB-Fertigung in den einzelnen Prozessschritten anfallenden Kosten. Die Abfolge der Prozessschritte weicht geringfügig von der hier betrachteten Prozessfolge ab. Trotz des Unterschieds lassen sich die Erkenntnisse über die Kostenverteilung von [23] auf andere Prozessfolgen übertragen.

Die folgende Untersuchung der Produktionskosten der LIB verwendet zwei Hauptkostenblöcke: Das sind erstens die Materialkosten und zweitens alle weiteren Kosten. Diese weiteren Kosten beinhalten die Personalkosten, Energiekosten, Kosten für Instandhaltung, Fläche, Trockenraum, kalkulatorische Zinsen und die Abschreibung. Die Darstellung in Bild 2.32 betrachtet die relativen Kosten. Hierbei sind die einzelnen Kosten jeweils auf die Gesamtkosten bezogen.

Die Materialkosten fallen verteilt über den Produktionsprozess an. Sie steigen also nicht linear mit der Anzahl der durchlaufenen Prozessschritte. Ungefähr die Hälfte der Materialkosten verursacht der Prozessschritt „Aktivmaterial mischen“ (siehe Abschnitt 5.3). Hier werden alle Materialien für die Pastenherstellung dem Prozess zugeführt. Die Prozessschritte „Elektroden beschichten und trocknen“ (siehe Abschnitt 5.4), „Elektroden wickeln oder Stapel“ (siehe Abschnitt 6.1), „Ableiter formen und kontaktieren“ (siehe Abschnitt 6.3), „Wickel oder Stapel assemblieren“ (siehe Abschnitt 6.4) und „Zelle mit Elektrolyten befüllen“ (siehe Abschnitt 6.7) verursachen weitere Materialkosten durch den darin erfolgten Materialverbrauch. Die anfallenden weiteren Kosten der Prozessschritte sind bedeutend geringer.

Bei der Untersuchung der kumulierten Kosten zeigt sich ein vergleichbares Bild (siehe Bild 2.33). Die weiteren Kosten steigen kontinuierlich in der Folge der Prozessschritte fast linear an. Der Sprung der Materialkosten zu Beginn des Prozesses bestimmt das hohe Kostenniveau auch in den folgenden Prozessschritten.

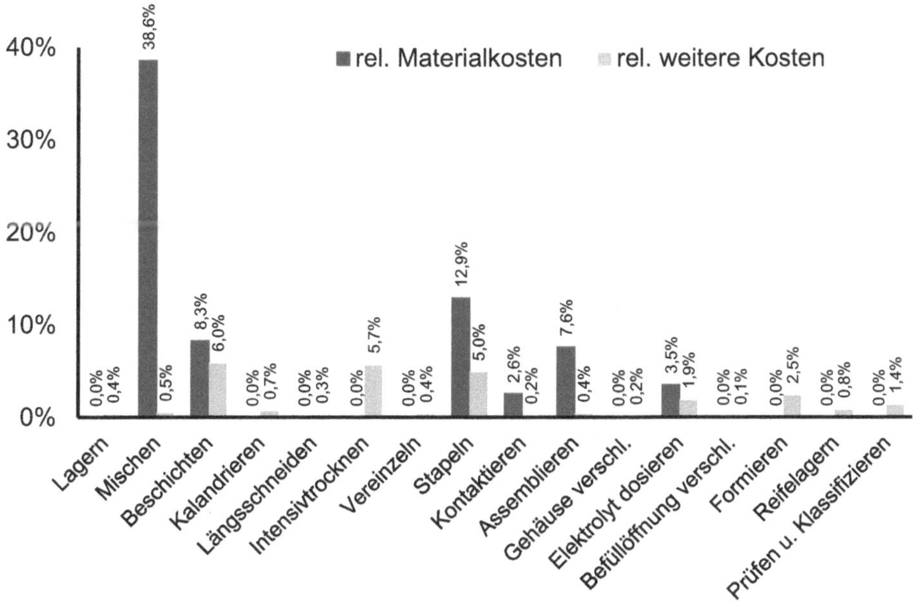

Bild 2.32 Kostenverteilung auf Prozessschritte, Datenquelle: [23]

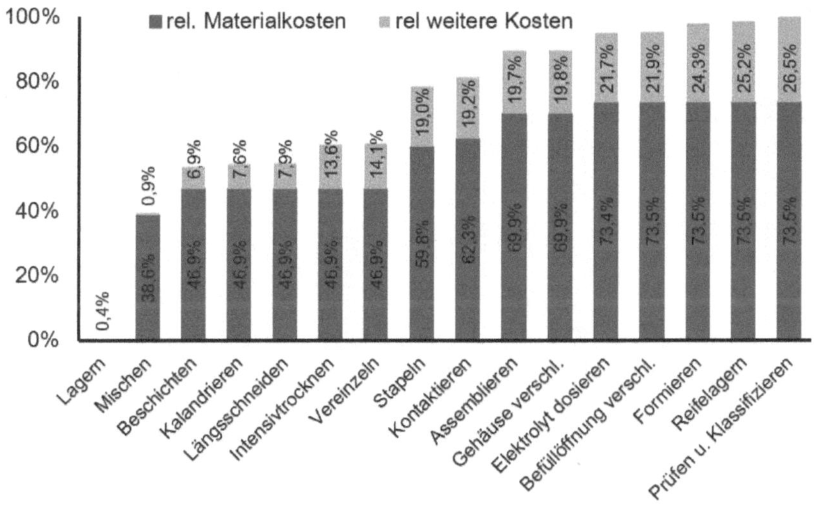

Bild 2.33 Kumulierte Kosten, Datenquelle: [23]

Diese Darstellung zeigt deutlich, dass der nach dem Prozessschritt „Aktivmaterial mischen“ (siehe Abschnitt 5.3) auftretende Ausschuss einen sehr hohen Anteil Materialkosten beinhaltet. Um diese Ausschusskosten möglichst gering zu halten, ist eine genaue

Überwachung aller Prozessparameter in allen folgenden Prozessschritten erforderlich. Des Weiteren leitet sich davon die Forderung ab, die Prozessschritte hinsichtlich der Prozessparameter sehr genau zu überwachen und auch zu dokumentieren. Die Kostensituation zeigt, dass der Produktionsprozess der LIB in jedem Prozessschritt so genau wie möglich zu überwachen ist, um Ausschuss und die damit verbundenen Kosten zu vermeiden.

Die hier aufgeführten Kostenbetrachtungen enthalten nur teilweise die Kosten für den Ausschuss. Zu dem Kostenblock des Ausschusses gehört der Einfahrausschuss und der Produktionsausschuss.

Der Einfahrausschuss oder auch Anfahrausschuss beinhaltet das Material, dass während der Phase des Hochlaufens einer Produktionsanlage beim Einstellen der Produktionsparameter benötigt wird, aus dem aber kein Produkt hergestellt werden kann. Der Produktionsausschuss setzt sich aus allen Kosten zusammen, die durch die Produktion fehlerhafter Komponenten in der laufenden Produktion entstehen. Das Modell von [23] beinhaltet Produktionsausschuss für jeden Prozessschritt. [30] beziffert die Ausschusskosten mit 30.000 € pro Tag und pro Prozentpunkt der Ausschussrate. In Abschnitt 4.3 wird diesen Punkt detaillierter betrachtet.

Die wirtschaftlichen Betrachtungen basieren meist auf einem festen Preis der für die Herstellung der LIB erforderlichen Rohstoffe. Allerdings unterliegen diese Rohstoffpreise sehr starken Schwankungen aufgrund geopolitischer Ereignisse, Veränderungen der Umrechnungskurse der Währungen oder der Steigerung der Förderung. Bild 2.34 zeigt die Entwicklung der relativen Preise für Nickel und Kobalt mit der Basis 01/2022. Diese Vergangenheitsbetrachtung zeigt, dass sich Preise für diese Metalle im Betrachtungszeitraum durchaus auch um den Faktor 2,5 erhöhen.

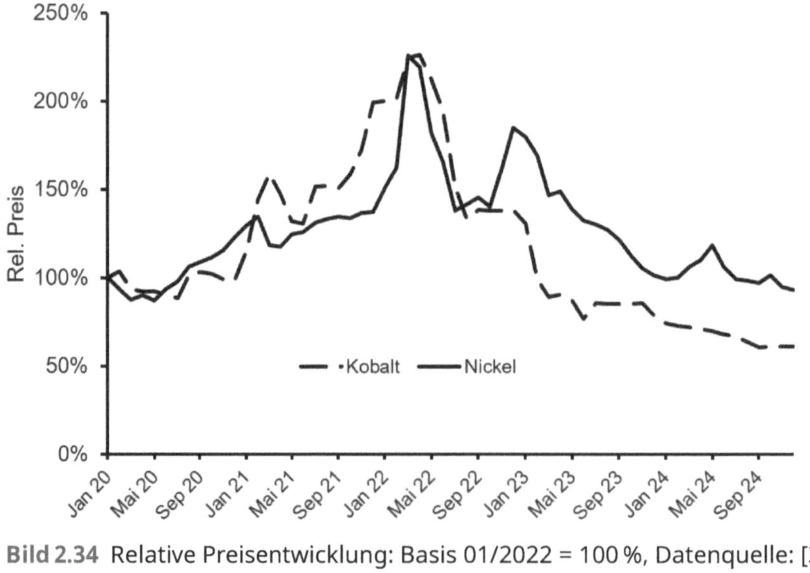

Bild 2.34 Relative Preisentwicklung: Basis 01/2022 = 100 %, Datenquelle: [31]

Es ist leicht verständlich, dass solche Preisveränderungen der Rohmaterialien auf die Kostensituation in der LIB-Produktion durchschlagen. Mit Sicherheit werden Hersteller versuchen, sich durch geeignete Werkzeuge gegen solche starken Materialpreisschwankungen abzusichern, was aber nur in bestimmtem Maße funktioniert. [32] zeigte anhand historischer Daten den Zusammenhang zwischen den Rohstoffkosten und dem LIB-Preis auf.

Bild 2.35 zeigt, dass der sehr starke Anstieg des Preises für das Rohmaterial Kobalt mit einer Zeitverzögerung von ungefähr einem Quartal den Preis für das Aktivmaterial $LiCoO_2$ der LCO-LIB ansteigen lässt. Es ist nachvollziehbar, dass der Preisanstieg des Aktivmaterials geringer ausfällt als der Anstieg des Rohmaterials Kobalt, da der Preis für das Aktivmaterial neben dem Kobalt noch weitere Kostenanteile beinhaltet, die in erster Näherung konstant geblieben sind. Vergleichbares gilt dann auch für den Anstieg der Preise der LIB, in der dieses Aktivmaterial verbaut worden ist.

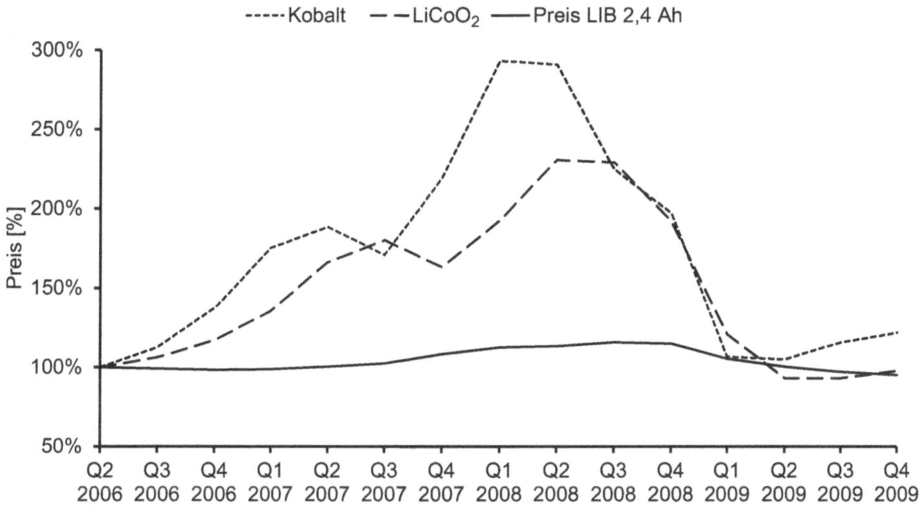

Bild 2.35 Zusammenhang von Materialpreis und LIB-Preis, Datenquelle: [32]

Auch der hier geschilderte Zusammenhang verdeutlicht, dass bei einer LIB-Fertigung der effiziente Materialeinsatz ein wichtiger Faktor zur Darstellung einer wirtschaftlichen Fertigung ist.

Werden Investitionen Alleine Betrachtet, So Lassen Sie Sich Nicht Sinnvoll Miteinander Vergleichen. Wie Bei Anderen Größen Ist Ein Bezug Der Investitionen Auf Eine Fertigungskapazität Von 1 Gwh Sinnvoll. Bei Der Betrachtung Der Für Eine Lib-Fertigung Erforderlichen Investitionen In Bild 2.36 Zeigt Sich Bei Zunehmender Kapazität Der Lib-Fertigung Eine Verringerung Der Erforderlichen Investitionen. Hierbei Treten Die Bekannten Skaleneffekte Mit Zunehmender Kapazität Auf. Je Größer Die Geplante Fertigungskapazität Ist, Desto Näher Liegen Diese Werte Für Die Unterschiedlichen Zellgehäusebauarten Beziehungsweise Zellgehäusebauformen Zusammen. Es

Zeigt Sich Auch, Dass Für Die Fertigung Von Verbundfolienzellen Etwas Geringere Investitionen Erforderlich Sind.

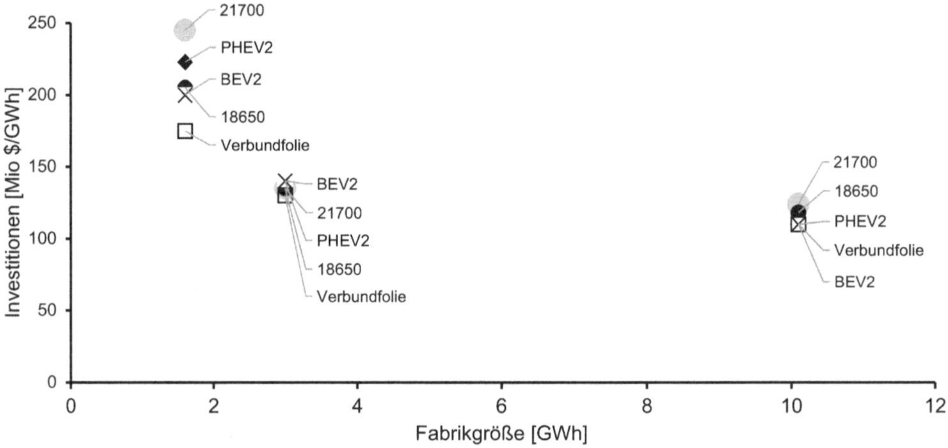

Bild 2.36 Investitionen in Produktionskapazität, Datenquelle: [33]

Literatur

[1] *Heimes, H. H./Dorn, B./Locke, M./Wennemar, S./Ludwigs, R./Plocher, L./Voß, S.:* Produktionsverfahren von Batteriezellen und -systemen. In: *Kampker, A./Heimes, H. H. (Hrsg.):* Elektromobilität. Grundlagen einer Fortschrittstechnologie. 3. Auflage. Springer Vieweg, Berlin 2024

[2] *Garche, J./Brandt, K. (Hrsg.):* Li-Battery Safety. Elsevier, Amsterdam 2019

[3] *Hettesheimer, T./Neef, C./Inclán, I. R./Link, S./Schmaltz, T./Schuckert, F./Stephan, A./Stephan, M./Thielmann, A./Weymann, L./Wicke, T.:* Lithium-Ion Battery Roadmap – Industrialization Perspectives Toward 2030. Karlsruhe 2023

[4] *Institut für Klimaschutz, Energie und Mobilität e. V.:* Grundsätzlicher Aufbau einer Lithium-Ionen-Batterie. 14.06.2023. *www.forschungsinformationssystem.de/servlet/is/506095* (abgerufen am 27.07.2024)

[5] *Korthauer, R. (Hrsg.):* Handbuch Lithium-Ionen-Batterien. Springer Vieweg, Berlin/Heidelberg 2013

[6] *Lumitos AG:* Lithium-Ionen-Akkumulator. 2025. *www.chemie.de/lexikon/Lithium-Ionen-Akkumulator.html* (abgerufen am 31.07.2024)

[7] *Stich, M.:* Wasserverunreinigungen in Lithium-Ionen-Batterien. Ilmenau 2018

[8] *Knoche, T. M.:* Elektrolytbefüllung prismatischer Lithium-Ionen-Zellen. TU München 2017

[9] *Schomburg, F./Heidrich, B./Wennemar, S./Drees, R./Roth, T./Kurrat, M./Heimes, H./Jossen, A./Winter, M./Cheong, J. Y./Röder, F.:* Lithium-ion battery cell formation: Status and future directions towards a knowledge-based process design. In: Energy and Environmental Science 2024, 17, pp. 2686 – 2733

[10] *Dorrmann, L./Sann-Ferro, K./Heininger, P./Maäßliß, J.:* Lithium-Ionen-Akkus: Kompendium bietet guten Einstieg für Hersteller, Entwickler und Anwender. 25.11.2021. *www.dke.de/de/arbeitsfelder/components-technologies/lithium-ionen-akkus* (abgerufen am 27.10.2024)

[11] *German, F.:* Untersuchungen zur SEI-Bildung und Optimierung der Formation an Lithium-Ionen-Voll- und –Halbzellen. Dissertation. Karlsruher Institut für Technologie (KIT) 2015

[12] *Malchus, C./Kopp, A.:* Einsatz Computertomografie im Batteriesektor. Hochschule Aalen 2024

[13] *Tsuruta, K./Dermer, M. E./Dhiman, R.:* A Cell with a Tabless Electrode. Patent-Nr. WO 2020/096973 A1. USA, 14.05.2020

[14] *Farkas, G. L.:* Stromkollektoranordnung. Batteriezelle für ein Kraftfahrzeug und Verfahren zum Bereitstellen einer Stromkollektoranordnung. Patent-Nr. DE102021104786. 01.09.2022

[15] *Schmidt, A./Topalov, G./Oberschachtsiek, B.:* Entwicklung von Lithium-Ionen-Zellen für kleine Nutzfahrzeuge. Duisburg 2016

[16] *Rieger, B.:* Methodik zur Simulation des mechanischen Verhaltens von Lithium-Ionen-Zellen. Dissertation. TU München 2017

[17] *Sauerteig, D.:* Implementierung und Parametrierung eines physikalischen Simulationsmodells einer Lithium-Ionen-Zelle zur Analyse elektrochemisch-mechanischer Wechselwirkungen. Dissertation. TU Ilmenau 2018

[18] *Holl, K./Schreiber, W./Huth, A./Pompetzki, M./Schebesta, S.:* Erforschung neuartiger langlebiger Zellchemien und umweltfreundlicher Prozesse für Lithium-Ionen-Batteriezellen für die stationäre Energiespeicherung in Deutschland (LiSta). Ellwangen 2018

[19] *Holl, K./Schreiber, W./Pompetzki, M./Schebesta, S./Schrader, M./Huslage, J./Badillo Jimenez, J. P./Winter, M.:* Erforschung von Nano-Silizium-Kohlenstoff-Kompositmaterialien und Batteriezellen-Designs für leistungs- und wettbewerbsfähige Lithium-Ionen-Zellen für CO_2-arme automobile Anwendungen. Ellwangen 2014

[20] *Holl, K./Schreiber, W./Pompetzki, M./Schebesta, S./Huth, A.:* Entwicklung einer Fertigungsmethodik für neuartige Hochenergiebatteriezellen zur Erprobung der Technologie für eine spätere Großserienfertigung in Deutschland. Ellwangen 2014

[21] *Balakrishnan, P./Ramesh, R./Prem Kumar, T.:* Safety mechanisms in lithium-ion batteries. In: Journal of Power Sources, Volume 155, Issue 2, 21 April 2006, pp. 401 – 414

[22] *Gaugler, A./Holl, K./Stock, S./Schreiber, W.:* Batterie mit rückstellbarer Sicherheitseinrichtung sowie dafür geeigneter Polbolzen. Patent-Nr. DE 10 2013 208 555.9. 08.05.2013

[23] *Schünemann, J.-H.:* Modell zur Bewertung der Herstellkosten von Lithiumionenbatteriezellen. Sierke Verlag, Göttingen 2015

[24] *Budde-Meiwes, H./Drillkens, J./Lunz, B./Muennix, J./Rothgang, S./Kowal, J./Sauer, D. U.:* A review of current automotive battery technology and future prospects. In: Journal of Automobil Engineering 2013, pp. 761 – 776

[25] *Kampker, A.:* Automobilproduktion. Springer Vieweg, Berlin 2014

[26] *Jehle, C.:* End-of-Life-Kriterien in der Anwendung. Eine kritische Analyse. In: Batterieforum Deutschland 2021

[27] *Ramoni, M./Zhang, H.-C.:* End-of-life (EOL) issues and options for electric vehicle batteries. In: Clean Technologies and Environmental Policy 15 (6), December 2013

[28] *Scholle, K.:* Weltweite Preisentwicklung für Lithium-Ionen-Akkus in ausgewählten Jahren von 2013 bis 2023. Statista 2023. *https://de.statista.com/statistik/daten/studie/534429/umfrage/weltweite-preise-fuer-lithium-ionen-akkus* (abgerufen am 27.10.2024)

[29] *Lechner, M./Kollenda, A./Bendzuck, K./Burmeister, J. K. K./Keilhofer, J./Kemmer, L./Blaschke, M. J./Friedl, G./Daub, R./Kwade, A.:* Cost modeling for the GWh-scale production of modern lithium-ion battery cells. In: Communications Engineering 3 (1), November 2024

[30] *Dahmen, C./Degen, F./Eckstein, M./Pouls, K./Walter, H./Ludwigs, R./Scheibe, A.:* Mastering ramp-up of battery production. 17. Oktober 2024. *www.ffb.fraunhofer.de/en/publications/White_papers_environment_reports_studies/Mastering_Ramp-up_of_Battery_Production.html* (abgerufen am 27.05.2025)

[31] *Deutsche Rohstoffagentur (DERA):* Rohstoffinformationssystem. 2025. *https://rosys.dera.bgr.de/mapapps49prev/resources/apps/rosys2/index.html?lang=de* (abgerufen am 26.06.2025)

[32] *Petri, R.:* Technologiebasiertes Materialkostenmodell für Li-Ionen-Batteriezellen in der Elektromobilität. Vulkan Verlag, Essen 2015

[33] *Hettesheimer, T./Thielmann, A./Neef, C./Möller, K.-C./Wolter, M./Lorentz, V./Gepp, M./Wenger, M./Prill, T./Zausch, J./Kitzler, P./Montnacher, J./Miller, M./Hagen, M./Fanz, P.:* Entwicklungsperspektiven für Zellformate von Lithium-Ionen-Batterien in der Elektromobilität. Fraunhofer-Allianz Batterien, Pfinztal 2017

3 Havarien

Eine LIB speichert elektrische Energie bei einer hohen Energiedichte. Die Beschädigung oder Zerstörung einer LIB im Rahmen einer Havarie setzt diese Energie frei, und es können folgende Gruppen von Ereignissen auftreten [1]:

- Austritt des Elektrolyten, von Gas oder von gefährlichen Stoffen
- Öffnen der Batteriezelle mit massivem Materialaustrag
- thermische Deformation
- Entzündung oder Feuer
- Explosion

Die Ereignisse sind in dieser Aufzählung in der Reihenfolge aufsteigender Heftigkeit aufgelistet. Bei den typischen oder außergewöhnlichen Einsatzbedingungen treten erfahrungsgemäß folgende Versagensmechanismen der LIB auf [1]:

- Kurzschluss
- mechanische Beschädigung
- thermische Beschädigung
- Überladung
- Tiefentladung

Hierbei ist zu beachten, dass es Wechselwirkungen zwischen den vorangehend beschriebenen Versagensmechanismen geben kann. So führt beispielsweise eine mechanische Beschädigung zu einem internen Kurzschluss, der dann wiederum dazu führt, dass die Temperatur aufgrund der schnellen Entladevorgänge innerhalb der LIB weiter steigt.

Havarien von LIB treten nicht nur beim Betrieb auf, sondern auch während der Produktion oder bei der Lagerung. Abweichungen im Produktionsprozess verursachen Schäden, die in der später fertiggestellten LIB Havarien auslösen können.

3.1 Schadensauslöser

Im Folgenden werden verschiedene typische Schadensauslöser aufgeführt, die während ihrer Produktion oder ihres späteren Einsatzes auf die LIB einwirken können (Bild 3.1). Ein externer Wärmeeintrag wirkt auf alle Komponenten der LIB, erhöht deren Temperatur und kann dadurch ihre Eigenschaften verändern. Die Überladung schädigt zunächst die Kathode. Überspannungen verändern oder zerstören den Separator. Durch Deformationen werden Elektroden in der LIB zerstört, verschoben und/oder kurzgeschlossen. Bei einer Penetration durchdringt ein Objekt die LIB mit ihren Komponenten und verursacht einen internen Kurzschluss zwischen den Elektroden. Fremdpartikel, die bei der Herstellung der LIB in den Elektrodenverbund eingebracht wurden, können interne Kurzschlüsse verursachen. Vergleichbares gilt für die Dendriten[1], die den Separator durchstechen und einen internen Kurzschluss verursachen. Separatorfehlpositionen verändern die für einen sicheren Betrieb der LIB erforderlichen Separatorüberstände und können dadurch einen elektrischen Kontakt zwischen den Elektroden verursachen, was in der Folge wiederum zu einem Kurzschluss führen kann. Ein äußerer Kurzschluss belastet die LIB elektrisch über das zulässige Maß hinaus. Die Komponenten der LIB erwärmen sich.

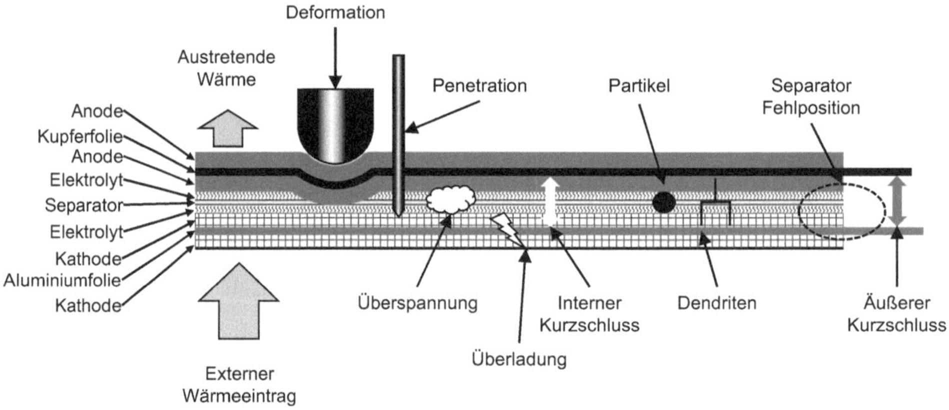

Bild 3.1 Typische Schadensauslöser bei LIB, in Anlehnung an [1]

3.2 Versagensmechanismen

Eine Schadensauslösung initiiert eine Kette von Reaktionen, die einzeln betrachtet wie ein Schadensauslöser sein können, die aber zu einer heftigen Gesamtreaktion und damit zur Zerstörung der LIB führen. Hieraus entsteht die Gefährdung der Umgebung. Im

1 Dendriten sind baum- oder nadelartige Kristallstrukturen, die von einer Elektrode der LIB in Richtung der anderen Elektrode durch Ablagerung von Material entstehen.

Folgenden soll auf wichtige Versagensmechanismen eingegangen werden, die Bild 3.1 schematisch darstellt.

3.2.1 Deformation und Quetschung

Eine Krafteinwirkung von außen deformiert das Gehäuse der LIB. Eine solche Deformation kann zu einem Verschieben oder einem Beschädigen der Elektroden und der Separatorlagen im A-S-K-Verbund führen [1]. Das verursacht interne Kurzschlüsse zwischen den Elektroden, wie sie Abschnitt 3.2.9 beschreibt. Hartgehäusezellen besitzen zwar eine größere Festigkeit und schützen den A-S-K-Verbund besser. Steigt die deformierende Kraft jedoch über das Maß, dem das Zellgehäuse mechanisch widerstehen kann, werden die Elektrodenlagen und Separatorlagen wie beschrieben beeinflusst. Verbundfoliengehäuse bieten aufgrund ihrer geringen mechanischen Festigkeit nur einen geringeren Schutz gegenüber Deformation.

Die Ecken von LIB mit Verbundfoliengehäusen sind strukturell anfälliger für Verformungen. Steigt der Druck innerhalb der LIB an, so verformt sich das Verbundfoliengehäuse. Es versucht eine kugelförmige Gestalt anzunehmen. Dabei zieht es das Gehäusematerial in den Ecken nach innen. Dadurch drückt die Verbundfolie in den Ecken sehr stark auf die Ecken des A-S-K-Verbunds. In Bild 3.2 sind diese Bereiche durch die Kreise gekennzeichnet. Diese Druckerhöhung kann zu Dendritenbildung an diesen Stellen führen. Die Folgen beschreibt Abschnitt 3.2.10. Die Verformung des Gehäuses kann den A-S-K-Verbund in diesem Bereich verformen und dort zu Verschiebung des Separators und anschließend zum Kontakt von Elektroden mit dem dazugehörigen Kurzschluss führen.

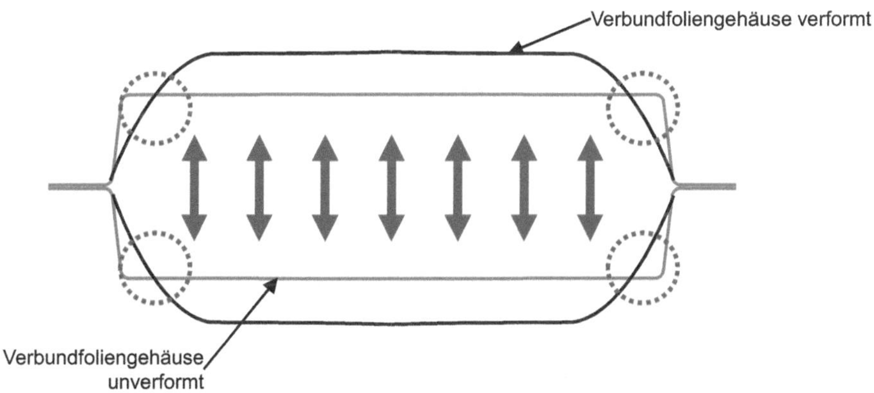

Bild 3.2 Verformung eines Verbundfoliengehäuses durch Anstieg des Innendrucks

Solche Deformationen treten nicht nur im Einbauzustand der LIB auf. Unfälle beim Transport von LIB können auch zu solchen Deformationen mit den beschriebenen Folgen führen. 2025 fielen LIB laut [2] und [3] von einem Fördersystem aus dem ersten Obergeschoss ins Erdgeschoss und verursachten so einen Brand in der Fertigung.

3.2.2 Penetration

Penetriert ein Teil von außen das Gehäuse der LIB, so führt dies zu Beschädigungen der Elektroden und des Separators. Speziell ein elektrisch leitendes eindringendes Teil schließt die Elektroden kurz. Die Auswirkungen beschreibt Abschnitt 3.2.9. In der Regel führt eine solche tief eindringende Penetration zu einer sehr heftigen Reaktion innerhalb der LIB, die durchaus bis zur Explosion der LIB führen kann. Des Weiteren öffnet die Penetration das Zellgehäuse, sodass Elektrolyt oder andere Inhaltsstoffe der LIB in das Umfeld austreten können.

Der Nageltest, bei dem ein Nagel in die Mitte der geladenen LIB hineingedrückt wird, stellt diesen Versagensmechanismus nach und zeigt das Verhalten der LIB in einem solchen Havariefall [1].

3.2.3 Tiefentladung und Unterspannung

Tiefentladungen treten auf, wenn die LIB zu lange, ohne elektrisch nachgeladen zu werden, gelagert oder elektrisch belastet wird. Dabei besteht das Risiko, dass Kupfer der Anode in Lösung geht und auf der Kathode abgeschieden wird. Das begünstigt ein Dendritenwachstum, was in der weiteren Folge zu einem internen Kurzschluss führt. Weiterhin kann die auf der Anode beim Herstellungsschritt Formation aufgebaute Schutzschicht (SEI) aufgelöst werden. Das führt dazu, dass das Lithium aus dem Elektrolyten mit dem Kohlenstoff der Anode reagiert (siehe Bild 2.2) [2].

Nach einer Tiefentladung zeigt die LIB nicht sofort ein risikobehaftetes Verhalten. Die zu einem Schaden führenden Auslöser der Dendritenbildung (siehe Abschnitt 3.2.10) können durchaus erst später nach mehreren weiteren Ladezyklen auftreten [1].

3.2.4 Herstellungsfehler, Partikel und Fremdpartikel

Bei Partikeln handelt es sich um einzelne kleine oder sehr kleine unerwünschte Objekte, die sich innerhalb einer LIB befinden und sich dort eventuell auch frei bewegen. Der Begriff beinhaltet sowohl Partikel, die von den in der LIB verbauten Materialien stammen, als auch Fremdpartikel. Fremdpartikel in der Herstellung von LIB sind unerwünschte Feststoffteilchen, die während der Produktion in die Zelle oder Zellkomponenten gelangen und erhebliche Sicherheits- und Qualitätsrisiken bergen. Sie können aus unterschiedlichsten Materialien wie beispielsweise Metallen, Polymeren, Grafit, Staub, Fasern oder Nanopartikeln bestehen.

Bei den heute am Markt erhältlichen LIB beträgt die Dicke des Separators zwischen 6 µm und 15 µm. Gelangen Partikel bei der Herstellung der LIB zwischen Elektrode und Separator, besteht die große Gefahr, dass durch das Laden und die damit verbundene Verschiebung der Elektrodenlagen sowie durch die durch die Quellung erzeugte Kraft diese Partikel in den Separator gedrückt werden (siehe Abschnitt 2.4). Ist der Durchmesser des Partikels größer als die Dicke des Separators, wird der Separator durchstochen und es besteht die große Gefahr, dass an dieser Stelle Anode und Kathode in elektrischen Kontakt kommen, was einen internen Kurzschluss erzeugt.

Die Kontaminierung einer Elektrode durch Material der anderen Elektrode in Form von Partikeln führt zu gravierenden Reaktionen in der LIB. Kathodenaktivmaterial auf der Anode wird beim Laden reduziert und Kobalt, Nickel und Mangan reagieren metallisch. Lithium scheidet sich aufgrund der höheren Leitfähigkeit bevorzugt auf diesen Materialien ab. Diese Ablagerungen können Dendriten bilden, die elektrisch leitfähig sind und die LIB intern kurzschließen. Anodenmaterial auf der Kathode verursacht Inhomogenitäten beim Laden und Entladen. Aufgrund der Volumenänderungen beim Laden und Entladen besteht das Risiko eines internen Kurzschlusses der LIB [1].

3.2.5 Überstrom und externer Kurzschluss

Fließen zu hohe Ströme innerhalb der LIB, entsteht an den einzelnen Bauteilen, wie beispielsweise den Kontaktierungen, den Ableiterverbünden oder den Ableitern, Wärme oder Hitze aufgrund des elektrischen Widerstands dieser Komponenten im Stromfluss. Diese erzeugte Hitze wird auf andere Komponenten der LIB und speziell auf den A-S-K-Verbund übertragen. Der Überstrom überlastet diese Bauteile zusätzlich elektrisch.

Typischerweise schrumpft der Separator bei Hitze und der für die Sicherheit wichtige Separatorüberstand verringert sich oder entfällt, sodass Anoden- und Kathodenelektroden an ihren Rändern in elektrischen Kontakt kommen und ein interner Kurzschluss innerhalb der LIB entsteht.

Bei einem externen Kurzschluss treten innerhalb der LIB sehr hohe Ströme auf. Diese führen zu einer starken Erwärmung der LIB mit ihren Komponenten wie Ableiterverbünden, Kontaktstellen oder anderen, wie sie bei einem internen Kurzschluss vergleichbar auftritt, und führen auch zu den beschriebenen Folgen [1].

Weitere Folgen einer solchen starken Erwärmung werden in Abschnitt 3.2.6 beschrieben.

3.2.6 Externe Wärmequelle

Bei einer Temperaturerhöhung durch eine externe Wärmequelle steigt die Temperatur im Zellinneren. Typische externe Wärmequellen stellen alle elektrischen oder elektronischen Komponenten dar, die zusammen mit der LIB verbaut sind. Das können beispielsweise Laderegler, Verbindungselemente oder Wandler sein. Doch auch eine zu hohe Umgebungstemperatur oder auf die LIB treffende Wärmestrahlung stellen eine externe

Wärmequelle für die LIB dar. Ab einem Temperaturbereich von 70 °C bis 80 °C beginnen im Elektrolyten Zersetzungsprozesse. Diese erzeugen Gas, wodurch der Gasdruck innerhalb der Zelle ansteigt. Da es sich um organische Lösungsmittel im Elektrolyten handelt, ist das Gas leicht entflammbar. In einem Temperaturbereich ab 240 °C ist mit dem Ausbruch von Feuer zu rechnen.

Die Separatoren bestehen aus Polyolefinen wie Polyethylen oder Polypropylen. Diese Materialien neigen dazu, sich bei höheren Temperaturen zusammenzuziehen. Damit verkleinert sich die Separatorfläche, der Separatorüberstand wird verringert oder entfällt und der dann mögliche elektrische Kontakt zwischen den Elektroden erzeugt einen Kurzschluss, da die äußeren Bereiche der Elektroden miteinander in Kontakt kommen. Separatoren können bei sehr hohen Temperaturen schmelzen, sodass ihre mechanische Integrität verletzt wird und sie nicht mehr als Isolation zwischen den Elektroden funktionieren.

In Folge des Temperaturanstiegs zersetzen sich die Anoden- und die Kathodenmaterialien und setzen Sauerstoff O_2 frei. Dieser freie Sauerstoff reagiert dann mit dem in der Zelle vorhandenen Kohlenstoff C zu Kohlenmonoxid CO und Kohlendioxid CO_2. Hierbei handelt es sich um eine exotherme Reaktion, die sich selber weiter anfeuert [1].

3.2.7 Überspannung

Die maximal zulässige Spannung der typischen LIB liegt zwischen 4,2 V und 4,3 V. Liegt an der LIB eine höhere Spannung an, so gelangt immer mehr elektrische Energie in die LIB. Solch eine hohe Spannung führt zu einer Zersetzung des Elektrolyten. Auf diese Reaktion folgt die Auflösung oder der Zusammenbruch der SEI und in der Folge die Auflösung der Anode. Zusätzlich kann es zu einer Lithium-Abscheidung auf der Anode kommen.

Eine Überspannung führt auch immer zu einer verstärkten Gasentwicklung innerhalb der LIB, die zu einer Öffnung der LIB führt. Das ausströmende Gas enthält brennbare Komponenten, die sich außerhalb der LIB entzünden können [1].

3.2.8 Überladung

Je größer die gespeicherte elektrische Energie ist, desto weniger Lithium befindet sich in der Kathode. Die Kathode wird immer instabiler. Im Falle der Überladung reicht die Stabilität der Kathode nicht mehr aus und sie zersetzt sich in einer exothermen Reaktion. Es wird zusätzliche Wärme frei. Dieser Zustand tritt ein, wenn die LIB zu mehr als 100 % geladen wird (100 % SoC). Die Ladespannung liegt dann auch oberhalb der für die spezielle LIB zulässigen oberen Spannung (siehe Abschnitt 3.2.7). Bei derzeitigen Standard-LIB liegt die obere Ladespannung bei 4,2 V bis 4,3 V. Bei höherer Spannung kann man von Überspannung sprechen. Bei Überspannung bildet sich in verstärktem Maße Gas innerhalb des A-S-K-Verbundes. Das kann auch zur Zerstörung der Zelle von innen heraus führen [1].

3.2.9 Interner Kurzschluss

Interne Kurzschlüsse können bei einer LIB sowohl im regulären Betrieb, bei der Lagerung als auch bei einem außerordentlichen Ereignis (Havarie) auftreten. Während des Betriebs einer LIB können Dendriten wachsen, den Separator durchstoßen und so einen Kurzschluss zwischen Anode und Kathode verursachen. Durch eine keramische Beschichtung der Separatoren kann versucht werden, durch die punktuellen höheren Temperaturen die Keramikschicht aufzuschmelzen, den Dendriten zu zerstören, den Separator an dieser Stelle undurchlässig zu machen und zu isolieren (Shut-Down-Funktion). Kann der Separator seine Shut-Down-Funktion nicht erfüllen oder ist er nicht mit der entsprechenden keramischen Beschichtung versehen, kann der Separator an einer Stelle versagen und seine Funktion der Isolation nicht mehr erfüllen. Auch das führt zu einem internen Kurzschluss.

Bei äußeren mechanischen Deformationen oder Beeinträchtigungen der LIB wie beispielsweise bei einer Quetschung oder einer Penetration der LIB werden die Elektrodenfolien und der Separator des A-S-K-Verbunds beschädigt. Anode und Kathode kommen in direkten Kontakt.

Interne Kurzschlüsse führen aufgrund der hohen Ströme meist auch zu internen Verbrennungsvorgängen. Große Hitze in der LIB führt zu Veränderungen in den Aktivmassen der Elektroden. Der Elektrolyt oder der Kohlenstoff der Anode beginnt zu verbrennen, was wiederum weitere Hitze erzeugt [1].

3.2.10 Dendriten

Sinkt am Ende der Entladung die Spannung unter den Grenzwert von typischerweise 3,0 V, so können innerhalb der Zelle Zersetzungsvorgänge beginnen. Bei späterem Laden kann die Batteriezelle durch Lithium-Plattierung bzw. Dendritenbildung beschädigt bzw. zerstört werden. Da die Dendriten elektrisch leitend sind, führt das Durchstoßen durch den Separator zu internen Kurzschlüssen.

3.2.11 Separatorversagen und Fehlposition

Durch das Laden und Entladen oder durch äußere mechanische Belastungen kann sich eine Separatorlage verschieben oder der Separator kann durch die Einwirkung von Hitze schrumpfen. Des Weiteren kann bei der Herstellung des A-S-K-Verbunds ein Separator fehlerhaft positioniert werden. Dadurch können eine Anode und eine Kathode an den äußeren Enden kurzgeschlossen werden, was in der Folge zu einem internen Kurzschluss führen kann.

3.2.12 Propagation

Sind mehrere LIB in einem Batteriemodul zusammengefasst und angeordnet, so wird sich ein meist hitzebehaftetes Schadensereignis nach einer gewissen Zeit auf die zunächst noch intakten Nachbar-LIB ausbreiten. Diese Fortpflanzung der Schadensereignisse wird Propagation genannt. Durch sie wird das Schadensereignis zeitlich sehr stark ausgedehnt und durch die Einbeziehung der Nachbarzellen räumlich bedeutend vergrößert. Die schädlichen oder gefährlichen Auswirkungen verstärken sich dadurch. Des Weiteren verlängert sich die Zeit, in der das schädliche Ereignis abläuft.

3.3 Zusammenhänge von Havarien

Die Beschreibungen der einzelnen Versagensmechanismen zeigen deutlich, dass fast alle beschriebenen Versagensmechanismen zusammenwirken und auf ein Ereignis zulaufen (siehe Bild 3.3). Die meisten Schadensauslöser führen im Rahmen der Ereigniskette zu einem Separatorversagen oder den Zusammenbruch der Kathode. Das Separatorversagen verursacht einen internen Kurzschluss der LIB und dadurch die Erzeugung großer Hitze. Der Zusammenbruch der SEI der Anode oder der Zusammenbruch der Kathode lösen auch eine Hitzeentwicklung in der LIB aus. Die entstandene Hitze verdampft den Elektrolyten mit seinen brennbaren Bestandteilen, was zum Brand oder zur Explosion führt. Die steigende Temperatur innerhalb der LIB initiieren auch die unterschiedlichen Ereignisse [1].

Die Zusammenhänge zeigen, dass sowohl die Überladung als auch die Tiefentladung die LIB schädigen kann. Solch eine Schädigung kann die Ursache für eine spätere Havarie im Umgang mit der LIB oder dem Batteriemodul sein.

Ein typischer Nageltest, bei dem ein elektrisch leitender Nagel bis in die Mitte der LIB eingestoßen wird, simuliert diese Abfolge von mechanischer Penetration des Zellgehäuses und der darin befindlichen Elektroden. Der in die LIB eindringende Nagel schließt Elektroden kurz. Es fließt durch den Kurzschluss ein sehr hoher interner Strom. Dieser führt zu einer Erhitzung und den oben beschriebenen Folgen. Hier ist zu beachten, dass die Hitzeentwicklung in Zonen der LIB vonstattengeht, in denen der brennbare Elektrolyt eingelagert ist. Die Reaktion fällt umso heftiger aus, je näher sich die Hitzequelle am freien Elektrolyten befindet.

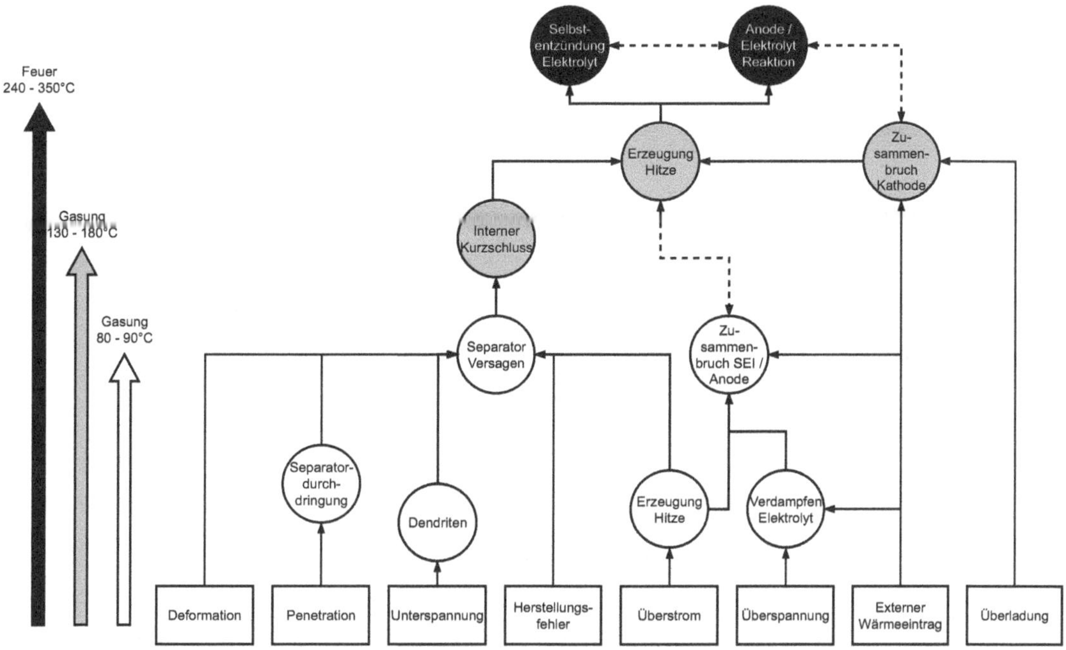

Bild 3.3 Versagensmechanismen (modifiziert nach [1])

Infolge der Hitze wird das LIB-Gehäuse zusätzlich mechanisch zerstört. Bei einem Nageltest treten Temperaturen von über 750 °C in dem Zellgehäuse auf, was zu einer Verflüssigung des Aluminiums des Gehäuses führt. Treten höhere Temperaturen auf, die zu einer explosionsartigen Zerstörung des Gehäuses führen, gefährden davonfliegende Teile oder Fragmente das Umfeld.

3.4 Auswirkungen von Havarien

Bei einer Havarie einer LIB tritt typischerweise ein starker Temperaturanstieg auf. Tabelle 3.1 beschreibt die Auswirkungen oder Reaktionen der LIB bei den dazugehörigen Temperaturen. Die Auswirkungen verstärken sich, wenn nicht nur eine LIB singulär havariert, sondern wenn die havarierende LIB weitere LIB in direkter Nachbarschaft erhitzt und zur Havarie bringt (Propagation).

Tritt bei einer Havarie eine Explosion auf, schleudert der dabei auftretende Druck des Gases Teile der LIB weg. Typischerweise sind solche Teile sehr heiß. Solche unkontrolliert bewegten Teile gefährden Personen, die sich in der Nähe aufhalten. Sollte es sich um glühende Teile handeln, kann das auch Brände in dem Umfeld der LIB auslösen.

Tabelle 3.1 Einfluss von Temperatur auf eine LIB, Datenquelle: [3]

660 – 1400 °C	Feuer, Explosion
> 250 °C	schlagartige Energiefreisetzung und Kettenreaktionen thermisches Durchgehen, Propagation, Flammbildung
~ 250 °C	Beginn der exothermen Reaktion
~ 150 °C	schmelzender oder schrumpfender Separator, interner Kurzschluss
~ 130 °C	Störung wesentlicher Funktionen der LIB
> 70 °C	Erwärmung des Elektrolyten, Verdampfen des Elektrolyten

Bei einer exothermen Reaktion einer LIB entsteht aus dem aus der LIB herausgetragenen Elektrolyten aufgrund des darin enthaltenen Leitsalzes $LiPF_6$ zusammen mit H_2O aus der Umgebungsluft Flusssäure HF und andere extrem schädliche Substanzen [4]. Des Weiteren werden nickel- und kobalthaltige Stäube alveolengängig ausgestoßen, was zu weiteren Gefährdungen von Menschen führt.

Es entstehen natürlich auch Verbrennungsrückstände, die sich als rußartiger Film in der Umgebung der Havariestelle niederschlagen. Alle diese abgelagerten Substanzen müssen unter Berücksichtigung der erforderlichen Schutzmaßnahmen für die handelnden Personen entfernt werden. Solche Bereiche können gemäß [5] als kontaminierte Bereiche bezeichnet werden. Sie sind dadurch gekennzeichnet, dass in ihnen eine über eine gesundheitlich unbedenkliche Grundbelastung hinaus bestehende Verunreinigung mit Gefahrstoffen vorliegt. Solche Reinigungsarbeiten erfordern eine Gefährdungsbeurteilung, bevor die Reinigungsarbeiten ausgeführt werden. Hierbei ist das Gefährdungspotenzial für die Mitarbeiter zu bestimmen und für die Maßnahmen zu berücksichtigen. Das kann bedeuten, dass die Personen ihre Arbeit mit entsprechender Schutzkleidung, Augen- und Gesichtsschutz und Atemschutz verrichten müssen (siehe Kapitel 12).

An dieser Stelle sei auch auf potenzielle Gefährdungen durch elektrischen Strom im Zusammenhang mit einer Havarie hingewiesen.

3.5 Beschreibung und Einordnung der Gefahrenmomente einer Havarie

Für die Beschreibung und Einordnung der Gefahrenmomente einer Havarie einer LIB und der daraus resultierenden Auswirkungen gibt es über auftretende Effekte definierte Gefahrenstufen (GS) oder Hazard Levels. Tabelle 3.2 zeigt eine solche Einordnung.

Tabelle 3.2 EUCAR Hazard Levels inklusive Beschreibung, Quelle: [6], übersetzt

Gefahrenstufe	Beschreibung	Einstufungskriterien und Effekte
0	kein Effekt	■ kein Effekt ■ keine Beeinträchtigung der Funktionalität der LIB
1	passive Sicherheitsvorrichtungen lösen aus	■ keine Beschädiqunq ■ kein Leck ■ kein Gasaustritt ■ kein Brand ■ keine Flamme ■ kein Bersten ■ keine Explosion ■ keine exotherme Reaktion ■ kein thermisches Durchgehen ■ Zellbeschädigung reversibel ■ Reparatur der Sicherheitseinrichtung erforderlich
2	Defekt/Beschädigung	■ kein Leck ■ kein Gasaustritt ■ kein Brand ■ keine Flamme ■ kein Bersten ■ keine Explosion ■ keine exotherme Reaktion ■ kein thermisches Durchgehen ■ Zelle irreversibel beschädigt ■ Reparatur erforderlich
3	Leckage, Masseverlust < 50 %	■ kein Gasaustritt ■ kein Brand ■ keine Flamme ■ kein Bersten ■ keine Explosion ■ Gewichtsverlust < 50 % des Elektrolytgewichts (Elektrolyt = Lösungsmittel + Salz)
4	Gasaustritt, Masseverlust ≥ 50 %	■ kein Brand ■ keine Flamme ■ kein Bersten ■ keine Explosion ■ Gewichtsverlust ≥ 50 % des Elektrolytgewichts (Elektrolyt = Lösungsmittel + Salz)
5	Flamme/n oder Brand	■ kein Bersten ■ keine Explosion (d. h. keine wegfliegenden Teile)
6	Bersten	■ keine Explosion ■ Austrag von Teilen der aktiven Masse

Diese Klassifizierung ermöglicht es, das Risiko und die potenziellen Auswirkungen einer Havarie einer LIB systematisch zu bewerten. Sie dient als Grundlage für die Entwicklung von Sicherheitsmaßnahmen und -protokollen im Umgang mit LIB. Häufig dient eine solche Einstufung auch als Abnahmekriterium für LIB.

Die Gefahrenstufe dient auch zur Festlegung angemessener Maßnahmen in Folge einer Havarie. Dies umfasst die Analyse der Art des Fehlers, der freigesetzten Materialien und der potenziellen Gefährdung für Personen und Umgebung.

Literatur

[1] *Garche, J./Brandt, K. (Hrsg.):* Li-Battery Safety. Elsevier, Amsterdam 2019

[2] *Iwersen, S./Verfürden, M.:* Mitarbeiter in Grünheide nach Batteriezellen-Brand evakuiert. Handelsblatt, 21.08.2025

[3] *Der Spiegel:* Tesla-Werk nach Brand offenbar teilweise gesperrt. 21.08.2025. *https://www.spiegel.de/wirtschaft/tesla-in-gruenheide-mitarbeiter-nach-brand-evakuiert-a-53949db4-db04-4236-85aa-b5e7398da9db*

[4] *Guo, R./Lu, L./Ouyang, M./Feng, X.:* Mechanism of the entire overdischarge process and overdischarge-induced internal short circuit in lithium-ion batteries. In: Scientific Reports 6 (1), July 2016, 30248

[5] *Deutsche Gesetzliche Unfallversicherung (DGUV):* Brandschutz beim Umgang mit Lithium-Ionen-Batterien. DGUV Information 205-041. *https://publikationen.dguv.de/regelwerk/dguv-informationen/4668/brandschutz-beim-umgang-mit-lithium-ionen-batterien* (abgerufen am 05.03.2025)

[6] *Kunkelmann, J.:* Untersuchung des Brandverhaltens von Lithium-Ionen- und Lithium-Metall-Batterien in verschiedenen Anwendungen und Ableitungen einsatztaktischer Empfehlungen. Karlsruher Institut für Technologie (KIT) 2016

[7] *Deutsche Gesetzliche Unfallversicherung (DGUV):* Kontaminierte Bereiche. DGUV Regel 101-004. Berlin 2006

[8] *European Council for Automotive R&D:* Battery requirements for future automotive applications. Juli 2019. *https://eucar.be/wp-content/uploads/2019/08/20190710-EG-BEV-FCEV-Battery-requirements-FINAL.pdf* (abgerufen am 16.12.2024)

4 Produktionsprozess der Lithium-Ionen-Batteriezellen

Die Herstellung der LIB erfolgt in mehreren aufeinanderfolgenden Prozessschritten unter Berücksichtigung der unterschiedlichen produktspezifischen Anforderungen. Im Folgenden wird von einem generalisierten Prozess ausgegangen, in dem die einzelnen Prozessschritte einander folgen. Die Prozessabfolge kann abhängig von den Erfahrungen und Anforderungen in unterschiedlichen Unternehmen, bei speziellen LIB oder bei anderen chemischen Systemen davon abweichen sowie durch weitere Prozessschritte ergänzt oder vereinfacht werden. Dieses Buch stellt die Abhängigkeiten der Prozessschritte untereinander dar und beschreibt Parameter, die während des Prozesses erfasst werden sollten sowie den Zwischenprodukten und dem Endprodukt zugeordnet werden sollten. Der generalisierte Produktionsprozess beinhaltet die nachfolgend aufgeführten Prozessschritte.

Die Produktionsprozesse der beiden Elektroden „Anode" und „Kathode" gleichen einander (siehe Bild 4.1). Kapitel 5 beschreibt daher einen generalisierten Produktionsprozess für beide Elektroden. Der Produktionsprozess gliedert sich in folgende Schritte:

- Produktionsprozess der Elektroden
  - Material lagern (Abschnitt 5.1)
  - Material dosieren (Abschnitt 5.2)
  - Aktivmaterial mischen (Abschnitt 5.3)
  - Elektroden beschichten und trocknen (Abschnitt 5.4)
  - Elektroden längsschneiden (Abschnitt 5.5)
  - Elektroden kalandrieren (Abschnitt 5.6)
  - Elektroden trocknen (Abschnitt 5.7)
  - Elektroden querschneiden, vereinzeln (Abschnitt 5.8)

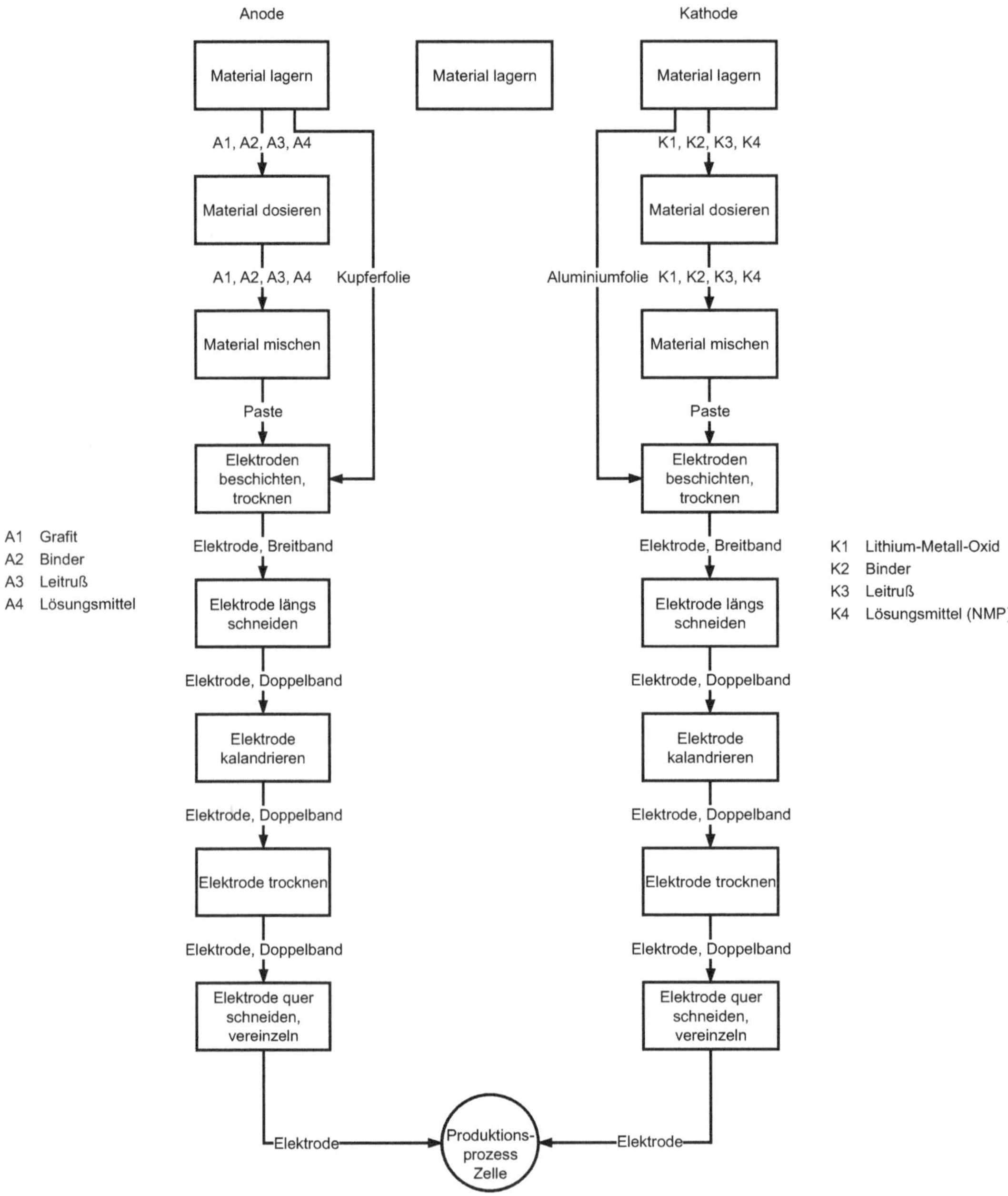

Bild 4.1 Generalisierter Produktionsprozess von Elektroden

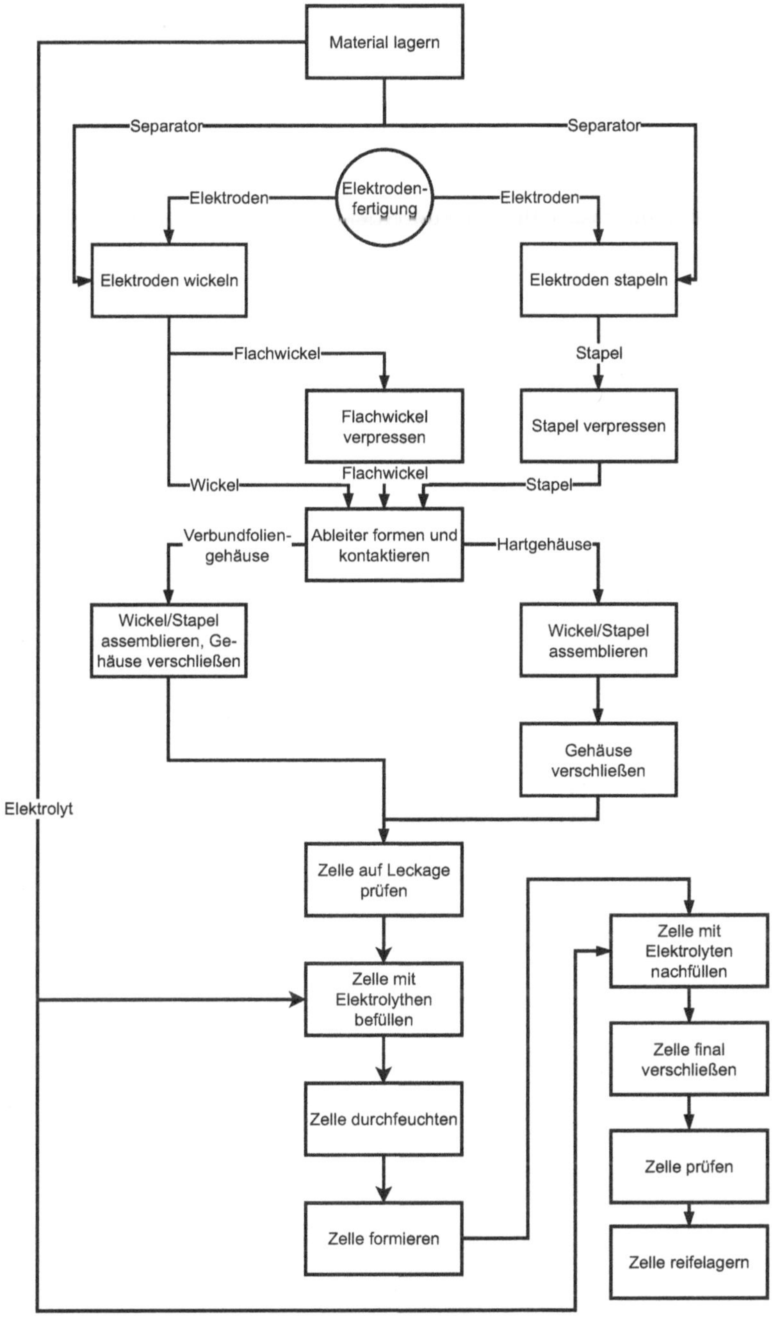

Bild 4.2 Generalisierter Produktionsprozess von Zellen

Der Produktionsprozess der Zellen variiert in Abhängigkeit von der Zellbauform oder Zellgehäuseart (siehe Bild 4.2). Teilweise entfallen Prozessschritte und teilweise ändert sich auch die Zuordnung von Aufgaben zu Prozessschritten. Der Produktionsprozess gliedert sich in folgende Schritte:

- Produktionsprozess der Zellen
  - Elektroden wickeln oder stapeln (Abschnitt 6.1)
  - Flachwickel oder Stapel verpressen (Abschnitt 6.2)
  - Ableiter formen und kontaktieren (Abschnitt 6.3)
  - Wickel oder Stapel assemblieren (Abschnitt 6.4)
  - Gehäuse verschließen (Abschnitt 6.5)
  - Zelle auf Leckage prüfen (Abschnitt 6.6)
  - Zelle mit Elektrolyten füllen (Abschnitt 6.7)
  - Zelle durchfeuchten (Abschnitt 6.8)
  - Zelle formieren (Abschnitt 6.9)
  - Zelle mit Elektrolyten nachfüllen (Abschnitt 6.10)
  - Zelle final verschließen (Abschnitt 6.11)
  - Zelle prüfen (Abschnitt 6.12)
  - Zelle reifelagern (Abschnitt 6.13)

Je nach Anforderungen oder Prozessen können Prozessschritte entfallen oder Prozessschritte werden in einer alternativen Sequenz durchgeführt. Das gilt beispielsweise für die Abfolge der Prozessschritte „Elektroden längs schneiden" (siehe Abschnitt 5.5), „Elektroden kalandrieren" (siehe Abschnitt 5.6), „Elektroden nachtrocknen" (siehe Abschnitt 5.7) und „Elektroden quer schneiden und vereinzeln" (siehe Abschnitt 5.8). Vergleichbares gilt auch für die unterschiedlichen Prozessschritte zur Prüfung von Zellen in den verschiedenen Stadien.

4.1 Prozessschritt

Jeder Prozessschritt bildet einen Fertigungsschritt bei der Herstellung der LIB ab. In den Prozessschritt fließen Materialien, Energie, Medien oder Informationen hinein und natürlich auch wieder heraus. Bild 4.3 zeigt die einzelnen Ströme.

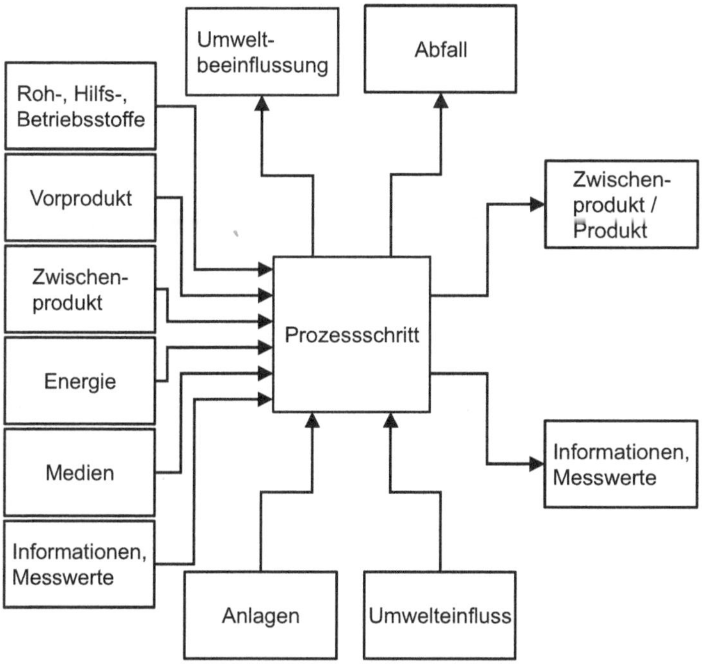

Bild 4.3 Prozessschritt mit zu- und abfließenden Strömen

4.1.1 Vorprodukt

Vorprodukte sind für die Herstellung des Produktes verwendete selbst produzierte oder erworbene Produkte. Vorprodukte sind Produkte, die als Vorleistung in den Produktionsprozess eingehen. Vorprodukte für die unterschiedlichen Prozessschritte der Produktion von LIB sind folgende:

- Aluminiumfolie
- Kupferfolie
- Grafit
- Lithium-Metall-Oxid
- Leitruß
- Binder
- Additive
- Separator
- Elektrolyt

- Lösungsmittel
- Gehäuseteile
- Isolationsmaterial

Diese Vorprodukte des betrachteten Prozessschrittes werden in unterschiedlichen Formen, wie Pulver, Folie, Flüssigkeit oder Komponenten, dem jeweiligen Prozessschritt bereitgestellt.

4.1.2 Zwischenprodukt

Zwischenprodukt, Zwischenerzeugnis oder unfertiges Erzeugnis beschreibt Komponenten, die die Hauptproduktionslinie verarbeitet und die noch kein Endprodukt sind [1]. Das Zwischenprodukt wird von einem Prozessschritt zum darauffolgenden Prozessschritt weitergegeben.

Das Produkt eines Prozessschrittes stellt das Zwischenprodukt des folgenden Prozessschrittes dar. Im Folgenden beschreibt der jeweilige Abschnitt „Parameter Zwischenprodukt“ die Parameter des Zwischenproduktes, die für den betrachteten Prozessschritt und das daraus resultierende Produkt von Bedeutung sind und damit dessen Eigenschaften beeinflussen.

4.1.3 Roh-, Hilfs- und Betriebsstoffe

Zu den Roh-, Hilfs- und Betriebsstoffen (RHB) zählen alle Stoffe bzw. Fremdbauteile, die von außerhalb des Unternehmens beschafft und in ihrem ursprünglichen Zustand vorrätig gehalten werden und anschließend im Unternehmen be- oder verarbeitet oder verbraucht werden [2].

Rohstoffe sind unbearbeitete, durch Primärproduktion gewonnene Grundstoffe, die im betrachteten Produktionsprozess in das Erzeugnis eingehen [1]. Die in der LIB-Produktion verarbeiteten Materialien sind alle in anderen Produktionen bearbeitete Materialien. Daher entfällt diese Kategorie für die Produktion von LIB. Rohstoffe können für einen Prozessschritt das Vorprodukt sein, dessen Parameter im jeweiligen Abschnitt „Parameter Zwischenprodukt“ definiert sind.

Hilfsstoffe gehen bei der Produktion in das Produkt ein, ohne Rohstoffe zu sein. Sie erfüllen eine Hilfsfunktion im Produktionsprozess oder im Produkt [1]. Klebebänder zur Fixierung der Stapel oder Wickel bzw. Hilfsstoffe bei der LIB-Fertigung können beispielsweise den Hilfsstoffen zugeordnet werden.

Betriebsstoffe sind keine Bestandteile des Endprodukts, sondern werden für den Produktionsprozess benötigt. Sie dienen dem Betrieb der Maschinen oder unterstützen die Produktion indirekt [1]. Das könnten beispielsweise Schmierstoffe für die Produktionsanlagen sein. Im Rahmen dieser Betrachtung werden sie nicht weiter berücksichtigt.

4.1.4 Energie

Um Veränderungen an den eingesetzten Materialien zu bewirken, ist Energie erforderlich. Die Energie ist an Energieträger gebunden. Typische Energieträger in der Produktion sind elektrischer Strom, Öl oder Gas. Elektrischer Strom wird meistens als Energie für die Betrieb der Produktionsanlagen verwendet. Des Weiteren dient er zur Kühlung und Trocknung der Luft in definierten Bereichen sowie als Heizenergie. Als weiterer Energieträger kann Gas zum Einsatz kommen. Speziell für die Trocknungsanlagen eignet sich dieser Energieträger besonders gut und effizient.

4.1.5 Medien

Medien können zu den Betriebsstoffen gehören. Sie werden im Rahmen des Produktionsprozesses nicht Bestandteil des Produktes, sind aber für den korrekten Betrieb der Anlagen und der Prozesse erforderlich. Typischerweise werden Druckluft oder Schutzgas als Medien in der Produktion bezeichnet. Diese Medien müssen dem Produktionsprozess in der spezifizierten Qualität in ausreichender Menge zur Verfügung stehen.

Teilweise wird Unterdruck oder Vakuum auch als Medium bezeichnet.

4.1.6 Informationen, Messwerte und Daten

Messgeräte in den unterschiedlichen Bereichen des Prozesses liefern für die unterschiedlichen Parameter oder Messgrößen entsprechende Messwerte. Die Messgrößen können sich auf das Zwischenprodukt, die Umgebung des Prozesses oder des Vorprozesses, den jeweiligen Prozessschritt oder das durch den Prozessschritt hergestellte Produkt beziehen.

Im Folgenden bezeichnet DP_n die Daten der Parameter des Prozesses im Prozessschritt n. Die Daten, die die Parameter des Produktes nach dem Durchlaufen des Prozessschrittes n beschreiben, und damit diejenigen, die das Zwischenprodukt des Prozessschrittes $n + 1$ beschreiben, werden mit DZ_n gekennzeichnet (siehe Bild 4.4).

Bild 4.4
Bezeichnung der Daten

Die zu erfassenden Daten beinhalten natürlich auch Informationen zur Anlage und zum Zeitpunkt, zu dem die entsprechenden Werte erfasst wurden sowie das entsprechende Zwischenprodukt im Prozessschritt bearbeitet wurde. Kapitel 11 geht detaillierter auf die Daten und die Verwendung der Daten ein.

4.1.7 Anlagen

Anlagen oder technische Anlagen oder Einrichtungen sind Vermögensgegenstände, die dem Unternehmen langfristig zu dienen bestimmt sind (§ 247 II HGB). Anlagen dienen dem Unternehmen nicht zur Weiterveräußerung, sondern zur dauernden Nutzung im Rahmen des Betriebszwecks [1]. In diesem Buch ist die Herstellung von LIB der Betriebszweck des Unternehmens, das LIB herstellt. Die Anlagen ermöglichen die Prozessschritte und führen sie aus oder überwachen die einzelnen Prozessschritte. Zu den einzelnen Anlagen gehören auch die Transport- oder Handhabungseinrichtungen, um das jeweilige Zwischenprodukt oder Produkt zu handhaben.

4.1.8 Prozess

Auf den Anlagen laufen die jeweiligen Prozesse für den Prozessschritt ab, durch die das Zwischenprodukt oder das Vorprodukt verändert oder bearbeitet wird. Parameter beschreiben die Charakteristika des Prozesses, die die Eigenschaften des Produktes in diesem Prozessschritt bestimmen. Diese Parameter werden im Abschnitt „Parameter Prozess" für den jeweiligen Prozessschritt beschrieben.

Die Transportaufgabe beschreibt die Zu- und Abführung von Zwischenprodukten oder Produkten zu und von den einzelnen Prozessschritten. Diese Beschreibung beinhaltet den jeweiligen zu jedem Prozessschritt gehörigen Abschnitt. Der Transportprozess ist Bestandteil des gesamten Prozesses im betrachteten Prozessschritt.

4.1.9 Umfeldeinfluss

Die Eigenschaften des Umfelds beeinflussen den Produktionsprozess im betrachteten Prozessschritt. Das kann beispielsweise die Luftfeuchtigkeit oder Temperatur der umgebenden Luft sein. Doch auch Fremdkörper, Vibrationen oder elektromagnetische Felder üben einen Einfluss auf die Anlagen der einzelnen Prozessschritte aus. Damit beeinflussen die Umfeldeinflüsse auch die Herstellung der LIB und damit die Eigenschaften der LIB im späteren Betrieb.

Im umgekehrten Fall kann die Anlage, die für diesen Prozessschritt eingesetzt wird, Umfeldeinflüsse verursachen, die wiederum auf andere Anlagen in anderen Prozessschritten wirken.

Anoden- und Kathodenmaterialien dürfen bei den ersten Fertigungsschritten nicht miteinander in Kontakt kommen. Um eine Vermischung oder einen Kontakt zu vermeiden, sollten diese Prozessschritte jeweils in unterschiedlichen und abgetrennten Bereichen der Fertigung durchgeführt werden. Eine strikte Trennung der Fertigungsbereiche vermeidet eine Querkontamination.

4.1.10 Abfall

Bei der Durchführung der Prozessschritte fällt unvermeidbar Material an, das keine oder nur begrenzte Verwertung finden kann. Abfälle können als feste, flüssige und gasförmige Stoffe anfallen. Sie können auch in Abfälle zur Verwertung oder in Abfälle zur Beseitigung unterschieden werden [1].

Bei der LIB-Fertigung können Abfälle auch Gefahrstoffe enthalten, was bei der Entsorgung zu berücksichtigen ist. Mit dem Lösungsmittel NMP versetzte Pasten oder Beschichtungen zählen zu solchen Gefahrstoffen (siehe Abschnitt 4.2).

Rückstände beispielsweise von der Reinigung der Anlage oder Einfahrmaterial gehören teilweise auch in diese Kategorie der Gefahrstoffe und müssen entsprechend behandelt werden. Zum Einfahrmaterial zählt jenes Material, das während der Anlaufphase einer Maschine, Anlage oder eines Prozesses verbraucht wird, um das System in Betrieb zu nehmen, zu kalibrieren und den Prozess so zu stabilisieren, dass er die Serienfähigkeit erreicht. Einfahrmaterial ist dadurch gekennzeichnet, dass es noch nicht alle erforderlichen Eigenschaften des Produktes der jeweiligen Anlage besitzt.

4.1.11 Umfeldbeeinflussung

Jeder Prozessschritt beeinflusst durch Stoffe, die er abgibt, sein Umfeld oder die Umwelt. Umfeld bezeichnet hier die direkte Umgebung des Prozessschrittes. Dabei kann es sich um die Anlage oder den Raum um die Anlage herum handeln. Dieser Bereich des Umfelds steht unter der direkten Kontrolle des Betreibers der Fertigungsanlage. Umwelt bezeichnet hier den Bereich außerhalb der Fertigung, der nicht mehr unter der kompletten Kontrolle des Betreibers steht. Tritt beispielsweise Gas oder Staub aus einem Prozess aus, so bildet die Kapselung der Anlage oder der Raum, in dem die Anlage steht, das Umfeld, aus dem das Gas oder der Staub abgesaugt werden kann. Gelangen diese Stoffe jedoch in die Umwelt, so lässt sich ihre Ausbreitung nicht mehr einfach kontrollieren oder verhindern.

Bei den vorangehend genannten Stoffen kann es sich um Gase, Flüssigkeiten oder feste Stoffe handeln, die meist auch in gemischter Form vorkommen. Partikel bezeichnet hier die festen kleinen Teilchen, die in der Luft verteilt sind.

Als Staub bezeichnet [3] eine disperse Verteilung fester Stoffe oder Partikel in Luft, entstanden durch mechanische Prozesse oder durch Aufwirbelungen. Der von einem Menschen einatembare Anteil wird als E-Staub bezeichnet. Das sind alle im Atembereich des Menschen vorhandenen Teilchen, die durch Mund oder Nase eingeatmet werden. Für einige E-Stäube existieren Arbeitsplatzgrenzwerte. Die Staub-Fraktion, die bis in die Alveolen oder die Lungenbläschen vordringt, trägt die Bezeichnung A-Stäube. Ultrafeine Partikel besitzen einen Durchmesser kleiner als 100 nm. Sie entstehen beispielsweise bei thermischen und chemischen Reaktionen. Dazu zählen Schweißrauche oder technische

Ruße. Rauch beschreibt eine disperse Verteilung fester Stoffe in Luft, entstanden durch thermische und/oder durch chemische Prozesse. Die medizinisch-toxikologischen Erkenntnisse für die Beurteilung ultrafeiner Aerosole an Arbeitsplätzen reichen aktuell noch nicht aus. Daher gibt es für sehr viele Stoffe noch keine Expositionsgrenzwerte [4].

Für jeden Prozessschritt ist zu überprüfen, welche Art der Umweltbeeinflussung von ihm ausgeht. Dazu zählen speziell auch Gefahrstoffe, die der Prozessschritt freisetzt. Hierbei ist zu prüfen, ob neben dem Prozessschritt, der die Produktion der LIB ausführt auch Nebenprozesse, wie beispielsweise die Reinigung oder Wartung, solche Gefahrstoffe freisetzen, die die Umwelt damit beeinflussen.

4.1.12 Produkt und Zwischenprodukt

Das Produkt ist gemäß Betriebswirtschaftslehre das Ergebnis eines Produktionsprozesses. Der betrachtete Prozessschritt bearbeitet das Vorprodukt oder Zwischenprodukt und stellt damit sein Produkt her. Alle Prozessschritte innerhalb des Produktionsprozesses geben ihr Produkt als das Zwischenprodukt an den jeweils folgenden Prozessschritt weiter. Der letzte Prozessschritt im Produktionsprozess gibt das finale Produkt aus.

Im Rahmen der Bearbeitung werden Eigenschaften des Zwischenproduktes verändert. Im Fall der LIB-Fertigung sind das die Veränderungen, die in den folgenden Abschnitten für jeden Prozessschritt beschrieben werden.

4.1.13 Parameter Umfeld

Der gesamte Produktionsprozess für LIB besteht aus zwei grundsätzlichen Abfolgen von Prozessschritten. Das sind die Prozessschritte für die Elektrodenfertigung und die der Zellfertigung. Für jeden Prozessschritt beschreiben die Parameter des Umfelds die Eigenschaften der Elektrode, die von dem jeweiligen Parameter beeinflusst werden. Diese Parameter sind unterteilt in die Parameter des Materials oder des Zwischenproduktes, das dem jeweiligen Prozessschritt zugeführt wird, die Prozessparameter, die das Produkt in diesem Prozessschritt beeinflussen, und die Parameter, die am fertigen Produkt des Prozessschrittes erfasst werden können (siehe Bild 4.5). Letztere beschreiben die Parameter, die im folgenden Prozessschritt als Parameter des Zwischenproduktes behandelt werden. Weiterhin beeinflusst die Umgebung den Prozess. Die Parameter des Umfelds gleichen einander für jeden Prozessschritt, sodass sie hier in einem übergeordneten Abschnitt behandelt werden.

Bei diesen Parametern handelt es sich teilweise um Messgrößen, die durch entsprechende Messsysteme und Messverfahren erfasst werden können. Die Beschreibung aller dafür erforderlichen Messverfahren würde allerdings den Umfang dieses Buches sprengen.

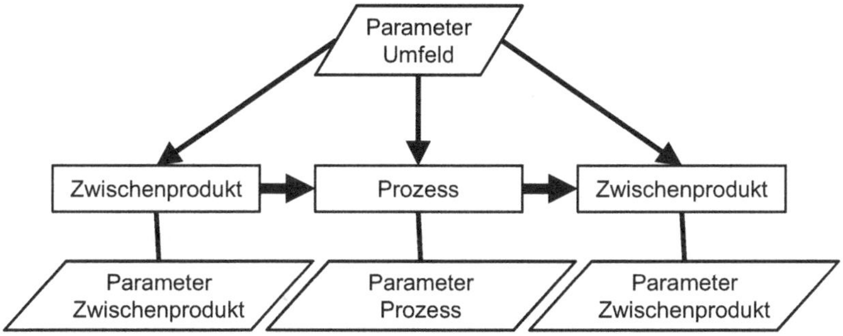

Bild 4.5 Zusammenhang zwischen Parameter und Prozess

Die einzelnen Parameter hängen in der Regel voneinander ab, oder sie beeinflussen sich gegenseitig. Das bedeutet, dass im Prozessschritt nicht der jeweilige Parameter alleine betrachtet oder optimiert werden kann, sondern immer die Auswirkung einer Änderung eines Parameters auf den gesamten Prozess zu betrachten ist. Die Gesamtheit der Parameter beeinflusst im Verbund die Eigenschaften oder die Qualität der späteren LIB. Es handelt sich vielmehr um ein Netzwerk von Parametern, die prozessschrittübergreifend zu betrachten sind.

Die Aktivmaterialien der Elektroden nehmen Feuchtigkeit während der Produktion der LIB aus der Luft auf. Speziell das Kathodenaktivmaterial ist sehr hygroskopisch. Diese aufgenommene Feuchtigkeit wird im Aktivmaterial gespeichert. Die negative Beeinflussung der Elektroden beziehungsweise der späteren LIB mit den dazugehörigen Auswirkungen wird in Kapitel 3 beschrieben.

Die einzelnen Prozessschritte führen die Anlagen in Räumen mit kontrollierter Temperatur, Luftfeuchtigkeit und Sauberkeit aus. Tabelle 4.2 und Tabelle 4.3 zeigen für die einzelnen Prozessschritte die Anforderungen an die jeweiligen Räume hinsichtlich Luftfeuchtigkeit und Partikelgehalt der Luft.

Die Parameter des Umfelds, die auf den einzelnen Prozessschritt einwirken, sind bei den folgenden Prozessschritten vergleichbar. Sie sind daher hier zusammen aufgeführt.

4.1.13.1 Luftfeuchte, Luftfeuchtigkeit und Taupunkt

Die Luftfeuchte oder Luftfeuchtigkeit beschreibt den Gewichtsanteil des Wasserdampfes in der Umgebungsluft. Bei einer relativen Luftfeuchtigkeit von 100 % ist die Luft vollständig mit Wasser gesättigt. Sie kann kein weiteres Wasser mehr aufnehmen. Teilweise gibt die Literatur statt der relativen Luftfeuchtigkeit den dazugehörigen Taupunkt an. Bild 4.6 zeigt den Zusammenhang zwischen relativer Luftfeuchtigkeit und Taupunkt für definierte Raumtemperaturen gemäß Formel 14.1 und Formel 14.2 im Anhang (Kapitel 14). Wird die Luft bis auf eine Temperatur unterhalb des Taupunktes abgekühlt, so scheidet die Luft flüssiges Wasser aus.

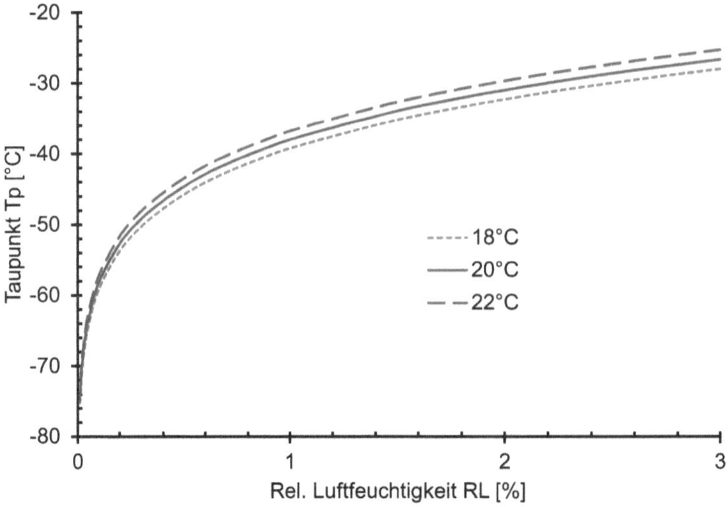

Bild 4.6 Zusammenhang zwischen Raumtemperatur, relativer Luftfeuchtigkeit und Taupunkt in dem für die LIB-Produktion relevanten Bereich

Um die Raumluft zu trocknen, muss der Wasserdampf aus der Luft auskondensiert oder durch Wärme entzogen werden. Die dazu erforderliche Energie hängt ab von der gewünschten relativen Luftfeuchtigkeit, der Raumtemperatur und natürlich dem Volumen der zu trocknenden Luft. Ein erhöhter Energiebedarf für das Trocknen der Luft verursacht naturgemäß höhere Kosten.

Da die LIB-Produktion sehr trockene Luft erfordert, kommt dafür hautsächlich die Adsorptionstrocknung zum Einsatz. Hierbei wird die Luft aus dem Trockenraum durch ein Trockenmittel geleitet. Das Trocknungsmittel (beispielsweise Silikagel) bindet den Wasserdampf der Luft an die Oberfläche des Adsorptionsmittels. Ein Sorptionsrotor beinhaltet das Trocknungsmittel (siehe Bild 4.7) und dreht es. Die zu trocknende Luft fließt durch einen Teil des Sorptionsrotors. In diesem Bereich nimmt das Trocknungsmittel die Feuchtigkeit aus dem Prozessluftstrom heraus und lagert sie an der Oberfläche des Trocknungsmittels an. Ein warmer Regenerativluftstrom erwärmt das Trocknungsmittel in dem Bereich und sorgt dafür, dass die an der Oberfläche des Trocknungsmittels angelagerte Feuchtigkeit an die warme Luft abgegeben wird (Desorption). Er regeneriert das Trocknungsmittel in dem Bereich. Die warme Luft wird dann abgeleitet. Da sich der Sorptionsrotor kontinuierlich dreht, durchstreifen die beiden Luftströme immer wieder unterschiedliche Bereiche des Rotors. Das ermöglicht einen kontinuierlichen Desorptions- und Adsorptionsprozess.

[5] gibt an, dass mit einem solchen Sorptionsrotorsystem ein Taupunkt von weniger als –50 °C erreicht werden kann. Das entspricht einer relativen Luftfeuchtigkeit von weniger als 0,2 % bei den üblichen Temperaturen.

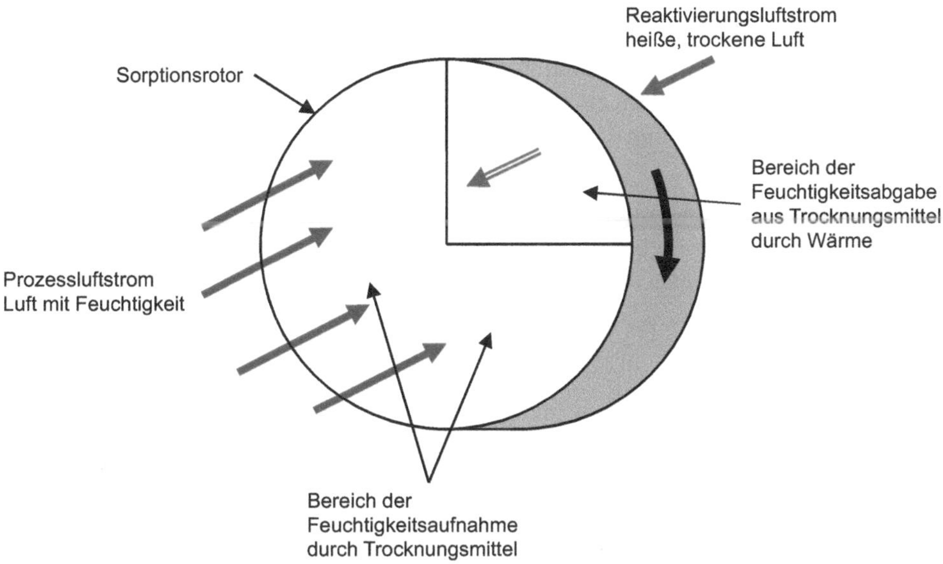

Bild 4.7 Sorptionsrotor, in Anlehnung an [5]

Neben den vorangehend beschriebenen Auswirkungen führt eine hohe Luftfeuchtigkeit im Bereich der Produktion oder der Verarbeitung der Elektroden dazu, dass die Aktivmasse der Elektroden den Wasserdampf aufnimmt und als Wasser einlagert. Dieser Wassergehalt in der Aktivmasse muss in dem Prozessschritt „Elektroden nachtrocknen" (siehe Abschnitt 5.7) mit meist sehr hohem Energieeinsatz herausgetrocknet werden. Im Prozess der Herstellung der Elektroden und der LIB ist sicherzustellen, dass Materialien und Komponenten keine Feuchtigkeit in die Fertigung hereinbringen.

Die in Tabelle 4.2 und Tabelle 4.3 aufgeführten Grenzwerte für die Luftfeuchtigkeit beziehen sich auf die klassischen NMC-111-Materialien. Aktivmaterialien mit höherem Nickelanteil (NMC 622, NMC 811 oder andere) benötigen eine noch trockenere Atmosphäre mit weniger als 1 % relativer Feuchte. Kathodenmaterial des Typs NMC 811 erfordert eine relative Luftfeuchtigkeit von weniger als 0,5 % [6]. Eine solche Trockenheit ist für große Räume aufgrund der sehr großen Luftmenge nicht mehr sinnvoll wirtschaftlich darstellbar. Es werden daher enge Kapselungen um die Maschinen und Transportverbindungen zwischen den Anlagen vorgeschlagen. Diese Kapselungen bezeichnet [7] als Mini-Environments. In Abschnitt 8.10 werden diese Mini-Environments beschrieben.

In einem solchen Anwendungsfall sorgt eine mehrschalige Anlagenkapselung dafür, dass nur ein kleines Luftvolumen auf die geforderte relative Luftfeuchtigkeit getrocknet werden muss. Ein solches kleineres Luftvolumen kann auch leichter mit einem Schutzgas gefüllt werden, um Reaktionen vorzubeugen. Allerdings leidet bei einer solchen Auslegung die Zugänglichkeit zu den Anlagen speziell im Fall der Beseitigung einer Störung, einer Havarie oder bei der Wartung.

4.1.13.2 Lufttemperatur im Raum

Die Lufttemperatur in der Umgebungsluft bestimmt auch die Höchstmenge Wasserdampf, den die Umgebungsluft aufnehmen kann. Des Weiteren beeinflusst die Lufttemperatur andere Eigenschaften der Aktivmasse wie beispielsweise deren Viskosität (siehe Abschnitt 5.4.1.3).

Typischerweise liegt die Lufttemperatur in den unterschiedlichen Räumen oder Bereichen der LIB-Fertigung im Bereich von 20 °C. Einrichtungen zur Erzeugung und Kontrolle der Lufttemperatur in den Räumen der Fertigung erhöhen die Investitionskosten und die Kosten für Wartung und Instandhaltung dieser Anlagen.

4.1.13.3 Luftdruck

Die Verdampfungsrate des Lösungsmittels in der Paste ist direkt vom Luftdruck abhängig. Bei niedrigem Luftdruck verdampft das Lösungsmittel schneller, was zu einer ungleichmäßigen Filmbildung bei der Elektrodenbeschichtung führen kann.

Bei niedrigem Luftdruck kann es während der Beschichtung zur Bildung von Blasen kommen, wenn gelöste Gase aus dem Lösungsmittel beziehungsweise der Paste austreten. Diese Blasen beeinträchtigen die Qualität der Beschichtung in ihrem Inneren und an ihrer Oberfläche und verringern die Leistung der LIB.

In der Regel herrscht in den Bereichen der LIB-Fertigung der Normalluftdruck. Geringfügig höherer Luftdruck sorgt dafür, dass Fremdpartikel oder Fremdluft nicht von außen in den Bereich eindringen, sondern aus dem Bereich weggeblasen werden.

Änderungen des Luftdrucks können beispielsweise bei der Beschichtung im Prozessschritt „Elektroden beschichten und trocknen" zu Veränderungen der Zustände an der Beschichtungslippe führen. Selbst das Öffnen der Tür der Anlagenumhausung kann eine solche Luftdruckänderung bewirken. Das Verhältnis von Luftdruck und Gegendruck der Paste an der Düsenlippe verändert sich (siehe Abschnitt 5.4).

4.1.13.4 Schwerkraft

Die überall vorhandene Gravitation verursacht Entmischungen in der angemischten Paste. Schwere Partikel können sich in der Paste durch die Schwerkraft nach unten absetzen, sodass sich das lokale Mischungsverhältnis innerhalb der Paste verändert. Das kann sowohl in den Vorratsbehältern für die zu verarbeitende Paste als auch während der Trocknung der auf die Metallfolie aufgebrachten Beschichtung auftreten (siehe Abschnitt 5.4). Solche Inhomogenitäten der Paste verursachen Inhomogenitäten der Beschichtung, die wiederum negative Auswirkungen auf die Hauptkriterien Sicherheit, Lebensdauer, Leistung und Energieinhalt der LIB besitzen.

Die Schwerkraft beeinflusst auch die Verteilung von Elektrolyten in der LIB (siehe Abschnitt 6.7 und Abschnitt 6.8). Eine ungleichmäßige Verteilung des Elektrolyten innerhalb der LIB kann zu Problemen bei der Leistungsfähigkeit der LIB führen. In Bereichen mit zu wenig Elektrolyten können die Ionen nicht ausreichend zwischen den Elektroden wandern. Gleichmäßig verteilter Elektrolyt in der LIB kann sich nach einiger Zeit aus dem Separator beziehungsweise aus der Aktivmasse aufgrund des Einflusses der Schwerkraft lösen und sich im unteren Bereich der LIB ansammeln. Das kann sowohl während der Fertigung als auch während des Betriebs der LIB passieren.

4.1.13.5 Fremdpartikelbelastung der Raumluft

Als Fremdpartikel werden Partikel aus Materialien bezeichnet, die nicht als Komponenten der LIB geplant oder vorhergesehen sind und die in der Aktivmasse der Elektrode oder in der LIB einen störenden Einfluss ausüben können. Das kann Schmutz, Staub oder auch mechanischer Abrieb sein. Die Bedeutung der Fremdpartikelbelastung zeigt der Fall Sony. Im Jahr 2006 musste beispielsweise Sony 9,6 Mio. Akkus zurückrufen. Es waren defekte LIB aufgetreten, die ohne äußere Einwirkungen in Flammen aufgegangen sind. Als Ursache sind mikroskopisch kleine Verunreinigungen aus der Produktion festgestellt worden [8]. Solche Partikel können beim Betrieb der LIB zu internen Kurzschlüssen der LIB führen.

Die meisten Prozessschritte der LIB-Herstellung werden zur Vermeidung der Kontamination mit freien oder vagabundierenden Partikeln im Reinraum ausgeführt. Um Partikel in diesem Bereich zu binden oder zu immobilisieren, kommen häufig Klebematten oder Staubbindematten zum Einsatz. Diese Matten sind sowohl als Einwegprodukte als auch als Mehrwegprodukte verfügbar. Es bewährte sich auch, solche Matten in den Anlagen an den Stellen zu positionieren, an denen typischerweise vermehrt freie Partikel auftreten. Damit werden die vagabundierenden Partikel, die durch den Prozess entstanden sind, möglichst nahe am Entstehungsort immobilisiert.

In den Prozessschritten „Elektroden längs schneiden" (Abschnitt 5.5), „Elektroden kalandrieren" (Abschnitt 5.6), „Elektroden quer schneiden" (Abschnitt 5.8) oder „Elektroden wickeln oder stapeln" (Abschnitt 6.1) bei der Herstellung der LIB können sich an den Kanten der Beschichtung der Elektroden Partikel lösen, aber nicht sofort abfallen. Sie haften weiterhin an der Oberfläche und lösen sich erst in späteren Prozessschritten von der Oberfläche und treten anschließend als freie Partikel in der LIB auf. Erfahrungsgemäß lösen sich die Partikel in Fertigungsbereichen, in denen die Elektrode um eine Umlenkrolle umgelenkt wird. Bild 4.8 zeigt schematisch einen solchen Bereich. In solchen Bereichen sollten entsprechende Abschirmungen, Absaugungen oder Maßnahmen zum Immobilisieren der freien Partikel umgesetzt werden.

Sich gegeneinander bewegende Teile oder Komponenten der Anlagen können Partikel in Form von Abrieb oder Abnutzung erzeugen, wie der vorangehend beschriebene Fall zeigt. Die einzelnen Komponenten sind daher bei ihrer Konstruktion entsprechend auszulegen. Eine regelmäßige Inspektion der Anlagenkomponenten und eine regelmäßige Erfassung der Sauberkeit in den Anlagen (siehe Abschnitt 4.1.13.6) kann frühzeitig Hinweise auf eine solche Abnutzung geben.

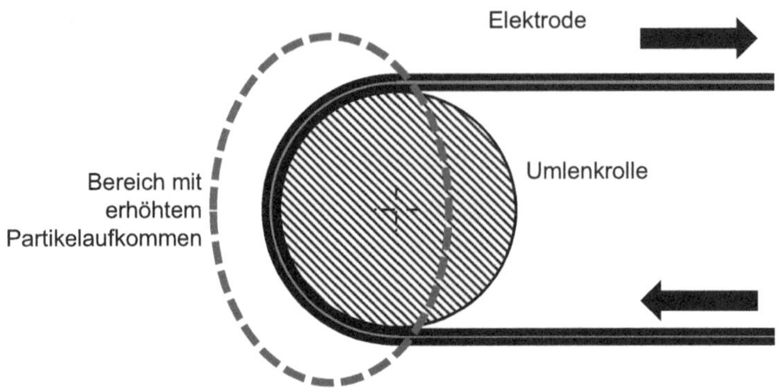

Bild 4.8 Bereich im Fertigungsablauf mit erhöhtem Partikelaufkommen

Magnetische Partikel können durch entsprechende möglichst starke Magnetstäbe aufgefangen oder vom Elektrodenband abgenommen werden. Solche Magnetstäbe werden sinnvollerweise mit einer einfach zu entfernenden Kunststofffolie ummantelt. Das erleichtert die Reinigung der Magnetstäbe. Beim Umgang mit starken Magneten sind Gefährdungen durch die starke Anziehungskraft der Magnete und die Wechselwirkung der magnetischen Felder mit Implantaten oder Herzschrittmachern zu beachten. Typischerweise erfordert der Einsatz solcher starken Magnete auch spezielle Gefährdungsbeurteilungen im Rahmen der Prävention zum Thema Arbeitssicherheit [9].

Da die Kontamination der Umgebung mit Partikeln einen großen Einfluss auf die Qualität der produzierten LIB ausübt, sollte bei der Auslegung von Maschinen und Anlagen immer darauf geachtet werden, dass sich die Partikel oder auch Schmutz nicht fest auf Anlagenkomponenten absetzen können. Hierbei ist besonders zu beachten, dass Hohlräume, wie sie beispielsweise bei Konstruktionsprofilen zu finden sind, dicht verschlossen werden (siehe Bild 4.9). Erfahrungsgemäß sammeln sich nämlich in diesen Hohlräumen Partikel oder Schmutz, die sich unkontrolliert bewegen können und so in oder auf die Zellmaterialien gelangen können.

Bei der Auslegung der Anlagen sollte beziehungsweise muss die Reinigung der Anlagen berücksichtigt werden. Unzugängliche Stellen, die aber trotzdem gereinigt werden müssen, erhöhen den Zeitaufwand für die Reinigung, was negative Auswirkungen auf die Stillstandszeiten der Produktion und damit die Wirtschaftlichkeit hat. Solche unzugänglichen Bereiche werden auch häufiger bei der Reinigung nicht so sorgfältig bearbeitet, sodass die Gefahr besteht, dass Schmutzpartikel nicht entfernt werden.

Beim Thema Sauberkeit gibt die ISO 14644-1 die Anzahl der maximal zulässigen Partikel in der jeweiligen Klasse an. Die Anzahl maximal zulässiger Partikel hängt auch ab von der Partikelgröße (siehe Tabelle 4.1).

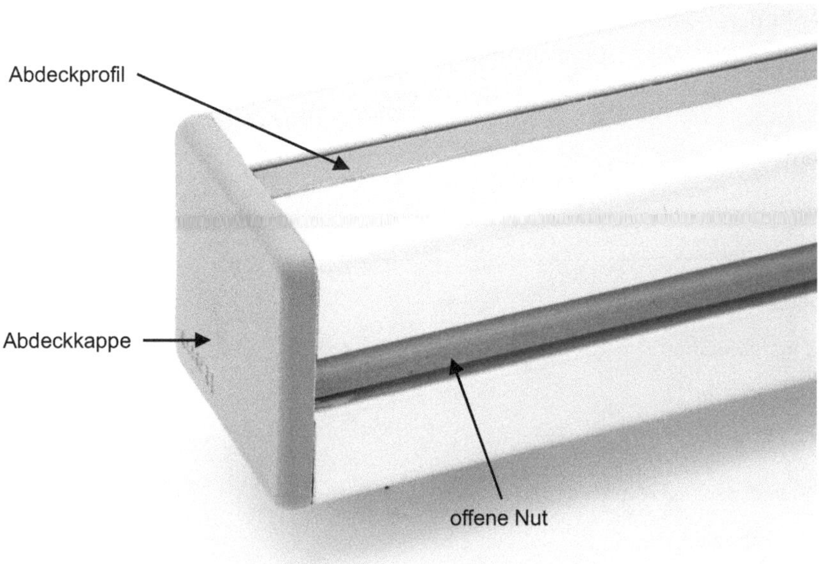

Bild 4.9 Aluminium-Konstruktionsprofil mit Nuten

Tabelle 4.1 Reinraumklassifikation nach ISO 14644-1: maximal zulässige Anzahl von Partikeln nach Partikelgröße

		Partikelgröße					
		≤ 0,1 µm	≤ 0,2 µm	≤ 0,3 µm	≤ 0,5 µm	≤ 1,0 µm	≤ 5,0 µm
Reinraum-klasse ISO	**1**	10	2				
	2	100	24	10	4		
	3	1000	237	102	35	8	
	4	10.000	2370	1020	352	83	
	5	100.000	23.700	10.200	3520	832	29
	6	1.000.000	237.000	102.000	35.200	8320	293
	7				352.000	83.200	2930
	8				3.520.000	832.000	29.300
	9				35.200.000	8.320.000	293.000

Die Produktionsschritte der Elektrodenfertigung finden im Wesentlichen unter Reinraumbedingungen statt (Tabelle 4.2). Das verhindert das Eintreten von Fremdpartikeln in die Aktivmasse oder deren Anhaften an die anderen Komponenten, wovon sie später nicht mehr zu entfernen sind [10].

Tabelle 4.2 Anforderungen der einzelnen Prozessschritte der Elektrodenfertigung an die Luftfeuchtigkeit für NMC111-Materialien und Partikel, in Anlehnung an [10], [11] und [12]

Prozessschritt	Relative Luftfeuchtigkeit	Partikel
Material lagern		ISO 7-8
Material dosieren		ISO 7-8
Aktivmaterial mischen		ISO 7-8
Elektroden beschichten und trocknen	≤2 %	ISO 7
Elektroden längs schneiden	≤2 %	ISO 7
Elektroden kalandrieren	≤2 %	ISO 7
Elektroden trocknen	≤2 %	ISO 7
Anschlussfahnen ausschneiden	≤2 %	ISO 7
Elektroden quer schneiden	≤2 %	ISO 7

Die Prozessschritte der Zellassemblierung erfordern neben der Sauberkeit trockene Bedingungen (Tabelle 4.3).

Tabelle 4.3 Anforderungen der einzelnen Prozessschritte der Zellfertigung an die Luftfeuchtigkeit für NMC-111-Materialien und Partikel, in Anlehnung an [10] und [11]

Prozessschritt	Relative Luftfeuchtigkeit	Partikel
Elektroden wickeln oder stapeln	≤2 %	ISO 7
Flachwickel oder Stapel verpressen	≤2 %	ISO 7
Ableiter formen und kontaktieren	≤2 %	ISO 7
Wickel oder Stapel assemblieren	≤2 %	ISO 7
Gehäuse verschließen	≤2 %	ISO 7
Zelle auf Leckage prüfen	≤2 %	ISO 7
Zelle mit Elektrolyten füllen	≤2 %	ISO 7
Zelle durchfeuchten	≤2 %	ISO 7
Zelle formieren	≤2 %	ISO 7
Zelle mit Elektrolyten nachfüllen	≤2 %	ISO 7
Zelle final verschließen	≤2 %	ISO 7
Zelle prüfen		
Zelle reifelagern		

Das Thema Sauberkeit besitzt auch bei Instandhaltungs- und Instandsetzungsarbeiten der Anlagen eine sehr große Bedeutung. Bei solchen Aktivitäten werden typischerweise neue Anlagenkomponenten in den jeweiligen Bereich eines Prozessschrittes hereingebracht. Das können Ersatzteile oder Werkzeuge sein. Bei der Planung der Fertigung sind daher Luftschleusen vorzusehen, in denen Material oder Ersatzteile, die in den kontrollierten Bereich hereingebracht werden sollen, gereinigt werden. Luftdüsen sorgen durch ihren gezielten Luftstrom dafür, dass außen anhaftende Partikel gelöst und wegtransportiert werden. Gleichzeitig sorgt eine Absaugung dafür, dass die Luft mit den abgeblasenen Fremdpartikeln abgesaugt wird und die unerwünschten Partikel damit entfernt werden.

Vergleichbares gilt natürlich auch für Mitarbeiter, die in den jeweiligen Bereich der Fertigung für die Bedienung der Anlagen oder deren Wartung und Reparatur hineingehen. Auch sie tragen Fremdpartikel mit sich, die, in den Bereich der Prozessschritte hereingebracht, Probleme verursachen können. In Kapitel 10 werden diese Aspekte des Fabrikbetriebs beschrieben.

4.1.13.6 Technische Sauberkeit

Der Begriff der Sauberkeit wird im täglichen Sprachgebrauch sehr häufig verwendet und bezeichnet dort einen Zustand, in dem jemand oder etwas völlig frei ist von Schmutz oder anderen Verunreinigungen. Das lässt sich nicht so einfach auf die Technische Sauberkeit übertragen. Die Technische Sauberkeit beschreibt den Zustand von Bauteilen oder Komponenten, der frei von schädlichen oder störenden Verunreinigungen ist. Die Technische Sauberkeit definiert den Grad der Freiheit oder Abwesenheit von partikelförmigen Verunreinigungen, die die Funktion oder Leistung beeinflussen [13].

Bei der Ermittlung der Technischen Sauberkeit handelt es sich um eine indirekte Prüfung an einem Teil der zu beurteilenden Oberfläche mit einer Probeentnahme. Die Prüfung der Sauberkeit soll die am Prüfobjekt vorhandenen verunreinigenden Partikel möglichst vollständig messtechnisch erfassen [14]. Partikel werden in metallische Partikel, nichtmetallische Partikel und Fasern unterschieden. Als metallische Partikel gelten Partikel, die sich im Wesentlichen durch eine metallisch glänzende, reflektierende Oberfläche auszeichnen. Im Allgemeinen wird aufgrund des hohen Aufwands zur Identifikation auch nicht in elektrisch leitende und nichtleitende Partikel unterschieden. Als nichtmetallische Partikel gelten Partikel, die sich im Wesentlichen nicht durch eine metallisch glänzende bzw. reflektierende Oberfläche auszeichnen. Als Fasern gelten nichtmetallische Partikel, die ein Längen- zu Breiten-Verhältnis von größer 1 : 20 sowie eine Breite kleiner als 50 µm besitzen. Für die einzelnen Partikelgruppen ist für den jeweiligen Betrachtungsfall festzulegen, ob sie schadensrelevant sind [13] [15].

Die Schadensrelevanz von Partikeln beschreibt Abschnitt 3.2.4. Hier sind primär die Parameter Größe und Leitfähigkeit für die Schadensrelevanz von Bedeutung. Eine Prüfung der Technischen Sauberkeit setzt sich aus den folgenden Schritten zusammen:

- Gewinnung von Partikeln vom Prüfobjekt (Extraktion)
- Filtration der Partikel

- messtechnische Analyse der Partikel
- Dokumentation

Bei der Extraktion nimmt das Extraktionsmittel die durch Adhäsionskräfte an der Oberfläche haftenden Partikel von der zu prüfenden Oberfläche ab. Das Extraktionsmittel transportiert die Partikel von der Oberfläche weg. Diese dürfen sich jedoch nicht in anderen Bereichen der Oberfläche des Prüfobjektes niederlassen. Das Extraktionsmittel darf auf gar keinen Fall mit der Oberfläche oder anderen Materialien des zu prüfenden Bauteils reagieren, sie beschädigen oder verändern. Jede bei der Produktion der LIB verwendete Komponente erfordert eine spezielle Auswahl des Extraktionsmittels. Hierbei ist zu berücksichtigen, wie das Extraktionsmittel mit den entsprechenden Materialien der LIB reagiert.

Im nächsten Schritt separiert ein Filter die Partikel aus dem Extraktionsmittel. Das kann beispielsweise ein Filterpapierplättchen sein, auf dem sich die Partikel abscheiden. Die Auswahl des Filters richtet sich nach der angenommenen Art, Größe und Menge der Partikel.

Das Gewicht der auf dem Filter abgeschiedenen Partikel kann als ein erster Parameter für die Technische Sauberkeit gewertet werden. Größere Bedeutung und damit Aussagekraft besitzt die Bestimmung der Größe und der Form der Partikel. Von größter Bedeutung ist die Identifikation metallischer und damit elektrisch leitender Partikel. Ihr metallischer Glanz kann ein erstes Indiz dafür sein. Des Weiteren kann eine Prüfung mit einem Magneten solche sehr kritischen Partikel identifizieren.

Diese Messmethode erfordert einen relativ großen Aufwand. Sie eignet sich beispielsweise zur Bestimmung der Technischen Sauberkeit von Komponenten, die in den Reinraum hereingebracht werden sollen. Laufende Produktionsanlagen oder laufende Prozesse lassen sich hinsichtlich der Technischen Sauberkeit durch Partikelfallen beurteilen. Partikelfallen besitzen definierte Flächen, die herabsinkende Partikel aus der Luft auffangen und durch ihre Klebeeigenschaften immobilisieren. Bild 4.10 zeigt eine solche Partikelfalle mit der definierten Kreisfläche. Diese Partikelfallen werden nach ihrer Aktivierung an einer definierten Position innerhalb der LIB-Produktion oder innerhalb von Anlagen positioniert. Innerhalb der vorbestimmten Zeit lagern sich Partikel aus der Raumluft auf der Klebefläche ab und haften dort dauerhaft.

Nach der Einsatzzeit über typischerweise fünf Tage verschließt eine transparente Abdeckung die Klebefläche, sodass keine weiteren Partikel mehr eingefangen werden können. Diese verschlossenen Klebefallen lassen sich dann hinsichtlich der folgenden Parameter auch mit entsprechender Bildverarbeitungssoftware automatisiert auswerten:

- Partikelanzahl
- Größenverteilung der Partikel
- Partikelform
- Partikeltyp (metallisch, nichtmetallisch, biologisch etc.)

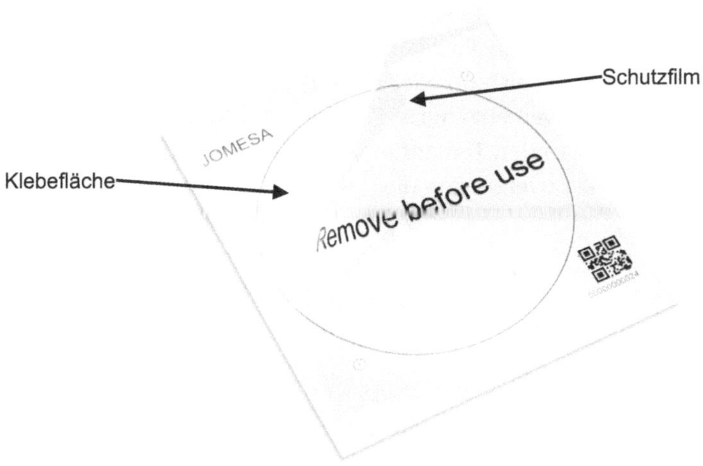

Bild 4.10 Partikelfalle, © Bild: Jomesa GmbH

Eine gravimetrische Auswertung oder eine chemische Analyse der Partikel ist auch möglich. Eine entsprechende Partikelfallen-individuelle Kennzeichnung ordnet die Partikelfallen dem jeweiligen Aufstellort und dem Probennahmezeitraum zu [16].

Die in der manuellen oder automatisierten Analyse ermittelten Werte sind mit denen der Vorgaben für den speziellen Prozessschritt zu vergleichen. Zur Festlegung der Grenzwerte kann auch die Definition der zulässigen Partikelgrößen und Partikelanzahl in Reinräumen (siehe Tabelle 4.1) als Anhaltspunkt verwendet werden.

Werden Grenzwerte für die Partikelanzahl in Abhängigkeit von Partikelgröße und Partikelart überschritten, so ist zu entscheiden, was mit den Komponenten oder dem Zwischenprodukt, die in der entsprechenden Anlage bearbeitet wurden, geschehen soll. Der in Abschnitt 4.1.13.5 zitierte Vorfall bei Sony zeigt die dringende Notwendigkeit solcher Prüfungen.

Die Situation kann es erfordern, dass neben den in der LIB verbauten Komponenten sogar die für den Transport verwendeten Verpackungen oder Behälter auf ihre Partikelbelastung zu überprüfen sind.

4.2 Gefahrstoffe

Die Herstellung von LIB erfordert Stoffe, die als Gefahrstoffe eingestuft sind. Solche Gefahrstoffe können auch bei der Herstellung oder bei unsachgemäßer Handhabung bei der Herstellung entstehen. Die Gefährdung von Personal oder Nutzern der LIB muss auf alle Fälle verhindert werden [17]. Das fordert die Gesetzeslage und natürlich die Sorgfaltspflicht der Beteiligten.

Die Aktivmasse der Kathode enthält neben Lithium auch Nickel, Kobalt und Mangan. Im Herstellungsprozess der LIB können Partikel aus diesen Elementen entstehen und als freie Partikel mobil sein. Nickelstaub oder Kobaltstaub sind als alveolengängige Partikel krebserregend. Als alveolengängige Partikel oder als alveolengängige Fraktion oder A-Staub versteht man den Teil des einatembaren Staubes, der so fein ist, dass er bis in die kleinsten Verzweigungen der Lunge, in die Alveolen (Lungenbläschen), vordringen kann.

4.2.1 Lithium-Nickel-Mangan-Kobalt-Oxid

Lithium-Nickel-Mangan-Kobalt-Oxid, auch NMC (CAS-Nr.[1]) 346417-97-8), der Rohstoff für die Herstellung von Kathodenbeschichtungsmasse, wird in Sicherheitsdatenblättern als krebserregender Gefahrstoff der Klasse 2 eingestuft [18] [19]. Die Sicherheitsdatenblätter beschreiben die erforderlichen Maßnahmen bei der Lagerung und Handhabung des Stoffes.

4.2.2 Nickel

Von Nickel in Staubform (CAS-Nr. 7440-02-0) gehen akute oder chronische Gesundheitsgefahren für den Menschen aus [20]. Es besteht der Verdacht auf karzinogene Wirkung von Nickel beim Menschen [21]. Über eventuelle keimzellmutagene oder reproduktionstoxische Eigenschaften liegen keine Angaben für Nickel vor. Für alveolengängiges Nickel legt [3] einen Grenzwert von 6 $\mu g/m^3$ fest.

4.2.3 Kobalt

Auch von Kobalt (CAS-Nr. 7440-48-4) gehen akute oder chronische Gesundheitsgefahren für den Menschen aus [22]. Es ist ein vermutlich für den Menschen karzinogener Stoff, der möglicherweise vererbbare Mutationen in Keimzellen von Menschen auslösen kann und eventuell fruchtbarkeitsgefährdend ist [21]. Für diesen Stoff liegt der Grenzwert bei 0,5 $\mu g/m^3$ [23].

4.2.4 NMP

Von dem Lösungsmittel NMP oder N-Methyl-2-pyrrolidon (CAS-Nr. 872-50-4) gehen akute oder chronische Gesundheitsgefahren für den Menschen aus. Es wird vom Menschen auch resorptiv über die Haut aufgenommen. Es verursacht Hautreizungen, schwere Au-

[1] CAS-Nr. Registrierungsnummer für chemische Stoffe als eindeutige Identifizierung des Stoffes (**C**hemical **A**bstracts **S**ervice)

genreizungen, Reizungen der Atemwege und kann das Kind im Mutterleib schädigen. Der Stoff gilt als fortpflanzungsgefährdend. Es gelten nach EU-Verordnung die DNEL[2]-Werte 14,4 mg/m³ bei Inhalation und 4,8 mg/kg/Tag bei Aufnahme über die Haut als verbindliche Grenzwerte [24].

4.2.5 Elektrolyt

Der Elektrolyt enthält als Leitsalz Lithiumhexafluorophosphat $LiPF_6$. Kommt Elektrolyt mit Wasser in Kontakt, so bildet sich aus dem Leitsalz und dem Wasser Flusssäure HF (CAS Nr. 7664-39-3). Flusssäure verursacht beim Kontakt schwere Verätzungen. Eingeatmete Dämpfe können den Atemtrakt verätzen. Der Arbeitsplatzgrenzwert beträgt 0,83 mg/m³ bezogen auf Luft [25].

Das Leitsalz selber (CAS-Nr. 21324-40-3) ist auch als Gefahrstoff eingestuft. Es ist giftig, verursacht schwere Verätzungen der Haut, schwere Augenschäden und schädigt Organe. Des Weiteren steht es auf der Liste der wassergefährdenden Stoffe [26].

Tabelle 4.4 zeigt typische organische Lösungsmittel im Elektrolyten.

Tabelle 4.4 Typische organische Lösungsmittel im Elektrolyten, Datenquellen: [27] und [28]

Name	Abk.	Formel	CAS-Nr.	Charakterisierung	Gefahrenhinweis	Quelle
Diethylcarbonat	DEC	$C_5H_{10}O_3$	105-58-8	▪ entzündbare Flüssigkeit ▪ Dämpfe können mit Luft bereits bei erhöhter Umgebungstemperatur beim Erhitzen des Stoffes über seinen Flammpunkt explosive Gemische bilden. ▪ wenig löslich in Wasser ▪ mittel oder schwer flüchtig	H226: Flüssigkeit und Dampf entzündbar	[29]
Dimethylcarbonat	DMC	$C_3H_6O_3$	616-38-6	▪ leicht entzündlich ▪ Dämpfe bilden mit Luft explosive Gemische. ▪ leicht löslich in Wasser ▪ leicht flüchtig	H225: Flüssigkeit und Dampf leicht entzündbar	[30]

2 DNEL-Werte (**D**erived **N**o-**E**ffect **L**evel – abgeleitete Expositionshöhe, unterhalb derer der Stoff zu keiner Beeinträchtigung der menschlichen Gesundheit führt)

Tabelle 4.4 Typische organische Lösungsmittel im Elektrolyten, Datenquellen: [27] und [28] (*Fortsetzung*)

Name	Abk.	Formel	CAS-Nr.	Charakterisierung	Gefahrenhinweis	Quelle
Ethylencarbonat	EC	$C_3H_4O_3$	96-49-1	▪ brennbarer Stoff ▪ schwer entzündbar ▪ leicht löslich in Wasser	H319: verursacht schwere Augenreizungen	[31]
Ethylmethylcarbonat	EMC	$C_4H_8O_3$	623-53-0	▪ leicht entzündbare Flüssigkeit ▪ Dämpfe bilden mit Luft explosive Gemische. ▪ löslich in Wasser ▪ leicht flüchtig	H225: Flüssigkeit und Dampf leicht entzündbar	[32]
Propylencarbonat	PC	$C_4H_6O_3$	108-32-7	▪ brennbarer Stoff ▪ schwer entzündbar ▪ leicht löslich in Wasser ▪ schwer oder sehr schwer flüchtig	H319: verursacht schwere Augenreizungen	[33]

Für diese Inhaltsstoffe des Elektrolyten existieren Vorschriften zum Thema Handhabung oder Arbeitsschutz, die zu beachten sind. Für weitere hier nicht aufgeführte Inhaltsstoffe sind die erforderlichen Informationen und Vorschriften entsprechend zu berücksichtigen.

4.2.6 Kohlenstoffnanoröhrchen

Kohlenstoffnanoröhrchen (KNR) können die elektrische und ionische Leitfähigkeit und die mechanische Stabilität der Elektroden verbessern [34]. Kohlenstoffnanoröhren sind mikroskopisch kleine, aus Kohlenstoff bestehende Röhren (molekulare Nanoröhren). Sie bestehen aus wabenartigen Gittern von Kohlenstoffatomen. Der Durchmesser der Röhren liegt meist im Bereich von 1 bis 50 nm. Man unterscheidet zwischen ein- oder mehrwandigen Nanoröhrchen.

Kohlenstoffnanoröhrchen werden gemäß vorliegenden Veröffentlichungen derzeit nicht eindeutig als Gefahrstoff eingestuft. Wenn allerdings Kohlenstoffnanoröhrchen in den bei Asbestfasern kritischen Faserdimensionen auftreten, können sie bei einer hohen Dosis im Tierversuch asbestähnliche Wirkungen hervorrufen. Obwohl hierzu noch wissenschaftliche Untersuchungen wie etwa chronische Inhalationsstudien ausstehen, besteht beim Einsatz oder bei der Verarbeitung von Kohlenstoffnanoröhrchen Anlass zu erhöhter Vorsicht. Es kann daher nicht ausgeschlossen werden, dass von Kohlenstoffnanoröhrchen Gefährdungen ausgehen. Bei neuen Stoffen, bei denen keine ausreichenden Kenntnisse zu den gefährlichen Eigenschaften vorliegen, ist diese Gefährdung oder schädliche Wirkung zunächst zu unterstellen. Das präventive Vorgehen für unbekannte Stoffe schließt also Nanomaterialien mit ein.

Fasern, die eine Länge von > 5 µm und einen Durchmesser von < 3 µm sowie ein Verhältnis von Länge zu Durchmesser von > 3 : 1 besitzen, werden als WHO-Faser bezeichnet. Eine relevante Toxizität nach dermaler oder oraler Exposition scheint für Nanomaterialien von untergeordneter Bedeutung zu sein. Die Alveolengängigkeit der KNR und damit die inhalative Exposition ist jedoch zu beachten.

Aufgrund der noch nicht durch entsprechende Vorschriften geregelten Situation bei der Nutzung von Kohlenstoffnanoröhrchen ist in der industriellen Praxis hier besondere Vorsicht angeraten. Im ersten Ansatz können die geltenden Vorschriften für den Gefahrstoff Asbest herangezogen werden [35] [36].

4.3 Qualitätssicherung

DIN EN ISO 9000 definiert den Begriff Qualität als den Grad, in dem Eigenschaften eines Objektes die festgelegten Erwartungen oder Anforderungen erfüllen. Im Bereich der Technik beschreiben messbare Größen die Qualität eines Produktes. [1] beschreibt die Qualität als die Güte eines Produktes im Hinblick auf seine Eignung für den Verwender. Im technischen Sinne bezeichnet Qualität die Gesamtheit von Merkmalen und Eigenschaften eines Produkts oder eines Prozesses, die sich auf dessen Eignung zur Erfüllung festgelegter oder vorausgesetzter Anforderungen beziehen. Für LIBs werden in Abschnitt 2.7 und Abschnitt 2.8 deren messbare Eigenschaften beziehungsweise Parameter beschrieben. Typischerweise legt ein Kunde die von ihm gewünschten technischen Eigenschaften der LIB fest.

Die Großserienfertigung von LIB erfordert sichere und zuverlässige Methoden zur Sicherstellung der Qualität der Produkte. Die sehr hohen Anforderungen hinsichtlich Qualität und Zuverlässigkeit der LIB bestimmen die Prozesse. [12] geht von Ausschussraten der LIB von kleiner 1 ppm aus, was als Zielwert anzusehen ist. Würde für die Herstellung der LIB ein linearer Produktionsprozess mit 25 Prozessschritten und einer Prüfung am Ende eingesetzt (siehe Bild 4.11), ergäbe sich unter der Annahme gleicher Ausschussraten oder niO-Raten[3)] in jedem Prozessschritt eine maximal zulässige Ausschussrate von $4 \cdot 10^{-10}$. Eine solche Ausschussrate oder niO-Rate ist bei den technischen Prozessen der LIB-Fertigung nicht umsetzbar. Der Wert ist als theoretischer und wirtschaftlich guter Zielwert anzusehen.

3 niO-Rate bedeutet die Anzahl der Teile einer Charge, die nicht der Spezifikation entsprechen, bezogen auf die Größe der gesamten Charge.

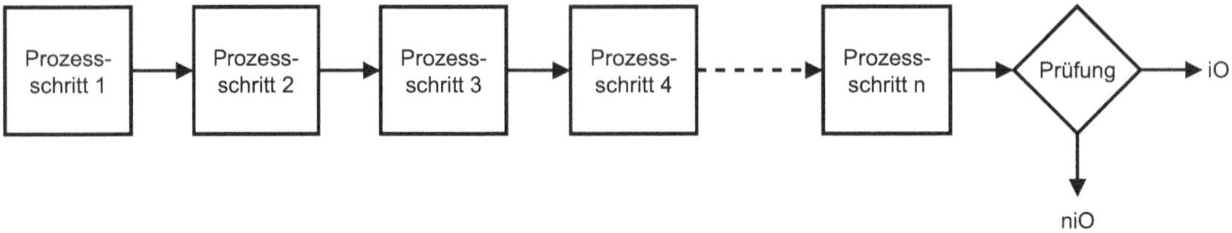

Bild 4.11 Einfacher linearer Produktionsprozess mit einer Endprüfung

[37] zitiert Quellen, die Ausschussraten einer LIB-Fertigung im Bereich von 4 % bis 30 % angeben. Diese Werte berücksichtigen allerdings keine Veränderung der Ausschussrate über der Zeit. Die Veränderung der Ausschussrate in Abhängigkeit der Zeit zeigt Bild 4.12. Nach dem Produktionsstart sinkt typischerweise die Ausschussrate sehr stark und erreicht nach fünf Produktionsjahren einen Wert von unter 10 %.

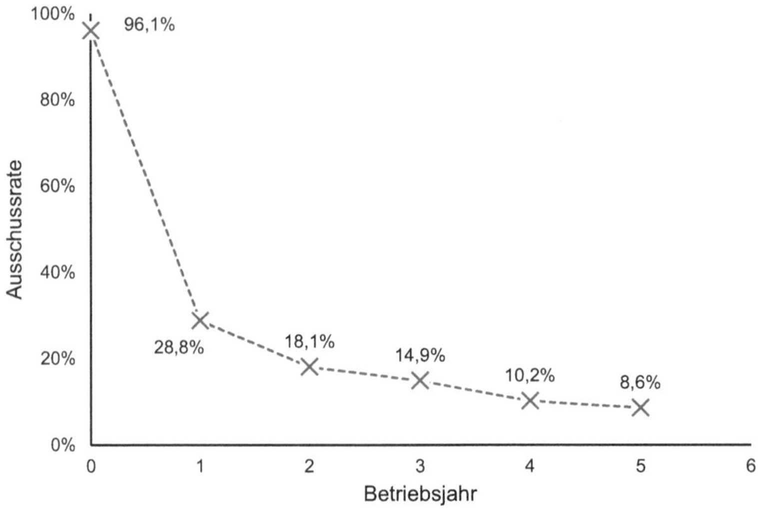

Bild 4.12 Zeitabhängige Ausschussrate, Datenquelle: [37]

Unter Berücksichtigung der Annahme der 25 Prozessschritte und der gleichen Ausschussrate pro Prozessschritt ergeben sich für die Ausschussraten der Zeitreihe aus Bild 4.12 Werte der Ausschussraten pro Prozessschritt von 12,2 % bis 0,4 %. [37] beziffert den Verlust durch Ausschuss mit 30.000 € pro Tag und pro Prozentpunkt. Dieser Ausschuss gehört zum Produktionsausschuss, der während der laufenden Produktion entsteht.

Die aus wirtschaftlichen Gründen vorteilhafte sehr geringe Ausschussrate des Gesamtproduktionsprozesses erfordert, die Qualität der Zwischenprodukte festzustellen. Im Idealfalle erfolgt nach jedem Prozessschritt die Prüfung, ob das gerade eben produzierte Zwischenprodukt den Vorgaben entspricht. Nur Zwischenprodukte, die den Vorgaben für diesen Prozessschritt entsprechen, leitet das System zum nächsten Prozessschritt weiter (siehe Bild 4.13).

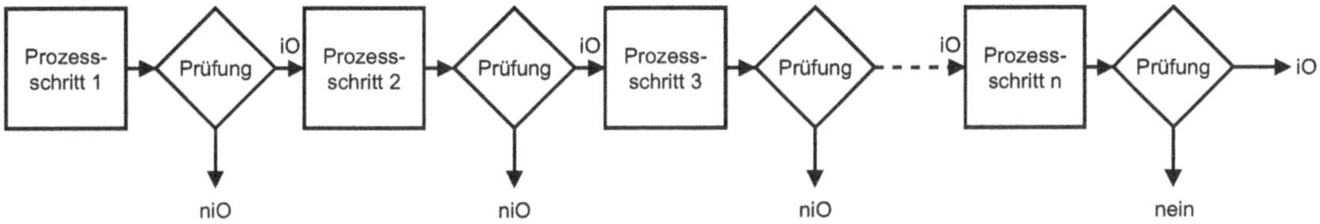

Bild 4.13 Linearer Produktionsprozess mit Prüfung nach jedem Prozessschritt

An jedem produzierten Zwischenprodukt erfasst die Anlage die Messwerte zu bestimmten definierten Parametern. Das können beispielsweise geometrische Abmessungen, Spannungen oder Dichtigkeit sein. Die Messwerte der Produktparameter müssen nicht zwangsläufig für eine Beurteilung des produzierten Zwischenprodukts ausreichen. Die Erfassung und Zuordnung von Prozessparametern während der Produktion des zu beurteilenden Zwischenproduktes stellen weitere Bewertungskriterien für die Beurteilung und Entscheidung dar. Die erfassten Prozess- und Produktparameter des Prozessschrittes sind daher dem entsprechenden Zwischenprodukt zuzuordnen (siehe Kapitel 11), zu speichern und damit auch für die Aufgaben der Rückverfolgung bereitzustellen.

Jeder Parameter benötigt für eine sinnvolle Beurteilung einen Toleranzbereich. Bei dessen Festlegung ist zu berücksichtigen, dass ein produziertes Zwischenprodukt nur dann als i. O.-Teil weitergegeben werden darf, wenn alle Parameter innerhalb der definierten Toleranzgrenzen liegen. Diese Toleranzgrenzen für die einzelnen Parameter sind für jedes Produkt und Zwischenprodukt festzulegen.

Die in Kapitel 3 ausführlich beschriebenen Auswirkungen von Havarien begründen die Anforderungen an die Sicherung der Qualität der LIB nachdrücklich. [38] beschreibt die daraus resultierenden Anforderungen wie

- die Erfassung der prozessrelevanten Daten und Auswertung in Echtzeit, und
- die Berücksichtigung der Wechselwirkungen zwischen Prozessparametern und Produktparametern.

Das erfordert die Definition der zu erfassenden Prozessparameter, den Vergleich der Prozessparameter mit den dazugehörigen Vorgaben und die Reaktion auf eventuelle Abweichungen. Dafür schlägt [38] Quality Gates im Produktionsprozess vor. Quality Gates sind festgelegte Kontrollpunkte im Produktionsprozess, die sicherstellen, dass das Produkt definierte Qualitätsanforderungen erfüllt, bevor es in den nächsten Produktionsprozess übergehen darf. Der Einsatz von Quality Gates bewährte sich in der Serienproduktion, da er hilft, Fehler oder Abweichungen frühzeitig zu identifizieren und daraufhin zu reagieren. Das senkt die Produktionskosten und sichert die Produktqualität. Dieses Modell kann auf die hier beschriebene Struktur der LIB-Fertigung angewendet werden. Jeder Prozessschritt besitzt am Ende ein Quality Gate, basierend auf den in dem Prozessschritt erfassten Prozess- und Produktparametern (siehe Bild 4.14). Erfüllt ein Produkt, charakterisiert durch die Prozess- und Produktparameter, die Anforderungen oder Vorgaben nicht, darf es nicht in den nächsten Prozessschritt weitergeleitet werden.

Dies erfordert die Erfassung und Zuordnung dieser beiden Parametergruppen zu jedem im Prozessschritt bearbeiteten Produkt.

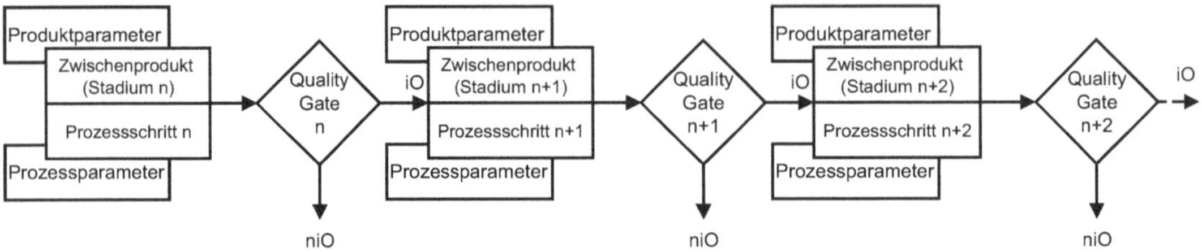

Bild 4.14 Konzept der Quality Gates

Dies gewinnt bei der Betrachtung des Anfalls der Kosten entlang der Prozesskette an Bedeutung, wie sie in Abschnitt 2.8.2 ausführlich dargestellt sind. [39] bestätigt die Bedeutung der Qualitätssicherung im Produktionsprozess, um Defekte oder Abweichungen frühzeitig im Prozess zu erkennen und Ausschuss zu vermeiden.

4.4 Austauschbarkeit

Abschnitt 2.8 beschreibt die Haupteigenschaften einer LIB aus Nutzersicht. Diese dort aufgeführten Haupteigenschaften der LIB werden von weiteren Hauptfaktoren maßgeblich beeinflusst. Das sind das verwendete Material, die für die Herstellung eingesetzten Produktionsanlagen und der auf den Produktionsanlagen ablaufende Produktionsprozess.

[40] weist in der Untersuchung explizit auf das Zusammenspiel der Prozessschritte der LIB-Fertigung mit den Eigenschaften der LIB hin. Das Buch geht auch auf die einzelnen Zusammenhänge primär als linearer Zusammenhang ein.

Hauptfaktoren und Haupteigenschaften sind miteinander eng verbunden oder verknüpft. Die Verknüpfung geht über eine lineare Verkettung hinaus. Jeder der in Bild 4.15 dargestellten Punkte wird von allen anderen Punkten netzwerkartig beeinflusst oder bestimmt. Das Konzept des Austauschbaus, das in der Industrie als eines der wichtigsten Prinzipien zur Sicherstellung der Arbeitsteilung und Spezialisierung Anwendung findet, kann bei LIB so nicht angewendet werden. Erfahrungsgemäß lassen sich Materialien für LIB teilweise nicht so detailliert spezifizieren, dass sie von unterschiedlichen Herstellern bezogen werden können und ohne Überprüfung am Prototypen zu LIB mit vergleichbaren Eigenschaften zusammengebracht werden können.

Vereinfacht muss festgestellt werden, dass eine LIB durch ein eindeutiges Trio aus Material, Produktionsanlagen und Produktionsprozess ihre Eigenschaften erhält. Ändert man beispielsweise eines der verwendeten Materialien, so ist davon auszugehen, dass damit mindestens auch der Produktionsprozess angepasst werden muss. Im ungünstigsten Fall kann es sein, dass sogar die Produktionsanlagen nach der Materialänderung geändert oder ausgetauscht werden müssen, um eine gute LIB gemäß Spezifikation bereitstellen zu können.

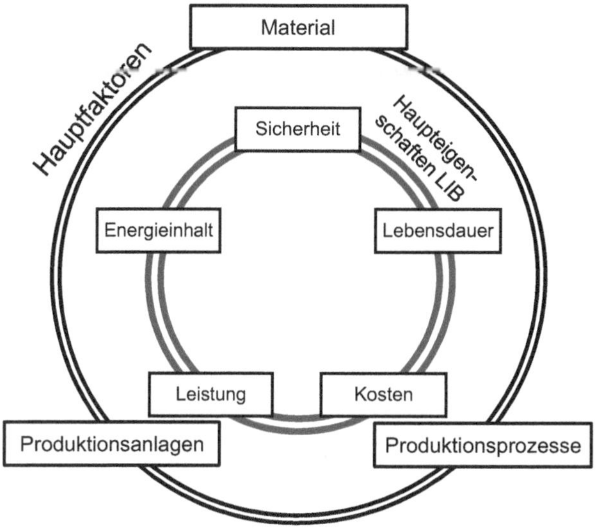

Bild 4.15 Zusammenspiel der Haupteigenschaften von LIB und der Hauptfaktoren

4.5 Aufbau der Fertigungskapazität

Die Entwicklung und Serienreifmachung einer LIB durchläuft typischerweise einen mehrstufigen Prozess. Es beginnt mit der Entwicklungsarbeit im Labor und der Erprobung der Entwicklungsergebnisse. Die Laborfertigung stellt LIB in sehr kleinem Maßstab her. Typischerweise finden hier die Entwicklung, Erprobung und Optimierung des Aufbaus und der Zusammensetzung der LIB statt. Zu den Charakteristika einer Laborfertigung von LIB gehören folgende:

- geringe Losgrößen
- hohe Flexibilität
- kleine bis kleinste Stückzahl
- hohe Variantenvielfalt
- universelle Laborgeräte für schnelles Umrüsten auf unterschiedliche Produkte oder Prozesse
- universelle Mess- und Prüfgeräte
- sehr geringer Automatisierungs- oder Mechanisierungsgrad
- manuelle Tätigkeiten

Es reicht jedoch nicht, die Labor-LIB nur zu fertigen. Sie sind auch zu erproben, um Aussagen bezüglich ihrer Haupteigenschaften (siehe Abschnitt 2.8, Bild 4.15) sicher treffen zu können. Es ist das Ziel am Ende der Stufe der Laborfertigung und die LIB prototypenhaft zu produzieren und deren Haupteigenschaften anhand der Lastenheftanforderungen zu erproben. Dazu ist der Aufbau oder die Konstruktion und der Herstellungsprozess der LIB entsprechend zu dokumentieren.

Die Erprobung der LIB gibt Auskunft über die erfolgreiche Entwicklung. Dabei ist zu beachten, dass einige Tests sehr zeitaufwendig sind. Dazu zählen beispielsweise der Zykeltest oder der Test zur Bestimmung der Selbstentladung. Bei einem Zykeltest über 1000 Zyklen kann von einem Zeitbedarf von 2,5 Stunden pro Lade- und Entladezyklus ausgegangen werden. Nach 2500 Stunden oder ungefähr 3,5 Monaten liegt das Testergebnis zu der geprüften LIB vor.

Die Laborfertigung schafft die Grundlage dafür, das Produkt und die dazugehörigen Prozesse zu definieren und für die nächste Stufe verfügbar zu machen.

Die Pilotfertigung bildet die Brücke zwischen der Laborfertigung und der Kleinserienproduktion. Hierbei liegt der Fokus nicht mehr auf der Entwicklung der LIB oder speziell ihrer Zellchemie, sondern auf der Serienreifmachung der LIB und der für die Produktion erforderlichen Prozesse. Eine wichtige Aufgabe in dieser Stufe ist die Feinabstimmung von Parametern der unterschiedlichen Prozessschritte, um eine stabile, reproduzierbare Produktion sicherzustellen. Die Arbeiten der Stufen dienen dem Nachweis, dass die entwickelte LIB, hergestellt durch den definierten Produktionsprozess in größerer Menge, gemäß den Anforderungen funktionieren wird. Ihre wesentlichen Charakteristika sind folgende:

- vergrößerte Losgrößen
- geringere Flexibilität
- geringere Variantenvielfalt
- halb- bis vollautomatisierte Anlagen
- manuelle Verknüpfung der Anlagen
- wenig Automatisierung

Diese Stufe demonstriert, dass der geplante Produktionsprozess für die LIB im größeren Maßstab funktioniert. Das bedeutet, dass der Produktionsprozess in der Lage ist, die gewünschten Mengen mit den geforderten Eigenschaften zu produzieren. Produkte aus der Pilotfertigung kann ein Kunde für Tests einsetzen. Des Weiteren lassen sich auf Basis der Erfahrungen Gefahrenpotenziale abschätzen und Maßnahmen dagegen definieren sowie die Kostenstruktur ermitteln. Durch diese Merkmale stellt die Pilotfertigung sicher, dass der geplante Produktionsprozess nicht nur im Labor funktioniert, sondern auch wirtschaftlich, sicher und in der gewünschten Qualität skaliert werden kann.

Die Kleinserienfertigung liegt zeitlich zwischen Pilotfertigung und vollwertiger Großserienproduktion für LIB. Ihre typischen Charakteristika sind folgende:

- moderate bis kleine Losgrößen
- geringste Flexibilität
- geringste Variantenvielfalt
- teilautomatisierte, spezialisierte Anlagen
- halb- bis vollautomatisierte Produktionslinien

Die produzierten Stückzahlen in der Kleinserienfertigung sind deutlich höher als in der Pilotfertigung, aber weit unter den Volumina der Großserie. In der Kleinserienproduktion findet eine weitere Prozessoptimierung und Feinabstimmung von Taktzeiten, Einstellprozessen und Materialfluss in den unterschiedlichen Prozessschritten statt. Die Erkenntnisse der Kleinserienfertigung dienen der Vorbereitung der Großserienproduktion und fließen direkt in die Auslegung der Großserienanlagen ein.

Die Großserienfertigung zeichnet sich durch die konsequente Ausrichtung auf maximale Stückzahlen bei minimalen Stückkosten und gleichbleibender Qualität aus. Ihre typischen Merkmale sind folgende:

- extrem große Losgrößen
- sehr geringe Taktzeit
- höchster Automatisierungsgrad
- vollautomatisierte, meist kontinuierlich laufende Fertigungslinien
- maximale Prozessstabilität
- feste, optimierte Prozessabläufe mit engen Toleranzen und minimalen Schwankungsbreiten
- keine Flexibilität
- keine Variantenvielfalt, sondern meist nur Ein-Produkt-Linien

In der Großserie stehen Wirtschaftlichkeit und Effizienz über Flexibilität oder individuellen Produktvarianten. Das Ziel ist, mittels höchster Automatisierungs- und Standardisierungsgrade sowie ausgefeilter Logistik und Qualitätssteuerung die Stückkosten so weit wie möglich abzusenken und gleichzeitig eine gleichbleibend hohe Produktqualität sicherzustellen. Dazu findet meist ein 24/7-Betrieb statt, sodass sich die Anlagen maximal schnell amortisieren.

Die vier hier beschriebenen Stufen für den Aufbau einer LIB-Großserienfertigung scheinen auf den ersten Blick unnötig zu sein und eine Beschleunigung des Prozesses durch das Auslassen von Stufen scheint möglich und ökonomisch sinnvoll zu sein. Doch die Erfahrung lehrt, dass die hier beschriebene Vorgehensweise der effizientere Weg ist. Die kleineren Anlagen bieten die Möglichkeit, Erfahrungen und Erkenntnisse zu gewinnen, ohne sehr hohe Kosten dafür zu generieren. Das Beispiel der Beschichtungsanlagen mit dem angeschlossenen Trockner verdeutlicht diese Aussage. Je kleiner der Beschichter ist, desto weniger Material benötigt er in der Phase des Einfahrens. Das Ergebnis des Prozessschrittes lässt sich ja erst nach dem Austritt der beschichteten Elektrode aus dem Trockner vollständig beurteilen. Im Falle der Anpassung von Produktionsparametern benötigt ein kleiner Trockner der Laborfertigung bei einer Beschichtungsgeschwindigkeit von 0,5 bis 1 m/min eine Trocknerstrecke von ein bis zwei Metern. Damit erzeugt der Einstellprozess auch nur diese Elektrodenlänge mit den eingestellten Produktionsparametern, die eventuell bei unzutreffenden Produktionsparametern verworfen werden muss (Einfahrausschuss). Ein Großserienbeschichter mit einer Produktionsgeschwindigkeit von 100 bis 150 m/min erfordert eine Trocknerstrecke von 200 bis 300 m. Die erforderliche Elektrodenlänge bis zur Möglichkeit zur Beurteilung der Elektrodenqualität nach dem Trockner beträgt damit 200 bis 300 m für eine Seite. Die Elektrodenbreite bei der Großserienfertigung ist sehr viel größer als die bei der Laborfertigung, was zu einer weiteren Steigerung des Einfahrausschusses führt.

Da bei jedem Wechsel der Fertigungsanlagen von der Laborfertigung bis hin zur Großserienfertigung die eingesetzten Anlagen verändert werden, ändert sich zumindest ein Hauptfaktor (siehe Bild 4.15). Das erfordert damit immer wieder eine neue Überprüfung der Haupteigenschaften der auf den neuen Anlagen produzierten LIB mit den oben aufgeführten Zeitanforderungen. Bild 4.16 zeigt diesen Zeitaspekt bei der Planung, dem Aufbau und der Inbetriebnahme der neuen Produktionsanlagen in Verbindung mit der erforderlichen Überprüfung.

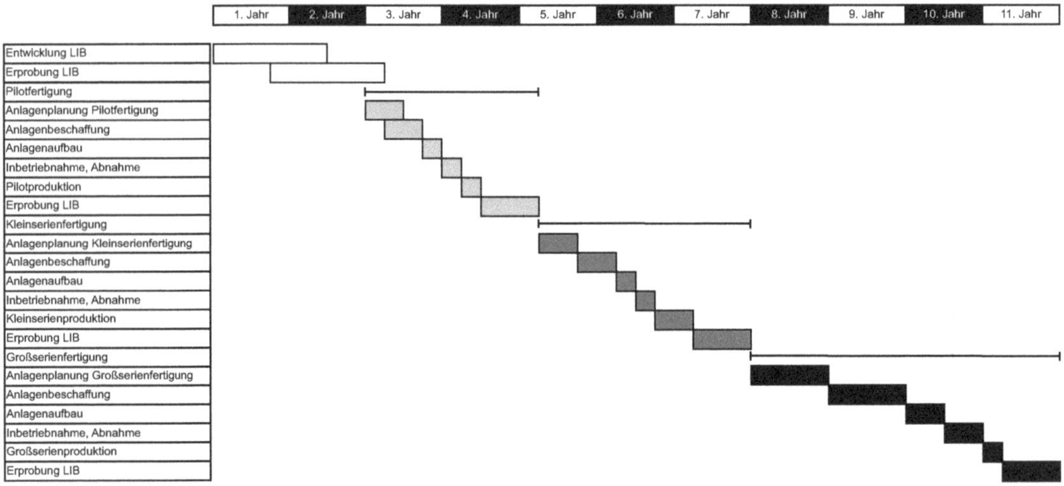

Bild 4.16 Idealisierter Zeitplan von der Zellentwicklung bis zur Großserienfertigung

Der idealisierte Zeitplan geht davon aus, dass die Lieferzeiten von Großserienanlagen im Bereich von mindestens einem Jahr liegen [41]. Das beeinflusst natürlich den Zeitplan.

Literatur

[1] Gabler Wirtschaftslexikon. 12. Auflage. Gabler, Wiesbaden 1988

[2] *Dawo, S.:* Rohstoffe, Hilfsstoffe und Betriebsstoffe/3 Zum Begriff Roh-, Hilfs- und Betriebsstoffe. 2024. *www.haufe.de/finance/haufe-finance-office-premium/rohstoffe-hilfsstoffe-und-betriebsstoffe-3-zum-begriff-roh-hilfs-und-betriebsstoffe_idesk_PI20354_HI14441758.html* (abgerufen am 22.07.2024)

[3] *Ausschuss für Gefahrstoffe:* TRGS 900, Arbeitsplatzgrenzwerte. Ausgabe: Januar 2006. BArBl Heft 1/2006, S. 41 – 55. *www.baua.de/DE/Angebote/Regelwerk/TRGS/TRGS-900.html* (abgerufen am 18.08.2024)

[4] *Deutsche Gesetzliche Unfallversicherung (DGUV):* Was ist Staub? 2025. *www.dguv.de/staub-info/was-ist-staub/index.jsp* (abgerufen am 10.02.2025)

[5] *Munters Corporation (Ed.):* The Dehumidification Handbook. 3rd Edition. Amesbury, MA, USA 2019

[6] *Busà, C./Belekoukia, M./Loveridge, M. J.:* The effects of ambient storage conditions on the structural and electrochemical properties of NMC-811 cathodes for Li-ion batteries. In: Electrochimica Acta 366, January 2021, 137358

[7] *Plocher, L./Heller, M./Ingendoh, B./Turhan, H./Burgard, M./Wennemar, S./Kampker, A./Kissling, M.:* Mini-Environments in Lithium-Ion Battery Cell Production: A Survey on Current State, Challenges and Trends. 5th Conference on Production Systems and Logistics 2023

[8] *Kerbusk, K.-P.:* Flammendes Inferno. In: Spiegel 43/2006. *https://www.spiegel.de/wirtschaft/flammendes-inferno-a-74fbeae2-0002-0001-0000-000049298929?context=issue*

[9] *Deutsche Gesetzliche Unfallversicherung (DGUV):* DGUV Vorschrift 1 – Grundsätze der Prävention. Köln 2015. *https://www.bghm.de/arbeitsschuetzer/schriften-und-regelwerk/dguv-vorschriften/dguv-vorschrift-1/anlage-1/einleitung* (abgerufen am 29.10.2025)

[10] *RWTH Aachen/VDMA:* Produktionsprozess einer Lithium-Ionen-Batteriezelle. 2023

[11] *Schünemann, J.-H.:* Modell zur Bewertung der Herstellkosten von Lithiumionenbatteriezellen. Sierke Verlag, Göttingen 2015

[12] *Pettinger, K.-H.:* Fertigungsprozesse von Lithium-Ionen-Zellen. Teil III, Kapitel 17/Prüfverfahren in der Fertigung. Teil III, Kapitel 20. In: *Korthauer, R. (Hrsg.):* Handbuch Lithium-Ionen-Batterien. Springer Vieweg, Berlin/Heidelberg 2013

[13] *Trunz, P.:* Leitfaden Technische Sauberkeit in der Elektrotechnik. 2. Auflage. Oktober 2018. *www.zvei.org/presse-medien/publikationen/technische-sauberkeit-in-der-elektrotechnik-leitfaden-2-auflage* (abgerufen am 28.11.2024)

[14] *Verband der Automobilindustrie e. V.:* Prüfung der Technischen Sauberkeit. Berlin 2014

[15] *VDMA Batterieproduktion:* Roadmap Batterie-Produktionsmittel 2023. Frankfurt 2020

[16] *JOMESA Messsysteme GmbH:* Partikelfallen. 2025. *www.jomesa.com/german/filter_archiving/Partikelfallen.html* (abgerufen am 23.07.2025)

[17] *Deutsche Gesetzliche Unfallversicherung (DGUV):* DGUV Vorschrift 1 – Grundsätze der Prävention. Köln 2015. *https://www.bghm.de/arbeitsschuetzer/schriften-und-regelwerk/dguv-vorschriften/dguv-vorschrift-1/anlage-1/einleitung* (abgerufen am 29.10.2025)

[18] *Sigma-Aldrich Chemie GmbH:* Lithium nickel manganese cobalt oxide. Safety Data Sheet according to Regulation (EC) No. 1907/2006. Version 6.14. Revision Date: 24.06.2025. Print Date: 29.10.2025. *www.sigmaaldrich.com/DE/en/sds/aldrich/761001?userType=undefined* (abgerufen am 17.07.2025)

[19] *Ossila Ltd.:* NMC811 – Lithium Nickel Manganese Cobalt Oxide Powder. Safety Data Sheet according to EC-Regulations 1907/2006 (REACH), 1272/2008 (CLP) & 2015/830. Revision 2. Last Review Date: 11.06.2025. Revision Date: 11.06.2025. *downloads.ossila.com/msds/nmc811.pdf* (abgerufen am 17.07.2025)

[20] *Institut für Arbeitsschutz (IFA) der Deutschen Gesetzlichen Unfallversicherung (DGUV):* Nickel, Pulver. GESTIS-Stoffdatenbank. 2025. *gestis.dguv.de/data?name=008230* (abgerufen am 12.02.2025)

[21] *Deutsche Gesetzliche Unfallversicherung (DGUV):* Liste der krebserzeugenden, keimzellmutagenen und reproduktionstoxischen Stoffe (KMR-Stoffe). 06/2025. *publikationen.dguv.de/forschung/ifa/allgemeine-informationen/3517/liste-der-krebserzeugenden-keimzellmutagenen-und-reproduktionstoxischen-stoffe-kmr-stoffe* (abgerufen am 12.02.2025)

[22] *Institut für Arbeitsschutz (IFA) der Deutschen Gesetzlichen Unfallversicherung (DGUV):* Cobalt, Pulver. GESTIS-Stoffdatenbank. 2025. *gestis.dguv.de/data?name=007270* (abgerufen am 12.02.2025)

[23] *Ausschuss für Gefahrstoffe:* TRGS 910, Risikobezogenes Maßnahmenkonzept für Tätigkeiten mit krebserzeugenden Gefahrstoffen. Ausgabe: Februar 2014. GMBl 2014, Nr. 12, 02.04.2014, S. 258 – 270. *www.baua.de/DE/Angebote/Regelwerk/TRGS/TRGS-910* (abgerufen am 18.08.2024)

[24] *Europäische Kommission:* Verordnung (EU) 2018/588 der Kommission vom 18. April 2018 zur Änderung von Anhang XVII der Verordnung (EG) Nr. 1907/2006 des Europäischen Parlaments und des Rates zur Registrierung, Bewertung, Zulassung und Beschränkung chemischer Stoffe (REACH) in Bezug auf 1-Methyl-2-pyrrolidon. Brüssel 2018

[25] *Institut für Arbeitsschutz (IFA) der Deutschen Gesetzlichen Unfallversicherung (DGUV):* Fluorwasserstoffsäure. GESTIS-Stoffdatenbank. 2025. *https://gestis.dguv.de/data?name=520038* (abgerufen am 06.10.2024)

[26] *Institut für Arbeitsschutz (IFA) der Deutschen Gesetzlichen Unfallversicherung (DGUV):* Lithiumhexafluorophosphat. GESTIS-Stoffdatenbank. 2025. *gestis.dguv.de/data?name=132948* (abgerufen am 23.08.2025)

[27] *Institut für Klimaschutz, Energie und Mobilität e. V.:* Grundsätzlicher Aufbau einer Lithium-Ionen-Batterie. 14.06.2023. *www.forschungsinformationssystem.de/servlet/is/506095* (abgerufen am 27.07.2024)

[28] *Korthauer, R. (Hrsg.):* Handbuch Lithium-Ionen-Batterien. Springer Vieweg, Berlin/Heidelberg 2013

[29] *Institut für Arbeitsschutz (IFA) der Deutschen Gesetzlichen Unfallversicherung (DGUV):* Diethylcarbonat. GESTIS-Stoffdatenbank. 2025.*gestis.dguv.de/data?name=023150* (abgerufen am 09.08.2025)

[30] *Institut für Arbeitsschutz (IFA) der Deutschen Gesetzlichen Unfallversicherung (DGUV):* Dimethylcarbonat. GESTIS-Stoffdatenbank. 2025. *gestis.dguv.de/data?name=510182* (abgerufen am 12.02.2025)

[31] *Institut für Arbeitsschutz (IFA) der Deutschen Gesetzlichen Unfallversicherung (DGUV):* Ethylencarbonat. *https://gestis.dguv.de/data?name=490120* (abgerufen am 12.02.2025)

[32] *Institut für Arbeitsschutz (IFA) der Deutschen Gesetzlichen Unfallversicherung (DGUV):* Ethylmethylcarbonat. GESTIS-Stoffdatenbank. 2025. *gestis.dguv.de/data?name=536339* (abgerufen am 09.08.2025)

[33] *Institut für Arbeitsschutz (IFA) der Deutschen Gesetzlichen Unfallversicherung (DGUV):* Propylencarbonat. GESTIS-Stoffdatenbank. 2025. *gestis.dguv.de/data?name=070730* (abgerufen am 12.02.2025)

[34] *Landi, B. J./Ganter, M. J./Cress, C. D./DiLeo, R./Raffaelle, R. P.:* Carbon nanotubes for lithium ion batteries. In: Energy & Environmental Science 2 (6), 2009, pp. 549 – 712

[35] *Lotz, G.:* Arbeitsmedizinisch-toxikologische Beratung bei Tätigkeiten mit Kohlenstoffnanoröhren (CNT). Dortmund 2015

[36] *Deutsche Gesetzliche Unfallversicherung (DGUV):* Nanomaterialien im Labor. DGUV Information 213–853. 03/2015. *publikationen.dguv.de/regelwerk/publikationen-nach-fachbereich/rohstoffe-und-chemische-industrie/laboratorien/2940/nanomaterialien-im-labor* (abgerufen am 26.01.2025)

[37] *Dahmen, C./Degen, F./Eckstein, M./Pouls, K./Walter, H./Ludwigs, R./Scheibe, A.:* Mastering ramp-up of battery production. 17. Oktober 2024. *www.ffb.fraunhofer.de/en/publications/White_papers_environment_reports_studies/Mastering_Ramp-up_of_Battery_Production.html* (abgerufen am 27.05.2025)

[38] *Schnell, J./Reinhart, G.:* Quality Management for Battery Production: A Quality Gate Concept. In: Procedia CIRP 57, December 2016, pp. 568 – 573. *www.researchgate.net/publication/312084661_Quality_Management_for_Battery_Production_A_Quality_Gate_Concept* (abgerufen am 18.02.2025)

[39] *Liu, Y./Zhang, R./Wang, J./Wang, Y.:* Current and future lithium-ion battery manufacturing. In: iScience, Volume 24, Issue 4, 23 April 2021, 102332. *www.sciencedirect.com/science/article/pii/S2589004221 00300X* (abgerufen am 18.02.2025)

[40] *Bockholt, H./Indrikova, M./Netz, A./Golks, F./Kwade, A.:* The interaction of consecutive process steps in the manufacturing of lithium-ion battery electrodes with regard to structural and electrochemical properties. In: Journal of Power Sources, 325 (4), September 2016, pp. 140 – 151

[41] *Breiter, A./Horetsky, E./Linder, M./Rettig, R.:* Power spike: How battery makers can respond to surging demand from EVs. 18.10.2022. *www.mckinsey.com/capabilities/operations/our-insights/power-spike-how-battery-makers-can-respond-to-surging-demand-from-evs* (abgerufen am 03.05.2025)

[42] *Institut für Klimaschutz, Energie und Mobilität e. V.:* Grundsätzlicher Aufbau einer Lithium-Ionen-Batterie. 14.06.2023. *www.forschungsinformationssystem.de/servlet/is/506095* (abgerufen am 27.07.2024)

5 Produktionsprozess Elektrode

Die Produktionsprozesse der Kathode und der Anode – von der Lagerung der Materialien bis zum Schneiden der Elektroden – ähneln einander (siehe Bild 4.1). Daher werden sie im Folgenden zusammen dargestellt und beschrieben. Unterschiede zwischen den beiden Produktionen werden in den jeweiligen Abschnitten beschrieben.

5.1 Material lagern

Die unterschiedlichen angelieferten Materialien zur Herstellung der LIB werden in diesem Prozessschritt in Empfang genommen, vereinnahmt, registriert, im Lagerbereich eingelagert und bei Bedarf für die Produktion der LIB bereitgestellt. Container, Tanks, Silos oder Palettenlager nehmen diese Materialien auf. Der Bereich schützt die Materialien vor Umfeldeinflüssen wie Temperatur, Luftfeuchtigkeit, Fremdpartikeln usw. Da es sich teilweise auch um gefährliche Materialien oder Gefahrstoffe handelt, muss das Lager und der darin ablaufende Prozess das Umfeld auch vor diesen Stoffen und Partikeln schützen. Hierzu sind die entsprechenden Vorrichtungen zu installieren oder Vorkehrungen zu treffen. Bei der Entnahme der Materialien aus dem Lagerbereich gilt die FIFO[1)]-Regel. Sie stellt sicher, dass immer das am längsten im Lager befindliche Material ausgelagert und im Produktionsprozess verwendet wird.

Da die Außenseiten der Transportbehälter der Materialien beim Transport vom Hersteller zur Produktionsstätte oder beim Umlagern innerhalb des Lagers verschmutzen können, ist auf Sauberkeit der Transportbehälter zu achten. Das gilt auch für die Außenflächen der Transportbehälter. Dieser Schmutz könnte sonst in den Fertigungsbereich verschleppt werden und so in die Komponenten der LIB gelangen. Solche Aus-

[1] First in, first out (FIFO): Gemäß diesem Prinzip werden Artikel, die zuerst eingelagert wurden, auch zuerst wieder ausgelagert.

wirkungen von Partikeln werden in Abschnitt 3.2.4 beschrieben. Vor dem Einlagern von Behältern in den Bereich des Prozessschrittes „Material lagern" müssen die Transportbehälter daher von außen gereinigt werden. Für weitere Informationen hierzu sei auf [1] verwiesen. Die Prüfverfahren für die Technische Sauberkeit werden in Abschnitt 4.1.13.6 beschrieben.

Da es sich bei vielen Materialien für die LIB-Produktion um chemisch reaktive, brennbare oder gefährliche Stoffe handelt, sind entsprechende Vorkehrungen zu treffen. Sie müssen in geeigneten, sicheren Behältern gelagert werden, die das Risiko einer Reaktion oder Entzündung minimieren.

Der Themenbereich „Wareneingangskontrolle" wird in diesem Buch nicht betrachtet. Stattdessen verweise ich auf die einschlägige Literatur.

Die Umfeld-Parameter aus Abschnitt 4.1.13 sind sehr wichtige zu kontrollierende Parameter. Sie beeinflussen die Eigenschaften der Materialien der LIB-Produktion und damit auch die Eigenschaften der späteren LIB.

Da es sich bei einigen der Materialien für die LIB-Fertigung um Gefahrstoffe handelt, sei auf die einschlägigen Vorschriften, Gesetze und Regelungen hingewiesen. [2] und [3] beschreiben einen Teil solcher Anforderungen (siehe Abschnitt 4.2).

5.1.1 Parameter Zwischenprodukt

Bei den Parametern des Zwischenproduktes handelt es sich um die materialspezifischen Parameter jeder Komponente der Aktivmasse. Im Rahmen der Entwicklung wird die Rezeptur für die Aktivpasten definiert. Dazu gehören auch die messbaren Eigenschaften der Materialien sowie deren Toleranzen. Diese Parameter können im Rahmen einer Eingangsprüfung beim Wareneingang geprüft und erfasst werden.

Da sich diese Materialparameter von Rezeptur zu Rezeptur unterscheiden, werden sie an dieser Stelle nur in Listenform beispielhaft aufgeführt.

Neben den jeweiligen Mengenangaben für die Rezeptur sollte dabei auch immer die Toleranz angegeben werden, mit der die jeweiligen Parameter ermittelt werden müssen. Die Toleranz ist die Differenz zwischen der höchsten und niedrigsten Grenze der jeweiligen Messgröße, die im Herstellungsprozess zulässig ist.

5.1.1.1 Parameter Lithium-Metall-Oxid

- Kristallstruktur
- Partikelgröße, Partikelverteilung
- spezifische Kapazität
- Ionenleitfähigkeit

- thermische Stabilität
- elektronische Leitfähigkeit, elektrische Leitfähigkeit
- Sauerstofffreisetzung bei hohen Temperaturen

5.1.1.2 Parameter Grafit

- Partikelgröße, Partikelverteilung, Partikelform
- Porosität
- Reinheit
- Dichte
- Kompaktierbarkeit
- elektrochemische Stabilität
- elektrische Leitfähigkeit
- Lithium-Interkalationskapazität
- Volumenänderung während der Lade- und Entladezyklen

5.1.1.3 Parameter Binder

- Adhäsionskraft
- Elastizität
- chemische Stabilität
- Ionenleitfähigkeit
- thermische Stabilität
- Verarbeitbarkeit, Rheologie

5.1.1.4 Parameter Leitruß

- Partikelgröße, Partikelverteilung, Partikelform
- Porosität
- Reinheit
- Dichte
- Dispergierbarkeit
- elektrochemische Stabilität
- elektrische Leitfähigkeit

5.1.1.5 Parameter organische Lösungsmittel

- Viskosität
- Siedepunkt
- Dampfdruck
- Lösungsfähigkeit
- chemische Stabilität

5.1.1.6 Parameter Wasser als Lösungsmittel

- pH-Wert
- Leitfähigkeit
- Härte
- gelöste Mineralien
- organische Inhaltsstoffe

Aufgrund der erforderlichen großen Bedarfe für VE-Wasser[2)] ist es wirtschaftlich sinnvoll, das VE-Wasser direkt vor Ort herzustellen. Dies geschieht typischerweise durch drei unterschiedliche Verfahren. Beim Ionenaustausch werden gelöste Ionen (beispielsweise Calcium, Magnesium, Natrium, Chlorid, Sulfat) gegen Wasserstoff- und Hydroxidionen ausgetauscht. Diese beiden bilden zusammen reines Wasser. Bei der Umkehrosmose wird Wasser durch eine halbdurchlässige Membran gepresst, die die Salze und die Verunreinigungen zurückhält. Das Destillationsverfahren verdampft Wasser und kondensiert den Dampf, sodass nur das reine Wasser zurückbleibt. Zur Verbesserung der Effizienz besteht auch die Möglichkeit, zuerst Wasser im Umkehrosmoseverfahren vorzubehandeln und anschließend im Ionenaustauscher weiter zu behandeln.

5.1.1.7 Parameter Elektrolyt

- Ionenleitfähigkeit
- elektrische Leitfähigkeit
- Viskosität
- Spannungsbereich
- thermische Stabilität
- chemische Stabilität und Kompatibilität

---

[2] VE-Wasser: vollentsalztes Wasser; Wasser, aus dem alle Salze und Mineralien entfernt wurden.

5.1.1.8 Parameter Kupferfolie

- Dicke
- Dickentoleranz
- Oberflächenbeschaffenheit
- Oberflächenbeschichtung
- mechanische Festigkeit
- Härte
- Leitfähigkeit
- Faltenfreiheit
- Herstellungsverfahren

Zwei unterschiedliche Verfahren für die Herstellung der für die LIB-Fertigung verwendeten Kupferfolie existieren heute für die Großserienproduktion: die galvanische Abscheidung oder das Walzverfahren.

Bei der galvanischen Abscheidung scheidet sich das Kupfer elektrolytisch auf eine rotierende Trommel ab. Dadurch entsteht die kontinuierliche Folie auf der Trommel. Dieses Verfahren führt zu einer glatten Oberfläche der Kupferfolie auf der Trommelseite und einer raueren Oberfläche auf der gegenüberliegenden Seite, die während des Abscheidens keine sie formende Gegen-Oberfläche besitzt. Diese auch ED-Kupferfolie genannte Kupferfolie besitzt daher zwei stark unterschiedliche Oberflächen, was im Herstellungsprozess des Beschichtens der Elektrodenfolien für die LIB beispielsweise unterschiedliche Prozessparameter bei der Beschichtung der Vorder- und Rückseite erfordern kann.

Beim Walzverfahren wird Kupfer mechanisch meist in mehreren Walzschritten zu dünnen Folien gewalzt. Dieses Verfahren führt zu einer höheren Festigkeit und besseren Leitfähigkeit der Kupferfolie, die auch als Walzkupfer bezeichnet wird. Allerdings treten größere Dickenschwankungen oder mehr Veränderungen der Oberfläche dabei auf. Teilweise befinden sich noch Reste vom Walzöl oder anderen Schmiermitteln auf der Oberfläche der Metallfolie. Beim Walzen von Kupferfolie entsteht häufig Anisotropie, also eine richtungsabhängige Veränderung der Eigenschaften. Diese Anisotropie, die sich aus der Walzrichtung ergibt, führt dazu, dass Metalle nach dem Walzen unterschiedliche Eigenschaften in Längs- und Querrichtung aufweisen, was in den Prozessschritten der LIB-Produktion zu berücksichtigen ist. Die Anisotropie kann durch Rekristallisation oder Normalglühen der Folien gemildert werden.

5.1.1.9 Parameter Aluminiumfolie

- Dicke
- Dickentoleranz
- Oberflächenbeschaffenheit

- Oberflächenbeschichtung
- mechanische Festigkeit
- Härte
- Leitfähigkeit
- Faltenfreiheit

5.1.1.10 Parameter Separator

- Material, Materialkombination
- Dicke Separator
- Dickentoleranz
- Schichtdicken (mehrlagigen Separatoren)
- Struktur
- Ionenleitfähigkeit
- mechanische Festigkeit
- Porosität, Porengröße
- Gurley-Wert
- thermische Stabilität
- Beschichtung (Art)
- Dicke Beschichtung
- Faltenfreiheit
- Porosität
- Ionenleitfähigkeit
- thermische Stabilität
- mechanische Festigkeit
- chemische Stabilität

Der Gurley-Wert beschreibt die Durchlässigkeit des Separatormaterials für Luft. Hierbei wird die Zeit gemessen, in der eine definierte Menge Luft (typischerweise 100 cm^3) durch die Probe des Materials hindurchströmt [4].

5.1.1.11 Technische Sauberkeit Transportbehälter

Die Behälter oder Container, mit denen das Material vom Lieferanten ins Lager geliefert wird, können außen Partikelanhaftungen haben. Dadurch würden solche Fremdpartikel in den Lagerbereich eingeschleust werden, was verhindert werden muss. Die

Technische Sauberkeit der Transportbehälter beschreibt diesen Parameter. In Abschnitt 4.1.13.6 wird die dazu geeignete Vorgehensweise beschrieben.

Es bewährte sich in der Praxis, dass solche Transportbehälter nur über eine Schleuse in den Lagerbereich gelangen dürfen. In der Schleuse bläst ein Luftstrom die Transportbehälter von außen ab. Gleichzeitig saugen entsprechende Einrichtungen diese eventuell mit Fremdpartikeln kontaminierte Luft ab und führen sie einem Filtersystem zu.

5.1.2 Parameter Prozess

5.1.2.1 Lagerzugriffsgeschwindigkeit

Eine hohe Lagerzugriffsgeschwindigkeit im gesamten Logistikprozess bildet die Basis für die wirtschaftliche Effizienz der LIB-Fertigung. Schnellere Zugriffe auf Lagerbestände ermöglichen es, Materialien und Komponenten zügiger in den Produktionsprozess einzubringen. Dies verkürzt die Durchlaufzeiten und die Wartezeiten der Fertigung.

Je effizienter der Zugriffs- und Bereitstellungsprozess abläuft, desto kostengünstiger kann der Prozessschritt ausgeführt werden. Das bedeutet, die für die LIB-Fertigung erforderlichen Materialien sollen in der richtigen Menge zum richtigen Zeitpunkt in der kürzest möglichen Zeit am richtigen Verbrauchsort sein.

5.1.2.2 Lagerumschlagsgeschwindigkeit

Die Lagerumschlagsgeschwindigkeit oder auch die Lagerumschlagshäufigkeit gibt an, wie oft der gesamte Lagerbestand eines Unternehmens innerhalb eines bestimmten Zeitraums verbraucht wird. Diese Kennzahl kann auch für ein bestimmtes Vormaterial alleine angewendet werden. Sie zeigt, wie effizient ein Unternehmen seine Lagerbestände nutzt.

Ein häufiger Umschlag der Lagerbestände bedeutet, dass weniger Kapital in Vorräten gebunden ist. Dies verbessert die Liquidität des Unternehmens und ermöglicht Investitionen in andere Bereiche.

Durch einen schnellen Warenumschlag sinken die Kosten für Lagerung, Versicherung und Verwaltung. Zudem verringert sich das Risiko von Verderb, Beschädigung oder Überalterung der Produkte.

5.1.2.3 Entfernung des Lagers zur Fertigung

Die Entfernung zwischen dem Lager mit seinen Einrichtungen und der nächsten Station im Prozessablauf, der Dosierstation, bestimmt, wie lange das Material transportiert werden muss. Je länger der Weg ist, desto höher ist das Risiko einer Beschädigung oder einer Beeinflussung.

5.1.2.4 Lagermengen und Bestellmengen

Für die wirtschaftlich optimale Auslegung der Lagergrößen kann der folgende Zusammenhang zwischen der Bestell- oder Lagermenge x, dem Jahresbedarf B_J, den fixen Bestellkosten pro Bestellung oder Lieferung K_B, dem Lagerhaltungskostensatz L und dem Einstandspreis P_E herangezogen werden (Andler-Formel) [5]:

$$K(x) = \frac{B_J \cdot K_B}{x} + \frac{x \cdot P_E \cdot L}{2} \tag{5.1}$$

Die Bestimmung des Minimums der Funktion aus Formel 5.1 ergibt so die Bestellmenge x_{min}, bei der die geringsten Kosten anfallen.

$$x_{min} = \sqrt{\frac{2 \cdot B_J \cdot K_B}{P_E \cdot L}} \tag{5.2}$$

5.1.3 Parameter Produkt

Während der Lagerung der für die LIB-Produktion benötigten Materialien dürfen sich deren Eigenschaften nicht ändern. Das Material muss die in der Spezifikation festgelegten Toleranzgrenzen mindestens bis zur Auslagerung und dem Einsatz in der Fertigung einhalten.

5.1.3.1 Parameter Material

Da sich die Parameter oder Eigenschaften des jeweiligen Materials nicht ändern dürfen, beschreiben die in Abschnitt 5.1.1 aufgeführten Parameter auch in diesem Prozessschritt das Material. Sie sind daher zusammengefasst.

5.1.3.2 Lagerdauer Materialien

Viele chemische Materialien haben eine begrenzte Lagerfähigkeit. Es ist wichtig, die Lagerzeiten und Verfallsdaten genau zu überwachen, um die Qualität der Produktion sicherzustellen. Es ist also sicherzustellen, dass für alle eingelagerten Materialien die Lagerdauer und die zu den Materialien gehörigen zulässigen Lagerdauern kontrolliert werden.

5.1.3.3 Dichtigkeit des Behälters

Materialien, die empfindlich auf Sauerstoff oder Feuchtigkeit reagieren, werden in speziellen, luftdichten Behältern oder Tanks gelagert, um ihre Stabilität während der Lagerdauer zu gewährleisten. Teilweise schützt ein Schutzgas, wie beispielsweise Argon, die Materialien zusätzlich. Die Dichtigkeit der Lagerbehälter oder der Zustand des Schutzgases sind zu erfassen.

Dichte Behälter oder Tanks schützen natürlich auch die Mitarbeiter vor den darin befindlichen Gefahrstoffen (siehe Abschnitt 4.2). Für die Lagerung von Gefahrstoffen beschreibt [6] die wesentlichen Punkte der einzelnen Vorschriften und Regelungen.

5.1.4 Parameter Umfeldbeeinflussung

Beim Transport der pulverförmigen Materialien in diesem Prozessschritt können durch die Bewegung Stäube entstehen, was mit zunehmender Bewegung auch zu immer feineren Stäuben führt. Da einige der eingelagerten Materialien Gefahrstoffe beinhalten (siehe Abschnitt 4.2), sind hier entsprechende Vorkehrungen, Absaugungen und Filteranlagen erforderlich. Vergleichbares gilt für die Lagerung von Lösungsmitteln, die im Falle von NMP Gefahrstoffe sind und deren Dampf daher abgesaugt und gefiltert werden muss. Je besser die Transportbehälter und die Transportleitungen gekapselt oder abgedichtet sind, desto geringer fällt die Beeinflussung des Umfelds durch den Prozessschritt aus.

Des Weiteren kann die Reinigung der Transportbehälter von außen, bevor sie in das Lager eingelagert werden, zu einer Beeinflussung des Umfeldes führen. Häufig spülen oder blasen Luftdüsen außen anhaftenden Schmutz von den Behältern ab. Diese Spülluft ist aufzufangen und zu filtern.

5.1.5 Transport

Pulverförmige Materialien lagern entweder in Tanks oder in den Anlieferungsbehältern. Demzufolge läuft der Transport entweder über Rohrleitungen, durch die das Material vom Lagerbehälter in die Dosierstation gefördert wird, oder über einen Behältertransport. Dabei wird der Anlieferungsbehälter zur Dosierstation befördert.

Flüssige Komponenten wie Lösungsmittel oder Elektrolyt lagern in Tanks, aus denen sie per Rohrleitung zur Dosierstation fließen.

Metallfolie und Separatorfolien werden in Rollen angeliefert. Die einzelnen Prozessschritte nehmen diese Rollen auf und führen direkt von der Rolle die Materialien dem Prozess zu. Rollentransportvorrichtungen nehmen diese Rollen für den Transport auf und übergeben die Materialrollen an die Anlagen des jeweiligen Prozessschrittes.

Weitere Komponenten wie Becher, Deckel, Kontaktelemente lagern entweder als Schüttgut (beispielsweise Verschlusskugeln) oder geordnet in Behältern, Paletten oder Gestellen (beispielsweise Becher), aus denen der Prozess die Teile automatisch entnimmt. Die Vereinzelung findet in den Anlagen des jeweiligen Prozessschrittes statt, der die jeweiligen Komponenten verarbeitet.

5.2 Material dosieren

Die Materialien für die Herstellung der Aktivpasten und für die anderen Prozessschritte sind in den erforderlichen Mengen gemäß Rezeptur bereitzustellen. Dazu teilen entsprechende Anlagen die Materialien nach Gewicht oder Volumen ein und transportieren sie zu den Anlagen der nächsten Prozessschritte. Die geforderten Mengen oder Volumen sind mit der nötigen Präzision (Toleranzbereich) bereitzustellen. Abweichungen beeinflussen die Eigenschaften der späteren LIB.

Die Weiterleitung der Materialien zum nächsten Prozessschritt erfolgt entweder durch Rohrleitungen oder durch hermetisch abgeschlossene Transportbehälter.

5.2.1 Parameter Zwischenprodukt

Beim Dosieren und Bereitstellen der einzelnen Materialien dürfen die Parameter oder Eigenschaften des jeweiligen Materials nicht beeinträchtigt oder verändert werden. Die einzelnen Parameter werden in Abschnitt 5.1.1 aufgeführt.

5.2.2 Parameter Prozess

5.2.2.1 Genauigkeit gravimetrisches Messsystem

Mit dem Wiegesystem werden die Materialkomponenten der Rezeptur abgewogen, deren Menge gravimetrisch definiert ist. Die Genauigkeit des Wiegesystems bezeichnet die maximal zu erwartende Abweichung des Messwertes des Wiegesystems vom tatsächlichen Gewicht des gewogenen Materials. Das beinhaltet ausschließlich die vom Wiegesystem bedingten Abweichungen. Die erforderliche Messgenauigkeit des Messsystems bestimmen die Angaben in der Rezeptur der Aktivmasse.

5.2.2.2 Genauigkeit volumetrisches Messsystem

Materialkomponenten, deren Menge volumetrisch definiert ist, erfordern entsprechende volumetrische Messsysteme. Die volumetrische Genauigkeit des Messsystems bezeichnet die maximal zu erwartende Abweichung des Messwertes des Messsystems vom tatsächlichen Volumen des vermessenen Materials. Die erforderliche Messgenauigkeit bestimmen die Angaben in der Rezeptur der Aktivmasse.

5.2.3 Parameter Produkt

Neben den Parametern des Materials (siehe Abschnitt 5.2.1) sind für die Qualität der späteren LIB die beiden Parameter Gewicht und Volumen von Bedeutung.

5.2.3.1 Gewicht Material

Die Rezeptur gibt die erforderlichen Massen einzelner Materialien vor. Die Massen können durch die Ermittlung des Gewichts (Wiegen) ermittelt werden. Das betrifft typischerweise die festen Bestandteile für die Rezeptur.

5.2.3.2 Volumen Material

Typischerweise werden die Massen von Flüssigkeiten durch die Ermittlung des Volumens bestimmt. Hierbei kommen sowohl eine Volumenmessung als auch eine Durchflussmengenmessung zum Einsatz.

5.2.4 Parameter Umfeldbeeinflussung

Bei der Handhabung der pulverförmigen Materialien in diesem Prozessschritt können Stäube entstehen. Zusätzlich stellt der Transport der Pulver eine mechanische Beanspruchung dar, was zu einem Aufbrechen der Partikel führen kann, sodass feinere Stäube entstehen. Solche Stäube dürfen nicht in das Umfeld gelangen. Sie können als Fremdpartikel wieder in Komponenten der LIB gelangen und später Havarien auslösen (siehe Kapitel 3).

Da einige der für die Fertigung verwendeten Materialien Gefahrstoffe beinhalten (siehe Abschnitt 4.2), muss jede Gefährdung von Menschen dadurch verhindert werden. Es sind entsprechende Absaugungen und Filteranlagen erforderlich. Vergleichbares gilt für die Handhabung von Lösungsmittel, das im Falle von NMP ein Gefahrstoff ist. Entstandener Dampf muss abgesaugt und gefiltert werden. Je umfassender die Kapselung der Transportstrecke oder der Anlagen ist, desto geringer fällt die Beeinflussung des Umfelds durch den Prozessschritt aus.

5.2.5 Transport

Sowohl flüssige als auch pulverförmige Materialien fließen bei Großserienfertigungen durch Rohrleitungen von der Dosierstation zu den Mischern. Alternativ können Dosierstationen die erforderlichen Pulvermengen direkt in den Mischbehälter dosieren und einfüllen. In diesem Fall dient der Mischbehälter als Transportbehälter für das Pulver und eventuell das Lösungsmittel. Transportgeräte befördern diesen Mischbehälter zum jeweiligen nächsten Prozessschritt.

5.3 Aktivmaterial mischen

In diesem Prozessschritt bringt der Mischer die einzelnen Komponenten der Aktivmasse durch Energieeintrag zusammen. Das Ziel ist es, die einzelnen Materialkomponenten möglichst gleichmäßig in der Gesamtmasse zu verteilen, die einzelnen unterschiedlichen Partikel miteinander in Kontakt zu bringen und durch die Zugabe eines Lösungsmittels in einen pastösen Zustand zu bringen. Der nächste Prozessschritt „Elektroden beschichten und trocknen“ verarbeitet diese Paste oder Slurry.

Hierbei kann generell zwischen Trockenmischen und Nassmischen unterschieden werden. Beim Trockenmischen werden die rieselfähigen Materialkomponenten trocken zusammengebracht und durch Rühren mit einem Rührwerkzeug miteinander vermischt (siehe Bild 5.1 links). Hierbei werden die einzelnen Komponenten durch den Einsatz von Energie so miteinander vermengt, dass eine gleichmäßige Verteilung der Komponenten entsteht. Das Ergebnis des Trockenmischens ist wiederum ein Pulver. Für das Nassmischen (siehe Bild 5.1 rechts) wird Flüssigkeit hinzugefügt. Hierbei handelt es sich typischerweise um das Lösungsmittel für dieses entsprechende Aktivmaterial [7] [8].

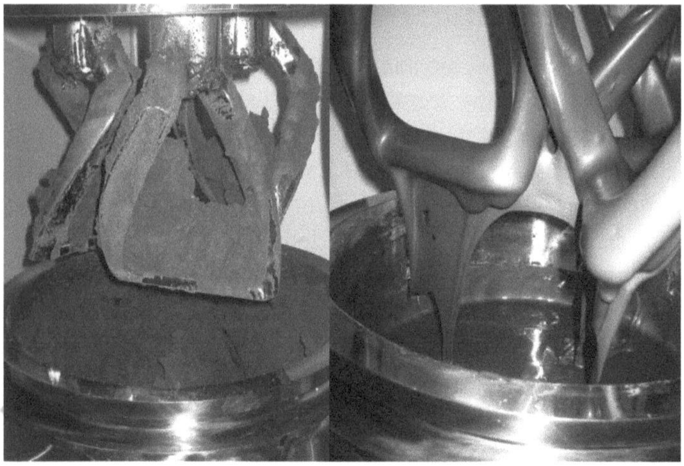

Bild 5.1 Mischphasen bei der Pastenherstellung im Planetenmischer (links: Trockenmischphase; rechts: Nassmischphase), © Bild: VW-VM-Forschungsgesellschaft mbH, Quelle: [9]

Eine Dispersion ist ein heterogenes Gemenge aus mindestens zwei Stoffen, die sich nicht oder kaum ineinander lösen oder chemisch miteinander verbinden. Hierbei wird der dispergierte Stoff – in diesem Fall das gemischte Pulver – möglichst fein und gleichmäßig im Dispersionsmittel, dem Lösungsmittel, verteilt. Die einzelnen Stoffe können in der Regel durch physikalische Methoden voneinander getrennt werden. Beim Dispergieren der Paste für die Herstellung von LIB soll eine stabile und homogene Verteilung der Komponenten in der Masse erzeugt werden. Durch die Wahl der Partikelgröße soll auch verhindert werden, dass sich die Partikel trennen, absetzen oder zusammenklumpen. Eine Zusammenballung von Partikeln wird als Agglomerat bezeichnet.

Für diesen Prozessschritt werden typischerweise Mischer mit bewegten Mischwerkzeugen eingesetzt. Die Form der Mischwerkzeuge beeinflusst den Mischprozess. Der Mischprozess und die Form der Mischwerkzeuge beeinflussen auch, wie stark die Partikel beim Mischen aufgebrochen und damit verkleinert werden.

Neben dem Vermischen der einzelnen Komponenten ist das Entgasen eine weitere wichtige Funktion in diesem Prozessschritt. Luftblasen in der gemischten Paste können beim Beschichten zu Fehlern in der Beschichtung auf der Metallfolie führen (siehe Abschnitt 5.3.3.7). Unter Rotation des Mischwerkzeugs sorgt ein gleichzeitig angelegter Unterdruck im Mischbehälter dafür, dass in der Paste eingeschlossene Luftbläschen an die Oberfläche des Mischgutes steigen. Die Luftströmung des angelegten Unterdrucks saugt die Gasbläschen auf und transportiert sie aus dem Mischbehälter weg.

Die Rezeptur des Aktivmaterials legt die einzelnen Prozessschritte beim Mischen fest. Die Reihenfolge der Einzelschritte besitzt einen sehr großen Einfluss auf die Eigenschaften der Paste. Tabelle 5.1 zeigt eine solche exemplarische Rezeptur. In dem Beispiel einer Rezeptur für eine Anodenpaste werden Grafit, Leitruß und NaCMC[3)]-Binderlösung zusammengeführt und für 60 Minuten gemischt. Durch die Zugabe weiterer Anteile von NaCMC- und SBR[4)]-Binder in Lösung wird die Anodenpaste weiter verdünnt. Abschließend wird die Paste unter Vakuum entgast. Nach etwa 130 Minuten wurde eine Anodenpaste mit einem Festmasseanteil von 66,9 % produziert.

Tabelle 5.1 Exemplarischer Mischprozess für wässrig prozessierte Anodenpaste, Datenquelle: [10]

	Menge	Festmassenanteil	Zeitbedarf
Zugabe Grafit	100	100 %	2 min
Zugabe Leitruß	1	100 %	2 min
Zugabe NaCMC-Binderlösung	25	2 %	2 min
Mischen (Kneten)		80,6 %	60 min
Zugabe NaCMC-Binderlösung	25	2 %	2 min
Mischen (Verdünnung)		67,5 %	10 min
Zugabe SBR-Binderlösung	3,75	40 %	2 min
Mischen (Verdünnung)		66,9 %	45 min
Mischen (Entgasen unter Vakuum)		66,9 %	15 min

3 NaCMC: Natrium-Carboxymethylcellulose

4 SBR: Styrol-Butadien-Kautschuk

Unterschiedliche Lösungsmittel finden bei der Herstellung von LIB ihre Verwendung. Das kann im Fall der Anode Wasser sein. Für das Kathodenaktivmaterial wird derzeit meistens NMP verwendet. Hierbei ist zu beachten, dass es sich bei NMP um einen Gefahrstoff gemäß [11] handelt, der entsprechende Anforderungen hinsichtlich Genehmigung und Arbeitssicherheit stellt (siehe Abschnitt 4.2 und Kapitel 12).

Da es sich bei dem Mischen um einen Batchbetrieb handelt, wird das gemischte Material, die Paste, in einen Speicher oder Puffer gefördert. Aus dem fördert eine Pumpe die Paste zum nächsten Prozessschritt, dem Beschichten (siehe Bild 5.2). Bei der Förderung der Paste durch das Rohrleitungssystem entfernen darin angebrachte feinmaschige Filter eventuelle Agglomerate oder zu große Partikel. Magnete halten entsprechende Partikel zurück.

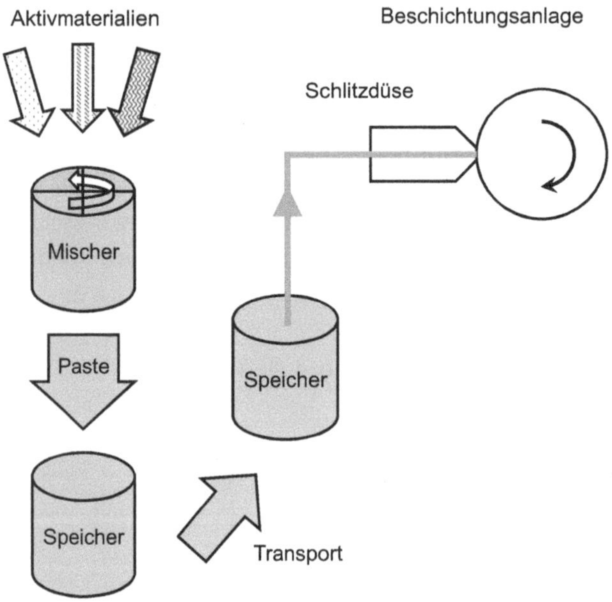

Bild 5.2
Batchprozess „Mischen" und „Transport zum Beschichten" – schematische Darstellung

Bild 5.3 zeigt einen solchen Planetenmischer mit speziell geformten Mischwerkzeugen, die im Edelstahlmischbehälter rotieren.

Der Batchprozess oder Chargenprozess, bei dem eine definierte Materialmenge innerhalb eines Durchlaufs bearbeitet wird, bietet die Möglichkeit der individuellen Anpassung des Prozesses an die verwendeten Materialien innerhalb der zulässigen Toleranzen. Allerdings kann die Paste im Speicher während der Zwischenlagerung oder des Transports sedimentieren. Der Einsatz entsprechender Rührwerkzeuge in den Behältern verhindert diese Trennung der Komponenten durch die Schwerkraft im Speicher.

Bild 5.3
Planetenmischer Trimix, © Bild: Imoue MFG., Inc., Quelle: [12]

Der vorangehend beschriebene Batch-Prozess beim Mischen führt in der Produktion zu diskontinuierlichen Abläufen. Ein Extruder vermischt die unterschiedlichen Komponenten der Paste kontinuierlich und umgeht damit Probleme aus einem diskontinuierlichen Prozess. Die unterschiedlichen Komponenten für die zu erzeugende Paste führt der Extruder an unterschiedlichen Stellen der Extruderschnecke zu (siehe Bild 5.4). Diese Abstände und die Schneckensteigung bestimmen die Abfolge und Dauer im Mischprozess. Dieses kontinuierliche Verfahren kann direkt mit der Beschichtungsanlage verbunden werden. Die gemischte Paste wird ohne die Verwendung eines Zwischenspeichers dem Beschichtungsprozess direkt zugeführt. Diese direkte Anordnung des Mischprozesses an den folgenden Beschichtungsprozess erfordert oder erzwingt einen fehlerfreien und unterbrechungsfreien Mischbetrieb. Verzögerungen im Mischprozess führen sofort zur Unterbrechung des Beschichtungsprozesses.

Änderungen oder Anpassungen der Mischparameter können Änderungen der Anlagenkomponenten erfordern, wie beispielsweise der Steigung der Schnecke oder des Ortes der Zuführung einer Komponente.

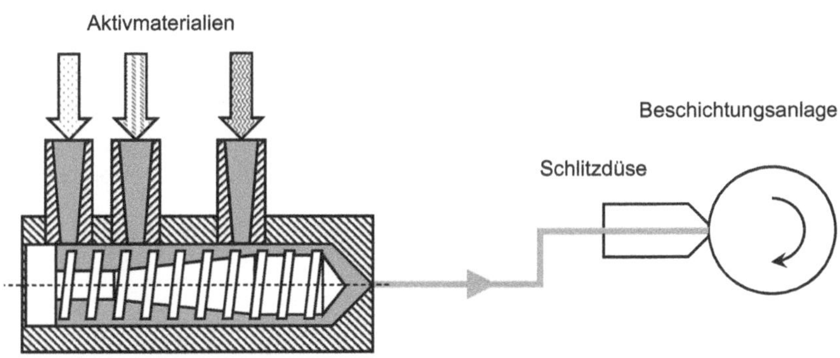

Bild 5.4 Schneckenextruder für die kontinuierliche Versorgung des Mischprozesses – schematische Darstellung

Bild 5.5 zeigt einen solchen Extrudermischer für Batteriepasten.

Bild 5.5 Extrudermischer für Batteriepaste, © Bild: Coperion GmbH

Ein modulares System zur Zusammenstellung unterschiedlicher Abschnitte der Extruderschnecke bietet die Möglichkeit, unterschiedliche Mischparameter während des Mischprozesses einzustellen (siehe Bild 5.6). Hiermit besteht die Möglichkeit, die Steigung der Extruderschnecke oder die Flankenform der Extruderschnecke an die speziellen Anforderungen einer Paste anzupassen. Das stellt die Flexibilität der Extrudermischer sicher, die bei Planetenmischern vorhanden ist.

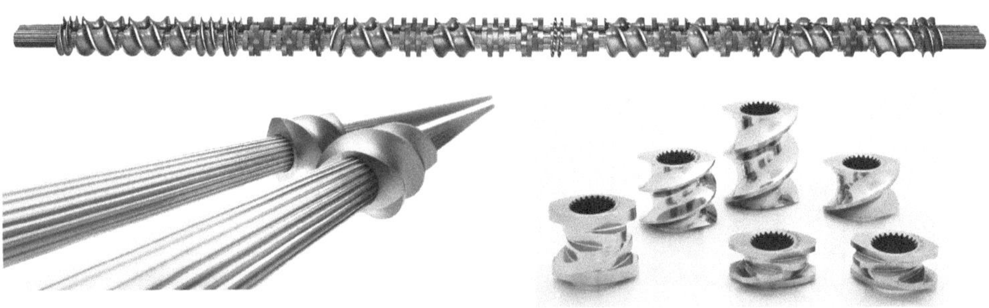

Bild 5.6 Extruderwelle mit wechselbaren Schneckenmodulen, © Bilder: Coperion GmbH

5.3.1 Parameter Zwischenprodukt

Für den Prozessschritt Mischen sind die Materialparameter, die in Abschnitt 5.1.1.1 bis Abschnitt 5.1.1.4 genannt werden, von Bedeutung. An dieser Stelle soll daher nur noch auf weitere Parameter eingegangen werden.

5.3.1.1 Korngröße und Korngrößenverteilung

Die Korngröße der Partikel in der Paste beeinflusst deren Fließeigenschaften. Kleinere Partikel haben eine größere spezifische Oberfläche, was zu einer Erhöhung der Viskosität der Paste führt. Eine höhere Viskosität kann die Verarbeitung erschweren, da die Paste weniger fließfähig ist und im Beschichtungsprozess schwieriger auf das Substrat aufgetragen werden kann.

Eine enge Korngrößenverteilung führt in der Regel zu einer gleichmäßigeren Verteilung der Partikel in der Paste, was die Viskosität senken kann. Eine breite Verteilung von Partikelgrößen kann jedoch die Fließeigenschaften verbessern, da kleinere Partikel die Lücken zwischen größeren Partikeln besser füllen und eine dichtere Packung ermöglichen.

Größere Partikel neigen dazu, in der Suspension schneller zu sedimentieren, was zu einer inhomogenen Paste und ungleichmäßigen Elektrodenbeschichtung führt. Eine enge Korngrößenverteilung kann die Sedimentation verhindern, da die Partikel ähnliche Dichten und Absetzgeschwindigkeiten haben. Bei breiterer Verteilung können kleinere Partikel jedoch als Füllstoffe zwischen den größeren fungieren und die Sedimentationsneigung verringern.

5.3.1.2 Dichte der Materialien

Die Dichte der Materialien beeinflusst maßgeblich die physikalischen und rheologischen Eigenschaften der Paste. Dazu zählt beispielsweise auch die Viskosität der Paste (siehe Abschnitt 5.4.1.3). Solche Eigenschaften bestimmen deren Verarbeitbarkeit und die Eigenschaften der späteren LIB.

Materialien mit unterschiedlichen Dichten neigen zur Entmischung während des Mischvorgangs. Schwerere Partikel können sedimentieren, während leichtere oben aufschwimmen, was die Konsistenz der Suspension beeinträchtigt.

Dichtere Materialien benötigen mehr Energie und Zeit, um gleichmäßig in die Suspension integriert und gleichmäßig verteilt zu werden. Dichtere Materialien tendieren weiterhin dazu, Agglomerate zu bilden, und beeinflussen damit die Verteilung der Partikel in der Paste. Das führt im Prozessschritt „Elektroden beschichten und trocknen" zu weiteren Problemen hinsichtlich der Qualität der Beschichtung (siehe Abschnitt 5.4.1).

5.3.1.3 Viskosität Materialien

Materialien mit einer hohen Viskosität erfordern einen höheren Energieeintrag beim Mischen, um eine homogene Mischung zu erreichen. Die Partikelverteilung in einer hochviskosen Suspension hängt stärker von den auftretenden Scherkräften ab. Das bedeutet, dass die Verarbeitung solcher Materialien einen höheren Energieeinsatz und damit entsprechende Mischer erfordert.

Materialien mit höherer Viskosität können die gleichmäßige Verteilung der Feststoffpartikel im Binder begünstigen. Allerdings kann eine zu hohe Viskosität auch zu einer unzureichenden Benetzung der Partikel und damit zu Inhomogenitäten führen, die sich negativ auf die Elektrodenqualität auswirken. Weitere Punkte zum Thema Viskosität sind in Abschnitt 5.3.3.3 ausgeführt.

5.3.1.4 Feuchtigkeitsgehalt

Die über das Material in die Paste der Aktivmasse hereingebrachte Feuchtigkeit kann später mit Lithiumsalzen wie Lithiumhexafluorophosphat ($LiPF_6$) reagieren und Flusssäure (HF) bilden. Feuchtigkeit beeinflusst durch entsprechende Reaktionen mit dem Aktivmaterial auch die Kapazität und die Langzeitstabilität oder Lebensdauer der späteren LIB.

Feuchtigkeit kann die Viskosität der Paste der Aktivmasse verändern, was den Auftrag der Paste auf die Metallfolie negativ beeinflussen kann.

Die eingebrachte Feuchtigkeit in der Aktivmasse erfordert einen höheren Aufwand bei der Trocknung der Elektroden nach dem Beschichten oder in Prozessschritten nach dem Wickeln oder Stapeln.

5.3.2 Parameter Prozess

5.3.2.1 Rezept und Mischsequenz

Bei der Auslegung der LIB werden die einzelnen zu verwendenden Materialien, ihre erforderliche Menge und die Reihenfolge des Mischens der Komponenten festgelegt. Tabelle 5.1 zeigt beispielhaft ein solches Rezept. Auch für die Zeiten der einzelnen Mischschritte sind zulässige Toleranzen zu definieren.

5.3.2.2 Chargengröße und Menge

Aufgrund der zulässigen Toleranzen weichen die Eigenschaften der unterschiedlichen Chargen geringfügig voneinander ab. Das bedeutet, dass größere Chargen eine größere Menge Paste mit denselben Eigenschaften für die Beschichtung bereitstellen. Der Beschichtungsprozess kann damit stabiler laufen. Bei einigen Mischern muss die Mischzeiten bei größeren Chargen vergrößert werden. Das ist maschinenindividuell anzupassen.

Größere Chargen benötigen mehr Energie für den Betrieb der Mischer. Das zeigt das Beispiel der Baureihe Trimix der Firma Inoue [12]. Bild 5.7 zeigt einen fast linearen Zusammenhang zwischen der Mischbehältergröße und der benötigten elektrischen Energie für das Mischen.

In der Regel sind größere Chargen wirtschaftlich günstiger herzustellen. Der Durchsatz wird erhöht, der Bedienaufwand wird reduziert. Eine größere Charge bedeutet auch eine größere Menge Paste mit denselben Eigenschaften im Detail. Größere Chargen vermeiden kleinere Abweichungen, die durchaus noch innerhalb der Toleranzen liegen können.

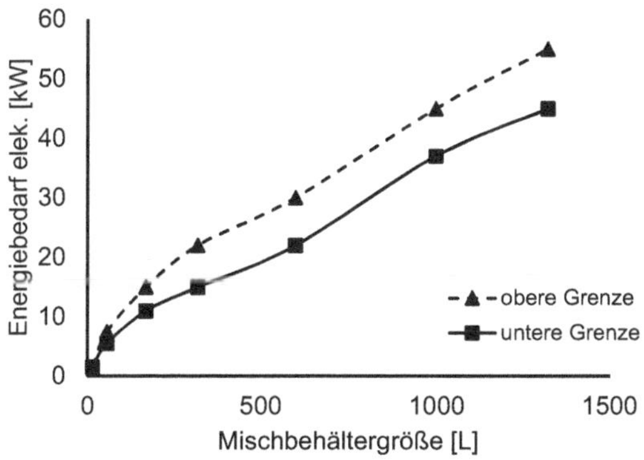

Bild 5.7 Energiebedarf in Abhängigkeit der Mischbehältergröße, Datenquelle: [12]

5.3.2.3 Drehzahl Rührwerkzeug

Die Drehzahl des Rührwerkzeugs ist beim Mischprozess einer der Hauptparameter. Sie übt einen großen Einfluss auf die Eigenschaften der produzierten Paste aus. Eine höhere Drehzahl fördert eine intensivere Scherung, was zu einer besseren Dispergierung der Partikel im Lösungsmittel führt. Sie reduziert die Gefahr von Agglomerationen in der Paste. Des Weiteren ermöglicht sie eine effizientere Einbringung der Energie in die Paste während des Mischprozesses. Sie kann aber auch für eine höhere Wärmeentwicklung verantwortlich sein. Das beeinflusst die Viskosität der Paste. In solchen Fällen muss die Paste während des Mischens zusätzlich gekühlt werden. Höhere Drehzahlen können die Mischzeit verkürzen. Die Partikel werden dabei schneller und effizienter dispergiert. Eine höhere Drehzahl kann für einen erhöhten Abrieb der Partikel und damit eine Veränderung der Partikelverteilung in der Paste verantwortlich sein. Bei einer zu niedrigen Drehzahl kann die Paste während des Mischens sedimentieren, was zu einer ungleichmäßigen Partikelverteilung in der Paste führt.

5.3.2.4 Drehmoment Rührwerkzeug

Die Viskosität der zu mischenden Materialien und die zulässige mechanische Beanspruchung der Partikel beeinflussen das Drehmoment des Mischprozesses. Ein optimales Drehmoment sorgt für eine gute und gleichmäßige Dispergierung der Partikel. Agglomerate werden vermieden. Das Drehmoment beeinflusst auch die Viskosität der Paste durch das Einbringen von Scherkräften. Zu hohes Drehmoment beziehungsweise zu hohe Scherkräfte können zu einer Beschädigung der Partikel führen.

Das erforderliche Drehmoment kann sich aufgrund der Änderung der Viskosität der Paste während des Mischprozesses ändern. Diese Veränderung des Drehmoments verändert auch die Energieaufnahme des Mischers.

5.3.2.5 Rührenergie und Energieaufnahmeverlauf

Unterschiedliche Parameter beeinflussen die für den Mischprozess erforderliche Energieaufnahme. Dazu zählen die Parameter Korngröße (siehe Abschnitt 5.3.1.1), Dichte (siehe Abschnitt 5.3.1.2), Viskosität (siehe Abschnitt 5.3.1.3), Menge (siehe Abschnitt 5.3.2.2),

Drehmoment (siehe Abschnitt 5.3.2.4) oder Drehzahl (siehe Abschnitt 5.3.2.3). Das bedeutet, dass die Energieaufnahme des Mischers durchaus als Parameter für die Beurteilung des Mischprozesses verwendet werden kann. Der Verlauf der idealen Kurve der Energieaufnahme über die Zeit des Prozesses müsste in diesem Fall für jede Rezeptur empirisch ermittelt werden.

Bild 5.8 zeigt den Verlauf der Aufnahme elektrischer Energie beim Mischen von Pasten für Anoden und Kathoden durch den Planetenmischer als Beispiel. Die unterschiedlichen Mischphasen zeigen sich deutlich durch die unterschiedliche Höhe der Energieaufnahme und den Verlauf der Energieaufnahme während der jeweiligen Phase. Die Energieaufnahme bei der Herstellung von Anodenpaste während der Phasen Kneten und 1. Verdünnung zeigt sich auf einem fast konstanten Niveau. In der Phase der 2. Verdünnung zeigt sich eine sinkende Energieaufnahme mit einem anschließenden fast konstanten Plateau. Die Phase des Entgasens zeigt ein vergleichbares Aufnahmeverhalten, aber auf niedrigerem Niveau [10].

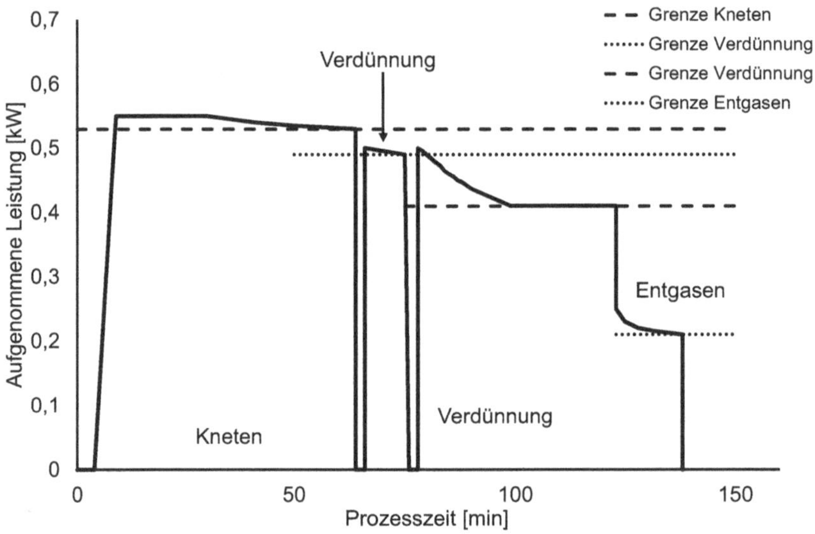

Bild 5.8 Leistungs-Zeit-Diagramm: Verbrauchsmessung für das Mischen von Pasten für Anoden – schematische Darstellung, Datenquelle: [10]

Für die Regelung des Mischprozesses kann die Leistungsaufnahme des Mischers als Parameter dienen. Erreicht die Leistungsaufnahme in einer Phase die festgelegte Grenze, so endet die Mischphase und die nächste Mischphase kann beginnen. Damit besteht die Möglichkeit, den Mischprozess von einer reinen Zeitsteuerung zu einer Parametersteuerung zu wandeln. Allerdings verändern sich im Rahmen der Regelung auf Basis der Leistungsaufnahme eventuell die Mischzeiten, was für die kontinuierliche Versorgung des folgenden Prozessschrittes „Elektroden beschichten und trocknen" von Bedeutung ist.

5.3.2.6 Druck im Mischbehälter

Ein höherer Gasdruck im Mischbehälter reduziert die Verdampfungstemperatur des eingesetzten Lösungsmittels. Bei der Verdampfungstemperatur entspricht der Dampfdruck des Lösungsmittels dem Umgebungsdruck. Ein höherer Gasdruck im Mischbehälter hindert die Flüssigkeitsmodule des Lösungsmittels daran, in die Gasphase zu entweichen.

Ein höherer Gasdruck beeinflusst die Viskosität der Paste. Des Weiteren fördert ein höherer Gasdruck das Zusammenballen oder die Agglomerationen von Partikeln. Es ist aber zu beachten, dass in der Regel Paste nur mit relativ geringem Überdruck im Mischbehälter gemischt wird. Das beeinflusst den Mischprozess und die Eigenschaften der Paste daher auch geringfügiger.

Unterdruck im Mischbehälter tritt meist beim Entgasen der Paste auf.

5.3.2.7 Temperatur Paste

Mit steigender Temperatur nimmt die Viskosität der Aktivpaste typischerweise ab. Dies erleichtert die Dispersion von Feststoffen im Lösungsmittel und reduziert den dafür erforderlichen Energiebedarf während des Mischens. Die Verarbeitungseigenschaften der unterschiedlichen Materialien können sich mit der Temperatur verändern. Höhere Temperaturen erhöhen die Beweglichkeit der Partikel. Das führt zu einer besseren Dispersion.

Die Löslichkeit von Materialien im Lösungsmittel verbessert sich bei höheren Temperaturen. Allerdings verdampft bei höheren Temperaturen das Lösungsmittel leichter. Das kann zu Veränderungen der Zusammensetzung der Paste führen. Des Weiteren ist auf eine sichere Absaugung der entstehenden Dämpfe zu achten, da es sich im Falle von NMP als Lösungsmittel um einen Gefahrstoff handelt.

Eine optimale Temperaturführung des Mischprozesses kann daher erfordern, dass die Paste in einigen Mischphasen gekühlt und in anderen Mischphasen erhitzt wird.

5.3.2.8 Geometrie Rührwerkzeug

Die Rührwerkzeuge stehen während des gesamten Mischprozesses in direktem Kontakt zur Aktivmasse. Die Geometrie der Rührwerkzeuge übt daher einen großen Einfluss auf die Paste aus. Rührwerkzeuge mit asymmetrischen Geometrien erzeugen unterschiedliche Scherkräfte. Das hilft, Agglomerate aufzubrechen und gleichmäßig zu verteilen. Rührwerkzeuge mit Propeller- oder Schrägblattform erzeugen axiale Strömungen im Mischbehälter. Diese eignen sich besonders für große Mischbehälter mit großem Mischvolumen.

Bei der Auswahl der Geometrien der Rührwerkzeuge ist zu beachten, wie gut sie die Energie in das Mischgut einbringen. Ein zu hoher Energieeintrag kann die thermische Belastung der Suspension erhöhen, was zur Veränderung des Mischgutes führen könnte. Die Geometrie des Mischwerkzeugs sollte auch immer daraufhin optimiert sein, dass die Partikel in der zu mischenden Paste nicht beschädigt oder zerstört werden.

Bei der Auswahl der Mischer mit ihren spezifischen Geometrien der Rührwerkzeuge besitzt die Skalierbarkeit große Bedeutung. Das bedeutet, dass Mischverfahren, charakterisiert durch Mischzeit, Drehzahl oder Temperatur, sowie Mischsequenzen in Mischern mit kleinem Volumen kostengünstig erprobt und optimiert werden können und anschließend ohne neue Versuche auf Mischer mit großem Mischvolumen übertragen werden können.

5.3.2.9 Geometrie Rührbehälter

Mischbehälter mit glatten Wänden und minimalem Totraum ermöglichen eine gleichmäßige Durchmischung und verhindern, dass sich Partikel im Totraum ablagern. Toträume sind unerwünschte Bereiche im Mischbehälter, in denen unvorhersehbare oder unerwünschte Reaktionen oder Veränderungen stattfinden können. Sie können ungleichmäßige Verteilungen der Aktivmaterialien im Mischbehälter verursachen.

Die Form oder die Geometrie des Mischbehälters beeinflusst die Bewegung des Mischgutes im Mischbehälter während des Mischvorganges. Des Weiteren beeinflusst sie den Entleerungsvorgang des Mischbehälters.

Bei der Beurteilung der Form des Mischbehälters sollte darauf geachtet werden, dass sich der Mischbehälter leicht und möglichst vollständig entleeren lässt. Des Weiteren sollte er sich möglichst einfach, aber sicher vollständig reinigen lassen. Toträume bei der Reinigung ermöglichen es, dass Partikel oder Material nach dem Mischprozess im Behälter verbleiben und die folgende Produktionscharge negativ beeinflussen.

Die Anordnung der Rührwerkzeuge im Mischbehälter hängt von der Behältergeometrie ab. Zentral platzierte Rührwerke funktionieren gut in symmetrischen Behältern, während exzentrisch platzierte Rührwerke in asymmetrischen Behältern eingesetzt werden, um Strömungstotzonen zu vermeiden. In Abschnitt 5.3.2.8 werden Informationen zum Thema Skalierbarkeit geliefert.

Bei Mischbehältern mit Einrichtungen zum Heizen oder Kühlen des Mischgutes ist darauf zu achten, dass die Temperaturdifferenz gleichmäßig auf das Mischgut übertragen wird. Temperaturunterschiede oder Temperaturgradienten innerhalb des Mischgutes beeinflussen die Viskosität der Paste (siehe Abschnitt 5.3.2.7).

5.3.2.10 Drehzahl Extruderschnecke

Eine höhere Drehzahl der Extruderschnecke reduziert die Verweilzeit der Paste in dem jeweiligen Bereich des Extruders. Eine höhere Drehzahl erzeugt höhere Scherkräfte in der zu mischenden Paste, was ein gleichmäßigeres Dispergieren unterstützt. Gleichzeitig besteht das Risiko der Beschädigung von Partikeln durch die höhere Drehzahl sowie die Möglichkeit eines Anstiegs der Temperatur in der Paste durch die erhöhte interne Reibung.

5.3.2.11 Steigung Extruderschnecke

Eine geringe Steigung der Extruderschnecke erhöht die Verweilzeit der Paste in einem Bereich des Extruders. Das kann die Homogenität der Paste verbessern, da das Material intensiver durchmischt wird. Des Weiteren erhöht die geringere Steigung die Scherkräfte, was hilft, das Dispergieren zu verbessern, aber auch die Gefahr der Beschädigung der Partikel erhöht. Generell erfordert die kleinere Steigung einen höheren Energieaufwand beim Mischen.

5.3.3 Parameter Produkt

5.3.3.1 Homogenität Aktivmaterial

Eine homogene Paste besteht aus Bestandteilen, die in der gleichen Phase vorliegen und eine gleichmäßige Verteilung in der Paste aufweisen. Das bedeutet, dass die Eigenschaften, Zusammensetzung und Dichte der Paste in jedem Volumenteil der gesamten Paste gleich sind, sodass es keine Unterschiede oder Abweichungen gibt. Je weniger homogen die Paste nach dem Mischen ist, desto unterschiedlicher können ihre Eigenschaften in Abhängigkeit des betrachteten Volumenelements sein. Das beeinflusst die Güte der Beschichtung im folgenden Prozessschritt „Elektroden beschichten und trocknen“ und damit die Qualität der LIB im späteren Einsatz.

5.3.3.2 Korngröße und Korngrößenverteilung

Der Mischprozess erzeugt Scherkräfte in der Paste, die Agglomerate (siehe Abschnitt 5.3.3.6) auflösen oder zerkleinern. Dies führt zu einer gleichmäßigeren Verteilung der Partikelgrößen. Dieser Effekt hängt stark von der Energieeinbringung durch den Mischprozess ab. Gleichzeitig können Partikel durch den Mischprozess zerkleinert oder zerschlagen werden. Damit reduziert sich die Partikelgröße in der Paste. Sind die eingebrachten Kräfte jedoch zu groß, so werden die Partikelstrukturen beschädigt, was die Eigenschaften der späteren LIB negativ beeinflussen kann.

Eine homogene Korngrößenverteilung ist gewünscht. Sie beeinflusst die Beschichtung der Elektrodenfolien im folgenden Prozessschritt „Elektroden beschichten und trocknen“ positiv.

5.3.3.3 Viskosität Paste

Die Viskosität η beschreibt die Eigenschaft einer Flüssigkeit, gegen die Verschiebung zweier benachbarter Flüssigkeitsschichten Widerstand aufzubauen. Definiert wird die Viskosität durch den Reibungswiderstand, den eine Flüssigkeit unter Schub- oder Druckspannung durch Verformung entwickelt. Je größer die Viskosität, desto dickflüssiger und damit weniger fließfähig ist die Flüssigkeit. Umgekehrt ist eine Flüssigkeit mit einer niedrigen Viskosität dünnflüssiger oder fließfähiger. Honig besitzt beispielsweise eine höhere Viskosität als Wasser.

Die Scherrate oder Schergeschwindigkeit beschreibt bei Flüssigkeiten die räumliche Veränderung der Flussgeschwindigkeit (siehe Bild 5.9). Eine Scherung einer Flüssigkeit bedeutet aufgrund der inneren Reibung eine Übertragung von Kraft innerhalb der Flüssigkeit zwischen den Schichten. Die Schergeschwindigkeit $\dot{\gamma}$ ist ein Maß für die mechanische Belastung einer Flüssigkeit. Sie ist der Proportionalitätsfaktor zwischen der durch die Kraft in der Flüssigkeit erzeugten Schubspannung τ und der Schergeschwindigkeit $\dot{\gamma}$ [13].

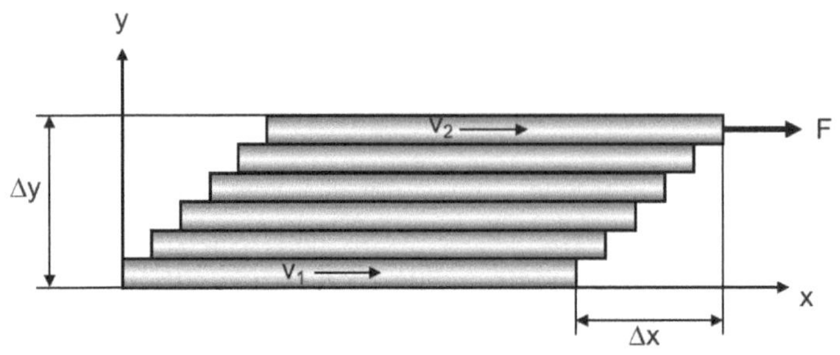

Bild 5.9 Darstellung der modellhaften Schichtströmung in einer Flüssigkeit

$$\tau = \eta \cdot \dot{\gamma} \tag{5.3}$$

Die Viskosität von Pasten kann während des Mischprozesses abnehmen. Es handelt sich dabei um scherverdünnende Systeme. Dies ermöglicht die Verarbeitung von Pasten mit hohem Feststoffgehalt. Bild 5.10 zeigt beispielhaft den Zusammenhang zwischen Viskosität und Scherrate für Anoden- und Kathodenpaste. Beim Beschichten der Metallfolien bei der Elektrodenherstellung spielt die rheologische Charakteristik der Pasten eine zentrale Rolle, da sie den Beschichtungsprozess direkt beeinflusst. Typischerweise steigt die Scherrate in einer Schlitzdüse an und die Viskosität der Paste verändert sich [14].

Die Pasten für die Aktivmasse von LIB zeigen meist ein pseudoplastisches Verhalten oder Scherverdünnung. Diese Scherverdünnung erlaubt eine effiziente Verarbeitung der Paste, da die Viskosität bei hohen Scherraten, wie sie beim Beschichtungsprozess auftreten, sinkt. Dies reduziert den Energieaufwand für den Mischprozess sowie den Energieaufwand für den Transport in Rohrleitungen (siehe Abschnitt 5.3.5) und erleichtert den Auftrag der Paste auf die Metallfolie (siehe Abschnitt 5.4).

Sehr hochwertige LIB erfordern Zwischenprodukte mit entsprechend eng tolerierten Parametern. Es sollte das Ziel sein, die Viskosität auf ± 0,1 Pa s einzustellen, um den folgenden Prozessschritt „Elektroden beschichten und trocknen“ entsprechend zu unterstützen.

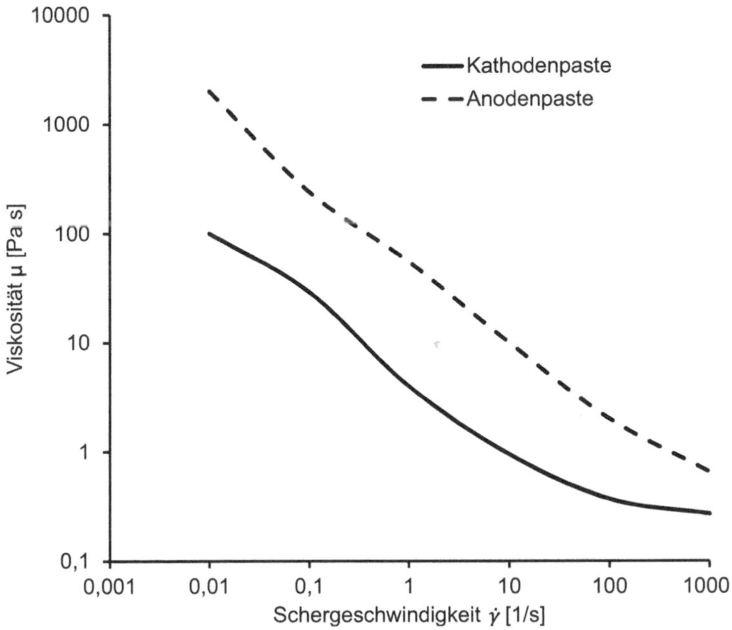

Bild 5.10 Viskosität der Anoden- und Kathodenpaste - schematisches Beispiel

5.3.3.4 Dichte Paste

Weichen die Dichten der Feststoffe der Paste und die der Flüssigkeiten stark voneinander ab, so begünstigt das die Sedimentation oder Entmischung. Diese ungleichmäßige Verteilung der Materialien führt zu Inhomogenitäten in der Paste und damit zu ungleichmäßigen Eigenschaften der Paste.

Materialien mit einer höheren Dichte erfordern höhere Scherkräfte, um gleichmäßig dispergiert zu werden. Solche Materialien neigen dazu, leichter Agglomerate zu bilden, was den Energiebedarf für den Mischprozess erhöht.

Eine höhere Dichte der Materialien bei gleichem Volumenanteil erhöht die Viskosität und erfordert einen intensiveren und damit energieaufwendigeren Mischprozess.

5.3.3.5 Feuchtigkeitsgehalt

Beim Mischvorgang oder den dazugehörigen Entleerungsvorgängen kann Feuchtigkeit aus der Umgebungsluft in die angemischte Paste für die Aktivmasse gelangen. Diese Feuchtigkeit beeinflusst die Rheologie der Paste. Mit zusätzlicher Feuchtigkeit in der Paste steigt deren Viskosität. Das begünstigt die Sedimentation der Paste, was zu einer ungleichförmigen Verteilung der Partikel in der Paste führen kann.

5.3.3.6 Agglomerate

Agglomerate sind Partikelverbünde, die sich durch das Zusammenhaften oder Aneinanderhaften kleinerer Partikel bilden. Diese Agglomerate sind stabilere Zusammenschlüsse im Vergleich den einzelnen Partikeln. In der Aktivmasse führen sie zu einer ungleichmäßigen Verteilung der unterschiedlichen Materialien in der Paste. Diese unterschiedliche Verteilung der Materialien führt zu örtlich unterschiedlichen Eigenschaften der Beschichtung und damit der späteren LIB. Filtersysteme halten solche großen Partikel oder Agglomerate in der Paste zurück.

5.3.3.7 Lufteinschlüsse

Lufteinschlüsse oder Luftblasen in der Paste führen im Prozessschritt „Elektroden beschichten und trocknen" zu inhomogenen Schichtdicken oder zu unkontrollierter Porosität, was zur Verschlechterung der Eigenschaften der späteren LIB führt (siehe Abschnitt 5.4).

Ein langsames Mischen verhindert die Bildung von Lufteinschlüssen. Ein Vakuum beziehungsweise Unterdruck beim oder nach dem Mischen als Entgasungsmaßnahme reduziert die Lufteinschlüsse in der Paste. Spezielle Entschäumer könnten als Additive der Paste beigefügt werden, um die Oberflächenspannung zu reduzieren und die Bildung von Luftblasen zu verhindern. Hierbei ist aber zu prüfen, ob diese Additive die Eigenschaften der späteren LIB verändern.

5.3.3.8 Sedimentierung

Sedimentierung bezeichnet das Ablagern von Partikeln in Flüssigkeiten unter dem Einfluss der Schwerkraft. Die einzelnen Partikel bewegen sich in der Paste aufgrund ihres Gewichtes nach unten und sorgen so für eine Entmischung der Paste. Damit verschlechtert sich die Homogenität der Paste und die Viskosität der Paste verändert sich.

Ein gezieltes Einstellen der Viskosität der Paste kann die Sedimentation verringern oder verhindern. Eine kontinuierliche Bewegung der Paste während der Lagerung und während des Transportprozesses verhindert die Sedimentierung. Hierbei ist aber darauf zu achten, dass die Bewegung der Paste keine Luftblasen in der Paste erzeugt.

5.3.3.9 Reihenfolge der Komponenten der Paste im Mischprozess

In den Mischprozess werden die einzelnen erforderlichen Komponenten für die Paste in einer definierten Reihenfolge eingebracht. [15] zeigt für vier unterschiedliche Reihenfolgen die Zusammenführung der erforderlichen Materialien für die Paste im Mischprozess. Dieses Buch zeigt die Auswirkungen auf den Verlauf der Viskosität der Paste über der Prozesszeit sowie auf die Eigenschaften der späteren LIB. Hieraus lässt sich jedoch keine allgemeingültige Regel ableiten. Für jede Rezeptur einer Paste ist daher die Auswirkung einer unterschiedlichen Reihenfolge im Mischprozess zu untersuchen und die optimierte Reihenfolge festzulegen.

[16] bestätigt diese Erkenntnisse für andere Rezepturen. Dieses Buch zeigt zudem die Auswirkungen der Reihenfolge der Zusammenführung auf die Morphologie der erzeugten Pasten.

5.3.4 Parameter Umfeldbeeinflussung

Beim Mischen der pulverförmigen Materialien können in diesem Prozessschritt Stäube entstehen. Ein Teil der eingesetzten Materialien beinhaltet Gefahrstoffe (siehe Abschnitt 4.2). Da der Mischbehälter ein geschlossener Behälter ist, können die darin entstehenden Stäube einfach erfasst und abgesaugt werden. Das Gleiche gilt für eventuelle Lösungsmitteldämpfe im Falle von NMP.

Beim Abfüllen oder Umfüllen der fertig gemischten und mit Lösungsmittel versehenen Aktivmasse könnten Gefahrstoffe in das Umfeld entweichen. Eine durchgängige Kapselung oder ein geschlossenes Rohrsystem vom Mischer zum Transportbehälter oder direkt zum Prozessschritt „Elektroden beschichten und trocknen“ verhindert eine solche Beeinflussung. Offene Abfüllung erfordert Absaugungen und auch einen Spritzschutz.

5.3.5 Transport

Der Transport der fertig gemischten Paste erfordert entweder spezielle Bereitstellungsbehälter, auch als Vorlagen bezeichnet, für die Anlieferung zur Beschichtungsanlage. Solche Vorlagebehälter beinhalten neben dem Behälter ein Rührwerk zur Verhinderung der Sedimentation und Filtersysteme zum Entfernen von Fremdpartikeln oder Agglomeraten aus der Paste.

Für den Transport großer Mengen Paste kommen Rohrleitungen zum Einsatz, in die auch die entsprechenden Filtersysteme integriert sind.

5.4 Elektroden beschichten und trocknen

Der Prozessschritt der Elektrodenbeschichtung stellt die Paste für die Beschichtung bereit. Das System filtert die Paste und führt sie anschließend der Auftragseinheit zu. Der Filter hält Agglomerate zurück und bindet beispielsweise durch einen Magnetabscheider metallische Partikel. Eine Fördereinheit fördert die Paste durch den Pastenzulauf in die Schlitzdüse. Die Entspannungskammer baut den Druck in der Paste ab. Durch den Pastenkanal verteilt sich die Paste gleichmäßig über die Breite der Schlitzdüse (siehe Bild 5.11).

Die Metallfolie für die Beschichtung umschlingt die Gegenwalze, die die Metallfolie an der Lippe der Schlitzdüse vorbeiführt. Die bewegte Metallfolie zieht die Paste auf der Metallfolie in Bewegungsrichtung der Metallfolie und bildet so den Beschichtungsfilm oder die Nassschicht der Elektrode aus.

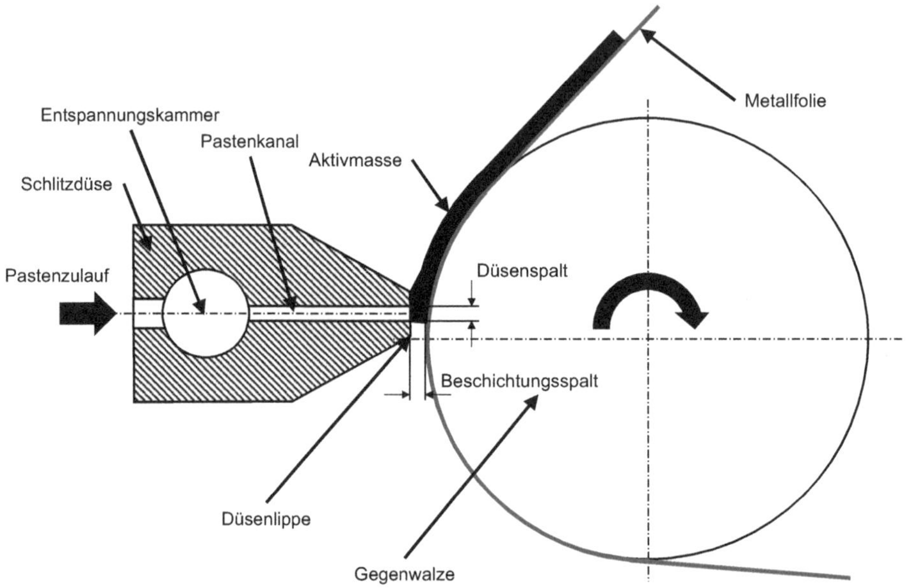

Bild 5.11 Auftragseinheit mit Schlitzdüse – schematische Darstellung

Unterschiedliche Hersteller positionieren die Schlitzdüse an unterschiedlichen Positionen und in unterschiedlichen Winkeln zur Gegenwalze. Bild 5.12 zeigt eine geöffnete Schlitzdüse mit ihren Elementen. Da es sich um eine sehr breite Schlitzdüse handelt, besitzt sie mehrere Pastenzuläufe und Entspannungskammern. Die gleichmäßige Verteilung der aufgetragenen Aktivmasse über die Auftragsbreite erfordert eine sehr geringe Toleranz der Geometrie der Schlitzdüse speziell im Bereich der Düsenlippen [14]. Das gilt auch speziell für den Düsenspalt.

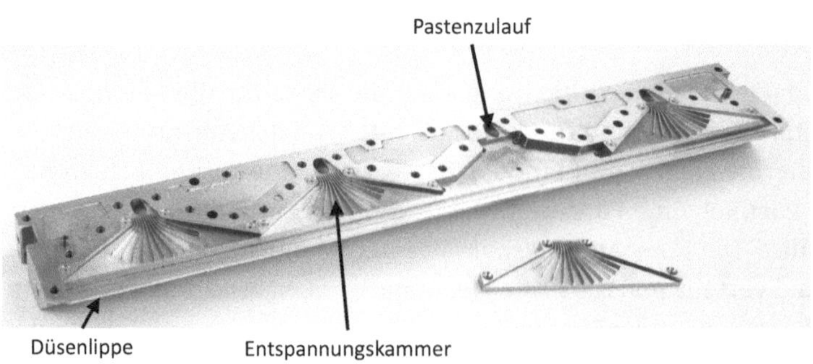

Bild 5.12 Offene Schlitzdüse, © Bild: M. Gillert, eigene Beschriftung, Quelle: [17]

Bild 5.12 zeigt eine Schlitzdüse für die Beschichtung von Metallfolien mit großer Breite. Heutige Großserienproduktionsanlagen beschichten Metallfolien mit einer Breite von bis zu 1400 mm [18] oder bis zu 1600 mm [19]. Das erfordert natürlich auch Schlitzdüsen in der gleichen Breite. Es handelt sich auch bei solch großen Bauteilen um Komponenten mit einer extrem hohen Präzision. Das bezieht sich auf die Oberflächengüte und auch die Toleranzen der unterschiedlichen Maße des Bauteils. Die erforderlichen Toleranzen liegen teilweise im Bereich von unter 1 µm.

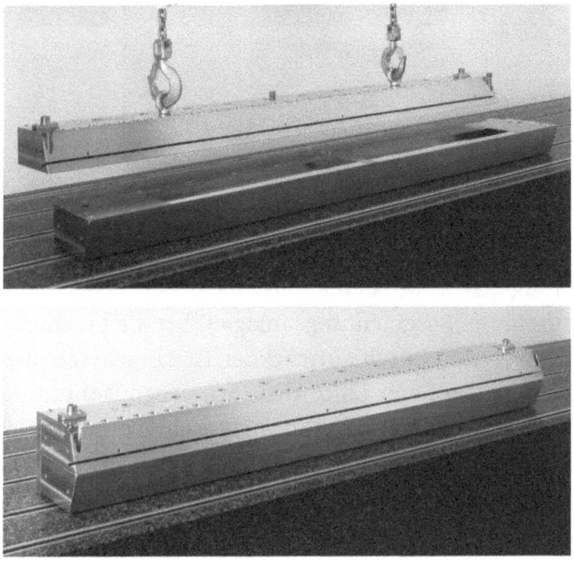

Bild 5.13 Schlitzdüse geöffnet (oben) und geschlossen (unten), © Bild: Jagenberg Converting Solutions GmbH, Quelle: [20]

Die Beschichtung kann prinzipiell je nach Anforderung in der Beschichtungsart vollflächig, mehrbahnig oder intermittierend ausgeführt werden (siehe Bild 5.14). Bei der vollflächigen Beschichtung erfolgt die Beschichtung in einer ununterbrochenen Fläche auf der Metallfolie. Bei der mehrbahnigen Beschichtung trägt das Auftragssystem mehrere ununterbrochene Bahnen parallel auf der Metallfolie auf. Beide Beschichtungsarten erfordern einen kontinuierlichen und nicht unterbrochenen Pastenfluss. Bei der intermittierenden Beschichtung unterbricht ein Pastenventil oder eine andere Schalteinheit den Pastenfluss. Es entstehen dadurch voneinander getrennte hintereinander liegende Beschichtungsflächen. Die Beschichtung wird hierbei über die gesamte Metallfolienbreite ausgeführt. Im Falle der intermittierten und mehrbahnigen Beschichtung ist die Beschichtungsfläche in Längs- und Querrichtung aufgeteilt.

Es existieren weitere grundlegend verschiedene Beschichtungstechniken, nämlich das Rakeln oder das Aufwalzen der Elektrodenbeschichtung. Beide Techniken finden ihre Anwendung im Labormaßstab. Bei Großserienfertigungen stellt aktuell jedoch der Einsatz der Schlitzdüse für die Beschichtung der Elektroden für LIB das bevorzugte Verfahren dar [21].

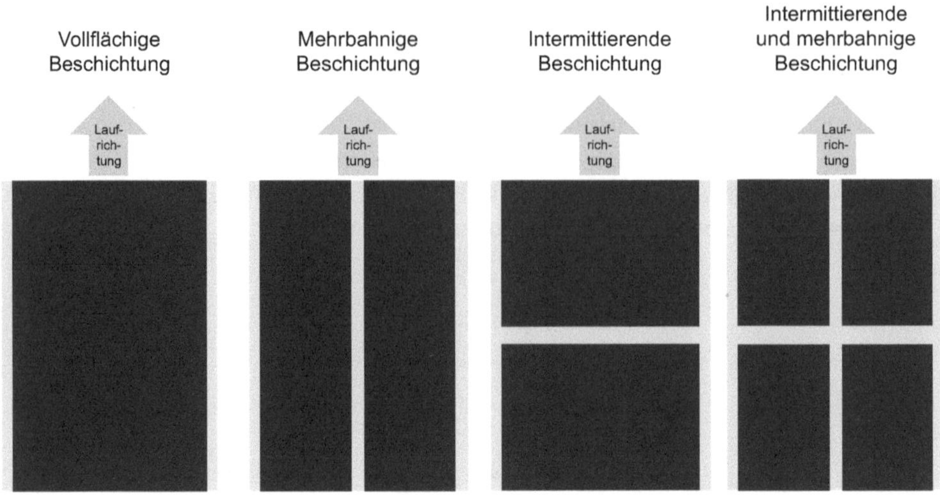

Bild 5.14 Beschichtungsarten

Nach dem Aufbringen der Beschichtungspaste enthält die Aktivmasse der Nassschicht das noch zu entfernende Lösungsmittel. Die Beschichtungsanlage führt die beschichtete Elektrode in einen direkt angeschlossenen Durchlauftrockner. Hierin schwebt die Folie auf einem Luftpolster aus einer Vielzahl von Luftdüsen (Schwebedüse) unterhalb der Elektrodenfolie. Die Trocknungsdüsen leiten weiterhin von oben Luft auf die Elektrode. Beide Düsen verströmen getrocknete und erwärmte Luft. Bild 5.15 zeigt die schematische Anordnung solcher Luftdüsen.

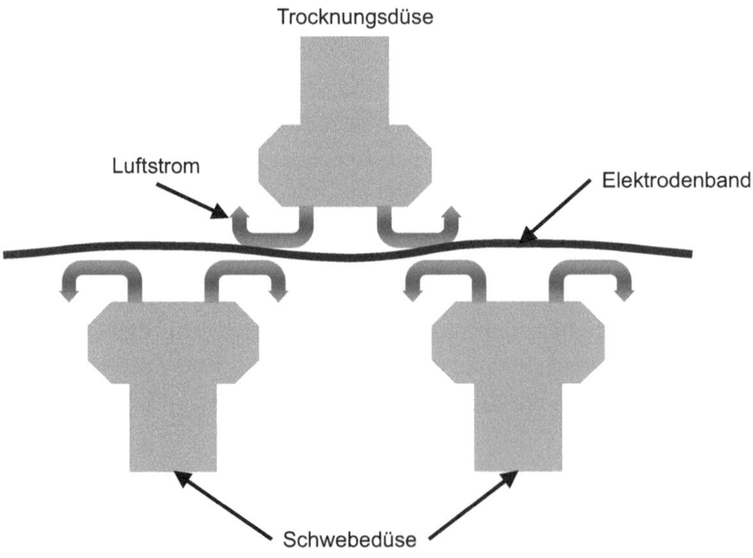

Bild 5.15 Düsen des Durchlauftrockners (Schwebetrockner)

Der Durchlauftrockner besteht aus mehreren Trocknungszonen, in denen unterschiedliche Temperaturen herrschen. Das realisiert ein Temperaturprofil, sodass sich die Elektrodenfolie langsam aufheizen, bei maximaler Temperatur trocknen und abschließend wieder abkühlen kann. Das verwendete Lösungsmittel in der Paste bestimmt über seine Siedetemperatur die erforderlichen Trocknungstemperaturen in den Trocknungszonen.

Durch die hohe Temperatur verdampft das Lösungsmittel und die trockene Luft nimmt den Lösungsmitteldampf auf. Die Luftzirkulation in den Trocknungszonen transportiert die Luft mit dem Lösungsmitteldampf aus der Trocknungszone heraus. Ein außerhalb angeordneter Kondensator scheidet das Lösungsmittel aus der Luft ab. Im Falle von NMP wird das Lösungsmittel wieder dem Kreislauf zugeführt. Allerdings verbraucht die Rückgewinnung des NMP sehr viel Energie [22]. Diese Rückgewinnung entspricht dem Kriterium „Recyclingkreislauf" und sorgt dafür, dass Ressourcen geschont werden.

Statt Luft kann auch Stickstoff N_2 als Gas für die Aufnahme und den Transport des Lösungsmittels eingesetzt werden.

Da bei der beschriebenen Ausführung des Trockners die Elektrodenfolien die unteren Düsen nicht berühren, tragen solche Trockner auch die Bezeichnung Schwebetrockner. Es gibt auch Trockner, in denen Walzen die Metallfolie von unten stützen. Die typische Trocknungszeit beträgt 2 Minuten. Damit ergibt sich die Trocknerlänge in Abhängigkeit der Geschwindigkeit der Elektroden. Bei einer heute üblichen Produktionsgeschwindigkeit von 100–150 m/min beträgt die Länge des Trockners 200–300 m.

Ein solcher Single-Deck-Beschichter, wie er in Bild 5.16 dargestellt ist, beschichtet immer nur eine Seite der Metallfolie (daher die Bezeichnung Single-Deck-Beschichter). Eine beidseitig beschichtete Elektrode erfordert bei einem solchen Beschichter immer zwei Beschichtungsvorgänge nacheinander.

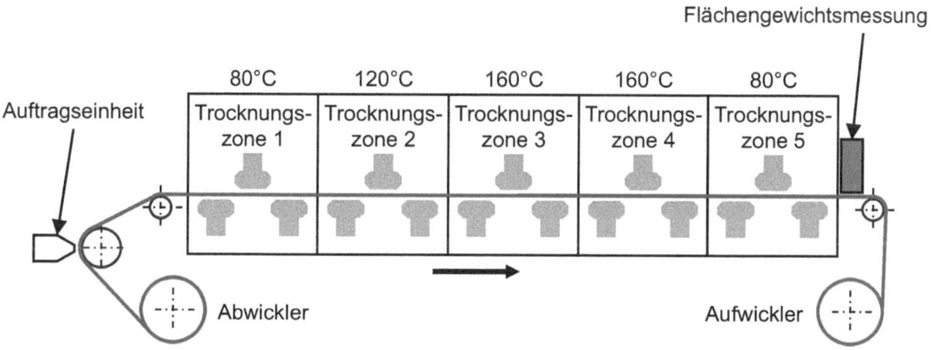

Bild 5.16 Single-Deck-Beschichter mit Trockner – beispielhaftes Temperaturprofil

Bild 5.17 zeigt schematisch die unterschiedlichen Stufen der Trocknung des Elektrodenfilms. Im ersten Schritt ist die mit Lösungsmittel durchsetzte Paste homogen auf der Metallfolie verteilt. Die Nassfilmdicke bestimmt das Volumen der Beschichtung V_B

(Stadium A). Dieses Volumen besteht aus dem Volumen des Lösungsmittels V_L und dem Volumen der Materialpartikel V_M. Unter der Annahme, dass alle möglichen Poren mit Lösungsmittel gefüllt sind, gilt in diesem Stadium der Trocknung Folgendes:

$$V_B = V_M + V_L \tag{5.4}$$

Durch die Trocknung schrumpft der Beschichtungsfilm (Stadium B). Sein Volumen V_B nimmt ab. Diese Volumenänderung verursacht ausschließlich die Reduzierung des Lösungsmittelgehaltes in der Beschichtung.

Die Partikel nähern sich einander an. Ist die dichtest mögliche Packung der Partikel ohne Einfluss zusätzlicher Kräfte erreicht, stoppt der Schrumpfungsprozess (Stadium C). In diesem Stadium sind die Poren in der Beschichtung noch vollständig mit Lösungsmittel gefüllt.

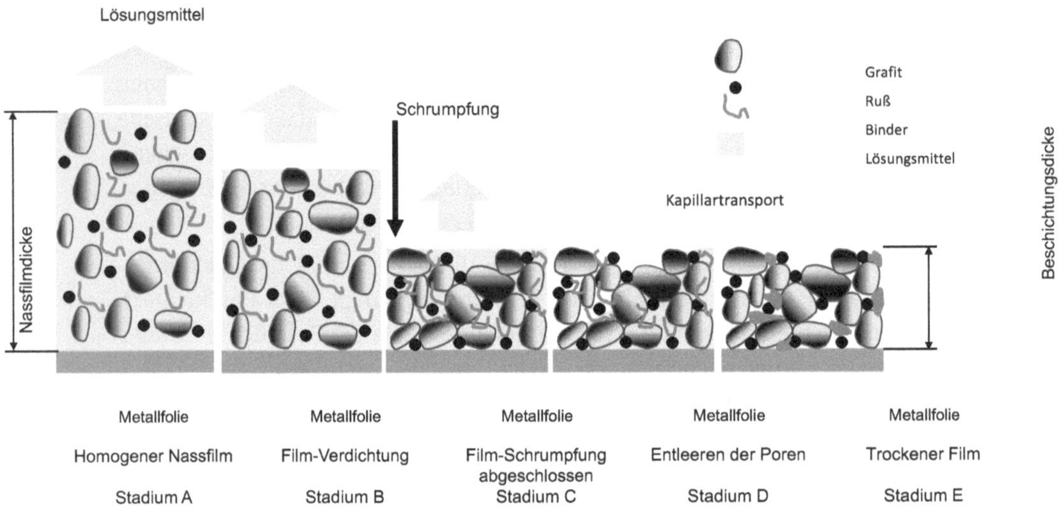

Bild 5.17 Stadien der Trocknung des Elektrodenfilms, in Anlehnung an [23]

Im Folgenden sorgt der Kapillartransport dafür, dass das restliche verbliebene Lösungsmittel aus der Schicht heraustransportiert wird, bis eine trockene Elektrode vorliegt. Das Volumen der Beschichtung V_B reduziert sich allerdings nicht weiter. Das herausgetretene Lösungsmittel hinterlässt offene Poren beziehungsweise das Porenvolumen V_P. In diesem Stadium gilt damit folgender Zusammenhang:

$$V_B = V_M + V_L + V_P \tag{5.5}$$

Da sich das Volumen der Beschichtung in diesen Stadien nicht mehr ändert, das Volumen des Materials der Beschichtung V_M auch konstant ist, verändern sich die beiden Volumina V_L und V_P gegenläufig. Ist die Trocknung vollständig durchgeführt (Stadium E), dann besteht die Beschichtung nur noch aus den beiden Komponenten Material und Poren.

$$V_B = V_M + V_P \quad (5.6)$$

Die durch die Entfernung des Lösungsmittels entstandenen Hohlräume zwischen den Partikeln bilden die Porosität der Aktivmasse [23].

Bei der hier beschriebenen Trocknung dringt die Wärme von außen in die Beschichtung auf der Metallfolie ein. Das bedeutet, dass sich die obere oder äußere Schicht der Aktivmasse schneller erwärmt als die untere Schicht, die sich direkt an der Metallfolie befindet. Wird die Temperatur zu schnell erhöht, kann sich auf der Oberfläche der Beschichtung schon eine trockene Haut bilden, die die Bewegung des Lösungsmitteldampfs in der Aktivmasse oder dessen Austritt behindert. In diesem Fall kann es zu einer Blasenbildung auf der Oberfläche der Beschichtung kommen, wodurch die Elektrode für eine LIB nicht mehr verwendbar ist. Alternativ kann Induktion die Metallfolie erwärmen (siehe Bild 5.18). Die erzeugte Wärme steigt dann von unten in die Beschichtungsmasse auf und erwärmt die Beschichtungsmasse von innen her. Die bei dieser Vorgehensweise durch Trocknungsdüsen auf die Elektrodenfolie geführte Luft nimmt den Lösungsmitteldampf auf und transportiert ihn ab [24].

Bild 5.18 Induktive Trocknung, Quelle: [24]

Alternativ schlägt [25] Infrarottrocknung der beschichteten Elektrodenfolien vor. Die oberste Schicht der Beschichtung absorbiert die Infrarotstrahlung und erwärmt so die Beschichtung von außen her. Die Infrarotstrahlung lässt sich feiner oder genauer steuern. Die zirkulierende Luft dient ausschließlich dem Abtransport des verdampften Lösungsmittels. Da bei diesem Verfahren die Beschichtung von außen nach innen trocknet, verschließt sich damit die Oberfläche der Außenseiten der Beschichtung zuerst. Das behindert den Austritt des später erzeugten Lösungsmitteldampfes im Inneren der Beschichtung. Es besteht dabei die Gefahr der Blasenbildung.

Laserquellen können die für die Trocknung erforderliche Energie bereitstellen und in die Beschichtung einbringen. [26] beschreibt den Einsatz solcher Laser zum Einbringen der für die Trocknung erforderlichen Wärme in die Beschichtung. Die Quelle weist Reduktionen der Kosten, eine Verringerung der erforderlichen Fläche für die Produktionsanlagen und eine Verbesserung der Qualität der produzierten Elektroden nach.

Bild 2.3 zeigt, dass die Metallfolien der Elektroden auf beiden Seiten mit der jeweiligen Aktivmasse beschichtet sind. Das erfordert entsprechende Produktionsprozesse. Der Beschichtungsprozess kann von Rolle zu Rolle zweimal auf derselben Anlage durchlaufen werden. Diese sequenzielle Beschichtung erfordert das zweimalige Einrüsten in die Beschichtungsanlage mit einem erhöhten Aufwand. Diese Vorgehensweise empfiehlt sich für kleinere Losgrößen oder im Pilotbetrieb.

Es gibt darüber hinaus Beschichtungsanlagen, die aus zwei Beschichtungseinheiten und zwei Trocknern bestehen. Bild 5.19 zeigt eine solche Anlage. Die untere Seitenansicht zeigt die Abwicklungseinheit auf der linken Anlagenseite. Dahinter in Laufrichtung nach rechts befinden sich die Beschichtungseinheit für die erste Seite der Metallfolie sowie der Trockner. Nach dem Trockner wird die nun einseitig beschichtete und trockene Elektrodenfolie umgelenkt, sodass die zweite Seite beschichtet werden kann. Diese zweite Beschichtungseinheit zeigt Bild 5.19 rechts. Anschließend läuft die dann beidseitig beschichtete Metallfolie durch den zweiten Trockner, der über dem ersten Trockner angeordnet ist. Die Aufwickeleinheit für die fertig beidseitig beschichtete Elektrode befindet sich dann wieder in Bild 5.19 links. Diese Anlagen werden als Double-Deck-Beschichter bezeichnet.

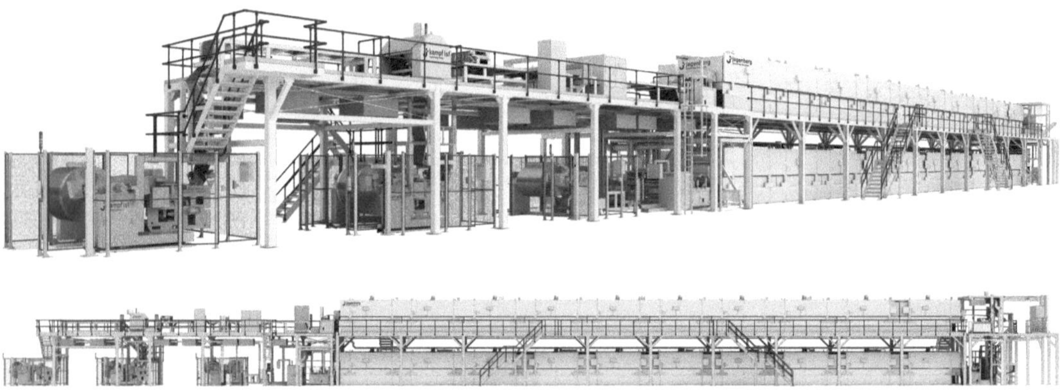

Bild 5.19 Double-Deck-Beschichter, © Bild: Jagenberg Converting Solutions GmbH, Quelle: [20]

Eine weitere Alternative zur Herstellung von beidseitig beschichteten Elektroden ist der gleichzeitige Einsatz von zwei hintereinander angeordneten Auftragseinheiten für eine fast gleichzeitige beidseitige Beschichtung. Die erste Auftragseinheit entspricht der des einseitigen Beschichtens, wie es Bild 5.11 zeigt. Eine zweite Schlitzdüse ist in Transportrichtung der Elektrodenfolie hinter der ersten Auftragseinheit positioniert. Sie trägt die Paste von unten auf die Rückseite der Metallfolie auf. Allerdings fehlt bei der zweiten

Auftragsdüse die Gegenwalze, was zu starken Abweichungen oder Schwankungen der Beschichtungsdicke der zweiten Seite führen kann. Ab der zweiten Beschichtungsdüse schwebt das Elektrodenband durch den Schwebetrockner. Bild 5.20 zeigt diese Anordnung der beiden Schlitzdüsen für die doppelseitige Beschichtung. Um Beschädigungen der Beschichtung zu vermeiden, darf die Elektrodenfolie im nassen Zustand nicht die Trocknerdüsen, Führungsrollen oder andere Komponenten berühren. Dieses Anlagenkonzept erfordert nur einen Trockner, was die Kosten und die Durchlaufzeit reduziert.

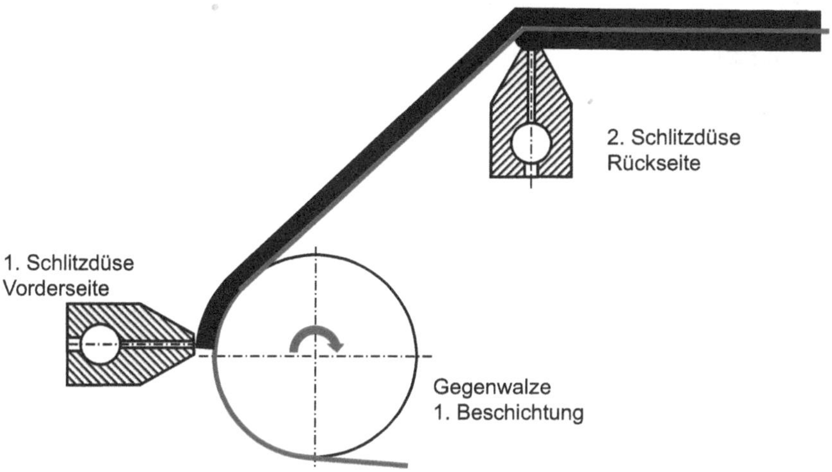

Bild 5.20 Beschichter mit zwei Auftragsdüsen für beidseitige Beschichtung – schematische Darstellung

Die Praxis zeigt, dass beide Beschichtungsdüsen beim doppelseitigen Beschichten Pasten mit unterschiedlichen Fließeigenschaften benötigen, um eine Beschichtung der Rückseite in annähernd der Qualität wie die der Vorderseite zu erzeugen. Dies stellt an die Pastenherstellung und Pastenbereitstellung sehr hohe Anforderungen.

Bei der Beschichtung der Metallfolie mit der Aktivmasse kann die Paste nach dem Verlassen der Schlitzdüse an den Seitenrändern zwei grundsätzlich unterschiedliche ungewünschte Formen annehmen:

- abfallende Seitenkante
- Kantenüberhöhung

Bild 5.21 zeigt links bei Schnitt A–A die abfallende Seitenkante im Querprofil. Hierbei floss die Aktivmasse nach dem Verlassen der Schlitzdüse in Querrichtung weiter oder es wurde nicht ausreichend Paste in der Schlitzdüse an die Seite gefördert. In der späteren LIB wäre in diesem Falle die Kapazität durch das fehlende Aktivmaterial reduziert. Die rechts bei Schnitt A–A in Bild 5.21 dargestellte wulstförmige Kantenüberhöhung zeigt eine Ansammlung von Aktivmaterial, die sich über die Oberfläche der Beschichtung hinaufhebt. Diese Kantenüberhöhung führt bei der Herstellung des A-S-K-Verbunds aufgrund der unterschiedlichen Dicke zu einem ungleichmäßigen Stapel in der späteren LIB oder zu einem ungleichmäßigen Wickel bei einer zylindrischen LIB. Beide Fehler führen in der fertigen LIB zu einem örtlich erhöhten Anpressdruck zwischen den Elektroden, was eine Dendritenbildung begünstigt.

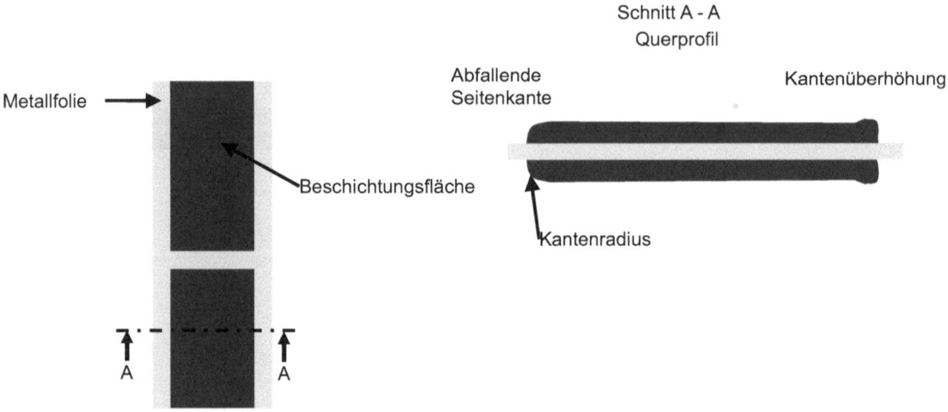

Bild 5.21 Querprofil der beschichteten Elektrode

Bei der intermittierenden Beschichtung unterbricht ein Pastenventil oder eine Schalteinheit den Pastenfluss. Das bedeutet, dass die Beschichtungsfläche (Pattern) unterbrochen ist. Dabei können eine auslaufende Stoppkante und/oder eine Startkantenüberhöhung auftreten. Auch hierbei führt die auslaufende Stoppkante zu einer Verminderung der Kapazität der LIB und die Startkantenüberhöhung zu erhöhtem Druck im späteren A-S-K-Verbund. Bei der doppelseitigen Beschichtung kann durch ein entsprechendes Positionieren der Beschichtungsflächen und damit der beiden Kanten die Auswirkung reduziert werden. Bild 5.22 zeigt diese Anordnung.

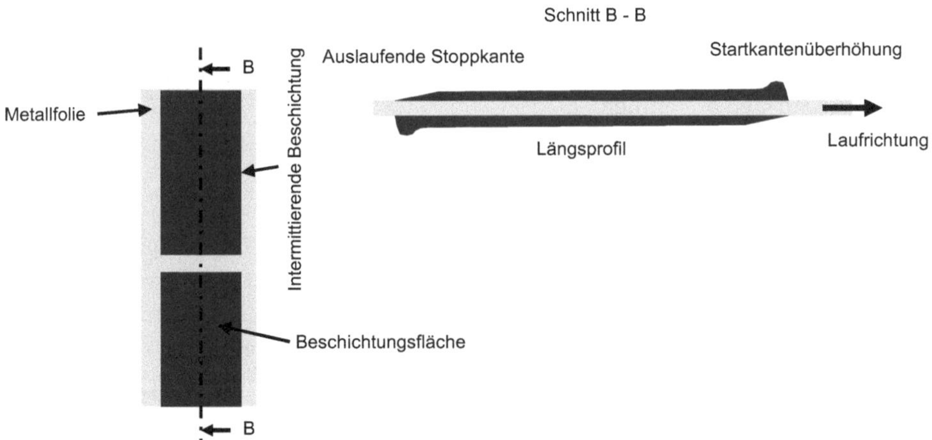

Bild 5.22 Längsprofil der beschichteten Elektrode

Am Ende des Prozessschrittes werden die getrockneten Elektrodenfolien auf eine Rolle beziehungsweise Transportrolle aufgewickelt. Die Rolle gibt den Elektroden während Transport und Lagerung mehr Stabilität. Hierbei ist jedoch besonders darauf zu achten, dass die Kanten der aufgewickelten Elektroden nicht durch Anstoßen verformt und damit für die nächsten Prozessschritte unbrauchbar werden. Bild 5.23 zeigt solche Beschädigungen der Elektrode auf einer Transportrolle.

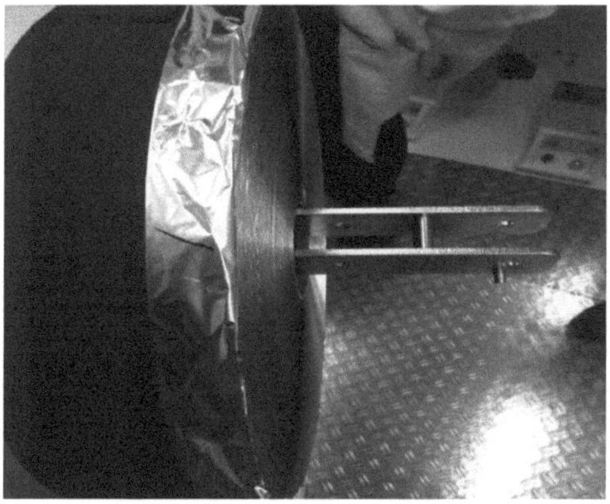

Bild 5.23
Beschädigte Kanten einer Rolle von Elektroden, © Bild: VW-VM-Forschungsgesellschaft mbH, Quelle: [27]

5.4.1 Parameter Zwischenprodukt

5.4.1.1 Homogenität Paste

Eine gute Homogenität der Aktivpaste ist eine Grundvoraussetzung für eine gleichmäßige Beschichtung. Sie stellt sicher, dass die einzelnen Komponenten der Paste wie Aktivmaterial, Leitruß, Binder, Grafit gleichmäßig in der späteren Beschichtung verteilt sind. Das ermöglicht gleichmäßige elektrische, ionische, thermische und mechanische Eigenschaften über die gesamte Elektrodenfläche.

Inhomogenitäten in der Paste für die Beschichtung können zu Problemen bei der Verarbeitung der Paste in der Beschichtungsdüse oder im Trocknungsprozess führen und mechanische Schwachstellen und Kurzschlüsse begünstigen.

5.4.1.2 Korngröße und Korngrößenverteilung Paste

Große Korngrößen reduzieren die Viskosität der Paste. Da größere Partikel schneller sedimentieren, kann auch schneller eine ungleichmäßige Suspension entstehen. Größere Partikel können einfacher eine ungleichmäßige Schicht erzeugen, da sich die größeren Partikel schwieriger in eine dünne, gleichmäßige Schicht eingliedern. Die Adhäsion der Paste auf der Metallfolie wird durch größere Partikel reduziert, da sie dem Bindemittel weniger Kontaktfläche bieten. Aufgrund der größeren Zwischenräume kann der Trocknungsprozess bei größeren Partikeln schneller ablaufen.

Zu große Partikel in der Beschichtung können zu mechanischen Defekten oder Delamination der Elektrode führen und damit ein Sicherheitsrisiko der späteren LIB darstellen. Kleine Partikel erhöhen die aktive Oberfläche und verbessern die Reaktionskinetik, die einen schnellen Ladungsaustausch ermöglicht.

Eine ungleichmäßige Korngrößenverteilung beeinflusst die Porosität der Paste und erschwert die Einstellung konstanter Prozessparameter, da sich die Eigenschaften der Paste ändern. Sie erhöht das Risiko von Defekten in der Beschichtungsmasse.

5.4.1.3 Viskosität Paste

Die Zusammenhänge zum Thema Viskosität werden in Abschnitt 5.3.3.3 beschrieben. Die Viskosität der Paste beeinflusst die Beschichtungsdicke und Gleichmäßigkeit der Beschichtung. Durch eine zu niedrige Viskosität der Paste kann es zu einer ungleichmäßigen Beschichtung kommen, da die Paste leichter auf der Oberfläche verläuft. Dies kann zu dünnen Stellen, Lücken oder Kantenabfall bei der Beschichtung führen. Eine Paste mit hoher Viskosität ist schwerer gleichmäßig zu verteilen. Dadurch können unerwünschte Oberflächenstrukturen oder eine ungleichmäßige Verteilung der Paste auf der Metallfolie auftreten, was Lebensdauer, Leistung und Energieinhalt der späteren LIB negativ beeinflusst.

Durch eine von dem optimalen Wert abweichende Viskosität der Paste können die Beschichtungswerkzeuge außerhalb der spezifizierten Belastung belastet werden.

Eine höhere Viskosität der Paste kann ein langsameres Verdampfen des Lösungsmittels verursachen, wodurch sich die Trockenzeit verlängert, was in den typischen Beschichtungsanlagen aufgrund der durch die Trocknerlänge festgelegten Trockenzeit zu Problemen führen kann.

5.4.1.4 Temperatur Paste

Die Temperatur beeinflusst die Viskosität der Paste. Mit steigender Temperatur nimmt die Viskosität der Paste ab, was zu den in Abschnitt 5.4.1.3 beschriebenen Folgen führt.

Die Temperatur oder deren Schwankungen können die Bindung zwischen Aktivmaterial und Substrat schwächen, was die Lebensdauer der späteren LIB negativ beeinflusst. Des Weiteren beeinflusst es die Fließeigenschaften und damit die Größe und Verteilung der Poren in der Aktivmasse.

Der Lösungsmittelverbrauch kann steigen, weil durch die höhere Temperatur einfacher mehr Lösungsmittel verdampfen kann.

5.4.1.5 Dichte Paste

Eine höhere Dichte der Aktivmaterialien ermöglicht eine kompaktere Schichtbildung auf den Metallfolien. Dies beeinflusst die Effizienz beim Beschichtungsprozess, da die Verdichtung und Trocknung gleichmäßiger erfolgen. Pasten mit höherer Dichte erfordern höhere Drücke der Paste in der Zuführung der Paste (siehe Abschnitt 5.4.2.7). Pasten mit schwankender Dichte führen zu schwankenden Beschichtungsergebnissen, was die Qualität der späteren LIB negativ beeinflussen kann.

Führt eine Dichteschwankung der Paste zu einer Dichteschwankung der Beschichtung, kann das zu mechanischen Schwachstellen in der Beschichtung und zu einer ungünstigen Porenstruktur der Beschichtung führen, was wiederum die Lebensdauer, die Leistung und den Energieinhalt der späteren LIB beeinflusst.

5.4.1.6 Lösemittelgehalt

Beinhaltet die für die Beschichtung der Elektrodenfolien verwendete Paste einen höheren Anteil an Lösungsmittel als vorgesehen, besitzt sie gleichzeitig eine veränderte Rheologie beziehungsweise Viskosität. Typischerweise reduziert ein erhöhter Lösungsmittelgehalt die Viskosität der Paste. Das beeinflusst den Beschichtungsprozess und damit die Beschichtungsgüte (siehe Abschnitt 5.4.1.3).

Während des Transports und der Zuführung der Paste zum Beschichtungsprozess kann durch die erhöhte Viskosität eine Sedimentation der Paste und damit eine ungleichförmige Verteilung der Partikel in der Paste auftreten.

Eine ungeeignete Viskosität aufgrund von erhöhtem Lösungsmittelgehalt kann beim Beschichten der Elektrodenfolie zu Defekten wie Wellenbildung oder Rissen in der Beschichtung führen. Das zusätzliche Lösungsmittel kann die Wechselwirkung zwischen dem Binder und der Metallfolie negativ beeinflussen, was die Haftung schwächt. Des Weiteren kann sie eine Korrosion der Metallfolie auslösen. Bei der Trocknung muss demzufolge mehr Flüssigkeit aus der Aktivmasse herausgetrocknet werden. Das verlängert den gesamten Trocknungsprozess und verschlechtert die Kostensituation. Es besteht die Gefahr von Blasen- oder Rissbildung. Verbleibt ein Lösungsmittelrest in der Aktivmasse, kann das später zu unerwünschten Nebenreaktionen bei der Formation oder beim Betrieb der LIB führen.

Generell muss bei der Anlagenauslegung der reale Lösungsmittelgehalt der Paste berücksichtigt werden, was zu größeren Trocknern führen kann oder eine langsamere Bandgeschwindigkeit im Trockner bedingt.

5.4.1.7 Agglomerate

Agglomerate in der Paste bestehen aus einer Anhäufung von Material in der Paste, die nicht von alleine wieder in ihre Bestandteile zerfällt, sich aber durch entsprechende Maßnahmen aus der Paste entfernen lässt oder auflösen lässt. Agglomerate können zu einer ungleichmäßigen Schichtdicke der Beschichtung führen, da der Pastenfluss in der Beschichtungsdüse durch sie gestört wird. Das führt zu einer ungleichmäßigen Beschichtung mit einer ungleichmäßigen Oberfläche der Elektrode.

In der Beschichtung können sie aufgrund der örtlichen Inhomogenität des Beschichtungsmaterials zu kleinen Defekten führen. Das kann eine ungleichmäßige elektrische oder ionische Leitfähigkeit verursachen. Diese Inhomogenitäten beeinflussen auch die mechanischen Eigenschaften der Beschichtung. Das kann später bei den Lade- und Entladevorgängen zu Rissen oder Abplatzungen in der Aktivmasse führen. Die Haftung der Aktivmasse auf der Metallfolie kann durch Agglomerate gestört werden, was zu einer Delamination der Beschichtung führen kann. Agglomerate in der Beschichtung können lokale Überhitzungen oder Hotspots[5] verursachen. Das tritt bevorzugt dann auf, wenn ihre thermischen Eigenschaften sehr stark von denen der übrigen Beschichtungsmasse abweichen. Generell stören Agglomerate in der Paste den Beschichtungsprozess und führen zu Anlagenstörungen.

5.4.1.8 Lufteinschlüsse

Erreichen Blasen oder Lufteinschlüsse in der Paste die Austrittsöffnung der Beschichtungsdüse, kann der konstante Pastenfluss von der Beschichtungsdüse auf die Metallfolie abreißen oder aussetzen. Das führt zu Fehlstellen in der Beschichtung. Diese verschlechtern die Eigenschaften der späteren LIB hinsichtlich Sicherheit und Lebensdauer. Diese Lufteinschlüsse in der Beschichtung stellen Bereiche dar, in denen weniger Aktivmasse vorliegt, was Leistung und Energieinhalt der LIB negativ beeinflusst.

Im Vorlagebehälter, in dem die Paste für die Beschichtung bereitgestellt wird, können durch langsames Rühren die Luftblasen oder Lufteinschlüsse aus der Paste entfernt werden. Ein Unterdruck im Vorlagebehälter unterstützt die Entgasung.

5.4.1.9 Sedimentierung

Die Paste für die Beschichtung wird in einem Vorlagesystem für die Beschichtung bereitgestellt. Darin kann die Paste auch sedimentieren, das heißt, sie entmischt (siehe Abschnitt 5.3.3.8). Ein Rührwerk im Vorlagesystem hält die Paste in Bewegung, sodass sie nicht sedimentiert.

Verursacht die Sedimentierung der Paste im Vorlagebehälter eine ungleichmäßige Beschichtung der Elektrode, beeinflusst das die Lebensdauer, den Energieinhalt und die Leistung der späteren LIB. Im ungünstigen Fall kann auch die Sicherheit der LIB negativ beeinflusst werden.

5.4.1.10 Dicke Metallfolie

Weist die Metallfolie unterschiedliche Dicken auf, kann dies zu einer ungleichmäßigen Verteilung der Aktivmasse führen. Dünnere Bereiche der Metallfolie können eine dickere Schicht der Aktivmasse verursachen, dickere Bereiche werden möglicherweise dünner beschichtet. Dies führt zu einer ungleichmäßigen Beschichtungsdicke (siehe Abschnitt 5.4.3.3) und den damit verbundenen Folgen für die spätere LIB.

Dickere Bereiche der Metallfolie besitzen einen niedrigeren elektrischen Widerstand, während dünnere Bereiche einen höheren Widerstand aufweisen. Dies führt zu einer

[5] Hotspots sind lokal begrenzte Bereiche auf der Elektrode, die eine höhere Temperatur besitzen.

ungleichmäßigen Stromverteilung innerhalb der Elektrode während des Lade- und Entladeprozesses der späteren LIB, was Hotspots zur Folge haben kann.

Dickenschwankungen der Metallfolie können zu unterschiedlichen mechanischen Spannungen in der Elektrode führen. Während des Lade- und Entladeprozesses expandieren und kontrahieren die aktiven Materialien, was bei ungleichen Dicken zu einer ungleichmäßigen mechanischen Belastung führt. Dies kann Risse in der aktiven Schicht oder Delaminationen zwischen der aktiven Schicht und der Metallfolie verursachen.

Eine ungleichmäßige Dicke der Metallfolie kann zu ungleichmäßigen Verformungen der Metallfolie führen, insbesondere während der Kalandrierung (siehe Abschnitt 5.6.1.1).

Eine zu dicke Metallfolie oder eine unregelmäßige Metallfolie bedeutet auch einen erhöhten Ressourcenverbrauch und damit erhöhte Kosten.

5.4.1.11 Oberfläche Metallfolie

Rauheit der Oberfläche der Metallfolie beeinflusst die mechanische Verankerung, Verbindung oder Haftung der aufgetragenen Aktivmasse. Diese Eigenschaft beeinflusst die Langlebigkeit der LIB. Eine leicht raue Oberfläche bietet mehr Kontaktfläche und mechanische Verankerungspunkte für die aufgebrachte Aktivmasse, was deren Haftfestigkeit erhöht.

Eine zu raue Oberfläche der Metallfolie kann zu einer ungleichmäßigen Verteilung der Beschichtung mit Aktivmasse führen. Dieser Effekt ist mit dem der Dickenschwankung der Metallfolie vergleichbar (siehe Abschnitt 5.4.1.10). Sehr große Unebenheiten der Metallfolie können im ungünstigen Fall einen Kurzschluss im späteren A-S-K-Verbund verursachen.

Metallfolien aus Kupfer (für Anoden) oder Aluminium (für Kathoden) neigen dazu, Oxidschichten zu bilden, die die Haftung der Beschichtung beeinträchtigen können. Sie sollten vermieden werden, was aber technisch teilweise aufwendig ist. Aluminiumoxid bildet sich innerhalb von Sekunden auf der Oberfläche der Aluminiumfolie, was in anderen Prozessen als Korrosionsschutz erwünscht ist, bei der Elektrode aber zu einer Erhöhung des Übergangswiderstands führt. Beispielsweise könnte durch eine Plasmabehandlung direkt vor der Schlitzdüse eine solche Oxidschicht entfernt werden.

Die Oberflächenenergie der Metallfolie beeinflusst, wie gut die Aktivpaste die Oberfläche der Metallfolie benetzt. Eine höhere Oberflächenenergie führt zu besserer Benetzung und gleichmäßigerer Beschichtung, was zu einer homogenen Schichtdicke und besseren elektrischen Eigenschaften führt.

Andere Verschmutzungen der Folienoberfläche beeinflussen auch die Haftfähigkeit der Beschichtung. Das können beispielsweise Walzöl oder Staub aus dem Herstellungsprozess der Metallfolien sein.

5.4.1.12 Mechanische Festigkeit Metallfolie

Die Festigkeit der Metallfolie ist ein Parameter, der die maximal mögliche Bandzugkraft (siehe Abschnitt 5.4.2.11) mitbestimmt. Ist die Festigkeit der Metallfolie zu gering, steigt die Gefahr von Bandrissen, was zu Produktionsunterbrechungen führt.

Die mechanische Anpassungsfähigkeit der Metallfolie beeinflusst, wie gut sie sich beim Beschichtungsprozess verformen und an die aktive Schicht anpassen kann. Eine zu steife oder spröde Oberfläche kann bei wiederholten Lade- und Entladezyklen zu Rissen oder Delamination der Beschichtung führen.

Bei der Betrachtung der Kosten ist zu berücksichtigen, dass höherfeste oder hochfeste Metallfolien meist teurer sind als Standardfolien.

5.4.2 Parameter Prozess

5.4.2.1 Foliengeschwindigkeit

Die Foliengeschwindigkeit beeinflusst die auf die Metallfolie aufgetragene Menge Paste. Eine höhere Foliengeschwindigkeit führt dazu, dass die aus der Schlitzdüse auf die Metallfolie aufgebrachte Paste auf eine größere Fläche verteilt wird. Damit wird die Beschichtungsdicke beeinflusst. Daher ist die Foliengeschwindigkeit ausreichend genau im Produktionsprozess zu regeln.

5.4.2.2 Volumenstrom Paste

Ein höherer Volumenstrom der zugeführten Paste führt in der Regel zu einer dickeren Schicht der Aktivmasse auf der Metallfolie. Dies beeinflusst die Kapazität der Elektrode, da eine dickere Schicht mehr aktives Material enthält, das Lithiumionen speichern kann.

Ein höherer Volumenstrom kann dazu führen, dass mehr Lösungsmittel in der Aktivmasse auf die Folie aufgebracht wird, was die Trocknungszeit verlängert. Da die Trocknerlänge die Verweilzeit der Elektrode im Trockner begrenzt, kann das zu einer unzureichenden Trocknung der Aktivmasse führen. Das wiederum beeinflusst die Bindung zwischen den Partikeln und der Folie und beeinflusst die mechanische Stabilität der Elektrode.

Der Volumenstrom der Paste beeinflusst auch die Porosität und Dichte der Aktivmasse der Elektrode. Ein zu hoher Volumenstrom kann zu einer geringeren Dichte und einer höheren Porosität führen. Ein zu geringer Volumenstrom der Paste führt zu einem geringeren Auftrag von Aktivmasse auf die Elektrodenbänder. Damit reduziert sich der Energieinhalt der späteren LIB, sodass die Eigenschaften der LIB nicht mehr der Spezifikation entsprechen.

5.4.2.3 Düsenspalt

Der Düsenspalt (siehe Bild 5.11) ist der Abstand der beiden Düsenlippen der Auftragsdüse, durch den die Paste auf die Metallfolie gepresst wird. Der Düsenspalt beeinflusst direkt das Pastenvolumen und damit die Dicke der auf die Metallfolie aufgetragenen

Schicht aus Aktivmasse. Ein kleinerer Düsenspalt führt zu einer dünneren Beschichtung, während ein größerer Düsenspalt zu einer dickeren Schicht führt. Schon minimale Abweichungen von einer idealen Spaltgeometrie beeinflussen das Beschichtungsergebnis.

Daher kann auf Basis der erfassten Dicke des Nassfilms die Düsengeometrie nachjustiert werden. Das geschieht durch eine mechanische Veränderung des Düsenspaltes. Schrauben oder ansteuerbare Aktuatoren drücken auf den Bereich der Düsenlippe, um so den Düsenspalt dort zu verkleinern. Mehrere solche nebeneinanderliegende Einstellschrauben oder Aktuatoren ermöglichen das Einstellen des Düsenspaltes entlang der gesamten Düsenlippe. Das beeinflusst die Dicke und das Profil des aufgetragenen Nassfilms bahnenweise.

Diese Einstellung kann sowohl manuell als auch automatisiert vorgenommen werden. Es erfordert die Messung der Dicke des Nassfilms möglichst direkt hinter der Auftragsdüse, um eine möglichst kurze Regelstrecke sicherzustellen.

Bild 5.24 zeigt eine Schlitzdüse mit durch Aktuatoren einstellbarer Düsenlippe. Die Aktuatoren sind entlang der Länge der Düsenlippe nebeneinander angeordnet und beeinflussen damit immer einen definierten Bereich der Breite der Düsenlippe.

Die Geometrie der Düsenlippe beeinflusst maßgeblich die Qualität der Beschichtung. Daher ist darauf zu achten, dass die Düsenlippe nicht beschädigt wird. Schon bei kleinsten Veränderungen an der Düsenlippe sollte mit der Schlitzdüse nicht mehr produziert werden. Eine solche vermeintlich kleine Beschädigung zeigt Bild 5.25.

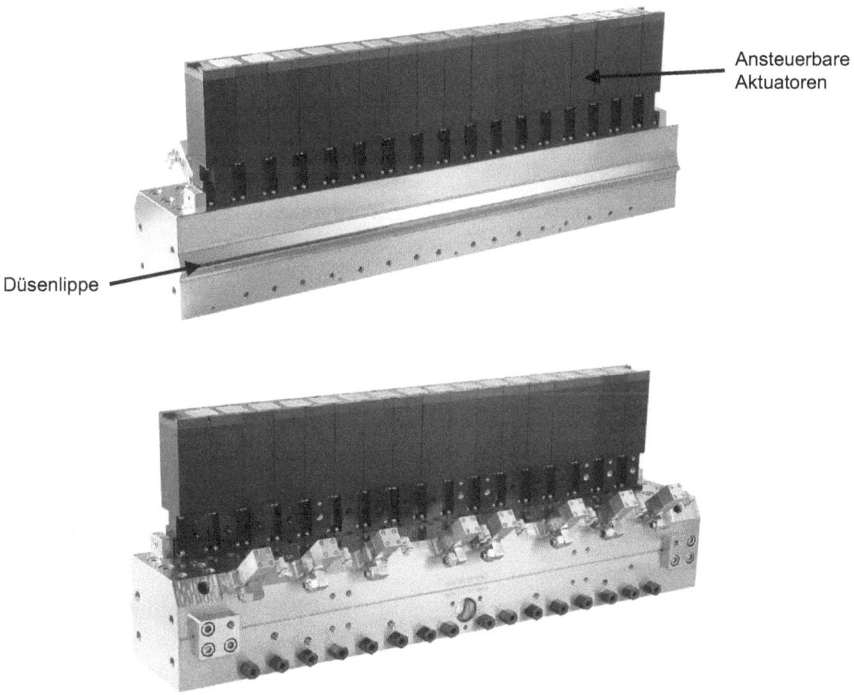

Bild 5.24 Schlitzdüse mit einstellbarem Düsenspalt, © Bilder: MANST Europe GmbH

Bild 5.25 Beschädigung der Düsenlippe, © Bild: VW-VM-Forschungsgesellschaft mbH

5.4.2.4 Beschichtungsspalt

Der Spalt zwischen der Düsenlippe und der Folie, auch als „Düsenabstand" oder als Beschichtungsspalt bezeichnet, beeinflusst auch den Beschichtungsprozess und die daraus resultierende Elektrodenqualität (siehe Bild 5.11). Ein kleinerer Spalt führt typischerweise zu einer dünneren Beschichtung mit Aktivmasse, da weniger Paste durch den Spalt hindurch auf die Metallfolie gelangen kann. Ein größerer Spalt trägt mehr Paste auf die Metallfolie auf und ermöglicht damit eine dickere Schicht.

Ein zu kleiner Spalt kann zu einem hohen Scherfluss führen, was die Paste destabilisieren und zu Defekten wie Blasen oder ungleichmäßigen Oberflächen führen kann. Ein zu großer Spalt kann eine unzureichende Kontrolle über die Verteilung der Paste verursachen, was zu dickeren und möglicherweise ungleichmäßigen Schichten führen kann.

Die Größe des Spaltes interagiert mit dem Volumenstrom der Paste. Bei einem größeren Spalt kann ein erhöhter Volumenstrom erforderlich sein, um die gewünschte Schichtdicke zu erreichen. Umgekehrt kann bei einem kleineren Spalt der Volumenstrom reduziert werden, um eine zu dicke Schicht zu vermeiden (siehe Abschnitt 5.4.2.2).

5.4.2.5 Temperatur Auftragsdüse

Die Temperatur der Auftragsdüse beeinflusst natürlich die Temperatur der durch sie hindurchgeförderten Paste. Die Viskosität der Paste hängt von der Pastentemperatur ab. Bei steigenden Temperaturen nimmt die Viskosität ab und die Paste wird dünnflüssiger. Bei sinkender Temperatur erhöht sich deren Viskosität und die Paste wird zähflüssiger (siehe Abschnitt 5.4.1.3).

Des Weiteren ändert sich die Geometrie der Schlitzdüse bei einer Temperaturänderung der Auftragsdüse durch die thermische Ausdehnung des Düsenmaterials. Das beeinflusst wiederum die Genauigkeit des Auftrags der Paste auf die Metallfolie.

Eine Reduzierung der Temperaturschwankungen in der Schlitzdüse von ±0,5 K auf ±0,15 K verringerte in einer Pilotanlage beispielsweise die Schwankung der Dicke des Nassfilms von ±1 µm auf ±0,5 µm.

Beide Effekte treten sowohl bei gleichmäßiger als auch bei ungleichmäßiger Temperaturverteilung in der Schlitzdüse auf. Daher besitzen solche Schlitzdüsen heute eine Temperiermöglichkeit beispielsweise durch entsprechende Kanäle für flüssige Temperiermittel. Typische Anforderungen an solche Schlitzdüsen sind maximale Temperaturabweichungen von < 0,2 K.

5.4.2.6 Ansteuerung Pastenventil

Bei einer intermittierenden Beschichtung bestimmt die Genauigkeit der Schaltzeiten oder Betätigungszeiten des Pastenventils die Genauigkeit der Länge der beschichteten Beschichtungsflächen, die Position der Beschichtungsflächen auf der Metallfolie und auch die Länge des unbeschichteten Bereichs der Elektrode. Das beeinflusst direkt die Qualität des Produktes (siehe Abschnitt 5.4.3.2).

Durch die Betätigung des Pastenventils ändert sich auch der Druck in der vor dem Pastenventil anstehenden Paste. Solche Druckschwankungen können entsprechend erfasst werden (siehe Abschnitt 5.4.2.7).

Ungenaue Ventilsteuerung kann ungleichmäßige Beschichtungsflächen verursachen, die sich negativ auf Sicherheit, Lebensdauer und Energieinhalt der späteren LIB auswirken können.

5.4.2.7 Druck Paste in Zuführung

Der Druck der Paste in der Zuführung beeinflusst die Dicke der aufgetragenen Schicht der Aktivmasse auf der Metallfolie. Ein höherer Druck kann dazu führen, dass mehr Paste durch die Düse gepresst wird und sich die Menge der Paste auf der Metallfolie erhöht. Das kann zu einer größeren Schichtdicke führen, kann aber auch dazu führen, dass sich am Rand der Beschichtungsfläche das Aktivmaterial anders als geplant verhält.

Der Druck beeinflusst die Porosität der Aktivmasse der Elektrode, die wiederum den Ionenfluss innerhalb der Elektrode beeinflusst. Ein höherer Druck kann die Porosität verringern, was den Ionenfluss hemmen und die Lade- und Entladegeschwindigkeit der späteren LIB negativ beeinflussen kann. Andererseits kann eine zu hohe Porosität die Energiedichte und die mechanische Stabilität der Elektrode beeinträchtigen.

Druckschwankungen können die Gleichmäßigkeit der Beschichtung mit Aktivmasse negativ beeinflussen. Ein ungleichmäßiger Druck führt zu einem ungleichmäßigen Pastenfluss, was zu Inhomogenitäten in der Schicht führen kann, was wiederum zu einer ungleichmäßigen Stromverteilung in der Zelle beiträgt (siehe Abschnitt 5.3.3.3).

Durch eine aktive Drucksteuerung kann der Pastenfluss bei intermittierender Beschichtung so beeinflusst werden, dass die Startkantenüberhöhung minimiert wird oder die Stoppkante weitestgehend reduziert wird.

5.4.2.8 Genauigkeit Gegenwalze

Die Gegenwalze zusammen mit der Metallfolie bildet den Spalt hinter der Beschichtungsdüse beziehungsweise die Größe des Beschichtungsspaltes (siehe Abschnitt 5.4.2.4), der die Dicke des Auftrags des Aktivmaterials bestimmt. Treten dort zeitweise Abweichungen vom Idealmaß auf, so ändert sich die Beschichtungsdicke (siehe Abschnitt 5.4.3.4).

5.4.2.9 Ausrichtung Beschichtungsdüse

Die Beschichtungsdüse kann einerseits in Breitenrichtung nicht parallel zur Achse der Gegenwalze ausgerichtet sein, wie es Bild 5.26 zeigt. Damit würde sich der Beschichtungsspalt über die Breite der Beschichtungsdüse ändern. Die daraus resultierenden Auswirkungen sind in Abschnitt 5.4.2.4 beschrieben.

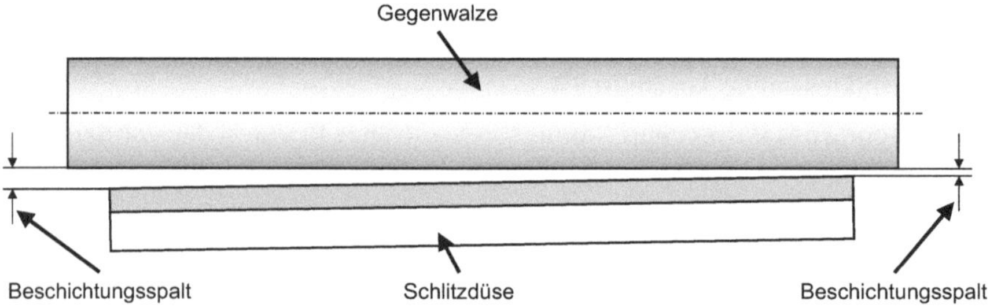

Bild 5.26 Ungleichmäßiger Beschichtungsspalt über die Beschichtungsbreite

Andererseits kann die Winkelausrichtung der Beschichtungsdüse vom Idealmaß abweichen. Bild 5.27 zeigt diese abweichende Ausrichtung.

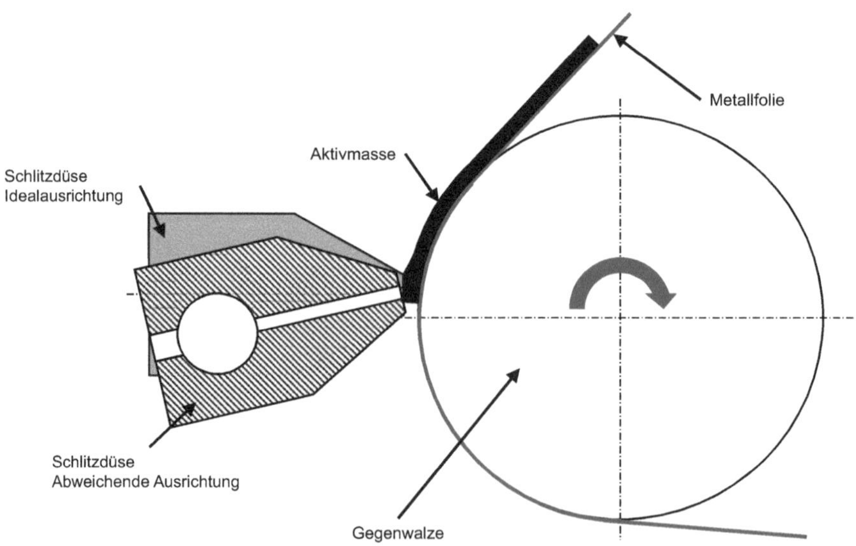

Bild 5.27 Schlitzdüse mit abweichender Ausrichtung gegenüber der Gegenwalze

Auch in diesem Fall ändert sich die Größe des Beschichtungsspaltes und die Form des Beschichtungsspaltes. Durch die Abweichung der Form des Beschichtungsspaltes von der Idealform ändert sich das Verhalten der Paste im Beschichtungsspalt. Die Paste kann entweder einfacher nach vorne wegfließen oder der Widerstand wird größer und es wird weniger Paste auf die Metallfolie aufgetragen. Beides übt einen Einfluss auf die Beschichtungsdicke aus (siehe Abschnitt 5.4.2.4).

Durch die veränderte Geometrie des Spaltes verändert sich zusätzlich die Viskosität der Paste im Auftragsbereich.

5.4.2.10 Bandlauf

Die Genauigkeit des Bandlaufs beschreibt den Toleranzbereich, innerhalb dessen sich die Kante des Elektrodenbandes quer zur Förderrichtung des Bandes oder zur Laufrichtung bewegen darf. Ändert sich die Position der Bandkante während des Bandlaufs, so ändert sich im selben Maße die Position der Beschichtungsflächen quer zum Bandlauf. Das zeigt Bild 5.28 rechts.

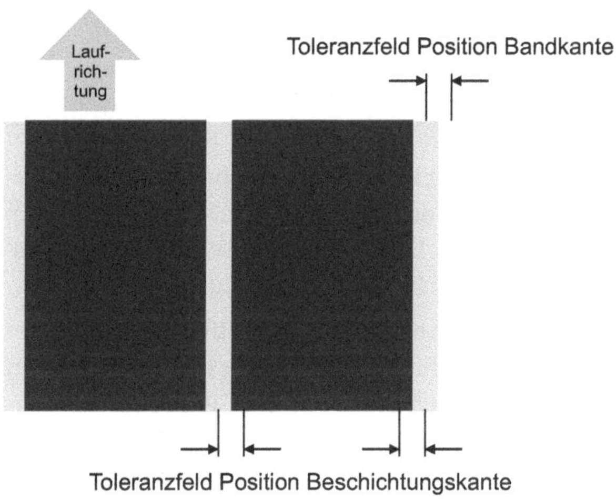

Bild 5.28
Auswirkungen der Abweichungen des Bandlaufs

Der Bandlauf bestimmt die Position der Beschichtung in Querrichtung innerhalb der Anlage. Ein sehr stark abweichender Bandlauf im Beschichter verschiebt die Position der Beschichtungskante in Relation zu Kante der Metallfolie. Das verursacht im Prozessschritt „Elektroden quer schneiden, vereinzeln" (siehe Abschnitt 5.8) ein falsches Ausschneiden des Elektrodenblattes aus dem Elektrodenband. Bild 5.29 rechts zeigt schematisch die Auswirkung.

Zur Kompensation des Bandlauffehlers werden Bandlaufregelsysteme eingesetzt. Das Bandlaufregelsystem führt das Elektrodenband über zwei in einem Rahmen montierte nebeneinanderliegende Rollen, die in Rollenlängsrichtung bewegt werden können oder um die Hochachse gedreht werden können. Ein Sensor erfasst die aktuelle Position der Bandkante und die Aktuatoren bewegen bei Abweichungen den Rahmen mit den Rollen in der Richtung, sodass die Bandkante wieder zur gewünschten Position zurückgeführt wird.

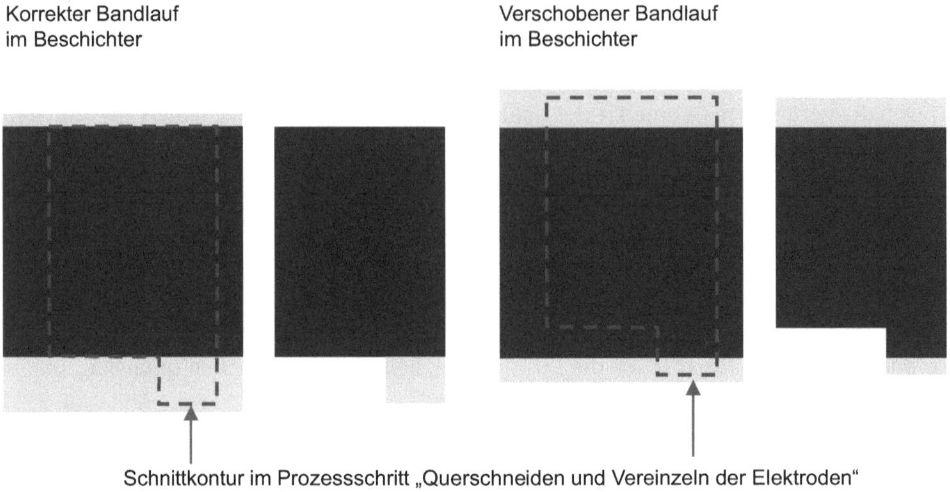

Bild 5.29 Auswirkung der Abweichung des Bandlaufs auf das Elektrodenblatt

5.4.2.11 Bandzugkraft

Die Bandzugkraft ist die Kraft, mit der die Metallfolie durch die Beschichtungsanlage gezogen wird. Schwankungen der Bandzugkraft können zu ungleichmäßigen Beschichtungen führen. Das können Streifen, Wellen oder gar Lücken in der Beschichtung sein. Damit wird die Gleichmäßigkeit der Beschichtungsdicke negativ beeinflusst.

Eine zu niedrige Bandzugkraft kann dazu führen, dass die Metallfolie während des Beschichtungsprozesses faltig wird oder sich wellt. Bei einer zu hohen Bandzugkraft kann die Metallfolie überdehnt werden oder auch reißen, was zu Produktionsunterbrechungen führt. Eine zu stark gedehnte Metallfolie kann auch erst im Prozessschritt „Elektrode kalandrieren“ auffallen (siehe Abschnitt 5.6). Diese Dehnung im Beschichter und die dann später im Kalander aufgebrachte Dehnung können die maximal zulässige Dehnung der Metallfolie überschreiten und damit zu einem Riss in der Elektrode führen.

In der Trockenstrecke der Beschichtungsanlage sorgt die richtige Bandzugkraft dafür, dass die beschichtete Metallfolie gleichmäßig transportiert wird und nicht durchhängt oder in Schwingungen gerät. Das vermeidet Beschädigungen der Elektrode durch Anstoßen an Komponenten des Trockners.

5.4.2.12 Vibrationen

Vibrationen des Maschinengestells verursachen Relativbewegungen innerhalb der Beschichtungseinheit. Das bedeutet, dass sich beispielsweise die Auftragsdüse und die Gegenwalze relativ zueinander bewegen. Dadurch verändert sich der Beschichtungsspalt, was zu einer wechselnden und ungleichmäßigen Beschichtungsdicke führt. Es ist auch vorstellbar, dass durch solche Vibrationen in der Paste Luftbläschen erzeugt werden. Inhomogene Schichten der Elektroden verringern die Leitfähigkeit und die Leistungsfähigkeit der späteren LIB.

5.4.2.13 Temperaturen Trocknerzonen

Die unterschiedlichen Lufttemperaturen in den Trocknerzonen bilden das Temperaturprofil. Das beeinflusst maßgeblich die Trocknung der Elektrode. Die Lufttemperatur bestimmt maßgeblich die Temperatur der aufgetragenen Paste. Zu hohe Trocknungstemperaturen oder ein zu schneller Anstieg der Temperatur können Materialschäden auch durch zu schnelles Verdampfen des Lösungsmittels in der Beschichtung verursachen.

Steigt die Temperatur der Paste zu langsam an, reduziert das den Energieeintrag in die nasse aufgetragene Paste und weniger Lösungsmittel kann innerhalb des Trockners verdampfen. Steigt die Temperatur der Paste zu schnell an, erhitzt sich die Oberfläche der aufgetragenen Paste zu schnell, die Fläche trocknet und bildet eine Oberfläche, durch die das Lösungsmittel der unteren Bereiche der aufgetragenen Paste nicht oder nur schwer hindurchdiffundieren kann. Es bilden sich Blasen auf der Oberfläche (siehe Abschnitt 5.4.3.10).

Daher sollte die Temperatur der aufgetragenen Paste vor dem Trockner, in den einzelnen Trocknerstufen und nach dem Trockner gemessen werden. Im Trockner bieten sich dafür Linienphyrometer an, um die Temperatur der gesamten Beschichtungsfläche erfassen zu können. Bild 5.30 zeigt beispielhaft die Lufttemperatur sowie die gemessene Temperatur der Beschichtung in den einzelnen Bereichen vor, hinter und im Trockner. In dem Beispiel sind auch die Toleranzen für die einzelnen Temperaturen eingetragen.

Steigt die Temperatur eines Bereichs der Beschichtung so an, dass sich deren Temperaturen außerhalb der Toleranzbänder befinden, so kann davon ausgegangen werden, dass die örtlichen Eigenschaften der Beschichtung abweichen. Ein schneller Anstieg auf höhere Temperaturen der Beschichtung ist beispielsweise ein Indikator für ein geringeres Flächengewicht oder eine größere Porosität. Die einzelnen gemessenen Temperaturen sollten der jeweiligen Position auf dem Elektrodenband zugeordnet und so gespeichert werden.

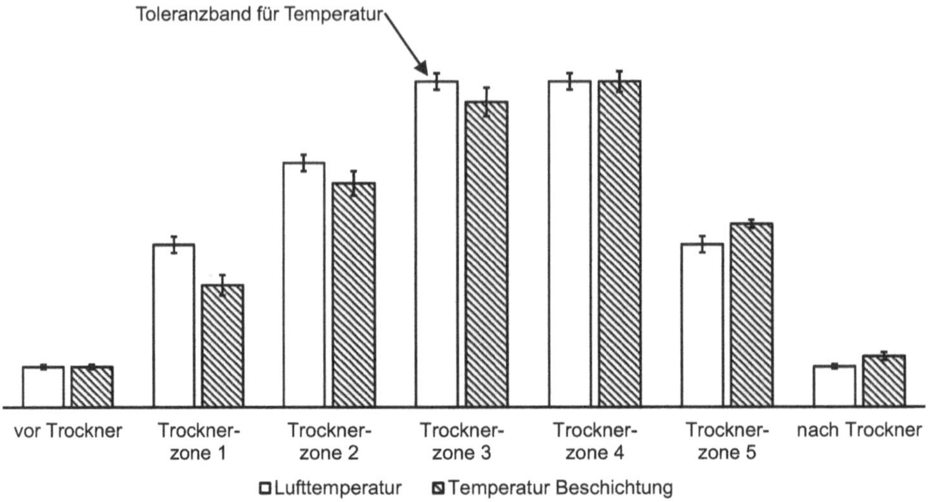

Bild 5.30 Verteilung der Temperaturen im Trockner

5.4.2.14 Unterdruck Trocknerstufen

Ein Unterdruck im Trockner senkt den Siedepunkt des Lösungsmittels in der aufgetragenen Aktivmasse. Das beschleunigt dessen Verdampfung und ermöglicht eine effizientere Entfernung des Lösungsmittels, wodurch sich die Trocknungszeit verkürzt.

Der Unterdruck im Trockner beeinflusst darüber hinaus die Porosität und die Struktur der Poren in der getrockneten Schicht der Aktivmasse. Ein zu starker Unterdruck kann dazu führen, dass das Lösungsmittel zu schnell aus der Beschichtung heraustritt, was zu einer ungleichmäßigen Porenstruktur oder sogar zu einem Kollaps der Poren führen kann. Dies könnte die Ionenleitfähigkeit und die Gesamtkapazität der späteren LIB negativ beeinflussen.

Der Unterdruck kann die Verteilung des Bindemittels innerhalb der Elektroden beeinflussen. Ein gleichmäßiges Verdampfen des Lösungsmittels unter optimalem Unterdruck fördert eine homogene Verteilung des Bindemittels, was die mechanische Stabilität der Elektrode erhöht. Ein unzureichender Unterdruck kann hingegen zu einer inhomogenen Verteilung führen, was die Haftung und Festigkeit der Elektrode beeinträchtigen könnte.

Der Unterdruck im Trockner kann ebenfalls die Homogenität der Beschichtung beeinflussen. Wenn das Lösungsmittel zu schnell verdampft, durchläuft die Elektrode die Stadien A bis E der Trocknung aus Bild 5.17 zu schnell. Es könnten sich inhomogene Schichten der Aktivmasse bilden. Ein zu hoher Unterdruck kann zu einer schnellen Lösungsmittelverdampfung führen, was Blasenbildung oder andere Defekte in der Elektrodenschicht verursachen kann.

Ein Unterdruck im Trockner bedeutet auch, dass der Trockner Luft aus seinem Umfeld durch die Druckdifferenz hereinzieht. Mit dieser Fremdluft können auch Partikel in den Trockner und damit auf die Elektrode gelangen. Das bedeutet, dass die Zuluft zum Trockner auf alle Fälle gefiltert sein muss.

5.4.2.15 Luftmenge im Trockner

Das Lösungsmittel aus der Beschichtung der Elektroden tritt im Trockner aus der Beschichtung als Dampf heraus. Die Luft im Trockner nimmt den Lösungsmitteldampf auf. Die Luft zirkuliert in der jeweiligen Kammer des Trockners und transportiert den Lösungsmitteldampf weg.

Bei einer zu geringen Luftmenge erreicht die Sättigung der Luft ihre Grenze, an der sie nicht mehr Lösungsmitteldampf aufnehmen kann. Es bleibt ein höherer Anteil an Lösungsmittel in der Elektrodenbeschichtung zurück. Dies kann zu Problemen wie inhomogener Trocknung, schlechter Haftung der aktiven Schicht und letztlich zu einer reduzierten elektrochemischen Leistung führen. Zudem können Reste des Lösungsmittels in der Beschichtung langfristig die Stabilität der Zellchemie beeinträchtigen.

Ein zu starker Luftstrom führt zu einem erhöhten Luftwechsel in der Kammer des Trockners und kann zwar eine rasche Trocknung der Beschichtung herbeiführen, jedoch besteht hierbei das Risiko, dass an der Elektrodenoberfläche das Lösungsmittel zu schnell verdampft. Dies führt häufig zur Bildung einer „Haut“ oder Oberflächenspannung, die den weiteren Lösungsmitteltransport aus dem Inneren der Elektrode heraus behindert. Das Ergebnis ist eine ungleichmäßige Trocknung, die zu internen Spannungen, Rissen und letztlich zu einer Verschlechterung der mechanischen und elektrochemischen Eigenschaften der Beschichtung und damit der Aktivmasse und letztendlich der späteren LIB führt.

5.4.2.16 Geschwindigkeit Trocknerluft

Die Luftgeschwindigkeit der Trocknerluft beschreibt einerseits das Luftvolumen, das an der Elektrode pro Zeiteinheit vorbeifließt. Neben den in Abschnitt 5.4.2.15 beschriebenen Auswirkungen beeinflusst sie auch maßgeblich die Ruhe, mit der die Elektrode durch den Trockner transportiert wird. Zu hohe Luftgeschwindigkeiten erhöhen das Risiko induzierter Schwingungen der Elektroden, die die Beschichtung beschädigen.

5.4.2.17 Bandschwingungen Trockner

Der Luftstrom im Trockner umströmt das Elektrodenband. Dadurch bilden sich hinter dem Elektrodenband gegenläufige Wirbel aus, die auch als Kármansche Wirbelstraße bekannt sind. Diese gegenläufigen Wirbel regen das Elektrodenband zu Schwingungen an. Dadurch kann der Luftstrom im Trockner gestört oder beeinflusst werden, was die Trocknung der Elektrode negativ beeinflusst. Im vorderen Bereich des Trockners, in dem die Beschichtung noch nicht getrocknet ist, kann die Bewegung des Elektrodenbandes Luftbläschen in der noch nassen Masse erzeugen. Das beeinflusst die Oberflächenqualität der Beschichtung.

Sehr starke Schwankungen des Elektrodenbandes können das Elektrodenband gegen Komponenten im Trockner bewegen, wodurch die Oberfläche der Elektroden beschädigt werden kann. Es können Abplatzungen oder Risse in der Beschichtung auftreten. Die Schwingbewegungen der Elektrodenfolie üben eine zusätzliche mechanische Beanspruchung auf das Elektrodenband aus (siehe Abschnitt 5.4.1.12).

Stützrollen im Trockner können das Elektrodenband im Trockner stützen und damit die Bewegungen oder Schwankungen verhindern. Das Elektrodenband läuft auf diesen Rollen. Daher kann das bei einer doppelseitigen Beschichtung, wie in Bild 5.20 dargestellt, nicht verwendet werden. Die Unterseite der Elektrodenfolie ist bei diesem Beschichtungsverfahren auch feucht und darf nicht mit einer Stützrolle oder Ähnlichem in Berührung kommen.

5.4.3 Parameter Produkt

5.4.3.1 Flächengewicht Elektrode

Das Flächengewicht oder die Massenbelegung beschreibt, wie viel Aktivmasse oder Paste auf die Fläche der Elektrodenfolie aufgebracht wurde. Das Flächengewicht kann sich sowohl auf den nassen, mit Lösungsmittel versetzten Pastenzustand als auch auf den trockenen Zustand der Beschichtung beziehen. Bei der Beschichtung von Elektroden besitzt das Flächengewicht der trockenen Beschichtung eine sehr große Bedeutung für die Eigenschaften der Elektroden und damit der späteren LIB. Daher befindet sich das Gerät zur Bestimmung des Flächengewichtes der trockenen Elektrode hinter dem Trockner (siehe Bild 5.16).

Ein zu hohes Flächengewicht bedeutet, dass mehr Aktivmaterial auf der Elektrode vorhanden ist als geplant, was zu einer höheren theoretischen Kapazität und damit zu einer höheren Energiedichte der Zelle führen kann. Damit wurde mehr Material als vorgesehen aufgebracht, was die Kostensituation verschlechtert. Bei einem zu hohen Flächengewicht ist auch die Dicke der Beschichtung zu prüfen. Eine zu große Dicke der später fertigen Elektroden kann im Prozessschritt „Elektroden wickeln oder stapeln" zu einer größeren Dimension des A-S-K-Verbundes führen (siehe Abschnitt 6.1.2.3).

Ein niedriges Flächengewicht bedeutet, dass zu wenig Aktivmaterial aufgetragen wurde. Das führt zu einer verringerten Kapazität der späteren LIB, beziehungsweise die Energiedichte der LIB ist verringert.

Schwankungen des Flächengewichtes über die Elektrodenfläche führen zu ungleichmäßiger Belastung der LIB. Es gibt dadurch Bereiche mit höherer und solche mit niedrigerer Kapazität. Das kann im Betrieb der LIB später zu Ausgleichsströmen innerhalb der Elektrode führen, wodurch sich deren Lebensdauer verkürzen kann.

Das Flächengewicht kann mit unterschiedlichen Messsystemen gemessen werden. Bei der Ultraschallmessung wird die Laufzeit des Ultraschallsignals durch die Luft und durch die beschichtete Elektrode ermittelt (siehe Bild 5.31). Die Schallgeschwindigkeit variiert aufgrund des unterschiedlichen Feststoffanteils in der Beschichtung mit dem Flächengewicht. Ein Teil des Ultraschallsignals wird von der Beschichtung und der Metallfolie reflektiert, ein Teil absorbiert und der Rest des Signals durchquert die Elektrode. Um das Flächengewicht über der Fläche der Elektrode zu vermessen, bewegen sich der Sender und der Empfänger parallel zur Fläche und senkrecht zur Bandförderrichtung.

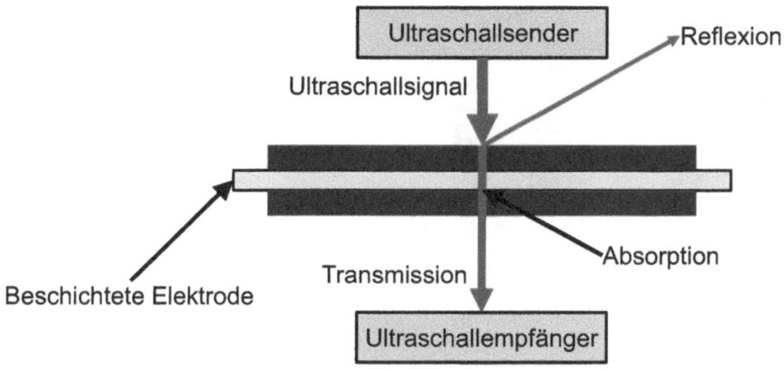

Bild 5.31 Ultraschallmessung – schematische Darstellung

Die radiometrische Methode basiert auf der Absorption einer ionisierenden Strahlung wie beispielsweise Gammastrahlung. Das Material absorbiert einen Teil der ausgesendeten Strahlung. Auf der anderen Seite der Elektrode misst ein Sensor die dort noch ankommende, das Material durchdringende Strahlung. Die Höhe der Absorption hängt von der Materialzusammensetzung, seiner Dichte und der Schichtdicke ab. Die Differenz zwischen der ausgesandten und der vom Sensor registrierten Strahlung ist ein Maß für das Flächengewicht der Elektrode an der betrachteten Stelle. Das Messsystem wird mithilfe einer Referenzprobe aus dem Elektrodenmaterial, dessen Flächengewicht beispielsweise durch Stanzung ermittelt wurde, kalibriert.

Beim Einsatz solcher radiometrischen Messmethoden sind die Vorgaben des Strahlenschutzes zu beachten. Konstruktive Maßnahmen des Messgerätes müssen sicherstellen, dass die austretende Strahlung die gesetzlichen Grenzwerte nicht überschreitet.

Bei der Methode zur Bestimmung des Flächengewichtes durch Stanzung für die Referenzprobe wird aus der Elektrode eine definierte Fläche mit einer Stanze herausgestanzt (siehe Bild 5.32). Das Gewicht der Probe wird ermittelt. Die Fläche und das spezifische Gewicht des Metalls der Metallfolie bestimmen das absolute Gewicht der Metallfolie in der Probe (siehe Ausschnitt in Bild 5.32), das vom Gewicht der Probe abgezogen wird. Das so ermittelte Gewicht der Aktivmasse der Probe wird auf die Fläche bezogen und ergibt das Flächengewicht der Beschichtung.

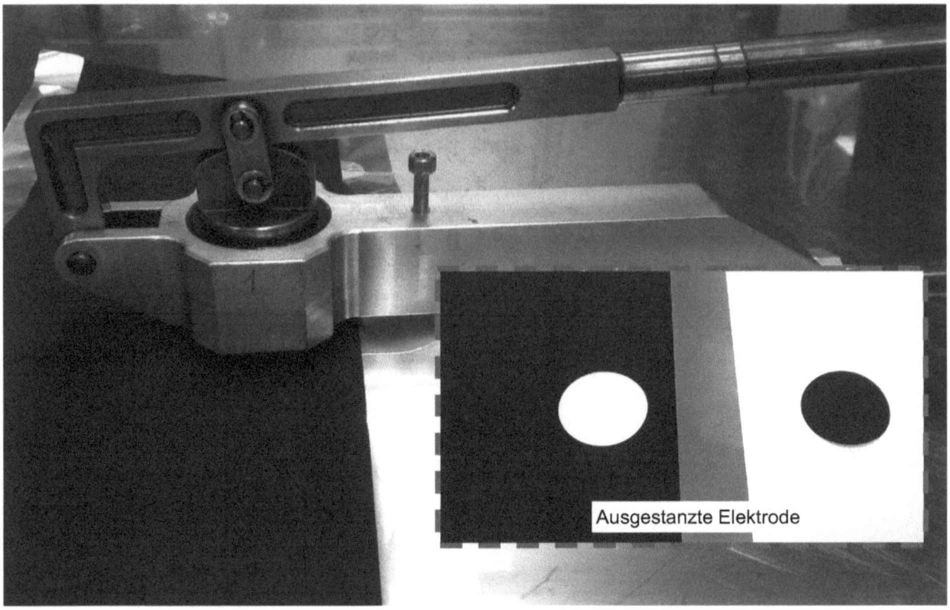

Bild 5.32 Stanze mit Stanzprobe, © Bild: VW-VM-Forschungsgesellschaft mbH

Bei der Produktion von Elektroden auf Beschichtern mit hoher Foliengeschwindigkeit und der damit verbundenen größeren Länge der Trocknerstrecke ist zu beachten, dass die produzierte Elektrode zwischen der Auftragseinheit und der Flächengewichtsmessung am Ende der Trocknerstrecke (siehe Bild 5.16) eine große Menge Einstellausschuss produziert. Die Auswirkung einer Änderung der Einstellung an der Auftragseinheit, die die Nassfilmdicke verändert, kann das Flächengewichtsmessgerät erst nach dem Durchlaufen der Elektroden durch den Trockner vom Messgerät erfassen. Das bedeutet, dass eine große Menge Elektrodenmaterial beim Einstellprozess verworfen werden muss.

5.4.3.2 Geometrie, Position Beschichtungsfläche

Länge und Breite der Beschichtungsfläche bestimmen die Menge der aufgetragenen Aktivmasse. Ist eine zu große Fläche beschichtet worden, so kann in einem der folgenden Schneideprozessschritte die richtige Elektrodenfläche ausgeschnitten werden. Dieser Fehler verursacht einen höheren Materialverbrauch, was sich in höheren Kosten widerspiegelt. Ist jedoch eine zu kleine Fläche beschichtet, so kann daraus keine Elektrode herausgeschnitten werden. So entsteht Produktionsausschuss, der auch die Kosten erhöht. Vergleichbares gilt auch für den Abstand der Beschichtungsflächen und für die Länge des unbeschichteten Bereichs.

Bei einer doppelseitigen Beschichtung müssen die Beschichtungsflächen der Vorder- und Rückseite nicht zwangsläufig übereinander liegen oder dieselbe Größe besitzen.

Das bedeutet, dass die relative Position der Beschichtungsflächen der Vorder- und Rückseite der Elektrode zueinander für die spätere fehlerfreie Funktion der LIB von großer Bedeutung ist.

Die Situation, wie sie in Bild 5.33 dargestellt ist, verdeutlicht, dass die relativen Positionen der Beschichtungsflächen zueinander von besonderer Bedeutung sind. Je präziser die Beschichtungsflächen auf der Vorder- und Rückseite positioniert sind, desto geringer muss die Zugabe für die Beschichtungsfläche sein, sodass immer eine korrekte und den Vorgaben entsprechende Elektrode daraus ausgeschnitten werden kann. Das beeinflusst die Kostensituation der LIB-Produktion.

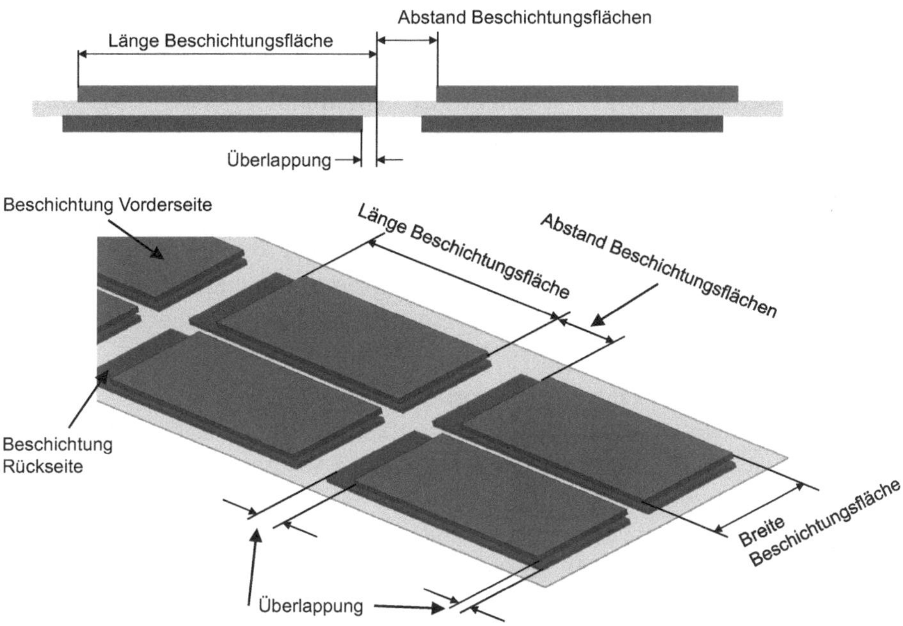

Bild 5.33 Größe und Lage der Beschichtungsflächen, © Bild: VW-VM-Forschungsgesellschaft mbH

5.4.3.3 Dicke Nassfilm

Die Dicke des Nassfilms oder die Nassfilmdicke beschreibt die Dicke des gerade eben auf die Metallfolie aufgetragenen, mit Lösungsmittel versehenen Pastenfilms. Bild 5.17 links zeigt diesen Nassfilm. Typische Toleranzen für die Dicke des Nassfilms sind ± 1 bis ± 2 µm. Für qualitativ hochwertige Elektroden sollte die Dickentoleranz des Nassfilms im Bereich von ± 0,5 µm liegen.

Eine zu große Nassfilmdicke kann beim Trocknen Blasen verursachen. Des Weiteren besteht eine dickerer Nassfilm aus mehr Aktivmasse und Lösungsmittel, was mehr Trocknungszeit erfordert.

5.4.3.4 Beschichtungsdicke

Die Beschichtungsdicke (siehe Bild 5.17) beschreibt die Dicke der auf die Elektrodenfolie aufgetragenen Aktivmasse nach ihrer Trocknung. Eine singuläre Angabe der Beschichtungsdicke an einer Stelle dient nur der Spezifikation der Beschichtung. Zur Beurteilung der Qualität der Beschichtung ist der Verlauf der Beschichtungsdicke für die gesamte Beschichtung maßgeblich. Das bedeutet, dass die Beschichtungsdicke kontinuierlich über die Länge und Breite der Elektrode zu erfassen ist. Diese Messdaten sind dann zur Sicherstellung der Rückverfolgbarkeit dem entsprechenden Messort zuzuordnen (siehe Kapitel 11).

Es wird im Allgemeinen von einer Toleranz der Beschichtungsdicke von ±2 bis ±5 µm ausgegangen. Diese Toleranzen können bis zu ±0,5 µm eingegrenzt werden, um entsprechend hochwertige LIB produzieren zu können.

Die Dicke der Beschichtung der einzelnen Elektrode bestimmt im späteren Aufbau des A-S-K-Verbunds dessen Dicke (siehe Abschnitt 6.1.4.3 und Abschnitt 6.2.3.1).

5.4.3.5 Kantenradius, Kantenform

Der Kantenradius (siehe Bild 5.21) kann nicht direkt bei der Beschichtung eingestellt werden. Vielmehr beeinflussen unterschiedliche Parameter den Kantenradius. Allerdings beeinflusst der Kantenradius die Leistungsfähigkeit und Kapazität der späteren LIB.

Zu den Einflussparametern zählen die Viskosität der Paste (siehe Abschnitt 5.4.1.3), die Partikelgröße (siehe Abschnitt 5.4.1.2), die Feststoffkonzentration der Paste, der Druck der Paste (siehe Abschnitt 5.4.2.7), die Temperatur (siehe Abschnitt 5.4.2.5) und die Geometrie des Düsenspaltes (siehe Abschnitt 5.4.2.3). Die Benetzungsfähigkeit der Metallfolie ist ein weiterer wichtiger Parameter. Die Maschinenparameter Geschwindigkeit der Metallfolie (siehe Abschnitt 5.4.2.1), der Spaltabstand zwischen Auftragsdüse und Metallfolie (siehe Abschnitt 5.4.2.3) und die Präzision der Zuführsysteme spielen eine wesentliche Rolle bei der Beeinflussung des Kantenradius beziehungsweise bei der Kantenüberhöhung.

Eine Kantenüberhöhung beeinflusst sowohl das Aufwickeln der beschichteten und getrockneten Elektroden im Beschichter, was Bild 5.34 deutlich zeigt, als auch das Ergebnis des Stapels oder des Wickelns, dargestellt in Abschnitt 6.1. Eine abfallende Kante reduziert den Energieinhalt der LIB, da in dem Bereich Aktivmaterial für die Speicherung der Energie fehlt.

Eine zu große Kantenüberhöhung verursacht im Prozessschritt „Elektroden längs schneiden" (siehe Abschnitt 5.5) und im Prozessschritt „Elektroden quer schneiden, vereinzeln" (siehe Abschnitt 5.8) eine erhöhte Abfallmenge. Das erfüllt auch nicht die Forderungen des Kriteriums „Ressourceneffizienz" der LIB-Fertigung. Bild 5.75 verdeutlicht den vergrößerten abzuschneidenden Bereich der Elektrode.

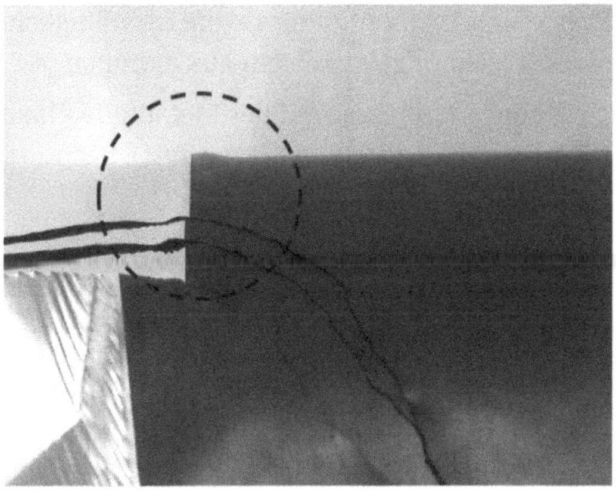

Bild 5.34
Auswirkung der Kantenüberhöhung auf das Aufwickeln, © Bild: VW-VM-Forschungsgesellschaft mbH, Quelle: [9]

5.4.3.6 Startkanten-, Stoppkantenverlauf

Eine Startkantenüberhöhung führt durch Vergrößerung der Dicke im A-S-K-Verbund zu einer lokalen Druckerhöhung, was die Gefahr der Dendritenbildung vergrößert (siehe Abschnitt 3.2.10). Durch eine entsprechende Ansteuerung der Ventile des Pastenflusses beziehungsweise durch eine entsprechende Steuerung des Drucks der Paste im Zufluss zur Schlitzdüse kann die Startkantenüberhöhung reduziert werden (siehe Abschnitt 5.4.2.7). Lässt sich die Startkantenüberhöhung nicht zufriedenstellend reduzieren, so kann die Zellkonstruktion entsprechend angepasst werden. Hierzu werden die Vorderseite und die Rückseite in unterschiedlicher Beschichtungsrichtung beschichtet. Dabei kann die Startkante der Vorderseite der Elektrodenfolie so positioniert werden, dass die auslaufende Stoppkante an der Position der Startkante auf der Rückseite positioniert wird (siehe Bild 5.22). Die Dicke der Beschichtung der Vorder- und Rückseite zusammen kann damit in Grenzen gleichgehalten werden.

5.4.3.7 Porosität Aktivmasse

Eine weitere charakteristische Eigenschaft der beschichteten Elektrodenfolie ist deren Porosität. Sie bezeichnet das Verhältnis des Hohlraumvolumens zum Gesamtvolumen der Aktivmasse. Sie dient als klassifizierendes Maß für die tatsächlich in der Elektrode vorhandenen Hohlräume. Typischerweise besitzt eine unkalandrierte Elektrode eine Porosität von 30 % bis 50 %. Dieser Parameter hängt ab von den verwendeten Materialien, der Partikelgröße und der Partikelgrößenverteilung.

5.4.3.8 Haftkraft Beschichtung

Die Haftfestigkeit zwischen der Metallfolie der LIB und der darauf aufgebrachten Aktivmasse ist entscheidend für die Langlebigkeit der späteren LIB. Die Eigenschaften der Oberfläche der Metallfolie (siehe Abschnitt 5.4.1.11) beeinflussen diese Haftfähigkeit. Des Weiteren bestimmen natürlich das in der Rezeptur vorgesehene Bindemittel oder

der Binder und deren Konzentration und Verteilung in der Aktivmasse die Haftfähigkeit. Vergleichbares gilt für die Temperatur bei der Trocknung der Schicht aus Aktivmasse.

Unterschiedliche Tests ermitteln die Haftkraft der Aktivmasse auf der Metallfolie. Dazu zählen der Abriss- oder Abzugstest (Peel Test), der Klebebandtest (Tape Test), der Kratzertest, der Torsionstest oder der Biegetest [28].

Beim Abrisstest (ISO 1518, ASTM D2197) dringt eine scharfe Klinge unter konstanter Vertikalkraft bis zum Metalluntergrund in die Beschichtungsmasse ein. Anschließend führt das Messsystem die Klinge bei reduzierter Kraft waagerecht und ermittelt die erforderliche mittlere horizontale Kraft über eine definierte Strecke. Aus der erforderlichen Kraft zur Schichtabtragung lässt sich die Haftfestigkeit ableiten.

Auf die beschichtete Folie wird beim Abzugstest (ASTM D4541) ein zylindrischer Körper mit hochfestem Klebstoff auf die Beschichtung aufgeklebt. Nach der Aushärtung des Klebstoffs zieht das Prüfsystem den Körper senkrecht zur Oberfläche ab. Die dabei gemessene Kraft beschreibt die Haftfestigkeit der Beschichtung auf der Metallfolie. Anstatt Klebstoff erfüllt entsprechend spezifiziertes Doppelklebeband auch diese Funktion [28].

Ein Gitterschnittmesser schneidet beim Klebebandtest (ASTM D3359, ANSI-DIN 2409) die Beschichtung bis auf den Untergrund durch parallele Schnitte in Längs- und Querrichtung. Nach dem Entfernen der Partikel wird ein Klebeband auf dieser Prüfstelle aufgeklebt und anschließend ruckartig abgerissen. Der dann erzeugte Zustand des Gitters bildet die Grundlage für die visuelle Begutachtung.

Beim Kratzertest zieht das Messsystem eine gehärtete Spitze unter definiert zunehmender Last über die Elektrodenoberfläche. Die Kraft, bei der erste Anzeichen des Versagens der Beschichtung auftreten, gibt Auskunft über die Haftfestigkeit [29] [30].

Eine Torsionsspannvorrichtung verdreht einen fest eingespannten Probestreifen der Elektrodenfolie um einen definierten Winkel um die Längsachse. Risse, Faltenbildung oder Ablösungen werden bei der visuellen Begutachtung erfasst und klassifiziert.

Beim Biegetest wird ein beschichteter Prüfstreifen der Elektrode nacheinander um immer dünner werdende zylindrische oder konische Dorne gewickelt. Der kleinste Dorndurchmesser, bei dem keine Risse in der Beschichtung auftreten, gibt Auskunft über Elastizität und Haftfestigkeit der Beschichtung.

5.4.3.9 Dauerfestigkeit Elektrode

Beim Betrieb der LIB treten – verursacht durch die Bewegungen aufgrund der Volumenänderung bei den Lade- und Entladevorgängen im Elektrodenverbund – signifikante Bewegungen auf (siehe Kapitel 2). Diese mechanische sich wiederholende Belastung beansprucht den Aktivmasse-Metallfolien-Verbund mechanisch. Als Dauerfestigkeit wird die Belastungsgrenze bezeichnet, die ein dynamisch belastetes Bauteil ohne nennenswerte Ermüdungserscheinungen beziehungsweise Ausfallerscheinungen ertragen kann. Diese mechanische Dauerfestigkeit der Elektrode kann durch entsprechende Biegetests ermittelt werden.

Aufgrund der im Allgemeinen begrenzten zyklischen Lebensdauer einer LIB erfolgt die mechanische Auslegung des Elektrodenverbundes nicht nach den Kriterien der Dauerfestigkeit mit niedrigerer Festigkeit (Dauerfestigkeit), sondern der Verbund wird zeitfest ausgelegt. Das bedeutet, dass davon ausgegangen wird, dass es nach einer definierten Anzahl Belastungszyklen zu einem Bruch kommt beziehungsweise kommen kann. Typischerweise treten bei einer Zeitfestigkeit höhere mechanische Belastungen als bei einer dauerfesten Auslegung auf [31].

5.4.3.10 Oberflächenbeschaffenheit Beschichtung

Blasen, Vertiefungen oder Löcher in der Oberfläche der Beschichtung einer Elektrode einer LIB sind Defekte. Sie können den Kontakt zwischen der Elektrode und dem Elektrolyten beziehungsweise zwischen der Elektrode und dem Separator verringern oder verschlechtern, was den Innenwiderstand der späteren LIB erhöht. Der dadurch verursachte erhöhte elektrische Widerstand erhöht die Energieverluste beim Laden sowie Entladen der LIB und erzeugt Wärme durch die Umsetzung des Stroms.

Eine ungleichmäßige Oberfläche der Elektrode bedeutet Bereiche der Elektrode mit unterschiedlichen Eigenschaften und führt zu einer ungleichmäßigen Stromverteilung auf der Elektrode. Bereiche ohne Defekte können dabei überlastet werden, während defekte Bereiche weniger Strom leiten. Diese Ungleichmäßigkeit kann zu Hotspots führen, die das Risiko von Überhitzung und Degradation der LIB erhöhen.

Agglomerate in der Paste, die nicht durch Filter aus der Paste herausgefiltert werden und in die Schlitzdüse gelangen, können diese partiell verstopfen und dadurch einen ungleichmäßigen Pastenfluss aus der Beschichtungsdüse heraus auf die Metallfolie verursachen. Das kann zu Streifen auf der Beschichtung führen [14]. Bei diesen Streifen handelt es sich um Bereiche, in denen entweder zu wenig oder gar keine Aktivmasse auf die Metallfolie aufgetragen wurde. Eine solche Situation kann zu einer vermehrten Dendritenbildung und damit zu vorschnellem Versagen der LIB im Betrieb führen.

Industrielle Bildverarbeitung kann eine Kontrolle der Oberfläche der beschichteten Elektrode im laufenden Produktionsbetrieb durchführen [32]. Ein solches System kann die oben beschriebenen Oberflächenmerkmale automatisiert erkennen.

5.4.3.11 Entmischung Beschichtung

Bei der Trocknung der Beschichtung bewegt sich das Lösungsmittel aus der Beschichtung heraus an deren Oberfläche (siehe Bild 5.17). Bei diesem Transportprozess treten allerdings auch Entmischungsprozesse in der Beschichtung auf. Die Verteilung von Leitruß, Binder und Aktivmaterial ändert sich lokal in Abhängigkeit von der Beschichtungshöhe, was die Eigenschaften der späteren LIB negativ beeinflusst.

5.4.3.12 Restfeuchte Elektrode

Abschnitt 3.4 beschreibt die Reaktion des Leitsalzes $LiPF_6$ mit dem Wasser aus der Umgebungsluft. Eine vergleichbare Reaktion tritt ein, wenn sich Wasser in der LIB befindet. Daher besitzt die vollständige Trocknung der Elektroden nach der Beschichtung eine besondere Bedeutung. Das gilt speziell bei der Verwendung von Wasser als Lösungsmittel bei der Herstellung der Paste.

Zur Bestimmung des Wassergehalts in Elektrodenbeschichtungen während der Fertigung ist die Karl-Fischer-Titration ein hochpräzises und bewährtes Verfahren. Dazu wird die beschichtete Elektrodenprobe in einem geschlossenen Gefäß erhitzt, wobei das in der Beschichtung enthaltene Wasser verdampft. Ein trockenes Trägergas transportiert den Wasserdampf in eine coulometrische Titrationszelle, in der das Wasser mit elektrochemisch erzeugtem Iod reagiert. Die verbrauchte Iodmenge ist direkt proportional zum Wassergehalt der Probe [33].

Dieses Verfahren ermöglicht eine schnelle, selektive und empfindliche Analyse der Feuchtigkeit in den Elektroden. Das Verfahren erfordert jedoch immer eine Probe. Eine kontinuierliche Messung während der laufenden Fertigung ist damit nicht möglich.

Verschiedene Messverfahren werden derzeit untersucht, um im laufenden Prozess den Gehalt an Lösungsmittel oder Feuchtigkeit in der Beschichtungsmasse der Elektrode zu bestimmen. Eine Gruppe von Messverfahren nutzt die Tatsache, dass der Nassfilm durch den hohen Lösungsmittelgehalt eine glatte und spiegelnde Oberfläche ausbildet. Mit zunehmender Trocknung entsteht eine raue und nicht mehr spiegelnde Oberfläche. Diese Rauigkeit der Oberfläche der getrockneten Beschichtung hängt maßgeblich ab von unterschiedlichen Parametern wie Partikelgröße, Partikelverteilung und Partikelform. Ein Messverfahren sendet einen Lichtstrahl auf die Oberfläche der Beschichtung und erfasst die Verteilung des zurückgeworfenen Lichtes [34]. Eine breite Verteilung kennzeichnet eine sehr raue Oberfläche. Die Weiterentwicklung des Verfahrens nutzt einen chromatisch-konfokalen Sensor zur Ermittlung der Rauheit der Oberfläche [35]. Beide Messverfahren arbeiten berührungslos und könnten daher in den Trocknungsprozess der Elektrodenfertigung integriert werden. Beide Messverfahren benötigen eine Beschreibung des Zusammenhangs zwischen Rauigkeit der Oberfläche und dem Lösungsmittelgehalt in der Beschichtung. Dieser Zusammenhang ist für die jeweilige Rezeptur individuell zu bestimmen.

Ein weiteres berührungsloses Messverfahren für die Restfeuchte innerhalb des Elektrodenmaterials – die Laser-Photothermie – beruht auf der Erfassung der Wärmeleitfähigkeit der Beschichtung der rückgesendeten Strahlung. Trifft ein periodischer Laserimpuls auf die Oberfläche des Beschichtungsmaterials, so breitet sich in der Beschichtung eine Wärmewelle aus. Diese Wärmewelle diffundiert in die Beschichtung und wird reflektiert. Beim Austritt an der Oberfläche der Beschichtung emittiert die Wärmewelle eine Infrarotstrahlung, die ein entsprechender Sensor erfasst. Dieses Ausgangssignal wird mit dem Eingangssignal der Anregung des Lasers verglichen. Aus diesem Vergleich lassen sich die beiden Messgrößen der Amplitude der zurückgeworfenen Strahlung sowie der Phasenverschiebung zwischen der Anregung und der Rücksendung ableiten.

Ein solcher Laser-Photothermie-Sensor kann derzeit bis zu einer Frequenz von 2 kHz die Messungen der Phasenverschiebung und der Amplitude durchführen. Abschnitt 14.4 beschreibt die Funktionsweise der Messung mit ihren Besonderheiten. Die Beschreibung des Messverfahrens bezieht sich auf die Stadien A bis E in Bild 5.17, denen der Verlauf der beiden Messgrößen zugeordnet ist. Bild 14.5 zeigt den schematischen Verlauf der beiden Messgrößen Phasenverschiebung und Amplitude.

5.4.4 Parameter Umfeldbeeinflussung

Die Pasten für die Beschichtung der Metallfolien enthalten Lösungsmittel. Teilweise handelt es sich dabei um Wasser, was als Lösungsmitteldampf abgesehen von der hohen Temperatur nicht kritisch ist. Aktuelle Rezepturen speziell für die Kathoden-Aktivmasse nutzen NMP als Lösungsmittel. Hierbei handelt es sich um einen Gefahrstoff (siehe Abschnitt 4.2). Dieser Gefahrstoff kann direkt nach der Schlitzdüse, bevor die beschichtete Metallfolie in den Trockner geführt wird, in das Umfeld entweichen. Diese Umfeldluft ist in diesem Bereich entsprechend abzusaugen und zu filtern.

Typischerweise sind Trockner ausreichend gekapselt. Der Luftdruck im Inneren ist geregelt, sodass davon ausgegangen werden kann, dass kein Lösungsmittel, das als Dampf aus der Beschichtung herausgetrocknet wurde, in das Umfeld gelangt. Eine korrekte und sichere Funktion erfordert eine permanente Kontrolle der Drücke in den unterschiedlichen Trockenzonen, um einen Dampfaustritt schnell und sicher zu erkennen. Hierzu kommen auch entsprechende Gassensoren zum Einsatz [36].

Nachdem die beschichtete Metallfolie den Trockner verlassen hat, kann eventuell auch noch Lösungsmittel als Restdampf aus der Beschichtung austreten. Erfahrungsgemäß handelt es sich dabei um geringe Mengen, die aber trotzdem entsprechend abgesaugt und gefiltert werden müssen.

5.4.5 Transport

Die Metallfolie, auf die im Beschichter die Aktivmasse aufgebracht wird, wird als Rolle an die Anlage herantransportiert. Um einen kontinuierlichen Beschichtungsprozess zu gewährleisten, nutzen Beschichter automatische Rollenwechsler, die selbstständig die Metallfolie der neuen Transportrolle an das Ende der Metallfolie der abgelaufenen Rolle anspleißen. Sensoren überwachen kontinuierlich den Status der Rolle. Sobald ein definierter Rollenumfang erreicht ist, initiiert das System einen Rollenwechsel. Die neue Rolle schwenkt in die Position der alten Rolle und Greifer führen die Folie der neuen Rolle an das Ende der alten Rolle, wo sie angespleißt wird.

Diese Spleißstellen müssen so gekennzeichnet sein, dass die Folgeprozesse sie automatisch erkennen können und sich darauf einstellen können. Im Kalander sollte beispielsweise der Anpressdruck der Kalanderwalzen während des Durchlaufs der Spleißstelle reduziert werden. Bei diesem Wechselprozess stellt das System sicher, dass die Folienspannung und die Ausrichtung der Folie korrekt bleiben.

Die beschichtete Metallfolie wird nach der Beschichtung und der Trocknung auf eine Transportrolle aufgewickelt. In der Aufwickelstation nach dem Trockner achtet das System auf den Füllstand der Transportrolle. Ist ein definierter Füllstand und damit Durchmesser der Transportrolle erreicht, schneidet das System die Elektrodenfolie ab und führt das jetzt freie Ende auf die neue Transportrolle, die in die Aufwickelposition hereingewechselt wurde.

An dieser Stelle sei darauf hingewiesen, dass bei gleichem Durchmesser die Rollen für die unbeschichtete Metallfolie aufgrund der unterschiedlichen Dicken eine bedeutend größere Folienlänge haben als Transportrollen für die Elektrodenbänder.

Beim Bewegen der Transportrollen muss darauf geachtet werden, dass die Kanten der Elektroden nicht verformt oder beschädigt werden (siehe Bild 5.23). Eventuell sind hier entsprechende Schutzvorrichtungen vorzusehen.

5.5 Elektroden längs schneiden

In diesem Prozessschritt werden die beschichteten und getrockneten Elektrodenfolien in einem kontinuierlichen Schnittprozess auf die festgelegte Elektrodenbreite längs zugeschnitten. In dem auch als Slitting bezeichneten Längsschneideprozess entstehen aus den großen Mutterrollen die kleineren Tochterrollen (Rolle-zu-Rolle-Prozess). Der Zuschnitt kann mechanisch mit Rollenmessern oder thermisch durch Laserschnitt erfolgen. Der Schnitt mit dem Rollenmesser kann nur gerade ausgeführt werden (siehe Bild 5.35).

Es ist noch zu unterscheiden, ob das Schneidwerkzeug die Beschichtungsmasse auf beiden Seiten der Metallfolie sowie die Metallfolie durchtrennt, oder ob nur im unbeschichteten Bereich der Elektrode die Metallfolie getrennt wird.

Beim Rollenmesser dringt die keilförmige Schneide durch die Drehbewegung in das zu trennende Material ein. Die Schneide durchdringt das Material vollständig. Es handelt sich hierbei um ein Scherschneiden gemäß DIN 8588 (siehe Bild 5.36). Typischerweise besitzt die Schneide des Obermessers eine unsymmetrische Form.

Beim Keilschnitt gemäß DIN 8588 drückt die Schneide auf die Elektrodenfolie (siehe Bild 5.37). Das Material wird getrennt und auseinandergedrückt. Allerdings tritt bei diesem Schneidverfahren eine Querbewegung der zu schneidenden Elektrodenfolie auf, die einen negativen Einfluss auf die Maßhaltigkeit der geschnittenen Elektrode haben kann.

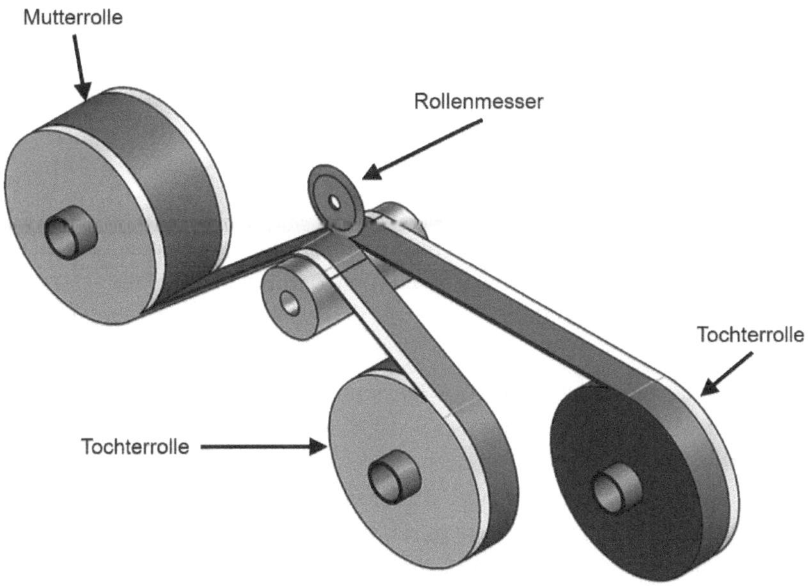

Bild 5.35 Prozess Rollenschere mit Rollenmesser, Quelle: VW-VM-Forschungsgesellschaft mbH, © Bild: VW-VM-Forschungsgesellschaft mbH

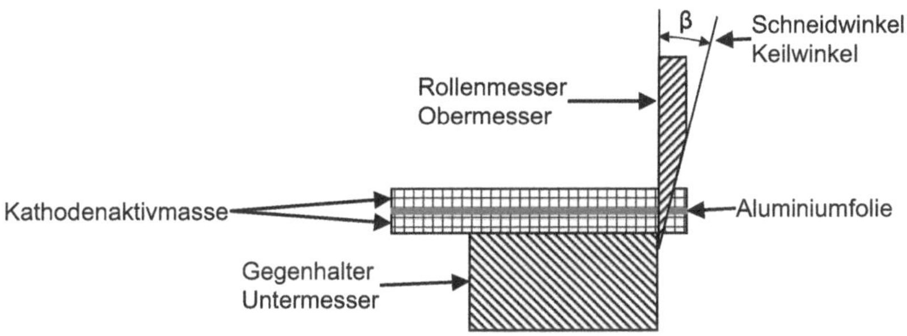

Bild 5.36 Obermesser, Untermesser, Scherschnitt, Schnitt durch die Beschichtung

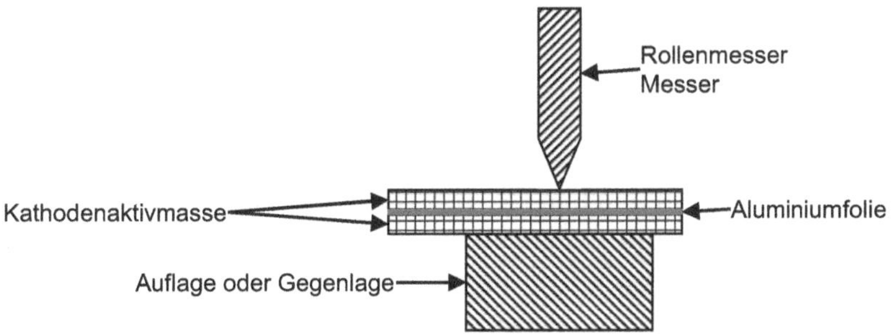

Bild 5.37 Messer, Gegenhalter, Keilschnitt

Beim mechanischen Schnitt können Grate oder Flitter entstehen. Grate sind scharfe Ausfaserungen der Metallfolie, die noch an der geschnittenen Metallfolie anhaften. Flitter sind Grate, die sich von der Metallfolie gelöst haben.

Die Rollenmesser unterliegen mechanischem Verschleiß, der sich auf die Qualität der Schnittkante in Form der Maßhaltigkeit oder der Grat- oder Flitterbildung auswirkt.

Die beim mechanischen Schnitt entstehenden Partikel werden direkt nach dem Rollenmesser abgesaugt. Damit werden die losen Partikel entfernt. Um anhaftende Partikel zu entfernen oder um Grat abzutragen, werden Walzenbürsten hinter dem Rollenmesser angeordnet. Die daran angeschlossene Absaugung entfernt diese gelösten oder freien Partikel.

Beim Laserschnitt verdampft die Energie des Laserstrahls die Aktivmasse sowie die Metallfolie (siehe Bild 5.38). Die dabei ins Material eingebrachte Wärme beeinflusst das Aktivmaterial direkt neben der Schnittkante. Es entsteht eine Wärmeeinflusszone, wie sie auch beim Metallschweißen auftritt. In dieser Zone sind typischerweise der Binder, der Leitruß und die weiteren Aktivmaterialien entweder verbrannt oder stark beeinflusst. Diese Wärmeeinflusszone leistet keinen Beitrag zur Speicherkapazität der späteren LIB. Des Weiteren versprödet das Material in der Wärmeeinflusszone, sodass es in den folgenden Prozessschritten leicht aus dem Verbund herausbröckeln kann. Damit entstehen Partikel, die als Fremdpartikel die sichere Funktion der LIB stören können. Der entstehende Rauch enthält alveolengängige Partikel (siehe Abschnitt 3.3 und Abschnitt 4.2), die herausgefiltert werden müssen.

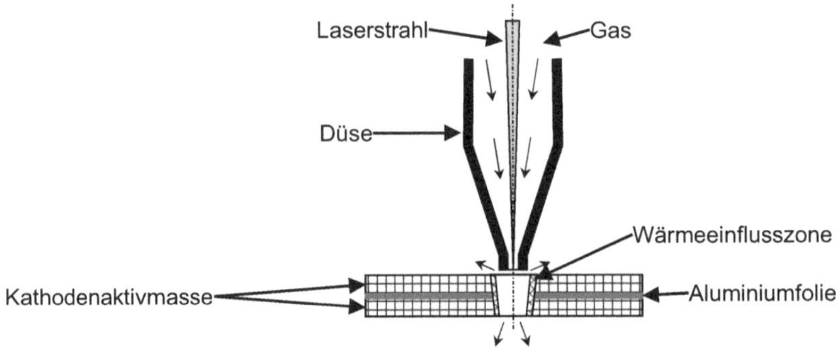

Bild 5.38 Laserschneiden

Ein Laserschneidsystem kann Schnitte gerade oder konturiert ausführen. Bild 5.39 links zeigt einen geraden Schnitt und Bild 5.39 rechts einen konturierten Schnitt, bei dem beispielsweise die Ableiterfahnen aufgeschnitten werden.

Beim konturierten Schnitt, wie in Bild 5.39 rechts dargestellt, können auch Bereiche herausgeschnitten werden, die nicht mehr weiterverwendet werden. Im dargestellten Fall werden beispielsweise die Ableiter ausgeschnitten. In diesem Fall entsteht Schneidabfall, der sicher abtransportiert werden muss.

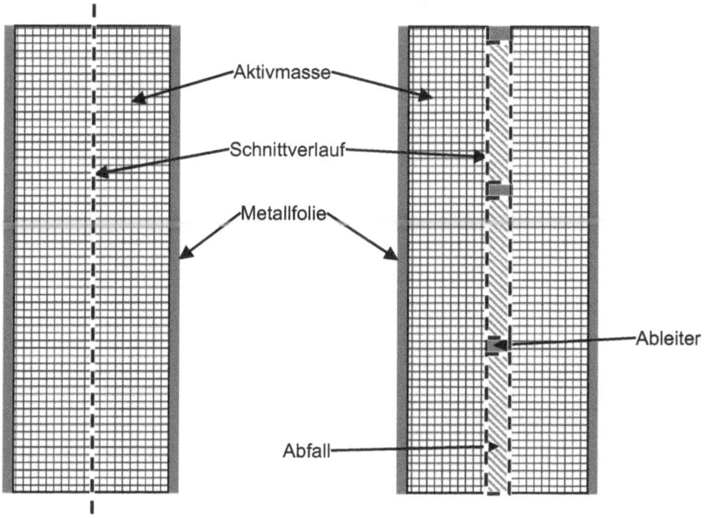

Bild 5.39 Gerader Schnitt (links) und konturierter Schnitt (rechts)

Mit beiden Schneidverfahren lassen sich Schnittgeschwindigkeiten von 80 m/min bis 150 m/min realisieren [37] [38].

5.5.1 Parameter Zwischenprodukt

5.5.1.1 Beschichtungsdicke

Die Dicke der Beschichtung bestimmt maßgeblich die erforderliche Schneidleistung. Je dicker die Beschichtung ist, desto höhere Schneidleistung wird gefordert. Gleichzeitig erhöht sich der Verschleiß des Schnittwerkzeugs. Weiterhin erhöht sich die Wärmeentwicklung im Schneidprozess, was das Risiko thermischer Schäden erhöht. Da der Schneidprozess eventuell mechanisch belastend für das Material ist, besteht die Gefahr von Partikelfreisetzung. Je dicker die Beschichtung ist, desto größer ist damit die Gefahr, dass an der Schnittkante Partikel gelöst werden und als freie Partikel in der Anlage oder deren Umfeld auftreten.

Dünneres Material ist weniger stabil und neigt daher schneller zu Vibrationen des Elektrodenbandes während des Schneidens, was die Präzision des Schnittes negativ beeinflussen kann. Dünnere Schichten bedeuten auch ein geringeres Risiko der Delamination oder der Abtrennung von Aktivmaterial von der Metallfolie.

5.5.1.2 Dichte Beschichtung

Die Dichte der Beschichtung sowie die Eigenschaften der Metallfolie beeinflussen zusätzlich die für den Prozessschritt erforderliche Schneidleistung. Des Weiteren steigt die Gefahr von Rissen oder Brüchen mit der Dichte der Aktivmasse. Dichteres Material erzeugt auch mehr Reibung und damit Belastung für das Schneidwerkzeug, was zu dessen schnellerem Verschleiß führen kann. Eine niedrigere Dichte bedeutet eine höhere Flexibilität der Elektrode, was zu einer schlechteren Formstabilität der Kante führen kann. Das kann ausgefranste und ungleichmäßige Schnittkanten verursachen.

5.5.1.3 Festigkeit Elektrode

Die Festigkeit der einzelnen Materialien der Metallfolie sowie die Festigkeitseigenschaften der gesamten Elektrodenfolie beeinflussen den Schneidprozess. Höhere Festigkeiten erfordern höhere Schnittkräfte, was zu einer größeren Wärmeentwicklung mit einer eventuellen Schädigung des Aktivmaterials führt.

5.5.1.4 Kantenradius und Kantenform

Eine zu große Kantenüberhöhung, die im Prozessschritt „Elektroden beschichten und trocknen" verursacht wird (siehe Abschnitt 5.4.3.5), erfordert eine breitere Beschichtung, um die überhöhten Bereiche abschneiden zu können und trotzdem die geforderte Breite der Elektroden sicherzustellen. Bild 5.75 verdeutlicht den vergrößerten abzuschneidenden Bereich der Elektrode. Dadurch vergrößert sich die Abfallmenge und der Prozessschritt erfüllt nicht mehr die Forderungen des Kriteriums „Ressourceneffizienz".

5.5.2 Parameter Prozess

5.5.2.1 Schneidtechnologie

Typischerweise werden heute Rollenmesser für den mechanischen Längsschnitt der Elektroden verwendet. Bei den folgenden Parametern wird dabei mit dem Hinweis „Rollenmesser" ausgedrückt, dass der jeweilige Parameter für diese Schneidtechnologie anwendbar ist.

Laserschneiden bietet den Vorteil, dass beliebige Konturen ausgeschnitten werden können. Parameter mit dem Hinweis „Laser" sind nur für diese Schneidtechnologie anwendbar.

5.5.2.2 Keilwinkel (Rollenmesser)

Der Keilwinkel oder Schneidwinkel beschreibt den Winkel zwischen den beiden Flächen, die den Schneidkeil formen (siehe Bild 5.36). Ein kleinerer oder spitzerer Keilwinkel sorgt für einen schärferen Schnitt, was zu geringeren Schnittkräften führt, weil das Material einfacher durchtrennt werden kann. Allerdings kann ein zu kleiner Keilwinkel die Standzeit[6)] des Rollenmessers verringern, da die Schneide durch die Schneidkräfte schneller mit Verschleiß reagiert. Ein größerer oder stumpferer Keil-

[6] Standzeit bezeichnet die Zeitspanne, während der ein Werkzeug vollständig funktionsfähig und damit einsatzfähig ist, bevor es aufgrund von Verschleiß oder erforderlicher Wartung ausfällt.

winkel erfordert höhere Schnittkräfte, da mehr Material verdrängt wird, bevor es durchtrennt wird. Dies kann jedoch zu einer längeren Standzeit der Schneide führen, da die Belastung gleichmäßiger verteilt ist.

5.5.2.3 Schnittkraft (Rollenmesser)

Die Schnittkraft ist die Kraft, die auf das Schneidwerkzeug wirkt, um das Material zu trennen. Der Keilwinkel, die Materialeigenschaften der zu trennenden Metallfolie und die Schnittgeschwindigkeit beeinflussen die Schnittkraft. Dickere Metallfolien oder Metallfolien mit härteren Beschichtungen erfordern eine größere Schnittkraft. Diese Schnittkraft wird gleichzeitig vom Keilwinkel des Rollenmessers beeinflusst.

5.5.2.4 Schneidspalt (Rollenmesser)

Der Schneidspalt ist der Abstand zwischen dem Ober- und Unterschneidwerkzeug. Ist der Schneidspalt zu groß, macht sich dies durch erhöhten Grat und Flitter bemerkbar. Es kommt zu einer schrägen, inhomogenen Bruchfläche.

Ein zu kleiner Schneidspalt erhöht den Verschleiß des Schneidwerkzeugs und führt in der Folge auch zu Grat oder Flitter durch sehr stark gequetschtes Material. Auch das erzeugt Grat und Flitter beim Schneiden [38].

5.5.2.5 Schnittgeschwindigkeit oder Bandgeschwindigkeit

Die Schnittgeschwindigkeit beschreibt die Geschwindigkeit, mit der Schneidwerkzeuge oder Laser die Elektrodenmaterialien durchtrennen. Eine hohe oder zu hohe Schnittgeschwindigkeit kann zu Gratbildung an den Rändern der Elektroden führen. Diese scharfen Kanten beeinträchtigen die Stapelqualität oder das Wickeln der Elektroden. Lösen sich die Grate ab, können sie als Fremdpartikel oder freie Partikel in der späteren LIB herumwandern und Kurzschlüsse verursachen.

Eine zu niedrige Schnittgeschwindigkeit kann dazu führen, dass das Material der Elektrodenfolie beim Schneidvorgang verformt wird. Das beeinflusst die Genauigkeit der Form der später vollständig ausgeschnittenen Elektrode.

Eine zu langsame Schnittgeschwindigkeit beim Laserschneidverfahren bewirkt eine Verlängerung der Einwirkzeit des Laserstrahls auf das Material. Es wird mehr thermische Energie in die Beschichtung eingebracht. In der Folge wird die Wärmeeinflusszone vergrößert, was die Kapazität der Beschichtung und damit der späteren LIB verringert.

Schwankungen in der Schnittgeschwindigkeit können die Abmessungen der Elektrode negativ beeinflussen.

5.5.2.6 Standweg und Schneidstrecke (Rollenmesser)

Mechanische Schneidwerkzeuge haben typischerweise eine beschränkte Standzeit. Der Standweg einer Werkzeugschneide im Werkstückmaterial beschreibt den bei der Schneidoperation zurückgelegten Weg, bevor ein festgelegtes Kriterium erreicht ist, was das Ende des Einsatzes des Schneidwerkzeugs festlegt. Die Einsatzzeit eines Rollenmessers alleine sagt nichts über den Zustand nach dem Einsatz aus.

Mit zunehmendem Einsatz verschlechtert sich das Schneidergebnis. Dies kann insbesondere die Bildung von Graten oder unregelmäßigen Kanten an den Elektrodenfolien zur Folge haben. Deren weitere Auswirkungen sind in den folgenden Abschnitten beschrieben.

5.5.2.7 Laserleistung (Laser)

Die Laserleistung beeinflusst die Energie, die auf das Material zum Schneiden einwirkt. Eine zu hohe Leistung kann zu übermäßigem Materialabtrag und Gratbildung führen, während eine zu geringe Laserleistung das zu schneidende Material in der zur Verfügung stehenden Zeit nicht vollständig durchdringt oder einen ungleichmäßigen Schnitt verursacht.

5.5.2.8 Pulsdauer und Pulsfrequenz (Laser)

Kurze Pulslängen des Lasers reduzieren die Wärmeeinflusszone (siehe Abschnitt 5.5.3.5), was die thermische Schädigung des Elektrodenmaterials minimiert. Eine hohe Pulsfrequenz verbessert die Schnittqualität, weil sie eine gleichmäßigere Energieverteilung ermöglicht, allerdings kann sie auch zu einer Überhitzung des zu schneidenden Materials führen.

5.5.2.9 Strahlqualität (Laser)

Die Strahlqualität bewertet die räumlichen Eigenschaften und Kohärenz des Laserstrahls. Eine hohe Strahlqualität weist typischerweise auf eine stärker fokussierte und präzisere Energieabgabe hin. Ein hochwertiger Laserstrahl sorgt für schärfere Schnitte, feinere Details und eine minimierte Wärmeeinflusszone. Die im Folgenden aufgeführten Parameter beeinflussen die Strahlqualität.

Strahldurchmesser

Ein kleinerer Strahldurchmesser des Lasers führt normalerweise zu einer besseren Fokussierung und höheren Präzision des Schnittes.

Fokussierbarkeit

Die Fokussierbarkeit des Laserstrahls beeinflusst die Strahlqualität mit den Faktoren Fokusdurchmesser, Arbeitsabstand, Tiefenschärfe und Optikdurchmesser.

Der Fokusdurchmesser bestimmt die Präzision des Schnittes. Je kleiner der Fokusdurchmesser, desto weniger Werkstoff wird aufgeschmolzen und desto weniger Wärme wird in das umgebende Material eingebracht. Ein kleiner Fokusdurchmesser ermöglicht einen präziseren Schnitt, während eine schlechte Strahlqualität oder ein zu breiter Strahl zu ungenauen Schnitten führen kann.

Ein größerer Arbeitsabstand erhöht die Flexibilität und reduziert die Gefahr der Verschmutzung der Optik.

Die Tiefenschärfe bestimmt den Tiefenbereich, in dem der Laser seinen Strahl ausreichend gut fokussieren kann, um das Material aufzuschmelzen. Je größer der Bereich der Tiefenschärfe ist, desto flexibler ist der Laserschneidprozess bezüglich der Materialdicke beziehungsweise Dickenschwankungen.

Ein kleiner Optikdurchmesser erlaubt eine kompaktere Bauweise der Bearbeitungsoptik und besitzt damit eine kleinere Störkontur. Das unterstützt das Schweißen oder Schneiden in engen Bereichen.

Divergenz

Dieser Parameter beschreibt die Ausbreitung des Laserstrahls durch den Raum. Niedrigere Divergenzwerte charakterisieren Laserstrahlen, die über größere Entfernungen schmal und konzentriert bleiben.

M2-Parameter

Der Parameter quantifiziert die Abweichung des Laserstrahls von einem idealen Gaußschen Profil. Ein M2-Wert nahe 1 beschreibt einen hochwertigen Strahl mit minimaler Divergenz und optimaler Intensitätsverteilung. Alternativ beschreibt der Strahlpropagationsfaktor K die Strahlqualität beziehungsweise die Intensitätsverteilung über die Fläche. Ein kleiner K-Faktor nahe 1 kennzeichnet auch einen hochwertigen Strahl mit minimaler Divergenz.

Intensitätsprofil

Gleichmäßige Intensitätsprofile gewährleisten eine gleichmäßige Energieabgabe über den Bereich im Werkstück, der bearbeitet werden soll.

Strahlgleichmäßigkeit

Eine hohe Strahlgleichmäßigkeit kennzeichnet eine gleichmäßige Energieverteilung über die Strahlfläche und reduziert die Gefahr von Hotspots.

Wellenlänge

Näheres zu Wellenlänge finden Sie in Abschnitt 5.5.2.10.

Polarisation

Die Polarisation kann die Wechselwirkung mit Materialien beeinflussen. Ist die Polarisation des Laserstrahls quer zur Bearbeitungsrichtung des Schneidens ausgerichtet, kann das die Bildung von Graten verursachen oder unterstützen. Stimmt die Polarisationsrichtung mit der Bearbeitungsrichtung überein, begünstigt dies einen gratfreien und glatten Schnitt [18].

5.5.2.10 Wellenlänge (Laser)

Damit der Laserstrahl mit der zu schneidenden Materie interagieren kann, muss seine Energie in das Material einkoppeln. Um die Laserenergie in das zu schneidende Material einkoppeln zu können, muss das Material die Laserstrahlung aufnehmen oder absorbieren und so in Wärme umwandeln. Für diese Schneidaufgabe werden typischerweise Laser mit Wellenlängen im Infrarotbereich oder im UV-Bereich verwendet. Kürzere Wellenlängen bieten normalerweise eine höhere Auflösung und feinere Details.

5.5.2.11 Rauchgase (Laser)

Die beim Laserschnitt entstehenden Rauchgase und Partikel können sich auf der Oberfläche der geschnittenen Elektroden ablagern. Diese Ablagerungen können die elektrochemischen Eigenschaften der Elektroden beeinträchtigen, den Ionenfluss negativ beeinflussen oder zu unerwünschten chemischen Reaktionen mit dem Elektrolyten führen.

Die Rauchgase können sich auch auf Anlagenkomponenten niederschlagen. Meist enthalten sie für den Menschen schädliche oder gefährliche Substanzen. Hierzu wird auf Abschnitt 12.3 verwiesen.

5.5.2.12 Positionierung und Ausrichtung (Laser)

Die Position und Ausrichtung der Strahlquelle beeinflusst die Schnittqualität. Abweichungen können den Schnitt ungleichmäßig machen oder zu Beschädigungen führen.

5.5.2.13 Kantenform, Grat und Flitter

Bei jedem mechanischen Schnitt entsteht ein Grat. Grat bezeichnet einen unerwünschten Metallanteil, der an der Oberfläche der Schnittkante beim Schneiden des Materials entsteht. Der Grat ist typischerweise noch mit dem geschnittenen Material verbunden, kann aber leicht gelöst werden. Ein Flitter bezeichnet einen losen Metallpartikel, der beim Schneiden entsteht und der lose an der geschnittenen Oberfläche haftet. Beim Laserschnitt kann auch ein Grat entstehen. Ungünstige Schneidparameter verursachen in Abhängigkeit der verwendeten Strahlquelle dessen Entstehung.

Die Größe des Grates oder Flitters bestimmt seine Wirkung oder Auswirkung in der späteren LIB. Daher sollte die Schnittkante immer überprüft werden, um Veränderungen der Grat- oder Flitterbildung frühzeitig zu erkennen und entsprechende Gegenmaßnahmen einleiten zu können. Ein chromatisch-konfokaler Sensor erkennt solch einen Grat, wie auch andere Abweichungen der Kantenform (siehe Bild 5.40). Das Messsystem kann den Grat sicher erkennen, sodass der Prozess entsprechend beeinflusst werden kann.

Neben der Erfassung der Kantenform verbessern weitere Maßnahmen die Kantenqualität. Dazu zählen der Einsatz von Hartmetall- oder Keramikmessern, die Optimierung des Schnittwinkels oder die Installation von Absaugungen, auch mit rotierenden Bürsten.

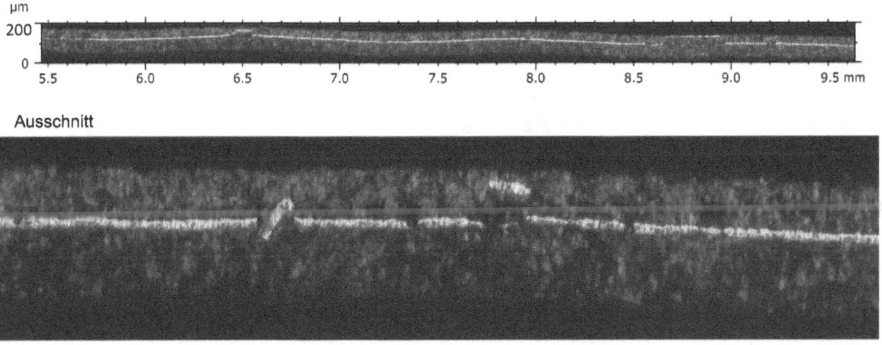

Bild 5.40 Bild eines chromatisch-konfokalen Sensors (Abtastrate: 100 kHz, Bandgeschwindigkeit: 60 m/min, Auflösung: 10 µm), © Bild: Precitec GmbH & Co. KG, Quelle: [39]

5.5.2.14 Vibrationen

Vibrationen, ausgelöst von der für den Prozess verwendeten Maschine oder von anderen Anlagen, können zu unregelmäßigen Schnittkanten führen und damit die Kantenqualität senken. Des Weiteren kann der Verschleiß der Schneidwerkzeuge ansteigen und die Schnittgeschwindigkeit kann schwanken, was zu unregelmäßigen Schneidergebnissen und zusätzlich zu höherem Verschleiß führen kann.

5.5.3 Parameter Produkt

5.5.3.1 Abmessungen und Breite Elektrode

Die Breite der geschnittenen Elektroden mit der darauf befindlichen Beschichtung bestimmt die Kapazität der späteren LIB. Ist die Breite kleiner als die festgelegte Breite, so wird die Kapazität der späteren LIB reduziert. Bei einer Vergrößerung der Breite steigt die Kapazität. Zusätzlich kann eine Elektrode mit einer Breite oberhalb der Toleranzgrenze zu Problemen bei der Assemblierung führen. Ist beispielsweise die Breite einer Elektrode für eine Rundzelle mit einem Wickel zu groß, lässt sich das Zellgehäuse später nicht schließen. Die Toleranzen der Schnittbreite betragen typischerweise zwischen ±0,15 mm und ±0,25 mm [25] [40].

Die korrekten Abmessungen der Elektrode stellen beim Prozessschritt „Elektroden wickeln oder stapeln" (siehe Abschnitt 6.1) sicher, dass sich der Anodenüberstand oder der Separatorüberstand immer gemäß Vorgabe beim Herstellen des A-S-K-Verbunds einstellen.

Neben den Anforderungen an die Breite der Elektrode sind die weiteren Abmessungen der Elektrode von Bedeutung. Die Breite der Beschichtung gibt der Beschichtungsprozess vor (siehe Abschnitt 5.4.3.2). Eine entsprechende Positionierung der Elektrodenbahn in der Schneideanlage bestimmt die Lage der Beschichtungsfläche bezogen auf die Kante der Elektrode beziehungsweise die Breite der unbeschichteten Randbereiche, was Bild 5.41 zeigt.

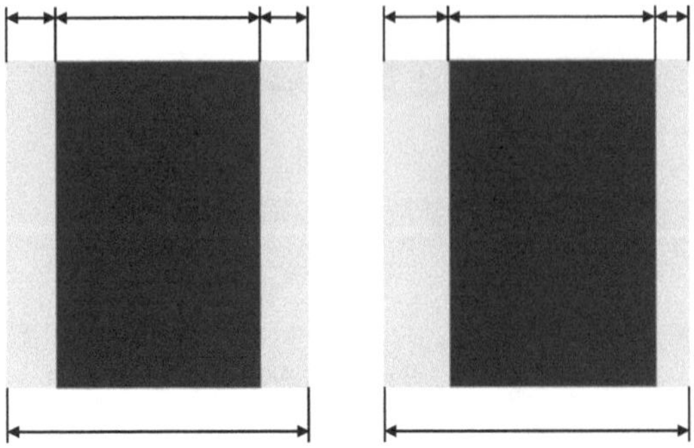

Bild 5.41
Position der Beschichtungsfläche auf der Metallfolie

5.5.3.2 Kantenform

Durch die Kräfte beim mechanischen Schnitt oder die thermischen Einflüsse beim Laserschnitt treten an den Elektrodenbändern Krümmungen oder Verformungen auf. Diese Formänderungen oder Formabweichungen der Kanten können in Folgeprozessschritten zu Problemen führen. Daher sollte die Kantenform kontinuierlich erfasst werden und mit den zulässigen Verformungen verglichen werden.

5.5.3.3 Kantenausbrüche

Beim Schneiden mit beiden vorangehend beschriebenen Schneideverfahren wird die Aktivmasse der Elektrode durchschnitten. Dabei entstehen freie Partikel, die sofort oder in späteren Prozessschritten aus der Aktivmasse herausbrechen können und sich dann unkontrolliert in der LIB bewegen. Diese können einen Versagensmechanismus (siehe Abschnitt 3.2.4) darstellen.

5.5.3.4 Grat und Flitter

Nach dem Schnitt darf sich an der Schnittkante der Elektrode kein Grat oder Flitter befinden. Bild 5.42 zeigt stark vergrößerte Aufnahmen von Schnittkanten an Elektroden, an denen sich kein Grat oder Flitter befindet.

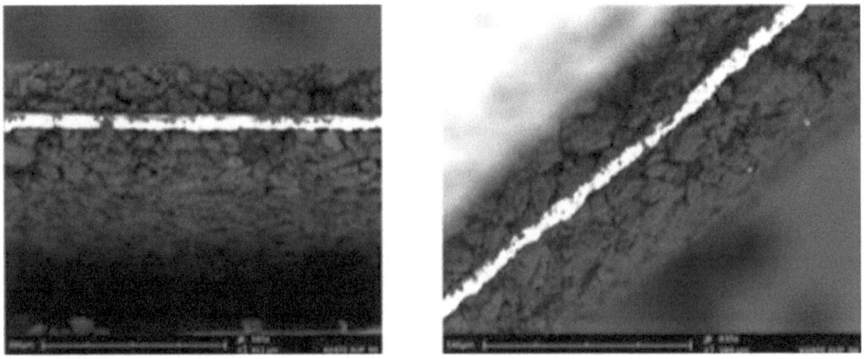

Bild 5.42 Geschnittene Elektrode ohne Schnittgrat, © Bild: VW-VM-Forschungsgesellschaft mbH

Grat oder Flitter, wie ihn Bild 5.43 zeigt, kann in den folgenden Prozessschritten zwischen die Elektrodenblätter gelangen oder sich als freier Partikel in der LIB bewegen. In beiden Fällen besteht die dringende Gefahr eines internen Kurzschlusses der LIB mit den entsprechenden Folgen (siehe Abschnitt 3.2.9).

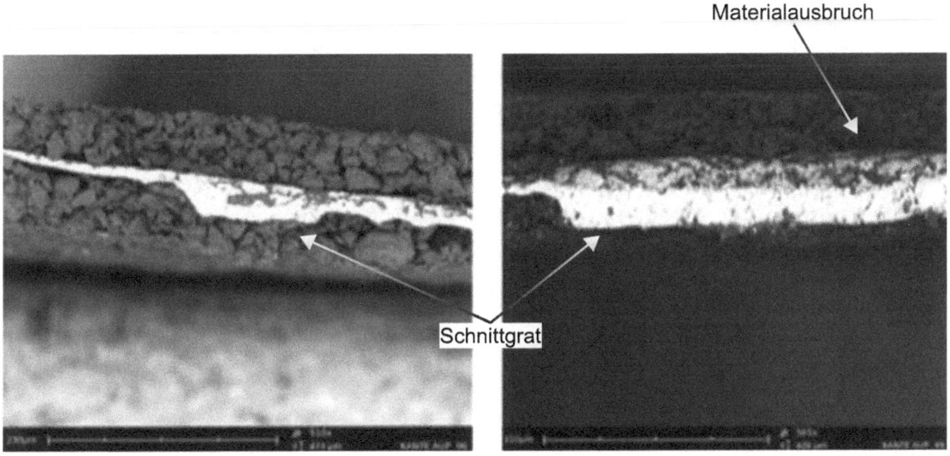

Bild 5.43 Geschnittene Elektrode mit Schnittgrat und Materialausbruch, © Bild: VW-VM-Forschungsgesellschaft mbH

5.5.3.5 Wärmeeinflusszone (Laser)

Das Laserschneiden erzeugt eine Wärmeeinflusszone (siehe Bild 5.44). Diese reduziert die für die Energiespeicherung nutzbare Aktivmasse der Elektrode, da Kohlenstoff, Binder und andere Materialien durch die Hitze des Schneideprozesses daraus entfernt oder verbrannt wurden. Das bedeutet: Je größer die Wärmeeinflusszone ist, desto größer ist der Verlust an energiespeichernder Aktivmasse und desto größer ist der Kapazitätsverlust der späteren LIB.

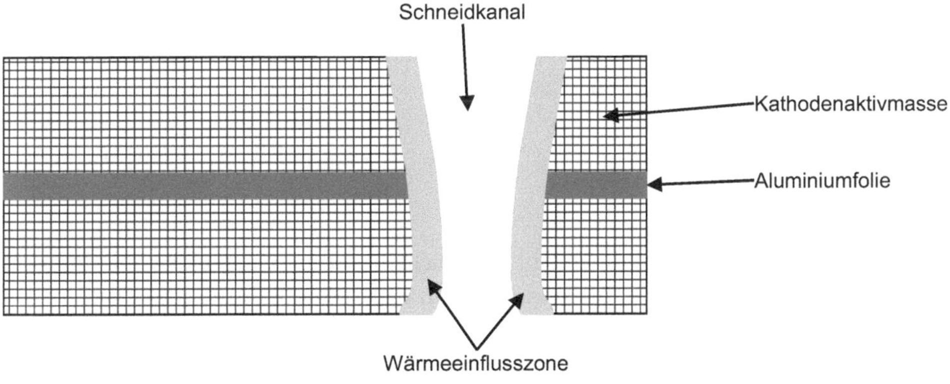

Bild 5.44 Wärmeeinflusszone beim Laserschneiden

Erfahrungsgemäß versprödet das Elektrodenmaterial in der Wärmeeinflusszone. Aufgrund des verbrannten Binders sind die Partikel auch nicht mehr im Verbund der Aktivmasse fixiert. Es besteht damit die Gefahr, dass sie in einem der folgenden Prozessschritte aus dem Verbund herausfallen und dann als freie Partikel in der Anlage auftreten oder sich im A-S-K-Verbund ablegen (siehe Abschnitt 4.1.13.5 und Abschnitt 3.2.4). [40] beziffert die Breite der Wärmeeinflusszone mit kleiner als 70 µm.

Der Einsatz gepulster Lasersysteme mit Pulsen mit einer Dauer von mehreren hundert Femtosekunden bis zu mehreren zehn Pikosekunden reduziert diese beschriebenen negativen Auswirkungen. Diese Ultrakurzpulslaser zeichnen sich durch eine hohe Spitzenleistung und eher moderate Pulsenergie aus. Beim Elektrodenschneiden können sie eine verbesserte Effizienz und bessere Kantenqualität bieten. Gleichzeitig verursachen sie eine geringere Wärmeentwicklung in den Elektrodenfolien, was zu einer geringeren thermischen Beeinflussung des Aktivmaterials führt [41].

5.5.4 Parameter Umfeldbeeinflussung

Beim mechanischen Schnitt entstehen aus der Beschichtung der Elektroden Partikel und Staub. Speziell beim Schneiden von Kathoden entstehen Partikel oder Staub, die als A-Staub zu den Gefahrstoffen gehören. Die Kathodenaktivmasse beinhaltet typischerweise Nickel oder Kobalt (siehe Abschnitt 4.2.1). Hierbei handelt es sich um KMR-Stoffe[7)], die als A-Staub von Menschen aufgenommen werden können. Da diese Partikel in diesem Prozessschritt in unterschiedlichen Größen auftreten, sollten beispielsweise Bürsten mit einer Absaugung diese Stoffe sicher an der Schneidstelle sammeln und abtransportieren. Lösungsmittelreste könnten noch aus der Aktivmasse austreten. Erfahrungsgemäß handelt es sich hierbei jedoch um geringste Mengen.

Beim Laserschneiden verdampft ein Teil des aufgeschmolzenen Materials der Elektrode. Neben den vorangehend erwähnten Metallkomponenten enthält dieser Rauch auch noch Reaktionsprodukte aus der Verbrennung des Binders oder des Kohlenstoffs. Auch dieser Rauch ist abzusaugen und vor einer Freisetzung zu filtern. Treten beim Laserschneiden Laserstrahlen unkontrolliert in das Umfeld aus, können sie dort Menschen gefährden. Diese Anlagen müssen daher mit Schutzeinrichtungen gemäß einschlägigen Verordnungen ausgerüstet sein.

5.5.5 Abfälle

Trennt die Schneideanlage in diesem Prozessschritt Bereiche der Elektrodenfolie ab, die nicht in die LIB eingebaut werden, so fallen diese als Abfall an. Die abgetrennten Bereiche der Elektroden müssen sicher und ohne Beeinträchtigung des restlichen Pro-

[7] KMR-Stoffe sind als krebserzeugend (**k**arzinogen), erbgutverändernd (**m**utagen) oder fortpflanzungsgefährdend (**r**eproduktionstoxisch) eingestuft.

zesses aus der Anlage entfernt und gesammelt werden. Hierbei ist darauf zu achten, dass es sich meist um sehr flexible Metallfolienteile handelt, die sich einfach verhaken können und so einen Stau im Abfallkanal bilden.

Der angefallene Abfall ist vorschriftsgemäß zu entsorgen. Diese abgetrennten Bereiche der Elektrodenfolie enthalten neben dem wiederverwertbaren Metall auch teilweise Aktivmasse. Die könnte bei unsachgemäßer Behandlung A-Stäube freisetzen. In diesem Fall wäre der Abfall als Gefahrstoff zu behandeln.

5.5.6 Transport

Dieser Prozessschritt ist ein Rolle-zu-Rolle-Prozess. Der Durchmesser der Transportrollen, die in den Prozessschritt hineinkommen, entspricht dem der Transportrollen am Ausgang des Prozessschrittes. Aufgrund des Schneidens erhöht sich nur die Anzahl der Transportrollen. Gleichzeitig verringert sich deren Rollenbreite.

Beim Bewegen der Transportrollen zwischen den einzelnen Prozessschritten ist darauf zu achten, dass die Kanten der Elektroden nicht verformt oder beschädigt werden (siehe Bild 5.23). Die hier erzeugten Längskanten, ihre Qualität und ihre Maßhaltigkeit sind für die folgenden Prozessschritte von Bedeutung.

5.6 Elektroden kalandrieren

Die durch den Beschichtungs- und Trocknungsprozess hergestellten Elektroden besitzen aufgrund des verdampften Lösungsmittels relativ große Hohlräume (ca. 50 %) in der Beschichtung. Zur Verringerung der Porosität und Erhöhung der volumetrischen Energiedichte sowie zur Verbesserung der Partikelkontaktierung werden die Elektroden durch ein gegenüberliegendes Walzenpaar (Kalander) verdichtet [25] [42].

Bild 5.45 zeigt einen solchen Kalander mit den dazugehörigen Ab- und Aufwickeleinheiten, Zugwerk und Reinigungsstation. Aufgrund des hygroskopischen Verhaltens des Elektrodenmaterials steht ein solches System entweder im Trockenraum oder ist gekapselt, sodass in dieser Kapselung eine trockene Luft sichergestellt werden kann (Abschnitt 8.10).

Die elektrischen Kontaktierungen und mechanischen Binderverknüpfungen in der Aktivmasse der Elektroden werden durch die großen Schub- und Druckkräfte beim Kalandrieren aufgebrochen, und es bildet sich die finale Partikel-Partikel- und Partikel-Binder-Konfiguration [43]. Die Zielporosität und damit die im Kalanderprozess zu erzielende Verdichtung hängt von den Materialeigenschaften und der Zielspezifikation der LIB ab. Im Kontext von NMC-basierten LIB gibt die Literatur ein freies Porenvolumen in Größenordnungen von 30 % bis 35 % nach dem Kalandrieren an [44].

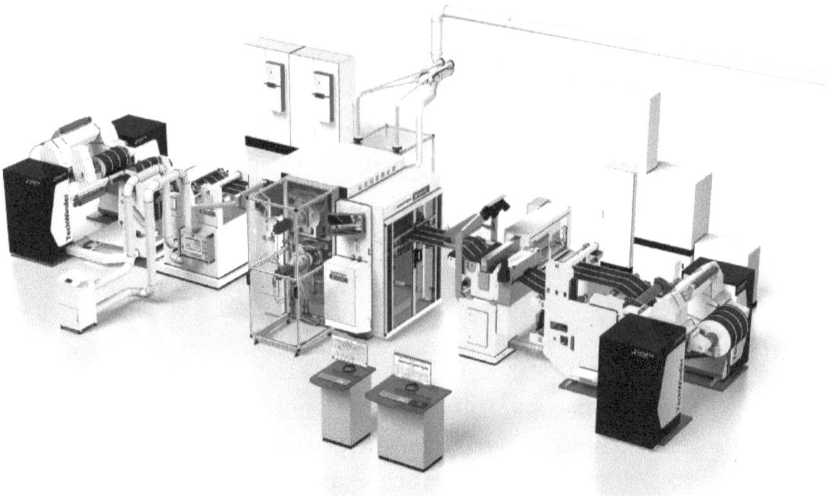

Bild 5.45 Kalander mit Auf- und Abwickler, © Bild: Breyer GmbH Maschinenfabrik

Der Kalanderspalt zwischen den Kalanderwalzen bestimmt die Dicke der kalandrierten Elektrode (siehe Bild 5.46). Hierbei ist zu beachten, dass speziell die Beschichtungsmasse der Elektroden nach dem Zusammenpressen wieder zurückfedert und die Dicke nach dem Kalandrieren größer ist als der eingestellte Kalanderspalt. Es gibt bei der Verformung der Elektrode eine plastische und eine elastische Verformung der Beschichtungsmasse.

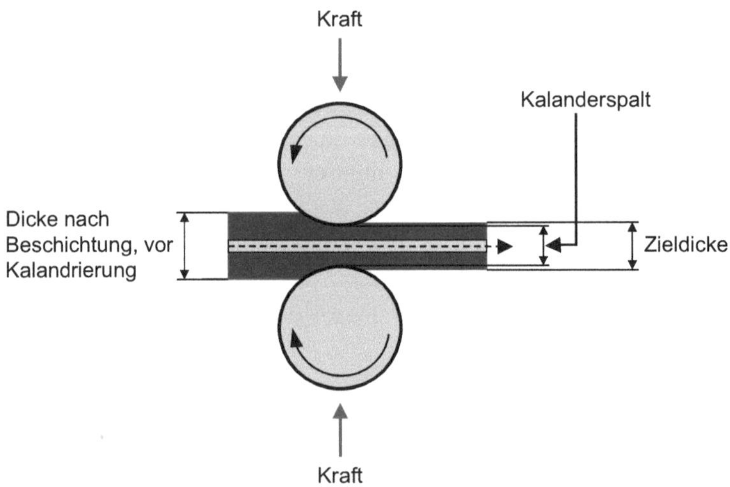

Bild 5.46 Kalandrieren – schematische Darstellung

Die Walzenkraft verdichtet die Beschichtungsmasse durch die Verringerung der Zwischenräume oder Poren. Des Weiteren presst sie Partikel des Aktivmaterials in die Metallfolie. Dieser Effekt tritt speziell beim Kalandrieren von Kathoden auf. Bild 5.47 zeigt diesen Effekt deutlich.

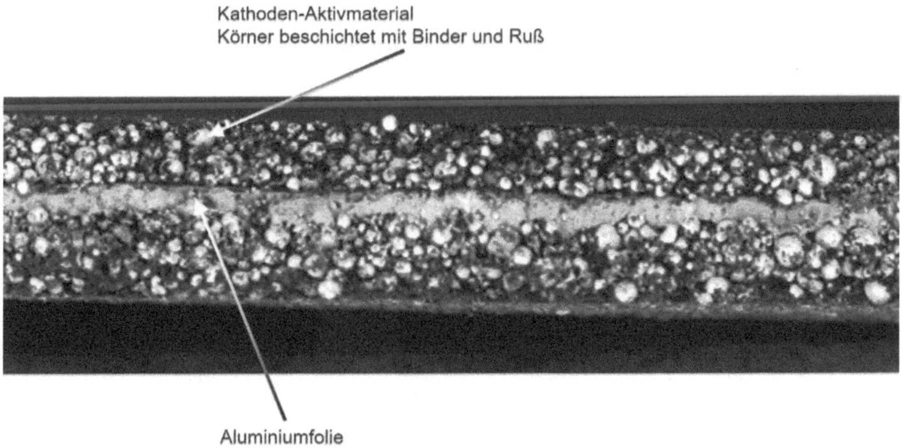

Bild 5.47 Querschnitt einer kalandrierten Kathode, © Bild: VW-VM-Forschungsgesellschaft mbH

Typische Produktionsgeschwindigkeiten für das Kalandrieren liegen derzeit zwischen 100 m/min und 150 m/min.

Neben der Verformung der Beschichtungsmasse wird natürlich auch die Metallfolie durch die Walzenkraft verformt. Ihre Dicke wird reduziert und das Folienmaterial wird meist in die Längsrichtung getrieben. Das erzeugt die charakteristischen Oberflächenstrukturen. Bild 5.48 zeigt diese schräg verlaufenden Oberflächenstrukturen, die sich teilweise auch in der Beschichtung befinden.

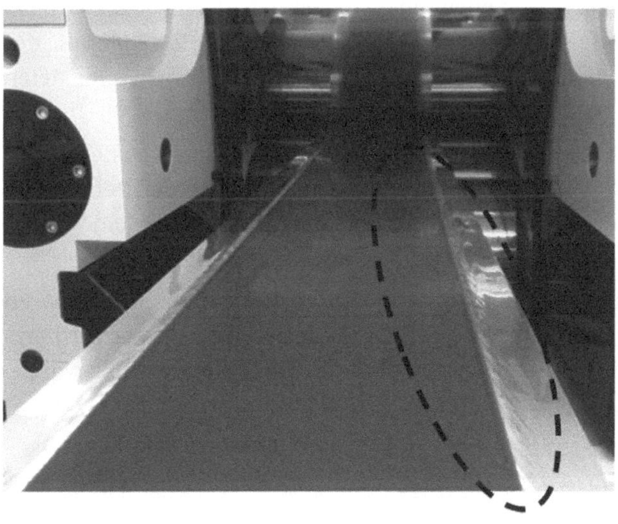

Bild 5.48 Oberflächenstrukturen nach dem Kalandrieren, © Bild: VW-VM-Forschungsgesellschaft mbH

Sollen Elektroden mit unbeschichtetem Rand kalandriert werden, so tritt eine Besonderheit auf (siehe Bild 5.49). Die Kalanderkraft dehnt die Metallfolie unterhalb der Beschichtung. Es tritt eine Änderung der Länge und der Breite der Metallfolie auf. Diese Veränderung tritt auch gleichzeitig in der Beschichtung auf, da die Beschichtung im Idealfall weiterhin mit der Metallfolie verbunden bleibt. Im unbeschichteten Bereich der Elektrode leiten die Kalanderwalzen aber keine Kräfte in die Metallfolie ein. Das bedeutet, dass dort auch keine Längen- oder Breitenänderung durch die Kalanderkräfte auftritt.

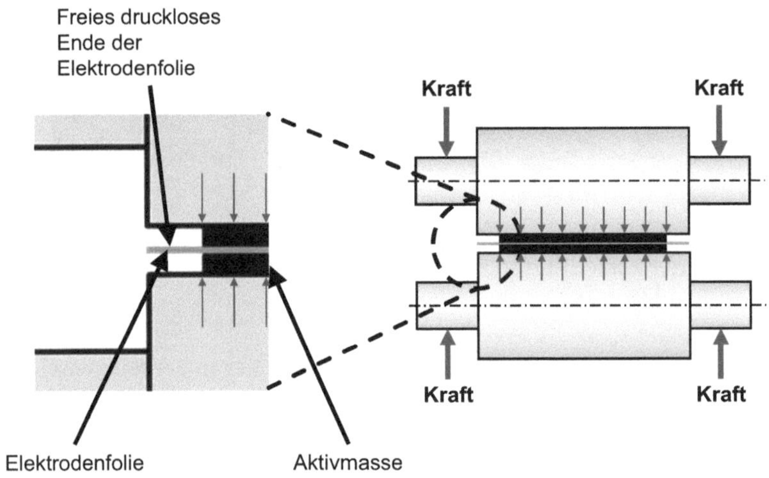

Bild 5.49 Kraftsituation beim Kalandrieren unbeschichteter Flächen

Bild 5.50 zeigt, wie sich die Abstände der korrespondierenden Punkte auf der Aktivmasse Δy_1 gegenüber den Abständen auf dem unbeschichteten Bereich Δy_2 durch das Kalandrieren vergrößern. Nach dem Kalandrieren ist die beschichtete Fläche der Elektrode gedehnt, der unbeschichtete Bereich aber nicht. Diese ungleiche Veränderung der Abstände verursacht die Faltenbildung oder Wrinkles am Übergang vom beschichteten zum unbeschichteten Bereich der Elektrode.

Messungen der Dehnungen der Elektrode vor und nach dem Kalandrieren bestätigen diese theoretische Überlegung. Bild 5.51 zeigt einen starken Anstieg der Dehnungen der Elektrode im Übergangsbereich zwischen beschichtetem und unbeschichtetem Bereich.

Das Aufbringen einer Zugkraft auf die Elektrode in Laufrichtung beim Kalandrieren kann dafür sorgen, dass der unbeschichtete Bereich dadurch auch gedehnt wird und die Faltenbildung reduziert wird. Ein Zugwerk, was hinter den Kalanderwalzen angeordnet ist, erzeugt diese Zugkraft in der Elektrode (siehe Abschnitt 5.6.2.7).

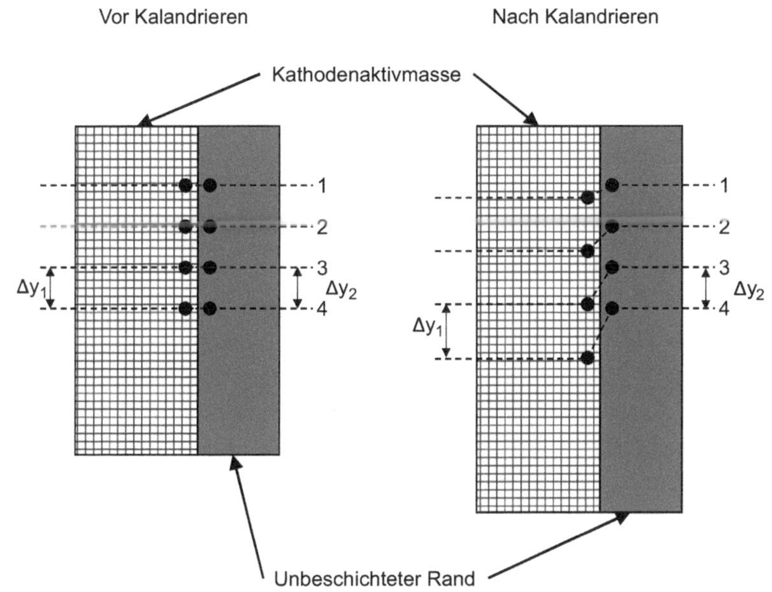

Bild 5.50 Verzug der Elektrode durch das Kalandrieren – schematische Darstellung, in Anlehnung an [42]

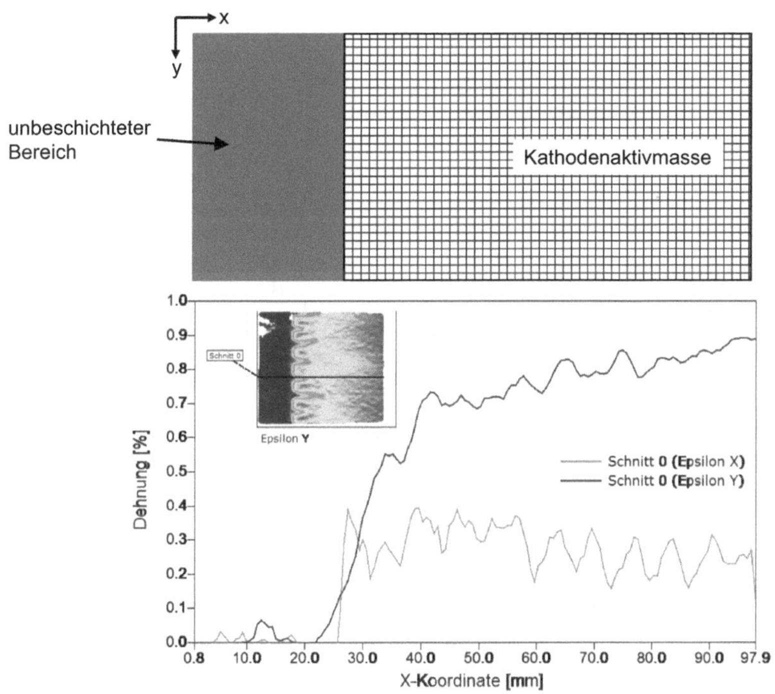

Bild 5.51 Dehnungsverteilung in Längs- und Querrichtung nach dem Kalandrieren, Kathode, in Anlehnung an VW-VM-Forschungsgesellschaft mbH

Beim Kalandrieren von intermittierend beschichteten Elektroden (siehe Bild 5.14) besteht die Gefahr, dass die Kalanderwalzen im unbeschichteten Bereich quer zur Laufrichtung des Elektrodenbandes aufeinanderschlagen (siehe Bild 5.52). Durch die Beschichtung in diesem Bereich fehlt der Gegendruck auf die Kalanderwalzen. Im ungünstigen Fall schlagen beide Walzen des Kalanders aufeinander. Dabei kann die Metallfolie beschädigt werden, sodass sie eventuell reißt. Des Weiteren besteht die Gefahr der Beschädigung der Kalanderwalzen durch den Zusammenprall in Form von Dellen, Einbeulungen oder sogar Abplatzungen der Beschichtung der Walzen.

Durch eine entsprechende Auslegung der Kalanderwalzen oder durch eine entsprechende Kalandersteuerung kann das Zusammenschlagen der Kalanderwalzen verhindert werden. Die wechselnde Belastung der Kalanderwalzen kann diese zum Schwingen in vertikaler Richtung anregen. Die Amplituden der Schwingungen dürfen nicht so groß sein, dass die Kalanderwalzen durchschwingen und sich berühren. Hierbei spielt auch der eingestellte Kalanderspalt eine Rolle.

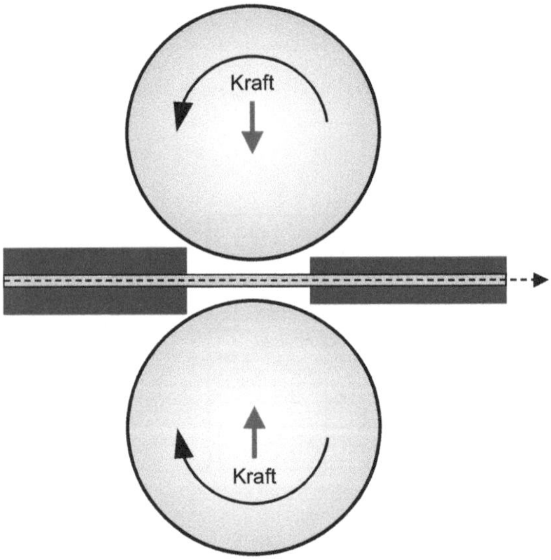

Bild 5.52
Situation des Kalanderwalzens bei intermittierend beschichteten Elektroden

[42] beschreibt, dass die erforderliche Kraft oder Linienlast kleiner wird, wenn die Temperatur der Kalanderwalzen über die Raumtemperatur angehoben wird. Der Binder in der Aktivmasse ist bei höheren Temperaturen fließfähiger. Hierbei ist zu beachten, dass der Kontakt der geheizten Kalanderwalzen mit der Elektrode nur sehr kurz ist und dass in dieser kurzen Kontaktzeit nicht viel Wärmeenergie übertragen werden kann. Bei einer durch die Kalanderkraft abgeplatteten Kalanderwalze mit einer erzeugten Kontaktfläche mit einer Länge in der Größenordnung von 6 mm (siehe Formel 14.5) ergibt sich bei einer Bandgeschwindigkeit von 100 m/min eine Kontaktzeit von ungefähr 0,004 s. Bei anderen Bandgeschwindigkeiten ändert sich die Kontaktzeit entsprechend. Ein Vorheizen der Elektroden vor dem Eintritt in den Kalander könnte den beschriebenen Effekt verbessern [21].

Des Weiteren strahlen die beheizten Kalanderwalzen ihre Wärme in die direkte Umgebung ab. Da der Prozessschritt Kalandrieren im Trockenraum ausgeführt wird, belastet diese abgestrahlte Wärme die Klimatisierung im Trockenraum und erhöht die Kosten für die Klimatisierung.

[22] berichtet von den Vorteilen einer doppelten Kalandrierung. Der erste Kalanderstich[8)] reduziert die Neigung der Anode zum Quellen. Der zweite Kalanderstich verdichtet die Elektrode und glättet ihre Oberfläche. Diese Vorgehensweise erfordert jedoch eine Verdopplung der erforderlichen Investitionen in Anlagen für diesen Prozessschritt. Daher versucht jede LIB-Fertigung mit einem Kalanderstich auszukommen und die Verdichtung und Oberflächengüte so kostengünstiger herzustellen.

Bei hohen Linienlasten beim Kalandrieren treten für die Walzen sehr hohe Belastungen auf. Typischerweise handelt es sich bei den Kalanderwalzen um Walzen mit örtlich unterschiedlichen Materialeigenschaften. Durch die Härtung ist die Festigkeit am Walzenrand maximal und nimmt zur Walzenmitte hin ab.

Für Bild 5.53 wurde für eine Beispielwalze die Streckgrenze des Walzenmaterials aus dem Härteverlauf über den Abstand von der Walzenoberfläche ermittelt. Die Vergleichsspannung aus der Hertzschen Pressung ist über den Abstand von der Oberfläche dargestellt. Die Darstellung zeigt, dass der für die Standzeit der Kalanderwalze kritische Bereich nicht die Oberfläche der Walze, sondern ein Bereich in ungefähr 5 mm Tiefe ist. In diesem Bereich reicht die als versagenskritisch definierte maximale Schubspannung sehr nah an die interpolierte örtliche Streckgrenze des Walzenmaterials heran. Bei der Auslegung der Kalanderwalzen ist daher sicherzustellen, dass der Verlauf der maximalen Schubspannung immer ausreichend unterhalb der örtlich maximal zulässigen Spannung des Walzenwerkstoffs liegt. Die Herleitung der formelmäßigen Zusammenhänge ist in Abschnitt 14.2 dargestellt.

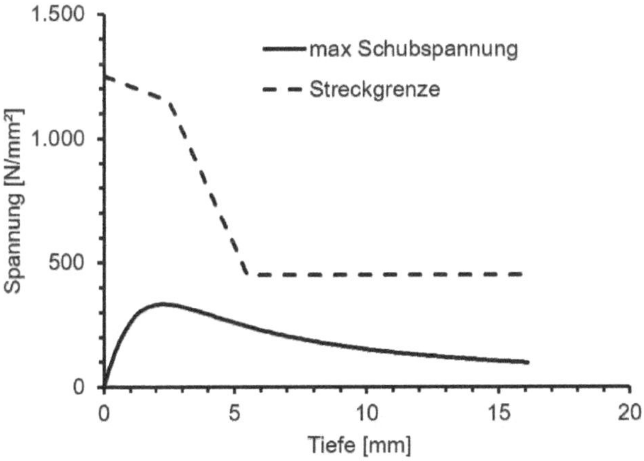

Bild 5.53 Verlauf der maximalen Schubspannung aus der Hertzschen Pressung und der örtlichen Streckgrenze des Walzenmaterials in Abhängigkeit vom Abstand von der Oberfläche

8 Der Ausdruck Kalanderstich wird analog zum Begriff Walzstich aus der Umformtechnik verwendet. Stich oder Walzstich bezeichnet die Verformung des Walzgutes beim Durchlauf durch den Walzspalt.

Wenn im Beschichtungsprozess die Metallfolie mehrbahnig oder intermittierend mehrbahnig (siehe Bild 5.14) beschichtet wurde, dann sollte die Bahn vor dem Kalandrieren in Längsrichtung aufgeschnitten werden. Es ist davon auszugehen, dass die Beschichtungshöhen beziehungsweise die Dicken der Beschichtung der einzelnen Bahnen voneinander abweichen.

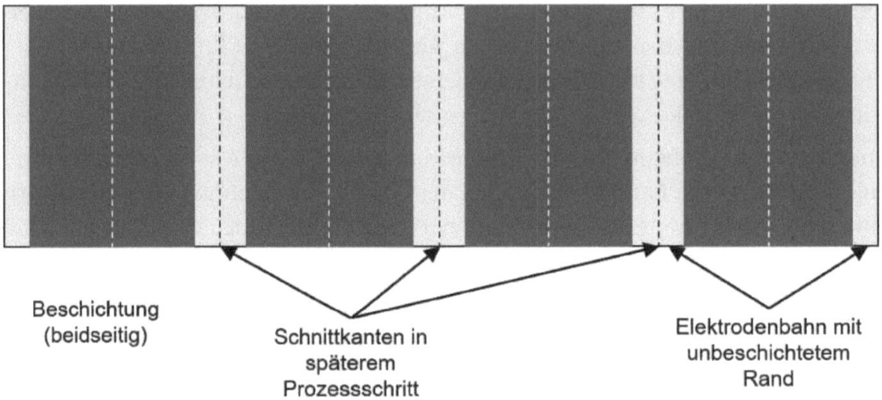

Bild 5.54 Mehrbahnig beschichtete Elektrode

Bild 5.55 zeigt deutlich, dass bei unterschiedlichen Ausgangsdicken der Beschichtung die Verdichtung der einzelnen Bahnen im Kalander auch unterschiedlich ausfallen wird. Aufgrund der größeren Gesamtbreite der Bahnen kann der Kalander pro Bahn auch nicht so viel Kraft für die Verdichtung aufbringen, wie er es bei nur einer Bahn könnte. In diesem Fall können nicht mehr so hohe Verdichtungen der Elektrodenbeschichtung erreicht werden.

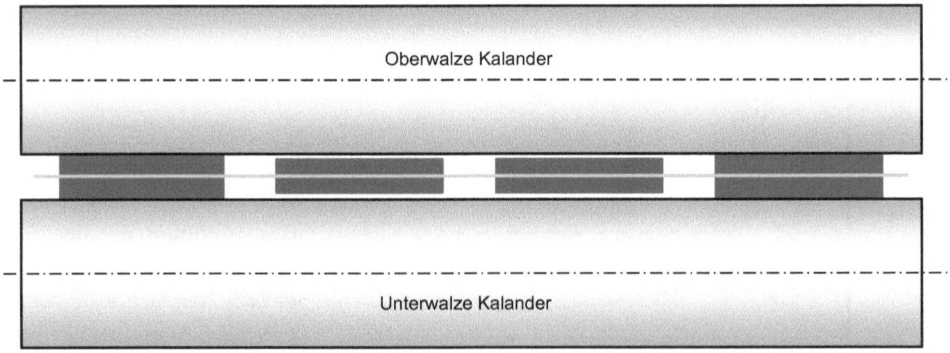

Bild 5.55 Mehrbahnig beschichtete Elektrodenfolie unterschiedlicher Dicke im Kalander

5.6.1 Parameter Zwischenprodukt

5.6.1.1 Dicke Elektrode

Schwankungen der Dicke der Metallfolie bei konstanter Beschichtungsdicke führen zu örtlich unterschiedlichen Verdichtungen der Aktivmasse und damit zu unterschiedlicher Porosität.

Die Dicke der Beschichtung (siehe Bild 5.17) beschreibt die Dicke der auf die Elektrodenfolie aufgetragenen Aktivmasse nach der Trocknung. Sie beeinflusst den Kalandrierprozess. Eine größere Dicke der Beschichtung erfordert bei gleicher Porosität eine größere Verdichtung im Kalander, um die vorgegebene Dicke der kalandrierten Elektrode zu erzeugen.

5.6.1.2 Dichte Beschichtung

Je höher die Dichte des Aktivmaterials der Elektrode ist, desto schwerer lassen sich die Partikel beim Kalandrieren zusammendrücken. Die erforderlichen Kalanderkräfte steigen mit zunehmender Dichte an. Das belastet die Elektrode mechanisch, was in der Beschichtung zu Rissen oder Defekten führen kann. Höhere Kalanderkräfte verformen das Metall der Metallfolie stärker, sodass vermehrt Faltenbildung auftritt (siehe Abschnitt 5.6.2.11).

5.6.1.3 Festigkeit Elektrode

Da beim Kalandrieren der Elektroden auch mechanische Kräfte auf die Elektroden wirken, besitzt deren Festigkeit eine wichtige Rolle. Verträgt die Metallfolie die höheren Kalanderkräfte nicht, so treten Risse der Metallfolie auf.

Bandzugkräfte helfen, die Faltenbildung zwischen den beschichteten und unbeschichteten Bereichen der Elektrode zu vermeiden. Diese Zugkräfte erzeugen in der Metallfolie Zugspannungen. Überschreiten diese Zugspannungen den zulässigen Wert für das jeweilige Material, reißt die Metallfolie.

5.6.1.4 Randbreite der Elektroden

Beim Kalandrieren kommen die unbeschichteten Ränder der Elektrode nicht mit den Kalanderwalzen in Berührung (siehe Bild 5.49). Es wirken daher in diesen Bereichen auch keine Kalanderkräfte. Aus den Darstellungen in Bild 5.50 geht hervor, dass die Kalanderkräfte im Bereich der Elektrode mit der Beschichtung das Material dort dehnen. Diese Dehnung wirkt als Zugbeanspruchung auch im unbeschichteten Bereich. Die Reaktionskraft, die aus diesem Bereich der Dehnung entgegengerichtet wirkt, ist abhängig vom Querschnitt dieser Bereiche. Da die Dicke der Metallfolie in erster Näherung überall als gleich groß anzusehen ist, ist die Breite des Bereichs der die Reaktionskräfte bestimmende Parameter. Im Falle der gleich großen Randbereiche der Elektrode besitzen die

Reaktionskräfte auf der linken und rechten Seite der Elektrode die gleiche Größe, was zu einer gleichen Dehnung in diesen Bereichen führt. Bild 5.56 links zeigt diese Situation.

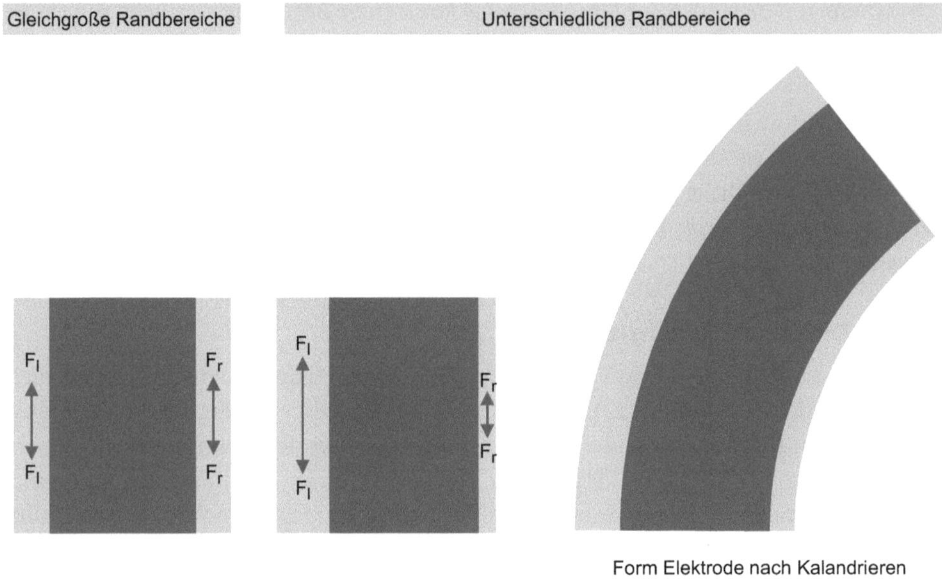

Bild 5.56 Reaktionskräfte beim Kalandrieren

Sind die beiden unbeschichteten Bereiche neben der Beschichtung unterschiedlich groß, wie in der Mitte von Bild 5.56 dargestellt, erzeugt die aus dem Kalandervorgang resultierende Dehnung in diesen unbeschichteten Bereichen unterschiedliche Reaktionskräfte. Diese unterschiedlichen Reaktionskräfte verursachen ein unterschiedliches Dehnungsverhalten der gesamten Elektrode. Die Situation kann dazu führen, dass sich die Elektrode beim Kalandrieren bogenförmig verformt, wie rechts in Bild 5.56 dargestellt. Diese Formänderung kann in den folgenden Prozessschritten Probleme hervorrufen [45].

5.6.1.5 Feuchtigkeit Elektrode

Die hygroskopischen Eigenschaften der Beschichtung verursachen eine Rückbefeuchtung der Beschichtung durch die Aufnahme von Wasser aus der Umgebungsluft. Diese Feuchtigkeit lagert sich in den Poren der Beschichtung ein. Die eingelagerte Feuchtigkeit ist inkompressibel und behindert daher das Zusammendrücken der Partikel beim Kalandrieren. Durch ein entsprechendes Messen der Feuchtigkeit der Beschichtung kann sichergestellt werden, dass nur Elektroden mit der maximal zulässigen Feuchtigkeit in diesem Prozessschritt verarbeitet werden. Die dafür geeigneten Messverfahren werden in Abschnitt 5.4.3.12 beschrieben.

5.6.1.6 Porosität Aktivmasse

Die Porosität der Aktivmasse auf der Elektrodenfolie bestimmt der Trocknungsprozess (siehe Abschnitt 5.4.3.7). Für den Prozess der Kalandrierung stellt sie eine wichtige Eingangsgröße dar. Eine hohe Porosität erfordert geringere Kalanderkräfte. Die Partikel lassen sich leichter ineinander drücken.

Die Parameter Dicke (siehe Abschnitt 5.6.1.1), Dichte (siehe Abschnitt 5.6.1.2) und Porosität stehen in einem direkten Zusammenhang. Die Porosität bestimmt in der späteren LIB die Freiräume zur Aufnahme von Elektrolyten zum Ionentransport.

5.6.1.7 Materialeigenschaften

Das Verhalten der Anodenbeschichtung und das der Kathodenbeschichtung im Kalandrierprozess unterscheiden sich. Das Kalandrieren einer Anode erfordert geringere Kräfte. Das Material der Aktivmasse der Anode ist weicher und verformungsfähiger. Das Kalandrieren einer Kathode erfordert höhere Kalanderkräfte, die das Aktivmaterial verdichten. Dabei dringen die harten NMC-Partikel in die Aluminium-Folie ein. Das verbessert einerseits den elektrischen Kontakt zwischen dem Aktivmaterial und der Aluminium-Folie. Andererseits wird die Aluminium-Folie eventuell in ihrer Dicke reduziert, was zu einer partiellen Erhöhung des elektrischen Widerstands führen kann, was aber auch die mechanische Festigkeit der Metallfolie beeinträchtigen kann.

5.6.2 Parameter Prozess

5.6.2.1 Kalanderwalzendrehzahl und Kalandriergeschwindigkeit

Die Drehzahl der Kalanderwalzen bestimmt zusammen mit dem Durchmesser der Kalanderwalzen die Kalandriergeschwindigkeit. Je schneller das Elektrodenband kalandriert wird, desto geringer ist die Kontaktzeit zwischen Kalanderwalze und Elektrode [42]. Durch die geringere Einwirkzeit der Kraft erhalten die Partikel der Aktivmasse nicht so viel Zeit, sich ineinander zu verkrallen und so die Rückfederung oder Relaxation zu verhindern oder zu reduzieren.

5.6.2.2 Kalanderwalzendurchmesser und -walzenbreite

Typische Kalanderwalzendurchmesser liegen in der Größenordnung von bis zu 800 bis 1000 mm. Es werden auch Kalanderwalzenbreiten bis zu 1000 mm eingesetzt. Die Zylinderfläche der Kalanderwalze bestimmt die Oberfläche der kalandrierten Elektrode. Abweichungen von der zylindrischen Idealform werden beim Kalandrierprozess in Form von lokalen Dickenänderungen auf die Elektrode übertragen. Daher liegen Genauigkeitsanforderungen für die Kalanderwalzengeometrie bezogen auf die Zylindrizität in der Größenordnung von ± 0,5 µm bis ± 1,0 µm. Die tolerierte Mantelfläche muss daher zwischen zwei koaxialen Zylindern im Abstand der vorangehend genannten Zahlenwerte liegen.

5.6.2.3 Kalanderwalzendurchbiegung

Entspricht die Form der Kalanderwalze im unbelasteten Zustand einem Zylinder, so biegt sich der Zylinder beim Aufbringen der Kalanderkraft durch. Bei der in Bild 5.57 dargestellten Situation würde sich der Kalanderwalzenzylinder nach oben durchbiegen. Aufgrund der Durchbiegung der Kalanderwalze ist der Kalanderspalt in der Mitte der Kalanderwalze größer als an den Kalanderwalzenrändern. Das führt bei der kalandrierten Elektrode aufgrund des ungleichmäßigen Kalanderspaltes zu einer nicht parallelen und damit unebenen Oberfläche. Die Auswirkungen sind mit denen einer unterschiedlichen Schichtdicke der Beschichtung zu vergleichen.

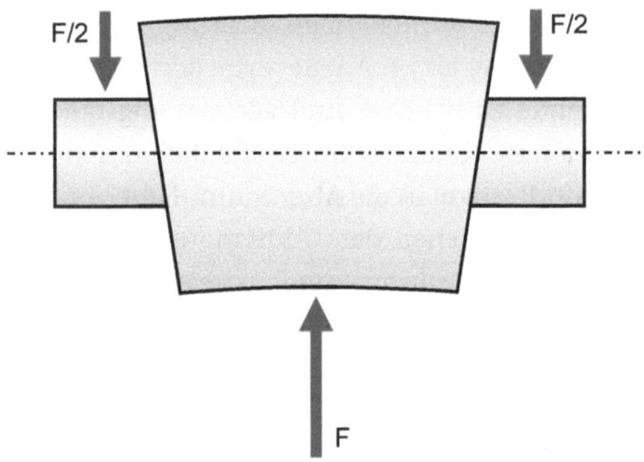

Bild 5.57
Durchbiegung der oberen Kalanderwalze – schematische Darstellung

In dem in Bild 5.57 dargestellten Fall würde sich bei einer Kalanderwalze aus Stahl mit einem Durchmesser von 500 mm und einer Kalanderwalzenbreite von 600 mm unter Vernachlässigung der Nachgiebigkeiten in den seitlichen Lagerzapfen bei einer Linienlast von 3000 N/mm eine Durchbiegung in der Mitte von ungefähr 12 µm ergeben. Eine solche Abweichung würde auf die Elektrode beim Kalandrieren abgebildet. Die zulässigen Toleranzen der Dicke der Elektrode wären damit weit überschritten.

5.6.2.4 Bombierung

Die Durchbiegung, dargestellt in Bild 5.57, kann durch eine Änderung der Kalanderwalzenform von einer Zylinderfläche zu einer bombierten Fläche kompensiert werden. Solche bombierten Kalanderwalzen biegen sich unter Last so durch, dass die Kontaktlinie zwischen beiden Kalanderwalzen wieder eine Gerade ist. Diese Vorgehensweise kompensiert die Kalanderwalzendurchbiegung für einen Lastfall. Ändert sich der Lastfall, so ist die Bombierung entsprechend anzupassen.

5.6.2.5 Roll-Bending-Kraft und Gegenkraft

Durch das zusätzliche Aufbringen einer Roll-Bending-Kraft kann die Durchbiegung der nicht bombierten Kalanderwalzen auch kompensiert werden (siehe Bild 5.58). Zusätzliche Hydraulikzylinder bringen eine Biegekraft auf die Enden der Kalanderwalzen auf. Die Kraft ist entgegen der Kalanderkraft gerichtet [46]. Diese zusätzlichen Kräfte sorgen dafür, dass die Durchbiegung der Kalanderwalzen kompensiert wird. Das sorgt dafür, dass bei zylindrischen Kalanderwalzen der Kalanderspalt trotz Kalanderkraft weiterhin parallel ist.

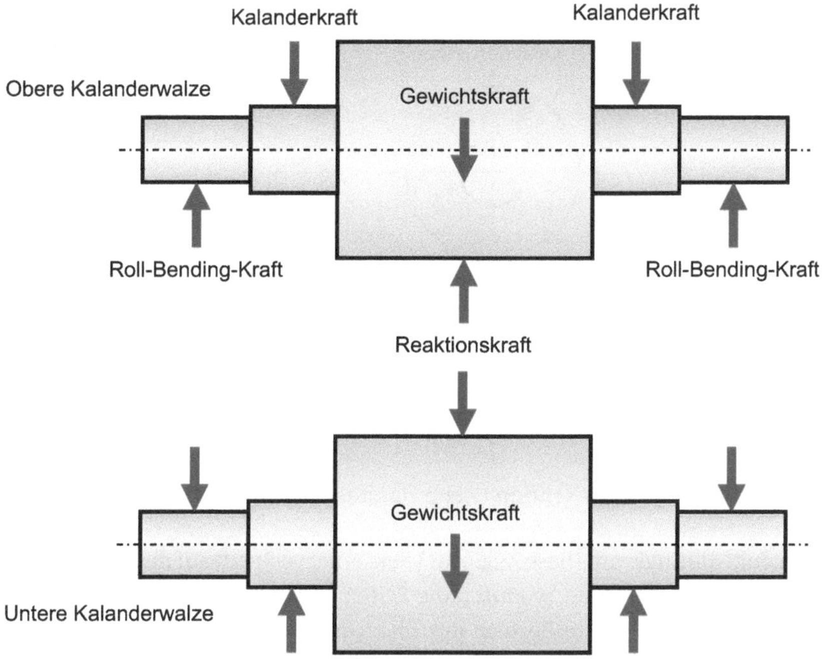

Bild 5.58 Kräftesituation an den Kalanderwalzen beim Aufbringen einer Roll-Bending-Kraft zur Kompensation der Durchbiegung

5.6.2.6 Kalanderwalzenoberfläche

Die Oberflächenbeschichtung der Kalanderwalzen beeinflusst die Oberfläche der Elektrode, da sie durch den Druck der Kalanderwalzen darauf gepresst wird. Daher werden häufig verchromte oder mit Wolframkarbid beschichtete Kalanderwalzen eingesetzt. Diese Beschichtung reduziert einerseits den Verschleiß der Kalanderwalzen und schützt andererseits das Elektrodenmaterial vor Beschädigung.

5.6.2.7 Bandzugkraft

Ein Zugwerk, das nach den Kalanderwalzen angeordnet ist, bringt auf die fertig kalandrierte Elektrode eine Zugkraft in Bandförderrichtung auf (siehe Bild 5.59). Dazu wird die Elektrode um eine angetriebene Walze geführt. Das Antriebsdrehmoment der angetriebenen Walze erzeugt die Zugkraft in der Elektrode, während die Elektrode bewegt wird. Die in die bewegte Elektrode eingebrachte Zugkraft F_{Zug} in Abhängigkeit der aufgebrachten Zugkraft F_{Auf} kann mit der Seilreibungsformel nach Euler-Eytelwein abgeschätzt werden:

$$F_{Zug} = F_{Auf} \cdot e^{-\mu \cdot \alpha_U} \tag{5.7}$$

Neben dem Umschlingungswinkel α_U bestimmt der Reibwert μ zwischen Elektrode und angetriebener Walze die maximal aufbringbare Zugkraft.

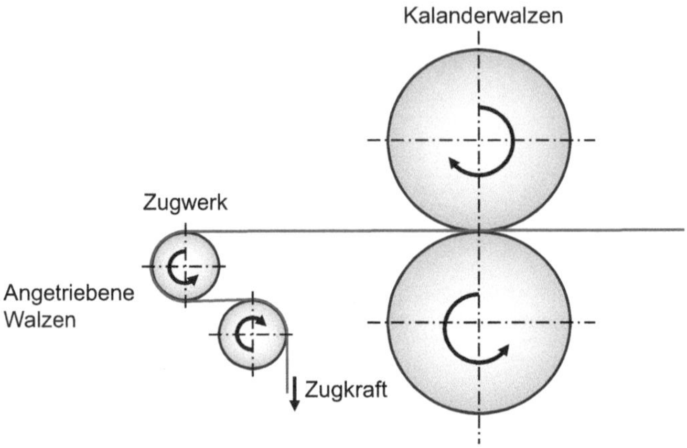

Bild 5.59 Kalander mit Zugwerk – schematische Darstellung

Das Zugwerk erzeugt die Zugkraft. Diese Zugkraft wirkt entsprechend auf die kalandrierte Elektrode. Das streckt die Elektrode, wodurch die Falten im Übergangsbereich reduziert werden und der nicht beschichtete Bereich der Elektrode entsprechend gedehnt wird. Diese Methode erwies sich bei den Untersuchungen von [47] als die effektivste.

5.6.2.8 Temperatur und Temperaturgang

Kalandergestell und Kalanderwalzen bestehen typischerweise aus Stahl oder Stahlguss. Änderungen der Temperatur der Komponenten verursachen eine Veränderung der Geometrie dieser Bauteile. Bei einem Wärmeausdehnungskoeffizienten von Stahl von $\alpha_{Stahl} = 12 \cdot 10^{-6}$ 1/K verändert sich der Nenndurchmesser einer Kalanderwalze (= 500 mm) um 6 µm bei einer Temperaturerhöhung von 1 K. Da sich meistens beide Kalanderwalzen um denselben Betrag vergrößern, würde sich der Kalanderspalt in diesem beschriebenen Fall um 12 µm pro K verringern.

5.6.2.9 Druck, Kalanderkraft und Linienlast

Die Kraftangabe bei Kalandern bezieht die Kraft immer auf die Länge der Berührungslinie zwischen Kalanderwalze und Elektrodenband. Linienlasten von 6000 N/mm² sind heute eine gängige Größenordnung für die maximalen Linienlasten [48]. Die Untersuchungen in [49] zeigen einen exponentiellen Zusammenhang zwischen der Kalanderkraft beziehungsweise der aktuellen Linienlast und der Dichte des kalandrierten Elektrodenmaterials in einem kleinen Bereich der Linienlast.

Verdichtungen, die über die in Bild 5.60 gezeigten Werte hinausgehen, sind möglich, erfordern jedoch eine sehr viel höhere Kraft. Hierbei sind auch die vorangehend beschriebenen Verformungen der Metallfolie der Elektrode zu beachten.

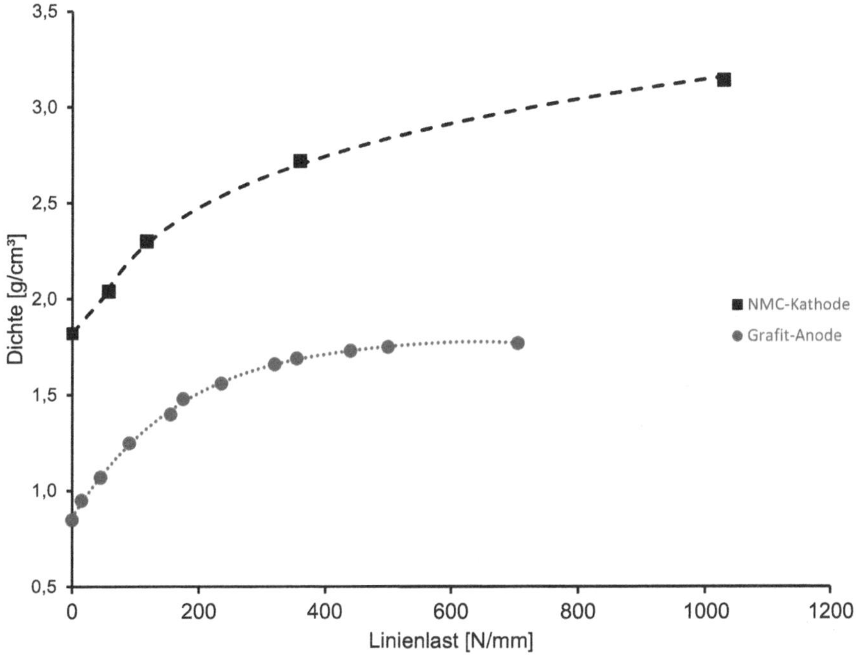

Bild 5.60 Zusammenhang zwischen Linienlast und Dichte der kalandrierten Elektroden, Datenquelle: [49]

Sowohl Linienlast als auch Kalanderkraft stellen Grenzen des Kalandersystems dar. Für jeden Anwendungsfall ist zu prüfen, ob einer der beiden Grenzwerte überschritten wird. Das soll das folgende Beispiel demonstrieren: Gegeben sei ein Kalander mit einer Walzenbreite von 500 mm, einer maximalen Kalanderkraft von 9000 kN und einer maximal zulässigen Linienlast von 6000 N/mm. Bei einer Elektrodenbreite von 500 mm beschränkt die maximal zulässige Linienlast die maximal aufbringbare Kalanderkraft. In diesem Beispiel ergibt sich eine maximal mögliche Kalanderkraft von 3000 kN, bei der die maximal zulässige Linienlast erreicht wird.

5.6.2.10 Kalanderspaltweite

Die Kalanderspaltweite ist der Abstand der oberen von der unteren Kalanderwalze. Sie bestimmt maßgeblich die Enddicke der kalandrierten Elektrodenfolie. Die Anlagensteuerung erfasst den Kalanderspalt kontinuierlich und regelt ihn durch die Veränderung des Abstands der beiden Kalanderwalzen kontinuierlich nach. Ein engerer Kalanderspalt führt zu einer dünneren und dichteren Elektrode.

Ein zu kleiner Kalanderspalt führt zu einer zu starken Verdichtung der Elektrode sowie zu einer Verformung der Metallfolie der Elektrode. Weiterhin besteht die Gefahr der Beschädigung der Beschichtung der Elektrode.

Eine zu große Kalanderspaltweite wiederum führt zu einer unzureichenden Verdichtung der Aktivmasse, wodurch die Partikel darin nicht ausreichend zusammengepresst werden. Das erhöht den elektrischen Widerstand der Elektrode und verringert die Kapazität der späteren LIB.

Bei der Einstellung der Spaltweite am Kalander ist die Auffederung oder Rückfederung des Aktivmaterials beim Kalandrieren zu beachten.

Ein ungleichmäßiger Kalanderspalt, der durch eine Verformung der Kalanderwalzen oder eine unzureichende Bombierung der Walzen verursacht wurde, erzeugt eine ungleichmäßige Druckverteilung in der zu kalandrierenden Elektrode. Dieser ungleichförmige Druck erzeugt auch ungleichförmige Dehnungen in der Elektrode. In dem Fall, der in Bild 5.61 dargestellt ist, treten in den äußeren Bereichen höhere Druckkräfte auf als im mittleren Bereich der Elektrode. Damit dehnt sich die Elektrode außen auch mehr als in ihrer Mitte. Da das Material außen nicht in ausreichendem Maße quer zur Bearbeitungsrichtung ausweichen kann, wird es nach oben ausweichen und damit wellenförmige Verformungen bilden [42].

Die Genauigkeit des Kalanderwalzenspaltes sollte aus den hier dargestellten Gründen in der Größenordnung von ±1 µm liegen [50].

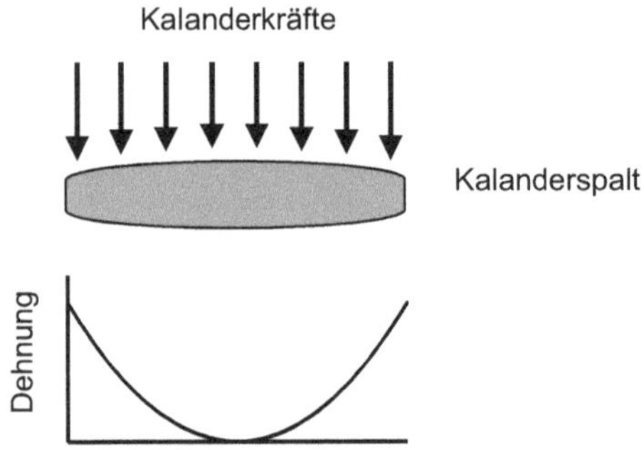

Bild 5.61
Ungleichmäßiger Kalanderspalt mit Kraft- und Dehnungsverteilung, in Anlehnung an [42]

5.6.2.11 Faltenbildung

Falten oder Wrinkles am Übergang zwischen dem beschichteten und dem unbeschichteten Bereich der Elektrode müssen vermieden werden. Sie führen in Folgeprozessschritten eventuell zu Positionierungsfehlern der Elektroden oder der Ableiter. Bild 5.62 zeigt eine solche nicht mehr einsetzbare Elektrode. Beispielsweise lag eine solche Elektrode in den Folgeprozessschritten nicht mehr plan auf einer Ebene auf, sodass sie nicht mehr korrekt geschnitten werden konnte.

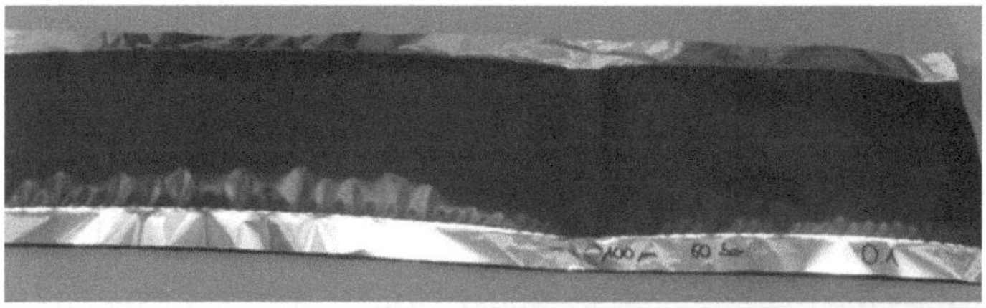

Bild 5.62 Kalandrierte Elektrodenfolie (Kathode) mit starker Faltenbildung, © Bild: VW-VM-Forschungsgesellschaft mbH, Quelle: [51]

Ein chromatisch-konfokaler Sensor kann zur Detektion solcher Falten sicher eingesetzt werden. Dabei werden die Höhen der Falten durch den Sensor erfasst. Dieser Messwert bildet dann die Basis für die Steuerung des Kalandrierprozesses.

In der in Bild 5.63 dargestellten Situation erfasst der Sensor die Messwerte, die Bild 5.64 zeigt.

Bild 5.63 Anwendungsbeispiel eines chromatisch-konfokalen Sensors bei der Faltendetektion, © Bild: Precitec GmbH & Co. KG, Quelle: [39]

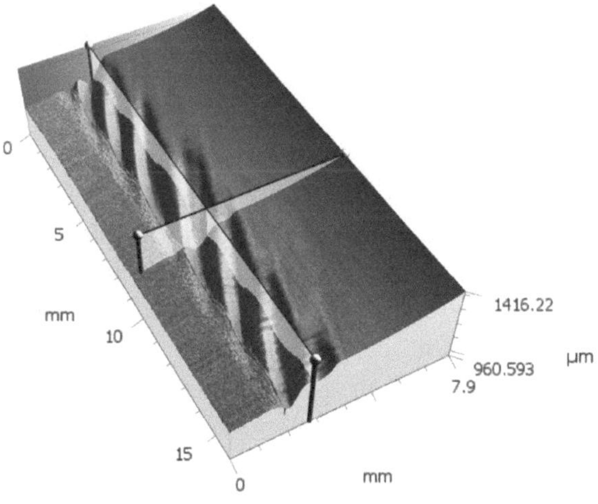

Bild 5.64 Oberflächenstruktur des Faltenbereichs, erfasst durch den chromatisch-konfokalen Sensor, © Bild: Precitec GmbH & Co. KG, Quelle: [39]

5.6.2.12 Verformung Kalandergestell

Nimmt man die Abmessung der vorangehend beschriebenen Walze und die Linienlast, so ergibt sich eine Kraft von 18.000 kN, die das Kalandergestell im Betrieb aufnimmt. Durch diese Belastung dehnt sich das Kalandergestell. Es verformt sich. Das führt zu einer Vergrößerung des Kalanderspaltes.

Es ist davon auszugehen, dass die Dehnung des Kalandergestells auf beiden Seiten, in denen die Lager angebracht sind, gleich ist. Das bedeutet, dass der Kalanderspalt parallel vergrößert wird. Sind diese Dehnungen des Kalandergestells bekannt, so kann das bei der Einstellung des Kalanderspaltes entsprechend berücksichtigt werden.

5.6.2.13 Vibrationen

Bei Vibrationen des Kalanders bewegen sich die beiden Kalanderwalzen gegeneinander. Die angeregten Bewegungen der Kalanderwalzen beim Kalandrieren von intermittierten Elektroden kann eine solche Vibration oder Schwingung im Kalandergestell erzeugen. Das bedeutet eine periodische Verformung des Kalandergestells (siehe Abschnitt 5.6.2.12).

Die Vibrationen können auch von außen in das Kalandergestell über das Maschinenfundament eingebracht werden. Daher erfordert der Kalander für einen möglichst vibrationsarmen Betrieb ein entsprechend ausgelegtes isoliertes Maschinenfundament. Hierbei ist zu berücksichtigen, dass das Maschinenfundament vom Gehäuse des Reinraums entkoppelt sein muss, um in diesen Teilen Risse oder Schäden zu vermeiden.

5.6.3 Parameter Produkt

5.6.3.1 Dicke Elektroden

Der Kalandrierprozess reduziert die Dicke der Beschichtungsmasse auf den Elektroden. Des Weiteren sorgt er dafür, dass die Schichtdicke über die gesamte Elektrodenfläche gleichmäßig ist, was die Homogenität innerhalb der LIB verbessert.

Die Dicke der Elektrode und die Dichte des Elektrodenmaterials stehen in einem direkten Zusammenhang.

5.6.3.2 Dichte Aktivmaterial

Der Kalandrierprozess verdichtet das Aktivmaterial auf der Metallfolie der Elektroden. Die Dichte des Beschichtungsmaterials wird erhöht. Gleichzeitig reduziert sich die Porosität des Materials, da die Zwischenräume zwischen den Partikeln zusammengepresst werden. Damit steht für die spätere Funktion der LIB mehr Aktivmaterial für die Speicherung der Energie zur Verfügung.

Bei einer zu großen Dichte kann es im Aktivmaterial zu Spannungen kommen, die zu Rissen oder anderen Defekten führen. Eine zu stark reduzierte Porosität kann den Ionentransport behindern, was die Ladegeschwindigkeit und die Zyklenfestigkeit negativ beeinflusst.

5.6.3.3 Festigkeit Elektrode

[47] berichtet von der Zunahme des E-Moduls der beschichteten Elektrode durch das Kalandrieren. Gleichzeitig nimmt die Bruchdehnung ab. Das Material versprödet. Die in die Metallfolie hereingedrückten Partikel verringern die Festigkeit der Folie zusätzlich. Das zeigt der Querschnitt durch eine Kathode in Bild 5.47. Das Verdichten der Elektroden macht diese spröder.

5.6.3.4 Elastizität Elektrode

[47] zeigt eine Zunahme des E-Moduls beginnend von der unbeschichteten Metallfolie über die unkalandrierte hin zur kalandrierten Elektrode. Als Ursache dafür wird die Zunahme der Zugkraft durch das in der Beschichtung aufgebrachte Material angeführt. Die Zunahme des E-Moduls bedeutet, dass die Elastizität der Elektrode abnimmt.

5.6.3.5 Porosität Aktivmaterial

Durch den Kalandrierprozess nimmt die Porosität der Elektrodenmasse ab. Diese Verringerung der Porosität hängt einerseits von der Kalanderkraft, aber andererseits auch von der Partikelgröße in der Aktivmasse ab.

Die Verringerung der Porosität, die Verformung der Partikel und die Verteilung der Porengrößen nach dem Kalandrieren bestimmen maßgeblich die elektrochemischen Eigenschaften der späteren LIB. Grafitelektroden reagieren empfindlicher auf die Kompression während des Kalandrierens als die Standard-NMC-Kathoden. Kompressionsraten von mehr als 20 % führen zu einer Verformung der Oberflächenpartikel, die das Schließen oberflächlich offener Poren bewirkt [52].

5.6.3.6 Eigenspannung Elektrode

Der Kalandrierprozess verursacht Verformungen in der Aktivmasse sowie in der Metallfolie und eine Verringerung der Porosität (siehe Abschnitt 5.6.3.5). Dadurch entstehen mechanische Eigenspannungen in der Elektrode. Eigenspannungen sind innere Spannungen, die im Elektrodenmaterial verbleiben, nachdem die äußeren Kalanderkräfte nicht mehr wirken. Vereinfacht kann angenommen werden, dass die Eigenspannungen mit zunehmender Verformung oder Kompression der Aktivmasse zunehmen. Die Erhöhung der Eigenspannungen kann sich später beim Betrieb der LIB beim Laden und Entladen auswirken. Es können Risse initiiert werden, was die Eigenschaften der LIB verschlechtert.

5.6.3.7 Form und Geometrie Elektrode

Die Kalanderkraft dehnt die Flächen der Beschichtung aus, sodass sie größer werden. Man betrachte zwei Elementarflächen, die direkt nebeneinanderliegen (siehe Bild 5.65). Durch die Kalanderkraft dehnt sich die Elementarfläche 1 aus. Diese Größenänderung bedingt eine Positionsänderung der daneben liegenden gleichgroßen

Elementarfläche 2. Zusätzlich dehnt die Kalanderkraft die Elementarfläche 2, sodass sich diese vergrößert. Daraus resultiert die schräg verlaufende Oberflächenstruktur auf der kalandrierten Elektrode.

Diese schematisch in Bild 5.65 dargestellten kombinierten Verschiebungen und Dehnungen führen zu einer Verbreiterung der Elektrode und zu einer Längenänderung. Diese wird im Randbereich noch durch die Falten- oder Wrinklebildung überlagert. Die Wrinkle behindern die Verschiebung der Elementarflächen am Rande der Beschichtung hin zum unbeschichteten Bereich der Elektrode. Bei einer kontinuierlich beschichteten Elektrode lassen sich diese Auswirkungen durch die Einstellung der Beschichtungsbreite oder der Schnittbreite einfach kompensieren.

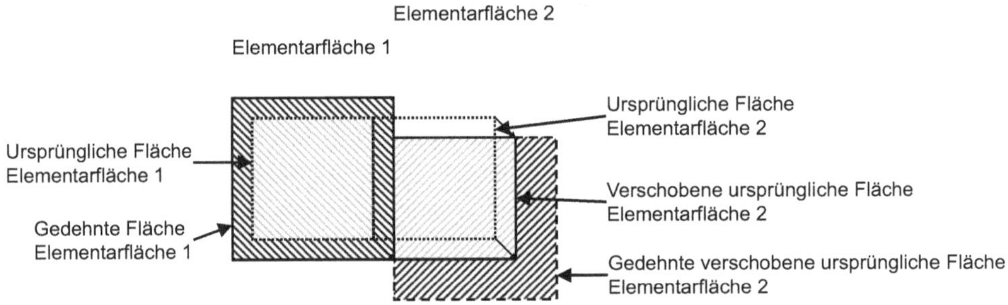

Bild 5.65 Schematische Darstellung der Flächenveränderungen beim Kalandrieren

Diese Wrinkles können in den weiteren Prozessschritten dazu führen, dass sich die Ableiter in einer undefinierten Position befinden und nicht richtig kontaktiert werden (siehe Abschnitt 6.3.2.1). Bild 5.66 zeigt die Aufwölbung des unbeschichteten Bereichs der Elektrode nach dem Kalandrieren, was in den Folgeprozessschritten zu Schwierigkeiten führt. Bild 5.67 zeigt die Auswirkung einer solchen Schüsselung im Folgeprozess bei der Herstellung eines Flachwickels. Die Schüsselung verursacht in diesem Falle ein Abknicken der ausgeschnittenen Ableiter.

Bei einer intermittierenden Beschichtung gibt es nicht nur den unbeschichteten Seitenrand, sondern auch einen unbeschichteten Bereich zwischen zwei Beschichtungsflächen. Auch in diesem Bereich dehnt das Kalandrieren nicht die Metallfolie der Elektrode. Das behindert die freie Ausdehnung der durch die Kalanderkraft gedehnten Flächen. [47] zeigt, dass in den Bereichen, in denen die unbeschichteten Randbereiche und die unbeschichteten Zwischenbereiche zusammentreffen, die Start- und Stoppkante der Beschichtung verschoben wird. Das bedeutet, dass durch das Kalandrieren die Geometrie und Form der beschichteten Flächen der Elektrode verändert werden können.

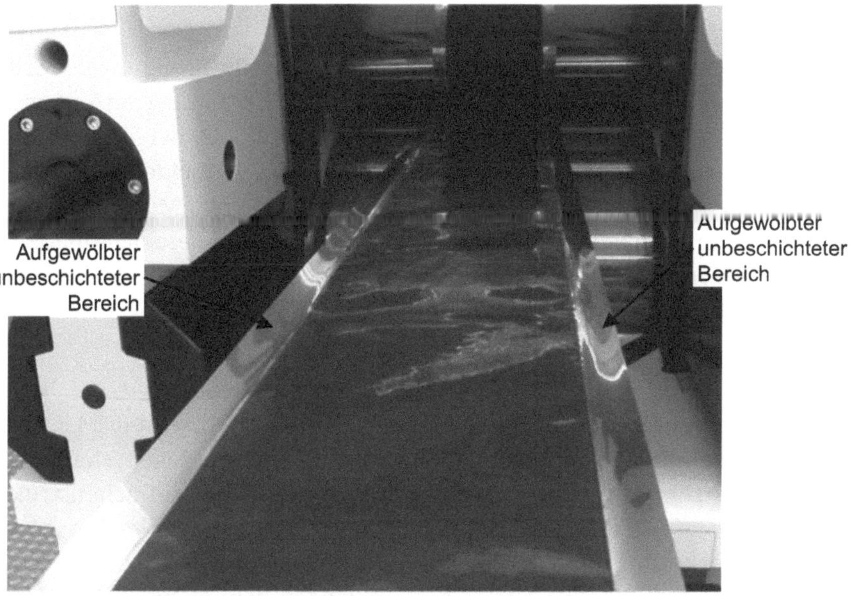

Bild 5.66 Aufgewölbte unbeschichtete Bereiche nach dem Kalandrieren,
© Bild: VW-VM-Forschungsgesellschaft mbH

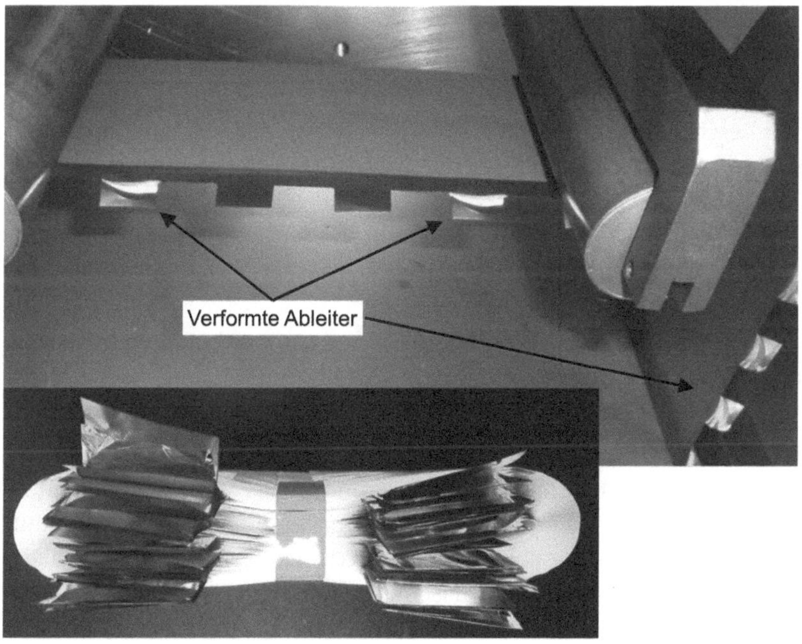

Bild 5.67 Verformte Ableiter im Folgeprozess „Wickeln Flachwickel“,
© Bilder: VW-VM-Forschungsgesellschaft mbH

5.6.3.8 Längs- und Querprofil der Elektroden

Der Kalandrierprozess beeinflusst die Oberfläche der Elektrode. Erhöhungen werden in bestimmtem Maße reduziert. Beispielsweise kann eine Überhöhung der Seitenkanten oder der Start- oder Stoppkante (siehe Bild 5.21 und Bild 5.22) bei intermittierter Beschichtung teilweise geglättet oder reduziert werden. Hier verdichtet die Kalanderkraft die Elektrodenmasse dieser erhöhten Bereiche in stärkerem Maße. Das bedeutet, dass in den Bereichen eine geringere Porosität vorliegt, die Beschichtung dieser Bereiche andere mechanische Eigenschaften besitzt oder dass bei zu großer Belastung dieser Bereich der Elektrodenbeschichtung beschädigt wird.

5.6.3.9 Oberflächenbeschaffenheit Beschichtung

Die Eigenschaften der Oberfläche der Elektrode, wie sie in Abschnitt 5.4.3.10 beschrieben sind, beeinflussen auch nach dem Kalandrieren die Eigenschaften der späteren LIB. Zusätzlich kann das Kalandrieren noch weitere Oberflächenstrukturen auf der Elektrode erzeugen. Dazu zählen Risse, Falten oder Verwerfungen, die durch die Kalanderkräfte in der Beschichtung der Elektrode verursacht werden. Diese Veränderungen der Eigenschaften der Elektroden können zusätzlich die Eigenschaften der späteren LIB negativ beeinflussen. Sie sind daher möglichst vollständig zu erfassen und zu registrieren. Das stellt sicher, dass die entsprechend registrierten Bereiche der Elektrode in späteren Prozessschritten nicht verarbeitet werden.

Für eine Kontrolle der Oberfläche der kalandrierten Elektrode kann sinnvollerweise die industrielle Bildverarbeitung eingesetzt werden [32]. Ein solches System erkennt die vorangehend beschriebenen Oberflächenmerkmale automatisiert und ordnet sie der entsprechenden Position auf dem Elektrodenband zu (siehe Kapitel 11).

5.6.4 Parameter Umfeldbeeinflussung

Dieser Prozessschritt verarbeitet Elektroden, die Lösungsmittel beinhalten. Hierbei kann es sich um NMP oder ein anderes organisches Lösungsmittel handeln. Durch die mechanische und eventuell auch thermische Bearbeitung können Lösungsmittelreste aus der Aktivmasse auftreten.

Die mechanische Bearbeitung der Elektrodenfolie kann Partikel aus der Beschichtung herausbrechen, die dann als freie Partikel in den Raum und damit in die Raumluft gelangen. Durch die Kalandrierung können diese Partikel zu sehr kleinen Partikeln zerbrochen oder zerkleinert werden. Hier besteht die Gefahr, dass sie als A-Staub in die Umgebungsluft gelangen und Menschen gefährden (siehe Abschnitt 4.2).

5.6.5 Transport

Auch das Kalandrieren ist ein Rolle-zu-Rolle-Prozess. Vernachlässigt man die geringe Längenänderung der Elektroden durch das Kalandrieren, so sind die Transportrollen am Prozessbeginn und am Prozessende annähernd gleich. Die Transportaufgabe besteht daher in dem sicheren Bewegen dieser Transportrollen zwischen den Anlagen.

Beim Handhaben der Transportrollen zwischen den einzelnen Prozessschritten und innerhalb des Prozessschrittes ist darauf zu achten, dass die Kanten der Elektroden nicht verformt oder beschädigt werden (siehe Bild 5.23).

5.7 Elektroden nachtrocknen

In Abschnitt 3.3 wird gezeigt, dass Wasser in der späteren komplettierten LIB mit dem Leitsalz des Elektrolyten ($LiPF_6$) reagiert. Das Kathodenaktivmaterial zieht Feuchtigkeit aus der Luft an. Das lässt sich zwar durch ein entsprechendes trockenes Raumklima mit einer relativen Feuchtigkeit von weniger als 2 % reduzieren, aber nicht vollständig vermeiden. Daher ist ein Trocknungsprozessschritt für die Elektroden während des Produktionsprozesses sinnvoll.

Dieser Prozessschritt setzt die Elektrodenrollen in einer Vakuum-Kammer bei Drücken zwischen 1000 mbar und 0,07 mbar einer Trocknungstemperatur zwischen 60 °C und 150 °C aus [25]. Durch den Unterdruck sinkt die Verdampfungstemperatur des Wassers, sodass es einfacher aus der Aktivmasse der Elektrode entfernt werden kann.

Den Wassergehalt einer Elektrode für LIB bestimmen maßgeblich die Trocknungstemperatur, die Trocknungsdauer, der Druck und die spezifische Zusammensetzung der Elektrode. Besonders empfindlich gegenüber Feuchtigkeit sind die Aktivmaterialien, der Binder sowie der Elektrolyt, der typischerweise $LiPF_6$ beinhaltet, das extrem empfindlich mit Wasser reagiert. Eine zu hohe Restfeuchtigkeit kann zu Reaktionen mit dem Elektrolyten und zu einer Reduktion der Batterielebensdauer führen. In Abschnitt 5.4.3.12 werden diese Zusammenhänge im Detail beschrieben.

Bei der Trocknung von Anoden besteht die Gefahr der Oxidation des Kupfers. Da durch den Unterdruck der Trocknungskammer die Luft und damit der Sauerstoff entzogen wird, reduziert das die Gefahr der Korrosion des Kupfers. Alternativ kann ein Inertgas die Korrosion verhindern. In seltenen Fällen trägt der aus der Beschichtung austretende Wasserdampf oder der Unterdruck Beschichtungsmaterial der Elektrode aus dem Verbund heraus.

Die Dauer der Trocknung liegt typischerweise im Bereich von 24 h bis 48 h [25]. Bild 5.68 zeigt exemplarisch, wie die Trockentemperatur den verbleibenden Wassergehalt in der

Aktivmasse der Elektrode beeinflusst. Die genauen Trocknungsparameter hängen stark von der spezifischen Elektrode, ihrer Materialzusammensetzung und der Produktionsumgebung ab. Bei der Temperaturführung sind die von den einzelnen Materialien der Elektrode maximal ertragbaren Temperaturen zu berücksichtigen.

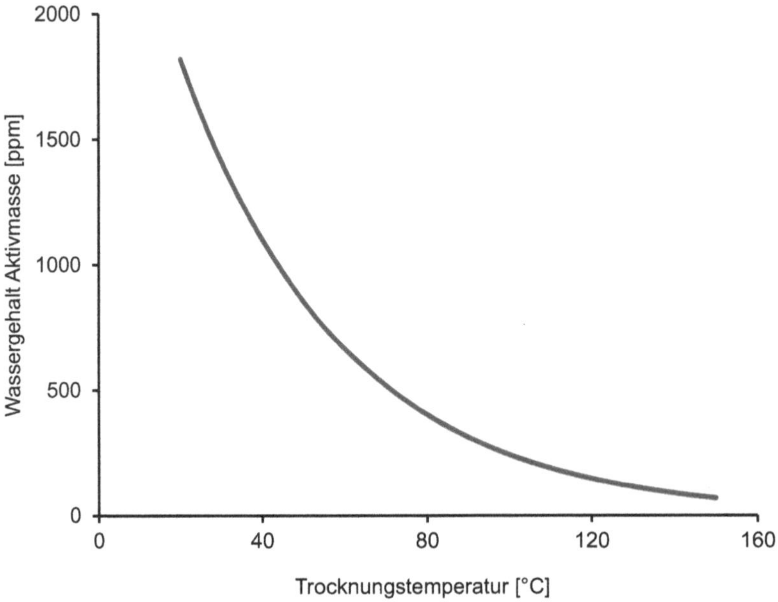

Bild 5.68 Typischer Zusammenhang zwischen Trocknungstemperatur und erreichbarem Wassergehalt

Typischerweise findet die Trocknung der aufgewickelten Elektroden in Vakuumkammern oder im Vakuumofen statt. Aufgrund der Wickelform kann das Wasser nur durch die offene Stirnseite der Elektroden entweichen, was Bild 5.69 zeigt. Das erfordert diese lange Trocknungszeit. Natürlich entweicht das Wasser auf der äußersten Schicht auch radial, was aber zu vernachlässigen ist.

Alternativ gibt es Untersuchungen dazu, die Trocknung im Rolle-zu-Rolle-Verfahren während des Umspulens durchzuführen (siehe Bild 5.70). Hierbei müssen aber die Auf- und Abwickelmechaniken im Vakuumofen angeordnet sein. Die erforderliche Trocknungsdauer zusammen mit der Bahngeschwindigkeit bestimmen die Bahnführung. Bei einer Bahngeschwindigkeit von 100 m/min ergeben sich Bahnlängen im Trocknungsbereich und damit Anlangen von 100 m pro Minute Trocknungsdauer. Bei einer Bahngeschwindigkeit von 100 m pro Minute und einer Trocknungsdauer ergibt sich so eine Länge von 200 m für den Trocknungsbereich. Das lässt sich nicht mehr sinnvoll als lineare Bahnführung umsetzen. Daher wird hierbei eine mäanderförmige Bahnführung mit vielen Umlenkungen der zu trocknenden Elektrode vorgesehen. Dabei besteht die Gefahr, dass sich durch die hohe mechanische Belastung der Verbindung von Metallfolie und Beschichtung Beschichtungsmaterial löst. Bild 4.8 zeigt diese Situation.

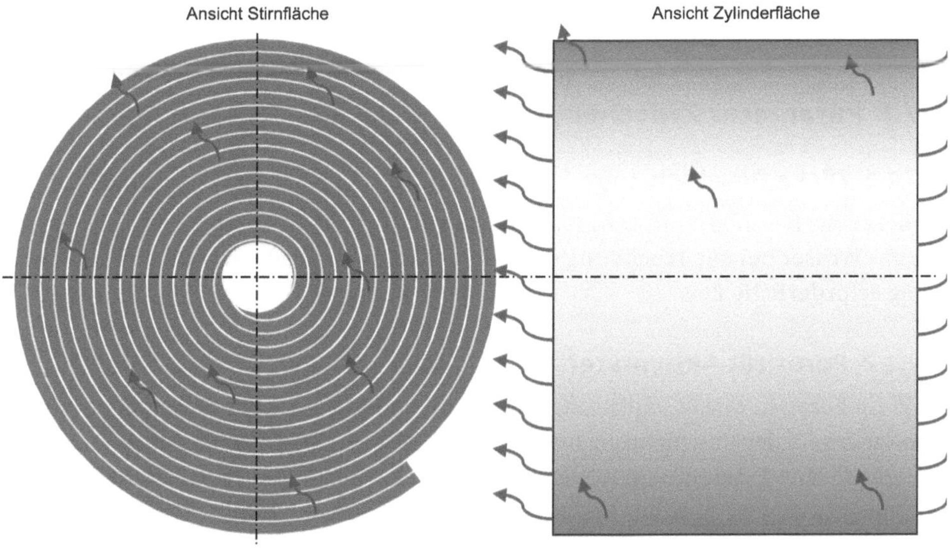

Bild 5.69 Weg des Wasserdampfes aus der aufgewickelten Elektrode heraus

Aufgrund der noch nicht vollständig gelösten Fragestellungen zu dieser Prozessart sind solche Anlagen derzeit nicht oft im Einsatz.

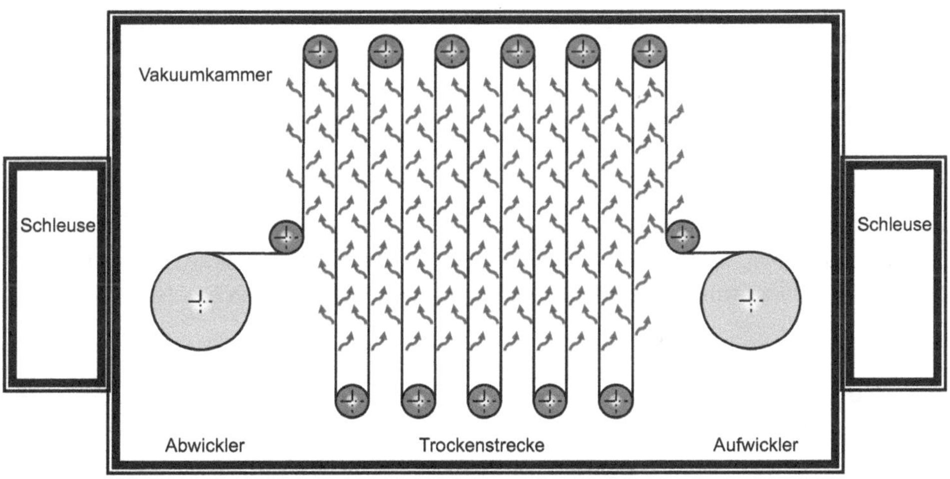

Bild 5.70 Rolle-zu-Rolle-Trockenanlage – schematische Darstellung

Es ist auch vorstellbar, den Trocknungsprozess nach dem Prozessschritt „Elektroden wickeln oder stapeln“ (siehe Abschnitt 6.1) durchzuführen. Hierbei ist zu berücksichtigen, dass die Eigenschaften des Separators in diesem Fall die maximale Temperatur stark begrenzen. Zu hohe Temperaturen lassen den Separator schrumpfen, wodurch die Gefahr eines Kurzschlusses zwischen den Elektroden steigt.

5.7.1 Parameter Zwischenprodukt

5.7.1.1 Dicke Beschichtung

Je dicker die Beschichtung der Elektroden ist, desto größer ist die Stirnfläche, durch die das Wasser bei der Trocknung entweichen kann. Das reduziert die für die Trocknung erforderliche Zeit.

5.7.1.2 Porosität Aktivmaterial

Größere Poren in der Beschichtung ermöglichen eine schnellere Bewegung des Wassers innerhalb der Beschichtung hin zum Rand oder zur Stirnfläche. Das reduziert die Zeit, die für die Trocknung erforderlich ist. Feinere Poren oder eine geringe Porosität behindern die Bewegung des Wasserdampfes in der Beschichtung.

5.7.1.3 Wassergehalt und Feuchtigkeit

Der Wassergehalt der Aktivmasse der Beschichtung beziehungsweise deren Feuchtigkeit bestimmen die Trocknungszeit in diesem Prozessschritt. Je höher der Wassergehalt ist, desto länger dauert die Trocknung beziehungsweise desto höher muss die Temperatur sein.

Die Möglichkeit zur Messung der Feuchtigkeit wird in Abschnitt 5.4.3.12 beschrieben.

5.7.1.4 Rollengröße und Zellgröße

Die Größe der Beschichtung beeinflusst den Trocknungsprozess sehr stark. Hierbei ist die Entfernung vom Mittelpunkt der Beschichtungsfläche hin zum offenen Rand von Bedeutung. Je größer die Entfernung vom Wasser in der Beschichtung zum offenen Rand ist, desto länger benötigt das Wasser, um aus der Beschichtung herauszukommen. Der Weg, den der Wasserdampf durch die Beschichtung zurückzulegen hat, ist länger.

5.7.2 Parameter Prozess

5.7.2.1 Temperatur

Die Temperatur im Trocknungsofen bestimmt maßgeblich den Trocknungsprozess. Durch sie wird die erforderliche Energie zugeführt, sodass das Wasser in der Beschichtung verdampfen kann.

Ein zu schneller Anstieg der Temperatur im Vakuumofen führt dazu, dass sich in der Beschichtung Gasblasen bilden, aus denen der Wasserdampf nicht schnell genug nach außen entweichen kann. Der Temperaturanstieg muss daher an die Zellgröße und Zellform angepasst werden.

Eine ungleichmäßige Temperaturverteilung während der Trocknung innerhalb der Beschichtung kann zu inneren Spannungen und damit zu Schäden in der Beschichtung führen.

Die maximale Temperatur wird von den Materialien der Beschichtung bestimmt. Es dürfen auf gar keinen Fall Temperaturen verwendet werden, die höher sind, als die für die einzelnen Komponenten zulässigen Temperaturen.

5.7.2.2 Druck und Unterdruck

Der Druck in der Vakuumkammer unterstützt den Trocknungsprozess. Das gilt im Speziellen für die Veränderung des Drucks. Wird beispielsweise der Druck zu schnell gesenkt, kann das dazu führen, dass das Wasser in der Beschichtung zu schnell in die Gasphase übergeht, nicht entsprechend schnell durch die Beschichtung entweichen kann und sich in der Beschichtung staut. Das kann zur Blasenbildung oder zur Beschädigung der Beschichtung führen. Eine zu langsame Absenkung des Drucks schädigt die Elektrodenbeschichtung nicht, erfordert aber mehr Zeit und Energie, sodass die Effizienz des Prozesses darunter leidet.

5.7.2.3 Zeit

Verschiedene Faktoren bestimmen die Zeit des Prozessschrittes, die für die Trocknung der Elektrode aufgebracht werden muss. Der Wassergehalt in der Beschichtung, der durch den Trocknungsprozess herausgetrocknet werden muss, bestimmt maßgeblich die erforderliche Zeit im Trocknungsofen. Je höher der Wassergehalt ist, desto länger dauert der Trocknungsprozess.

Höhere Temperaturen erfordern eine geringere Trocknungszeit. Vergleichbares gilt für den Unterdruck in der Vakuumkammer. Ein höherer Druckunterschied in Richtung Vakuum verringert die Trocknungszeit.

Je länger der Weg des Wasserdampfes in der Beschichtung hin zur Oberfläche ist, desto mehr Zeit wird für den Trocknungsprozess benötigt.

5.7.3 Parameter Produkt

5.7.3.1 Wassergehalt und Feuchtigkeit Beschichtung

Wenn der Wassergehalt der Aktivmasse oder deren Feuchtigkeit den Zielwert erreicht hat, muss durch entsprechende Verpackung dafür gesorgt werden, dass die Elektroden nicht wieder rückbefeuchtet werden. Diese Rückbefeuchtung läuft in unterschiedlichen Phasen ab. In den ersten Minuten nach der Exposition beginnt die Elektrode schnell

Wasser aus der Umgebungsluft zu adsorbieren. Dies wird durch die hydrophilen Eigenschaften der Binder in der Elektrode erleichtert. Nach der ersten schnellen Adsorption verlangsamt sich der Prozess. Der Wassergehalt nähert sich asymptotisch einem Gleichgewichtswert an (siehe Bild 5.71), der von der relativen Luftfeuchtigkeit und Temperatur der Umgebung abhängt.

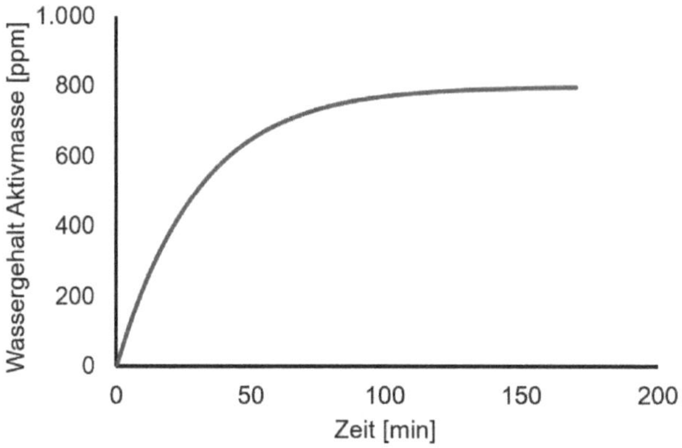

Bild 5.71 Typischer Kurvenverlauf der Rückbefeuchtung

In Abschnitt 5.4.3.12 wird die Möglichkeit zur Messung der Feuchtigkeit in der Beschichtung während eines laufenden Prozesses beschrieben, bei dem die Elektrode an dem Messsystem vorbeigeführt wird.

5.7.3.2 Form und Geometrie Beschichtung

Die hohe Temperatur im Trocknungsprozess kann zu Veränderungen der Geometrie der Elektroden führen. Ausdehnungen aufgrund der Temperaturerhöhung können im Material eingefroren werden, sodass die Geometrieänderung nicht reversibel ist, was üblicherweise der Fall ist. Beispielsweise kann ein sehr straffes Aufwickeln der Elektrode im vorangegangenen Prozessschritt „Elektroden kalandrieren" (siehe Abschnitt 5.6) ein solches Verhalten begünstigen.

In der Elektrode eingefrorene Eigenspannungen aus den vorangegangenen Prozessschritten (siehe Abschnitt 5.6.3.6) können durch die Wärmebehandlung wieder gelöst werden und so die Elektrode hinsichtlich Geometrie oder Oberflächengüte beeinflussen.

5.7.4 Parameter Umfeldbeeinflussung

Der Prozessschritt trocknet die Elektroden in einer geschlossenen Kammer, dem Ofen. Hierbei können Reste des Lösungsmittels austreten und sich in der Ofenkammer ansammeln. Handelt es sich bei diesem Lösungsmittel um NMP oder ein anderes organisches

Lösungsmittel, kann davon eine Gefährdung (siehe Abschnitt 4.2.4) ausgehen, wenn die Dämpfe aus der Kammer nicht ordnungsgemäß abgesaugt und abgeleitet werden.

5.7.5 Transport

Beim Trocknen der Transportrollen werden sie als eine Einheit ohne ein Auf- und Abwickeln der Elektroden bewegt. Beim Handhaben der Transportrollen zwischen den einzelnen Prozessschritten und innerhalb des Prozessschrittes, speziell beim Ein- und Auslagern in den Trockenofen, ist darauf zu achten, dass die Kanten der Elektroden nicht verformt oder beschädigt werden (siehe Bild 5.23).

5.8 Elektroden quer schneiden, vereinzeln

In diesem Prozessschritt schneidet die Schneideanlage aus den Elektrodenbahnen der Tochterrollen einzelne Elektroden aus. Handelt es sich um eine Stapelzelle, so werden die einzelnen Elektrodenblätter oder Sheets ausgeschnitten. Für kontinuierlich beschichtete Elektrodenfolien wird der Schnitt so positioniert, dass die Elektrodenblätter aneinander liegen und die Ableiter aus den unbeschichteten Randbereichen herausgeschnitten werden, was Bild 5.72 zeigt.

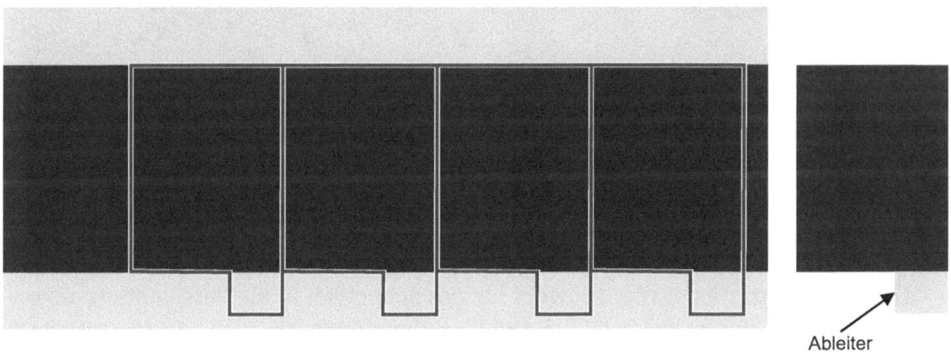

Bild 5.72 Schnittkontur bei kontinuierlicher Beschichtung und unbeschichtetem Rand für die Ableiter

Bei einer intermittierend beschichteten Elektrodenfolie werden die Ableiter aus den nicht beschichteten Freiräumen zwischen den Beschichtungsflächen durch Stanz- oder Laserschnitt aus den Elektrodenbahnen ausgeschnitten. Die Lage der Ableiter und die Beschichtungsart bestimmen die Kontur des Schnittes (siehe Bild 5.73) [25] [53] [54].

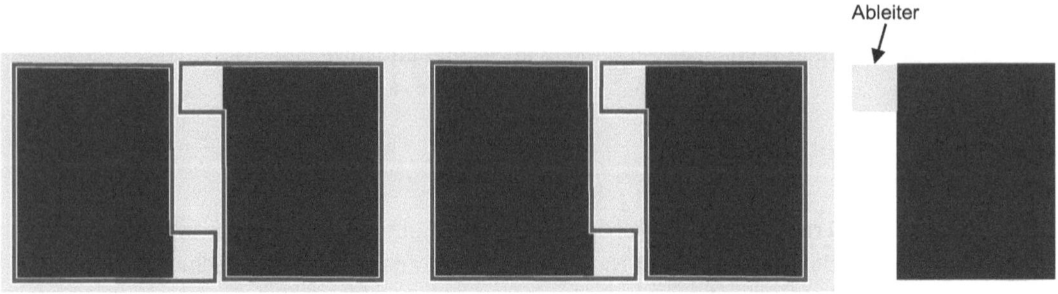

Bild 5.73 Schnittkontur bei einer intermittierend beschichteten Elektrode

In Bild 5.74 links sind die Falten im Übergangsbereich zwischen beschichtetem und unbeschichtetem Bereich am Ableiter zu erkennen. In Bild 5.74 rechts wird gezeigt, dass die beschichtete Fläche etwas größer ist, sodass nach dem Ausschneiden ein kleiner Bereich des Ableiters auch noch mit Beschichtungsmasse versehen ist.

Bild 5.74 Elektrodenblätter für eine PHEV2-LIB, Laserschnitt, © Bild: VW-VM-Forschungsgesellschaft mbH, Quelle: [55]

Bei der Auslegung der Elektroden und des dazugehörigen Produktionsprozesses muss immer auch das Ziel sein, die Menge des abzuschneidenden Materials zu verringern, um so Abfall zu reduzieren. Das gilt sowohl für das Schneiden in die Beschichtungsmasse, durch das Beschichtungsmaterial als Abfall entfernt wird, als auch für die Auslegung der unbeschichteten Bereiche. Eine Kante der Beschichtung mit einem starken Kantenabfall oder einer starken Kantenüberhöhung ist abzuschneiden und verursacht mehr Abfall als eine Kante mit besseren Parametern. Bild 5.75 rechts zeigt einen größeren abzutrennenden Bereich der Beschichtung aufgrund der Kantenüberhöhung. Als Vergleich dazu erkennt man in Bild 5.75 links den kleineren Bereich und den damit verbundenen geringeren Abfall. Dieser Aspekt besitzt eine signifikante Auswirkung auf die wirtschaftliche Effizienz der LIB-Fertigung und fällt damit unter das Kriterium „Ressourcenschonung“.

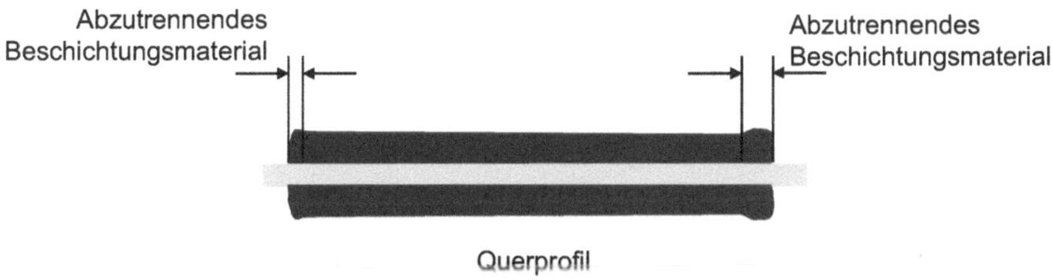

Bild 5.75 Abzutrennendes Beschichtungsmaterial bei unterschiedlichen Kantenausprägungen

Beim Stanzen von Elektroden werden Schneidwerkzeuge, die die Außenform des auszuschneidenden Werkstücks darstellen, sowie die dazugehörige Matrize eingesetzt. Das Ausschneiden mit Schneiden mit geschlossener Schnittlinie stellt die Außenform der auszuschneidenden Elektrode dar. Das Elektrodenband wird auf die Schneidplatte oder Matrize gebracht, dort gehalten und im Scherschnitt zwischen Schneidwerkzeug und Matrize getrennt [38]. Der Schneidspalt stellt einen wichtigen Prozessparameter dar, der die Schnittqualität maßgeblich bestimmt. Abschnitt 5.5.2 behandelt die für den mechanischen Schnitt relevanten Prozessparameter.

Abschnitt 5.5 beschreibt das Laserschneiden mit den dazugehörigen Parametern. Beim Ausschneiden der Kontur im Laserschnitt sollte die Schneidkontur mit einem aufgelegten Kanal gegen das Umfeld abgeschlossen werden. Die Abdeckung fixiert die Elektrode während des Schneidens. Der Absaugkanal dient der Reduzierung des abzusaugenden Luftvolumens und dem sicheren Abtransport der in Abschnitt 5.5.4 beschriebenen möglichen Schadstoffe (siehe Bild 5.76). Für solche Schneidaufgaben gibt [56] eine Schnittgeschwindigkeit von bis zu 1200 mm/s an.

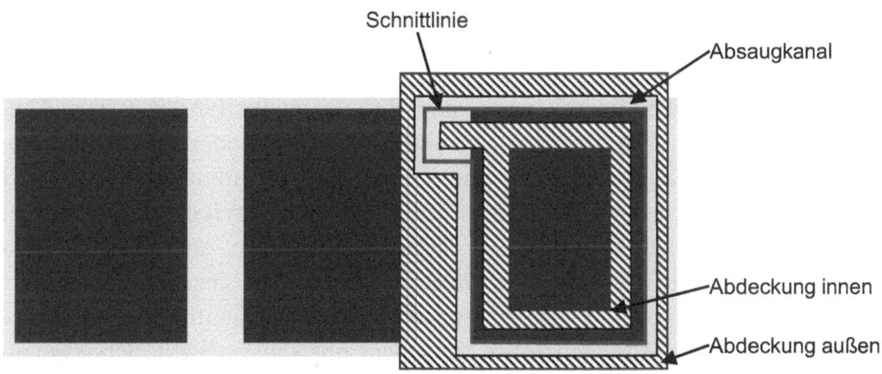

Bild 5.76 Absaugkanal beim Laserschneiden von Elektroden

Nach dem Vereinzeln nimmt ein Manipulatorarm oder Ähnliches die ausgeschnittenen Elektrodenblätter auf und legt sie in einem Magazin oder Transportmagazin ab.

Beim Rotationsschneiden, wie in Bild 5.77 schematisch dargestellt, kommen rotierende Messer zum Einsatz, die auf einer Walze montiert sind. Die Messer aus Hartmetall oder Stahl können konturiert sein. Die Elektroden, die aus den Elektrodenbändern ausgeschnitten werden sollen, werden zwischen einer rotierenden Schneidwalze und einer Gegenschneidwalze (oder Anpresswalze) hindurchgeführt. Durch die rotierende Bewegung der Messer erfolgt ein kontinuierlicher, gleichmäßiger Schnitt.

Die Gegenschneidwalze sorgt dafür, dass die zu schneidenden Elektroden unter gleichmäßigem Druck mit der Schneidwalze in Kontakt bleibt. Das zu schneidende Elektrodenband bewegt sich kontinuierlich zwischen den beiden Walzen. Durch die Rotation der Messer entstehen Längs- oder Querschnitte im Elektrodenmaterial.

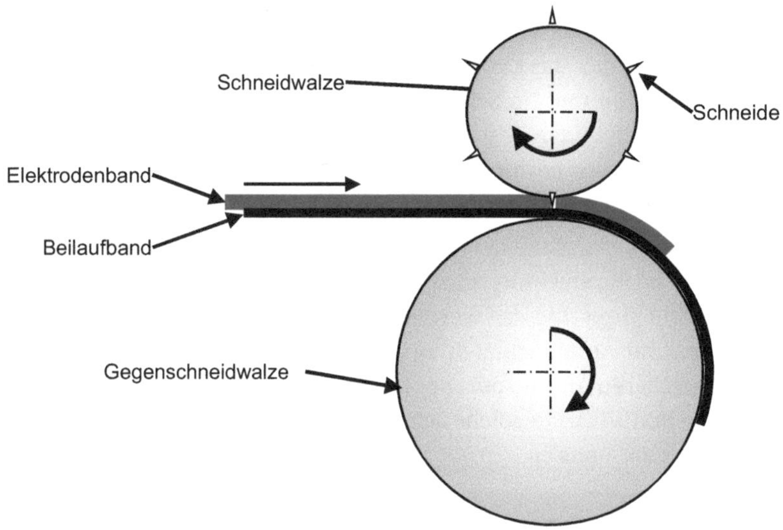

Bild 5.77 Rotationsschneiden – schematische Darstellung

Das Rotationsschneidverfahren ist ein mechanisches Schneidverfahren, das im Keilschnitt arbeitet. Das Verfahren wird in der Verpackungsindustrie oder bei der Blechteilherstellung erfolgreich eingesetzt. Das Schneiden von Elektrodenfolien im Keilschnitt erfordert eine federnde oder weiche Gegenfläche. Dies kann durch eine mit weichem Material wie beispielsweise Gummi belegte Gegenwalze erfolgen. Alternativ kann ein zusätzliches weiches Band unter der Elektrode in die Rotationsstanzmaschine geführt werden. Mit jedem neuen Schnitt wird ein neuer Bereich des Beilaufbandes als Gegenfläche bereitgestellt. Diese Vorgehensweise ermöglicht eine konstante gute Schnittqualität, verursacht aber durch das zusätzliche Verbrauchsmaterial in Form des Beilaufbandes höhere Kosten.

Durch die kontinuierliche Rotation können hohe Produktionsgeschwindigkeiten oder Produktionsraten erreicht werden. Die Präzision der Schneiden auf der Schneidwalze und deren Verschleißzustand bestimmen die Genauigkeit der Schnitte.

Um das Vereinzeln zu beschleunigen, wurden weitere Verfahren entwickelt. [57] schlägt ein Kernelement vor, bestehend aus 4 verstellbaren Handhabungselementen, die das Elektrodenband durch Unterdruck auf einem Handhabungselement festhalten (siehe Bild 5.78). Durch das Drehen des Kernelements wird das Elektrodenband so weit abgespult, wie das Elektrodenblatt lang sein muss, und anschließend auf das Messer auf dem Handhabungselement gedrückt und damit geschnitten. Die Formatflexibilität wird durch eine radiale Verstellbarkeit der Handhabungselemente im Kernelement realisiert.

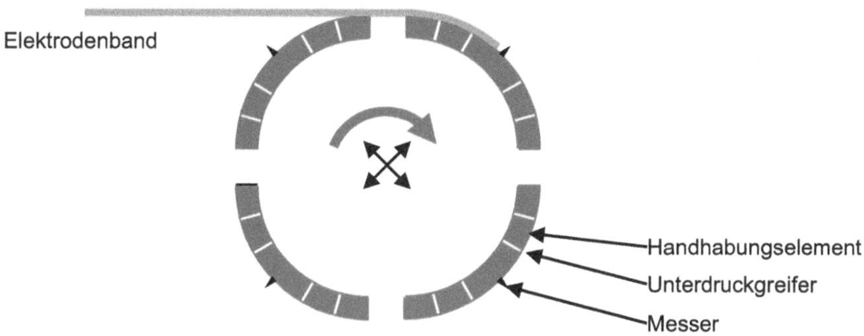

Bild 5.78 Kernelement für die formatvariable Herstellung von Elektrodenblättern, in Anlehnung an [57]

Die Herstellung von Wickelzellen oder Rundzellen erfordert entsprechend lange Elektrodenstreifen zur Bildung des A-S-K-Verbundes. Benötigt der Prozessschritt „Elektroden wickeln“ (siehe Abschnitt 6.1.1.1 oder Abschnitt 6.1.1.2) auf Länge geschnittene Elektrodenbänder, so werden diese anlog zu der hier beschriebenen Vorgehensweise für Elektrodenblätter geschnitten. Anderenfalls findet der Prozess des Vereinzelns der Elektroden direkt in den Wickelprozess integriert statt. Daher entfällt für diese LIB mit dem A-S-K-Verbund in Form eines Wickels oder Flachwickels das Vereinzeln in einzelne Elektrodenblätter. Aus dem Doppelband wird ein Einzelband erzeugt und dem Prozessschritt „Elektroden wickeln“ zugeführt. Die Anlage zum Wickeln des A-S-K-Verbunds beinhaltet auch die Schneidevorrichtung für das Vereinzeln der Elektrodenbänder.

5.8.1 Parameter Zwischenprodukt

Die Parameter des in diesem Prozessschritt zu verarbeitenden Materials werden in Abschnitt 5.5.1 beschrieben.

5.8.2 Parameter Prozess

Die Parameter dieses Prozessschrittes werden in Abschnitt 5.5.2 beschrieben.

5.8.3 Parameter Produkt

Die Parameter des in diesem Prozessschritt produzierten Materials oder Zwischenprodukts werden in Abschnitt 5.5.3 dargestellt.

5.8.4 Parameter Umfeldbeeinflussung

Beim mechanischen Schnitt entstehen Partikel und Staub, der Material aus der Beschichtung der Elektroden enthält. Speziell beim Schneiden von Kathoden entstehen Partikel oder Staub, die als A-Staub zu den Gefahrstoffen gehören. Beim Einlegen der Elektrodenblätter in die Transportmagazine können die Kanten der Elektrodenblätter an den Wänden des Transportmagazins reiben und damit Partikel aus den Kanten der Beschichtung herauslösen und so auch als freie Partikel oder Staub in das Umfeld gelangen. Die Aktivmasse der Elektroden beinhaltet typischerweise Nickel oder Kobalt (siehe Abschnitt 4.2). Hierbei handelt es sich um KMR-Stoffe, die als A-Staub von Menschen aufgenommen werden können.

Da die Partikel in diesem Prozessschritt in unterschiedlichen Größen vorliegen, sollten beispielsweise Bürsten mit einer kombinierten Absaugung diese Materialien sicher von den Schnittkanten entfernen, sammeln und abtransportieren.

Lösungsmittelreste könnten noch aus der Aktivmasse austreten. Erfahrungsgemäß handelt es sich jedoch hierbei um geringste Mengen.

Beim Laserschneiden verdampft ein Teil des aufgeschmolzenen Materials der Elektrode. Neben den vorangehend erwähnten Metallkomponenten enthält dieser Rauch auch noch Reaktionsprodukte aus der Verbrennung des Binders oder des Kohlenstoffs. Auch dieser Rauch ist abzusaugen und vor einer Freisetzung zu filtern.

5.8.5 Abfälle

Wenn die Schneideanlage in diesem Prozessschritt Bereiche der Elektrodenfolie abschneidet, die nicht in der LIB eingebaut werden, fallen diese als Abfall an. Die abgeschnittenen Bereiche der Elektroden müssen sicher und ohne Beeinträchtigung des restlichen Prozesses aus der Anlage entfernt und gesammelt werden. Alle diese Maßnahmen fallen unter das Kriterium „Ressourcenschonung". Der sichere und staubfreie Abtransport des Abfalls stellt eine Herausforderung bei der Konstruktion der Anlagen dar.

Der angefallene Abfall ist vorschriftengerecht zu entsorgen. Diese abgeschnittenen Bereiche der Elektrodenfolie enthalten neben dem wiederverwertbaren Metall auch teilweise Aktivmasse. Die könnte bei unsachgemäßer Behandlung A-Stäube freisetzen. In diesem Fall wäre der Abfall als Gefahrstoff zu behandeln.

5.8.6 Transport

Dieser Prozessschritt erzeugt die einzelnen Elektrodenblätter, die in Transportmagazinen eingelagert werden. Diese Transportmagazine sollten vor ihrem Weitertransport zum nächsten Prozessschritt verschlossen und gesichert werden. Damit wird ein möglicher Eintrag von Partikeln aus der Umgebung auf die Elektroden verringert oder vermieden. Gleichzeit dient die mechanische Sicherung der Elektrodenblätter der Vermeidung von Relativbewegungen zwischen Elektrodenblättern und Transportmagazin. Diese Relativbewegung kann in verstärktem Maße kleine Partikel oder Staub von der Beschichtungsmasse erzeugen.

Literatur

[1] *Verband der Automobilindustrie e. V.:* Prüfung der Technischen Sauberkeit. Berlin 2014

[2] *Ausschuss für Gefahrstoffe:* TRGS 510, Lagerung von Gefahrstoffen. Ausgabe: Dezember 2020. GMBl 2021, Nr. 9 – 10, 16.02.2021, S. 178 – 216. *www.baua.de/DE/Angebote/Regelwerk/TRGS/TRGS-510* (abgerufen am 19.11.2024)

[3] *Deutsche Gesetzliche Unfallversicherung (DGUV):* Lagerung von Gefahrstoffen. DGUV Information 213-084. 08/2023. *publikationen.dguv.de/regelwerk/dguv-informationen/2933/lagerung-von-gefahrstoffen* (abgerufen am 27.01.2025)

[4] *Prasanna, K./Changwoo, L.:* Physical, thermal, and electrochemical characterization of stretched polyethylene separators for application in lithium-ion batteries. In: Journal of Solid State Electrochemistry 17, May 2013, pp. 1377 – 1382

[5] Gabler Wirtschaftslexikon. 12. Auflage. Gabler, Wiesbaden 1988

[6] *Deutsche Gesetzliche Unfallversicherung (DGUV):* Lagerung von Gefahrstoffen. DGUV Information 213-084. 08/2023. *publikationen.dguv.de/regelwerk/dguv-informationen/2933/lagerung-von-gefahrs toffen* (abgerufen am 27.01.2025)

[7] *Kraume, M. (Hrsg.):* Transportvorgänge in der Verfahrenstechnik. 3. Auflage. Springer Vieweg, Berlin 2020

[8] *Kraume, M.:* Rühren und Mischen. WILEY-VCH Verlag, Weinheim 2003

[9] *Holl, K./Schreiber, W./Pompetzki, M./Schebesta, S./Huth, A.:* Entwicklung einer Fertigungsmethodik für neuartige Hochenergiebatteriezellen zur Erprobung der Technologie für eine spätere Großserienfertigung in Deutschland. Ellwangen 2014

[10] *Schünemann, J.-H.:* Modell zur Bewertung der Herstellkosten von Lithiumionenbatteriezellen. Sierke Verlag, Göttingen 2015

[11] *Europäische Kommission:* Verordnung (EU) 2018/588 der Kommission vom 18. April 2018 zur Änderung von Anhang XVII der Verordnung (EG) Nr. 1907/2006 des Europäischen Parlaments und des Rates zur Registrierung, Bewertung, Zulassung und Beschränkung chemischer Stoffe (REACH) in Bezug auf 1-Methyl-2-pyrrolidon. Brüssel 2018

[12] *Inoue Mfg., Inc.:* Trimix. 2025. *www.inouemfg.com/en/products/?id=1573629834-290717&ca=81* (abgerufen am 24.11.2024)

[13] *Grote, F./Feldhusen, J. (Hrsg.):* Dubbel. Taschenbuch für den Maschinenbau. 23. Auflage. Springer Verlag, Berlin 2011

[14] *Kaiser, J./Wenzel, V./Nirschl, H./Bitsch, B./Willenbacher, N./Baunach, M./Schmitt, M./Jaiser, S./Scharfer, P./Schnabel, W.:* Prozess- und Produktentwicklung von Elektroden für Li-Ionen-Zellen. In: Chemie Ingenieur Technik Journal 2014, pp. 1 – 13

[15] *Kim, K. M./Jeon, W. S./Chung, I. J./Chang, S. H.:* Effect of mixing sequences on the electrode characteristics of lithium-ion rechargeable batteries. In: Journal of Power Sources 83 (1 – 2), October 1999, pp. 108 – 113

[16] *Wang, M./Dang, D./Meyer, A./Arsenault, R./Cheng, Y.-T.:* Effects of the Mixing Sequence on Making Lithium Ion Battery Electrodes. In: Journal of The Electrochemical Society 167 (10), June 2020, 100518

[17] *Gillert, M.:* Breitschlitzdüse mit Diffusor für massenstrom-, viskositäts- und geschwindigkeitsunabhängige Querverteilungsqualität des Beschichtungsmediums auf dem Trägermedium (Folie, Papier, Textil, Nonwoven, Glas, etc.). 2016. *https://de.wikipedia.org/wiki/Datei:Diffusor-Breitschlitzd%C3%BCse.jpg*

[18] *Aydin, A. Ö./Zajonz, F./Dermeci, K. B./Berecibar, M./Urrutia, L.:* Lithium-Ion Battery Manufacturing. Industrial View on Processing Challenges, Possible Solutions and Recent Advances. In: Batteries 2023, 9 (11), 555. *www.mdpi.com/2313-0105/9/11/555* (abgerufen am 18.02.2025)

[19] *Guangdong Lyric Robot Automation Co., Ltd:* Double-layer high-speed wide coating machine. 2025. *en.lyric-robot.com/solutiondetail-5-2-55-1.html* (abgerufen am 25.02.2025)

[20] M. Gotterbarm, Jagenberg Converting Solutions GmbH, 2025

[21] *Heimes, H. H.:* Methodik zur Auswahl von Fertigungsressourcen in der Batterieproduktion. Dissertation. RWTH Aachen 2014

[22] *Liu, Y./Zhang, R./Wang, J./Wang, Y.:* Current and future lithium-ion battery manufacturing. In: iScience Volume 24, Issue 4, 23 April 2021, 102332. *www.sciencedirect.com/science/article/pii/S258900422100300X* (abgerufen am 18.02.2025)

[23] *Hawley, B./Li, J.:* Electrode Manufacturing for Lithium-Ion Batteries. Analysis of Current and Next Generation Processing. Elsevier, 2019

[24] *Gaugler, A./Huth, A./Schreiber, W./Wroblewski, M.:* Verfahren und Vorrichtung zur thermischen Behandlung eines Elektrodenfilms auf einem metallischen Stromkollektor. Patent-Nr. EP 3 439 079. 29.05.2018

[25] *RWTH Aachen/VDMA:* Produktionsprozess einer Lithium-Ionen-Batteriezelle. 2023

[26] *Laserline GmbH:* Diode Laser Drying of Electrodes for Lithium Ion Batteries. Mühlheim-Kärlich/Aachen 2023

[27] *Holl, K./Schreiber, W./Huth, A./Pompetzki, M./Schebesta, S.:* Erforschung neuartiger langlebiger Zellchemien und umweltfreundlicher Prozesse für Lithium-Ionen-Batteriezellen für die stationäre Energiespeicherung in Deutschland (LiSta). Ellwangen 2018

[28] *Luo, H./Zhu, J./Sahraei, E./Xia, Y.:* Adhesion strength of the cathode in lithium-ion batteries under combined tension/shear loadings. In: RSC Adv. 2018, 8, pp. 3996 – 4005. *pubs.rsc.org/en/content/articlehtml/2018/ra/c7ra12382e?utm* (abgerufen am 08.05.2025)

[29] *Anton Paar GmbH:* Leitfaden zur Materialcharakterisierung von Batterien. Graz

[30] *Anton Paar GmbH:* Adhesion of coatings in Li-ion battery electrodes by scratch test. Graz

[31] *Niemann, G. (Hrsg.):* Maschinenelemente I. 2. Auflage. Band I. Springer Verlag, Berlin 1981

[32] *Zebra Technologies Corp.:* Deep Learning Machine Vision. In: VDI-Z, Nr. 10, 2024, S. 30 – 31

[33] *Metrohm Deutschland GmbH & Co. KG:* Water in lithium ion battery materials. Application Bulletin 434/1e. Filderstadt 2019

[34] *Mohacsi, J./Ly, K./Birg, M./Scharfer, P./Schabel, W.:* In-line monitoring of a multi-stage drying process for battery electrodes. Vol. 1—applying methods of scattered light measurement. In: The European Physical Journal Special Topics, 29.11.2024

[35] *Mohacsi, J./Ly, K./Hohlweck, J./Scharfer, P./Schabel, W.:* In-line monitoring of a multi-stage drying process for battery electrodes. Vol. 2—advancing measurement techniques with chromatic confocal sensors. In: The European Physical Journal Special Topics, 13.05.2025

[36] *Ion Science Ltd.:* Methyl-2-pyrrolidinone, N-. 2025. *ionscience.com/en/gases/nonanal* (abgerufen am 11.02.2025)

[37] *Korthauer, R. (Hrsg.):* Handbuch Lithium-Ionen-Batterien. Springer Vieweg, Berlin/Heidelberg 2013

[38] *Sachnik, P. (Hrsg.):* Methodik für gratfreie Schnittflächen beim Scherschneiden. Dissertation. Lehrstuhl für Umform- und Gießereitechnik, TU München 2016

[39] *Reiser, J.:* Information der Firma Precitec GmbH & Co. KG. Gaggenau 2024

[40] *Guangdong Lyric Robot Automation Co., Ltd.:* Integrated Laser Notching and Slitting Machine. 2025. *en.lyric-robot.com/solutiondetail-5-2-57-1.html* (abgerufen am 25.02.2025)

[41] *Sailer, M./Fehrenbach, A./Kumkar, M./Rosowski, A./Gabzdyl, J.:* Laserschneiden von Batteriefolien mit gepulsten Lasersystemen. Hochschule Mittweida 2023. *monami.hs-mittweida.de/frontdoor/index/index/start/6/rows/10/sortfield/score/sortorder/desc/searchtype/simple/query/laserschneiden/docId/14794* (abgerufen am 12.02.2025)

[42] *Bold, B./Fleischer, J.:* Kalandrieren von Elektroden für Li-Ionen-Batterien. In: Zeitschrift für wirtschaftlichen Fabrikbetrieb, Band 113, Heft 9, 25.09.2018, S. 572 – 575

[43] *VDMA Batterieproduktion:* Roadmap Batterie-Produktionsmittel 2023. Frankfurt 2020

[44] *Schmitt, M.:* Slot die coating of lithium-ion battery electrodes. Karlsruher Institut für Technologie (KIT), Karlsruhe 2016

[45] *Abdollahifar, M./Cavers, H./Scheffler, S./Diener, A./Lippke, M./Kwade, A.:* Insights into Influencing Electrode Calendering on the Battery Performance. In: Advanced Energy Materials 13, 2023, p. 34

[46] *Kößler, F./Hertweck, R./Fleischer, J.:* Wechselwirkungserfassung zwischen Walzenrundlauf und Elektrodendicke. In: WT Werkstattstechnik, Bd. 113, Nr. 11 – 12, 2023, S. 469 – 474

[47] *Bold, B.:* Kompensation der Wrinkle-Bildung beim Kalandrieren von Lithium-Ionen-Kathoden. Dissertation. Shaker Verlag, Düren 2023

[48] *Breyer GmbH Maschinenfabrik:* BREYER IONPress. Kalander-Technologie. 2025. *www.breyer-energy.com/index.php?id=146&line=10&L=1* (abgerufen am 30.09.2024)

[49] *Meyer, C./Bockholt, H./Haselrieder, W./Kwade, A.:* Characterization of the calendering process for compaction of electrodes for lithium-ion batteries. In: Journal of Materials Processing Technology 11, 2017, pp. 172 – 178

[50] *Breyer GmbH Maschinenfabrik:* Neue closed-loop Dickenregelung mit Inline-Dickenmessung. 2025. *www.breyer-extr.com/ct/page.php?p=bnewsletter&m=campaigns&show=1211&user=FFMgI* (abgerufen am 06.03.2025)

[51] *Holl, K./Schreiber, W./Pompetzki, M./Schebesta, S./Schrader, M./Huslage, J./Badillo Jimenez, J. P./Winter, M.:* Erforschung von Nano-Silizium-Kohlenstoff-Kompositmaterialien und Batteriezellen-Designs für leistungs- und wettbewerbsfähige Lithium-Ionen-Zellen für CO_2-arme automobile Anwendungen. Ellwangen 2014

[52] *Haselrieder, W./Ivanov, S./Christen, D. K./Bockholt, H./Kwade, A.:* Impact of the Calendering Process on the Interfacial Structure and the Related Electrochemical Performance of Secondary Lithium-Ion Batteries. In: The Electrochemical Society 50 (26), July 2013, pp. 59 – 70

[53] *Haag, S.:* Entwicklung eines Verfahrensablaufes zur Herstellung von Batteriezellstapeln mit großformatigem, rechteckigem Stapelformat und kontinuierlichen Materialbahnen. Shaker Verlag, Düren 2020

[54] *Kurzweil, P./Dietlmeier, O. K.:* Elektrochemische Speicher. Springer Vieweg, Wiesbaden 2018

[55] *VW-VM Forschungsgesellschaft mbH & Co. KG:* Forschungen zu innovativen Hochenergie-Zellchemien und ressourceneffizienten Darstellungsprozessen für Lithium-Ionen-Batteriezellen für mobile Anwendungen in Deutschland. Ellwangen 2017

[56] *RWTH Aachen/VDMA:* Produktionsprozess einer Lithium-Ionen-Batteriezelle. 2015

[57] *Weinmann, H./Töpper, H.-C./Fleischer, J.:* Coil2Stack. Ein innovatives Verfahren zur formatflexiblen Batteriezellherstellung. In: Zeitschrift für wirtschaftlichen Fabrikbetrieb, Nr. 115, 2020, S. 241 – 243

6 Produktionsprozess Zelle

In Kapitel 5 wurden die Prozessschritte zur Produktion und Bereitstellung der Anoden- und Kathodenelektroden vorgestellt. In diesem Kapitel wird der Produktionsprozess der Zellen erläutert. In diesem Fertigungsabschnitt werden die Anodenelektroden, die Kathodenelektroden und ein dazwischenliegender Separator zum A-S-K-Verbund zusammengebaut. Des Weiteren werden die A-S-K-Verbunde kontaktiert und in die Zellgehäuse eingebaut. Alle folgenden Prozessschritte beziehen sich dann auf die Vervollständigung des Zellgehäuses zur funktionsfähigen LIB. Die Abfolge der erforderlichen Prozessschritte variiert je nach Zellgehäuseform. Auf Abweichungen der Reihenfolgen oder der Arten der Prozessschritte wird in den Überschriften der Abschnitte hingewiesen.

6.1 Elektroden wickeln oder stapeln

Dieser Prozessschritt stellt aus den bereitgestellten vereinzelten Elektroden und Separatoren den A-S-K-Verbund her. In Abhängigkeit von der Zellbauform kommen unterschiedliche Verfahren zum Einsatz. Der A-S-K-Verbund einer Rundzelle wird im Wickelverfahren hergestellt. Flachwickel oder Stapel mit unterschiedlicher Führung des Separators bilden den A-S-K-Verbund prismatischer Zellen.

6.1.1 Technologien

6.1.1.1 Rundwickel

Beim Wickeln eines A-S-K-Verbunds werden lange Elektrodenblätter und Separatorblätter mit definierter Länge zu einem Wickel umeinandergewickelt (siehe Bild 6.1). Typischerweise dient ein Separatorblatt als Außenlage des Wickels. Nach innen folgt das Anodenblatt, ein weiteres Separatorblatt und abschließend das Kathodenblatt. Je nach Bauweise kommt ein zusätzlicher Dorn, um den die Blätter gewickelt werden (verlorener Dorn), zum Einsatz oder der Wickel wird um einen Dorn gewickelt, der dann nach dem Wickelprozess herausgezogen wird.

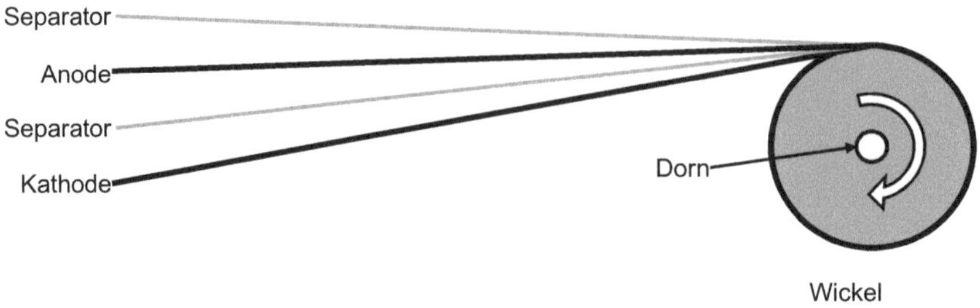

Bild 6.1 Herstellung eines Rundwickels – schematische Darstellung

Je nach Fertigungsart kommen vorkonfektionierte Elektrodenblätter zum Einsatz oder im Fertigungsprozess schneidet eine integrierte Schneideeinrichtung die Blätter aus den Rollen oder Coils mit den Elektroden auf die definierte Länge. Zum Abschluss des Wickelprozesses fixiert ein Klebestreifen die Elektroden, sodass sie sich nicht wieder abwickeln können. Die Taktzeit für den Wickelprozess in der Großserienfertigung für LIB des Formats 18650 oder 21700 beträgt weit weniger als 2 Sekunden pro Wickel. Es handelt sich damit um einen sehr schnellen und damit produktiven Produktionsprozess. [1] gibt für eine Wickelmaschine eine Geschwindigkeit von 3 m/s bei einer Fertigungskapazität von mehr als 12 A-S-K-Verbünden pro Minute an.

Vor dem Wickeln der Elektroden werden ein oder zwei Ableiter an die jeweilige Elektrode angeschweißt. Dazu kann die Beschichtung an den Schweißstellen bis auf die Metallfolie entfernt werden, sodass eine Stelle ohne Beschichtung entsteht, an der der Ableiter dann angeschweißt wird.

6.1.1.2 Flachwickel

Bei der Herstellung eines Flachwickels führt die Wickelmaschine dem Wickelprozess wie beim Rundwickel vier Bahnen (zwei Bahnen Separator, eine Bahn Anode, eine Bahn Kathode) von Rollen zu. Die Reihenfolge der Bahnen entspricht der beim Wickeln von Rundzellen. Die Bahnen werden hierbei nicht von einem runden Dorn aufgenommen, sondern von einem flachen mehrgliedrigen Wickelschwert. Das Wickelschwert klemmt den Anfang der Bahnen zwischen seinen Gliedern fest und beginnt anschließend mit der Drehbewegung. Die vier Zungen des Wickelschwertes sind einzeln beweglich, sodass die Elektrodenbahnen beziehungsweise die Separatoren gegriffen werden können. Bild 6.2 zeigt die vier Teile des Wickelschwertes und Bild 6.3 verdeutlicht die unterschiedlichen Positionen der Zungen des Wickelschwertes zu Beginn des Wickelprozesses.

Bild 6.2 Zungen des Wickelschwertes. © Bild: VW-VM-Forschungsgesellschaft mbH

Das Wickelschwert wickelt die vier übereinandergelegten Bahnen aus Elektroden und Separatoren zum Flachwickel auf. Nachdem die erforderliche Anzahl Windungen erreicht wurde, trennt eine Schneideeinrichtung die einzelnen Bahnen ab. Wurden dem Wickelprozess fertige Elektrodenblätter zugeführt, entfällt der Schneideprozessschritt. Klebebänder sichern den Wickel gegen das Aufspringen.

Die Höhe des Wickels bestimmt die Länge des Wickelschwertes. Im Falle einer LIB im Format PHEV2 beträgt die Höhe des Wickels ungefähr 80 mm, was eine Länge des Wickelschwertes von ungefähr 100 mm erfordert (siehe Bild 6.19).

Bild 6.3 Wickelschwert bei der Herstellung eines Flachwickels, © Bild: VW-VM-Forschungsgesellschaft mbH, Quelle: [2]

Die Ableiter können in diesem Fall aus dem unbeschichteten seitlichen Rand der beiden Elektrodenbänder während der Zuführung zum Wickeln herausgeschnitten werden. Bild 6.4 zeigt diese Funktion in einer Wickelmaschine für Flachwickel. Es handelt sich hierbei um eine Kombination der Prozessschritte „Elektroden längs schneiden" (siehe Abschnitt 5.5), „Elektroden quer schneiden, vereinzeln" (siehe Abschnitt 5.8) und „Elektroden wickeln". Da es sich bei den Konturen nicht ausschließlich um gerade Schnitte handelt, kommen hier Schneidlaser zum Einsatz.

Jede Windung einer Elektrodenbahn erhält so einen oder zwei Ableiter. Damit die Ableiter im fertigen Zustand des Flachwickels übereinander liegen, vergrößert sich der Abstand zwischen den Ableitern in den Bereichen der Elektrode, die umgebogen werden, von Windung zu Windung.

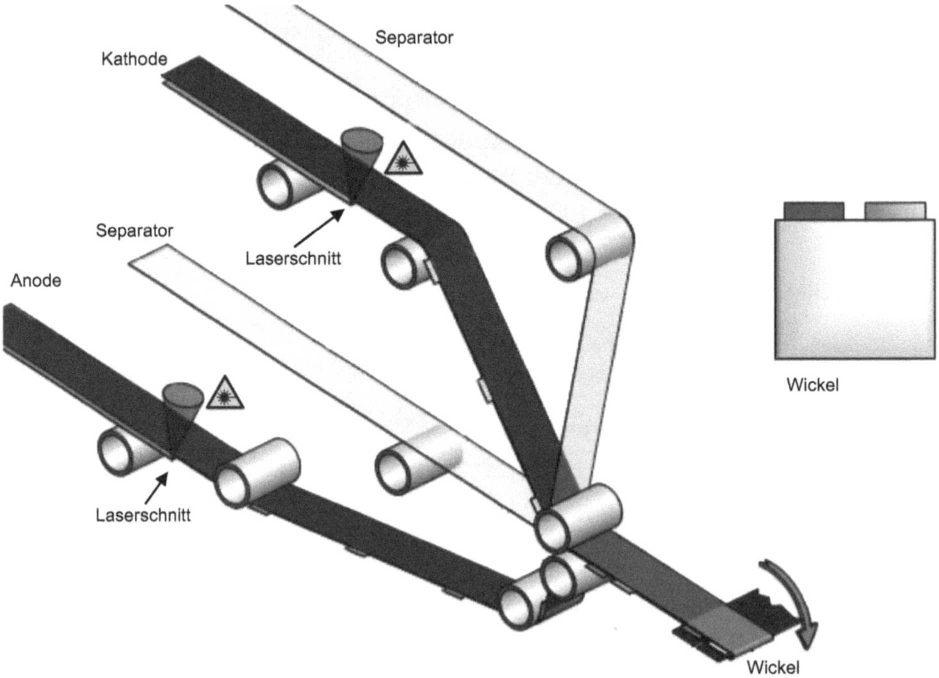

Bild 6.4 Herstellung des Flachwickels mit ausgeschnittenen Ableitern, © Bild: VW-VM-Forschungsgesellschaft mbH

Der Vorteil der Flachwickel besteht darin, dass unterschiedliche Positionen und Ausrichtungen der Ableiter einfach realisiert werden können. Bild 6.5 zeigt Flachwickel mit eng beieinanderliegenden oder weit auseinanderliegenden Ableitern auf einer Seite des Flachwickels sowie einen Flachwickel mit gegenüberliegenden Ableitern.

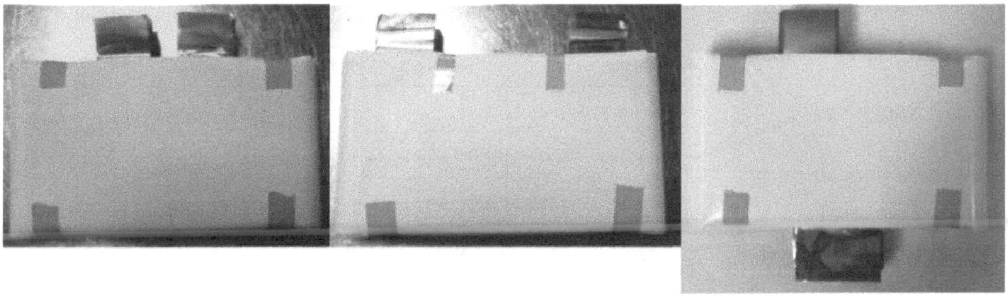

Bild 6.5 Unterschiedliche Positionen und Ausrichtungen der Ableiter beim Flachwickel, © Bild: VW-VM-Forschungsgesellschaft mbH

Auch kleine Verbundfolienzellen mit einer Kapazität von 1 bis 2 Ah haben Flachwickel als A-S-K-Verbund verbaut. Für diesen Anwendungsfall spricht die hohe Fertigungsgeschwindigkeit solcher LIB. Die entspricht ungefähr der der rollenförmigen Wickel. Bild 6.6 zeigt einen solchen Flachwickel für eine kleine LIB. Auch hierbei sind schon die Dichtstreifen auf den Ableitern zu erkennen (siehe Abschnitt 6.4.1.2).

Bild 6.6 Flachwickel für Verbundfolienzelle

6.1.1.3 Stapeln

Beim Stapeln der Komponenten des A-S-K-Verbunds werden einzelne Elektrodenblätter und Separatorblätter in definierter Reihenfolge übereinandergestapelt (siehe Bild 6.7). Jeweils ein Anodenblatt, ein Separatorblatt und ein Kathodenblatt werden aufeinander positioniert. Hierbei sind die Anoden- und Kathodenblätter beidseitig beschichtet.

Allerdings besitzen die einzelnen Blätter unterschiedliche Größen. Das bedeutet, dass die Blätter nicht über ihre Außenkanten zueinander positioniert werden können. Der Mittelpunkt oder der Flächenschwerpunkt der einzelnen Blätter bildet den Referenzpunkt, zu dem alle Blätter auszurichten sind.

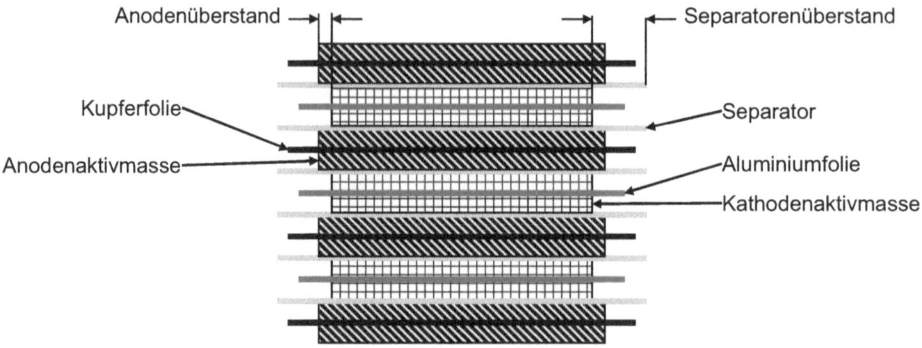

Bild 6.7 A-S-K-Verbund, Einzelblattstapel – Seitenansicht

Typischerweise ist die Anode größer als die Kathode und der Separator ist größer als die beiden Elektroden (siehe Bild 6.8). Kapitel 2 erläutert die Notwendigkeit dieser beiden Überstande: Separatorüberstand und Anodenüberstand. Die Toleranz der Positionen der drei unterschiedlichen Blätter zueinander beträgt ±0,1 mm bis ±0,15 mm [3].

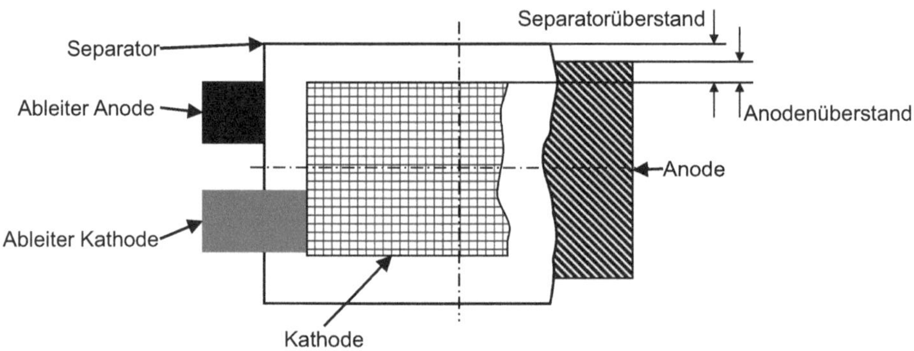

Bild 6.8 Anordnung der Elektroden im A-S-K-Verbund – Draufsicht

Ein typischer Prozessablauf zum Herstellen eines Stapels bei Einzelblattstapeln, wie in Bild 6.9 dargestellt, läuft wie folgt ab:

- Bereitstellung der Sorten der Blätter in Magazinen
- Entnahme jeweils eines Blattes in der gewünschten Reihenfolge aus den Magazinen meist durch Saugheber
- Ermittlung der relativen Position des Blattes zum Saugheber des Manipulatorarms durch ein optisches Messsystem
- Ermittlung eventueller Korrekturwerte für gemessene Positionsabweichungen

- Anfahren der Position auf dem Stapel mit dem Manipulatorarm und dem Saugheber
- Ablegen des Blattes auf dem Stapel
- Klemmung der positionierten Blätter auf dem Stapel

Die Fixierung der positionierten Elektrodenblätter durch Klemmarme oder Haltefinger stellt sicher, dass sich während der nächsten Stapeloperation die schon positionierten Elektrodenblätter nicht mehr verschieben.

Nachdem alle Blätter zum vollständigen Stapel aufeinander abgelegt wurden, ist der A-S-K-Verbund fertiggestellt. Ein Streifen Klebeband fixiert den Stapel. Das stellt sicher, dass sich die Blätter nicht mehr gegeneinander bewegen.

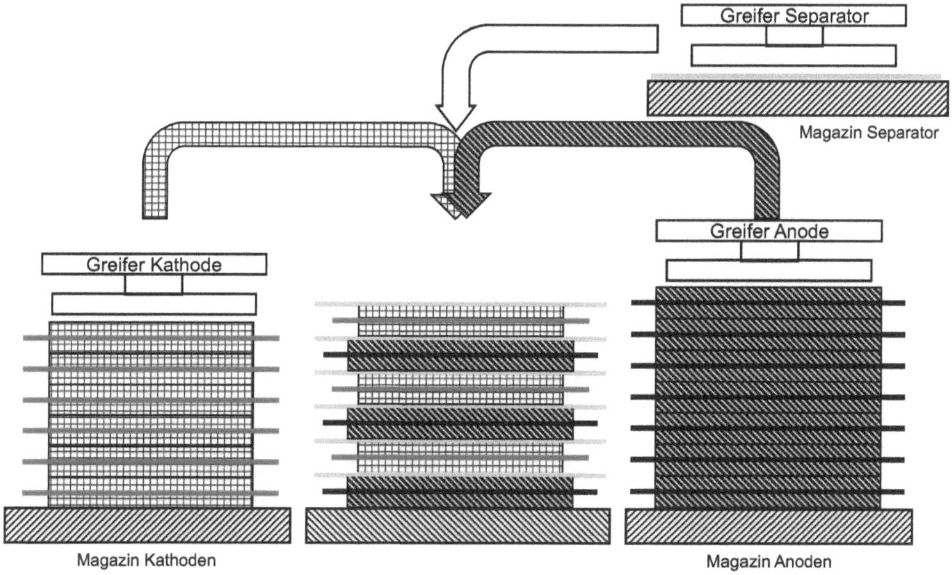

Bild 6.9 Stapeln mit drei Magazinen, Einzelblattstapeln – schematische Darstellung

Bei einem solchen Stapelprozess beträgt die Fertigungszeit weniger als 1 Sekunde pro Blatt. [3] und [4] geben eine Stapelgeschwindigkeit von sogar 0,125 Sekunde pro Blatt an. Hierbei ist zu beachten, dass solche Prozessgeschwindigkeiten eine große Herausforderung für die mechanische Stabilität der Fertigungsanlage darstellen.

Stapel aus kleinen Elektroden mit vielen Elektrodenlagen benötigen daher mehr Fertigungszeit als großflächige Stapel mit weniger Elektroden. Die Fertigungszeit für einen Stapel hängt von der Anzahl der Elektroden ab.

Die Ableiter können theoretisch an jeder der vier Seiten des Stapels angeordnet werden. Damit bietet diese Art der A-S-K-Verbunde die größtmögliche Flexibilität hinsichtlich der Art des Zellgehäuses.

6.1.1.4 Z-Faltung (Z-Folding)

Beim Z-Folding oder der Z-Faltung wird der Stapel auch aus einzelnen Elektrodenblättern erzeugt. Ein zickzackförmiges Separatorgelege zwischen den Elektrodenblättern stellt die Separatorlagen zwischen den Elektroden her. Der Prozess zieht den Separator von einer Rolle ab. Manipulatoren bewegen den Separator über den Stapel, ziehen ihn glatt und halten ihn fest. Anschließend legt der Greifer für eine der Elektroden das entsprechende Elektrodenblatt auf den Stapel. Haltefinger fixieren das Elektrodenblatt auf dem Stapel. Der Manipulator zieht den Separator quer über den Stapel und fixiert ihn (siehe Bild 6.10).

Auch bei diesem Prozess kann von einer Prozesszeit von ungefähr 1 Sekunde pro Elektrodenblatt ausgegangen werden.

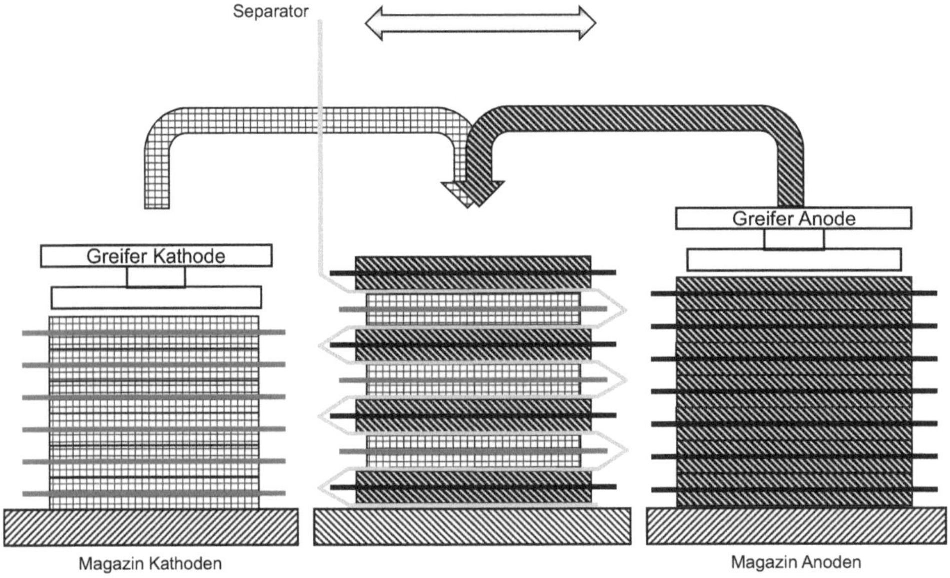

Bild 6.10 Z-Folding – schematische Darstellung

Die Einzelschritte zum Positionieren der Elektrodenblätter beim Z-Folding entsprechen denen, die in Abschnitt 6.1.1.3 für das Einzelblattstapeln beschrieben sind. Die Ableiter können bei dieser Produktionsweise an den beiden gegenüberliegenden Seiten des Stapels herausgeführt werden, an denen sich keine Umlenkung des Separators befindet.

Derzeit basieren die meisten industriell genutzten Stapelanlagen für die Produktion von LIB auf einer solchen Stapeltechnologie. Andere Stapeltechnologien werden untersucht und beforscht.

6.1.1.5 Schneid-Stapeln

Der Standard-Stapelprozess enthält die beiden separaten, sequenziell ausgeführten Prozessschritte „Elektroden quer schneiden, vereinzeln“ (siehe Abschnitt 5.8) und „Stapeln“ (siehe Abschnitt 6.1.1.3). Zum Teilprozessschritt „Stapeln“ gehört auch die Funktion des Orientierens des einzelnen Elektrodenblattes. Diese Aufteilung der einzelnen Prozessschritte erfordert Prozesszeit. Durch ein Zusammenlegen der beiden Teilschritte zum Schneid-Stapeln kann Prozesszeit eingespart werden. Bei dieser Technologie des Schneid-Stapelns wird zunächst das Elektrodenband einem Stanzwerkzeug zugeführt. Das Stanzwerkzeug mit der Außenkontur des auszuschneidenden Elektrodenblattes schneidet das Blatt aus dem Elektrodenband. Dabei hält der Halter das ausgeschnittene Elektrodenblatt in Position und senkt es auf den darunter liegenden Stapel ab [5].

Für Anoden und Kathoden werden zwei nebeneinander positionierte Stanzeinrichtungen eingesetzt (siehe Bild 6.11). Der Stapel bewegt sich nur auf einem Schlitten zwischen den beiden Stanzpositionen hin und her. Der Separator wird zwischendurch über den Stapel gezogen oder es wird ein Separatorblatt mit der gleichen Technologie ausgeschnitten und auf dem Stapel abgelegt. Diese Technologie wurde auch für die Produktion von Sensoren mit aufgeklebten Dehnungsmessstreifen vorgeschlagen [6].

Bei diesem Konzept muss nur einmal die relative Position des Stanzwerkzeugs zum Stapel einjustiert werden. Das aufwendige Vermessen jedes Elektrodenblattes würde entfallen. Anode und Kathode erfordern je eine Schneideeinheit. Das System erfordert weiterhin eine bewegte Mechanik, die die ausgeschnittenen und abgelegten Elektroden fixiert, während die Einheit mit dem Stapel zur nächsten Schneidestation wechselt. Ein Rundtakttisch kann diese Funktion auch bereitstellen. Der Separator muss bei diesem Konzept entweder ausgeschnitten werden oder mit einer entsprechenden Mechanik immer wieder horizontal über den Stapel gezogen werden.

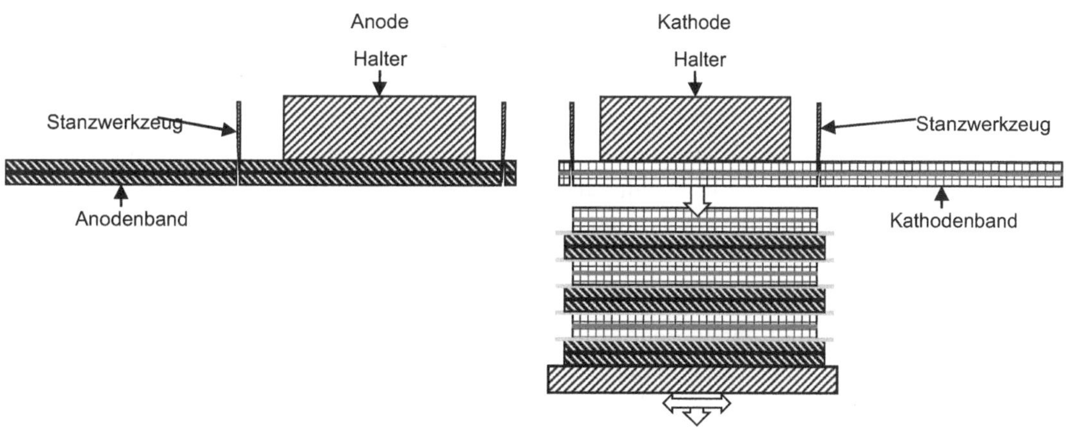

Bild 6.11 Schneid-Stapeln, in Anlehnung an [5]

6.1.2 Parameter Zwischenprodukt

6.1.2.1 Kantenüberhöhung

Tritt bei Elektrodenfolien eine Kantenüberhöhung auf, dann summiert sich diese Erhöhung mit jeder Wickellage bei einem Wickel oder bei jedem Elektrodenblatt beim Stapel weiter auf. Damit kann der maximal zulässige Durchmesser oder die vorgegebene Dicke des A-S-K-Verbunds nicht eingehalten werden. Das verursacht im Prozessschritt „Wickel oder Stapel assemblieren" (siehe Abschnitt 6.4) Probleme beim Einführen des A-S-K-Verbunds in das LIB-Gehäuse. Im ungünstigsten Fall lässt sich der A-S-K-Verbund nicht mehr vollständig in das LIB-Gehäuse einschieben. Lässt sich der A-S-K-Verbund trotz Kantenerhöhungen in das LIB-Gehäuse einführen, dann führen diese Überhöhungen beim Laden der LIB zu einer örtlichen Druckerhöhung aufgrund der Quellung (siehe Abschnitt 2.4) und zu einer erhöhten Gefahr des Dendritenwachstums mit den negativen Folgen für die Sicherheit der LIB. Bild 6.12 zeigt eine solche Situation, aus der die inhomogene spätere Druckverteilung innerhalb der LIB abzuleiten ist.

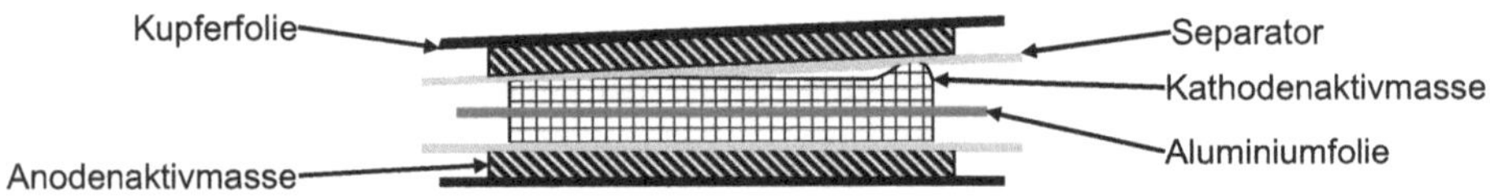

Bild 6.12 A-S-K-Verbund mit Kantenüberhöhung der Kathodenaktivmasse – schematische Darstellung

6.1.2.2 Geometrie der Elektroden oder des Separators

Bei den beiden geometrischen Abmessungen der Elektrodenblätter oder des Separators, nämlich Länge und Breite, können zwei prinzipiell unterschiedliche Situationen entstehen. Ist eines der Maße zu klein, so bedeutet das, dass die Fläche der jeweiligen Elektroden kleiner als vorgegeben ist. Damit reduziert sich die Kapazität der LIB und zugleich verschlechtert sich die Energiedichte der späteren LIB.

Ist eine der Abmessungen zu groß, steigt zwar die Kapazität der späteren LIB, aber mindestens einer der vorgegebenen und für die sichere Funktion der LIB erforderlichen Überstände ist zu klein. Damit kann die Sicherheit der LIB gefährdet sein. Es könnten Kurzschlüsse an den Kanten der Elektrodenblätter auftreten. In Bild 2.3 und Bild 6.8 sind diese Überstände im Soll-Zustand dargestellt.

Bild 6.13 zeigt die Situation eines A-S-K-Verbunds mit einer Kathode, deren Breite größer ist (Breite Kathodenbreite „Ist") als die vorgegebene Breite (Kathodenbreite „Soll"). Bei sonst gleichen Bedingungen reduziert sich der Anodenüberstand von der Soll-Größe zur Ist-Größe. In Bild 6.13 sind die Maßpfeile der Soll-Maße und der Ist-Maße zur besseren Unterscheidung unterschiedlich ausgeführt.

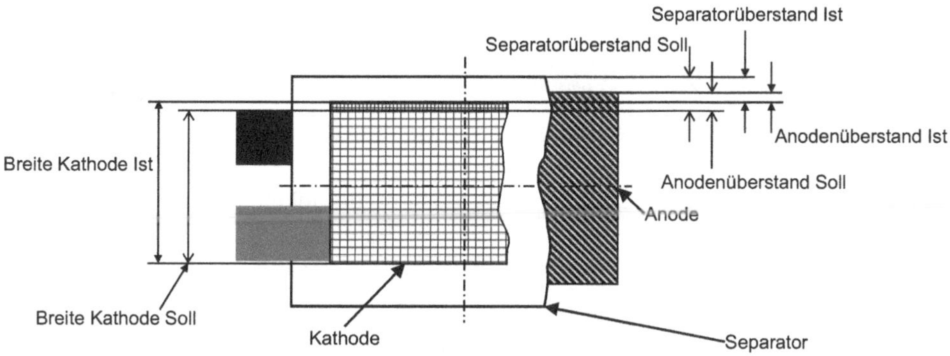

Bild 6.13 Anordnung der Elektroden im A-S-K-Verbund (Kathode breiter als vorgegeben) – Draufsicht

Da im Stapelprozess jedes Elektrodenblatt vor der Positionierung auf dem Stapel einzeln vermessen wird, um es exakt zu positionieren, können dabei auch die Abmessungen des Elektrodenblattes kontrolliert werden. Elektrodenblätter mit Abmessungen, die außerhalb der zulässigen Toleranzen liegen, können damit aussortiert werden.

Die hier dargestellte Situation bei Maßabweichungen der Elektrodenblätter gilt natürlich analog für Abweichungen der Maße des Separators.

6.1.2.3 Elektrodendicke

Die Dicke der Elektroden bestimmt den Durchmesser des in diesem Prozessschritt erzeugten Wickels oder die Dicke des erzeugten Stapels (siehe Abschnitt 6.1.4.1 und Abschnitt 6.1.4.3). Die Dicke der Beschichtung im Prozessschritt „Elektroden beschichten und trocknen" legt diese Elektrodendicke fest (siehe Abschnitt 5.4.3.4). Zwar kann im Prozessschritt „Elektroden kalandrieren" (siehe Abschnitt 5.6) die Dicke der Elektroden noch reduziert werden, aber dem sind auch durch die mechanischen Eigenschaften der Metallfolie Grenzen gesetzt.

6.1.2.4 Kantenabbruch und -ausbruch

Kantenausbrüche oder Kantenabbrüche bezeichnen den Verlust von Material der Beschichtung am Beschichtungsrand. Der Schneidprozess in den Prozessschritten „Elektrode längs schneiden" (siehe Abschnitt 5.5) oder „Elektroden quer schneiden, vereinzeln" (siehe Abschnitt 5.8) kann solch einen Materialverlust verursachen.

Prinzipiell gibt es zwei Arten von Kantenausbrüchen. Die Kante bricht an der Oberseite der Beschichtung weg bzw. die Beschichtungskante fehlt (Kantenabbruch) oder ein Kantenausbruch tritt ein, bei dem das Material aus der Seite der Beschichtung herausfällt, was Bild 6.14 zeigt.

Bild 6.14
Kantenabbruch und Kantenausbruch

Beim Kantenabbruch fehlt später im A-S-K-Verbund der lokale Kontakt der Elektrode zum Separator. Es liegt dort örtlich kein Gegendruck vor. Da Aktivmaterial fehlt, können geringe Kapazitätsverluste auftreten. Der fehlende Kontakt beeinflusst beim späteren Betrieb der LIB den Ionentransport in diesem Bereich.

Beim Kantenausbruch besteht die Kante der Beschichtung zwar noch, aber ihre örtliche mechanische Stabilität ist stark eingeschränkt. Es ist davon auszugehen, dass durch die Presskräfte aufgrund der Quellung beim Laden der LIB Kräfte auf diese Bereiche ausgeübt werden, die dafür sorgen, dass das sich am Separator befindende Material weiter abbricht. Es entsteht ein Kantenabbruch. Allerdings entstehen dabei auch freie Partikel, die in der LIB herumwandern können. Die daraus entstehenden Gefährdungen werden in Abschnitt 3.2.4 beschrieben.

6.1.3 Parameter Prozess

6.1.3.1 Positioniergenauigkeit (Wickeln)

Beim A-S-K-Verbund in Form eines Wickels können die vergleichbaren linearen Abweichungen, wie sie in Abschnitt 6.1.2.2 dargestellt sind, mit dazugehörigen Auswirkungen auftreten. Beim Wickeln können jedoch zusätzlich noch Winkelfehler beim Zuführen der Elektroden oder des Separators auftreten. Sind die Winkelfehler oder Winkelabweichungen der zugeführten Elektroden und Separatoren gleich, dann tritt nur ein Teleskopieren des Wickels auf. Die Höhe des Wickels vergrößert sich, was im Prozessschritt „Wickel oder Stapel assemblieren“ (siehe Abschnitt 6.4.2.1) bewirkt, dass sich der Wickel dann nicht mehr in das LIB-Gehäuse einbauen lässt. Sind die Winkelabweichungen der Elektroden und Separatoren unterschiedlich, teleskopieren die einzelnen Blätter unterschiedlich. Der A-S-K-Verbund öffnet sich an den Kanten und ist damit unbrauchbar.

Bahnwinkelabweichungen, die nur für einen kurzen Längenbereich auftreten, können vernachlässigt werden. Typischerweise kann eine Bahnkantensteuerung solche Bahnwinkelabweichungen kompensieren oder ausregeln. Tritt die Abweichung der Bahn jedoch über die gesamte Elektrodenlänge auf, ist die Höhenänderung des Wickels Δh sehr groß (siehe Bild 6.15). Bei einer Bahnwinkelabweichung von einer Bogenminute und einer Elektrodenlänge von 1000 mm erhöht sich der Wickel um 0,3 mm.

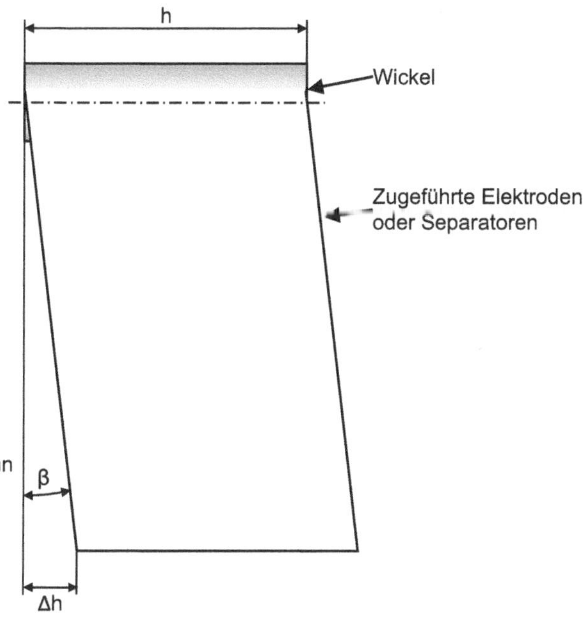

Bild 6.15 Winkelabweichung beim Wickeln

6.1.3.2 Wickelgeschwindigkeit (Wickeln)

Die Wickelgeschwindigkeit bei der Herstellung von Rundzellen-LIB bestimmt maßgeblich die gesamte Prozesszeit und damit die Prozesskosten. Eine zu niedrige Wickelgeschwindigkeit senkt die Produktionsgeschwindigkeit, verlängert die erforderliche Zeit auf der Maschine und erhöht die Kosten pro LIB.

Eine zu hohe Wickelgeschwindigkeit kann zu mechanischen Spannungen und möglichen Schäden an Elektrodenfolien und Separatoren führen. Das bedeutet, dass die Elektrodenfolie reißen kann oder dass durch die mechanische Beanspruchung die Eigenschaften der Metallfolie verändert werden können. Des Weiteren können Beschädigungen an der Oberfläche der Elektrodenfolien auftreten. Es können beispielsweise Teile der Beschichtung aufgrund der hohen mechanischen Beanspruchung abplatzen. Sehr hohe Wickelgeschwindigkeiten erschweren die Bahnkantensteuerung der Elektroden beim Aufwickeln. Damit besteht die Gefahr, dass der Wickel teleskopiert. Das bedeutet, dass die Außenkanten der Elektroden nicht mehr exakt aufeinander liegen und sich die Kante mit jeder Umdrehung weiter nach außen bewegt. Tritt dieser Effekt nur bei einer Elektrode auf, so verändern sich die erforderlichen Überstände im Wickel. Die dadurch verursachten Auswirkungen auf die Überstände werden in Abschnitt 6.1.1.3 für das Stapeln beschrieben.

Durch diese beschriebenen Beeinträchtigungen steigt die Ausschussrate des Wickelprozesses und damit steigen auch die Kosten der LIB.

6.1.3.3 Schneidegenauigkeit Ableiter (Flachwickeln)

Die Genauigkeit der Abstände und Positionen der Ableiter bei Elektroden für Flachwickel legen fest, wie gut die Ableiter im fertigen Flachwickel übereinanderliegen. Hier ist zu berücksichtigen, dass der Abstand zwischen zwei Ableitern (siehe Bild 6.16), die durch eine Halbrundung des Flachwickels getrennt sind, mit der Anzahl der Wicklungen zunehmen muss. Der zunehmende Umfang der Halbrundungen erfordert diese Vergrößerung. Ungenauigkeiten bei der Position bewirken später im Flachwickel, dass die Ableiter nicht mehr deckungsgleich übereinander liegen. Das kann beim Kontaktieren (siehe Abschnitt 6.2.5) zu Problemen führen.

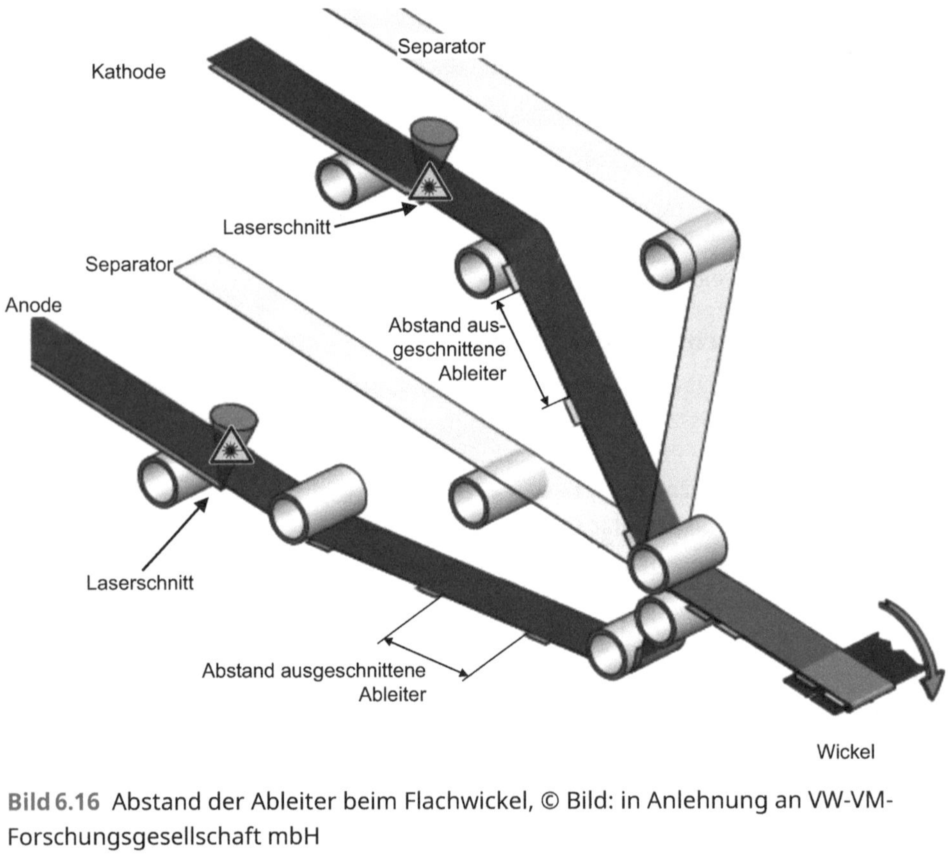

Bild 6.16 Abstand der Ableiter beim Flachwickel, © Bild: in Anlehnung an VW-VM-Forschungsgesellschaft mbH

6.1.3.4 Positioniergenauigkeit (Stapeln)

Die Positioniergenauigkeit bezeichnet eine Eigenschaft von Positioniersystemen. Sie ist ein Maß dafür, wie genau eine gewünschte Position angefahren oder erreicht werden kann. Die Positionsgenauigkeit der Ablageposition des Elektrodenblattes beschreibt, wie die reale Position des Elektrodenblattes von der definierten Position des Elektrodenblattes abweicht. Bild 6.17 zeigt die Auswirkungen einer Abweichung der geplanten Position von der erreichten Position des Elektrodenblattes. Der Flächenmittelpunkt des Elektrodenblattes oder des Separatorblattes stellt die Referenz dafür dar. Weicht die Position über das zulässige Maß ab, so reduziert sich der Anodenüberstand und der Separatorüberstand an einer Seite. An solchen Kanten steigt die Gefahr von Kurzschlüssen zwischen den unterschiedlichen Elektroden.

Die Literatur gibt Positionsgenauigkeiten beim Stapel in der Größenordnung von kleiner ±100 µm an [7] [8]. In der Praxis treten jedoch bedeutend geringere Toleranzen auf. Sie liegen für lineare Maße in der Größenordnung von ±50 µm und für Winkelmaße in der Größenordnung von ±15“ (= 0,0042°).

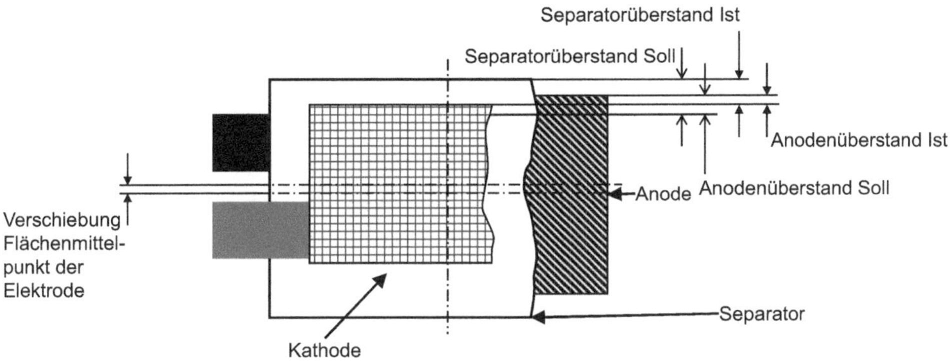

Bild 6.17 Positionsverschiebung der Elektrode im A-S-K-Verbund

Die Positionsgenauigkeit bezieht sich nicht nur auf die dargestellte lineare Abweichung. Auch die rotatorische Abweichung der Lage des Elektrodenblattes verursacht vergleichbare Abweichungen der Überstände und damit Gefährdungen. Bild 6.18 verdeutlich die Auswirkungen der rotatorischen Positionsabweichungen auf den Separatorüberstand und damit auf die Sicherheit der späteren LIB. In diesem Fall ist auch noch zu beachten, dass durch die Verdrehung mindestens zwei kritische Positionen entstehen. Dieser Fall ist besonders bei langen, schlanken A-S-K-Verbünden zu beachten.

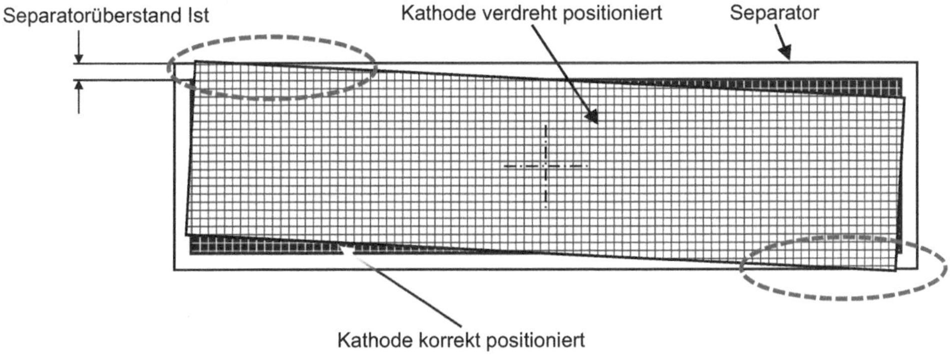

Bild 6.18 Kritischer Separatorüberstand bei einer rotatorischen Positionsabweichung

Bei der BYD-Blade-Cell mit den Kathodenabmaßen von 955 mm × 83 mm [9] ergibt sich bei einer Toleranz des Separatorüberstandes von ±0,1 mm eine erforderliche rotatorische Positionsgenauigkeit von 0,0121° (≈ 43,7 Bogensekunden).

Des Weiteren verschiebt sich durch eine solche Positionsabweichung auch die Position des dazugehörigen Ableiters. Das kann zu Problemen beim Formen und Kontaktieren der Ableiter führen (siehe Abschnitt 6.3.2.1).

6.1.3.5 Stapelgeschwindigkeit

Eine zu hohe Stapelgeschwindigkeit kann zu Fehlausrichtungen zwischen den Elektroden Anode und Kathode sowie der Separatoren führen. Eine solche Reduzierung der Positioniergenauigkeit erhöht das Risiko von internen Kurzschlüssen (siehe Abschnitt 6.1.3.1). Ein schnelles Stapeln kann mechanische Spannungen in den Elektroden verursachen, was die Strukturintegrität der Elektroden beeinträchtigt.

Eine höhere Geschwindigkeit der Stapelanlage kann Vibrationen auslösen, die sich wiederum negativ auf die Positioniergenauigkeit auswirken können.

Obwohl eine höhere Stapelgeschwindigkeit die Produktionsrate steigern kann, besteht die Gefahr einer erhöhten Ausschussrate aufgrund von Positionsungenauigkeiten. Das reduziert die Gesamteffizienz der Produktion.

6.1.3.6 Vibrationen

Vibrationen in der Anlage verändern kurzperiodisch die relativen Positionen von Komponenten oder Anlagenteilen zueinander. Das beeinflusst die Genauigkeit der Positionen oder der Orientierung der Elektroden im Stapel zueinander negativ. Das führt, wie schon beschrieben, zu Abweichungen bei den Überständen und in der Folge zu möglichen Sicherheitsrisiken der LIB.

6.1.4 Parameter Produkt

6.1.4.1 Durchmesser des Wickels und Dicke des Flachwickels

Abweichungen der Dicke der Elektroden oder des Separators verursachen Abweichungen der Dicke des Wickels. Handelt es sich um eine Abweichung, die über eine längere Elektrodenstrecke auftritt, addieren sich die Abweichungen mit jeder Umdrehung des Wickels weiter auf. Es besteht damit die Gefahr, dass der Wickel im Prozessschritt „Wickel oder Stapel assemblieren“ (Abschnitt 6.4) nicht mehr in das LIB-Gehäuse eingebracht werden kann. Ist die Abweichung nur so groß, dass sich der Wickel trotzdem noch assemblieren lässt, besteht die Gefahr, dass der Druck im A-S-K-Verbund während des späteren Betriebs der LIB unzulässig ansteigt, was Auswirkungen auf die Lebensdauer und Sicherheit der LIB haben kann. Kleinere Abweichungen der Dicke des Flachwickels können im Prozessschritt „Flachwickel oder Stapel verpressen“ kompensiert werden. Abweichungen des Durchmessers von Rundwickeln können so nicht korrigiert werden.

6.1.4.2 Höhe des Wickels

Die Breite der im Prozessschritt „Elektroden längs schneiden" (Abschnitt 5.5) geschnittenen Elektrodenbänder bestimmt die Höhe des Wickels. In Abschnitt 5.6.3.7 wird der Parameter der Elektrode beschrieben. Eine zu geringe Höhe des Wickels reduziert die Kapazität der LIB. Eine zu große Höhe führt im Prozessschritt „Wickel oder Stapel assemblieren" (siehe Abschnitt 6.4) oder spätestens im Prozessschritt „Gehäuse verschließen" (siehe Abschnitt 6.5) zu Problemen. Wird der Fehler nicht erkannt, kann er zu einem Verformen der Kanten der Elektroden oder des Separators oder im nächsten Schritt zu einem elektrischen Kurzschluss des A-S-K-Verbunds führen.

6.1.4.3 Dicke des Stapels

Die Dicke der Elektroden im Prozessschritt „Elektroden kalandrieren" (Abschnitt 5.6) und die Konstanz der Dicke der Separatoren bestimmen die Dicke des Stapels. Ist die Dicke des Stapels zu gering, so fehlt dem A-S-K-Verbund die vorausgeplante Kapazität. Die LIB entspricht nicht mehr der Spezifikation. Eine zu große Dicke des A-S-K-Verbunds führt im Prozessschritt „Wickel oder Stapel assemblieren" (siehe Abschnitt 6.4), spätestens aber im Prozessschritt „Gehäuse verschließen" (siehe Abschnitt 6.5) zu Problemen. Wird der Fehler nicht erkannt, kann er zu einem Verformen der Kanten der Elektroden oder des Separators oder im nächsten Schritt zu einem elektrischen Kurzschluss des A-S-K-Verbunds führen. Bei Hartgehäusezellen können die Ableiter auch beim Zusammenbau so verformt werden, dass Kurzschlüsse auftreten.

6.1.4.4 Positionsgenauigkeit der Blätter

In diesem Prozessschritt werden die Elektroden und Separatoren zum A-S-K-Verbund zusammengefügt. Die Genauigkeit der Position und Orientierung der Elektroden zueinander wird hier festgelegt. Sie muss den Vorgaben der Zellkonstruktion entsprechen. Diese Anforderungen werden in Abschnitt 6.1.3.1 und Abschnitt 6.1.3.4 im Detail beschrieben.

Die Genauigkeit der Geometrie in den Prozessschritten „Elektroden längs schneiden" (siehe Abschnitt 5.5) und „Elektroden quer schneiden, vereinzeln" (siehe Abschnitt 5.8) bestimmt bei Stapelzellen die Überstände und die Position der Kanten im A-S-K-Verbund.

6.1.4.5 Positionsgenauigkeit Ableiter

Die Genauigkeit des Prozesses bestimmt auch die Position der Ableiter. Wie Bild 6.17 zeigt, bestimmt die Position des Elektrodenblattes nicht nur die dazugehörigen Überstände, sondern auch die Lage des Ableiters. Liegen die Ableiter nicht exakt und deckungsgleich übereinander, treten beim Kontaktieren im folgenden Prozessschritt Probleme auf. Bild 6.19 zeigt einen Flachwickel auf dem Wickelschwert, bei dem die Ableiter deckungsgleich übereinanderliegen, wie es der Prozessschritt „Ableiter formen und kontaktieren“ (Abschnitt 6.3) erfordert.

Bild 6.19 Flachwickel auf einem Wickelschwert, © Bild: VW-VM-Forschungsgesellschaft mbH, Quelle: [10]

Die Positionsgenauigkeit beschreibt nicht nur die Lage jedes Ableiters in den beiden Dimensionen in der Ebene der Elektrode, sondern auch die Ausrichtung in der dritten Dimension senkrecht zur Ebene der Elektrode. Es besteht die Gefahr, dass im nächsten Prozessschritt ein solcher deformierter Ableiter nicht von der Anlage erfasst werden kann und damit auch nicht zum Verbund der Ableiter zusammengefasst und verschweißt werden kann (siehe Bild 6.20). Da die Position des deformierten Ableiters undefiniert ist, besteht die Gefahr, dass sie einen internen Kurzschluss in der LIB verursacht.

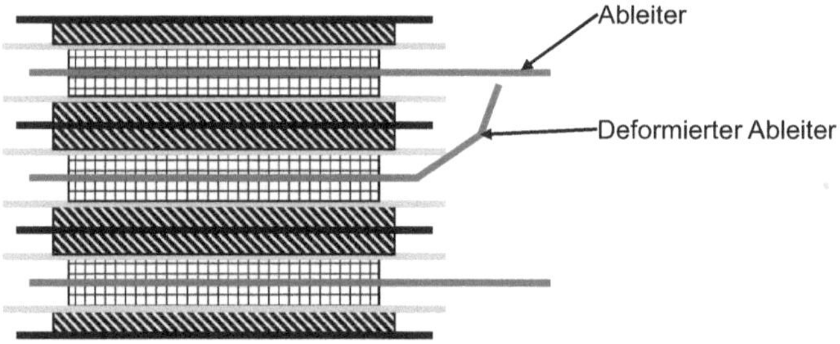

Bild 6.20 Deformierter Ableiter

Bild 5.67 zeigt auch solche deformierten Ableiter, die durch das Kalandrieren entstehen können und die nicht fehlerfrei weiterbearbeitet werden können.

6.1.5 Parameter Umfeldbeeinflussung

Die mechanische Handhabung der Elektrodenfolie beim Wickeln oder Stapeln kann dazu führen, dass Partikel aus der Beschichtung der Elektroden herausbrechen, die dann als freie Partikel in den Raum und damit in die Raumluft gelangen. Es können sehr kleine Partikel dabei entstehen, die dann als A-Staub in die Umgebungsluft gelangen. Diese Stäube sind vollständig und sicher abzusaugen sowie zu filtern. Nur entsprechend gereinigte Luft darf weitergeleitet werden.

Beim Laserschneiden verdampft ein Teil des aufgeschmolzenen Materials der Elektrode. Neben den vorangehend erwähnten Metallkomponenten enthält dieser Rauch auch noch Reaktionsprodukte aus der Verbrennung des Binders oder des Kohlenstoffs. Auch dieser Rauch ist vollständig abzusaugen und vor einer Freisetzung zu filtern [11].

6.1.6 Abfall

Beim Ausschneiden der Ableiter beim Flachwickeln trennt der Laser Bereiche der Elektrodenfolie ab. Diese bestehen hauptsächlich aus der unbeschichteten Metallfolie sowie aus der beschichteten Metallfolie. Alle diese abgeschnittenen Bereiche der Elektroden müssen sicher und ohne Beeinträchtigung des restlichen Prozesses aus der Wickelanlage entfernt und gesammelt werden.

Der angefallene Abfall ist vorschriftsgemäß zu entsorgen. Diese abgeschnittenen Bereiche der Elektrodenfolie enthalten neben dem wiederverwertbaren Metall auch teilweise Aktivmasse. Diese könnte bei unsachgemäßer Behandlung A-Stäube freisetzen. Der Abfall ist als Gefahrstoff zu behandeln.

Beim Stapeln oder Rundwickeln entstehen typischerweise keine Abfälle.

6.1.7 Transport

Ein Greifer oder Manipulator befördert den Wickel einer Rundzelle direkt in den nächsten Prozessschritt. Das stellt sicher, dass der Anpressdruck auf den Wickel erhalten bleibt. Ein Stapel oder Flachwickel muss weiter unter Anpressdruck gehalten werden. Dazu kommen Halteklammern, Werkstückträger mit Haltevorrichtungen oder andere Transportgeräte zum Einsatz. Bei der Verwendung alternativer Gehäuseformen [12], wie sie Bild 6.43 zeigt, kann der A-S-K-Verbund direkt auf einem Gehäuseteil abgelegt und so weitertransportiert werden.

Während des Transportvorganges inklusive der Handhabungsvorgänge zum Be- und Entladen der Anlagen benötigen die offenen A-S-K-Verbünde zusätzlich Schutz vor Luftfeuchtigkeit und Partikeln aus dem Umfeld. Für diese Transportaufgabe können Wickel- oder Stapelträger verwendet werden, die mehrere A-S-K-Verbünde aufnehmen und transportieren können [13]. Die Gesamtproduktionskapazität beziehungsweise die Taktzeit innerhalb der mit diesem Transportmittel verbundenen Prozessschritte bestimmt die Aufnahmekapazität dieser Wickel- oder Stapelträger.

6.2 Flachwickel oder Stapel verpressen

Während der Prozessschritte zum Erstellen des A-S-K-Verbunds durch Stapeln oder Flachwickeln (siehe Abschnitt 6.1) werden die Elektrodenblätter und die Separatoren nur mit sehr geringer Kraft und punktuell aufeinandergepresst. Es befindet sich daher Luft zwischen den Komponenten. Die einzelnen Komponenten des A-S-K-Verbundes könnten sich aufgrund fehlender Fixierung gegeneinander verschieben. Ein Verpressen der einzelnen Elektroden reduziert die Luft zwischen den Komponenten und sorgt für den gleichmäßigen Kontakt zwischen den Komponenten. Der sichere und langfristige Betrieb der späteren LIB erfordert einen konstanten, über die Fläche der Elektroden gleichmäßigen Druck der Komponenten zueinander, der durch diesen Prozessschritt initial erzeugt wird. Das Verpressen stabilisiert zusätzlich den A-S-K-Verbund mechanisch.

Eine erhöhte Temperatur beim Verpressen des A-S-K-Verbunds bewirkt ein Erweichen der Binder. Die Beschichtungsmasse der Elektroden verbindet sich so besser mit dem Separator.

Eine homogene Druckverteilung innerhalb des A-S-K-Verbunds stellt sicher, dass keine Luftblasen oder Hohlräume zwischen den Elektroden und Separatoren verbleiben. Solche Hohlräume können zu ungleichmäßigen Stromverteilungen und thermischen Hotspots beim Betrieb der späteren LIB führen. Des weiteren ermöglicht ein festerer Kontakt zwischen Elektroden und Separator einen effizienteren Lithiumionentransport innerhalb des A-S-K-Verbundes sowie eine Optimierung der Ionenleitfähigkeit.

In diesem Prozessschritt werden die Stapel oder Flachwickel mit definiertem Druck unter erhöhter Temperatur aufeinandergepresst.

Die erreichte Dicke des A-S-K-Verbunds nach diesem Prozessschritt ist bis zum Einbringen des A-S-K-Verbunds in das Zellgehäuse einzuhalten. Entsprechende Vorrichtungen nehmen den A-S-K-Verbund auf und pressen die Elektroden zusammen. Alternativ werden die A-S-K-Verbünde durch Klebebänder fixiert (siehe Bild 6.21).

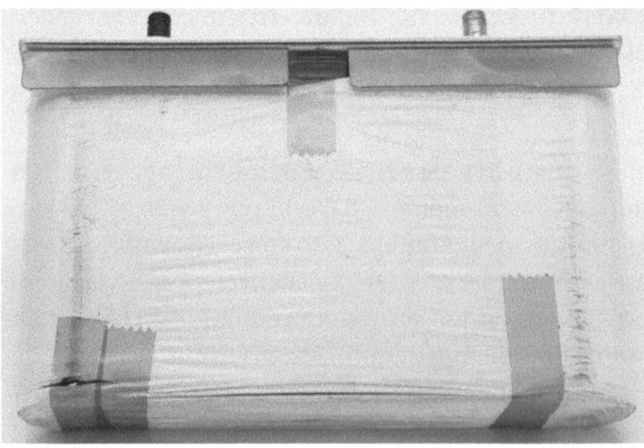

Bild 6.21
Durch Klebestreifen fixierter A-S-K-Verbund

Ein kontrollierter Verpressprozess sorgt für einheitlich angepresste A-S-K-Verbünde, was die konstante Qualität der produzierten LIB begünstigt. Vorrichtungen oder Klebestreifen fixieren den A-S-K-Verbund. Eine solche Fixierung stellt sicher, dass der nächste Prozessschritt „Ableiter formen und kontaktieren" (siehe Abschnitt 6.3) korrekt ausgeführt werden kann.

Zur Steigerung der Effizienz des Prozessschrittes kann es sinnvoll sein, die Werkstückaufnahme, die später den A-S-K-Verbund weiter transportiert, geöffnet in die Presse einzusetzen und den zunächst unverpressten A-S-K-Verbund in diese geöffnete Werkstückaufnahme zu legen, die Werkstückaufnahme zu schließen und durch die Presse zusammenzudrücken. Beim Erreichen der Zieldicke kann die Werkzeugaufnahme verriegelt werden, sodass sich die Dicke des A-S-K-Verbundes nicht mehr verändern kann.

Bei Rundwickeln entfällt dieser Prozessschritt, da sich ein Rundwickel nicht zusammenpressen lässt. Der Wickel muss aber fixiert werden, damit er sich nicht zurückabwickelt. Das geschieht meistens mit einem entsprechenden Klebestreifen am Umfang (siehe Bild 6.22).

Bild 6.22 Rundwickel mit Klebestreifen zur Fixierung

Während des Pressvorgangs kann der A-S-K-Verbund auf internen Kurzschluss überprüft werden. Ein entsprechendes Messsystem erfasst dazu den elektrischen Widerstand zwischen den dafür zusammengepressten Anoden- und Kathodenableitern. A-S-K-Verbünde mit einem elektrischen Kurzschluss sind sofort auszusondern. Das erfasst die Qualität der produzierten A-S-K-Verbünde zu einem frühen Zeitpunkt innerhalb der Prozesskette.

6.2.1 Parameter Zwischenprodukt

6.2.1.1 Oberflächengüte der Elektroden

Treten bei Elektroden Randüberhöhungen auf (siehe Bild 5.21 und Bild 5.22), so drücken sich diese Erhöhungen beim Verpressen in der gegenüberliegenden Elektrode ein, was beim Betrieb der LIB zu einem örtlich erhöhten Druck führt, was zu Dendritenwachstum führen kann.

Die Randüberhöhung beeinflusst auch die Dicke des A-S-K-Verbunds. Ein zu dicker A-S-K-Verbund führt zu Schwierigkeiten bei der Assemblierung der Zelle (siehe Abschnitt 6.4.2.1).

6.2.1.2 Anzahl Elektrodenblätter oder Umwicklungen

Die Anzahl der Elektrodenblätter des Stapels oder die Anzahl der Umwicklungen beim Flachwickel kennzeichnen die Ursprungsdicke des A-S-K-Verbunds direkt nach der Erstellung des A-S-K-Verbunds im Prozessschritt „Elektroden wickeln oder stapeln" (siehe Abschnitt 6.1). Eine zu große Anzahl an Elektrodenblättern führt zu einer zu großen Dicke des A-S-K-Verbundes, die durch das Pressen nicht wieder auf das korrekte Dickenmaß des A-S-K-Verbunds zusammengedrückt werden kann.

Bei einer zu geringen Anzahl an Elektrodenblättern oder Umwicklungen ist die Ausgangsdicke des A-S-K-Verbunds zu klein. Durch das Verpressen kann bei Einhaltung der geforderten Dicke des verpressten A-S-K-Verbunds der erforderliche Anpressdruck zwischen Elektroden und Separator nicht erreicht werden. Wird der Anpressdruck dennoch erzeugt, ist die Dicke des A-S-K-Verbunds zu klein. Außerdem besitzt eine solche LIB nicht die geplante Kapazität.

6.2.1.3 Dicke Elektroden oder Separator

Entspricht die Dicke der einzelnen Elektroden nicht dem vorgegebenen Maß, so kann das zu einer Veränderung der Dicke des A-S-K-Verbunds führen. Bei einer zu großen Dicke der Elektroden oder der Separatorlagen kann durch das Verpressen die Zieldicke des A-S-K-Verbunds nicht erreicht werden. Das führt zu Problemen beim Prozessschritt „Wickel oder Stapel assemblieren" (siehe Abschnitt 6.4), in dem der A-S-K-Verbund in das Zellgehäuse eingeschoben wird.

Eine zu geringe Dicke der Elektroden oder Separatoren führt im Prozess dazu, dass der erforderliche Druck im A-S-K-Verbund nicht aufgebaut werden kann, was zu einer Delaminierung im späteren Betrieb der LIB führt. Des Weiteren weist die LIB nicht die geplante Kapazität auf.

6.2.1.4 Elektrodenkontakt

Der sichere Betrieb der späteren LIB erfordert einen definierten vollflächigen Kontakt der Elektrodenblätter mit dem Separator, um den Ionentransport in jedem Bereich der Elektroden sicherzustellen. Bei der Herstellung eines Rundwickels oder eines Flachwickels kann es passieren, dass sich die Elektrodenblätter im A-S-K-Verbund lösen. Bild 6.23 zeigt eine solche Ablösung im Inneren des Wickels.

Durch das Zurückspringen der Elektroden nach dem Flachwickeln können Elektrodenblätter oder Teile der Elektrodenblätter in Positionen kommen, die beim Verpressen Beschädigungen der Elektrodenblätter oder des Separators verursachen. Solche Beschädigungen können Knicke oder Abplatzungen von Aktivmasse sein.

Bild 6.23 Flachwickel mit partiell aufgelöstem A-S-K-Verbund

6.2.2 Parameter Prozess

6.2.2.1 Anpressdruck

Der Anpressdruck darf nur so hoch sein, dass die Komponenten des A-S-K-Verbundes nicht beschädigt werden. Das könnte beispielsweise die inneren Radien eines Flachwickels betreffen, die durch einen zu hohen Pressdruck geknickt werden könnten. Ein zu geringer Anpressdruck verhindert einen durchgängig ausreichenden Kontakt zwischen den Elektroden und dem Separator, was zu einer Beeinträchtigung der Leistungsfähigkeit der späteren LIB führt. Des Weiteren können durch den geringen Anpressdruck die erforderlichen Verformungen im A-S-K-Verbund nicht so ausgeführt werden, dass sie diesen im für die nächsten Prozessschritte benötigten Zeitraum zusammenhalten.

In diesem Schritt begrenzt der Pressdruck den weiteren Prozess. Er ist damit ein sehr wichtiger Prozessparameter. Anpressdruck und Pressdicke stehen in einem direkten Zusammenhang. Beide Parameter sind in diesem Prozessschritt einzuhalten.

6.2.2.2 Temperatur

Eine erhöhte Temperatur beim Verpressen des A-S-K-Verbunds innerhalb des zulässigen Temperaturbereichs erweicht den Binder in der Aktivmasse der Elektroden. Die Beschichtungsmasse der Elektroden verbindet sich so intensiver mit dem Separator, was wichtig für den Ionentransport ist.

Eine zu hohe Temperatur beim Verpressen kann den Binder in der Aktivmasse oder den Separator schädigen, sodass die spätere LIB nicht mehr korrekt funktioniert.

Eine zu geringe Temperatur sorgt nicht für eine ausreichende Erweichung des Binders. Damit kann sich die Elektrodenmasse nicht so gut mit dem Separator verbinden, was negative Auswirkungen auf den Ionentransport in der späteren LIB hat.

Bei der Verwendung von laminierten Separatoren aktiviert die erhöhte Temperatur während des Verpressens diesen Klebstoff. Das verbessert den Kontakt innerhalb des A-S-K-Verbunds und sichert den A-S-K-Verbund auch gegen das Verschieben einzelner Elektrodenblätter.

6.2.2.3 Pressdicke

Die Pressdicke beschreibt die Dicke, auf die der A-S-K-Verbund während des Verpressens zusammengepresst wird. Es ist die Enddicke, die in diesem Prozessschritt erreicht werden soll. Die Pressdicke und der Pressdruck stehen in direktem Zusammenhang mit der Rückfederung (siehe Abschnitt 6.2.3.2). Direkt nach dem Verpressen muss der A-S-K-Verbund durch eine Haltevorrichtung auf der verpressten Dicke gehalten werden. Ansonsten federt der A-S-K-Verbund wieder zurück und die einzelnen Elektroden delaminieren.

6.2.2.4 Isolationswiderstand zwischen Anode und Kathode

Während des Verpressens befindet sich der A-S-K-Verbund in einer definierten Position innerhalb einer Anlage. Das kann genutzt werden, um den elektrischen Widerstand oder den Isolationswiderstand zwischen Anode und Kathode zu messen. Fließt bei dieser Messung ein Strom, so ist davon auszugehen, dass es einen elektrischen Kontakt zwischen Anode und Kathode gibt. Das bedeutet, dass ein interner Kurzschluss im A-S-K-Verbund vorliegt und der A-S-K-Verbund nicht weiter zu einer LIB komplettiert werden darf. Es handelt sich in diesem Falle um Ausschuss.

6.2.3 Parameter Produkt

6.2.3.1 Dicke Stapel oder Flachwickel

Die Dicke des verpressten A-S-K-Verbunds muss kleiner sein als das Innenmaß des Gehäuses, in das er im nächsten Prozessschritt eingebracht werden soll. Die korrekte Dicke des A-S-K-Verbunds stellt im späteren Betrieb der LIB sicher, dass die durch die Quellung oder durch das Swelling beim Laden der LIB erzeugte Kraft innerhalb der vorgeschriebenen Grenzen bleibt. Eine zu große Dicke ver- oder behindert das Assemblieren des A-S-K-Verbunds ins Zellgehäuse im Prozessschritt „Wickel oder Stapel assemblieren“ (siehe Abschnitt 6.4).

6.2.3.2 Rückfederung

Nach dem Applizieren der Presskraft und der Temperatur auf der gewünschten Dicke ist zu prüfen, um wie viel die Dicke des A-S-K-Verbunds zunimmt, wenn die Presskraft entfernt wird. Diese Rückfederung ist bei der Festlegung der Pressdicke (siehe Abschnitt 6.2.2.3) zu berücksichtigen.

Eine Werkstückaufnahme oder eine Spannvorrichtung halten den A-S-K-Verbund während der folgenden Transport- und Handhabungsaktivitäten auf der definierten Dicke.

Die Rückfederung könnte das Einschieben des A-S-K-Verbunds in das Gehäuse im folgenden Prozessschritt „Wickel oder Stapel assemblieren“ behindern (siehe Abschnitt 6.4.2.1).

6.2.3.3 Innenradius (Flachwickel)

Durch einen zu hohen Pressdruck bei einem Flachwickel in diesem Prozessschritt treten zwei besonders zu beachtende Punkte auf. Der Innenradius der inneren Elektrodenwindung darf nicht zu klein werden. Es besteht sonst die Gefahr, dass die Elektrode an der Stelle bricht. Dabei lösen sich Partikel von der Beschichtung, die dann als freie Partikel in der LIB verbleiben. Die Auswirkungen werden in Abschnitt 3.2.4 beschrieben. Durch das komplette Trennen der Elektrode an der Knickstelle kann der abgetrennte Teil nicht mehr zur Kapazitätsspeicherung beitragen, wenn kein elektrischer Kontakt zum Rest der Elektrode besteht.

Bild 6.24 zeigt auch, dass beim Verpressen die innere Lage der Elektrode verschoben werden kann. Das führt zu einer Faltenbildung, die in der Folge zu Beschädigungen der Elektrode führen kann. Diese Beschädigungen einer Elektrode treten nicht zwangsläufig sofort auf. Sie können auch erst später durch die kleinen Bewegungen im A-S-K-Verbund beim Laden oder Entladen zu einer Schädigung im Bereich der Falten in der Beschichtung der Elektroden führen. Bild 6.25 zeigt sowohl Beschädigungen der Beschichtung als auch Knicke in der Beschichtung.

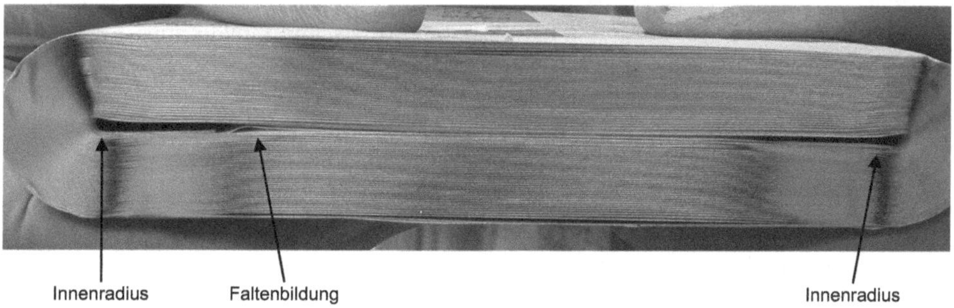

Bild 6.24 Innenradius des Flachwickels: Faltenbildung durch Verpressen, © Bild: VW-VM-Forschungsgesellschaft mbH

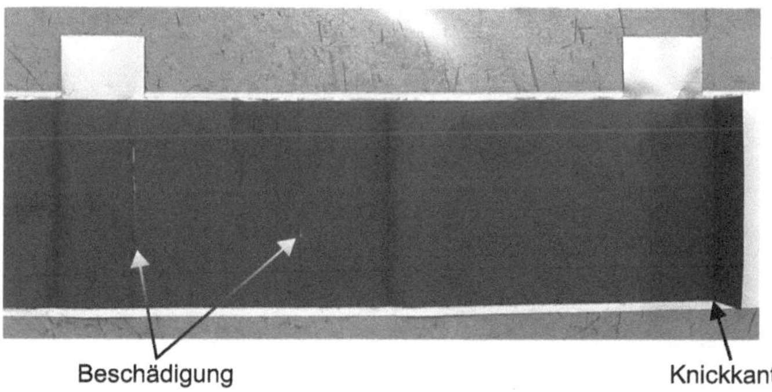

Bild 6.25 Gebrochene oder beschädigte Anode, © Bild: VW-VM-Forschungsgesellschaft mbH

6.2.4 Parameter Umfeldbeeinflussung

In diesem Prozessschritt könnten aufgrund der Wärmeeinwirkung geringe Restmengen von Lösungsmittel aus der Beschichtung verdunsten, die abgesaugt werden müssen.

6.2.5 Transport

Die verwendete Werkstückaufnahme oder die Spannvorrichtung transportieren den Stapel oder den Flachwickel zum nächsten Prozessschritt weiter. Da der Anpressdruck weiter bis zum nächsten Prozessschritt aufrechterhalten werden muss, kommen auch hier Werkstückaufnahmen mit entsprechender Haltevorrichtung zum Einsatz. Der A-S-K-Verbund wird einzeln oder in einer Gruppe zum nächsten Prozessschritt weitertransportiert.

Bei diesem Transport ist sicherzustellen, dass keine Partikel aus dem Umfeld auf oder in den A-S-K-Verbund gelangen. Kapselungen der Transportstrecken können das sicherstellen. Während des gesamten Transportvorganges inklusive der Handhabungsvorgänge zum Be- und Entladen der Anlagen benötigen die offenen A-S-K-Verbünde Schutz vor Luftfeuchtigkeit und Partikeln aus dem Umfeld. Geschlossene Transportpaletten können mehrere Werkstückträger aufnehmen und später auch gegen Umfeldeinflüsse schützen.

6.3 Ableiter formen und kontaktieren

Ein A-S-K-Verbund besteht aus mehreren Elektrodenblättern, wie beispielsweise bei gestapelten Zellen oder beim Flachwickel. Daher gibt es mehrere Ableiter für die Anoden und Kathoden. Diese einzelnen Ableiter einer Elektrodenart werden elektrisch miteinander verbunden. Die Ableiter müssen so geformt und geführt werden, dass sie nicht mit den Ableitern der jeweils anderen Elektrodenart zusammenkommen und so keinen Kurzschluss verursachen. Doch gleichzeitig müssen die Ableiter beim Quellen oder beim Swelling des A-S-K-Verbunds beim Laden dessen Bewegung ohne Kurzschluss folgen können. Bild 6.26 zeigt schematisch die Form der Ableiter.

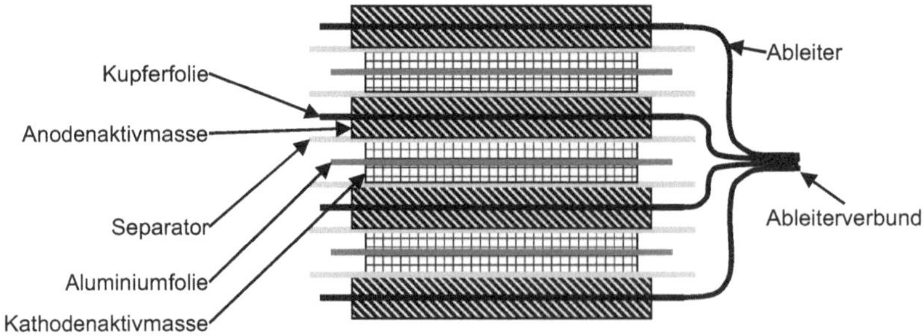

Bild 6.26 Formen der Ableiter auf der Anodenseite – schematische Darstellung

Die Enden der Ableiter werden nach dem Formen zum Ableiterverbund zusammengeschweißt. Anschließend werden die zum Ableiterverbund zusammengeschweißten Ableiter mit den Zellanschlüssen oder Terminals des Zellgehäuses verbunden. Je nach Bauform können beide Schritte in einem zusammengefasst werden. Das bedeutet, dass die Ableiter im ungeschweißten Zustand an die Kontaktierungsfläche eines Terminals gepresst werden und anschließend damit verschweißt werden.

Je nach Ausführung kann es erforderlich sein, die Ableiter auf die nötige Länge zu kürzen, sie also zu trimmen. Hierbei ist unbedingt dafür Sorge zu tragen, dass keine Partikel aus diesem Schneidprozess in den A-S-K-Verbund gelangen. Das wären Fremdpartikel in der späteren LIB (siehe Abschnitt 3.2.4). Die Ableiter können sowohl vor dem Zusammenschweißen zum Ableiterverbund als auch vor dem Verschweißen des Ableiterverbunds mit dem Terminal getrimmt werden.

Bild 6.27 zeigt eine solche Kontaktierung durch Laserschweißen bei einem Flachwickel. Neben der vorangehend aufgeführten Forderung, dass Kurzschlüsse immer vermieden werden müssen, besteht weiterhin die Anforderung nach einer möglichst kompakten Führung der Ableiter. Die Führung der Ableiter, wie sie in Bild 6.26 schematisch dargestellt ist, erfordert Volumen im späteren LIB-Gehäuse. Dieses Zellvolumen kann nicht für den A-S-K-Verbund, in dem die Energie gespeichert wird, verwendet werden, sodass die Führung die volumetrische Energiedichte der LIB negativ beeinflusst. Zusätzliche Montageteile, wie Kontaktplatten oder Anschläge, erhöhen das Gewicht der LIB und verschlechtern damit die gravimetrische Energiedichte der späteren LIB.

Bild 6.27 Ableiterkontaktierung, Flachwickel, © Bild: VW-VM-Forschungsgesellschaft mbH

Je nach Bauform können auch schon Gehäusedeckel im Prozessschritt verwendet werden, an denen schon die Terminals und Isolationskomponenten fertig vormontiert sind (siehe Bild 6.28). Diese werden entsprechend dem Prozess zugeführt, positioniert und verbunden.

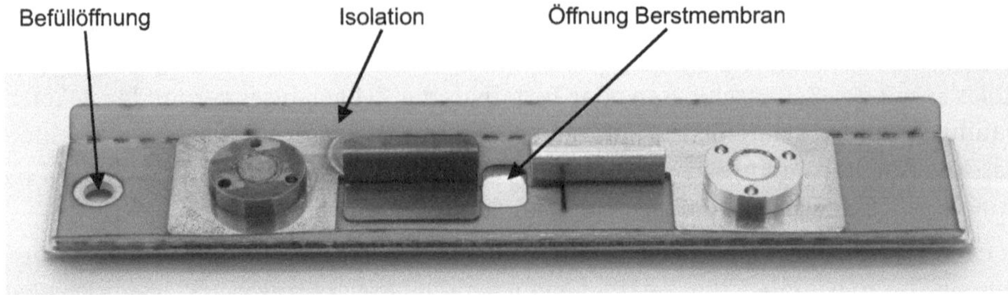

Bild 6.28 Gehäusedeckel mit vormontierten Terminals

Bei einer Rundzelle beispielsweise der Formate 18650 oder 21700 liegt ein Anschluss auf dem Zellgehäuse. Eine lange Schweißelektrode, die durch die Kernöffnung im Zentrum des Wickels geführt wird, stellt den elektrischen Kontakt zum Gehäuseboden her. Der andere Ableiter wird vor der Deckelmontage an den Deckel angeschweißt (siehe Bild 6.29).

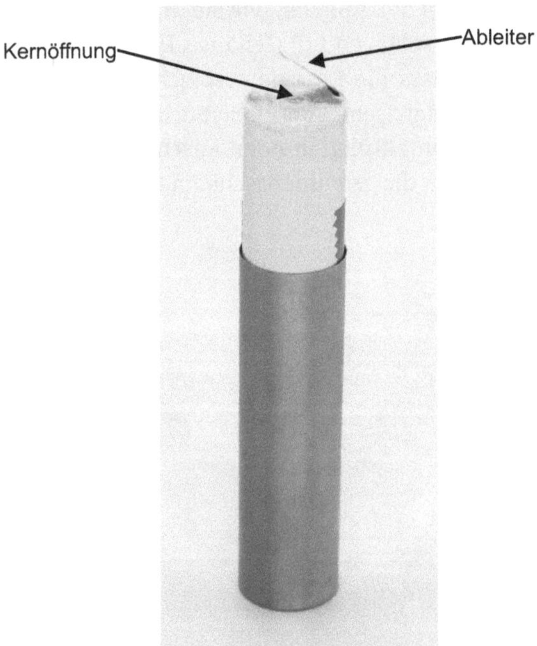

Bild 6.29 Rundzelle mit Kontaktierung für den Deckelanschluss

Die CT-Aufnahme in Bild 6.90 rechts zeigt die Kontaktierung der Rundzelle mit dem Gehäuseboden. Bild 6.30 stellt die Situation beim Schweißen des Mittelkontaktes einer Rundzelle dar. Die Schweißelektrode bewegt sich durch die Kernöffnung des Wickels bis sie den Gehäuseboden erreichet. Dort verbindet die Schweißelektrode die Ableiterfahne mit dem Gehäuse.

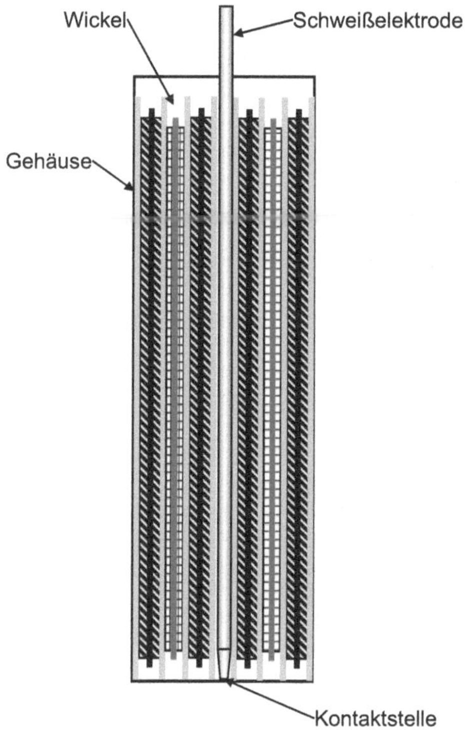

Bild 6.30
Schweißen des Kontakts einer Rundzelle

Bild 6.31 zeigt eine Laserschweißverbindung an der Anode einer Verbundfolienzelle mit dem Stapel. Hierbei werden die Ableiter zusammen auf ein Anschlussblech aufgeschweißt. Auf dem Anschlussblech befinden sich Dichtstreifen, die für die Abdichtung der Verbundfolie gegenüber dem Anschlussblech sorgen. Diese vormontierten Dichtstreifen werden im Prozessschritt „Gehäuse verschließen" (siehe Abschnitt 6.5) beim Siegeln mit den beiden Verbundfolien und dem Anschlussblech gasdicht verbunden.

Bild 6.26 und Bild 6.32 zeigen, dass die einzelnen Ableiterfahnen des A-S-K-Verbunds unterschiedliche Längen benötigen. Die erforderliche Länge des Ableiters der oberen Elektrode ist größer als die Länge des Ableiters der mittleren Elektrode. Die größte erforderliche Länge des Ableiters bestimmt die Länge aller Ableiter, was bei der Beschichtung der Metallfolie im Prozessschritt „Elektroden beschichten und trocknen" (siehe Abschnitt 5.4) berücksichtigt werden muss.

Diese unterschiedlichen Längen der Ableiter werden auf die für die Kontaktierung erforderliche Länge gekürzt. Bei diesem Arbeitsschritt des Trimmens der Ableiter im Ableiterverbund besteht die Notwendigkeit, die abgeschnittenen Metallteile unterschiedlicher Größe sicher aufzufangen und aus dem Prozess herauszuschleusen. Verbleiben solche Metallpartikel im A-S-K-Verbund oder gelangen sie ins Gehäuse der Zelle, besteht die Gefahr eines internen Kurzschlusses (siehe Abschnitt 3.2.4). Diese Schneidfunktion oder Trimmfunktion lässt sich auch mit dem Kontaktieren kombinieren. Bild 6.37 zeigt die schematische Anordnung der entsprechenden Schneidwerkzeuge.

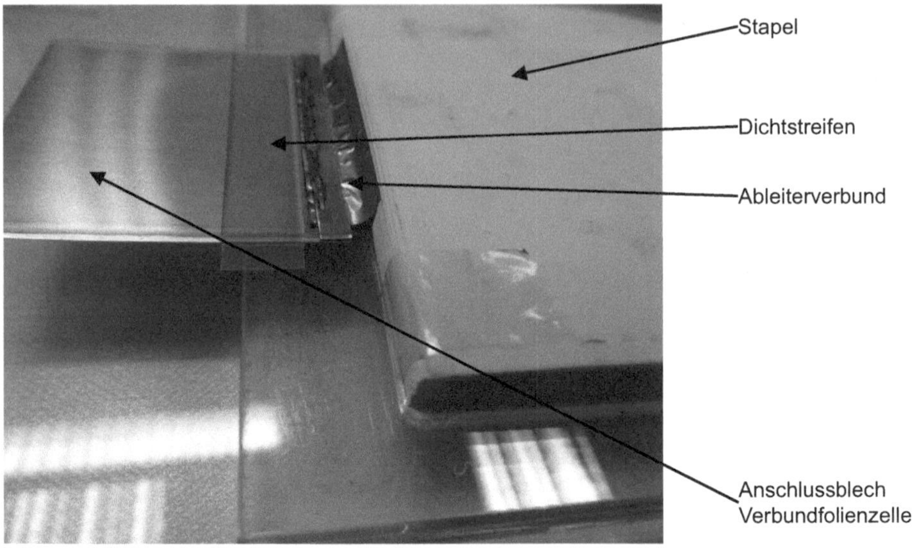

Bild 6.31 Kontaktierung der Verbundfolienzelle, © Bild: VW-VM-Forschungsgesellschaft mbH, Quelle: [14]

Bild 6.32 Unterschiedliche Längen der Ableiter im Ableiterverbund, © Bild: VW-VM-Forschungsgesellschaft mbH

Bei LIB mit einer Multikontaktscheibe oder anderen mechanischen Kontaktierungen entfällt dieser Prozessschritt (siehe Bild 2.5). Bei dieser Ausführung stellt ein mechanischer Kontakt den elektrischen Kontakt zwischen den Elektroden und dem Kontaktpol, der auch das Gehäuse selber sein kann, her.

6.3.1 Technologien

Für die Fügeoperation an den Ableitern kommen typischerweise das Ultraschallschweißen oder das Laserschweißen zum Einsatz.

6.3.1.1 Ultraschallschweißen

Beim Ultraschallschweißen werden hochfrequente mechanische Schwingungen in die Bauteile eingebracht. Dazu werden die zu verbindenden Komponenten zwischen dem Amboss und der Sonotrode (siehe Bild 6.33) eingespannt. Das fixiert und hält die Teile während des Fügevorganges. Die Sonotrode überträgt die parallel zu den Metallfolien ausgerichteten Schwingungen mechanisch auf das Material. Durch diese Schwingungen entsteht Reibungswärme an den Kontaktstellen zwischen den Metallfolien, was zu einer plastischen Verformung an den Berührungspunkten führt, ohne dass das Material schmilzt. Das Fügeverfahren belastet die Komponenten des A-S-K-Verbundes nur thermisch sehr gering.

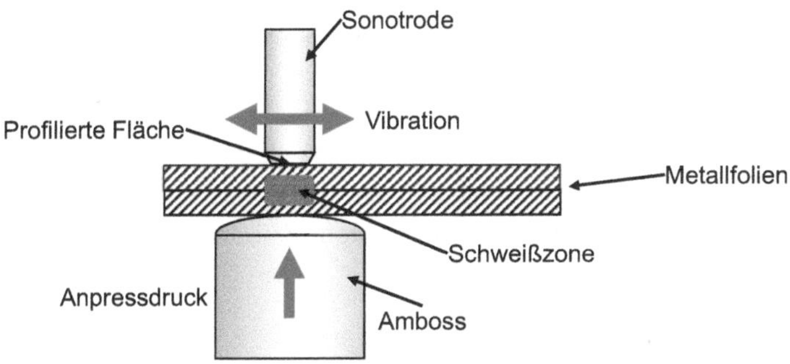

Bild 6.33 Ultraschallschweißen – schematische Darstellung

Allerdings benötigen Sonotrode und Amboss mehr Platz im Bereich der Fügestelle, was größere Längen des Ableiterverbunds erfordert. Damit steht vom Zellvolumen weniger für den A-S-K-Verbund zur Verfügung. Das wirkt sich negativ auf die volumetrische Energiedichte der LIB aus.

Um die Bewegungen der Sonotrode in den Ableiterwerkstoff einkoppeln zu können, muss die Sonotrode an der Kontaktfläche eine Profilierung aufweisen. Diese stellt sicher, dass sich die Sonotrode mit dem Werkstoff besser verbindet. Allerdings prägen sich diese Profile in das Ableitermaterial ein und können dort zu einer Kerbwirkung bei der späteren mechanischen Belastung führen. Das bedeutet, dass das Profil an der Sonotrode auf die Eigenschaften des Materials der Ableiter individuell unter Berücksichtigung der geforderten Lebensdauer der LIB abgestimmt werden muss (siehe Bild 6.40).

6.3.1.2 Laserschweißen

Ein Laserstrahl wird beim Laserschweißen auf die zusammengepressten Ableiter des Ableiterverbunds fokussiert (siehe Bild 6.34). Die Energie des Lasers koppelt teilweise in das Material ein und erhitzt das Material, das sich daraufhin verflüssigt. Hierbei ist es wichtig, dass die einzelnen Ableiter und eventuell auch das Kontaktbauteil zusammengepresst werden und sich kein Spalt zwischen den Einzelteilen befindet.

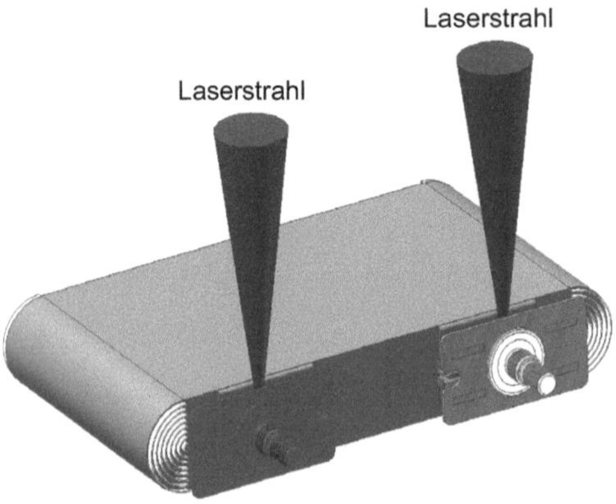

Bild 6.34
Laserstrahlen beim Schweißen der Ableiteranschlüsse, © Bild: VW-VM-Forschungsgesellschaft mbH, Quelle: [10]

Die schmale Strahlführung des Laserstrahls benötigt weniger Platz, sodass einfacher kompakte Bauformen der LIB mit engen Abständen zwischen A-S-K-Verbund und Kontaktierungselementen oder Gehäuse dargestellt werden können. Das beeinflusst die gravimetrische Energiedichte positiv.

6.3.2 Parameter Zwischenprodukt

6.3.2.1 Positionsgenauigkeit Ableiter

Weicht die Position eines Ableiters in der dritten Dimension ab, wie es Bild 6.20 zeigt, so kann sie vom Ableiter-Form-Werkzeug nicht richtig erfasst und geformt werden. Es besteht damit die Gefahr, dass dieser Ableiter auch nicht richtig zum Ableiterverbund zusammengeschweißt wird.

Liegen die Ableiter der einzelnen Elektroden nicht exakt und deckungsgleich übereinander, kann es beim Schweißen zu Problemen kommen. Es kann zu ungewünschten Kontakten eines Ableiters mit Gehäusekomponenten kommen, was die Gefahr eines internen Kurzschlusses birgt.

6.3.2.2 Reflexionsgrad von Kupfer

Kupfer zeigt eine starke Abhängigkeit seines Absorptionsgrades von der Wellenlänge des Lasers für die Schweißoperation und von der Temperatur. Der Absorptionsgrad beschreibt das Verhältnis der vom Werkstoff absorbierten oder aufgenommenen Energiemenge des Laserstrahls zur gesamten Menge der auf den Werkstoff geleiteten Energie. Der Reflexionsgrad des Kupfers steigt im Wellenlängenbereich bis 600 nm stark an von 0,2 bis 0,75 und verbleibt dann auf hohem Niveau bei größeren Wellenlängen (siehe Bild 6.35). Der Reflexionsgrad beschreibt das Verhältnis von vom Werkstoff reflektierter Energie zur gesamten auf den Werkstoff gestrahlten Energie. Laserquellen mit kürzeren Wellenlängen sind daher für die Bearbeitung von Kupfermaterialien besser geeignet als andere [15].

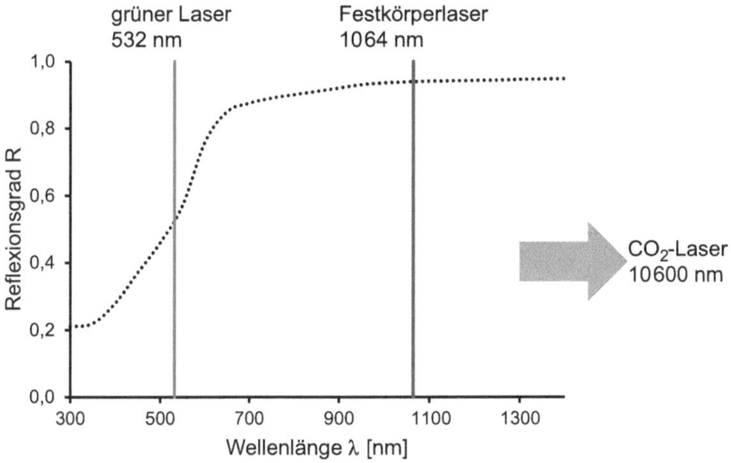

Bild 6.35 Reflexionsgrad von Kupfer, in Anlehnung an [15]

Da die Strahlung mit größerer Wellenlänge besser in das Kupfer der Anode einkoppelt, was den Wärmeeintrag für das Schweißen der Ableiter verbessert, sollte ein entsprechender Laser für das Schweißen von Kupferableitern zum Einsatz kommen.

6.3.3 Parameter Prozess

6.3.3.1 Schweißperlen und -spritzer (Laserschweißen)

Beim Laserschweißen können bei nicht optimalen Schweißparametern Schweißspritzer auftreten. Dabei wird flüssiges Material aus dem Schweißbad herausgeschleudert. Dadurch besteht die Gefahr, dass diese Schweißspritzer als freie, elektrisch leitende Partikel in die LIB kommen und als Fremdpartikel in der LIB (siehe Abschnitt 3.2.4) vagabundieren.

Solche Partikel oder Schweißspritzer können in den A-S-K-Verbund gelangen und dort die Elektroden oder den Separator beschädigen. Bild 6.36 zeigt Abdrücke solcher Schweißspritzer in der Elektrodenoberfläche.

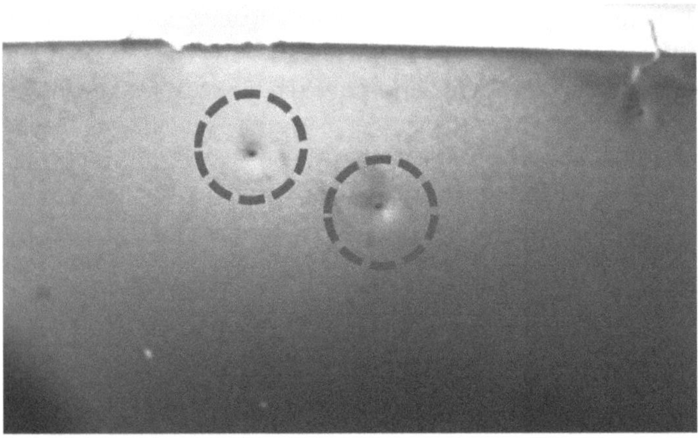

Bild 6.36 Abdrücke von Schweißspritzern auf der Elektrodenoberfläche, © Bild: VW-VM-Forschungsgesellschaft mbH

Diese Schweißspritzer sowie deren Abdrücke in der Beschichtung der Elektroden verändern deren Oberfläche und damit örtlich deren Eigenschaften. Des Weiteren können solche Schweißspritzer den Separator beschädigen oder bei ausreichender Größe durchstechen.

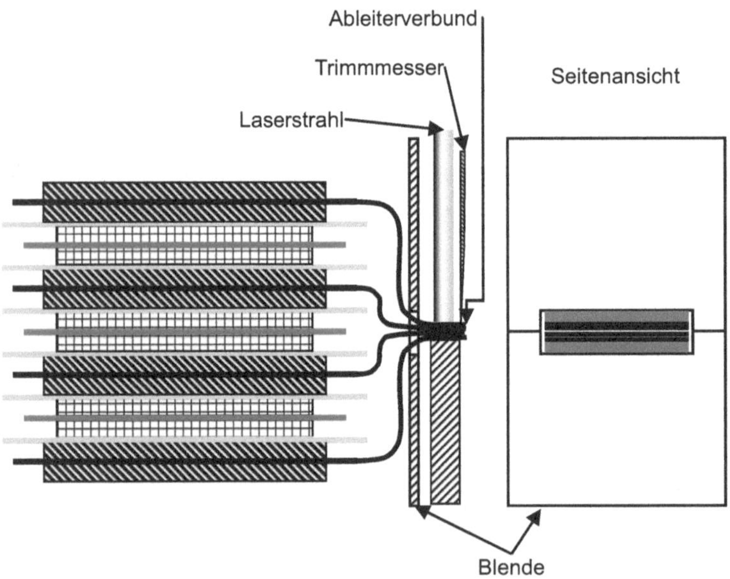

Bild 6.37 Blende zum Schutz vor Schweißspritzern

Neben den mechanischen Beschädigungen tragen solche Schweißspritzer auch konzentrierte Hitze in den A-S-K-Verbund ein. Auch das kann den Separator beschädigen.

Die Optimierung der Schweißparameter bietet eine Möglichkeit zur Vermeidung von Schweißspritzern. Der Einsatz von Schutzgas beim Schweißen kann auch dazu beitragen. Ansonsten können Abschirmkomponenten, wie Bleche oder Kapselungen, den A-S-K-Verbund vor Schweißspritzern schützen, was Bild 6.37 beispielhaft zeigt.

6.3.3.2 Rauchgase (Laserschweißen)

Die beim Laserschweißen entstehenden Rauchgase und Partikel können sich auf Oberflächen der LIB ablagern. Diese Ablagerungen können die elektrochemischen Eigenschaften der Elektroden beeinträchtigen, den Ionenfluss negativ beeinflussen oder zu unerwünschten chemischen Reaktionen mit dem Elektrolyten führen.

Die Rauchgase können auch für den Menschen schädliche Substanzen enthalten. Die abgesaugten Gase müssen durch entsprechende Filtersysteme vollständig gereinigt werden, bevor sie weitergeleitet werden (siehe Abschnitt 12.3).

6.3.3.3 Wärmeeintrag (Laserschweißen)

Der Schweißprozess trägt Wärme in den Ableiterverbund und damit auch in den A-S-K-Verbund ein. Die hohe Wärmeleitfähigkeit des Kupfers begünstigt diesen Effekt. Die dadurch auftretende schnelle Ableitung der Wärme erfordert eine höhere Wärmezufuhr durch die Laserquelle, um diesen Verlust auszugleichen und die Temperatur in der Schweißzone entsprechend hoch zu halten.

Der Schweißprozess kann Wärme in den A-S-K-Verbund einleiten. Damit besteht die Gefahr einer Veränderung oder Schädigung der Elektroden oder des Separators. Diese Schädigungen verursachen Fehlfunktionen der späteren LIB. Bild 6.38 zeigt eine solche maximierte Schädigung.

Bild 6.38
Geschädigter A-S-K-Verbund nach Laserschweißprozess, © Bild: VW-VM-Forschungsgesellschaft mbH

6.3.3.4 Thermischer Einfluss auf den Separator

Der Separator schrumpft bei höheren Temperaturen. Durch diese Änderungen seiner Geometrie verändert sich der für die Sicherheit der LIB wichtige Separatorüberstand. Damit verringert sich die Sicherheit und Zuverlässigkeit der späteren LIB. Es besteht die Gefahr interner Kurzschlüsse durch den möglichen Kontakt zwischen Anode und Kathode (siehe Abschnitt 2.1).

6.3.3.5 Kraft beim Einführen der Schweißelektrode (Rundzelle)

In [16] wird für Versuchsanlagen vorgeschlagen, die Kraft beim Einführen eines Räumwerkzeugs in den Mittelbereich des Wickels zu erfassen und als Qualitätskriterium zu verwenden. Das lässt sich auch auf die Serienfertigung anwenden. Der Verlauf der Kraft beim Einführen der Schweißelektrode kann als Indikator dienen, ob der Hohlraum in der Mitte des Wickels blockiert ist oder nicht. Würde sich beispielsweise ein Stück Separator im Hohlraum befinden, würde beim Einführen der Schweißelektrode (siehe Bild 6.30) der A-S-K-Verbund beschädigt, was die LIB unbrauchbar macht.

6.3.3.6 Vibrationen

Vibrationen führen dazu, dass sich Komponenten gegeneinander bewegen. Das führt zu Positionsungenauigkeiten bei den Ableitern. Bei größeren Vibrationen besteht die Gefahr, dass der Laserstrahl in Bereiche gelenkt wird, in denen er nicht wirken sollte. Er würde so beispielsweise den Separator beschädigen.

6.3.4 Parameter Produkt

6.3.4.1 Übergangswiderstand

Die Kontaktierung der Ableiter sowie der Anschluss der Ableiter an die Terminals beeinflussen den elektrischen Innenwiderstand der LIB. Ein höherer Übergangswiderstand an den Kontaktstellen erhöht demzufolge den gesamten Innenwiderstand der LIB. Dies kann zu einem stärkeren Spannungsabfall beim Betrieb der LIB führen. Des Weiteren erzeugen höhere Übergangswiderstände zusätzliche Wärme im Bereich der Kontaktierung. Dies kann die Erwärmung der LIB und die damit verbundene Alterung der LIB im Betrieb fördern, was einen negativen Einfluss auf die Lebensdauer der LIB ausübt. Zusätzlich reduziert sich die Lade- und Entladeeffizienz der LIB durch die an den Übergangswiderständen abgefallene Spannung.

6.3.4.2 Schweißperlen und -spritzer

Schweißspritzer oder Schweißperlen auf den Elektroden oder auf dem Separator müssen auf alle Fälle vermieden werden. Sie stellen elektrisch leitende Partikel dar, die sich in der LIB frei bewegen und interne Kurzschlüsse verursachen können (siehe Abschnitt 3.2.4).

6.3.4.3 Oberflächenstruktur

Beim Ultraschallschweißen pressen sich die Sonotrode und der Ambos in die Metallfolie ein. Dieser physische Kontakt ermöglicht es, die Vibration aus der Sonotrode in die Metallfolie einzubringen. Dafür weisen die Komponenten an ihren Kontaktflächen entsprechende Konturierungen auf, die auf der Metallfolie entsprechende Eindrücke hinterlassen. Bild 6.39 zeigt beispielhaft die Konturierung einer Sonotrode.

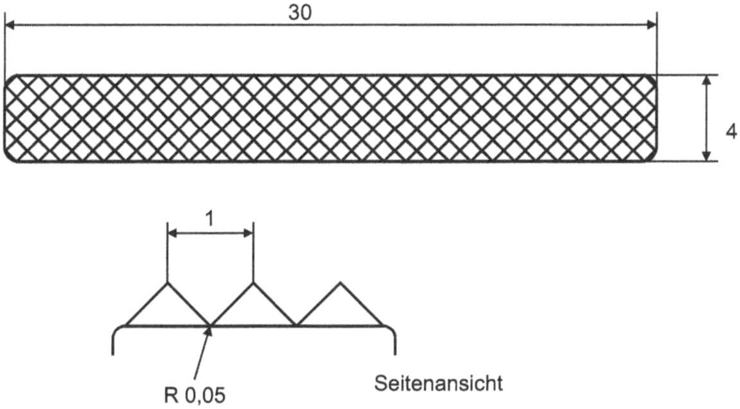

Bild 6.39 Oberflächenstrukturierung einer Sonotrode

Bild 6.40 zeigt einen Eindruck der Sonotrode in der Kupferfolie im Bereich des Ableiters. Hierbei ist zu beachten, dass diese Strukturierung bei dynamischer Beanspruchung eine Kerbwirkung erzeugen kann, die zum Abriss der Schweißung oder zum Riss des Kupfers führen kann.

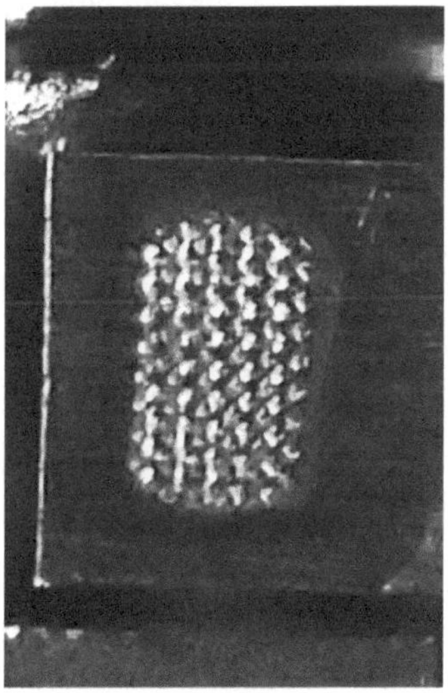

Bild 6.40
Eindruck der Sonotrode in der Kupferfolie,
© Bild: VW-VM-Forschungsgesellschaft mbH

6.3.5 Parameter Umfeldbeeinflussung

Beim Laserschweißen tritt Dampf oder Rauch aufgrund der Schweißoperation auf. Diese Rauche sind vollständig abzusaugen und vor einer Freisetzung zu filtern.

Treten beim Laserschneiden Laserstrahlen unkontrolliert in das Umfeld aus, können sie dort Menschen gefährden. Diese Anlagen müssen daher mit Schutzeinrichtungen gemäß einschlägigen Verordnungen ausgerüstet sein.

6.3.6 Abfälle

Dieser Prozessschritt formt die Ableiter und kürzt die unterschiedlichen Längen der Ableiter im Ableiterverbund. Dabei entstehen Abfallstücke von den Ableiterfahnen. Sie bestehen entweder aus Kupfer oder Aluminium. Die abgeschnittenen Ableiterstücke dürfen auf gar keinen Fall ins Innere der LIB gelangen. Sie sind sicher aufzufangen und abzutransportieren. Auch in der Anlage können unkontrolliert sich umherbewegende Ableiterabschnitte zu Maschinenstörungen oder gar zu Maschinenstillstand führen. Das verhindert das sichere Auffangen und Ableiten der Abschnitte.

An den Abschnitten haftet keine Aktivmasse der Elektroden, da nur das äußere Ende der Ableiterfahnen abgeschnitten wird. Das getrennt aufgefangene Material kann daher einfach der Wiederverwendung zugeführt werden.

6.3.7 Transport

Typischerweise geschieht der Transport der Zellen mit Werkstückträgern oder aus direkt aufnehmenden Handhabungseinrichtungen. Die Zellen werden einzeln oder in Gruppen auf entsprechenden Trägern oder Transportgestellen mit mehreren LIB zusammen zum nächsten Prozessschritt transportiert.

Die Zusammenfassung mehrerer LIB in einem Transportgestell oder Tray kann sinnvoll sein, wenn die LIB nicht einzeln geprüft oder für den nächsten Prozessschritt freigegeben werden oder wenn die Entfernung zur Anlage des nächsten Prozessschrittes zu groß ist. Ein Transportgestell lässt sich in einer Anlage einfacher positionieren, sodass der Greifer die LIB sicher greifen kann. Des Weiteren bieten verschlossene oder gekapselte Transportgestelle den noch offenen LIB Schutz vor Umfeldeinflüssen.

Bei diesem Transport ist darauf zu achten, dass die Transportoperation die Ableiterverbünde nicht verformt oder beschädigt und dass die Zellen ausreichenden Schutz vor Luftfeuchtigkeit und Partikeln aus dem Umfeld erhalten.

6.4 Wickel oder Stapel assemblieren

Der fertige A-S-K-Verbund wird im nächsten Prozessschritt in ein Gehäuse eingebracht. Hierbei ist zu unterscheiden, um welche Art Zellgehäuse es sich handelt. Hartgehäuse erfordern andere Abläufe als Verbundfoliengehäuse.

Beim Einbringen des A-S-K-Verbunds in das Gehäuse muss sichergestellt sein, dass keine der Lagen des A-S-K-Verbunds bei diesem Vorgang gefaltet, geknickt, verschoben oder beschädigt werden, da sonst die Gefahr eines Kurzschlusses zwischen den Elektroden oder zwischen Elektrode und Gehäuse besteht. Die äußeren Separatorlagen des A-S-K-Verbunds stellen eine Isolation gegenüber dem Gehäuse dar.

Die sichere Einbringung des Flachwickels oder des Stapels in das Gehäuse erfordert die Aufrechterhaltung des Anpressdrucks aus dem Prozessschritt „Flachwickel oder Stapel verpressen“ (siehe Abschnitt 6.2). Das vermeidet die Rückfederung des A-S-K-Verbunds, was dazu führen könnte, dass der A-S-K-Verbund nicht mehr in das Gehäuse einzufahren ist.

6.4.1 Prozessschritte in Abhängigkeit vom Zellgehäuse

6.4.1.1 Wickel oder Stapel assemblieren (Hartgehäuse)

Hartgehäuse bestehen typischerweise aus einem Becher und einem flachen Deckel, beide aus Metall. Der Deckel kann in vorangegangenen Prozessschritten an den A-S-K-Verbund angebracht worden sein. Es handelt sich aber um zwei unterschiedliche Gehäuseteile.

Bei Hartgehäusen wird häufig auch noch eine Isolationsschicht am Boden und an den Seiten eingebracht. Das stellt sicher, dass es keinen elektrischen Kontakt zwischen einer Elektrode, die beispielsweise verrutscht ist, und dem Gehäuse gibt. Bei Gehäusen, bei denen Potenzial auf dem Gehäuse liegt, wie es beispielsweise bei Rundzellen des Type 16850 oder 21700 der Fall ist, entfällt diese Isolierung.

Im Prozessschritt „Flachwickel oder Stapel verpressen“ (Abschnitt 6.2) reduziert eine Pressvorrichtung die Dicke des A-S-K-Verbunds. Eine entsprechende Vorrichtung hält diesen Anpressdruck während der Transport- und Lagervorgänge. Nach dem Prozessschritt „Ableiter formen und kontaktieren“ (Abschnitt 6.3) wird der A-S-K-Verbund, der noch möglichst gepresst ist, in das Gehäuse eingeschoben (siehe Bild 6.41). Das Verpressen des A-S-K-Verbunds auf eine Dicke, die etwas kleiner ist als das Gehäuse innen hoch ist, verhindert, dass die Bewegung der äußeren Separatorschicht vom Gehäuse beim Einschieben behindert wird, was zu Faltenbildung führen kann (siehe Abschnitt 6.4.4.1). Druckwalzen können beispielsweise diesen Anpressdruck beim Einschieben aufrechterhalten. Neben dem Druck sorgen sie durch ihre Drehbewegung für das glatte Einschieben des A-S-K-Verbunds in das Gehäuse.

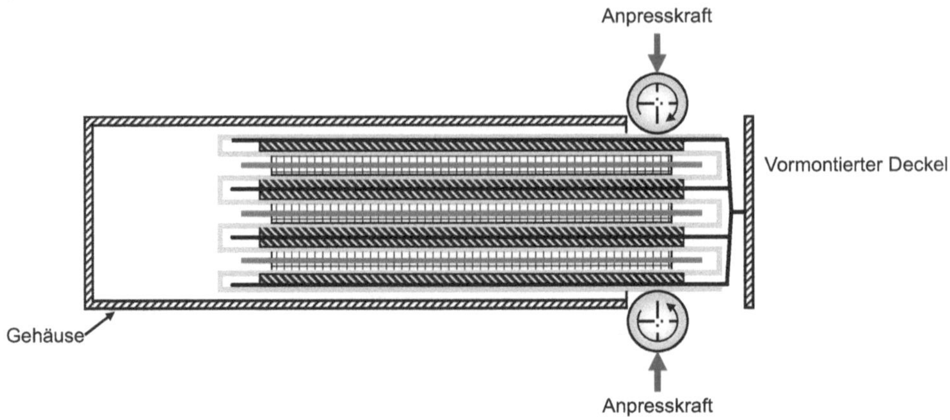

Bild 6.41 Vorrichtung zum Pressen und Einschieben des A-S-K-Verbunds

Nach dem Einschieben des A-S-K-Verbunds auf die definierte Tiefe wird der daran angebrachte Deckel auf dem Gehäuse positioniert. Hierbei wird zwischen zwei grundsätzlichen Bauformen unterschieden: aufgesetzter oder eingeschobener Deckel.

Eine umlaufende Einbuchtung in den Seitenwänden des Gehäuses stellt den Tiefenanschlag für einen eingeschobenen Deckel dar (siehe Bild 6.42 rechts). Dieser begrenzt die Einschubtiefe des Deckels. Der Tiefenanschlag muss entsprechend eng toleriert sein. Die Gehäuseoberkante erfordert hierbei nur gröbere Toleranzen der oberen Kante.

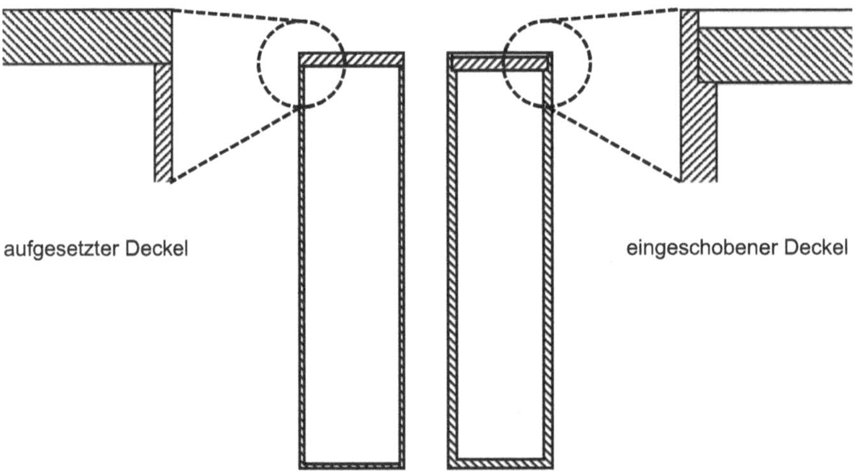

Bild 6.42 Aufgesetzter Deckel (links) und eingeschobener Deckel (rechts) – schematische Darstellung

Gehäuse mit aufgesetztem Deckel erfordern eine sehr eng tolerierte Oberkante des Gehäuses (siehe Bild 6.42 links). Deren Genauigkeit beeinflusst die Güte und damit die

Dichtigkeit der Naht der späteren Verschweißung im Prozessschritt „Gehäuse verschließen“ (siehe Abschnitt 6.4.4.1).

Aufgrund der Reduzierung der Wandstärke bei einem Gehäuse mit eingeschobenem Deckel im Bereich des Deckels, in dem auch noch die Schweißoperation ausgeführt wird, erfordert diese Bauform größere Wandstärken. Das reduziert die gravimetrische und die volumetrische Energiedichte, da die Außenabmessungen des Gehäuses die relevanten Maße für die LIB sind.

Bei beiden Ausführungsformen bestehen die Herausforderungen im faltenfreien Einschub des A-S-K-Verbunds. Größere Einschubtiefen durch längere Zellgehäuse erfordern zusätzliche Maßnahmen beim Einschub des A-S-K-Verbunds.

Durch eine andere Teilung der Gehäuseteile kann dieser Nachteil verhindert werden. In [12] wird vorgeschlagen, das Zellgehäuse in zwei gleiche Gehäusehälften aufzuteilen. Statt einem becherförmigen Gehäuse mit einer geöffneten Seite gäbe es eine Gehäusehälfte mit drei offenen Seiten, die eine gute und einfache Zugänglichkeit bei der Assemblierung ermöglicht. Bild 6.43 zeigt zwei Ausführungsformen aus dieser Patentanmeldung.

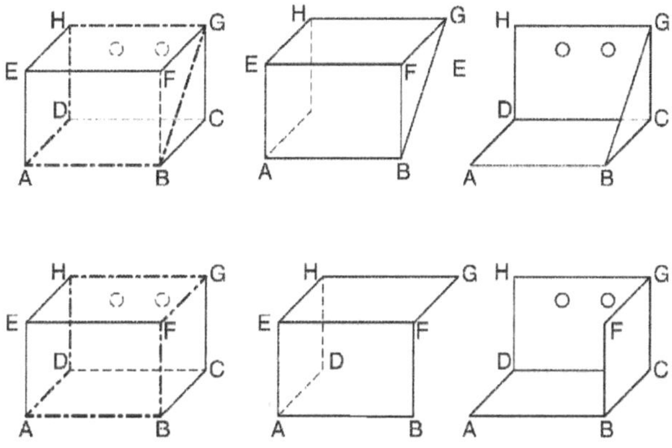

Bild 6.43
Alternative Gehäuseformen, Quelle: [12]

Dieses Konzept erfordert allerdings längere Nahtlängen im Prozessschritt „Gehäuse verschließen“ (siehe Abschnitt 6.4.4.1) und erhöht den Aufwand sowie das Risiko einer Undichtigkeit durch eine fehlerhafte Schweißnaht oder Beschädigung am A-S-K-Verbund durch in das Gehäuse eingetretene Laserstrahlen. Überlappende Nähte können dieses Risiko verringern.

In beiden Fällen könnte eine Gehäusehälfte als Werkstückträger in den vorgelagerten Prozessschritten verwendet werden. Bild 6.44 zeigt diese Vorgehensweise, bei der die einzelnen Elektroden auf die untere Gehäusehälfte gestapelt werden. Diese Bauform ist auch geeignet für die Anordnung des Separators als Einzelblatt (siehe Abschnitt 6.1.1.3) oder als Z-Faltung (siehe Abschnitt 6.1.1.4).

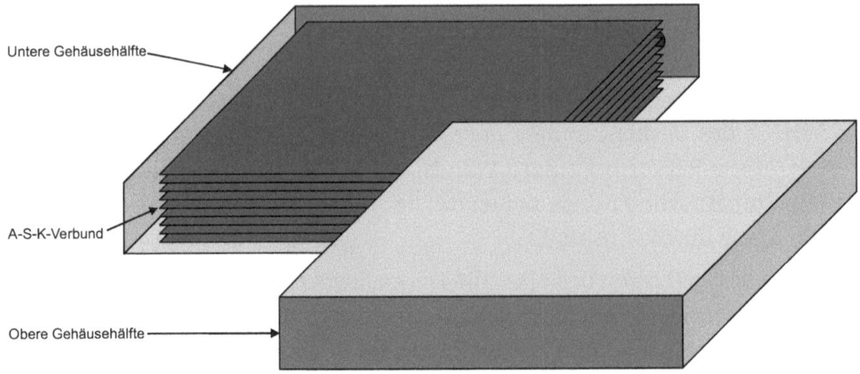

Bild 6.44 Zellgehäuse aus zwei Gehäusehälften

Bei einer Nutzung der unteren Gehäusehälfte als Werkstückträger kann in dieser Aufspannung auch der A-S-K-Verbund verpresst und kontaktiert werden, sodass die Prozessschritte „Elektroden wickeln oder stapeln“ (siehe Abschnitt 6.1), „Flachwickel oder Stapel verpressen“ (siehe Abschnitt 6.2) und „Ableiter formen und kontaktieren“ (siehe Abschnitt 6.3) zusammenfallen.

6.4.1.2 Wickel oder Stapel assemblieren (Verbundfolienzelle)

Das Verbundfoliengehäuse besteht im Wesentlichen aus zwei tiefgezogenen Halbschalen aus Verbundfolienmaterial. Der Stempel des Tiefziehwerkzeugs bildet die Innenkontur der Halbschale des Verbundfoliengehäuses ab und verhindert ein Faltenziehen. Die Matrize des Tiefziehwerkzeugs formt die Außenkontur und der Niederhalter des Werkzeugs sorgt dafür, dass das Werkzeug die Folie während der Umformung in der richtigen Geschwindigkeit faltenfrei in die Matrize zieht [17]. Bild 6.45 zeigt schematisch die Hauptschritte der Umformoperation in einem Tiefziehwerkzeug.

In Schritt 1 des Tiefziehprozesses wird die Verbundfolie im Tiefziehwerkzeug auf der Matrize positioniert. In Schritt 2 drückt der Niederhalter den Rand der Verbundfolie gegen den Rand der Matrize und fixiert sie so. Der Stempel fährt in Schritt 3 weiter herunter und drückt die Verbundfolie in die Matrize. Teilweise rutscht das Material der Verbundfolie von der Matrize nach, um ein zu starkes Ausdünnen der Folie durch den Tiefziehprozess zu minimieren. In Schritt 4 öffnet das Werkzeug, der Stempel fährt zurück und gibt die tiefgezogene, verformte Verbundfolienhälfte frei.

Der ausgeprägte Rand der Verbundfolienhälfte muss faltenfrei sein, da er die korrespondieren Fügefläche für die zweite Verbundfolienhälfte für die folgende Fügeoperation bildet. Falten würden den späteren Fügeprozess oder Siegelprozess (siehe Abschnitt 6.4.4.1) erschweren oder unmöglich machen. Die durch das Tiefziehen eingestellte Wanddicke der Verbundfolie soll möglichst gleichmäßig sein und die Geometrie der Halbschale soll möglichst präzise geformt sein, um den mechanischen Belastungen während der Lade- und Entladevorgänge versagensfrei widerstehen zu können (siehe Bild 6.46).

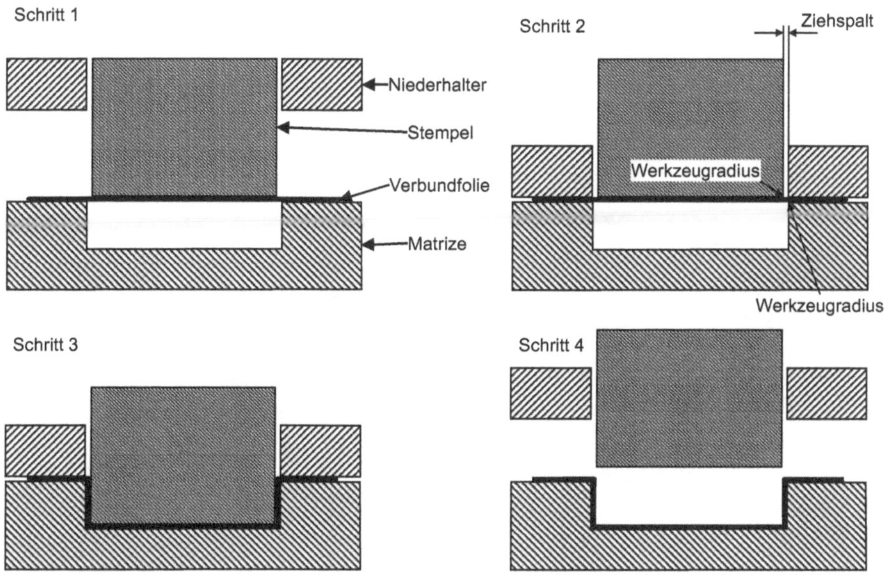

Bild 6.45 Tiefziehprozess für Verbundfolienhälften, in Anlehnung an [17]

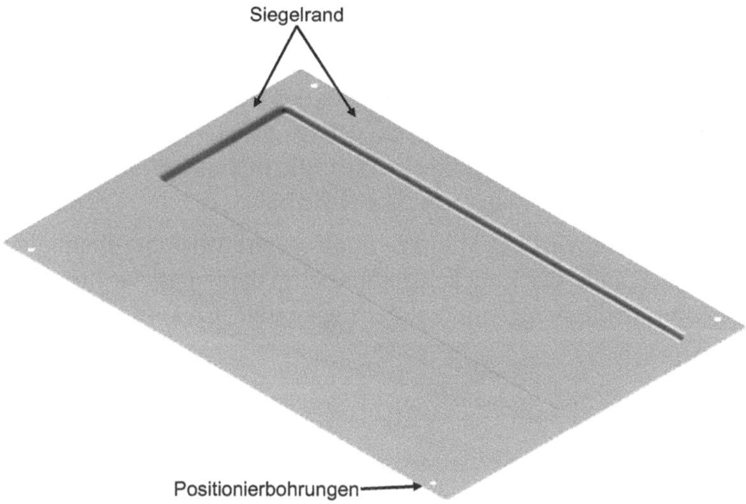

Bild 6.46 3D-Darstellung einer tiefgezogenen Verbundfolienhälfte, © Bild: VW-VM-Forschungsgesellschaft mbH, Quelle: [18]

Die Positionierbohrungen dienen der korrekten Positionierung der Verbundfolienhälfte in der Werkstückaufnahme über entsprechende Positionierbolzen (siehe Bild 6.48).

Das Verbundfoliengehäuse enthält auch noch einen Gassack, in dem sich die beim Formieren entstehenden Gase sammeln können. Je nach erforderlichem Volumen des Gassacks besitzen entweder nur eine Gehäusehälfte (siehe Bild 6.47) oder beide Gehäusehälften diese Ausprägung.

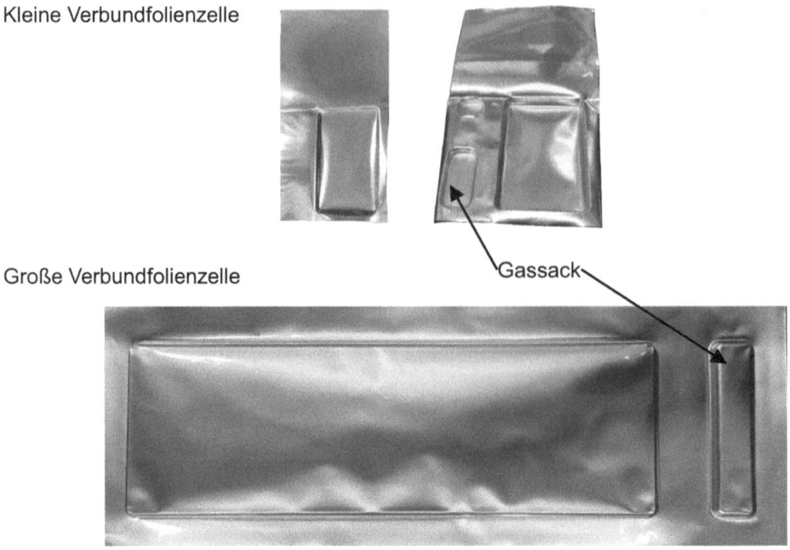

Bild 6.47 Oben: Verbundfolienhälften einer kleinen LIB (Vorderseite, Rückseite und Gassack), unten: Verbundfolienhälfte einer großen LIB. © Bild oben: VW-VM-Forschungsgesellschaft mbH, © Bild unten: Fraunhofer-Einrichtung Forschungsfertigung Batteriezelle FFB

Die Position des Gassacks in der Verbundfolie beziehungsweise seine Position zum Hauptraum der LIB, in dem sich der A-S-K-Verbund befindet, kann je nach Auslegung variieren. Bild 6.47 oben zeigt einen Gassack, der an der Längsseite des Hauptraumes der kleinen LIB angeordnet ist. Der Gassack der großen LIB, in Bild 6.47 unten dargestellt, ist an der kurzen Querseite des Zellgehäuses angeordnet.

Der kontaktierte A-S-K-Verbund wird zur Montage in die untere Verbundfolienhälfte gelegt (siehe Bild 6.48). Eine plane Werkstückaufnahme sorgt dafür, dass Verbundfolienhälfte und A-S-K-Verbund vollflächig aufeinander liegen und sich keine Druckstellen bilden.

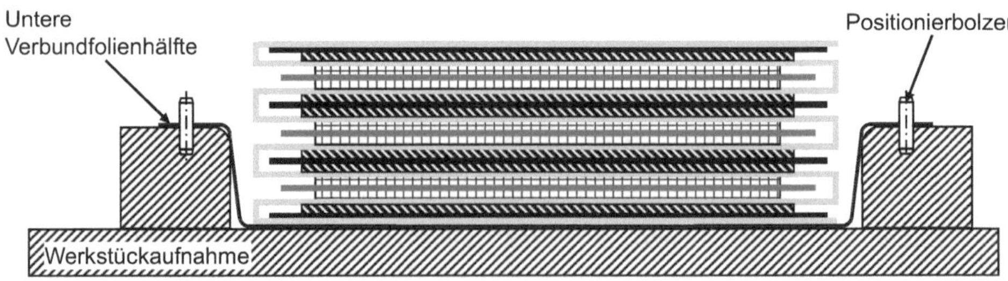

Bild 6.48 Positionieren des A-S-K-Verbunds in der unteren Verbundfolienhälfte

Die zuvor montierten Dichtstreifen an den Ableitern (siehe Bild 6.31) werden auf dem Siegelrand positioniert. Im Folgeschritt wird die obere Verbundfolienhälfte auf den

A-S-K-Verbund aufgelegt und durch ein thermisches Fügeverfahren (Siegeln) mit der unteren Verbundfolienhälfte gasdicht verbunden (siehe Bild 6.49).

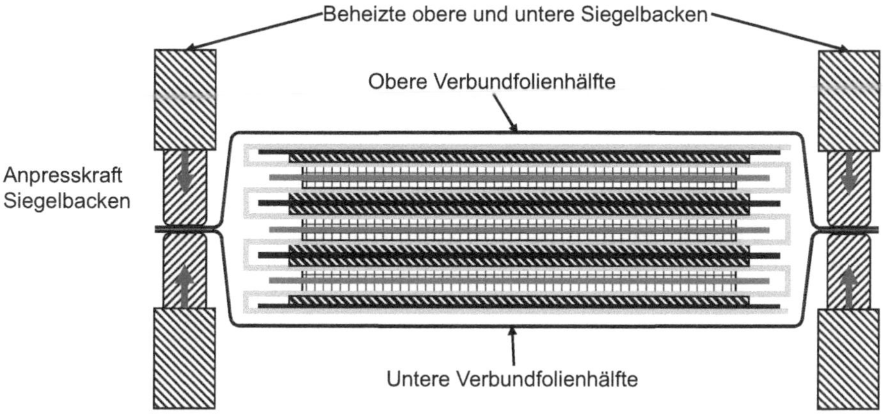

Bild 6.49 Verbundfolienzelle mit Verbundfolie und Siegelbacken

Beim Siegeln pressen die beheizten Siegelbacken die Randzonen der oberen und unteren Verbundfolienhälften an den dafür vorgesehenen Rändern mit der Presskraft aufeinander. Bei der Verbundfolie handelt es sich um eine Folie, deren äußere Schicht aus einem thermoplastischen Kunststoff wie PP oder PE besteht. Siegelbacken erhitzen diese Schichten, bis sie zu schmelzen beginnen. Diese beheizten Siegelbacken pressen anschließend beide aufgeschmolzenen Bereiche der Verbundfolienhälften am Rand aufeinander. Beide thermoplastischen Kunststoffschichten verbinden sich, sodass beide Verbundfolienhälften zusammengefügt werden. Nach einer kurzen Haltezeit bei hoher Temperatur wird die Wärmezufuhr unterbrochen und die Fügezone kühlt ab. Beide aufgeschmolzenen Schichten der Verbundfolien vereinigen sich in der flüssigen Phase und bilden nach der Erstarrung im Bereich der Heißsiegelung eine gemeinsame Schicht.

An drei Seiten des Verbunds werden die Siegelnähte durchgängig erzeugt. An der vierten Seite verbleibt eine Öffnung in der Siegelnaht, die es dem später bei der Formation entweichenden Gas ermöglicht, in den daran anschließenden Gassack überzugehen. Der Gassack wird in einem späteren Prozessschritt entfernt.

Der Betrieb einer LIB mit Verbundfoliengehäuse belastet bei Ausdehnung oder Quellung des A-S-K-Verbunds beim Laden und Entladen die Siegelnähte ganz speziell. Die Kräfte aus dem Quellen des A-S-K-Verbundes wirken über die Verbundfolie als Schälkraft auf die Siegelnaht (siehe Bild 6.50). Die Kräfte wirken fast senkrecht auf die Siegelnaht und ziehen die beiden Verbundfolienbereiche der Siegelnaht auseinander. Neben der ungünstigen Kraftbeanspruchung führt die Schälbeanspruchung auch zu lokal sehr hohen mechanischen Spannungen, was zum Versagen der Verbindung führen kann.

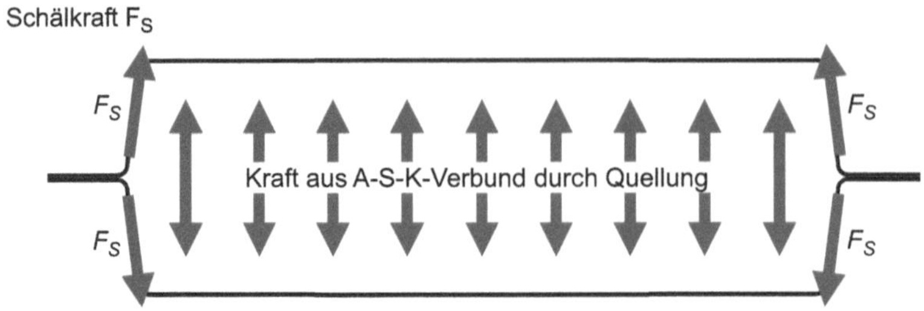

Bild 6.50 Schälkräfte auf den Siegelnähten

Für das Assemblieren der Verbundfoliengehäuse sind häufig die Montageeinrichtung und die Siegeleinrichtung in einer Vorrichtung kombiniert. Die Beschreibung des Siegelvorgangs aus Abschnitt 6.5.1.3 gehört für diese Prozessfolge direkt zum Prozessschritt der Assemblierung.

6.4.2 Parameter Zwischenprodukt

6.4.2.1 Geometrie des A-S-K-Verbunds

Die Geometrie des A-S-K-Verbunds bestimmt als Hauptparameter, ob der A-S-K-Verbund problemfrei in das Gehäuse eingebracht werden kann.

Ist der Durchmesser des Wickels oder die Dicke des Flachwickels oder Stapels zu groß, lässt sich der A-S-K-Verbund nicht in das Hartgehäuse einführen. Bei einem Verbundfoliengehäuse kann eine zu große Dicke des A-S-K-Verbunds dazu führen, dass für die Siegelränder nicht mehr ausreichend Verbundfolienmaterial zur Verfügung steht und die Siegelung entweder fehlerhaft wird oder dass sie der Dauerbelastung während des späteren Betriebs der LIB nicht standhält. Passen die Geometrie des A-S-K-Verbunds und die Geometrie der tiefgezogenen Verbundfolien nicht zusammen, lässt sich der A-S-K-Verbund nicht richtig in die vorgeformten Verbundfolienhälften einbringen.

Wickel, Flachwickel oder Stapel mit einer zu großen Höhe führen dazu, dass sich der Deckel des Hartgehäuses nicht richtig auf dem Gehäuse positionieren lässt und damit die LIB nicht sicher verschlossen werden kann.

6.4.2.2 Geometrie der Gehäuseteile

Die Genauigkeit der Geometrie der Gehäuseteile übt einen sehr großen Einfluss auf diesen Prozessschritt aus. Unterschiedliche Abweichungen können grundsätzlich auftreten: Sind ein oder mehrere Innenmaße zu groß und entspricht die Wandstärke der Spezifikation, so lässt sich der A-S-K-Verbund leicht einführen. Eventuell liegt der A-S-K-Verbund sogar zu locker im Gehäuse. Allerdings entsprechen in diesem Fall die Außenmaße des Gehäuses nicht der Spezifikation. Das kann zu Problemen beim Verschließen der LIB im nächsten Prozessschritt führen. Der Deckel passt nicht richtig zum Gehäuse und lässt sich nur schlecht verschließen.

Im umgekehrten Fall sind ein oder mehrere Innenmaße des Gehäuses zu klein und die Wandstärke entspricht der Spezifikation. Das behindert oder verhindert das Einführen des A-S-K-Verbunds in das Gehäuse. Es besteht die Gefahr, dass beim Einführen die äußere Separatorenschicht oder sogar die äußere Anode beschädigt wird.

Entsprechen die Außenmaße des Gehäuses der Spezifikation und ein oder mehrere Innenmaße sind zu groß, ist die Wandstärke des Gehäuses an den entsprechenden Stellen zu gering. Damit besteht die Gefahr, dass das Gehäuse die beim Laden auftretenden Kräfte durch die Quellung beim Laden und Entladen der LIB nicht aufnehmen kann und dass es sich beim späteren Betrieb öffnet. Das wäre ein großes Risiko.

6.4.2.3 Aufbau der Verbundfolie

Da die Verbundfolie aus mehreren Folien zusammengesetzt ist (siehe Abschnitt 2.2), ist der Zusammenhalt der einzelnen Folien innerhalb der Verbundfolie von besonderer Bedeutung. Delaminieren die Folien des Verbunds, kann das Verbundfoliengehäuse an der Stelle beschädigt werden, sich öffnen und damit die LIB unbrauchbar machen [19].

6.4.2.4 Materialstärke der Verbundfolie

Die Verbundfolie zur Herstellung der Verbundfoliengehäuse besteht aus mehreren Lagen unterschiedlicher Folien und Folienmaterialien (siehe Abschnitt 2.2) mit unterschiedlichen Eigenschaften. Weicht die Materialstärke der einzelnen Folien oder die Dicke der gesamten Verbundfolie von den Vorgaben ab, ergeben sich aufgrund der Eigenschaftsänderungen Abweichungen im Prozess.

Eine zu geringe Materialstärke führt zu einer Reduzierung der mechanischen Festigkeit der Verbundfolie, was im Umformprozess zu Rissen führen kann. Bei zu großer Materialstärke kann das Fließen des Materials im Umformprozess behindert werden. Es können Falten in der Verbundfolie auftreten.

6.4.3 Parameter Prozess

6.4.3.1 Einschubkraft (Hartgehäuse)

Beim Einführen des A-S-K-Verbunds in das Gehäuse zeigt die dafür erforderliche Einschubkraft an, ob ein Problem vorliegt oder nicht. Eine zu große Einschubkraft indiziert die Maßabweichungen von der Spezifikation. Typischerweise passen die Maße entweder des A-S-K-Verbunds oder des Gehäuses nicht zu den Vorgaben. Ein unzulässiger Faltenwurf der äußeren Separatorfolie kann die Einschubkraft auch erhöhen (siehe Bild 6.51 und Bild 6.52). Daher stellt sie einen wichtigen Parameter zur Beurteilung der Qualität in diesem Prozessschritt dar.

LIB mit einer oder mehreren Multikontaktscheiben erfordern eine definierte Einschubkraft speziell auch am Ende des Einschubweges. Das stellt einen wichtigen Parameter für die Sicherstellung des elektrischen Kontaktes zwischen Ableiter und Multikontaktscheibe dar.

6.4.3.2 Einschubtiefe (Hartgehäuse)

Die Einschubtiefe beschreibt die Position des A-S-K-Verbunds nach dem Einschieben in das Zellgehäuse. Ist der A-S-K-Verbund zu tief in das Zellgehäuse eingeschoben, wird der Separator an seinen Kanten am Boden des Zellgehäuses umgeknickt oder verformt. Das kann die Anoden-Elektroden in dem Bereich auch verformen. Solche Verformungen beeinflussen die Überstände, die für den sicheren Betrieb der LIB erforderlich sind. Es besteht die Gefahr, dass innerhalb der LIB ein Kurzschluss entsteht.

Bei einer zu geringen Einschubtiefe steht der A-S-K-Verbund zu hoch im Zellgehäuse. Beim Verschließen der LIB treten dadurch die vorangehend beschriebenen Effekte auf. Der Deckel stößt an den Separator oder an die Anoden und verformt oder verknickt sie. Des Weiteren beeinflusst die Position des A-S-K-Verbunds den Spalt zwischen den beiden Gehäuseteilen Becher und Deckel – dem Deckelspalt –, sodass beim Schweißen beispielsweise Probleme auftreten können, was die Dichtigkeit der LIB beeinträchtigt (siehe Bild 6.53 und Bild 6.65).

Bei LIB mit einer oder mehreren Multikontaktscheiben erfordert die korrekte Kontaktierung die richtige Position des A-S-K-Verbunds. Ist der A-S-K-Verbund nicht weit genug eingeschoben, können Kontaktprobleme in der LIB auftreten. Das Kontaktierungsproblem kann auch später im Betrieb der LIB auftreten, ausgelöst durch Vibrationen, die auf die LIB wirken.

6.4.3.3 Position A-S-K-Verbund (Verbundfolienzelle)

Die Positionierung des A-S-K-Verbunds auf der Verbundfolienhälfte ist ein weiterer wichtiger Parameter der Fertigung. Abweichungen der Position verursachen Probleme beim späteren Aufsetzen der zweiten Verbundfolienhälfte oder beim Verschließen der LIB durch Siegeln.

Eine fehlerhafte Position des A-S-K-Verbunds kann dazu führen, dass die erhöhten Belastungen der Ecken des A-S-K-Verbunds beim Schwellen oder Quellen der LIB beim Betrieb auftreten. In Bild 3.2 sind diese gefährdeten Stellen durch Kreise gekennzeichnet.

6.4.3.4 Ziehspalt (Verbundfolienzelle)

Der Ziehspalt ist der Raum zwischen der Matrize und dem Stempel des Ziehwerkzeugs (siehe Bild 6.45) [17]. Der Ziehspalt reguliert die örtliche Wanddicke des Verbundfoliengehäuses und damit die Symmetrie der Gehäusehälfte, was besonders bei sehr flachen oder konturierten Verbundfoliengehäusen entscheidend ist.

Ein zu großer Ziehspalt führt zu Faltenbildung im Bereich zwischen Matrize und Stempel. Der Werkzeugbereich führt oder fixiert die Verbundfolie dort nicht ausreichend.

Ein zu kleiner Ziehspalt verursacht übermäßige Reibung zwischen dem Stempel oder der Matrize und der Verbundfolie. Das führt zu einer Erhöhung der Abstreifkräfte und kann zu Rissen in der Verbundfolie oder zu Werkzeugverschleiß führen.

6.4.3.5 Werkzeugradien (Verbundfolienzelle)

Die Werkzeugradien kennzeichnen die Kanten, um die im Tiefziehwerkzeug die Verbundfolie beim Prozess des Tiefziehens herumgezogen wird (siehe Bild 6.45) [19].

Zu große Radien im Tiefziehwerkzeug führen zu einem schwächeren Materialkontakt der Verbundfolie mit dem Werkzeug und fördern Faltenbildung. Der Niederhalter führt in diesem Falle die Verbundfolie schlechter. Zu kleine Werkzeugradien erzeugen scharfe Übergänge, die die Verbundfolie stark biegen, was Risse in der Verbundfolie an der Werkzeugkante fördert.

6.4.3.6 Niederhalterkraft (Verbundfolienzelle)

Die Niederhalterkraft ist die Kraft, die die Verbundfolie im Seitenbereich auf das Werkzeug drückt. Das reguliert das Nachfließen der Verbundfolie während des Umformvorganges in den Ziehspalt.

Bei einer zu geringen Niederhalterkraft fließt die Verbundfolie zu schnell und zu viel in den Bereich der Umformung, was zu einer Faltenbildung führt. Eine zu hohe Niederhalterkraft behindert das Nachfließen der Verbundfolie, sodass es zu sogenannten Bodenreißern kommt. Dabei reißt der Boden oder der untere Teil der Verbundfolie ab oder ein. Die Festigkeit des Verbundfolienmaterials wird dabei überschritten.

6.4.3.7 Stempelkraft (Verbundfolienzelle)

Die Stempelkraft beim Tiefziehen von Verbundfoliengehäusen beschreibt die Kraft, die auf den Werkzeugstempel während des Umformvorganges wirkt. Sie muss ausreichen, um die Verbundfolie in die Matrize zu ziehen und Reibungsverluste zu überwinden, und darf nicht so groß sein, dass Materialbruch auftritt.

Eine zu geringe Stempelkraft führt zu unvollständigem Ziehen, Faltenbildung und unstabilem Fluss des Materials der Verbundfolie während des Ziehprozesses. Eine zu hohe Stempelkraft kann zu Rissen der Verbundfolie oder einem erhöhtem Werkzeugverschleiß führen.

6.4.4 Parameter Produkt

6.4.4.1 Faltenfreiheit

Beim Einschieben des Wickels in das Hartgehäuse ist darauf zu achten, dass die äußeren Lagen des Separators nicht verschoben oder aufgefaltet werden. Solche Falten können in der späteren LIB zu einer ungleichmäßigen Druckverteilung innerhalb des A-S-K-Verbunds führen (siehe Bild 6.51). Solche Druckstellen begünstigen das Dendritenwachstum, was zu einer Havarie oder dem frühen Ausfall der LIB führen kann (siehe Abschnitt 3.2.10). Vergleichbares gilt natürlich auch für die Elektrodenfolie im äußeren Bereich.

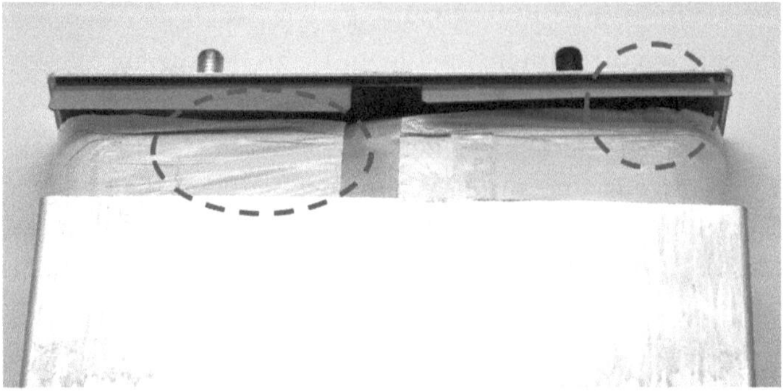

Bild 6.51 Flachwickel mit Falten beim Einschieben in Gehäuse

Bei Stapelzellen oder Flachwickelzellen kommt daher dem Verpressen eine wichtige Bedeutung zu (siehe Abschnitt 6.2). Hierbei ist besonders zu beachten, dass der Anpressdruck bis zum Einbringen in das jeweilige Gehäuse gehalten wird, um ein Zurückspringen oder ein Wiederaufspringen des A-S-K-Verbunds zu meiden.

Auch bei Rundzellen können solche Falten beim Einschieben des A-S-K-Verbunds auftreten (siehe Bild 6.52). Abhilfe kann ein längs entlang der Endkante des Separators aufgebrachter Klebestreifen bringen.

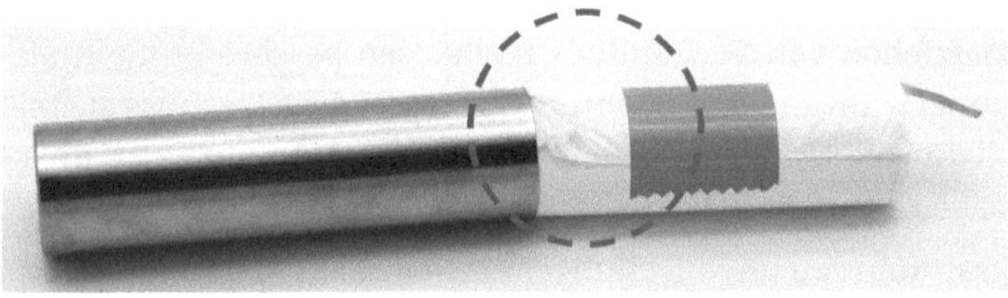

Bild 6.52 Rundwickel 18650 mit Falten im Separator

6.4.4.2 Deckelspalt

Bei einer zu geringen Einschubtiefe des A-S-K-Verbunds in das Gehäuse entsteht ein Spalt zwischen Gehäuse und Deckel, der beim Schweißen nicht verschlossen werden kann (siehe Bild 6.53). Das Laserschweißverfahren kann solche Spalte nicht überbrücken, um das Zellgehäuse dicht zu verschließen. Außerdem besteht bei einem solchen Spalt die Gefahr, dass Schmelze aus dem Schweißprozess in das Zellinnere gelangt und dort als Metallpartikel Kurzschlüsse verursacht.

Wird der Deckelspalt beim Einschieben des A-S-K-Verbunds überdrückt, treten Falten am Separator oder sogar von den Elektroden auf. Bild 6.65 zeigt einen solchen Deckelspalt einer Rundzelle, der die Bördeloperation zum Verschließen der LIB unmöglich macht.

Bild 6.53
Deckelspalt

6.4.5 Parameter Umfeldbeeinflussung

In diesem Prozessschritt ist nur mit geringsten Umfeldbeeinflussungen zu rechnen. Es könnten theoretisch Partikel aus dem A-S-K-Verbund austreten und in das Umfeld gelangen. Erfahrungsgemäß tritt das aber nur in geringen Mengen und sehr selten auf, sodass es hier nur der Vollständigkeit halber erwähnt wird.

6.4.6 Transport

Ab diesem Prozessschritt schützt das Zellgehäuse den A-S-K-Verbund. Greifer können die Zelle aufnehmen und in ein Transportgestell oder eine Transportpalette übergeben. Diese Transporteinrichtungen transportieren die LIB weiter zum nächsten Prozessschritt.

Bild 6.54 zeigt ein Transportgestell für Verbundfolienzellen. Die LIB sind in diesem Transportgestell an den Rändern geführt. Möglichst enge Schlitze zur Aufnahme der LIB sorgen für eine feste Position der LIB im Transportgestell.

Bild 6.54
Transportgestell für Verbundfolienzellen,
© Bild: Lyric Automation Germany GmbH

Bei einem Transportgestell für Hartgehäusezellen sind die Aufnahmeschlitze für die LIB weiter (siehe Bild 6.55). Hierin halten federnde Zungen die LIB in Position.

Bild 6.55
Transportgestell für Hartgehäusezellen, © Bild: Lyric Automation Germany GmbH

Während des Transportvorganges inklusive der Handhabungsvorgänge zum Be- und Entladen der Anlagen benötigen die offenen A-S-K-Verbünde Schutz vor Luftfeuchtigkeit und Partikeln aus dem Umfeld.

Im Transportgestell dürfen die einzelnen LIB weder bei der Handhabung noch beim Transport des Transportgestells beschädigt oder verformt werden. Das Transportgestell sollte seitlich und von unten geschlossen sein sowie nach dem Befüllen mit der definierten Anzahl von LIB von oben verschlossen werden. Es ist auf alle Fälle zu verhindern, dass Partikel in die noch offenen LIB hineingelangen können.

Jedes Transportgestell besitzt eine immer sicher erkennbare Identifizierung. Die Anlagen der einzelnen Prozessschritte lesen diese Kennzeichnung und verknüpfen die Daten der einzelnen LIB. Am Transportgestell sollen möglichst keine Partikel anhaften können. Des Weiteren muss es einfach und sicher zu reinigen sein.

6.5 Gehäuse verschließen

Das Zellgehäuse wird nach dem Prozessschritt der Assemblierung gasdicht verschlossen. Hierzu werden je nach Art des Zellgehäuses unterschiedliche Fügetechnologien verwendet. Bei Hartgehäusezellen wird der Deckel auf das Gehäuse montiert und meist durch Laserschweißen als Fügeverfahren verschlossen. Bei der Montage der Deckel von Rundzellen kommt alternativ ein Bördelprozess zum Einsatz. Verbundfolienzellen werden durch Siegeln an den umlaufenden Rändern verschlossen. Die erforderlichen zusätzlichen Zellkomponenten werden in diesem Prozessschritt zugeführt. Das kann beispielsweise der Gehäusedeckel mit entsprechenden internen und externen Kontaktpunkten sein. Die internen Kontaktpunkte stellen den elektrischen Kontakt zum Ableiterverbund her. An den externen Kontaktpunkten sind die Zellverbinder angebracht.

Diese Zellverbinder verbinden die einzelnen LIB im Modul und mit den Batteriemanagementsystem.

Eine elektrisch leitende Durchführung durch den Deckel verbindet externe und interne Kontaktpunkte und durchquert dabei das Zellgehäuse. Diese Durchführung muss abgedichtet sein, damit die Luftfeuchtigkeit während der gesamten Einsatzdauer der LIB nicht in das Gehäuse eindringt. Zusätzlich belasten mechanische Kräfte diesen Dichtungsbereich. Externe Zellverbinder bringen mechanische Kräfte beim Laden und Entladen der LIB aufgrund der Quellung der LIB auf. Diese auf die Terminals oder Kontaktpunkte wirkenden Querkräfte können durchaus bis zu 5 kN erreichen (siehe Abschnitt 2.4). Diese Doppelbeanspruchung hinsichtlich Abdichtung und Aufnahme von Querkräften ist bei der Auslegung zu berücksichtigen. Bild 6.56 zeigt die Durchführung einer PHEV2-LIB mit den internen und externen Kontaktpunkten.

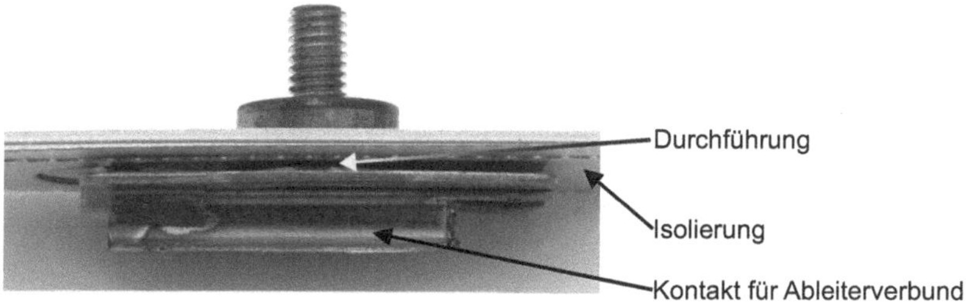

Bild 6.56 Gehäusedeckel mit Kontaktpunkt und Durchführung, PHEV2-Zelle

Bei Verbundfolienzellen dichten die Dichtstreifen (siehe Bild 6.31) diese Durchführungen der Kontakte der Ableiterfahnen zu den externen Anschlüssen der LIB ab. Diesen Prozess beschreibt Abschnitt 6.5.1.3. Die für die Abdichtung der Durchführung erforderlichen Dichtstreifen zeigt Bild 6.31.

6.5.1 Prozessschritte in Abhängigkeit vom Zellgehäuse

6.5.1.1 Laserschweißen (Hartgehäuse)

Beim Laserschweißen wird der Laserstrahl durch eine Laseroptik auf die Fügestelle fokussiert (siehe Bild 6.57). Der Durchmesser des Laserstrahls am Werkstück beträgt ungefähr 0,2 bis 0,3 mm (Brennfleck). Die Energie des Laserstrahls koppelt zum Teil in das zu verbindende Material ein (das bedeutet, dass das Material die Energie des Laserstrahls absorbiert), erhitzt es und schmilzt so Material der beiden zu fügenden Teile auf. Die Schmelze fließt zusammen, erstarrt und verbindet die beiden Teile.

Beim Laserschweißen ist es wichtig, dass die Schmelze nicht in den Innenraum des Gehäuses gelangt. Solche Schweißspritzer sind Fremdpartikel, die in der Zelle den A-S-K-Verbund schädigen können (siehe Abschnitt 3.2.4).

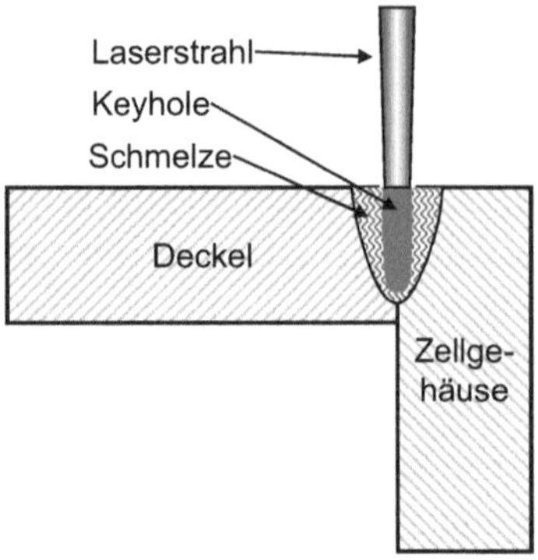

Bild 6.57
Laserschweißen – schematische Darstellung

Es ist bei Hartgehäusezellen zu unterscheiden, ob es sich um aufgesetzte oder eingeschobene Deckel handelt. Bei einem Gehäuse mit aufgesetztem Deckel wird der Laserstrahl seitlich um das Gehäuse herumgeführt (siehe Bild 6.58). Das kann in bestimmten Schweißkonstellationen dazu führen, dass neben dem Laserstrahl auch das Gehäuse bewegt werden muss.

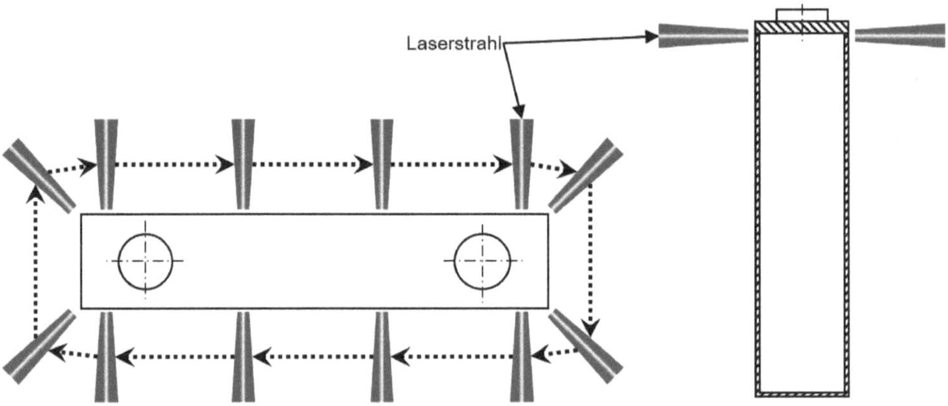

Bild 6.58 Bewegung des Laserstrahls um das Gehäuse mit aufgesetztem Deckel

Bild 6.59 zeigt eine solche Laserschweißnaht an einem Zellgehäuse mit aufgesetztem Deckel.

Beim Verschließen einer LIB mit eingeschobenem Deckel wird der Laserstrahl von oben auf das LIB-Gehäuse gerichtet. Bild 6.60 rechts zeigt den gegen den kleinen überstehenden Kragen des Deckels gerichteten Laserstrahl.

Bei LIB-Gehäusen mit eingesetztem Deckel benötigt die Schweißkonstruktion eine geringfügig höhere Gehäusehöhe als beim aufgesetzten Deckel. In der so gebildeten Kehle wird die Lasernaht erzeugt. Bei dieser Bauart reduziert sich der für die Aufnahme des A-S-K-Verbunds verfügbare Innenraum im LIB-Gehäuse und die volumetrische Energiedichte verschlechtert sich.

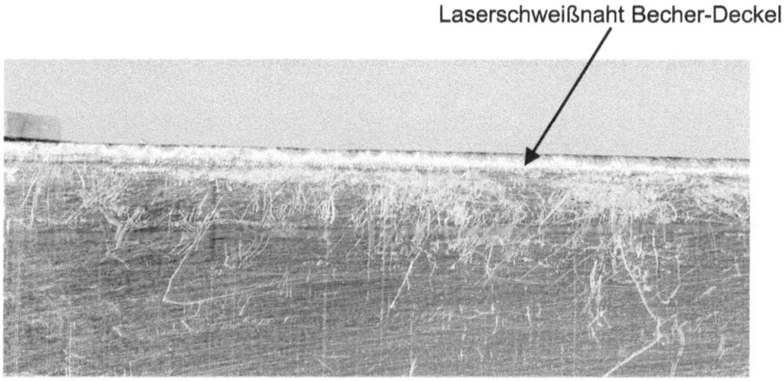

Bild 6.59 Laserschweißnaht, Gehäuse mit aufgesetztem Deckel

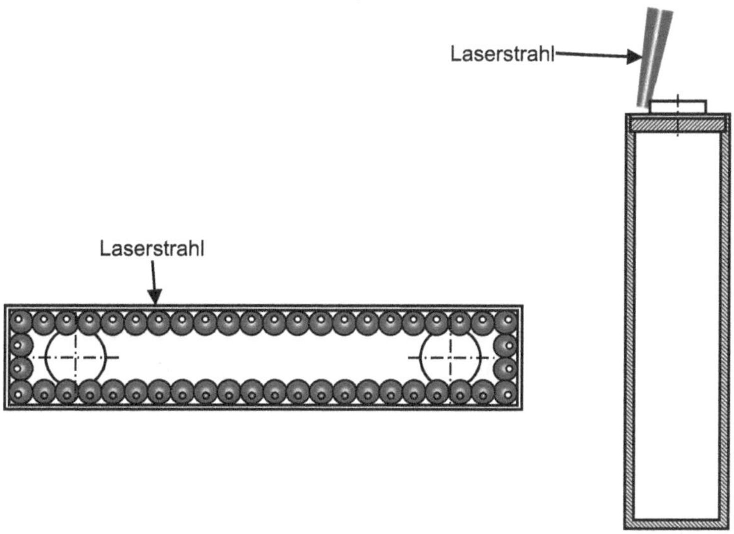

Bild 6.60 Bewegung des Laserstrahls bei eingesetztem Deckel

Bei beiden Ausführungsarten ist beim Verschweißen der Ecken auf eine korrekte Kombination von Schweißparametern und Vorschubgeschwindigkeit zu achten. Dabei kommt als Steuerungstechnologie beispielsweise Position Synchronized Output (PSO) zum Einsatz. Diese Steuerungstechnologie synchronisiert die Laserleistung mit der Bewegung des Schweißkopfes beziehungsweise der Bewegung des LIB-Gehäuses entlang den vorgegebenen Bewegungsbahnen. Das Schweißsystem erfasst die erforderlichen Daten wie Position, Geschwindigkeiten und Laserleistung in Echtzeit und verarbeitet sie.

Bild 6.28 zeigt einen Gehäusedeckel mit einer Isolation. Die Isolation ist am Rande so geführt, dass sie die Laserschweißnaht innerhalb der Zelle gegen den A-S-K-Verbund abschirmt. Das kann dazu beitragen, dass der Laserstrahl bei Verschließen des Zellgehäuses nicht auf die Komponenten innerhalb der Zelle treffen kann und diese beschädigt. Bild 6.61 zeigt diesen Deckel auf das Gehäuse aufgesetzt. Die Innenisolierung ist an den Längskanten umgebogen und schützt so den Innenraum des Gehäuses.

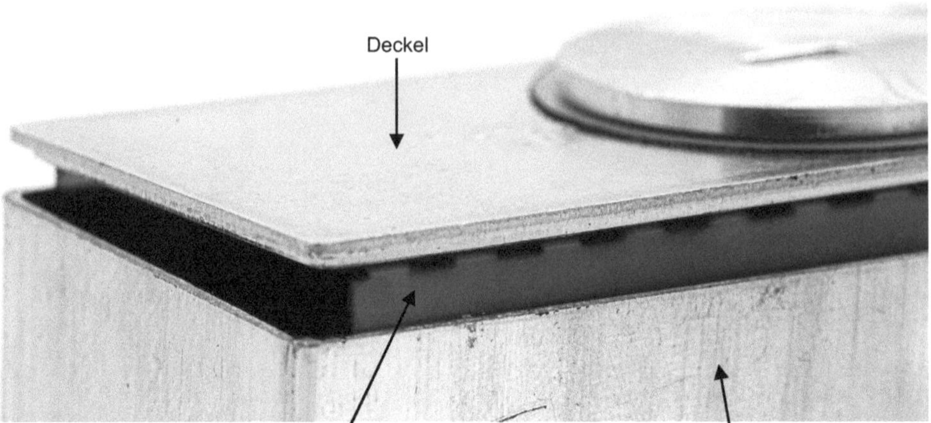

Bild 6.61 Deckel mit Innenisolation (die Schweißnaht bedeckend)

Bei der Handhabung des Deckels und des Zellgehäuses mit dem eingebrachten A-S-K-Verbund ist zu beachten, dass die Befüllöffnung im Deckel noch nicht verschlossen ist und die Berstmembran sich im Deckel befindet. Durch die offene Befüllöffnung können während des Schweißens Fremdpartikel in das LIB-Gehäuse gelangen. Die Berstmembran ist mechanisch sehr empfindlich und darf nicht beschädigt werden.

Teilweise werden Rundzellen auch durch Laserschweißen verschlossen. Bild 6.62 zeigt einen Ausschnitt einer solchen Laserschweißnaht einer großen Rundzelle.

Bild 6.62 Laserschweißnaht, Rundzelle 71910

6.5.1.2 Bördeln (Hartgehäuse, Rundzelle)

Beim Bördeln wird der Deckel der Rundzelle so umgeformt, dass er fest auf dem Gehäuse sitzt und das Gehäuse sowie den Deckel gasdicht verbindet. Unter Bördeln versteht man ein Fügen von blechförmigen, dünnen Teilen durch Umformen der Teile (siehe Bild 6.63). Bei diesem Prozess erzeugt die Anlage zunächst eine Vertiefung oder Sicke im Becher und formt oder treibt anschließend den Rand des Deckels in diese Sicke.

Bild 6.63
Bördelnaht einer Rundzelle, Format 21700

6.5.1.3 Siegeln (Verbundfoliengehäuse)

Der Prozessschritt „Wickel oder Stapel assemblieren" (siehe Abschnitt 6.4) beinhaltet für Verbundfolienzellen auch direkt das Verschließen der Siegelnähte. Die beiden Teile des Verbundfoliengehäuses und der A-S-K-Verbund befinden sich dabei in einer definierten Position, in der dann direkt die Siegelbacken das Verbundfoliengehäuse verschließen.

Die Siegelränder der LIB mit Verbundfoliengehäuse werden nach dem Versiegeln umgebogen oder gefaltet. Das reduziert die äußeren Abmessungen der LIB durch die Verkleinerung der Abmessungen der Siegelnähte der LIB. Das erhöht die volumetrische Energiedichte und minimiert dadurch den Platzbedarf einer solchen LIB im Modulgehäuse [20].

Das Falten und das eventuelle Verkleben der Siegelränder verbessert zusätzlich die mechanische Stabilität der Zelle sowie die Langzeitstabilität der Siegelnaht (siehe Bild 6.64). Beides erhöht die Lebensdauer und Sicherheit der LIB.

Es ist wichtig zu beachten, dass dieser Prozess präzise durchgeführt werden muss, um Beschädigungen der LIB und speziell der Nahtbereiche zu vermeiden und die Dichtigkeit der Versiegelung sicherzustellen.

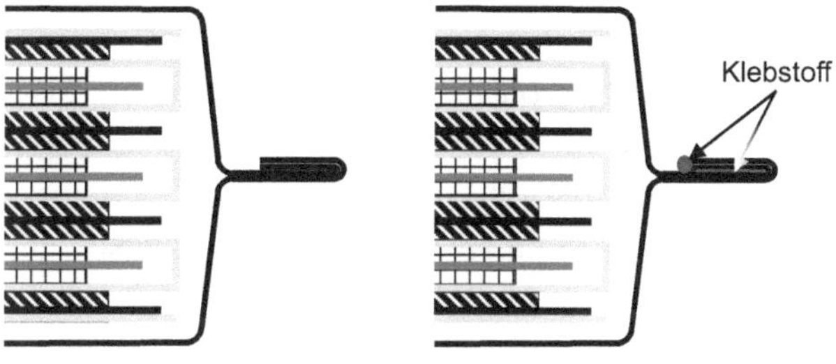

Bild 6.64
Faltung der Siegelränder (links), Faltung und Verklebung der Siegelränder (rechts)

6.5.2 Parameter Zwischenprodukt

6.5.2.1 Materialeigenschaften Verbundfolie (Siegeln)

Da die Verbundfolie aus mehreren übereinanderliegenden Schichten besteht, bestimmt der Zusammenhalt der einzelnen Schichten der Verbundfolie die Güte des Verschlusses und damit der Dichtigkeit der LIB. Trennt sich eine der verschiedenen Schichten der Verbundfolie, kann das später zur Undichtigkeit der LIB führen. Die Verbundfolienzelle kann im Falle der Undichtigkeit der Siegelnaht die Druckdifferenz zwischen dem Innendruck und dem umgebenden Atmosphärendruck nicht aufrechterhalten. Der Anpressdruck auf den A-S-K-Verbund sinkt und es besteht die Gefahr, dass die Elektroden delaminieren, was die Funktionsfähigkeit der LIB stark einschränkt. Des Weiteren kann durch die Undichtigkeit auch Elektrolyt aus der LIB heraustreten.

Ist die Dicke der thermoplastischen inneren Schicht nicht ausreichend, so fehlt für den Verschmelzungsprozess beim Siegeln das erforderliche Material und die LIB wird undicht. Weicht die Schmelztemperatur von den definierten Temperaturen ab, treten die in Abschnitt 6.5.3.2 beschriebenen Auswirkungen auf.

6.5.2.2 Schweißspalt (Laserschweißen)

Entspricht der Schweißspalt zwischen dem Becher und dem Deckel beim Hartgehäuse nicht den Vorgaben, dann kann das dazu führen, dass die Schweißung an dieser Stelle nicht vollständig dicht ist, sodass die Schmelze (siehe Bild 6.57) nicht zwischen den beiden Teilen festgehalten wird, sondern in die LIB hineinläuft. Das verursacht Schweißspritzer in der LIB, die als Fremdkörper einen Kurzschluss in der LIB verursachen können. Große Schweißspalte begünstigen die Bildung von Poren und Rissen in der Schweißnaht, da der geschmolzene Werkstoff nicht ausreichend die Lücke füllt und beim Erstarren Defekte entstehen können. Die für den sicheren Betrieb der späteren LIB erforderliche Dichtigkeit kann nicht mehr gewährleistet werden.

Ist der Schweißspalt so groß, dass der Laserstrahl hindurchstrahlt, kann Energie in Komponenten wie beispielsweise den Separator innerhalb der LIB eingebracht werden und sie schädigen.

6.5.2.3 Deckelspalt

Liegt der Deckel nicht vollständig am Gehäuse an, bildet sich der Deckelspalt. Die Schweißverbindung lässt sich nicht korrekt erstellen. Die verschweißte LIB wird nicht dicht.

Vergleichbares trifft auf eine Bördelverbindung zu. Die mechanische Verformung kann je nach Positionierung in der Bördelmaschine nicht an der richtigen Position ausgeführt werden, sodass die LIB nicht korrekt verschlossen wird.

Speziell bei kleineren Rundzellen beispielsweise im Format 18650 oder 26650 oder 21700 ist der Deckel auch der externe Kontakt der LIB. Es gibt daher eine Dichtung zwischen Deckel und Becher (siehe Bild 6.65). Diese Dichtung isoliert auch beide Teile elektrisch gegeneinander, da ja auch das Gehäuse einen Pol der LIB darstellt.

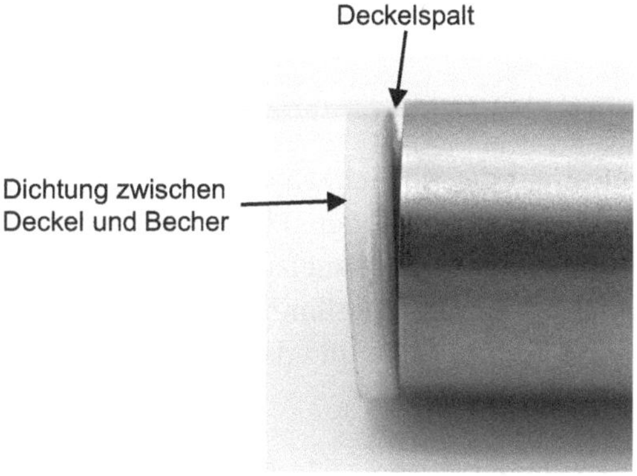

Bild 6.65
Deckelspalt und Deckeldichtung

6.5.2.4 Sauberkeit der Fügeflächen

Befinden sich Fremdkörper oder Fremdmaterialien wie Fett oder Öl auf den Fügeflächen, so können die Fügeprozesse Schweißen oder Siegeln fehlerbehaftet ausgeführt werden. Fremdkörper können einen zu großen Schweißspalt verursachen.

Fette oder Öle auf den Siegelflächen beim Verbundfoliengehäuse können das Zusammenschmelzen der beiden thermoplastischen Schichten der beiden Verbundfoliengehäuseteile negativ beeinträchtigen. Hierdurch können initiale örtliche Undichtigkeiten entstehen, die die LIB sofort undicht machen, oder Schwachstellen der Siegelnaht, die erst beim späteren Betrieb der LIB auftreten.

6.5.3 Parameter Prozess

6.5.3.1 Druck (Siegeln)

Der während des Siegelns von den Siegelbacken auf die Siegelnaht ausgeübte Druck beeinflusst die Festigkeit und Dichtheit der Siegelnähte. Ein optimaler Druck gewährleistet eine homogene Verbindung der Materialien der Verbundfolie. Ein zu hoher Druck beschädigt die Materialien der Verbundfolie, ein zu niedriger Druck führt zu unzureichender Zusammenführung der beiden Verbundfolien und damit zu unzureichender Haftung. Der Druck muss über die gesamte Länge der Siegelnaht gleichmäßig aufgebracht werden.

6.5.3.2 Temperatur (Siegeln)

Die Temperatur des Siegelns muss innerhalb der Haltezeit eine Größe erreichen, bei der die beiden aufeinanderliegenden thermoplastischen Schichten aufschmelzen, sodass sie sich zu einer Schicht verbinden können. Reicht die Temperatur dafür nicht aus, schmelzen die Materialien nicht auf. Die Siegelnaht wird undicht. Die Schmelztemperatur von PE liegt im Bereich zwischen 110 °C und 135 °C [21], die von PP liegt im Bereich zwischen 160 °C und 165 °C [22]. Eine zu hohe Temperatur kann die unterschiedlichen Schichten der Verbundfolie schädigen und so auch Undichtigkeiten verursachen.

6.5.3.3 Haltezeit (Siegeln)

Die Länge der Haltezeit beim Siegeln beeinflusst die Möglichkeit der beiden thermoplastischen Schichten aufzuschmelzen und sich zu verbinden. Eine zu kurze Haltezeit verursacht unzureichende Verbindungen oder Verschmelzungen der thermoplastischen Schicht und damit eine Undichtigkeit der LIB. Eine zu lange Haltezeit kann einen zu großen Energieeintrag in die Verbundfolie und damit deren Beschädigung bewirken.

6.5.3.4 Planlage (Siegeln)

Ein korrektes Siegeln der Siegelränder erfordert, dass die Siegelränder der oberen und der unteren Gehäusehälfte plan aufeinander liegen. Liegen diese Flächen nicht plan aufeinander, können sich in der Siegelnaht beim Siegeln Blasen oder andere Hohlräume bilden (siehe Bild 6.66). Im Bereich dieser Hohlräume können sich die beiden äußeren Kunststofffolien der Verbundfolie nicht vollflächig verbinden.

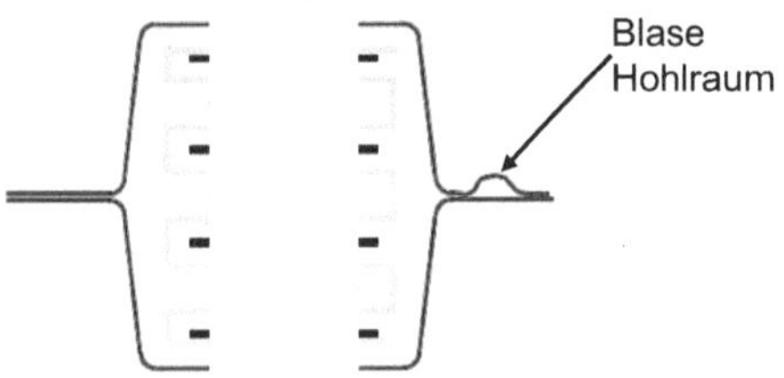

Bild 6.66
Querschnitt der Siegelnaht: korrekte Planlage (links), Blasenbildung (rechts)

Die Festigkeit der Siegelnaht wird von der Fläche der Siegelung bestimmt. Im Bereich der Blase ist die Verbindungsfläche zwischen beiden Verbundfolienhälften reduziert. In dem Bereich liegt daher eine geringere Festigung der Verbindung vor. Das kann zu einem Versagen der Siegelung führen.

6.5.3.5 Zusammenwirken der Parameter (Siegeln)

Die Parameter Druck, Temperatur und Haltezeit des Siegelprozesses stehen in einem direkten Zusammenhang. Nur eine angemessene Kombination der Parameter führt zu einer optimalen Siegelung in der vorgegebenen Zeit. Es ist wichtig, die spezifischen Materialeigenschaften der verwendeten Verbundfolien zu berücksichtigen, um die idealen Bedingungen für den Versiegelungsprozess festzulegen. Diese drei Parameter sind in Abhängigkeit von den Materialien der Verbundfolie und deren Dicke individuell abzustimmen.

6.5.3.6 Laserschweißparameter

Die Leistung beim Laserschweißen steuert sowohl die Eindringtiefe als auch die Schweißgeschwindigkeit. Bei konstantem Laserstrahl führt eine Erhöhung der Laserleistung zu einer größeren Eindringtiefe und ermöglicht höhere Schweißgeschwindigkeiten. Bei einer Überschreitung der Laserleistung beginnt das Schmelzbad zu kochen, was die Eindringtiefe verringern kann und zu Schweißspritzern führen kann. Eine zu starke Überschreitung der Grenze der Laserleistung führt zu verstärktem Materialverdampfen, wodurch Fehlstellen in der Schweißnaht entstehen, die zu einer Undichtigkeit der LIB führen können.

Die Schweißgeschwindigkeit steht im umgekehrten Verhältnis zur Eindringtiefe. Bei konstanter Laserleistung führt eine Erhöhung der Schweißgeschwindigkeit zu einer geringeren Wärmeeinbringung und somit zu einer reduzierten Eindringtiefe. Es besteht die Gefahr einer undichten Schweißnaht. Eine zu niedrige Geschwindigkeit kann hingegen zu übermäßigem Schmelzen des Materials und zu Durchschweißungen führen.

Die Kombination aus Laserleistung und Schweißgeschwindigkeit bestimmt die Energieeinbringung pro Längeneinheit der Schweißnaht. Zusätzlich zu Laserleistung und Schweißgeschwindigkeit beeinflussen weitere Faktoren wie Fokusposition, Schutzgas und Werkstückparameter die Schweißnahtqualität und damit deren Dichtigkeit. Auch diese Parameter sind für jeden Anwendungsfall individuell festzulegen.

Weitere Parameter des Laserschneidens, die auch auf den Prozess des Laserschweißens anwendbar sind, werden in Abschnitt 5.5.2 aufgeführt.

6.5.4 Parameter Produkt

6.5.4.1 Dichtigkeit

Die Dichtigkeit der Schweißverbindungen bei der Hartgehäusezelle und bei der Verbundfolienzelle ist ein wichtiger Parameter am Ende des Prozessschrittes. Es darf kein Elektrolyt aus der LIB heraustreten oder Luft mit ihrer Feuchtigkeit in die LIB eindringen. Die Auswirkungen des Eindringens von Feuchtigkeit in die LIB werden in Abschnitt 3.3 beschrieben.

Die Angaben für die Dichtigkeit werden in Abschnitt 6.6.1.1 mit entsprechenden Zahlenangaben beschrieben.

6.5.4.2 Festigkeit der Verbindung

Beim späteren Einsatz der LIB treten beim Laden Druckspannungen im Gehäuse durch das Swelling des A-S-K-Verbunds auf. Die Kräfte können die in Abschnitt 2.4 beschriebenen Größenordnungen erreichen. Neben den Kräften im A-S-K-Verbund belasten diese Kräfte das Zellgehäuse. Das bedeutet, dass bei Hartgehäusezellen die Schweißnähte am Deckel hohen Kräften zu widerstehen haben, da sonst die LIB undicht werden würde.

Bild 6.50 zeigt die Kräftesituation in einer Verbundfolienzelle. Diese Kräfte sind bei der Konstruktion des Zellgehäuses entsprechend zu berücksichtigen.

Beim Verbundfoliengehäuse drückt der A-S-K-Verbund auch durch das Swelling nach außen. Daraus resultieren umgelenkte Kräfte, die als Schälkräfte auf die Siegelnähte wirken. Reicht die Festigkeit der Siegelnaht nicht aus, diesen Kräften im späteren Betrieb der LIB zu widerstehen, wird die Siegelnaht immer wieder ein kleines Stück geöffnet und versagt schließlich.

6.5.4.3 Partikelfreiheit

Durch den Prozess des Verschließens des Zellgehäuses dürfen kein Partikel in das Zellgehäuse eingebracht werden. Solche Partikel können beispielsweise den Separator beschädigen und damit einen Kurzschluss in der LIB verursachen oder in Form von elektrisch leidenden Partikeln direkt einen solchen Kurzschluss auslösen. In Abschnitt 3.2.4 werden die Auswirkungen von Fremdpartikeln in einer LIB beschrieben.

6.5.4.4 Blasenfreiheit (Siegeln)

Die Siegelnähte dürfen keine Blasen oder andere Hohlräume haben. Solche Fehlstellen reduzieren örtlich die Fläche, an der beide Verbundfolienhälften zusammengefügt sind. Das bedeutet eine Schwächung der Festigkeit der Siegelverbindung. Solche Fehlstellen können der Ausgangspunkt für ein örtliches Versagen der Siegennaht im späteren Betrieb der LIB sein. Die in Bild 6.50 dargestellten Schälkräfte, verursacht durch die Quellung des A-S-K-Verbunds beim Laden der LIB, können durch eine solche Fehlstelle (siehe Bild 6.66) zum Versagen der Siegelverbindung und damit zum Öffnen der LIB im Betrieb führen.

[23] schlägt dafür eine Inspektion der Siegelnähte mit Ultraschall vor. Die Funktionsweise wird in Abschnitt 14.6 beschrieben. Eine korrekt gesiegelte Fläche besitzt eine höhere Schallgeschwindigkeit als die Fläche, bei der beide Verbundfolienhälften durch die Blase getrennt sind. Eine solche Veränderung ist durch ein Ultraschallmesssystem einfach erfassbar.

6.5.5 Parameter Umfeldbeeinflussung

Die durch den Laserstrahl eingebrachte Wärme verdampft einen Teil des aufgeschmolzenen Materials der Elektrode. Neben den vorangehend erwähnten Metallkomponenten enthält dieser Rauch auch noch Reaktionsprodukte aus der Verbrennung des Binders oder des Kohlenstoffs. Auch dieser Rauch ist abzusaugen und vor einer Freisetzung zu filtern.

Treten beim Laserschneiden Laserstrahlen unkontrolliert in das Umfeld aus, können sie dort Menschen gefährden. Diese Anlagen müssen daher mit Schutzeinrichtungen gemäß einschlägigen Verordnungen ausgerüstet sein.

6.5.6 Transport

Die Zelle kann entweder einzeln oder in einem Transportgestell oder einer Transportpalette weitertransportiert werden. Bei Bedarf schützt eine Kapselung oder eine Abdeckung bei einem solchen Transportgestell oder einer Transportpalette die transportierten LIB gegen Umfeldeinflüsse. Die weiteren Anforderungen werden in Abschnitt 6.4.6 beschrieben.

6.6 Zelle auf Leckage prüfen

Wie schon mehrfach beschrieben, muss bei einer LIB verhindert werden, dass Luft und die damit verbundene Luftfeuchtigkeit in die LIB eindringt oder dass Elektrolyt durch eine undichte Stelle aus der LIB austritt. Dringt Luftfeuchtigkeit in die LIB ein, entsteht Flusssäure (siehe Abschnitt 3.3) innerhalb der LIB. Tritt Elektrolyt aus, steht dem A-S-K-Verbund nicht mehr die erforderliche Menge Elektrolyt zur Verfügung, um den Ionentransport sicherzustellen.

In diesem Stadium des Fertigungsprozesses ist die LIB noch an mindestens einer Stelle offen. Beim Hartgehäuse ist das die noch offene Befüllöffnung und beim Verbundfoliengehäuse ist es die noch nicht gesiegelte Seite.

Eine Undichtigkeit oder Leckage kennzeichnet, dass sich ein gasförmiges oder flüssiges Medium durch das Material hindurchbewegt. Die Leckrate oder Leckagerate kennzeichnet den Grad der Undichtigkeit. Die Leckagerate ist der Quotient aus der Menge des Gases, charakterisiert durch den pV-Wert (Produkt aus Druck und Volumen), und der Betrachtungszeit.

Die vorangehend beschriebenen verbliebenen Öffnungen der Zelle sind für die Dichtigkeitsprüfung zu verschließen. Für die Tests von Hartgehäusen wird das Gehäuse evakuiert und wieder mit Heliumgas gefüllt. Es wird anschließend gemessen, wie viel Helium aus der Zelle in der gegebenen Zeit austritt. Um den Bedarf an Heliumgas zu reduzieren, kann das Prüfgas auch mit trockener Luft oder Stickstoff gemischt werden.

Bei der Druckverlustprüfung, Druckabfallprüfung oder der Differenzdruckmethode wird das Prüfgas unter definiertem Druck in das Gehäuse mit dem bekannten Volumen V geleitet. Das Messsystem erfasst den Druckabfall während eines definierten Zeitraumes Δt. Die Leckagerate Q ergibt sich dann zu

$$Q = \frac{\Delta p \cdot V}{\Delta t} \tag{6.1}$$

Alternativ befüllt das Messsystem das Gehäuse mit einem Prüfgas, beispielsweise Helium, und ein Leckdetektor misst die Menge des Prüfgases, das durch die Undichtigkeit austritt. Hierbei handelt es sich um eine sehr sensible Messung, die jedoch eine längere Prüfzeit benötigt.

Bei der Vakuumprüfung evakuiert das Messsystem das Gehäuse und überwacht den anschließenden Druckanstieg im Gehäuse, der das Eindringen von Gas durch die Undichtigkeit anzeigt. Die Berechnung der Leckagerate erfolgt analog zu der der Druckverlustprüfung.

Es gibt LIB-Fertigungen, bei denen die Dichtigkeitsprüfung nicht wie hier beschrieben nach dem Verschließen des Gehäuses durchgeführt wird, sondern erst nach der Befüllung mit Elektrolyten. Ein erhöhter Druck in der LIB treibt in diesem Fall den Elektrolyten durch eventuell vorhandene Undichtigkeiten oder Lecks und ein entsprechendes Messsystem detektiert den ausgetretenen Elektrolyten.

6.6.1 Parameter Zwischenprodukt

6.6.1.1 Dichtigkeit Komponenten

Nach den bislang an der Zelle ausgeführten Fertigungsschritten besteht in diesem Prozessschritt die Möglichkeit, die Dichtigkeit der Durchführungen zu prüfen. An diesen Stellen, hier als neuralgische Stellen bezeichnet, könnten Undichtigkeiten detektiert werden [24].

Fertig vormontierte Deckel, wie Bild 6.28 beispielhaft zeigt, können solche Leckageprüfungen schon bei der Herstellung der Deckel durchlaufen. Die Informationen über die bestandene Leckageprüfung gehören damit zu den dem Bauteil zugeordneten und gespeicherten Daten, die eine Rückverfolgbarkeit sicherstellen (siehe Kapitel 11).

6.6.1.2 Dichtigkeit Zellverschluss

Die Güte der Schweißnähte, der Bördelung oder der Siegelnähte bestimmt die Dichtigkeit des Zellgehäuses. Eine korrekte Prozessführung im Prozessschritt „Gehäuse verschließen" (siehe Abschnitt 6.5) bildet die Basis für die Dichtigkeit.

6.6.2 Parameter Prozess

6.6.2.1 Druck Prüfgas

Das Prüfgas drückt unter dem definierten Druck gegen die auf Dichtigkeit zu prüfenden Komponenten. Formel 6.1 beschreibt den Einfluss des Drucks bei der Messung auf die Leckagerate. Je höher der Druckanstieg ist, desto kürzer kann die Messzeit ausgelegt werden. Hierbei begrenzen aber die mechanischen Eigenschaften des Gehäuses inklusive der Eigenschaften der dazugehörigen Komponenten wie beispielsweise Anschlussterminals mit den dazugehörigen Dichtsystemen den möglichen Druckanstieg.

6.6.2.2 Prüfzeit

Den Zusammenhang von Prüfzeit und Druck wird in Abschnitt 6.6.2.1 beschrieben. Bei der Prüfzeit ist auch noch der Zeitraum zu betrachten, den das Messsystem für die Messwerterfassung und die Auswertung benötigt.

6.6.2.3 Volumen

Das Messsystem ermittelt die Menge oder das Volumen des Prüfgases, die durch die zu prüfenden Komponenten während der Prüfung hindurchdrangen. Gemäß Formel 6.1 lässt sich die Leckagerate damit berechnen.

6.6.3 Parameter Produkt

6.6.3.1 Dichtigkeit der Schweiß- oder Siegelnaht

Ein Leck in einem Gehäuse ist beschrieben als eine Struktur in der Gehäusewand, die Gas oder Flüssigkeiten von einer Seite der Gehäusewand auf die andere Seite durchlässt. Jedes technische Objekt weist solche Stellen auf, sodass immer Gas oder Flüssigkeit die Gehäusewand durchdringt. Es gibt daher kein absolut dichtes Objekt.

Die Anforderungen an die Dichtigkeit einer LIB beziehungsweise an das Zellgehäuse hängen vom geplanten Einsatz der LIB ab. [25] gibt als Leckagerate für LIB den Wert von 10^{-6} mbar L/s an. [24] schränkt die Leckagerate ein auf den Bereich zwischen 10^{-6} mbar L/s und 10^{-8} mbar L/s (siehe Bild 6.67).

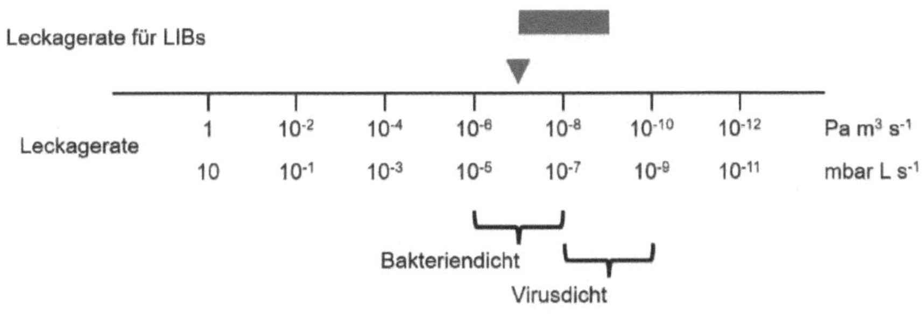

Bild 6.67 Zulässige Leckageraten für LIB, Datenquellen: [25] und [24])

Die einzuhaltenden Leckageraten sind für jedes Produkt unter Berücksichtigung der Anwendung und der geplanten Lebensdauer der LIB festzulegen und durch entsprechende Versuche abzusichern.

6.6.3.2 Dichtigkeit der Durchführungen

Die Durchführungen für die elektrischen Kontakte der LIB oder Durchführungen für in der LIB verbaute Sensorik stellen potenzielle Schwachpunkte für die Dichtigkeit der LIB dar. Die Leckageprüfung der LIB gibt natürlich auch Auskunft über die Dichtigkeit der Durchführungen für diese Komponenten. Die zulässigen Leckageraten werden in Abschnitt 6.6.3.1 beschrieben.

6.6.4 Parameter Umfeldbeeinflussung

Wird die Leckageprüfung mit einem speziellen Prüfgas wie beispielsweise Helium durchgeführt, so kann dieses Gas entweichen und in das Umfeld gelangen. Da die Prüfung in einer geschlossenen Kammer durchgeführt wird, kann eventuell entwichenes Gas abgesaugt und abgeführt werden.

6.6.5 Transport

Eine Einzeltransporteinrichtung wie beispielsweise ein Greifer oder ein Transportsystem für mehrere LIB wie beispielsweise ein Transportgestell oder eine Transportpalette transportieren die LIB zum nächsten Prozessschritt weiter.

Da auch in diesem Stadium der Zellfertigung die Zelle noch nicht final verschlossen ist, besteht die Gefahr, dass Partikel oder Luftfeuchtigkeit in die Zelle hereinkommen, wovor eine Kapselung oder eine Abdeckung eines solchen Transportgestells oder einer Transportpalette die transportierten LIB schützt. In Abschnitt 6.4.6 werden weitere Anforderungen an das Transportgestell aufgezeigt.

6.7 Zelle mit Elektrolyten befüllen

Der sichere Betrieb der LIB erfordert ein definierte Menge Elektrolyt innerhalb des A-S-K-Verbunds. Der A-S-K-Verbund sowie die dazugehörigen Komponenten wie beispielsweise der Ableiterverbund oder die Ableiterkontaktierung füllen das innere Volumen des Zellgehäuses nicht vollständig aus. Es gibt noch größere und kleinere Freiräume, obwohl zur Erreichung einer möglichst hohen volumetrischen Energiedichte das verfügbare Volumen maximal ausgenutzt werden sollte. Dieses freie Volumen ermöglicht es, den Elektrolyten in das Zellgehäuse einzubringen. Bild 6.68 zeigt den Elektrolyten im freien Volumen im Zellgehäuse. Der Separator im A-S-K-Verbund nimmt die Flüssigkeit aus dem freien Volumen auf. Des Weiteren soll der Elektrolyt in die Poren der Aktivmasse eindringen.

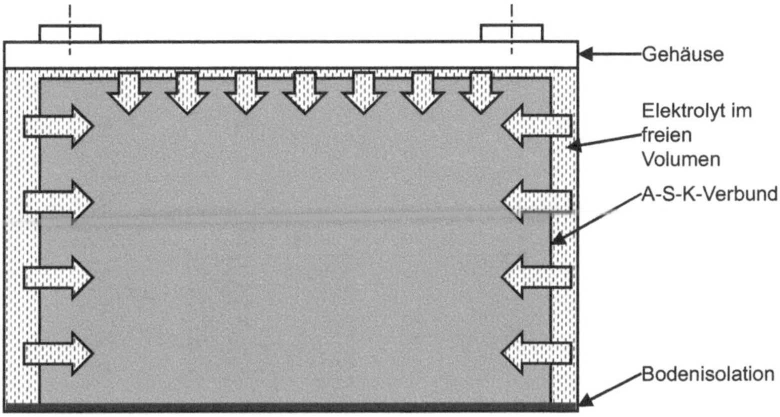

Bild 6.68 Durchfeuchtung des A-S-K-Verbunds – schematische Darstellung

Vakuum unterstützt die gleichmäßige und schnelle Verteilung des Elektrolyten in den Separatorlagen und in den Poren der Aktivmasse. Die LIB wird daher in einer Kammer evakuiert. Hierbei ist es von großer Bedeutung, dass es keinen signifikanten Druckunterschied zwischen dem Zellinneren und der direkten Zellumgebung gibt. Die Zelle könnte sich sonst ausbeulen oder einfallen, je nach Art der Druckdifferenz [26].

LIB in einem Hartgehäuse besitzen mindestens eine kleine Öffnung im Deckel, die Befüllöffnung. Zellen im Verbundfoliengehäuse sind typischerweise nur an drei Seiten vollständig gesiegelt, sodass durch die vollständig oder nur in Teilbereichen offene vierte Seite das Vakuum in der LIB erzeugt werden und der Elektrolyt in die Zelle eingebracht werden kann.

Nachdem das erforderliche Vakuum innerhalb und außerhalb der LIB erzeugt wurde (dargestellt als Schritt 1 in Bild 6.69), wird die definierte Menge Elektrolyt im Dosierbehälter dosiert (Schritt 2) und durch ein unter Druck stehendes Schutzgas durch die Befülldüse in die LIB eingespritzt (Schritt 3). Die Flüssigkeit sammelt sich zuerst in den freien Volumina innerhalb der LIB an. Aus diesen Bereichen dringt sie langsam in den A-S-K-Verbund ein beziehungsweise der A-S-K-Verbund saugt sie auf.

Beim Befüllen der LIB mit Elektrolyten kann der Druck innerhalb und außerhalb der LIB periodisch verändert werden. Diese Druckänderungen können eine Art Pumpeffekt innerhalb der LIB erzeugen und so das Eindringen des Elektrolyten in den A-S-K-Verbund beschleunigen oder verbessern [27].

Der Elektrolyt enthält niedrig siedende Komponenten. Für diese besteht die Gefahr, dass sie beim Handhaben im Vakuum zu sieden oder zu verdampfen beginnen. Das kann die Zusammensetzung des Elektrolyten verändern, was später zu Problemen beim Betrieb der LIB führen kann.

Nach abgeschlossener Befüllung der LIB mit Elektrolyten verschließt ein Entgasungsventil oder eine andere Einrichtung temporär das Zellgehäuse der Hartgehäusezelle. Damit wird sichergestellt, dass in den Folgeprozessschritten keine Luft oder Partikel durch die Öffnung in die LIB gelangen, aber das bei der Formation entstehende Gas entweichen kann (siehe Abschnitt 6.9).

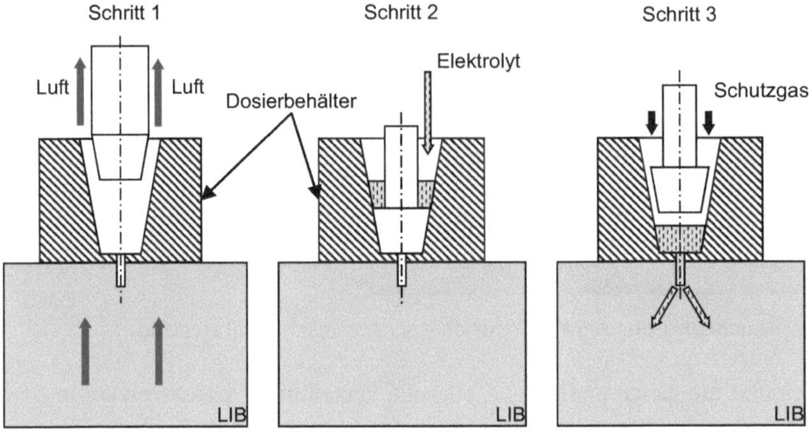

Bild 6.69 Befüllprozess für den Elektrolyten – schematische Darstellung

Die Druckdifferenz zwischen Innendruck und Außendruck der LIB beeinflusst die Berstmembran. Eine zu große Druckdifferenz kann die Berstmembran schädigen und eine Undichtigkeit der LIB verursachen.

Bei der Herstellung von Hartgehäusezellen verschließt die Befüllanlage die Zelle nach der Befüllung provisorisch. Nach dem Prozessschritt „Zelle formieren" (siehe Abschnitt 6.9) kann es erforderlich sein, weiteren Elektrolyten in die LIB nachzufüllen (siehe Abschnitt 6.10).

Bei einer Verbundfolienzelle verschließt die Befüllanlage nach Abschluss des Befüllprozesses die letzte Öffnung der Verbundfolienzelle durch Siegeln. Nur die Verbindung vom Zellinneren zum Gassack bleibt geöffnet, sodass bei der Formation das dabei entstehende Gas in den Gassack gelangen kann.

Gibt es innerhalb des A-S-K-Verbunds Bereiche, die nicht vom Elektrolyten durchtränkt sind, so können diese trockenen Bereiche später auch keine elektrische Energie speichern oder bereitstellen. Die möglichst vollständige Durchtränkung des A-S-K-Verbunds ist sicherzustellen.

6.7.1 Parameter Zwischenprodukt

6.7.1.1 Freies Volumen in Lithium-Ionen-Batteriezellen

Je kleiner das freie Volumen im Zellgehäuse ist, desto weniger Elektrolyt kann im Einspritzschritt in das Gehäuse eingebracht werden. Bei LIB mit sehr geringem freien Volumen besteht die Notwendigkeit, mehrere Einspritzschritte hintereinander auszuführen, um das erforderliche Elektrolytvolumen in das Gehäuse einzubringen. Zwischen den Einspritzschritten soll der Separator und die Beschichtungsmasse der Elektroden den Elektrolyten aufsaugen, sodass neues freies Volumen im Gehäuse für den nächsten Einspritzschritt entsteht. Dieser Vorgang des Aufsaugens wird Durchfeuchtung oder Wetting genannt.

6.7.1.2 Restfeuchtigkeitsgehalt

Neben den schon beschriebenen negativen Auswirkungen von Feuchtigkeit in der LIB (siehe Abschnitt 5.3.1.4) blockiert eventuelle Restfeuchtigkeit die Poren des Separators oder der Aktivmasse. Eine andere Flüssigkeit, in diesem Falle wäre es der Elektrolyt, kann nicht in diese schon von der Feuchtigkeit belegten Poren eindringen. Damit kann in diesen Bereichen später auch kein Ionentransport stattfinden.

6.7.1.3 Porengröße Beschichtungsmasse

Die Ionenleitung innerhalb der LIB beim Laden und Entladen erfordert neben der Durchtränkung des Separators mit Elektrolyten auch die Aufnahme des Elektrolyten in die Poren der Beschichtungsmasse auf den Elektroden. Nur wenn diese Poren auch ausreichend gefüllt sind, können sich die Lithiumionen aus den Partikeln der Aktivmasse herausbewegen und zur gegenüberliegenden anderen Elektrode wandern.

Der Prozessschritt „Elektroden beschichten und trocknen“ (siehe Abschnitt 5.4) und speziell der Prozessschritt „Elektroden kalandrieren“ (siehe Abschnitt 5.6) beeinflussen die Größe und die Verteilung der Poren in der Beschichtungsmasse.

6.7.1.4 Geometrie und Position Befüllöffnung

Die Geometrie der Befüllöffnung in der LIB und in der Befüllanlage beeinflusst die Befüllgeschwindigkeit. Eine zu kleine oder ungünstig geformte Öffnung kann den Fluss des zugeführten Elektrolyten verlangsamen, das Herausströmen von Restluft aus der LIB behindern und so die Prozesszeit erhöhen. Eine zu große Öffnung birgt hingegen das Risiko von Leckagen.

Die Befüllöffnung ist so im Zellgehäuse anzuordnen, dass die Befülldüse beim Eintauchen in die LIB den A-S-K-Verbund nicht beschädigt. Eine direkte und ausreichend große Verbindung der Befüllöffnung mit dem freien Volumen innerhalb der LIB ermöglicht ein schnelles Einfüllen des Elektrolyten.

6.7.1.5 Gewicht von Lithium-Ionen-Batteriezellen vor der Befüllung

Die Ermittlung des Gewichts der LIB vor der Befüllung dient zusammen mit dem Gewicht nach der Befüllung als wichtiger Parameter zu Berechnung des Gewichts und damit der Menge des eingefüllten Elektrolyten (siehe Abschnitt 6.7.3.3).

6.7.1.6 Porosität Separator

Die Porosität des Separators beeinflusst seine Aufnahmefähigkeit und die Geschwindigkeit der Aufnahme des Elektrolyten. Eine zu geringe Porosität des Separators kann die Elektrolytaufnahme reduzieren, was beim Betrieb der LIB den Ionenfluss beim Laden und Entladen behindert und den inneren Widerstand der LIB erhöht. Dies führt zu einer verminderten Leistungsfähigkeit der LIB. Andererseits kann eine zu hohe Porosität die mechanische Stabilität des Separators beeinträchtigen und das Risiko von Kurzschlüssen erhöhen.

6.7.1.7 Porengröße Separator

Die Poren des Separators nehmen den Elektrolyten auf. Daher beeinflusst ihre Größe und ihre Verteilung die Elektrolytaufnahme. Eine homogene Porenstruktur fördert eine gleichmäßige Elektrolytbenetzung und -verteilung, was für die konstante Leistung der LIB wichtig ist [26] [28].

6.7.1.8 Viskosität Elektrolyt

Die niedrige Viskosität begünstigt die Geschwindigkeit der Aufnahme des Elektrolyten durch den Separator oder die Aktivmasse der Beschichtung der Elektroden. Eventuell erfordert eine Verringerung der Viskosität zusätzliche Maßnahmen, wie beispielsweise die Erhöhung der Temperatur.

6.7.1.9 Zusammensetzung des Elektrolyten

Die Zusammensetzung des Elektrolyten aus den unterschiedlichen Bestandteilen (siehe Abschnitt 2.1) beeinflusst maßgeblich die Eigenschaften der LIB. Die Wareneingangskontrolle (siehe Abschnitt 5.1) stellt die Qualität der angelieferten Komponenten fest und lässt nur Produkte für die Produktion zu, die den Spezifikationen entsprechen. Aber während der Lager- und Transportzeit kann sich der Elektrolyt verändern, was die vorangehend erwähnten negativen Auswirkungen hervorrufen kann. Eine Kontrolle des Elektrolyten direkt vor dem Befüllen kann das Risiko der Verarbeitung von verändertem Elektrolyten verringern oder ausschließen.

Es können periodisch Proben des Elektrolyten gezogen und chemisch analysiert werden, was einen sehr hohen Aufwand erfordert. Eine Ultraschallprüfung des Elektrolyten direkt vor der Befüllung der LIB kann aufzeigen, ob sich der Elektrolyt verändert hat oder nicht. Diese Ultraschallprüfung kann nur aufzeigen, ob sich der Elektrolyt verändert hat. Die Art der Änderung, wie beispielsweise die Veränderung des Mischungsverhältnisses, kann damit nicht gemessen werden. Bei einer Detektion einer Veränderung müssen entsprechende chemische Analysen des Elektrolyten folgen, um die Ursache der Abweichung genau zu ermitteln. In Abschnitt 14.6 werden die Zusammenhänge bei dem Messverfahren beschrieben.

6.7.2 Parameter Prozess

6.7.2.1 Druck

Der sehr geringe Innendruck innerhalb und außerhalb des Zellgehäuses unterstützt die schnelle Einbringung des Elektrolyten in das Zellgehäuse. Des Weiteren verringert er das Eindringen der Flüssigkeit in den Separator und in die Poren der Aktivmasse der Elektroden. Der Unterdruck im Zellgehäuse sorgt darin zusätzlich für eine schadstoffarme Atmosphäre um die Einfüllstelle herum.

Es ist darauf zu achten, dass bei der Befüllung der Innendruck im Gehäuse und der die Zelle umgebende Außendruck annähernd gleich hoch sind. Das verhindert, dass die Druckdifferenz das Gehäuse zusammen- oder auseinanderdrückt oder die Berstmembran beschädigt.

6.7.2.2 Einspritzdruck

Der Einspritzdruck des Elektrolyten bestimmt die Zeit, die der Einspritzvorgang benötigt. Je geringer der Druck, desto mehr Zeit benötigt der Prozess und je mehr Elektrolyt nehmen der Separator und die Aktivmasse der Beschichtung während der Prozesszeit auf. Geringerer Druck verringert auch die Gefahr von Schaum- oder Blasenbildung, die die Verteilung des Elektrolyten im Gehäuse behindern.

Ein höherer Einspritzdruck des Elektrolyten erhöht die Gefahr, dass der Flüssigkeitsstrahl den A-S-K-Verbund beschädigt. Des Weiteren beansprucht ein höherer Druck die unterschiedlichen Dichtungen der Befüllanlage, sodass ein stärkerer Anlagenverschleiß wahrscheinlich wird. Steigt der Druck auf den Elektrolyten an, so erhöht sich seine Viskosität. Allerdings steigt durch den höheren Druck die Siedetemperatur des Elektrolyten beziehungsweise seiner Komponenten [26].

6.7.2.3 Einfüllmenge

Die Einfüllmenge des Elektrolyten für jeden Einspritzschritt bestimmt später die Eigenschaften der LIB. Eine zu geringe Menge an Elektrolyten führt entweder zu Bereichen im A-S-K-Verbund, die nicht durchtränkt sind und damit nicht ionenleitfähig sind, oder zu einem schnelleren Austrocknen der LIB während des Betriebs. Eine zu große Einfüllmenge vermeidet die vorangehend beschriebenen Nachteile, erhöht jedoch das Gewicht der LIB oder führt im Extremfall zum Herauslaufen oder Überlaufen des Elektrolyten beim Einfüllprozess. Die Einfüllmenge und das freie Volumen in der LIB sollten aufeinander abgestimmt sein, sodass die LIB die Einfüllmenge des Elektrolyten immer sicher aufnehmen kann.

6.7.2.4 Temperatur

Die Temperatur in diesem Prozessschritt beeinflusst sehr stark, ob Elektrolyt oder Bestandteile davon beim Befüllvorgang verdampfen. Das würde die Zusammensetzung des Elektrolyten verändern, was negative Auswirkungen auf das Verhalten und die Eigenschaften der späteren LIB hat.

Der Unterdruck in der Befüllanlage begünstigt ein Sieden oder Verdampfen von Komponenten des Elektrolyten. Daher muss die Temperatur des Elektrolyten und die Umgebungstemperatur in der Befüllanlage immer konstant innerhalb der vorgegebenen Grenzen gehalten werden.

6.7.2.5 Eindringtiefe Befülldüse

Taucht die Befüllnadel oder Befülldüse zu tief in die LIB ein, besteht die Gefahr der Beschädigung des A-S-K-Verbunds. Eine solche Beschädigung kann später bei der Formation der LIB zu einem Kurzschluss in der LIB führen. Die Tiefe, die die Befülldüse in das Innere der LIB eindringen kann, muss überwacht und kontrolliert werden.

6.7.3 Parameter Produkt

6.7.3.1 Verteilung Elektrolyt

Am Ende des Befüllprozesses ist der Elektrolyt in der LIB noch ungleichmäßig verteilt. Der Elektrolyt sinkt nach Abschluss der Befüllung auf den Boden der LIB und dringt von dort seitlich in den A-S-K-Verbund ein. Bild 6.70 zeigt den Stand des Elektrolyten direkt nach dem Einfüllen. Er befindet sich bevorzugt im freien Volumen der Zelle und dringt von dort langsam in den A-S-K-Verbund hinein [26].

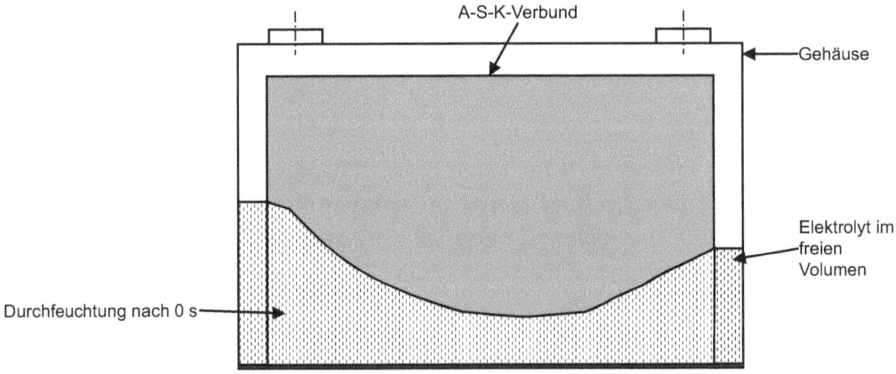

Bild 6.70 Durchfeuchtung des A-S-K-Verbunds in Abhängigkeit der Zeit, in Anlehnung an [26]

Diese Situation innerhalb der Zelle stellt den Ausgangspunkt für den nächsten Prozessschritt „Zelle durchfeuchten“ (siehe Abschnitt 6.8) dar. Der Durchfeuchtungsprozess startet sofort nach der Befüllung der LIB mit Elektrolyten, zieht sich aber über einen sehr langen Zeitraum hin.

6.7.3.2 Elektrolytmenge und -zusammensetzung

Durch den Unterdruck bei der Befüllung können Teile des Elektrolyten verdampfen. Damit ändern sich Menge und Zusammensetzung des Elektrolyten, was die Eigenschaften der LIB im späteren Betrieb beeinflusst. Diese Veränderungen sollten experimentell für jeden LIB-Typ ermittelt und bei der Festlegung der Zusammensetzung des Elektrolyten und der Befüllmenge pro LIB entsprechend berücksichtigt werden.

6.7.3.3 Gewicht der Lithium-Ionen-Batteriezellen nach der Befüllung

Die Menge des in der LIB befindlichen Elektrolyten lässt sich einfach durch ein Auswiegen der LIB nach der Befüllung ermitteln. Aus der Differenz zum Gewicht vor der Befüllung lassen sich das Gewicht und die Menge des eingefüllten Elektrolyten bestimmen (siehe Abschnitt 6.7.1.5).

6.7.4 Parameter Umfeldbeeinflussung

Während des Befüllvorgangs kann Elektrolyt verdampfen und als Gas entweichen. Da sich die LIB während des Prozessschrittes hauptsächlich in einer Kammer befindet, kann das entstandene Gas von dort sicher abgesaugt und über entsprechende Filter oder Abscheider abgeschieden werden.

Ein temporärer Verschluss oder ein Entgasungsventil verschließt die Zelle nach dem Befüllen. Das stellt sicher, dass keine oder nur geringste Mengen an Elektrolyten aus der Zelle entweichen können. Hierbei kann es sich sowohl um flüssigen Elektrolyten als auch um verdampften Elektrolyten handeln.

6.7.5 Transport

Eine Einzeltransporteinrichtung wie beispielsweise ein Greifer, ein Transportgestell oder eine Transportpalette transportieren die LIB zum nächsten Prozessschritt weiter. Die LIB sollten während des Transports mit einem Entgasungsventil verschlossen sein. Das verhindert, dass in diesem Stadium der Zellfertigung Partikel oder Luftfeuchtigkeit aus dem Umfeld in die Zelle hereinkommen oder austretender Elektrolyt das Umfeld beeinflusst. Die Kapselung oder Abdeckung des Transportgestells oder der Transportpalette schützt die transportierten LIB.

Neben den Anforderungen aus Abschnitt 6.4.6 benötigt das Transportgestell eine gegen Elektrolyten beständige Oberfläche sowie eine Möglichkeit zum sicheren Auffangen von Elektrolyten, wenn eine oder mehrere der befüllten LIB auslaufen.

6.8 Zelle durchfeuchten

Der Elektrolyt diffundiert nach der Befüllung aus dem freien Volumen innerhalb der LIB in den A-S-K-Verbund. In Bild 6.68 symbolisieren die Pfeile die Diffusion des Elektrolyten von der Seite und von oben in den A-S-K-Verbund. Die Diffusion gleicht durch eine Eigenbewegung des Elektrolyten die Unterschiede der Konzentration aus. Die Bewegung verläuft immer vom Bereich mit einer hohen Konzentration hin zu einem Bereich geringerer Konzentration.

Im Idealfall, ohne Berücksichtigung der Einflüsse der Schwerkraft, gibt es direkt nach dem Eintreten des Elektrolyten in das Zellengehäuse um den A-S-K-Verbund herum den Bereich mit einer hohen Konzentration von Elektrolyten. Von dort aus diffundiert der Elektrolyt in die Mitte des A-S-K-Verbunds, bis er die Linie der ausgeglichenen Konzentration erreicht hat. Bild 6.71 zeigt eine idealisierte Situation, bei der der A-S-K-Verbund von allen Seiten mit der gleichen Menge Elektrolyt umgeben ist. Da die Diffusionswege von allen vier Seiten gleich lang sind, benötigt der Diffusionsprozess von allen Seiten die gleiche Zeit. Eine Diffusion des Elektrolyten durch die Metallfolie der Elektrode ist aufgrund der Undurchdringbarkeit der Metallfolie ausgeschlossen.

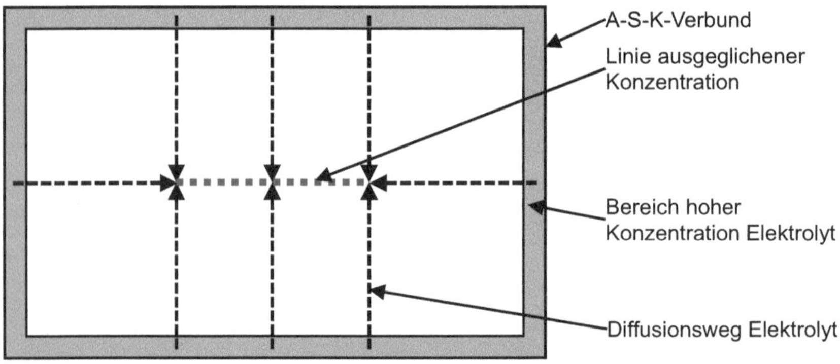

Bild 6.71 Theoretische Diffusionswege des Elektrolyten

Diese theoretische Betrachtungsweise idealisiert die Situation. In der Realität wirkt die Schwerkraft auf den Elektrolyten, sodass der A-S-K-Verbund nicht von allen vier Seiten während der kompletten Diffusionszeit gleichmäßig mit Elektrolyten benetzt wird. Dadurch entsteht eine zeitliche Elektrolytverteilung, wie sie Bild 6.72 zeigt.

Zusätzlich steht der A-S-K-Verbund unter mechanischem Druck, der senkrecht auf die Elektroden- und Separatorflächen wirkt. Daher dringt der Elektrolyt nicht sehr schnell in den Separator und in die Aktivmasse der Elektroden ein.

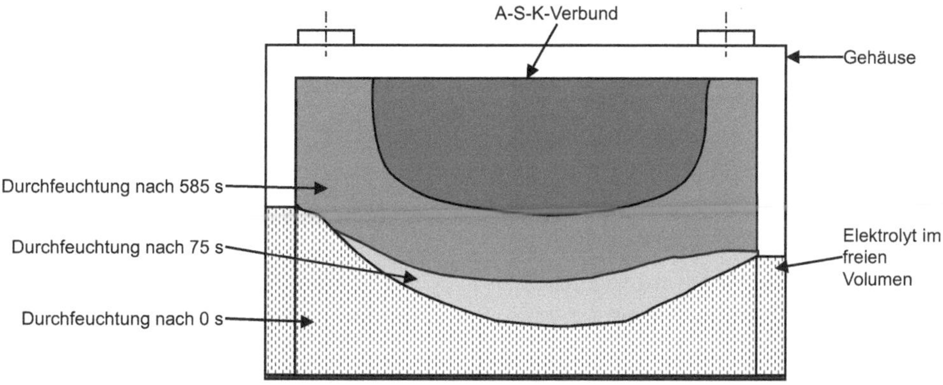

Bild 6.72 Durchfeuchtung des A-S-K-Verbunds in Abhängigkeit der Zeit, in Anlehnung an [26]

Dieser Vorgang der Durchfeuchtung benötigt in Abhängigkeit der Größe der LIB bis zu zwei Tage [29]. Diese Lagerung wird teilweise auch bei erhöhter Temperatur durchgeführt, um die Diffusionsvorgänge im Inneren der LIB zu beschleunigen. Des Weiteren können Bewegungen der Zelle die Benetzung der Kanten des A-S-K-Verbunds verbessern und so für eine sichere und schnellere Durchtränkung sorgen.

Läuft dieser Vorgang nur zeitgesteuert ab, dann kann über den Zustand der Durchfeuchtung keine sichere Aussage gemacht werden. Werden Bereiche des A-S-K-Verbunds nicht richtig durchfeuchtet, so können diese Bereiche im späteren Betrieb der LIB auch keine elektrische Energie speichern. Das bedeutet, dass die LIB nicht über die gesamte geplante Kapazität verfügt. Wird, um diesen Nachteil zu umgehen, die Zeit für die Durchfeuchtung mit hohen Sicherheitszuschlägen versehen, steigen die Durchlaufzeit[1)] und damit die Anzahl der für die Durchfeuchtung erforderlichen Lagerplätze sowie die damit verbundenen Investitionen.

Bei Verbundfolienzellen kann die Durchfeuchtung durch ein Walzen der Zellen beschleunigt werden. Dabei pressen eine oder zwei Rollen die Verbundfolienzelle zusammen und schieben so den Elektrolyten von außen in die Mitte des A-S-K-Verbunds.

Nach Abschluss des Durchfeuchtungsprozesses befindet sich meist noch Elektrolyt in der LIB, der nicht von dem A-S-K-Verbund aufgesogen wurde. Dieser freie Elektrolyt steht für Prozesse während der Formation, der Reifelagerung oder beim späteren Einsatz der LIB zur Verfügung. Er stellt sicher, dass die LIB intern nicht lokal austrocknet, da immer neuer Elektrolyt in den A-S-K-Verbund eindringen kann.

---

1 Durchlaufzeit ist die Zeitspanne, die eine LIB benötigt, um einen Prozessschritt vollständig zu durchlaufen.

6.8.1 Parameter Zwischenprodukt

6.8.1.1 Viskosität Elektrolyt

Den Einfluss der Viskosität des Elektrolyten auf den Prozess der Durchfeuchtung wird in Abschnitt 6.7.1.8 gezeigt.

6.8.1.2 Separatoreigenschaften

Den Einfluss der Separatoreigenschaften Porosität und Porengröße wird in Abschnitt 6.7.1.6 und Abschnitt 6.7.1.7 beschrieben.

6.8.1.3 Restfeuchtigkeitsgehalt

In Abschnitt 6.7.1.2 wird der Einfluss der Restfeuchte im Separator und in der Masse der Beschichtung der Elektroden beschrieben.

6.8.1.4 Porengröße Beschichtungsmasse

Den Einfluss der Größe der Poren in der Beschichtungsmasse der Elektroden wird in Abschnitt 6.7.1.3 dargestellt.

6.8.1.5 Geometrie A-S-K-Verbund

Die Geometrie der LIB beziehungsweise die des A-S-K-Verbunds beeinflusst die Zeit, die für das Durchfeuchten benötigt wird. Für die Erklärung werden die Einflüsse von Schwerkraft, Temperatur und anderen Faktoren vernachlässigt.

[30] zeigt, dass es einen Einfluss des Formfaktors des A-S-K-Verbunds auf die Durchfeuchtungszeit gibt. Der Formfaktor beschreibt das Verhältnis von Länge zu Breite des A-S-K-Verbunds. Mit zunehmendem Länge-zu-Breite-Verhältnis basierend auf zunehmender Länge und abnehmender Breite reduziert sich die für die Durchfeuchtung erforderliche Zeit.

Die Untersuchung der Zeit für die Durchfeuchtung von zwei Gruppen von LIB zeigt, dass die Zeit für das Durchfeuchten vom Länge-zu-Breite-Verhältnis der LIB abhängt (siehe Bild 6.73). Mit steigendem Länge-zu-Breite-Verhältnis, was eine schlankere LIB charakterisiert, sinkt die erforderliche Zeit für die Durchfeuchtung. Doch die Zeit steigt auch mit der Größe der LIB. Je größer die LIB ist, desto mehr Elektrolyt befindet sich in der LIB und muss in den A-S-K-Verbund eindringen, was die erforderliche Zeit für die Durchfeuchtung verlängert.

Bild 6.74 vergleicht die unterschiedlichen Längen der Diffusionswege bis zur Linie der ausgeglichenen Konzentration aufgrund der unterschiedlichen Geometrien der A-S-K-Verbünde. In Bild 6.74 links liegt das Länge-zu-Breite-Verhältnis bei 3,5 und rechts bei 1,2.

Die unterschiedlichen Längen der Diffusionswege aufgrund der unterschiedlichen Zellgeometrien im Vergleich zu den Zeiten für die Durchfeuchtung unterstützen die Hypothese, dass der kürzeste Diffusionsweg der maßgebliche Parameter für die Zeit für die vollständige Durchfeuchtung des A-S-K-Verbunds ist (siehe Bild 6.74).

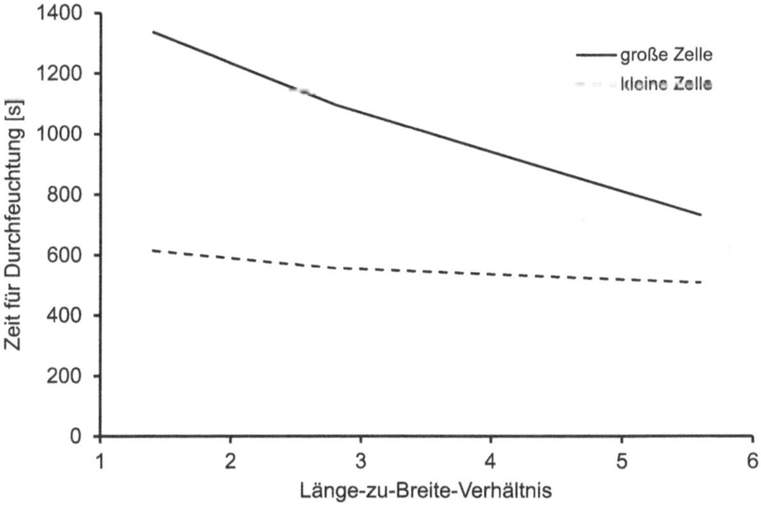

Bild 6.73 Einfluss des Länge-zu-Breite-Verhältnisses auf die Zeit für die Durchfeuchtung, Datenquelle: [30]

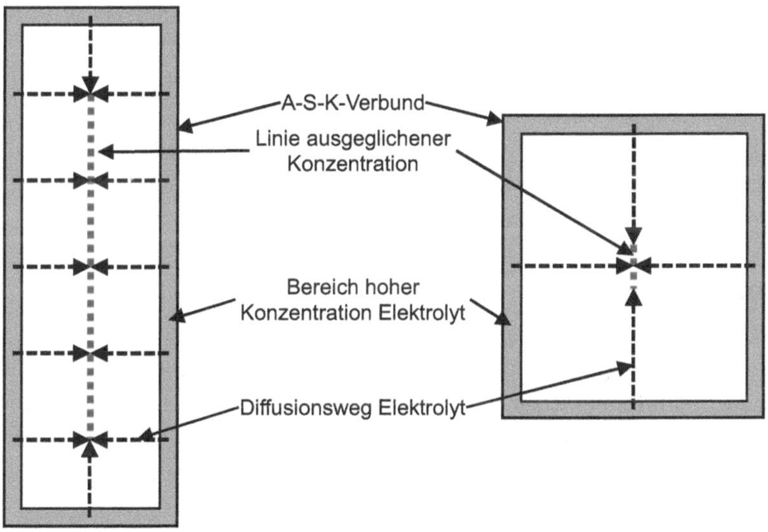

Bild 6.74 Vergleich der Länge der Diffusionswege bei unterschiedlichen Formfaktoren

Je kürzer der Diffusionsweg bis zur Linie der ausgeglichenen Konzentration ist, desto kürzere Zeit benötigt die LIB für die Durchfeuchtung. Das ist daher ein sehr wichtiger Parameter für eine effiziente Fertigung von LIB (siehe Bild 6.75).

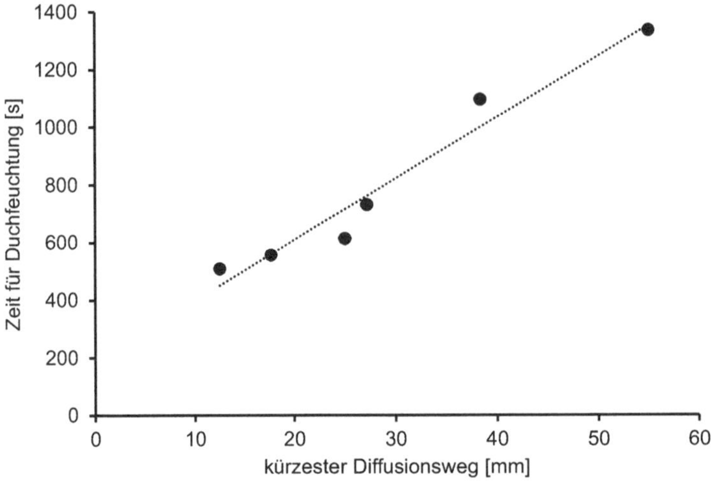

Bild 6.75 Einfluss des kürzesten Diffusionsweges auf die Zeit für die Durchfeuchtung, Datenquelle: [30]

6.8.2 Parameter Prozess

6.8.2.1 Durchfeuchtungszeit

Die Durchfeuchtungszeit beschreibt die Zeit, in der die LIB nach dem Befüllen mit Elektrolyten lagern muss, um dem Elektrolyten innerhalb der LIB die Möglichkeit zu geben, in alle Separatorlagen und in die Aktivmasse ausreichend einzudringen und somit den Ionentransport während des Betriebs der späteren LIB zu gewährleisten.

Je länger der A-S-K-Verbund durchfeuchtet, aber nicht formiert ist, desto größer ist die Gefahr, dass aufgrund der fehlenden SEI ungewünschte oder schädliche Reaktionen des Elektrolyten mit dem Grafit der Anode stattfinden.

6.8.2.2 Verteilung Elektrolyt

Am Ende des Befüllprozesses ist der Elektrolyt in der LIB ungleichmäßig verteilt. Er befindet sich bevorzugt im freien Volumen der Zelle und dringt von dort langsam in den A-S-K-Verbund hinein. Bild 6.72 zeigt den Verlauf der Durchfeuchtung in Abhängigkeit der Zeit. Der Elektrolyt sinkt nach Abschluss der Befüllung auf den Boden der LIB und dringt von dort seitlich in den A-S-K-Verbund ein. Der durchfeuchtete Bereich vergrößert sich, indem er sich langsam nach oben U-förmig erweitert.

Diese schematische Darstellung zeigt die Verteilung des Elektrolyten bei einer stehenden PHEV2-Zelle. Durch eine Bewegung der Zelle oder durch einen Temperatureinfluss kann der Prozess der Durchfeuchtung beschleunigt werden.

6.8.2.3 Temperatur

Die Lagerzeit der Durchfeuchtung kann in unterschiedlichen Temperaturbereichen ausgeführt werden. Bei sehr niedrigen Temperaturen erhöht sich die Viskosität des Elektrolyten. Dies kann zu einer Reduzierung der Beweglichkeit des Elektrolyten führen und damit die Durchfeuchtung behindern oder verzögern.

Bei höheren Temperaturen verbessert sich die Beweglichkeit und damit die Fähigkeit des Elektrolyten zur Durchfeuchtung der Separatorlagen und der Aktivmasse. Höhere Temperaturen können jedoch auch zum Verdampfen von Elektrolyten oder Komponenten des Elektrolyten führen. [30] beschreibt diesen Zusammenhang.

6.8.2.4 Blasenfreiheit Elektrolyt

Der Elektrolyt muss in der Befüllanlage blasenfrei gefördert und dosiert werden. Enthält die Flüssigkeit Blasen, so beeinträchtigt das die Genauigkeit der Dosierung. Die ansonsten inkompressible Flüssigkeit wird kompressibel, was sich negativ auf den oben beschriebenen Befüllprozess mit Druckbeaufschlagung auswirkt.

Des Weiteren behindern Blasen in der Flüssigkeit, die in die LIB hineingebracht werden, das schnelle Eindringen des Elektrolyten in den A-S-K-Verbund.

6.8.2.5 Bewegung

Bei der Bewegung der LIB gerät der freie Elektrolyt auch in Bewegung. Damit besteht die Möglichkeit, dass Elektrolyt in Bereiche des A-S-K-Verbunds kommt, die bei Stillstand der LIB nicht direkt benetzt würden. Von diesen dann zusätzlich benetzten Stellen kann mehr Elektrolyt in den A-S-K-Verbund eindringen und damit die für die Durchfeuchtung erforderliche Zeit verkürzen.

Da die LIB in diesem Stadium der Produktion noch nicht vollständig verschlossen ist, sondern nur ein Entgasungsventil die Befüllöffnung verschließt, darf die Bewegung der LIB nicht dazu führen, dass Elektrolyt aus der Zelle heraustritt.

6.8.2.6 Druck

Der Druck der Luft innerhalb der LIB beeinflusst die Zeit, die der Elektrolyt benötigt, um alle Bereiche des A-S-K-Verbunds zu durchdringen. [30] zeigt den Einfluss der Druckdifferenz zwischen Umgebungsdruck und Zellinnendruck auf das Durchtränken. Eine höhere Druckdifferenz beschleunigt das Eindringen des Elektrolyten in den A-S-K-Verbund.

Bei der Beaufschlagung der LIB mit einem erhöhten Druck ist darauf zu achten, dass der erhöhte Druck innerhalb der LIB nicht die Berstmembran oder andere Sicherheitseinrichtungen der LIB beschädigt.

6.8.3 Parameter Produkt

6.8.3.1 Aufgenommene Elektrolytmenge

Am Ende dieses Prozessschrittes soll die vorgesehene Menge des Elektrolyten möglichst gleichmäßig im A-S-K-Verbund verteilt sein. Um eine längere Lebensdauer der LIB später im Betrieb zu ermöglichen, kann sich auch noch freier Elektrolyt in der LIB befinden. Freier Elektrolyt ist Elektrolyt, der nicht bei der Befüllung und späteren Durchfeuchtung vom A-S-K-Verbund aufgenommen wurde.

6.8.3.2 Durchfeuchtung

Der A-S-K-Verbund der LIB soll gleichmäßig durchfeuchtet sein. Das bedeutet, dass sich in jedem Bereich des Verbunds möglichst dieselbe Menge Elektrolyt befindet beziehungsweise die Elektrolytkonzentration in allen Bereichen des A-S-K-Verbunds gleich ist. Läuft der Prozess ausschließlich zeitgesteuert ab, so kann nur auf Basis von Erfahrungswerten auf die vollständige Durchfeuchtung geschlossen werden. Typischerweise werden die dafür vorgesehenen Prozesszeiten mit einem Sicherheitszuschlag versehen, um so sicherzustellen, dass möglichst alle LIB ausreichend durchfeuchtet sind.

Um eine genaue Aussage über den Zustand der Durchfeuchtung der LIB machen zu können, schlägt [31] vor, an mehreren Positionen der LIB ein Ultraschallsignal durch die LIB durchzuleiten. Die Signallaufzeit des Ultraschallsignals vom Sender zum Empfänger sowie die Intensität des empfangenen Ultraschallsignals charakterisieren die Durchfeuchtung. Zur Auswertung wird die Signallaufzeit oder die Signalintensität an den unterschiedlichen Sensorpositionen miteinander verglichen (siehe Bild 6.76). Weichen die Signallaufzeiten voneinander ab oder weichen sie von einer zuvor ermittelten Musterverteilung ab, so zeigt das eine ungleichmäßige Durchfeuchtung an. Hierbei ist zu berücksichtigen, dass das Ultraschallsignal ausreichende Energie besitzen muss, um die sehr zahlreichen Übergangsstellen innerhalb des A-S-K-Verbunds durchdringen zu können. Jede Kontaktstelle zwischen einer Elektrode und dem Separator stellt eine Übergangsstelle für den Ultraschalldurchgang dar, an der ein Teil der eingebrachten Energie zurückgestrahlt (Reflexion) wird.

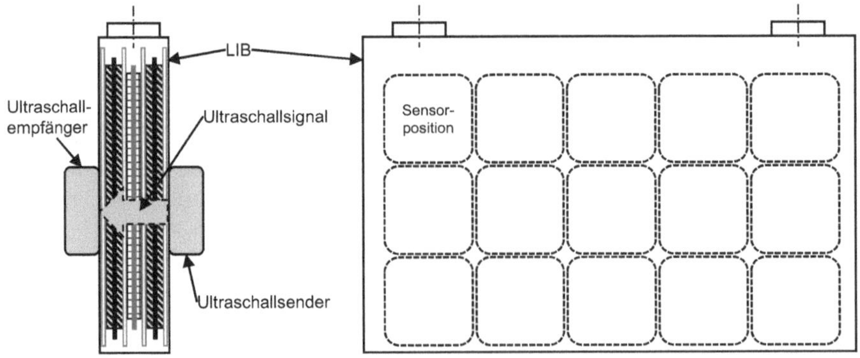

Bild 6.76 Erfassung der Durchfeuchtung mit Ultraschall, in Anlehnung an [31]

Alternativ kann ein optisches Mikrofon die von einem Anregungslaser erzeugte Schwingung in der LIB erfassen. Der Einsatz wird in [32] für die Prüfung einer LIB nach dem Prozessschritt „Zelle formieren" (siehe Abschnitt 6.9) vorgeschlagen.

Mit der Durchschallung einer LIB kann die Durchfeuchtung des A-S-K-Verbunds ermittelt werden und als Kriterium für die Freigabe der Zelle für die Bearbeitung im nächsten Prozessschritt verwendet werden. Das schätzt den Zustand der Durchfeuchtung jeder einzelnen LIB besser ab. Die Prozesssteuerung wandelt sich von einer reinen Zeitsteuerung zu einer Regelung auf Basis eines gemessenen Parameters.

6.8.3.3 Impedanz

Es ist davon auszugehen, dass sich die Impedanz der LIB während und nach dem Durchfeuchtungsprozess verändert. Das bedeutet, dass die Impedanz damit auch zur Beschreibung des Prozessschrittes und des Zustands der LIB eingesetzt werden kann.

Die elektrochemische Impedanzspektroskopie (EIS) kann zur Beurteilung der Situation innerhalb der LIB verwendet werden. Allerdings untersuchte [13] nur LIB direkt vor ihrer Formation, sodass keine Messergebnisse aus der Zeit während der Durchfeuchtung vorliegen. Es kann aber davon ausgegangen werden, dass die Methode auch bei der Beurteilung der Durchfeuchtung anwendbar ist. In Abschnitt 6.9.1.3 werden die Ergebnisse beschrieben (siehe Bild 6.78). In Abschnitt 14.7 werden die Zusammenhänge des Messverfahrens erläutert.

6.8.4 Parameter Umfeldbeeinflussung

Ein Entgasungsventil verschließt die Zelle nach dem Befüllen. Das stellt sicher, dass keine oder nur geringste Mengen an Elektrolyten aus der Zelle während des Durchfeuchtens entweichen können. Hierbei kann es sich sowohl um flüssige Elektrolyten als auch um verdampfte Elektrolyten handeln. Erfahrungsgemäß handelt es sich dabei um sehr kleine Mengen.

6.8.5 Transport

Aufgrund der großen Transportmenge an LIB sollte auf Einzeltransport verzichtet werden. Transportgestelle oder Transportpaletten für eine größere Anzahl LIB stellen die effizientere und sichere Transportmethode dar. Diese bieten auch durch Kapselung oder Abdeckung einen zusätzlichen Schutz der einzelnen LIB während des Transports oder der Lagerung. Die LIB sind in diesem Stadium des Produktionsprozesses mit einem Entgasungsventil verschlossen.

Da idealerweise nach Abschluss dieses Prozessschrittes alle Elemente des A-S-K-Verbunds der LIB vollständig vom Elektrolyten durchfeuchtet sind, kommt der Elektrolyt mit dem Grafit der Anode in Kontakt. Die die Anode schützende Schicht, die SEI, wird erst im nächsten Prozessschritt „Zelle formieren“ (siehe Abschnitt 6.9) gebildet. Die Möglichkeit des direkten Kontaktes zwischen Elektrolyten und Grafit der Anode kann zu einer Schädigung der Anode führen [33].

Die Anforderungen an das Transportgestell werden in Abschnitt 6.7.5 beschrieben.

6.9 Zelle formieren

Bei der Formation der LIB wird die Zelle „zum Leben erweckt“, die ersten Lade- und Entladevorgänge finden statt. In diesem Prozessschritt wird die LIB mit konstantem Strom beaufschlagt. Die Spannung steigt dabei bis zum Maximum von 4,2 V bis 4,3 V je nach Zelltyp. Ein typischer Ladestrom beträgt ungefähr 1/10 C [34] (siehe Bild 6.77).

Während dieser Zeit bildet sich die SEI auf der Anode und die CEI auf der Kathode aus. Hierbei verbraucht der Formationsprozess sowohl Elektrolyt als auch Lithium. Die SEI und die CEI fungieren als Barriereschichten, die die weitere Reaktion zwischen dem Elektrolyten und dem jeweiligen Elektrodenaktivmaterial verhindern [35]. Dadurch wird der Elektrolytverbrauch beim späteren Betrieb der LIB minimiert und die Lebensdauer der LIB verlängert. Der durch die Formation aufgebrauchte Elektrolyt kann bei Bedarf im Prozessschritt „Zelle mit Elektrolyten nachfüllen“ ergänzt werden (siehe Abschnitt 6.10).

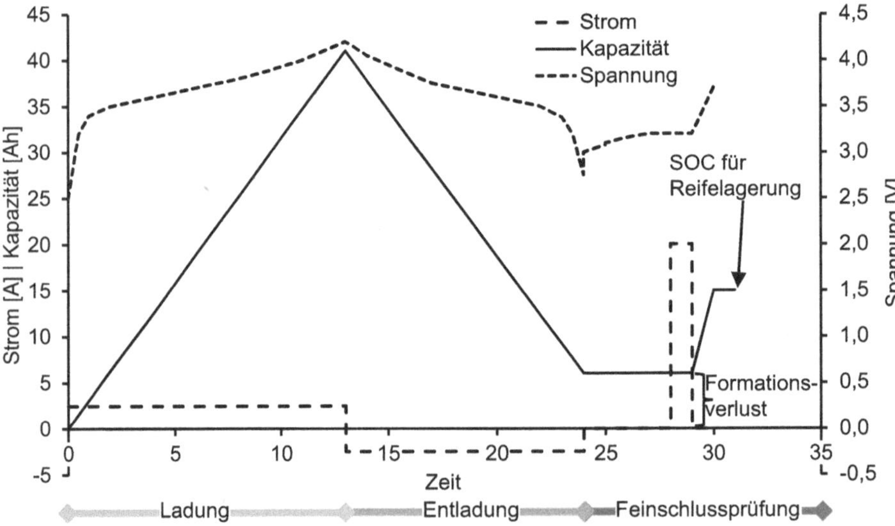

Bild 6.77 Strom-/Spannungs-Kapazitätsverlauf bei Formation

Das für die Bildung der SEI während der Formation verbrauchte Lithium steht beim späteren Betrieb der LIB für die Lade- und Entladevorgänge nicht mehr zur Verfügung.

Ein Teil der ursprünglichen Kapazität der Zelle geht während der Formation verloren. Dieser Formationsverlust ist eine irreversible Kapazitätseinbuße der LIB.

Der elektrische Anschluss der LIB erfordert eine sichere Kontaktierung der externen Anschlüsse der LIB. Neben den Kontakten, die auf die Anschlussterminals der LIB aufsetzen, gehört dazu auch eine entsprechende Mechanik, die den Kontakt ausreichend schnell auf den LIB-Anschluss bewegt und dort positioniert. Dafür bewähren sich vergoldete federnde Kontaktstifte mit einem sehr geringen eigenen elektrischen Widerstand. Die Formation benötigt neben der Leitung des Formationsstromes auch eine Spannungsmessung. Hierzu verwendet man die Vierleitermessung. Der Formationsstrom fließt dabei durch zwei Leitungen. Zwei weitere separate Leitungen kontaktieren die LIB und messen die Spannung an den Anschlussterminals. Das stellt sicher, dass der durch den Leitungswiderstand verursachte Spannungsabfall entlang den Stromleitungen nicht in die Spannungsmessung einfließt. Allerdings erfordert diese Methode vier Kontaktstifte.

Während der Formation können sich kleine Mengen von Gasen bilden, meist durch Nebenreaktionen innerhalb der LIB, die die Elektrolytreduktion verursachen. Dieses Gas muss sicher abgeführt werden. Bei Verbundfolienzellen sammelt sich das Gas im Gassack. Bei Hartgehäusezellen kann das Gas durch das Entgasungsventil aus der Befüllöffnung entweichen. Da im Falle der Hartgehäusezellen das Gas durch das Entgasungsventil entweichen kann, ist anlagenseitig dafür zu sorgen, dass die ausgetretenen Gase sicher aus dem Anlagenbereich abgeführt werden. Das ist auch ein Grund für die Durchführung der Formation in Kammern. Solche Kammern bieten die Möglichkeit, diese Gase einfach zu sammeln und sicher abzuführen.

Die verfügbare Kapazität der LIB sinkt am Ende der Formation nicht auf das vorherige Niveau zu Beginn des Formationsprozesses. Es treten die Formationsverluste aufgrund des Elektrolytverbrauchs und des Lithiumverbrauchs auf. Anschließend prüft ein kurzer Ladestrom, ob bei der LIB ein Kurzschluss vorliegt. Das stellt die erste Qualitätsprüfung der jetzt funktionierenden LIB dar.

Der Formationsprozess läuft unter kontrollierter Temperatur im Umfeld der LIB ab. Höhere Temperaturen können den Prozess beschleunigen. Sie können aber auch unerwünschte Nebenreaktionen begünstigen. Kammern für den Formationsprozess helfen auch hier, die Temperatur für den Prozess einfacher auf konstantem Niveau zu halten.

Dieser Prozessschritt der Formation lädt die LIB zum ersten Mal durch den entsprechenden Ladestrom auf. Dabei können verschiedene Ursachen zu einem thermischen Durchgehen der LIB, zu Feuer oder sogar Explosionen führen. Eine fehlerhafte Regelung des Ladestroms und der Ladespannung kann bewirken, dass die Zelle überladen wird. Dies kann zu Lithium-Plating auf der Anode führen, was als weitere Folge einen internen Kurzschluss verursachen kann. Nicht erkannte Produktionsfehler können zu Verunreinigungen oder Materialfehlern führen. Kleine Fremdkörper oder Fehler in der Materialverarbeitung können dazu beitragen, dass es zu internen Kurzschlüssen in der LIB kommt. Auch ein fehlerhafter Separator, verursacht durch seine mechanische Beschädigung oder unzureichende Materialqualität, kann einen direkten Kontakt der Anode und der Kathode und somit einen internen Kurzschluss ermöglichen.

Diese hier beschriebenen internen Kurzschlüsse bewirken einen rapiden, meist lokalen Temperaturanstieg. Durch diese lokale Hitze bilden sich brennbare Gase, die zum Druckanstieg innerhalb der Zelle führen. Meist folgt darauf ein thermisches Durchgehen der Zelle. Aufgrund dieser potenziellen Gefahr sollten die LIB in abgeschlossenen Kammern formiert werden. Im Falle einer Havarie kontaminiert das ausströmende Gas mit den darin mitgeführten Partikeln nur die Kammer und nicht den kompletten Raum, in dem sich die Formationsanlage befindet.

6.9.1 Parameter Zwischenprodukt

6.9.1.1 Elektrolytmenge

Im Prozessschritt „Zelle mit Elektrolyten befüllen" (siehe Abschnitt 6.7) wurde die vorbestimmte Menge Elektrolyt in die LIB eingebracht. Bei einer zu geringen Elektrolytmenge in der LIB kann sich die SEI nicht vollständig ausbilden. Das führt zur Beeinträchtigung der Leistungsfähigkeit, Lebensdauer und Sicherheit der LIB im späteren Betrieb.

Die Elektrolytmenge bestimmt das Gewicht jeder einzelnen LIB mit. Daher ist die Gewichtsermittlung jeder LIB ein wichtiger Parameter.

6.9.1.2 Zellgewicht

Da bei der Formation Elektrolyt über das geplante Maß hinaus verbraucht werden kann, wird das Zellgewicht vor der Formation für jede LIB ermittelt und den Daten der LIB zugeordnet. Dieser Wert bildet die Basis für den Vergleich mit dem Gewicht am Ende des Prozessschrittes für ein eventuelles Nachfüllen von Elektrolyten im Prozessschritt „Zelle mit Elektrolyten nachfüllen" (siehe Abschnitt 6.10).

6.9.1.3 Impedanz

Die nach der Befüllung der LIB folgenden Prozessschritte „Zelle formieren" und „Zelle reifelagern" (Abschnitt 6.13) sind aufgrund der Durchlaufzeit in dem jeweiligen Prozessschritt und der dafür erforderlichen Anlagenkapazität aufwendige und kostenintensive Prozessschritte. Es muss daher im Sinne der Ökonomie verhindert werden, dass defekte LIB in diese Prozessschritte geleitet werden und dort Lagerplätze belegen. Das erfordert ein Messverfahren, mit dem der Zustand der LIB vor den beiden Prozessschritten sicher erfasst werden kann.

Impedanz beschreibt den komplexen Wechselstromwiderstand eines Systems, der sich aus ohmschen, kapazitiven und induktiven Anteilen zusammensetzt. Die elektrochemische Impedanzspektroskopie (EIS) ist die frequenzabhängige Erfassung der Impedanz einer LIB und liefert das Impedanzspektrum. [13] untersuchte die grundsätzliche technische Anwendbarkeit der EIS zur Detektion defekter LIB innerhalb des Herstellungsprozesses für eine größere Stichprobe an den folgenden Punkten im Produktionsprozess:

- vor dem Prozessschritt „Zelle formieren" (Abschnitt 6.9)
- vor dem Prozessschritt „Zelle reifelagern" (Abschnitt 6.13)
- nach dem Prozessschritt „Zelle reifelagern"

Aus den Erkenntnissen aus diesen Versuchen wurden Konfidenzintervalle für die Darstellung der Impedanzen im Bode-Diagramm für den betrachteten Typ LIB ermittelt. Das Bode-Diagramm stellt die Impedanz in Abhängigkeit der Frequenz dar.

Bild 6.78 zeigt, dass die Impedanzen der nicht formierten LIB sehr eng beieinander liegen. Das bedeutet, dass die von der EIS charakterisierten Eigenschaften der LIB in einem sehr engen Fenster liegen.

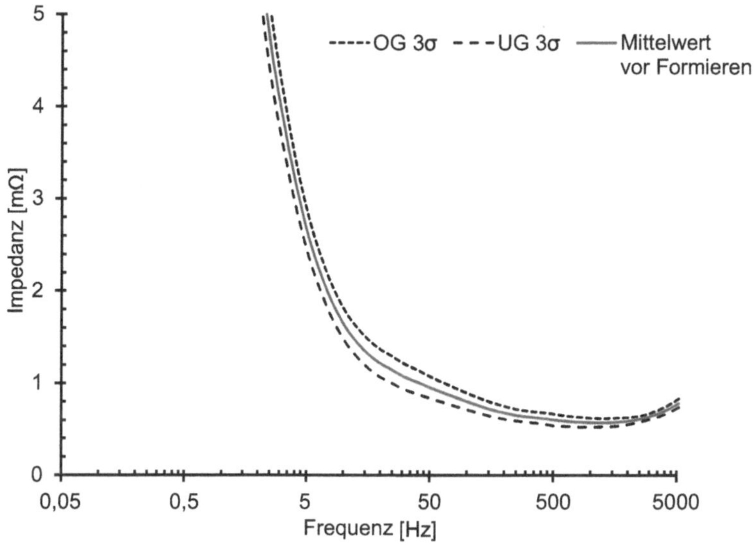

Bild 6.78 Impedanzspektrum, Konfidenzmuster des Prozesspunktes „vor Zelle formieren", Quelle: [13]

6.9.1.4 Zeit von der Durchfeuchtung bis zur Formation

Wenn der A-S-K-Verbund der LIB vollständig vom Elektrolyten durchtränkt ist, kommt der Elektrolyt mit dem Grafit der Anode in Kontakt, da die SEI noch nicht aufgebaut wurde. Das kann die Stabilität der Anode schädigen, Kapazitätsverlust verursachen oder die Impedanz der LIB erhöhen [33]. Hieraus leitet sich die Forderung nach möglichst kurzen Transportzeiten vom Prozessschritt „Zelle durchfeuchten" (Abschnitt 6.8) zum Prozessschritt „Zelle formieren" (Abschnitt 6.9) ab.

6.9.2 Parameter Prozess

Die Formationsparameter Strom, Spannung und Temperatur beeinflussen einander direkt und werden üblicherweise für jeden Typ von LIB auf Basis von Unternehmenserfahrungen und Erprobungsergebnissen festgelegt.

6.9.2.1 Formationsstrom

Der Formationsstrom beeinflusst die Geschwindigkeit der Bildung der SEI. Ein zu hoher Formationsstrom kann zu einer ungleichmäßigen SEI-Schicht führen. Es besteht auch das erhöhte Risiko der Rissbildung in der SEI. Ein zu niedriger Formationsstrom macht den Prozess ineffizient und langandauernd, aber die SEI wird gleichmäßig und dicht aufgebaut. Die Optimierung des Formationsstroms sowie des Verlaufs des Formationsstroms über der Zeit ist daher entscheidend, um eine homogene und stabile SEI zu gewährleisten, die für die Leistung und Sicherheit der LIB essenziell ist. Der Verlauf des Formationsstromes ist für jeden Typ von LIB in Abhängigkeit von den Anforderungen an die LIB festzulegen.

6.9.2.2 Formationsspannung

Die angelegte und während der Formation veränderte Formationsspannung bestimmt die elektrochemischen Reaktionen an den Elektroden. Eine zu hohe Formationsspannung kann zu unerwünschten Nebenreaktionen führen, die die SEI destabilisieren und im späteren Betrieb der LIB deren Alterung beschleunigen. Des Weiteren kann sich der Elektrolyt aufgrund der hohen Formationsspannung chemisch zersetzen. Damit reduzieren sich die Bewegungsmöglichkeiten der Lithiumionen beim Laden oder Entladen der späteren LIB.

Eine zu geringe Formationsspannung initiiert die Reaktionen, die für die Bildung der SEI erforderlich sind, nicht richtig. Die SEI bildet sich nicht richtig aus, was den Schutz der Grafitanode reduziert.

6.9.2.3 Formationstemperatur

Teilweise finden die Formationsvorgänge bei höherer Temperatur statt. Das beschleunigt die Vorgänge innerhalb der LIB. Doch auch hierbei schadet eine zu hohe Formationsgeschwindigkeit aufgrund der höheren Formationstemperatur der Bildung der SEI.

Die Temperatur beeinflusst sehr stark die Diffusion von Lithiumionen und damit auch die Ionendurchlässigkeit und Leistung. Konstante, stabile Formationsergebnisse erfordern eine thermisch stabile Umgebung, was eine entsprechende Temperaturregelung in den Formationskammern fordert. Zellen, die bei Temperaturen, die sich um weniger als 5 K unterschieden, der Formation unterlagen, zeigten Abweichungen der Leerlaufspannung und der Selbstentladungsrate [36].

6.9.2.4 Anzahl Formationszyklen und Formationszeit

Bild 6.77 zeigt einen Strom- und Spannungsverlauf bei der Formation einer LIB mit einem Formationszyklus. Es sind auch Formationen mit Mehrfachzyklen im Einsatz. Der dann geringere Formationsstrom sorgt für einen langsameren und gleichmäßigeren Aufbau der SEI. Durch die Wiederholung des Formationsprozesses baut sich die SEI vollständig aus [37].

Eine größere Anzahl Formationszyklen benötigt jedoch im Gegenzug auch mehr Zeit, was einen negativen Einfluss auf die wirtschaftliche Situation der LIB-Fertigung ausübt. [38] schlägt eine alternative Vorgehensweise vor. Anstatt mehrere vollständige Formationszyklen zeitlich hintereinander ablaufen zu lassen, wird nach Erreichen der maximalen Formationsspannung diese nicht mehr vollständig abgesenkt, sondern nur bis zu einem höheren unteren Niveau der Formationsspannung. Anschließend wird die Formationsspannung wieder in der definierten Geschwindigkeit auf die maximale Formationsspannung erhöht. Es werden damit Formationszyklen auf einem höheren Spannungsniveau durchgeführt (siehe Bild 6.79).

Bild 6.79 Standardverlauf der Formationsspannung und alternative Verläufe – schematische Darstellung, in Anlehnung an [38]

6.9.2.5 Zellspannung und Kurzschlussprüfung

Bricht während des Formationsprozesses die Zellspannung zusammen oder sinkt unter eine festgelegte Grenze, dann ist von einem internen Kurzschluss der LIB und damit von einer defekten LIB auszugehen. Dazu ist nach der Ladung der LIB die Zellspannung zu messen. Eine defekte LIB mit einem solchen Kurzschluss ist auszusondern. Es handelt sich bei dieser Prüfung um eine wichtige prozessintegrierte Prüfung jeder LIB. Diese Prüfung entspricht der in Abschnitt 6.13.2.3 beschriebenen Prüfung im Zuge des Prozessschrittes „Zelle reifelagern“.

6.9.3 Parameter Produkt

6.9.3.1 Zellkapazität

Nach der Formation besitzt die LIB ihre initiale Kapazität zur Speicherung der elektrischen Energie. Der Formationsverlust der Kapazität reduziert die ursprüngliche Kapazität der LIB. Die Gründe dafür sind oben beschrieben. Diese Kapazität sinkt mit dem zyklischen Alter der LIB weiter ab. Dieser Effekt tritt jedoch in Jahresfrist auf, sodass er bei der LIB-Produktion kaum ins Gewicht fällt. Da die Lagertemperatur diesen Effekt der kalendarischen Alterung sehr stark beeinflusst, ist davon auszugehen, dass er in den temperierten Räumlichkeiten einer LIB-Produktion und den bei der LIB-Produktion vorkommenden Durchlaufzeiten keine große Rolle spielt [39].

6.9.3.2 Zellspannung

Wie vorangehend beschrieben schließt sich an den Formationsvorgang innerhalb des Prozessschrittes noch ein weiterer Ladevorgang an. Die LIB wird mit einer vorher definierten Ladung versehen, die für die Reifelagerung (siehe Abschnitt 6.13) erforderlich ist. Das bedeutet, dass die LIB bis zu einer definierten Zellspannung aufgeladen wird, bevor sie in den nächsten Prozessschritt weitertransportiert werden kann. Diese initiale Ladung der LIB soll auch sicherstellen, dass die LIB während der anschließenden Reifelagerung nicht in den Bereich der Tiefentladung oder Unterspannung abfällt. Die möglichen Folgen einer auf alle Fälle zu vermeidenden Tiefentladung werden in Abschnitt 3.2.3 beschrieben.

6.9.3.3 Impedanz

Die Impedanz der LIB ist ein Indikator dafür, ob die LIB nach der Formation in Ordnung ist und im nächsten Prozessschritt weiter prozessiert werden sollte. Anderenfalls ist sie auszusortieren und nicht zum nächsten Prozessschritt weiterzuschicken.

Nach dem Formieren zeigt das Impedanzspektrum einen veränderten Verlauf, wie es Bild 6.80 zeigt. Des Weiteren zeigen die Impedanzen im niedrigen Frequenzbereich eine größere Streuung, was eventuell auf noch nicht abgeschlossene Prozesse innerhalb der LIB beim Aufbau der SEI schließen lässt.

Beim Vergleich der beiden Impedanzspektren vor und nach der Formation ist zu erkennen, dass die Veränderungen fast ausschließlich bei niedrigeren Frequenzen stattfinden. Bild 6.81 zeigt beide Mittelwerte aus Bild 6.78 und Bild 6.80.

[13] beschreibt in seinen Untersuchungen, dass eine LIB, die vor dem Prozessschritt „Zelle formieren" ein Impedanzspektrum zeigte, was auf eine funktionierende LIB schließen lässt (siehe Bild 6.82), nach diesem Prozessschritt ein signifikant abweichendes Impedanzspektrum (siehe Bild 6.83) aufweist.

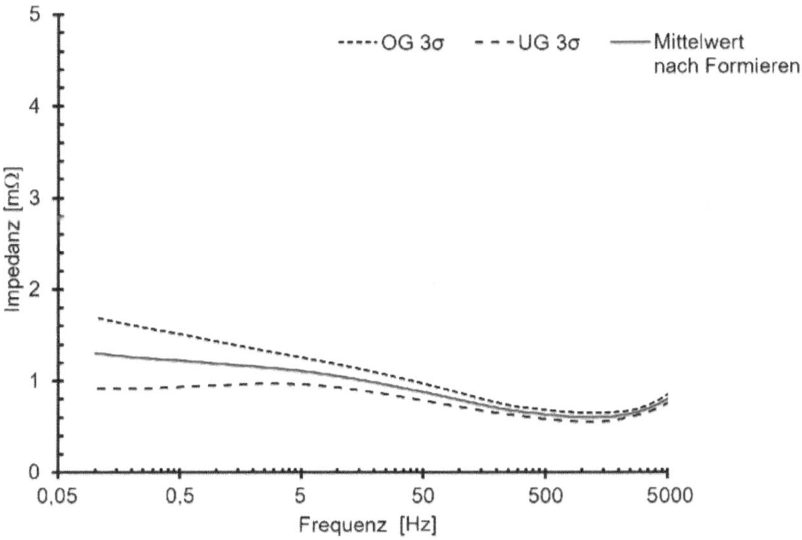

Bild 6.80 Impedanzspektrum, Konfidenzmuster des Prozesspunktes „nach Zelle formieren", Quelle: [13]

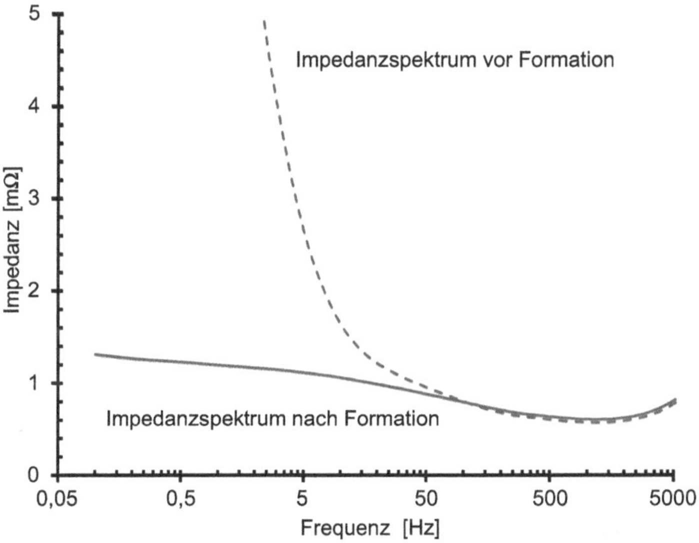

Bild 6.81 Vergleich des Impedanzspektrums vor und nach Formation, Quelle: [13]

Allerdings zeigte diese LIB die Abweichungen im Bereich sehr tiefer Frequenzen, die typischerweise mit einer Prüfung bei nur 1000 Hz nicht als defekte LIB aufgefallen wäre. Die Prüffrequenz 1000 Hz wird bei der LIB-Produktion sehr häufig verwendet. Es ist ein Quasistandard.

Das Beispiel der defekten LIB zeigt, dass diese LIB bei den bislang üblichen Prüfkriterien nicht als defekt detektiert worden wäre. Im Bereich der Prüffrequenz von ungefähr 1000 Hz liegt die gemessene Impedanz innerhalb des Konfidenzintervalls, das LIB ohne Defekt kennzeichnet. Diese defekte LIB wäre bei einer Prüfung mit einer Frequenz von 1000 Hz nicht aufgefallen.

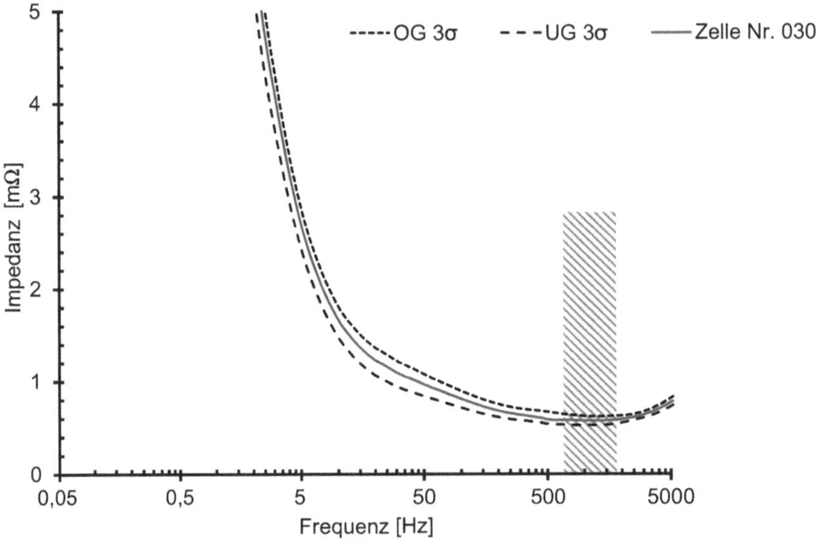

Bild 6.82 Impedanzspektrum, defekte LIB vor dem Prozesspunkt „vor Zelle formieren", Quelle: [13]

Diese defekte LIB fiel durch Abweichungen der Impedanz bei sehr niedrigen Prüffrequenzen auf. Hier lag die Impedanz nach dem Prozessschritt „Zelle formieren" weit außerhalb des Konfidenzintervalls (siehe Bild 6.83).

Für einen industriellen Prozess benötigt eine vollständige Erfassung der Impedanzen bei allen Frequenzen zu viel Zeit. Eine Festlegung mehrerer diskreter Prüffrequenzen reduziert den Zeitaufwand und ermöglicht das Verfahren so in der Großserienfertigung von LIB durchzuführen. Die Erkenntnisse von [13] legen jedoch nahe, speziell die niedrigen Frequenzen für die Prüfung zu nutzen. Die einzelnen Prüffrequenzen hängen von den in Versuchen mit unterschiedlichen Schadenskriterien ermittelten EIS-Verläufen ab.

Für die weiteren Prozessschritte bedeutet das, dass diese LIB als Ausschuss ausgeschleust wird und nicht mehr die weiteren Prozessschritte durchläuft, was natürlich weitere unnötige Kosten verursachen würde. Sie blockiert beispielsweise keinen Platz für die Reifelagerung.

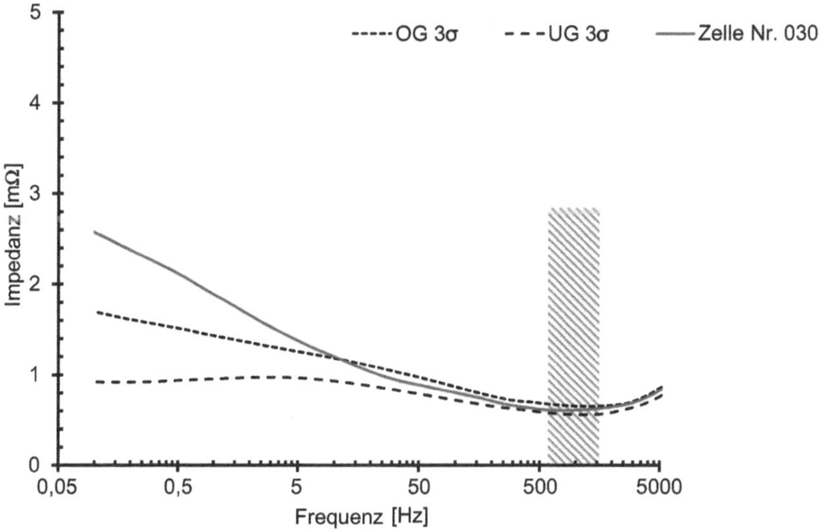

Bild 6.83 Impedanzspektrum, defekte LIB vor dem Prozesspunkt „nach Zelle formieren", Quelle: [13]

6.9.4 Parameter Umfeldbeeinflussung

Das Entgasungsventil dichtet die LIB während der Formation gegen das Eindringen von Gasen, Flüssigkeiten oder Partikeln von außen ab. Gleichzeitig ermöglicht das Entgasungsventil, in der LIB entstandenes Gas nach außen abzuführen. Daher kann Elektrolyt als Flüssigkeit oder Dampf entweichen. Erfahrungsgemäß handelt es sich dabei um geringe Mengen.

Havariert eine LIB während der Formation, wie es in Abschnitt 6.9 und in Kapitel 3 beschrieben ist, kontaminiert sie das direkte Umfeld der LIB durch die ausgestoßenen Stäube oder die Reaktionsprodukte des Elektrolyten.

In der Praxis bewährten sich daher gekapselte Formationseinrichtungen. Typischerweise nimmt eine Kammer einer solchen Formationsanlage eine Transportpalette mit LIB auf. Im Falle einer Havarie wird nur diese eine Kammer kontaminiert. Diese Vorgehensweise reduziert den Aufwand für eine Reinigung und Wiederinbetriebsetzung beträchtlich.

6.9.5 Transport

In Abschnitt 6.9.1.4 wird eine möglichst kurze Zeit zwischen dem Prozessschritt „Zelle durchfeuchten" (siehe Abschnitt 6.8) und „Zelle formieren" (siehe Abschnitt 6.9) gefordert. Das ist bei der Auslegung des Transportsystems entsprechend zu berücksichtigen.

Die großen Mengen an LIB, die zu transportieren sind, begünstigen den Einsatz von Transportgestellen oder Transportpaletten. Ein Transportvorgang transportiert damit eine größere Anzahl der LIB. Die LIB sind in diesem Stadium des Produktionsprozesses noch immer mit einem Entgasungsventil verschlossen. Das während der Formation entstandene Gas kann auch während des Transports entweichen.

Eine Kapselung oder Abdeckung der Transportgestelle oder der Transportwege schützt die LIB und verhindert ein Austreten des entwichenen Gases, wenn die Kapselung entsprechend ausgeführt ist. Die LIB können in den Transportgestellen oder auf den Transportpaletten direkt in die Anlage hereingefahren und aus ihr herausgefahren werden. Das erfordert die Möglichkeit der sicheren Kontaktierung der LIB innerhalb der Transportgestelle.

In diesem Stadium des Herstellungsprozesses tragen die LIB elektrische Ladung. Ein Kurzschluss muss daher vermieden werden. Zusätzlich zu den Anforderungen aus Abschnitt 6.7.5 müssen die Anschlüsse der LIB daher so elektrisch isoliert sein, dass die LIB nicht durch einen externen Vorgang kurzgeschlossen werden können.

Während des Transports und der Handhabung der geladenen LIB muss sichergestellt sein, dass sie nicht aus dem Transportsystem oder aus den Transportpaletten herausfallen können oder dass sie aus dem Greifer eines Handhabungssystems herausfallen. Deformationen (siehe Abschnitt 3.2.1) sind die Folge eines solchen Sturzes und führen zu internen Kurzschlüssen und damit zur Havarie der LIB. [40] berichtet über einen solchen Vorfall mit den dazugehörigen Folgen.

6.10 Zelle mit Elektrolyten nachfüllen

Bei der Formation der LIB (siehe Abschnitt 6.9) kann es passieren, dass mehr Elektrolyt für die chemischen Reaktionen innerhalb der LIB verbraucht wird, als geplant war. In diesem Fall besteht die Gefahr, dass der Elektrolyt frühzeitig aufgebraucht wurde und die LIB beim späteren Gebrauch frühzeitig ausfällt. Das Nachfüllen von Elektrolyten kann dieser Gefahr vorbeugen.

In diesem Stadium der LIB-Produktion befindet sich neben dem im A-S-K-Verbund aufgesogenen Elektrolyten auch noch weiterer, nicht aufgesogener Elektrolyt, der sogenannte freie Elektrolyt, in der LIB. Nachzufüllender Elektrolyt ergänzt diesen freien Elektrolyten im freien Volumen der LIB. Der Bedarf an nachzufüllenden Elektrolyten bestimmt das Gewicht der LIB.

Für das Nachfüllen wird die LIB an der Befüllöffnung geöffnet, das Entgasungsventil der Hartgehäusezellen wird entfernt und die ermittelte Fehlmenge kann nachgefüllt werden. Hierbei reicht ein einfaches Nachdosieren, das eine Druckbeaufschlagung, wie bei der ersten Befüllung der LIB (siehe Abschnitt 6.7), bei den typischerweise geringen Mengen Elektrolyt nicht erfordert. Trotzdem darf der Druck natürlich nicht zu hoch sein, damit innerhalb der LIB der A-S-K-Verbund nicht beschädigt wird.

Nach dem Nachfüllen von Hartgehäusezellen kann die Befüllöffnung noch temporär bis zum finalen Verschließen im nächsten Prozessschritt abgedeckt werden.

Nach dem Nachfüllen von Verbundfolienzellen verschließt eine entsprechende Siegeleinheit die Befüllöffnung im Verbundfoliengehäuse. In diesem Prozessschritt entfernt eine Schneideinheit den Gassack.

6.10.1 Parameter Zwischenprodukt

6.10.1.1 Gewicht der Lithium-Ionen-Batteriezellen

Nach der Formation der LIB wird deren Gewicht erneut ermittelt. Aus der Differenz zum Gewicht der LIB nach dem Befüllen (siehe Abschnitt 6.7.3.3) lässt sich der Elektrolytverlust berechnen. Entsprechende Mengen können nachgefüllt werden, um den sicheren Betrieb der LIB über den geplanten Zeitraum sicherzustellen.

Bei der Gewichtsermittlung ist zu berücksichtigen, dass keine Komponenten von der LIB undokumentiert demontiert werden, um das Gewicht nicht zu verfälschen, oder dass das Gewicht der demontierten Komponenten gesondert ermittelt und berücksichtigt wird.

6.10.1.2 Dichtigkeit der Zelle

Eine undichte LIB kann Elektrolyt verlieren. Das bedeutet, an den Austrittstellen reagiert der Elektrolyt mit der Feuchtigkeit in der Umgebungsluft und bildet korrosive Reaktionsprodukte, die das Zellgehäuse beschädigen können (siehe Abschnitt 4.2.5). Des Weiteren verschmutzt die LIB von außen. In diesem Falle bezieht sich die Dichtigkeit zu einem sehr großen Anteil auf die Dichtigkeit des Sitzes des Entgasungsventils auf der Befüllöffnung.

6.10.1.3 Materialeigenschaften Verbundfolie (Siegeln)

Näheres zu den Materialeigenschaften der Verbundfolie (Siegeln) erfahren Sie in Abschnitt 6.5.2.1.

6.10.1.4 Sauberkeit Siegelflächen (Siegeln)

Fette oder Öle auf den Siegelflächen beim Verbundfoliengehäuse können das Zusammenschmelzen der beiden thermoplastischen Schichten der beiden Verbundfoliengehäuseteile beeinträchtigen. Hierdurch können initiale Undichtigkeiten entstehen, die die LIB sofort undicht machen, oder Schwachstellen der Siegelnaht, die erst beim späteren Betrieb der LIB auftreten. In Abschnitt 6.5 wird der Prozess des Siegelns von Verbundfoliengehäusen beschrieben.

6.10.1.5 Eigenschaften Elektrolyt

Die Eigenschaften des Elektrolyten vor der Befüllung und eine Möglichkeit zur Überprüfung werden in Abschnitt 6.7.1.8 sowie Abschnitt 6.7.1.9 beschrieben.

6.10.2 Parameter Prozess

6.10.2.1 Nachfüllmenge

Die ermittelte Gewichtsdifferenz bestimmt die Menge Elektrolyt, die nachgefüllt werden muss. Das bedeutet, dass die Nachfüllmenge individuell für jede LIB zu ermitteln und entsprechend einzufüllen ist.

6.10.2.2 Einfülldruck

Um den A-S-K-Verbund vor Beschädigungen durch einen zu hohen Druck des Elektrolyten zu schützen, muss der Einfülldruck innerhalb des meist auf Erfahrungswerten beruhenden Toleranzbereiches gehalten werden.

6.10.2.3 Temperatur

In diesem Prozessschritt leitet die Nachfüllanlage den Elektrolyten mit geringem Druck in das offene Zellgehäuse. Eine zu hohe Temperatur kann dazu führen, dass Komponenten oder Bestandteile des Elektrolyten verdampfen.

6.10.3 Parameter Produkt

6.10.3.1 Füllmenge Zelle

Nach diesem Prozessschritt sollte jede LIB die für ihren sicheren Betrieb erforderliche Menge Elektrolyt enthalten. Zu viel eingefüllter oder nachgefüllter Elektrolyt stellt im Normalbetrieb der LIB fast keinen signifikanten Nachteil dar. Das Gewicht der LIB ist etwas höher als geplant, sodass die gravimetrische Energiedichte schlechter wird. Allerdings erhöht im Havariefall eine höhere Elektrolytmenge die Gefährdung, die von der LIB ausgeht. Mehr Elektrolyt bedeutet mehr leicht entzündliche und reaktive Flüssigkeit, die zu einer heftigeren Reaktion der havarierten LIB führt.

Eine zu geringe Elektrolytmenge reduziert die Lebensdauer der LIB. Es besteht die Gefahr, dass der A-S-K-Verbund zu einem früheren Zeitpunkt örtlich trockenfällt und damit seine Leistung nicht mehr erbringen kann.

6.10.3.2 Dichtigkeit

Die Dichtigkeit des Gehäuses wurde in verschiedenen Prozessschritten überprüft. Daher ist davon auszugehen, dass bei bestandenen Prüfungen das Gehäuse weiterhin dicht ist. Die Dichtigkeit des Sitzes des Entgasungsventils auf der Befüllöffnung bestimmt hier auch die Dichtigkeit der temporär verschlossenen LIB. Die zulässigen Leckageraten werden in Abschnitt 6.6.3.1 beschrieben.

6.10.4 Parameter Umfeldbeeinflussung

Während des Nachfüllens von Elektrolyten können Teile der Flüssigkeit verdampfen und als Gas entweichen. Da sich die LIB während des Prozessschrittes hauptsächlich in einer Kammer befindet, kann das entstandene Gas von dort sicher abgesaugt und über entsprechende Filter oder Abscheider abgeschieden werden.

Ein Entgasungsventil verschließt die Zelle nach dem Befüllen. Das stellt sicher, dass keine oder nur geringste Mengen an Elektrolyten aus der Zelle entweichen können. Hierbei kann es sich sowohl um flüssigen Elektrolyten als auch um verdampften Elektrolyten handeln.

Bei Verbundfoliengehäusen kann aus dem abgeschnittenen Gassack noch Gas entweichen oder kondensierter Elektrolyt herauskommen. Diese Stoffe sind durch entsprechende Vorrichtungen sicher aufzufangen und zu filtern.

6.10.5 Abfall

Bei Verbundfolienzellen entfernt dieser Prozessschritt den Gassack, der das bei der Formation entstandene Gas enthält. Diese Verbundfolienabschnitte können noch durch kondensiertes Gas entstandenen flüssigen Elektrolyten enthalten. Daher sind die abgeschnittenen Teile der Verbundfoliengehäuse mechanisch sicher aus der Anlage zu entfernen, um eine Unterbrechung der Produktion durch einen Teilestau zu vermeiden. Des Weiteren sind diese Abfälle den Vorschriften entsprechend zu entsorgen.

6.10.6 Transport

Wie in den Transportschritten der vorherigen Prozessschritte begünstigt der Einsatz von Transportgestellen oder Transportpaletten den Transport der großen Mengen an LIB. Ein Transportvorgang transportiert damit eine größere Anzahl der LIB. Die LIB sind in diesem Stadium des Produktionsprozesses mit einem Entgasungsventil verschlossen. Das während der Formation entstandene Gas kann auch während des Transports entweichen. Die Transportgestelle oder Transportpaletten können durch einen entsprechenden Verschluss oder eine Abdeckung das Austreten des Gases verhindern. Gleichzeitig entzieht eine solche Kapselung die LIB einem möglichen schädlichen Einfluss aus dem Umfeld.

Da jede LIB individuell gewogen werden muss, um die erforderliche Nachfüllmenge zu bestimmen, muss sie einzeln dem Transportgestell entnommen werden und dem Prozessschritt zugeführt werden. Es handelt sich hierbei um eine Vereinzelungsoperation. Nach der Ausführung der Nachfülloperation in diesem Prozessschritt setzt eine Handhabungseinheit die LIB wieder zurück in das Transportgestell. Die technischen Anforderungen an das Transportgestell sind in Abschnitt 6.9.5 und in den darin referenzierten Abschnitten aufgeführt.

6.11 Zelle final verschließen

Bis zu diesem Prozessschritt in der Fertigung der LIB befindet sich noch eine Öffnung im Zellgehäuse bei Hartgehäusezellen. Teilweise verschließt ein Entgasungsventil diese Öffnung. Das Auflegen eines Verschlussbauteils wie beispielsweise eines Deckels, eines nagelförmigen Verschlussteils oder einer Kugel auf die Befüllöffnung verschließt diese Öffnung. Ein Laserschweißprozess verbindet das Verschlussbauteil gasdicht mit dem Gehäuse. Bild 6.84 zeigt eine auf die Befüllöffnung aufgeschweißte Kugel.

Bei Verbundfolienzellen wurde der Gassack im Prozessschritt „Zelle mit Elektrolyten nachfüllen“ (siehe Abschnitt 6.10) entfernt und die LIB final verschlossen.

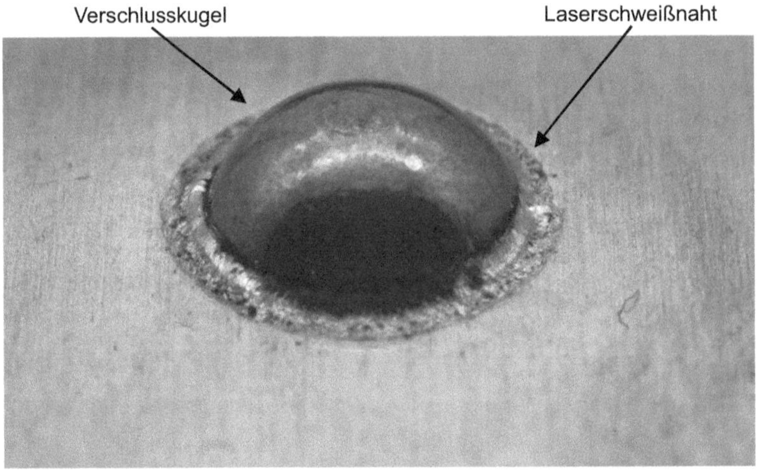

Bild 6.84 Aufgeschweißte Kugel als Verschlussbauteil (starke Vergrößerung)

6.11.1 Parameter Zwischenprodukt

6.11.1.1 Geometrie der Befüllöffnung und des Verschlussteils

Die Befüllöffnung und das Verschlussteil dafür bilden eine Paarung, an die verschiedene Anforderungen gelten. Beide Durchmesser müssen aufeinander abgestimmt sein. Nur so bildet sich die korrekte Naht während des Schweißprozesses. Vergleichbares gilt für andere Formen der Befüllöffnung und der Verschlussteile.

6.11.1.2 Sauberkeit

Fremdkörper oder Fremdmaterialien wie Fett oder Öl auf den Fügeflächen bei Hartgehäusen stören den Schweißprozess und führen zu fehlerhaft ausgeführten Schweißungen, die zu Undichtigkeiten an dieser Stelle führen können.

6.11.1.3 Schweißspalt (Laserschweißen)

Näheres zum Schweißspalt (Laserschweißen) erfahren Sie in Abschnitt 6.5.2.2.

6.11.2 Parameter Prozess

Beim Siegeln von Verbundfoliengehäusen finden die gleichen Parameter Anwendung, wie sie in Abschnitt 6.5.3.1, Abschnitt 6.5.3.2 und Abschnitt 6.5.3.3 für den ersten Verschluss der LIB beschrieben sind. Die Parameter für das Laserschweißen werden in Abschnitt 6.5.3.6 und Abschnitt 5.5.2 beschrieben.

Beim Laserschweißen ist in diesem Prozessschritt darauf zu achten, dass keine Wärme in die LIB und speziell in den niedrig siedenden und brennbaren freien Elektrolyten oder in den im A-S-K-Verbund aufgesogenen Elektrolyten eingebracht wird. Es besteht die Gefahr, dass sich Elektrolytdämpfe durch die Einwirkungen des Laserstrahls entzünden. Die Wahl optimierter Prozessparameter für das Laserschweißen kann das verhindern.

6.11.3 Parameter Produkt

6.11.3.1 Dichtigkeit

Das Thema Dichtigkeit der Schweißverbindung wird in Abschnitt 6.6.3.1 beschrieben.

6.11.3.2 Sauberkeit

Aus den unterschiedlichen bis zu diesem Prozessschritt schon durchlaufenen Prozessschritten können Flüssigkeiten oder Partikel außen an der LIB anhaften. Solche Partikel können beim späteren Anbringen einer Außenisolierung stören oder die Korrosion des Zellgehäuses fördern.

6.11.4 Parameter Umfeldbeeinflussung

Der Laserstrahl erzeugt während des Schweißprozesses Rauch. Dieser Rauch kann Substanzen aus den Metalllegierungen des Deckels oder des Verschlussteils enthalten. Im ungünstigen Fall kann Wärme des Schweißprozesses in die LIB eingebracht werden und Teile des Elektrolyten verdampfen oder Reaktionsprodukte aus dem Kontakt mit den Komponenten des A-S-K-Verbunds erzeugen. Dieser Rauch ist abzusaugen und vor einer Freisetzung entsprechend zu filtern.

Treten beim Laserschneiden Laserstrahlen unkontrolliert in das Umfeld aus, können sie dort Menschen gefährden. Diese Anlagen müssen daher mit Schutzeinrichtungen gemäß einschlägigen Verordnungen ausgerüstet sein.

6.11.5 Transport

Auch in diesem Prozessschritt begünstigt der Einsatz von Transportgestellen oder Transportpaletten den Transport der aufgrund des Produktionsvolumens großen Mengen an LIB. Ein Transportvorgang einer Transportpalette transportiert eine größere Anzahl der LIB, was den Aufwand reduziert. Die LIB sind bis zu diesem Prozessschritt mit einem Entgasungsventil verschlossen. Das während der Formation entstandene Gas kann auch während des Transports entweichen.

Eine Kapselung oder Abdeckung schützt die LIB und verhindert ein Austreten des entwichenen Gases, wenn die Kapselung entsprechend ausgeführt ist. In Abschnitt 6.10.6 werden technische Anforderungen an das Transportgestell in diesem Prozessschritt erläutert.

Da jede LIB individuell gewogen werden muss, um die erforderliche Nachfüllmenge an Elektrolyten zu bestimmen, muss sie einzeln dem Transportgestell entnommen werden und dem Prozessschritt zugeführt werden. Es handelt sich hierbei um eine Vereinzelungsoperation. Nach der Ausführung der Schweißoperation in diesem Prozessschritt setzt eine Handhabungseinheit die LIB wieder zurück in das Transportgestell.

Die in diesem Prozessschritt demontierten Entgasungsventile werden gesammelt und durch ein entsprechendes Transportsystem nach einer Reinigung und Inspektion wieder zu dem Prozessschritt „Zelle mit Elektrolyten befüllen" (siehe Abschnitt 6.7) für die Wiederbenutzung zurückgeführt.

6.12 Zelle prüfen

Vor dem Prozessschritt „Zelle reifelagern" (siehe Abschnitt 6.13) sollten die LIB überprüft werden, um defekte LIB nicht in diesen langwierigen Prozessschritt gelangen zu lassen. Dazu zählt die Erfassung der elektrischen Parameter, wie der Zellspannung, der Impedanz und der Kapazität. Die Bereiche, in denen sich Schweißnähte oder andere Durchführungen befinden, können Undichtigkeiten aufweisen.

Die Suche nach austretendem Elektrolyten kann in diesem Prozessschritt als Prüfung eingesetzt werden. Die LIB wird in einer Unterdruckkammer platziert. Die Druckdifferenz zwischen dem Innendruck der LIB und dem abgesenkten Prüfdruck in der Prüfkammer unterstützt den beschleunigten Austritt von Elektrolyten. Ein Massenspektrometer detektiert die gängigen Lösungsmittel im Elektrolyten [41].

Idealerweise soll eine LIB hinsichtlich folgender Kriterien überprüft werden:

- Fremdpartikel
- Mikrolöcher
- geometrische Qualität A-S-K-Verbund
- Abstände
- Verlauf Ableiterverbund

Fremdpartikel im Verbund, fehlerhafte Abstände zwischen dem A-S-K-Verbund und dem Gehäuse oder ein fehlerhafter Verlauf der Ableiterverbünde können Kurzschlüsse innerhalb der LIB verursachen. Mikrolöcher stellen Undichtigkeiten dar, durch die Elektrolyt aus der LIB austreten oder Feuchtigkeit in die LIB hineingelangen kann. Die geometrische Qualität des A-S-K-Verbunds beschreibt, wie genau die für die Sicherheit der LIB erforderlichen Überstände eingehalten wurden. Diese Parameter können durch eine Computertomographieanalyse bildlich erfasst werden.

Einzelne Röntgenaufnahmen oder eine Computertomographieaufnahme (CT) bieten die Möglichkeit, zerstörungsfrei das Zellinnere darstellen und damit bewerten zu können. Röntgenaufnahmen erzeugen 2D-Bilder, auf denen für die betrachtete Ebene die Anordnung der inneren Komponenten der LIB abgebildet werden kann. Sie nutzen die Absorption von Röntgenstrahlen durch verschiedene Materialien, um ein Bild der inneren Struktur zu erzeugen. Es handelt sich um eine schnelle und kostengünstige Technik, allerdings mit begrenzter Tiefenauflösung. Daher ist es schwieriger, komplexe interne Strukturen detailliert darzustellen. Röntgenaufnahmen können die äußere Struktur und mögliche Defekte der LIB, beispielsweise Risse oder undichte Stellen, zeigen.

[42] beschreibt eine Röntgen-Prüfanlage, die eine Auflösung von mehr als 60 µm besitzt und bis maximal 80 Lagen durchleuchten kann. Die Fertigungskapazität beziehungsweise Prüfkapazität dieser Prüfanlage beträgt 24 LIB pro Minute.

Die Computertomographie (CT) ist ein computerbasiertes Röntgenverfahren, das Querschnittsbilder („Schnitte“) des durchleuchteten Prüfobjektes erzeugt. Hierbei rotiert eine Röntgenröhre um das Prüfobjekt, die gegenüberliegenden Detektoren erfassen die ankommende Strahlung. Die unterschiedlichen Materialien des Prüfobjektes schwächen die Strahlung, das Material absorbiert die Strahlung. Je mehr ein Material die Röntgenstrahlung absorbiert, desto heller erscheint das Material in dem rekonstruierten Bild. Der Schwächungskoeffizient oder Absorptionskoeffizient ist dabei eine Funktion des Ortes innerhalb des Prüfobjekts. Damit kann die Verteilung von Materie innerhalb des Prüfobjektes ermittelt werden.

Unterschiedliche Materialien besitzen materialindividuelle Absorptionseigenschaften (siehe Tabelle 6.1). Der lineare Schwächungskoeffizient μ im Lambert-Beerschen-Gesetz beschreibt diese Abschwächung der Strahlungsintensität in Abhängigkeit von der Ordnungszahl des Materials sowie der Strahlenergie.

$$I = I_0 \cdot e^{-\mu x} \quad (6.2)$$

Tabelle 6.1 Materialeigenschaften von Kupfer und Aluminium bei 100 keV [43]

Material	Ordnungszahl Z	Dichte ρ	Materialschwächungskoeffizient μ/ϱ	Linearer Schwächungskoeffizient μ
Aluminium	15	2,70 g/cm³	0,1704 cm²/g	0,460 cm⁻¹
Kupfer	29	8,96 g/cm³	0,4584 cm²/g	4,107 cm⁻¹

Diese unterschiedlichen Schwächungskoeffizienten erklären, warum in den Computertomografieaufnahmen die Kupferfolie sehr hell dargestellt wird und die Aluminiumfolie der Kathode sehr schwer erkennbar ist (siehe Bild 6.85).

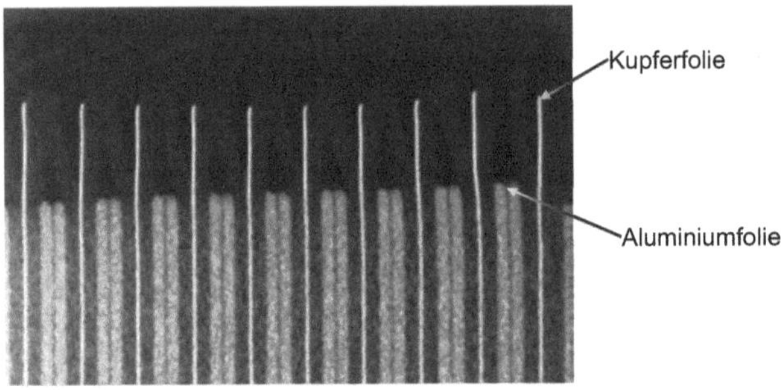

Bild 6.85 Visibilität der unterschiedlichen Materialien in CT-Bildern, © Bild: HS Aalen, Institut für Materialforschung, Quelle: [44]

Aus den gemessenen Schwächungswerten erstellt ein Computer ein digitales Bild. Der Computertomograph setzt die Bilder aus unterschiedlichen Richtungen des Prüfobjektes zu einem 3D-Bild oder 3D-Abbild zusammen. Er liefert eine sehr hohe Auflösung und Genauigkeit, die eine detaillierte Darstellung der inneren Struktur ermöglicht. Die der Auswertung zugrunde liegenden mathematischen Zusammenhänge beschreibt [45]. Die Bilder des Computertomographen visualisieren die genaue Verteilung von Material innerhalb der LIB und ermöglichen damit die Analyse der Mikrostruktur und beispielsweise der Verteilung des Elektrolyten. Allerdings benötigen diese Aufnahmen bedeutend mehr Zeit als eine Röntgenaufnahme [46].

6.12.1 Parameter Zwischenprodukt

6.12.1.1 Zellspannung

Bei der Spannungsmessung erfasst das Messsystem die Ruhespannung oder die Leerlaufspannung der LIB. Das bedeutet, dass die Spannungsmessung die LIB nicht elektrisch belastet (siehe Abschnitt 2.7.1).

6.12.1.2 Zellkapazität

Die Kapazität der LIB beschreibt die Energie, die die LIB speichern kann. Ein direkter Entlade-/Ladetest, auch Coulombzählung genannt, entlädt die LIB vollständig und lädt sie anschließend wieder voll auf. Die Kapazität ergibt sich aus der Integration des gemessenen Stroms über die Entlade- bzw. Ladezeit. Es handelt sich hierbei um eine einfach auszuführende, direkte Messung der nutzbaren Kapazität. Allerdings benötigt dieser Test sehr viel Zeit, besonders bei niedrigen Entladeraten.

Zellspannung und in der LIB befindliche elektrische Energie stehen in einem Zusammenhang, der für jeden Typ der LIB empirisch zu ermitteln ist. Dieser Zusammenhang wird in Abschnitt 2.7.1 und Abschnitt 2.7.2 beschrieben.

6.12.1.3 Impedanz

Die Impedanz der LIB ist ein Indikator dafür, ob die LIB in Ordnung ist und weiter prozessiert werden sollte. Die Impedanzprüfung wird in Abschnitt 6.8.3.3 beschrieben.

6.12.1.4 Dichtigkeit

Typische Undichtigkeiten treten je nach Zellgehäuse an unterschiedlichen Stellen, hier als neuralgische Stellen bezeichnet, auf. Diese Stellen sollten einen Schwerpunkt der Kontrolle der LIB bilden. Bei einer Rundzelle ist die Verbindung zwischen Zellbecher und Deckel die neuralgische Stelle (siehe Bild 6.86). Diese Verbindung kann entweder durch Bördeln oder Laserschweißen hergestellt werden [24].

Bild 6.86
Neuralgische Stellen der Rundzelle, in Anlehnung an [24]

Verbundfolienzellen besitzen mehrere neuralgische Stellen (siehe Bild 6.87). Dazu zählen die Dichtungen an den Elektrodendurchführungen, die Siegelnähte oder Pinholes, entstanden durch Handlingsfehler der Verbundfolie bei der Zellherstellung [24].

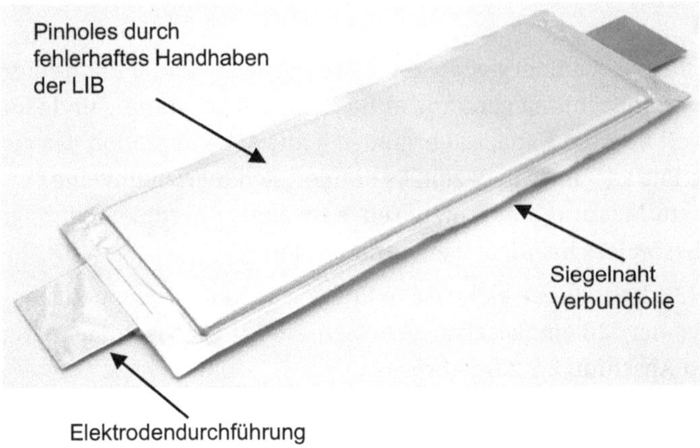

Bild 6.87 Neuralgische Stellen der Verbundfolienzelle, in Anlehnung an [24]

Als typische neuralgische Stellen an Hartgehäusezellen gelten die Schweißverbindung zwischen Zellgehäuse und Deckel, die Schweißnaht, mit der die Berstscheibe im Deckel befestigt ist, die Poldurchführung und die Abdichtung des Befüllloches (siehe Bild 6.88) [24].

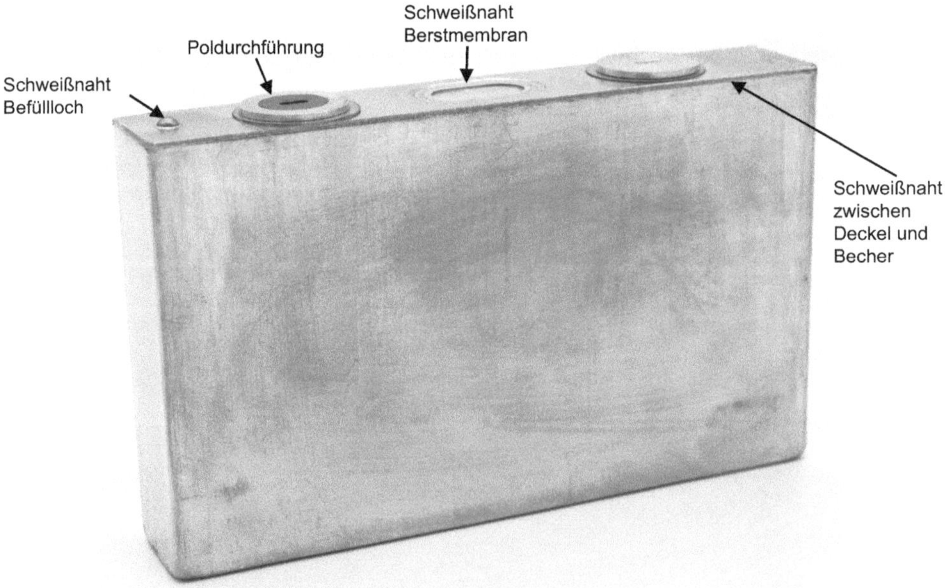

Bild 6.88 Neuralgische Stellen des Hartgehäuses, in Anlehnung an [24]

6.12.1.5 Geometrie innerhalb der Lithium-Ionen-Batteriezellen

Durch unterschiedliche Abweichungen während des Produktionsprozesses können innerhalb der LIB Veränderungen oder Beschädigungen auftreten, die die Sensoren in den jeweiligen Prozessschritten auch nicht zwangsläufig immer direkt nach ihrer Entstehung erkennen. Eine solche Abweichung kann beispielsweise die Verschiebung der Elektroden sowie der Separatorlagen im Stapel oder Wickel gegeneinander sein. Das verändert die für den sicheren Betrieb der LIB erforderlichen Überstände.

6.12.1.6 Geometrie der Lithium-Ionen-Batteriezellen

Während der Produktion können Zellen durch unsachgemäße Handhabung beschädigt werden. Zu solchen Schäden zählen Risse im Zellgehäuse, Aufblähungen oder Ausbeulungen des Zellgehäuses sowie Elektrolytreste auf dem Zellgehäuse. Solche Schäden deuten auf mechanische Beschädigungen oder interne Fehlfunktionen der Zellen hin.

6.12.2 Parameter Prozess

6.12.2.1 Zellspannung

Bei der Spannungsmessung erfasst das Messsystem die Ruhespannung oder die Leerlaufspannung der LIB. Das bedeutet, dass die Spannungsmessung die LIB nicht elektrisch belastet (siehe Abschnitt 2.7.1).

6.12.2.2 Zellkapazität

Die Zellspannung und die in der LIB befindliche elektrische Energie stehen in einem Zusammenhang, der für jeden Typ der LIB empirisch zu mitteln ist. Die direkte Messung der Kapazität einer Zelle erfordert die Durchführung eines Lade-/Entladezyklus unter definierten Bedingungen. Das beschreibt die tatsächlich erreichbare Kapazität der Zelle, die mit der Nennkapazität zu vergleichen ist. Da dieser Test relativ zeitintensiv ist, wird er häufig stichprobenartig durchgeführt.

6.12.2.3 Optische Überprüfung des Zellgehäuses

Eine optische Vermessung der LIB kann einfach und sicher erfassen, ob sich das Zellgehäuse geometrisch verändert hat. Ist das Zellgehäuse ausgebeult, ist das ein Indikator für eine Gasentwicklung innerhalb der Zelle und für den damit verbundenen Druckanstieg innerhalb der LIB. LIB mit solchen Merkmalen sind auszusortieren und dürfen nicht in den nächsten Prozessschritt weitergeleitet werden.

6.12.2.4 Computertomographie

Der Einsatz von Röntgenanlagen zur Erstellung von Bildern der Komponenten im Inneren der LIB oder der Einsatz von Computertomographen ermöglicht den Blick in die LIB ohne sie zu öffnen oder zu verändern [46]. Hierbei stellt die Erstellung des Bildes oder der 3D-Abbildung nicht die große Herausforderung dar.

Eine 3D-Aufnahme mit einem Computertomographen erfordert Zeit. Die erforderliche Zeit kann durchaus im Bereich von 10 – 20 Minuten liegen. Mit zunehmender Auflösung steigt der Zeitbedarf natürlich weiter an. Hieraus ist erkennbar, dass es sich hierbei nur um ein Werkzeug für eine Stichprobenprüfung handelt.

Einfache 2D-Röntgenaufnahmen sind schneller zu erstellen. Tabelle 8.2 gibt für die Beispielfertigung Auskunft über die Taktzeit bei der Herstellung der LIB. Zur Beschleunigung des Ablaufs können hier mehrere LIB nebeneinander positioniert und durchleuchtet werden. Hier besteht die Herausforderung in der automatisierten Auswertung der Bilder. Eventuelle Abweichungen in den Positionen der Elektroden, des Separators oder der Ableiterfahnen müssen sicher innerhalb kurzer Zeit erkannt und der einzelnen LIB zugeordnet werden.

Die Auswertung der erstellten Bilder stellt die nächste Herausforderung dar. Eine hohe Produktionsrate erfordert eine automatisierte Auswertung der jeweiligen Bilder.

6.12.3 Parameter Produkt

6.12.3.1 Zellspannung

Die gemessene Zellspannung entspricht der, die als Eingangsgröße für die Reifelagerung der Zellen definiert wurde. Zellen mit einer geringeren Zellspannung können eventuell nachgeladen werden, wenn davon auszugehen ist, dass die Zelle in Ordnung ist und gefahrlos gelagert werden kann.

6.12.3.2 Zellkapazität

Nach der Prüfung sollte sichergestellt sein, dass die Kapazität der LIB innerhalb der definierten Grenzen liegt.

6.12.3.3 Impedanz

Es ist davon auszugehen, dass sich die Impedanz der LIB während der Prüfung nicht ändert. Daher kann hier der Wert der LIB aus der Erfassung der Parameter des Zwischenproduktes (siehe Abschnitt 6.12.1.3) verwendet werden.

6.12.3.4 Dichtigkeit

Werte, die die Dichtigkeit der LIB beschreiben, werden in Abschnitt 6.5.4.1 aufgezeigt. Diese Werte gelten auch hier bei einer finalen Überprüfung der Dichtigkeit der LIB.

6.12.3.5 Geometrie innerhalb der Lithium-Ionen-Batteriezellen

Die Bewegungen der LIB während der Fertigung können zu einer Verschiebung einzelner Elemente innerhalb der LIB führen. Bild 6.89 zeigt ein Schnittbild durch eine PHEV2-Zelle mit den unterschiedlichen Höhen der Kanten der Anode und der Kathode. Die für die Sicherheit der LIB erforderlichen Überstände sind deutlich erkennbar und bewertbar.

Bild 6.89 zeigt auch beispielsweise einen Mikrolunker in der Schweißnaht des Verschlusses des Befülllochs.

Die maximale räumliche Auflösung von Bild 6.89 beträgt 22 µm. Kleine Fremdpartikel aus sehr dichten Materialien, wie beispielsweise Eisen oder Kupfer, lassen sich daher nur schwer detektieren, da sie die Elektrodenmaterialien meist überstrahlen. Je größer das Scanvolumen, desto mehr Zeit benötigt der Scan bei gleicher Auflösung. Soll die Scanzeit konstant bleiben, verschlechtert sich die Auflösung. Das Bild wird gröber.

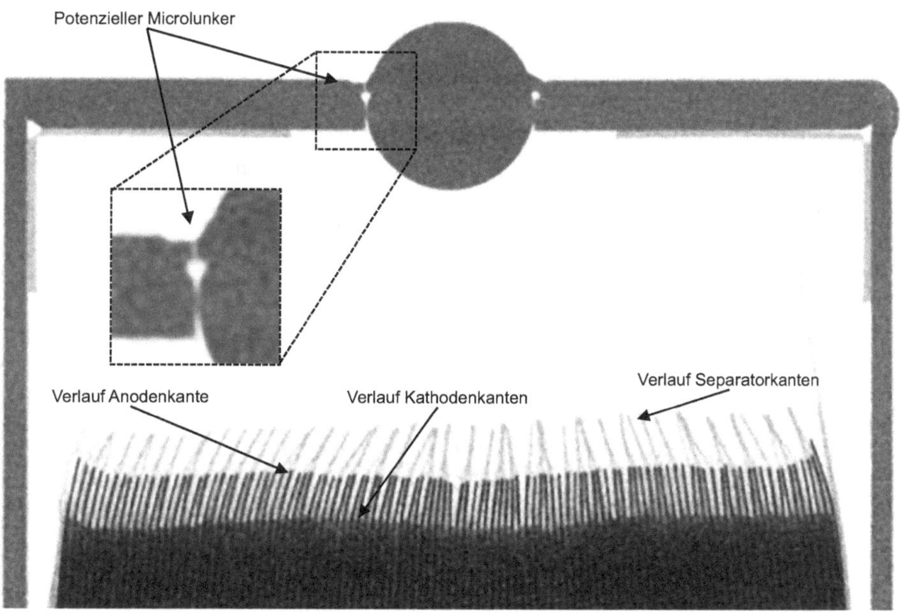

Bild 6.89 Computertomographie durch eine PHEV2-Zelle, © Bild: HS Aalen, Institut für Materialforschung, Quelle: [46]

Bild 6.90 zeigt den CT-Scan einer Rundzelle im Format 21700, bei der Überstände im inneren Bereich des Wickels zu klein sind. Hier besteht die Gefahr von Lithium-Plattierung im späteren Betrieb der LIB.

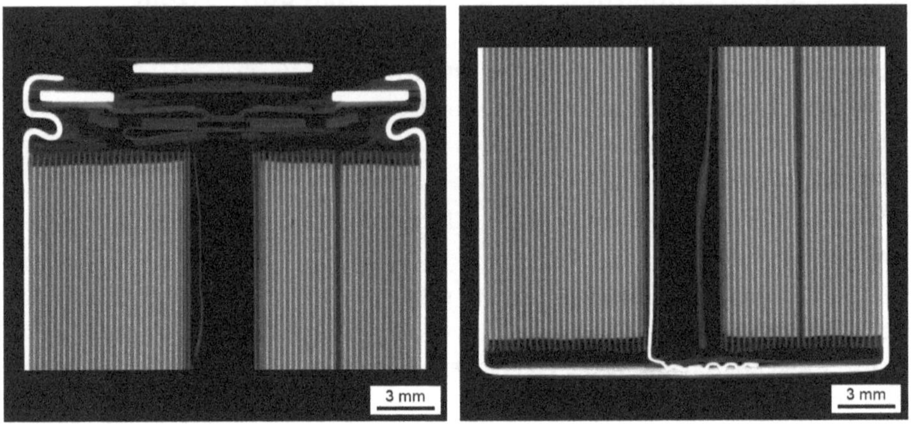

Bild 6.90 Computertomographie Rundzelle 21700, fehlende Überstände, © Bild: HS Aalen, Institut für Materialforschung, Quelle: [44]

6.12.3.6 Durchfeuchtung

Es kann erforderlich sein, die Durchfeuchtung des A-S-K-Verbunds der LIB an dieser Stelle zu prüfen. Es ist aber davon auszugehen, dass eine LIB, deren A-S-K-Verbund die Prüfung im Prozessschritt „Zelle durchfeuchten“ (siehe Abschnitt 6.8.3.2) erfolgreich bestanden hat und ausreichend mit Elektrolyten versorgt wurde, nicht mehr örtlich austrocknet. Sollte trotzdem eine Überprüfung erforderlich sein, wird die Vorgehensweise einer solchen Prüfung in Abschnitt 6.8.3.2 beschrieben.

6.12.4 Parameter Umfeldbeeinflussung

Da die LIB in diesem Prozessschritt final verschlossen ist, tritt im Regelfall kein Elektrolyt aus. Nur defekte LIB gefährden das Umfeld durch eventuell austretenden Elektrolyten. Des Weiteren könnten am LIB-Gehäuse außen Reste von Elektrolyten anhaften. Erfahrungsgemäß handelt es sich dabei um sehr geringe Mengen.

6.12.5 Transport

Die LIB sind in diesem Zustand in der Prozesskette vollständig verschlossen. Die Anforderungen an das Transportgestell beziehungsweise an die Transportpalette entsprechen denen aus Abschnitt 6.10.6.

6.13 Zelle reifelagern

Trotz der relativ langen Durchlaufzeit der LIB durch alle Prozessschritte bis zu diesem Prozessschritt sind in der LIB und speziell im A-S-K-Verbund noch nicht alle chemischen Vorgänge vollständig abgeschlossen. Die LIB lagern daher über einen längeren Zeitraum unter definierten Bedingungen. Hierbei entwickeln sich die Deckschichten SEI und CEI vollständig. Auch innerhalb der Aktivmassen werden alle chemischen Prozesse abgeschlossen, sodass sich ein stabiles chemisches System darstellt. Gleichzeitig kann sich der Elektrolyt in der LIB noch weiter gleichmäßig verteilen.

Die Dauer der Reifelagerung oder des Aging hängt von der Art der LIB ab. Bei Standard-Rundzellen kann die Zeit zwei Wochen betragen. Größere LIB erfordern längere Reifedauern von bis zu sechs Wochen [7] [34].

Während der Reifelagerung wird periodisch die Zellspannung gemessen (siehe Bild 6.91). Sie dient als Indikator für eventuelle Feinschlüsse in der LIB. Idealerweise bleibt die Zellspannung während der gesamten Reifelagerung konstant. Von dieser Idealvorstellung weicht das Verhalten der realen LIB ab. Eine geringfügige Reduzierung der Zellspannung charakterisiert eine sehr gute LIB mit konstanten Eigenschaften. Kurzschlüsse innerhalb der LIB, die die Zellspannung nicht sofort auf null absinken lassen, sondern einen langsamen Spannungsverlust verursachen, werden als Feinschluss bezeichnet. Bei einem Kurzschluss fällt die Zellspannung sehr schnell ab. Als Merkmal für den Unterschied zwischen Kurzschluss und Feinschluss kann daher der Widerstand herangezogen werden.

Für den maximal zulässigen Verlust der Zellspannung während der Reifelagerung sind entsprechende Grenzwerte vorzugeben. [47] gibt für den Spannungsverlust einen Wert von 5 mV pro Woche an.

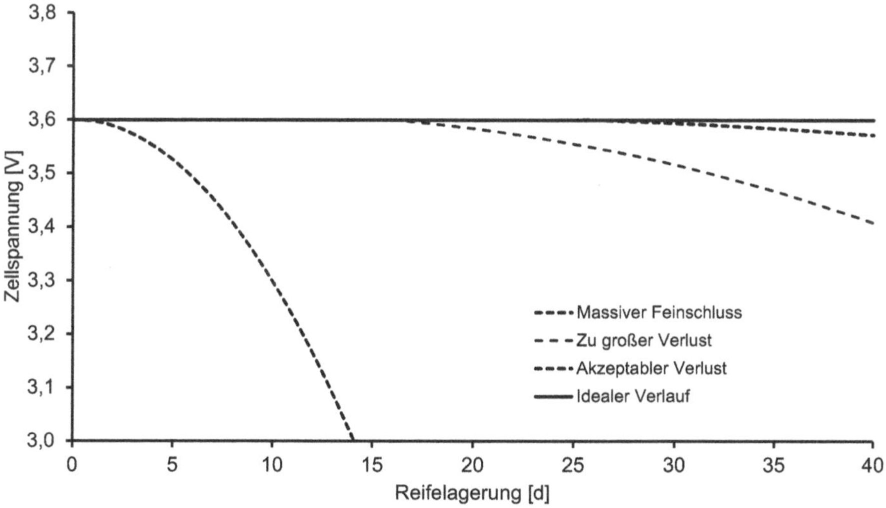

Bild 6.91 Verläufe der Zellspannung unterschiedlicher LIB

Aufgrund der sehr großen Menge an LIB für die Reifelagerung handelt es sich bei den Anlagen meist um eine spezielle Art von Regallagersystemen. Das Transportsystem führt die Transportpaletten zu dem definierten Lagerplatz oder holt sie dort wieder ab, wenn die LIB vermessen oder ausgelagert werden sollen. Alternativ könnte ein Regalplatz ein entsprechendes Messgerät für die Erfassung der Zellspannung beinhalten, das regelmäßig jede LIB auf diesem Platz vermisst. Die damit verbundenen hohen Investitionen lohnen sich nur für LIB, die während der Reifelagerung in kurzen Abständen überprüft werden müssen.

Es handelt sich bei der Reifelagerung um die Lagerung von funktionsfähigen LIB. Bei der Auslegung und beim Betrieb des Lagersystems müssen die entsprechenden Regelungen und Vorschriften hinsichtlich Gefährdung und Brandschutz beachtet werden [48] [49].

6.13.1 Parameter Zwischenprodukt

6.13.1.1 Zellspannung

Die Ladung der LIB auf ein definiertes Zellspannungsniveau nach der Formation im Prozessschritt „Zelle formieren“ (siehe Abschnitt 6.9) legt die Zellspannung zu Beginn der Reifelagerung fest. Das ist damit die Ausgangsspannung der Reifelagerung. Da sich der Spannungsverlust immer auf diese Ausgangsspannung bezieht, besitzt dieser Parameter für den Prozessschritt eine große Bedeutung. Sollte sich der Parameter beim Transport zwischen den Prozessschritten verändern, ist eine erneute Messung der Zellspannung direkt vor der Reifelagerung erforderlich.

6.13.1.2 Zellladung

Für die Reifelagerung bildet die in der LIB gespeicherte elektrische Ladung eine wichtige Grundlage. Durch einen Verlust der Ladung verringert sich die Zellspannung, was durch eine entsprechende Messung erfassbar ist. In Abschnitt 2.7.2 wird der Zusammenhang zur Zellspannung oder zu der zu dem Messzeitpunkt in der LIB gespeicherten Ladung beschrieben.

6.13.1.3 Impedanz

Bild 6.80 in Abschnitt 6.9.3.3 zeigt die Impedanz in Abhängigkeit von der Frequenz von LIB. Die Prozessschritte zwischen dem aktuellen Prozessschritt und dem Prozessschritt „Zelle formieren“ können den Verlauf der Impedanz beeinflussen. Die jeweiligen Verläufe der Kurven sind für jeden Typ von LIB zu bestimmen.

6.13.2 Parameter Prozess

6.13.2.1 Dauer Reifelagerung

Die Dauer der Reifelagerung hängt von den Anforderungen an die Güte der LIB ab. Eine längere Reifelagerung erfasst den Abfall der Zellspannung über einen längeren Zeitraum. Je länger die LIB in dieser Weise kontrolliert werden, desto geringer ist die Selbstentladung der LIB, die als „in Ordnung“ charakterisiert werden. Allerdings erfordert die längere Reifelagerung auch eine größere Anzahl Lagerplätze für die LIB, was zu höheren Investitionskosten führt.

6.13.2.2 Temperatur

Bei höheren Temperaturen bei der Reifelagerung beschleunigen sich elektrochemische Reaktionen innerhalb der LIB. Dies führt zu einer verstärkten Bildung und Verdickung der SEI auf der Anode, was langfristig den Innenwiderstand der Zelle erhöht und die Kapazität reduziert.

Mit steigender Temperatur nimmt auch die Selbstentladung der LIB zu. Hierdurch kann eine größere Ausschussrate verursacht werden. Daher wird häufig eine Lagertemperatur zwischen 15 °C und 25 °C empfohlen.

6.13.2.3 Zellspannung

Während der Reifelagerung kontrolliert das System zu definierten Zeitpunkten die dann aktuelle Zellspannung. Alle gespeicherten Messwerte charakterisieren das Verhalten der LIB und bestimmen, ob die LIB als „in Ordnung“ oder als „nicht in Ordnung“ eingestuft wird.

6.13.3 Parameter Produkt

6.13.3.1 Zellspannung

Der Verlauf der Zellspannung über der Zeit beschreibt die Güte der LIB. Selbst bei LIB, die in Ordnung sind, tritt ein Verlust der Zellspannung während der Reifelagerung auf. Die verbleibende Zellspannung schützt die LIB vor Tiefentladung während der nächsten Schritte, wie beispielsweise dem Transport.

6.13.3.2 Zellladung

Durch die Reifelagerung geht in der LIB Ladung verloren, was an der sinkenden Zellspannung erkennbar ist (siehe Abschnitt 2.7.2).

6.13.3.3 Impedanz

Nach der Reifelagerung zeigen die LIB wieder einen geänderten Verlauf der Impedanz in Abhängigkeit von der Frequenz mit einer sehr geringen Streuung (siehe Bild 6.92) [13].

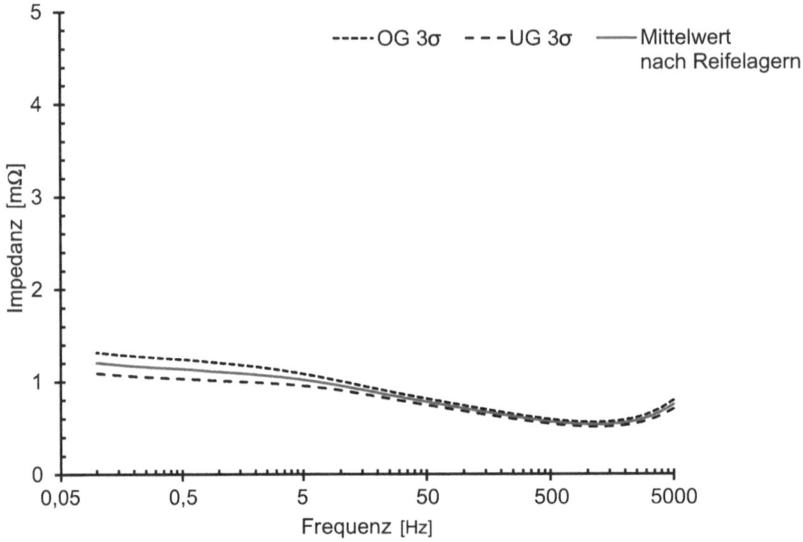

Bild 6.92 Impedanzspektrum, Konfidenzmuster des Prozesspunktes „nach Zelle reifelagern", Quelle: [13]

Der Vollständigkeit halber sei hier erwähnt, dass für die Darstellung des Impedanzspektrums auch das Nyquist-Diagramm verwendet wird. Im Gegensatz zum Bode-Diagramm beschreibt das Nyquist-Diagramm den Realteil der Impedanz auf der Abszisse und den Imaginärteil auf der Ordinate des Diagramms.

6.13.4 Parameter Umfeldbeeinflussung

6.13.4.1 Elektrolyt-Leckage

Durch Undichtigkeiten einer LIB kann Elektrolyt gasförmig oder flüssig austreten. Eine Gasentwicklung aufgrund eines Druckaufbaus im Inneren der LIB kann das verursachen. Das entwichene Gas muss sicher abgesaugt und gefiltert werden.

6.13.4.2 Brand oder Explosion

Vor der Reifelagerung liegen über den Zustand der LIB oder die von ihr ausgehenden Gefährdungen keine Informationen vor. Erst die Reifelagerung zeigt, ob die LIB Selbstentladung aufweist, was zu einer Havarie führen könnte. Daher sollte bei der Planung diese mögliche kritische LIB angenommen und berücksichtigt werden. Es ist daher immer mit der Gefahr einer Havarie einer LIB während der Reifelagerung zu rechnen. Das erfordert Maßnahmen zur Eindämmung eventueller Gefährdungen für Menschen und für das Umfeld.

Typischerweise bilden abgeschlossene oder gekapselte Bereiche im Reifelager kleine Abschnitte. Diese Abschnitte sollten über eine Brandmeldeeinrichtung, eine Löschein richtung sowie über eine Absaugung verfügen. Damit beschränken sich die Auswirkungen der Havarie einer LIB auf die Anzahl der LIB innerhalb des Abschnitts. Alle anderen Abschnitte der Reifelagerung bleiben von eventuellen Auswirkungen unberührt.

Spezielle allgemeine Vorschriften für die Auslegung der Lagereinrichtung für die Reifelagerung existieren derzeit nicht. Allerdings können die Vorschriften, Regelungen und Anforderungen des allgemeinen Brandschutzes hierauf Anwendung finden. [48] und [49] geben Auskunft über die Anforderungen an den Brandschutz beim Umgang mit LIB und bei deren Lagerung.

6.13.5 Transport

Die LIB sind in diesem Zustand in der Prozesskette vollständig verschlossen. Die Anforderungen an das Transportgestell beziehungsweise an die Transportpalette entsprechen denen aus Abschnitt 6.10.6.

Literatur

[1] *Guangdong Lyric Robot Automation Co., Ltd.:* High-Speed Winding Machine. 2025. *https://en.lyric-robot.com/solutiondetail-5-2-51-1.html* (abgerufen am 25.02.2025)

[2] *Holl, K./Schreiber, W./Huth, A./Pompetzki, M./Schebesta, S.:* Erforschung neuartiger langlebiger Zellchemien und umweltfreundlicher Prozesse für Lithium-Ionen-Batteriezellen für die stationäre Energiespeicherung in Deutschland (LiSta). Ellwangen 2018

[3] *Guangdong Lyric Robot Automation Co., Ltd.:* Integrated laser cutting and stacking machine. 2025. *https://en.lyric-robot.com/solutiondetail-5-2-58-1.html* (abgerufen am 25.02.2025)

[4] *Forever EV:* SVOLT high speed cell manfacturing with multi stacking machines. 2025. *https://www.foreverev.com/svolt-high-speed-cell-manfacturing-with-multi-stacking-machines* (abgerufen am 12.08.2025)

[5] *Baumeister, M./Fleischer, J.:* Integrated cut and place module for high productive manufacturing of lithium-ion cells. In: CIRP Annals – Manufacturing Technology 63 (1), December 2014, pp. 5 – 8

[6] *Schreiber, W.:* Über die Problematik der Massenfertigung von Meßaufnehmern mit aufgeklebten Dehnungsmeßstreifen. Braunschweig 1990

[7] *RWTH Aachen/VDMA:* Produktionsprozess einer Lithium-Ionen-Batteriezelle. 2023

[8] *Xiamen Winack Battery Technology Co., Ltd:* „Stapelmaschine für Lithium-Ionen-Akkus | Batterieelektroden-Stapelprozess," [Online]. Available: *https://de.winack.com/lithium-ion-battery-stacking-machine-battery-electrode-stacking-process_p55.html*. [Zugriff am 04 01 2025].

[9] *Xiamen Winack Battery Technology Co., Ltd.:* Stapelmaschine für Lithium-Ionen-Akkus | Batterieelektroden-Stapelprozess. 2025. *https://de.winack.com/lithium-ion-battery-stacking-machine-battery-electrode-stacking-process_p55.html* (abgerufen am 04.01.2025)

[10] *Codi Energy:* BYD Blade Battery Cell. 13. Januar 2024. *https://codienergy.com/blogs-detail/byd-blade-battery-cell* (abgerufen am 25.04.2025)

[11] *Holl, K./Schreiber, W./Pompetzki, M./Schebesta, S./Huth, A.:* Entwicklung einer Fertigungsmethodik für neuartige Hochenergiebatteriezellen zur Erprobung der Technologie für eine spätere Großserienfertigung in Deutschland. Ellwangen 2014

[12] *Deutsche Gesetzliche Unfallversicherung (DGUV),* „Arbeitsplatzlüftung – Lufttechnische Maßnahmen, DGUV Regel 109-102," 04/2020. [Online]. Available: *https://medien.bgetem.de/medienportal/artikel/MTA5LTAwMg--*. [Zugriff am 16 06 2025].

[13] *Deutsche Gesetzliche Unfallversicherung (DGUV):* Arbeitsplatzlüftung – Lufttechnische Maßnahmen. DGUV Regel 109-102. *https://medien.bgetem.de/medienportal/artikel/MTA5LTAwMg--* (abgerufen am 16.06.2025)

[14] *Gaugler, A./Huth, A./Schreiber, W./Stock, S.:* Batterie mit prismatischem Gehäuse und deren Herstellungsverfahren. Patent-Nr. EP 3 117 471 B1. 22.07.2015

[15] *Schünemann, J.-H.:* Modell zur Bewertung der Herstellkosten von Lithiumionenbatteriezellen. Sierke Verlag, Göttingen 2015

[16] *Holl, K./Schreiber, W./Pompetzki, M./Schebesta, S./Schrader, M./Huslage, J./Badillo Jimenez, J. P./Winter, M.:* Erforschung von Nano-Silizium-Kohlenstoff-Kompositmaterialien und Batteriezellen-Designs für leistungs- und wettbewerbsfähige Lithium-Ionen-Zellen für CO_2-arme automobile Anwendungen. Ellwangen 2014

[17] *Helm, J.:* Prozessstabilität und Prozesseffizienz beim Laserstrahlfügen von hoch reflektiven Kupferwerkstoffen. Apprimus Verlag, Aachen 2022

[18] *Lodwig, R./Böttinger, F.:* Kraftverläufe in der Batteriewickelhandhabung. In: WT Werkstattstechnik Bd. 115, Nr. 3, 2025, S. 172 – 177

[19] *Schuler GmbH:* Handbuch der Umformtechnik. Springer Verlag, Berlin 1996

[20] *VW-VM Forschungsgesellschaft mbH & Co. KG:* Forschungen zu innovativen Hochenergie-Zellchemien und ressourceneffizienten Darstellungsprozessen für Lithium-Ionen-Batteriezellen für mobile Anwendungen in Deutschland. Ellwangen 2017

[21] *Fleischer, J./Singer, R./Langknecht, F.:* Tiefgezogene Verpackungen von Lithium-Ionen-Pouchzellen. In: WT Werkstattstechnik, Bd. 110, Nr. 11, 2015, S. 730 – 733

[22] *RWTH Aachen/VDMA:* Produktionsprozess einer Lithium-Ionen-Batteriezelle. Aachen/Frankfurt, 2015

[23] *Lumitos AG:* Polyethylen. 2025. *https://www.chemie.de/lexikon/Polyethylen.html* (abgerufen am 08.01.2025)

[24] *Lumitos AG:* Polypropylen. 2025. *https://www.chemie.de/lexikon/Polypropylen.html* (abgerufen am 08.01.2025)

[25] *Koo, S. H./Kim, S. J./Ku, C. H.:* System for non-destructive inspecting and determining sealing of aluminium pouch by using ultrasonic waves. Patent-Nr. EP 3480592 A2. 09.02.2017

[26] *Inficon Holding AG:* Dichtheitsprüfung für elektrische und Brennstoffzellen-Fahrzeuge. 2025. *https://www.inficon.com/de/service-und-support/de-whitepapers-and-e-books/e-mobilitaet* (abgerufen am 09.02.2025)

[27] *Inficon Holding AG:* Dichtheitsprüfung für elektrische und Brennstoffzellen-Fahrzeuge. 2025. *https://www.inficon.com/de/service-und-support/de-whitepapers-and-e-books/e-mobilitaet* (abgerufen am 09.02.2025)

[28] *Knoche, T. M.:* Elektrolytbefüllung prismatischer Lithium-Ionen-Zellen. Dissertation. TU München 2017

[29] *Schäfer, T./Hohenthanner, C.-R.:* Verfahren und Vorrichtung zum Befüllen einer elektrochemischen Zelle. Patent-Nr. WO 2012/069100 A1. 24.11.2010

[30] *Hahn, M.:* Diskrete elektrochemische Modellierung für Elektrodendesign und Laderegelung von Lithium-Ionen-Batterien. Dissertation. Universität Bayreuth 2022

[31] *Kampker, A.:* Automobilproduktion. Springer Vieweg, Berlin 2014

[32] *Kaden, N./Guo, W./Göhrmann, M./Koch, T./Cheng, J./Nguyen, D. M./Schlimmbach, R./Dröder, K.:* Experimental investigation of the process and product parameter pressure, temperature, and aspect ratio on the wetting behavior of lithium-ion battery cells. In: Energy Technology 13 (1), September 2025

[33] *Deng, Z./Huang, Z./Shen, Y./Harlow, J./Gauthier, R./Dahn, J.:* Ultrasonic scanning to observe wetting and "unwetting" in Li-ion pouch cells. In: Joule 4 (9), 16 September 2020, pp. 2017 – 2029

[34] *Okcu, F.:* Qualität als Wettbewerbsvorteil. In: VDI-Z, Band. 166, Nr. 6, 2025

[35] *Du, H./Wang, Y./Zhao, K. Y. Y./Tian, Y./Wang, X./Tan, Y./Liang, Z./Wozny, J. W./Li, T./Ren, D./Wang, L./He, X./Xiao, P./Mao, E./Tavajohi, N./Kang, F./Li, B.:* Side reactions/changes in lithium-ion batteries: mechanisms and strategies for creating safer and better batteries. In: Advanced Materials Volume 36, Issue 29, July 2024, p. 69

[36] *Korthauer, R. (Hrsg.):* Handbuch Lithium-Ionen-Batterien. Springer Vieweg, Berlin/Heidelberg 2013

[37] *Dorrmann, L./Sann-Ferro, K./Heininger, P./Maäßliß, J.:* Lithium-Ionen-Akkus. Kompendium bietet guten Einstieg für Hersteller, Entwickler und Anwender. 25.11.2021. *https://www.dke.de/de/arbeitsfelder/components-technologies/lithium-ionen-akkus* (abgerufen am 27.10.2024)

[38] *Aydin, A. Ö./Zajonz, F./Dermeci, K. B./Berecibar, M./Urrutia, L.:* Lithium-Ion Battery Manufacturing. Industrial View on Processing Challenges, Possible Solutions and Recent Advances. In: Batteries 2023, 9 (11), 555. *https://www.mdpi.com/2313-0105/9/11/555* (abgerufen am 18.02.2025)

[39] *Schomburg, F./Heidrich, B./Wennemar, S./Drees, R./Roth, T./Kurrat, M./Heimes, H. H./Jossen, A./Winter, M./Cheong, J. Y./Röder, F.:* Lithium-ion battery cell formation: status and future directions towards a knowledge-based process design. In: Energy & Environmental Science 17 (8), January 2024

[40] *An, S. J. A./Li, J./Du, Z./Daniel, C./Wood, D. L. III:* Fast formation cycling for lithium ion batteries. In: Journal of Power Sources 342, 2017, pp. 846 – 852

[41] *Lam, V. N./Cui, X./Stroebl, F./Uppaluri, M./Onori, S./Chueh, W. C.:* A decade of insights: delving into calendar aging trends and implications. In: Joule 9 (1) 2025

[42] *Iwersen, S./Verfürden, M.:* Mitarbeiter in Grünheide nach Batteriezellen-Brand evakuiert. Handelsblatt, 21.08.2025

[43] *Inficon Holding AG:* E-Mobilität: Dichtheitsprüfung für elektrische und Brennstoffzellen-Fahrzeuge. Köln 2021

[44] *Guangdong Lyric Robot Automation Co., Ltd.:* X-RAY inspection machine. *https://en.lyric-robot.com/solutiondetail-5-2-63-1.html* (abgerufen am 25.02.2025)

[45] *Hubbell, J. H./Seltzer, S. M.:* X-Ray Mass Attenuation Coefficients. 11.10.2024. *https://www.nist.gov/pml/x-ray-mass-attenuation-coefficients* (abgerufen am 18.04.2025)

[46] *Malchus, C./Kopp, A.:* Einsatz Computertomografie im Batteriesektor. Hochschule Aalen 2024

[47] *Beyerer, J./León, F. P.:* Die Radontransformation in der digitalen Bildverarbeitung. In: Automatisierungstechnik, Vol. 50, No. 10, 2002, S. 472 – 480

[48] *Niedermeier, J./Kopp, A./Schmidt, J./Schmidt, P./Bernthaler, T./Schneider, G.:* Metrologische Computertomografie zur seriennahen Anwendung an großformatigen Batteriezellen zur Qualitäts- und Funktionsbewertung. DGZfP Jahrestagung, Leipzig 2018

[49] *Heimes, H. H.:* Methodik zur Auswahl von Fertigungsressourcen in der Batterieproduktion. Dissertation. RWTH Aachen 2014

[50] *Deutsche Gesetzliche Unfallversicherung (DGUV),* „FBFHB-018: Hinweise zum betrieblichen Brandschutz bei der Lagerung und Verwendung von Lithium-Ionen-Akkus," 19 06 2020. [Online]. Available: *https://publikationen.dguv.de/widgets/pdf/download/article/3863*. [Zugriff am 05 03 2025].

[51] *Deutsche Gesetzliche Unfallversicherung (DGUV):* FBFHB-018: Hinweise zum betrieblichen Brandschutz bei der Lagerung und Verwendung von Lithium-Ionen-Akkus. 19.06.2020. *https://publikationen.dguv.de/widgets/pdf/download/article/3863* (abgerufen am 05.03.2025)

[52] *Deutsche Gesetzliche Unfallversicherung (DGUV):* Brandschutz beim Umgang mit Lithium-Ionen-Batterien. DGUV Information 205-041. 02/2024. *https://publikationen.dguv.de/regelwerk/dguv-informationen/4668/brandschutz-beim-umgang-mit-lithium-ionen-batterien* (abgerufen am 05.03.2025)

[53] *Pfeiffer Vacuum GmbH:* Lecksuche Kompendium. Asslar 2014

[54] *Der Spiegel:* Tesla-Werk nach Brand offenbar teilweise gesperrt. 21 08 2025. *https://www.spiegel.de/wirtschaft/tesla-in-gruenheide-mitarbeiter-nach-brand-evakuiert-a-53949db4-db04-4236-85aa-b5e7398da9db*

7 Energie

7.1 Energieverbrauch

Die einzelnen Fertigungsprozesse oder Prozessschritte der LIB-Fertigung benötigen Energie. Die größten Energieverbraucher in der LIB-Fertigung sind:

- Betrieb der Fertigungsanlagen und Transporteinrichtungen
- Erzeugung der Prozesswärme
- Erzeugung der Druckluft
- Laden der LIB
- Klimatisierung der Räume
- Trocknung der Luft

Die Prozessschritte mit dem höchsten Energieverbrauch sind das Trocknen nach dem Beschichten der Elektroden (siehe Abschnitt 5.4), das Ausheizen oder Nachtrocknen der A-S-K-Verbünde (siehe Abschnitt 5.7) sowie die Formation (siehe Abschnitt 6.9) und die Trocknung der Luft für den Trockenraum (siehe Tabelle 4.2 und Tabelle 4.3) [1].

Der Energiebedarf für die LIB-Fertigung wird typischerweise in Abhängigkeit der produzierten Speicherkapazität angegeben. Dazu existieren sehr unterschiedliche Angaben. [2] gibt hierfür den Wert von 22,5 $kWh_{Produktion}/kWh_{LIB}$ an. Es handelt sich hierbei um einen Wert, der auf einem detailliert beschriebenen Produktionsprozess basiert. [2] gibt Energieverbräuche zwischen 30 $kWh_{Produktion}/kWh_{LIB}$ und 55 $kWh_{Produktion}/kWh_{LIB}$ für die LIB-Produktion auf Basis der Auswertung diverser Studien an. Auf der Grundlage der auf Praxiserfahrungen basierenden Daten aus [3] ergibt sich ein kapazitätsabhängiger Wert von 74,1 $kWh_{Produktion}/kWh_{LIB}$.

[4] zeigt die Abhängigkeit des Energieverbrauchs einer LIB-Produktion von ihrer Produktionskapazität. Für eine LIB-Produktion von 70 MWh pro Jahr gibt [4] einen Bedarf an elektrischer Energie von 163,9 $kWh_{Produktion}/kWh_{LIB}$ bis 638,9 $kWh_{Produktion}/kWh_{LIB}$ an.

Hier wird davon ausgegangen, dass der Energiebedarf ausschließlich durch elektrische Energie gedeckt wird. Für eine geplante LIB-Produktion mit einer Kapazität von 16 GWh pro Jahr ergibt sich in der Studie ein Energiebedarf von 106,1 $kWh_{Produktion}/kWh_{LIB}$. Hierbei wird folgende Unterscheidung getroffen:

- elektrische Energie: 68,6 $kWh_{Produktion}/kWh_{LIB}$
- Wärmeenergie: 7,5 $kWh_{Produktion}/kWh_{LIB}$
- Kühlung: 30,0 $kWh_{Produktion}/kWh_{LIB}$

[5] fasst die Aussagen mehrerer Studien vergleichend zusammen und gibt als Energiebedarf den Bereich von 97,2 $kWh_{Produktion}/kWh_{LIB}$ bis 180,6 kWh an.

Die Zahlen beschreiben, dass ein Energieaufwand von 22,5 kWh bis 180,6 kWh in Abhängigkeit der Produktionskapazität erforderlich ist, um eine LIB mit einer Speicherkapazität von 1 kWh herzustellen. Diese Zahlenangaben lassen den Energieaufwand für den Bergbau sowie für die Aufbereitung und Produktion der Materialien unberücksichtigt. Die Angaben zeigen eine sehr große Bandbreite des Energiebedarfs. Nimmt man vereinfachend den Mittelwert dieser Spannbreite, so erhält man einen durchschnittlichen Energiebedarf von 102 $kWh_{Produktion}/kWh_{LIB}$. Die Zahlen verdeutlichen die Notwendigkeit einer weiteren Optimierung der Prozesse innerhalb der LIB-Fertigung mit dem Ziel der Energieeinsparung. Dazu ist es hilfreich, die Aufteilung der einzelnen Bereiche innerhalb der LIB-Fertigung zu betrachten. Die Aufteilung von [2] kommt zwar zu einem sehr geringen Energiebedarf, die Verteilung auf die einzelnen Fertigungsbereiche ist jedoch plausibel und entspricht der Erfahrung (siehe Bild 7.1).

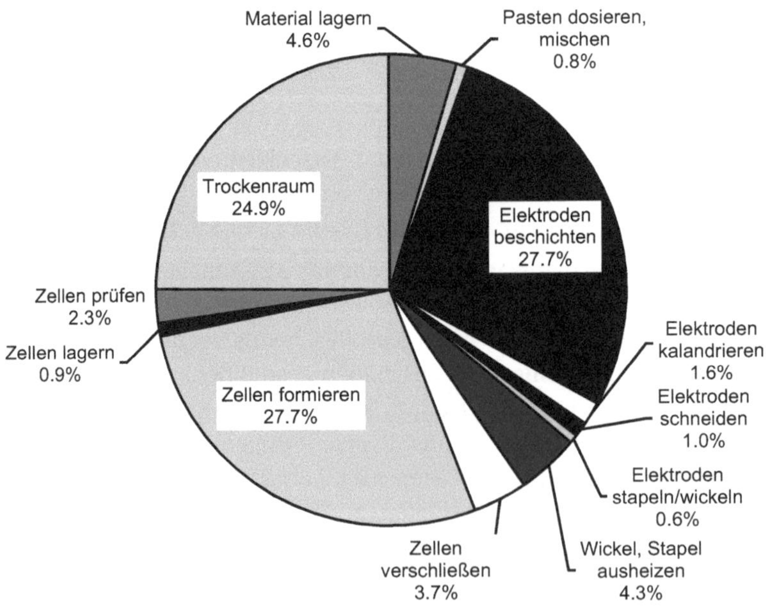

Bild 7.1 Aufteilung des Energieverbrauchs der LIB-Fertigung, Datenquelle: [2]

[4] beschreibt die Energiebedarfe der einzelnen Bereiche. Für den Trockenraum werden 7,2 $kWh_{Produktion}/kWh_{LIB}$ und für die Zellformation 14,7 $kWh_{Produktion}/kWh_{LIB}$ veranschlagt. Das verdeutlicht, dass die Trockenräume, die Beschichtung mit der dazugehörigen Trocknung und die Formation die größten Anteile am Energiebedarf in der LIB-Fertigung besitzen.

7.2 Energieeinsparpotenziale

Obwohl der Anteil der Energie an den Gesamtkosten nur in der Größenordnung von 1,3 % bis 3 % liegt (siehe Bild 2.20 und Bild 2.31), benötigt eine typische 40-GWh-Fertigung unter Berücksichtigung der Bandbreite aus Abschnitt 7.1 zwischen 0,9 TWh und 3 TWh pro Jahr. Maßnahmen zur Energieeinsparung und Steigerung der Energieeffizienz verursachen trotz ihrer geringen relativen Verbesserung eine sehr große absolute Verbesserung des Energieverbrauchs. Die Energieeffizienz basiert auf der für die Produktion benötigten und verbrauchten Energie pro Produkt und ist ein Maß für die Effektivität der Nutzung der Energie. Das Energiesparen beschreibt Maßnahmen zum Verzicht der Inanspruchnahme von Energie für die Produktion [6].

Zur Verbesserung der Energieeffizienz sind verschiedene Maßnahmen vorstellbar. Der Prozessschritt „Zelle formieren“ (siehe Abschnitt 6.9) wandelt den Entladestrom aus den LIB nicht einfach über einen Widerstand in Wärme um, sondern wandelt diese Energie so, dass sie entweder als Gleichstrom direkt für die Formation anderer LIB genutzt wird oder als Wechselstrom dem Netz zugeführt wird. Eine besonders hohe Effizienz kann erreicht werden, wenn die vorhandene elektrische Energie als Gleichstrom wiederverwendet werden kann. Hierdurch entfiele eine mehrfache Wandlung von Gleich- in Wechselstrom und umgekehrt, was immer verlustbehaftet ist. Diese zweite Lösung besitzt gemäß [7] derzeit einen geringeren technischen Reifegrad.

Die Abwärme in den Einrichtungen zur Wandlung des Stroms kann natürlich auch als Wärmeenergie wiederverwendet werden. Hierbei muss sie allerdings auf ein höheres Temperaturniveau gebracht werden.

Ließe man die elektrische Energie aus den Entladungsvorgängen weiterhin über Widerstände in Wärme wandeln, könnte diese auch auf ein höheres Temperaturniveau gebracht werden und in den wärmeverbrauchenden Prozessschritten „Elektroden beschichten und trocknen“ (siehe Abschnitt 5.4) und „Elektroden nachtrocknen“ (siehe Abschnitt 5.7) eingesetzt werden.

Als weitere potenzielle Einsparungsmöglichkeiten für die benötigte Energie führt [2] folgende auf:

- Paste mit geringerem Lösungsmittelanteil
- Trockenraum auch mit Mini-Environments
- wassertolerante Elektrolyte
- Elektrodentrocknung

- Trockenbeschichtung
- Formation mit höheren Laderaten

Ein geringerer Lösungsmittelanteil in der Paste reduziert die Energie, die für die Trocknung erforderlich ist. Es muss weniger Wärme in die Elektrode eingebracht werden, um das gesamte Lösungsmittel zu verdunsten und herauszutrocknen. Hierbei ist jedoch zu beachten, dass der Lösungsmittelgehalt die Viskosität der Paste bestimmt, die einen wichtigen Parameter für den Beschichtungsprozess darstellt (siehe Abschnitt 5.4.1.3).

Mit Sicherheit gehört zu den möglichen Energieeinsparpotenzialen auch die Umstellung des Lösungsmittels für die Kathode von NMP auf wasserbasierte Lösungsmittel beziehungsweise Wasser. Hierzu liegen entsprechende Forschungsergebnisse vor [8]. Der Siedepunkt von NMP bei Umgebungsbedingungen beträgt 204,3 °C, während er bei Wasser 100,0 °C beträgt. Darüber hinaus beträgt der Dampfdruck von NMP bei 40 °C nur 1,3332 hPa (1,0 mmHg), im Gegensatz zu 73,73 hPa (55,3 mmHg) für Wasser [9].

Der Einsatz von Mini-Environments, das sind enge Kapselungen einer Maschine oder Anlage zur Reduzierung des zu trocknenden Luftvolumens, ist eine weitere Möglichkeit, Energie einzusparen [10]. Abschnitt 8.10 beschreibt solche Möglichkeiten.

Durch den Einsatz wassertoleranter Elektrolyte kann auf die Trocknung der Raumluft im Bereich der LIB-Fertigung verzichtet werden oder die Raumluft muss nicht mehr so stark getrocknet werden (siehe Abschnitt 4.1.13.1). Beim Einsatz wassertoleranter Elektrolyte kann auf die Elektrodentrocknung verzichtet werden, da die Feuchtigkeit in der Aktivmasse die Eigenschaften der LIB nicht mehr so stark beeinflusst. Bei einer Trockenbeschichtung entfällt der energieaufwendige Trocknungsprozess der Elektroden.

Höhere Laderaten bei der Formation ermöglichen schnellere oder kürzere Lade- und Entladezyklen, was die gesamte Dauer des Formationsprozesses deutlich reduziert. Weniger Zeit im Prozess bedeutet auch einen geringeren Energieverbrauch pro LIB, da Maschinen und Anlagen kürzer in Betrieb sind. Um die Vorteile höherer Laderaten zu nutzen, müssen Prozessparameter wie Temperatur, Stromdichte und Ladeprofile sorgfältig kontrolliert werden. Eine optimierte Steuerung kann zu einer effizienteren SEI-Bildung führen, wodurch nicht nur die Leistungsfähigkeit der Zellen verbessert, sondern auch der Energieaufwand für deren Produktion minimiert wird.

[11] beziffert die Einsparung der Betriebskosten, die die Energiekosten beinhalten, durch den Einsatz der Lasertrocknung auf eine Größenordnung von 30 %. Die Quelle beschreibt des Weiteren den kombinierten Einsatz der Lasertrocknung mit der konventionellen Trocknung.

Letztendlich soll nach Aussage von [4] der Energiebedarf mit zunehmender Produktionskapazität abnehmen. Allerdings zeigen die Angaben von [12] (siehe Bild 7.2) nur eine ganz geringe Reduzierung des Energiebedarfs in Abhängigkeit von der installierten Produktionskapazität. Des Weiteren ist bei der Darstellung zu berücksichtigen, dass die darin aufgeführten LIB-Fertigungen zu unterschiedlichen Zeitpunkten in Betrieb gingen und damit einen unterschiedlichen Stand der Fertigungstechnologie und der Gebäudetechnologie repräsentieren.

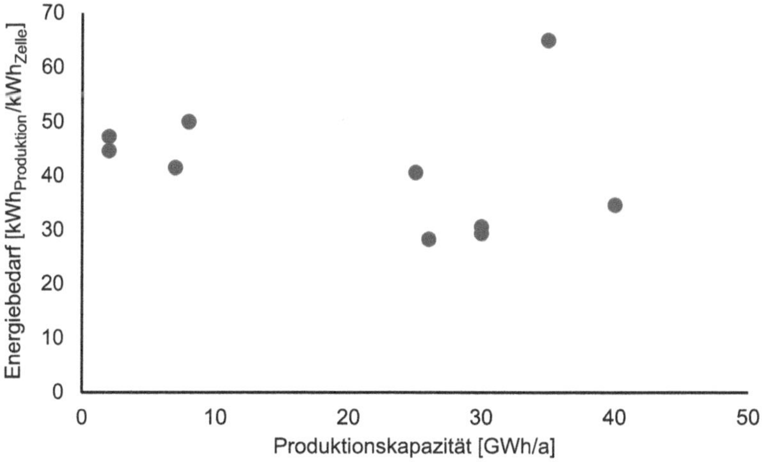

Bild 7.2 Energiebedarf in Abhängigkeit der Produktionskapazität, Datenquelle: [12]

Literatur

[1] *Degen, F./Winter, M./Bendig, D./Tübke, J.:* Energy consumption of current and future production of lithium-ion and post lithium-ion battery cells. 2022

[2] *Schünemann, J.-H.:* Modell zur Bewertung der Herstellkosten von Lithiumionenbatteriezellen. Sierke Verlag, Göttingen 2015

[3] *Chordia, M./Nordelöf, A./Ellingsen, L.A.-W.:* Environmental life cycle implications of upscaling lithium-ion battery production. In: The International Journal of Life Cycle Assessment 26, 2021, pp. 2024 – 2039

[4] *Romare, M./Dahlöf, L.:* The Life Cycle Energy Consumption and Greenhouse Gas Emissions from Lithium-Ion Batteries. IVL Swedish Environmental Research Institute Ltd., Stockholm 2017

[5] *Dombrowski, U./Reimer, A./Ernst, S./Rohde, N.:* Planung klimagerechter Fabriken. Kapitel 4. In: *Dombrowski, U./Marx, S. (Hrsg.):* KlimaIng – Planung klimagerechter Fabriken. Problembasiertes Lernen in den Ingenieurwissenschaften. Springer Vieweg Verlag, Berlin 2018

[6] *Heimes, H. H.:* Methodik zur Auswahl von Fertigungsressourcen in der Batterieproduktion. Dissertation. RWTH Aachen 2014

[7] *Bosa, T.:* Lithium-Ionen-Batterien: Neues, umweltfreundliches Verfahren für die industrielle Herstellung von nickelreichen Kathoden. 28.03.2023. *www.zsw-bw.de/presse/aktuelles/detailansicht/news/detail/News/lithium-ionen-batterien-neues-umweltfreundliches-verfahren-fuer-die-industrielle-herstellung-von-n.html* (abgerufen am 26.01.2025)

[8] *Wood, D. L./Li, J./Daniel, C.:* Prospects for reducing the processing cost of lithium-ion batteries. In: Journal of Power Sources 275, 2015, pp. 234 – 242

[9] *Plocher, L./Heller, M./Ingendoh, B./Turhan, H./Burgard, M./Wennemar, S./Kampker, A./Kissling, M.:* Mini-Environments in Lithium-Ion Battery Cell Production. A Survey on Current State, Challenges and Trends. 5th Conference on Production Systems and Logistics 2023

[10] *Laserline GmbH:* Diode Laser Drying of Electrodes for Lithium Ion Batteries. Mühlheim-Kärlich, Aachen 2023

[11] *Kuki, Á./Lakatos, C./Nagy, L./Nagy, T./Kéki, S.:* Energy use and environmental impact of three lithium-ion battery factories with a total annual capacity of 100 GWh. In: Environments, 12 (2025) 1, p. 24

8 Fabrikplanung

Fabrikplanung ist der systematische, zielorientierte und in aufeinander aufbauenden Phasen strukturierte Prozess zur Planung einer Einrichtung zur Herstellung von bekannten Produkten. Dazu gehören im Wesentlichen die Gebäudeplanung, das Fertigungsanlagenlayout, die Planung der Ver- und Entsorgung einschließlich der Materialflussplanung sowie die Verknüpfung der Fertigungsanlagen untereinander sowie mit vor- und nachgelagerten Prozessstufen [1]. Wendet man diese Definition auf die Planung einer LIB-Fabrik an, so ergeben sich die in diesem Kapitel ausgeführten Planungsaspekte.

8.1 Planungsziel

Die Planung einer Fabrik zur Herstellung von LIB verfolgt im Wesentlichen das Ziel, einen hocheffizienten, qualitativ hochwertigen und zukunftssicheren Produktionsprozess zu realisieren. Dies bedeutet konkret, dass alle Aspekte der Fertigung – von der Anlagenauslegung über die Produktionsprozesse bis hin zur Logistik und Qualitätssicherung – so gestaltet werden sollen, dass sie den aktuellen und zukünftigen Marktanforderungen gerecht werden.

Ziel der Planung ist es, die Produktionsprozesse so auszulegen und anzuordnen, dass Ausschuss und Produktionskosten minimiert werden sowie die geforderte Produktqualität sichergestellt wird. Eine optimierte Prozesskette und präzise Steuerung der einzelnen Prozessschritte der Fertigung ermöglichen eine hohe Ausbeute bei gleichzeitiger Kosteneffizienz. Das beinhaltet eine Verkürzung der Durchlaufzeit durch einen schlanken und abgestimmten Prozess.

Da die in der Fabrik hergestellten LIB in sicherheitsrelevanten Anwendungen wie beispielsweise in Elektrofahrzeugen oder am Menschen getragenen Geräten eingesetzt werden, ist eine reaktionsschnelle Prozesssteuerung in jedem Prozessschritt erforderlich. Ein solcher optimierter Produktionsfluss oder Fertigungsfluss gewährleisten eine konstante Produktqualität und Zuverlässigkeit der LIB.

Eine menschengerechte Gestaltung der Arbeitsbedingungen bildet die Grundlage für die Planung der einzelnen Arbeitsplätze. Angemessene Arbeitsbedingungen steigern die Arbeits- und Leistungsbereitschaft der Mitarbeiter und tragen dazu bei, Arbeitsunfälle und Krankheitsausfälle zu verringern [2].

Da es sich bei den für die LIB-Produktion verarbeiteten Materialien teilweise um Gefahrstoffe handelt, muss die Fabrik mit den Anlagen und Prozessen sowohl den arbeitsrechtlichen Sicherheitsanforderungen als auch den gesetzlichen Umweltauflagen genügen.

Das Layout der LIB-Fertigung muss die effiziente Durchführung von Reparatur- und Wartungsarbeiten an den Anlagen und Transporteinrichtungen ermöglichen und unterstützen.

Die aktuelle globale Wirtschaftslage wird von einem immer stärkeren Wettbewerb zwischen Anbietern aus unterschiedlichen Wirtschaftssystemen bestimmt. Daraus folgt die Notwendigkeit der Minimierung der Betriebs- und Investitionskosten in allen Bereichen beziehungsweise die Optimierung der Wirtschaftlichkeit der LIB-Fertigung.

8.2 Produkt

Bei einer LIB-Fertigung handelt es sich in der Regel um eine Ein-Produkt-Fertigung. Um die Ausmaße beispielhaft zu verdeutlichen, wird eine definierte LIB als Basis für die Betrachtung herangezogen (siehe Tabelle 8.1). Die erforderliche Produktionskapazität ist sehr hoch. Sie ergibt sich beispielsweise aus einer durchschnittlichen Jahresproduktionskapazität von 40 GWh. Diese Fertigungskapazität von 40 GWh/a basiert auf den Angaben des Batterieatlasses als mittlerer Wert für die europäischen Fertigungsstandorte [3]. Die einzelnen Kenndaten der zu produzierenden LIB leiten sich aus ab.

Tabelle 8.1 Daten der Beispiel-LIB

Kapazität	70,8 Ah
Mittlere Spannung	3,65 V
Energieinhalt	258 Wh

Daraus lässt sich die dafür erforderliche Fertigungsstückzahl einfach ableiten. Diese Fertigung benötigt eine Produktionskapazität von 155 Mio LIB pro Jahr.

8.3 Kenndaten der Fertigung

Aus den Daten aus Tabelle 8.1 lassen sich die Basisdaten der Produktion und der Fabrik ableiten. Bei den in Tabelle 8.2 aufgeführten Taktzeiten pro LIB lässt sich einfach ableiten, dass eine Produktionslinie mit jeweils einer Anlage für jeden Prozessschritt das geplante Volumen nicht produzieren kann. Die Festlegung der Ausschussrate basiert auf einer optimistischen Schätzung einer eingefahrenen und sicher laufenden Fertigung (siehe Abschnitt 4.3).

Tabelle 8.2 Kenndaten der Beispiel-LIB-Fabrik

Jahresproduktionskapazität	40 GWh
Anzahl Arbeitstage	300 d/a
Anzahl Schichten	3
Produktionsstunden pro Jahr	7200 h/a
Ausschussrate	5 %
Anzahl zu produzierender LIB	162.526.121 LIB/a
	541.754 LIB/d
	22.573 LIB/h
	376 LIB/min
	6 LIB/sec
	0,17 sec/LIB

8.4 Ressourceneffiziente Fabrik

Moderne Produktionsanlagen werden so konzipiert, dass sie den Energieverbrauch minimieren – etwa durch den Einsatz von Energierückgewinnungssystemen und hocheffizienten Maschinen. Eine ressourceneffiziente Fabrik minimiert den Verbrauch von Energie, Materialien und anderen Ressourcen, was nicht nur die Umwelt schont, sondern auch wirtschaftliche Vorteile mit sich bringt. Das Thema Ressourceneffizienz beinhaltet nicht nur die Optimierung der Abläufe innerhalb der einzelnen Prozessschritte, sondern bezieht auch weitere Bereiche außerhalb der Prozessoptimierung mit ein. Der Fokus liegt hierbei auf der Senkung des Verbrauchs von Material und Energie bei möglichst gleichbleibendem oder höherem Nutzen. Unterschiedliche Strategien lassen sich hierzu einsetzen [5]:

- **Vermindern von geplantem Verlust:** Reduzierung von technisch bedingtem Materialverlust beispielsweise durch bessere Kantenqualität zur Vermeidung von Abfall oder Reduzierung der unbeschichteten Bereiche von Elektroden oder Vermeidung von nur einmal zu nutzenden Beilaufbändern
- **Vermindern des Energieverbrauchs:** Reduzierung des Verbrauchs zum Beispiel durch Identifikation und Aussortierung von Verbrauchern oder Anpassung der bereitgestellten Energie an den realen Energiebedarf
- **Kreislaufführung von Roh-, Hilfs- und Betriebsstoffen:** Einsparung von Ressourcen durch Aufbereitung und Wiederverwendung von Betriebsstoffen, Vermeiden von Materialverlusten wie beispielsweise durch die Wiederverwendung des Lösungsmittels NMP oder das Auffangen des Wassers bei wasserbasierten Beschichtungen
- **Planung ressourceneffizienter Fertigungsprozesse:** Senkung des Ressourcenbedarfs durch eine ganzheitliche ressourceneffiziente Planung der Fertigungsprozesse
- **Nutzung von elektrischer Abfallenergie:** Nutzung der elektrischen Energie, die beim Entladen der LIB auftritt, anstatt sie über Widerstände in Wärme umzuwandeln und diese an die Umgebung abzugeben
- **Nutzung thermischer Abfallenergie:** Nutzung der thermischen Energie, die beispielsweise beim Trocknen in den unterschiedlichen Prozessschritten als Abwärme anfällt, die beispielsweise über Wärmepumpen auf das erforderliche höhere Temperaturniveau gebracht wird

Eine präzise und straffe Prozesssteuerung minimiert Verluste bei den vorangehend aufgeführten Strategien in allen Bereichen, und setzt Materialien genau dosiert ein, um Ausschuss zu reduzieren. Dasselbe Ziel unterstützen die Qualitätssicherungsprozesse in jedem Prozessschritt.

Eine ressourceneffiziente Fabrik entsteht nicht durch isolierte Maßnahmen, sondern durch die enge und abgestimmte Kooperation alle Fachbereiche wie Konstruktion, Produktplanung, Produktionsplanung, Produktion, Logistik und Gebäudemanagement. Eine ressourceneffiziente Fertigung ist eine ganzheitlich geplante und betriebene Fertigung, die alle Anforderungen der unterschiedlichen Unternehmensfunktionen in einer ganzheitlichen Betrachtungsweise vereint, um mit geringst möglichem Aufwand Produkte in bester Qualität zu niedrigsten Kosten herzustellen und bereitzustellen. Eine ausgewogene interdisziplinäre Zusammenarbeit bildet die Basis für eine solche effiziente Fertigung.

8.5 Materialfluss

Die Anordnung der einzelnen Fertigungsanlagen innerhalb einer Fabrik kann nach unterschiedlichen Fertigungsprinzipien ausgeführt werden. Die Werkstattfertigung fasst alle gleichartigen Anlagen oder Prozesse in einem Bereich nach dem Merkmal gleicher Verrichtungen zusammen. Flexible Fertigungssysteme beinhalten unterschiedliche Anlagen, die die unterschiedlichen Prozesse oder Arbeitsfolgen in einem Gesamtsystem bereitstellen.

Diese Arten der Anordnung der Fertigungsanlagen eignen sich für die Herstellung von LIB nicht. Da gibt es für alle Produkte dieselbe Arbeitsfolge oder Folge von Prozessschritten innerhalb des gesamten Herstellungsprozesses. Daher kommt für diese Fertigung nur die Fließfertigung als Fertigungsprinzip zur Anwendung (Bild 8.1). Bei der Fließfertigung gibt es nur eine Folge von Prozessschritten, die alle Produkte in derselben Sequenz durchlaufen [6].

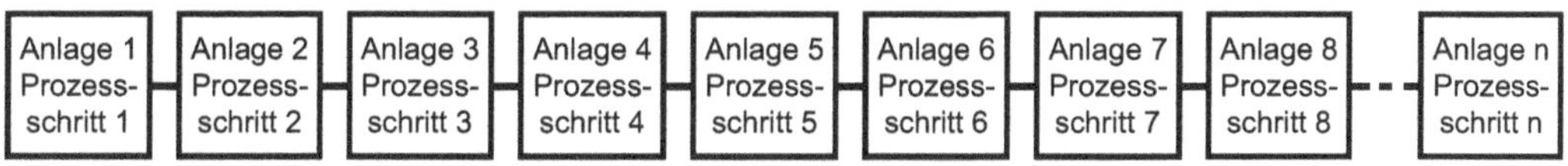

Bild 8.1 Prinzip der Fließfertigung – schematische Darstellung des Materialflusses

Typischerweise organisiert die Automobilindustrie ihre Fertigung als Fließfertigung. Ein weiteres Merkmal dieses Fertigungsprinzips stellt die gleiche Kapazität und Taktzeit der einzelnen Anlagen oder Prozessschritte mit mehreren parallel produzierenden Anlagen dar. Die gleiche Kapazität jeder Anlage oder jedes Prozessschrittes stellt eine gleiche und damit optimale Auslastung aller Prozesse sicher.

$$C_{\text{gesamt}} \approx C_1 \approx C_2 \approx \cdots \tag{8.1}$$

Es gilt aber auch, dass die Anlage oder der Prozessschritt mit der geringsten Kapazität die Kapazität der gesamten Fließfertigung bestimmt.

$$C_{\text{gesamt}} = \mathit{Minimum}(C_1 - C_n) \tag{8.2}$$

Für eine Fließfertigung ohne große Puffer zwischen den Prozessschritten, wie sie Bild 8.1 zeigt, folgt daraus, dass die gesamte Fertigung stoppt, wenn eine Anlage oder ein Prozessschritt nicht weiter produziert.

8.5.1 Kapazität

Bei einer LIB-Fertigung unterscheiden sich die Kapazitäten der einzelnen Anlagen in den unterschiedlichen Prozessschritten sehr stark. Für eine PHEV2-LIB mit einer Elektrodenlänge von 140 mm und einer Elektrodenbreite von 80 mm beschichtet und trocknet ein Beschichter bei einer Produktionsgeschwindigkeit von 100 m/min für Breitband (siehe Abschnitt 5.4) die erforderlichen 70 Kathoden innerhalb von 0,5 Sekunden. Die Fertigungskapazität des Beschichters beträgt damit $C_{\text{Beschichter}}$ = 7200 LIB/h. Der Kalander benötigt bei gleicher Produktionsgeschwindigkeit zur Bearbeitung des Doppelbandes 3 Sekunden, was einer Fertigungskapazität von C_{Kalander} = 1200 LIB/h bedeutet. Der Anteil der Produktionszeit der Stapelmaschine bei einer Geschwindigkeit von 1 Elektrodenblatt pro Sekunde beträgt 70 Sekunden und ihre Produktionskapazität bezogen auf den Verbrauch an Kathoden beträgt $C_{\text{Stapel(K)}}$ = 51 LIB/h. Das Beispiel zeigt deutlich, dass eine reine Fließfertigung mit jeweils einer Anlage pro Prozessschritt der Herstellung von LIB wirtschaftlich nicht sinnvoll ist.

Für eine LIB-Fertigung kommt daher nur ein kapazitätsorientierter Materialfluss in Frage. Hierbei werden je nach Kapazität im jeweiligen Prozessschritt mehrere Anlagen parallel betrieben. Die Summe der Kapazitäten der Einzelanlagen pro Prozessschritt ist für jeden Prozessschritt annähernd gleich.

Alle parallel produzierenden Anlagen für denselben Prozessschritt beziehen ihre Zwischenprodukte von allen Anlagen des davorliegenden Prozessschrittes. Die Anlage **F2** im Prozessschritt **F** in Bild 8.2 erhält beispielsweise ihre Zwischenprodukte aus allen Anlagen **E1** bis **E9** des Prozessschrittes **E**. Diese Art des Materialflusses wird als kombinierender Materialfluss bezeichnet. Der Materialfluss verzweigt sich vom Prozessschritt **C** auf eine größere Anzahl Anlagen im Prozessschritt **D**. Der Materialfluss zwischen den Prozessschritten **C** und **D** wird als divergierend bezeichnet.

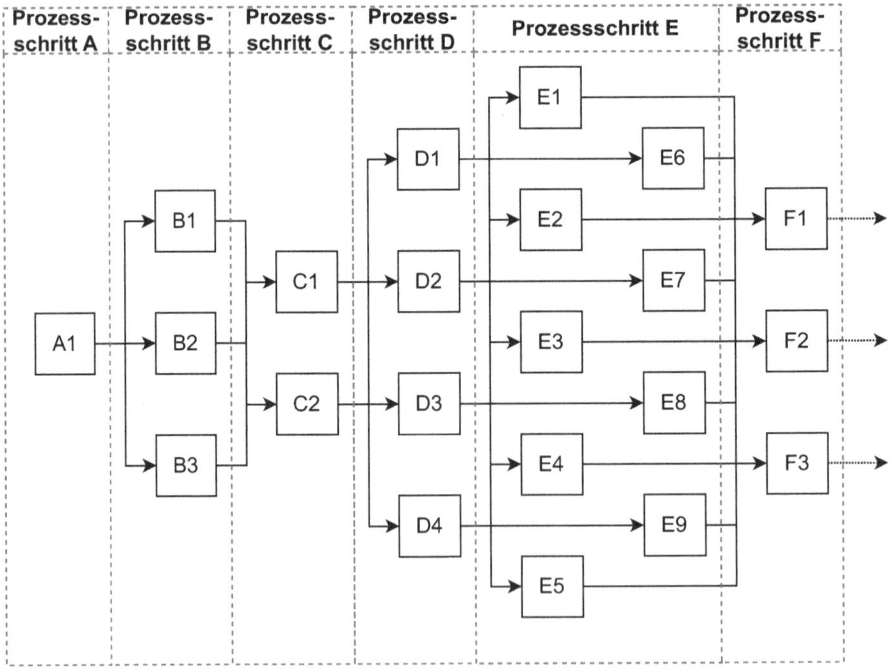

Bild 8.2 Kapazitätsorientierte Fließfertigung – Materialfluss

Auf Prozessschrittebene handelt es sich dabei um eine Fließfertigung, bei der jeder Prozessschritt von jedem Produkt durchlaufen werden muss. Unterhalb dieser Ebene der Prozessschritte, auf der Anlagenebene, liegt eine vernetzte Fertigung vor, bei der die Produkte unterschiedliche physische Wege durchlaufen.

Bezogen auf das vorangehend genannte theoretische Beispiel folgt daraus, dass dieser Teil der Fertigung einen Beschichter, drei Kalander und 142 Stapelmaschinen benötigt. Im Allgemeinen gilt für die Gesamtkapazität einer solchen Fertigung folgender Zusammenhang:

$$c_{\text{gesamt}} \approx \sum c_{\text{A}} \approx \sum c_{\text{B}} \approx \sum c_{\text{C}} \approx \sum c_{\text{D}} \approx \sum c_{\text{E}} \approx \sum c_{\text{F}} \approx \cdots \tag{8.3}$$

Dieses Fertigungsprinzip hat den Vorteil der fast gleichmäßigen Ausnutzung der vorhandenen Fertigungskapazitäten. Durch den Zugriff auf diese Zwischenprodukte aus allen parallel produzierenden Anlagen des jeweiligen Prozessschrittes können auch eventuelle Anlagenstillstände durch eine Absenkung der Gesamtkapazität kompensiert werden.

8.5.2 Umfeldanforderungen

In Kapitel 4 wird ein Teil der Anforderungen beschrieben, die eine LIB-Fertigung an das Produktionsumfeld stellt. Das bezieht sich primär auf die relative Luftfeuchtigkeit und die maximal zulässige Partikelsituation in der Umfeldluft. Solche Anforderungen bestimmen das Layout der Fertigung mit. Das Layout beschreibt die räumliche Anordnung der einzelnen Anlagen der Prozessschritte innerhalb der Gebäude.

Prozessschritte mit gleichen Umfeldanforderungen sollten räumlich zusammengefasst werden. Das reduziert die erforderlichen Investitionen für beispielsweise die Luftführung mit den dazugehörigen Klima- und Filteranlagen. Doch auch die Abluft der einzelnen Prozessschritte erfordert eine aufwendige Erfassung, Leitung und Filterung. Können die Anlagen solcher Prozessschritte in der räumlichen Nähe angeordnet werden, reduziert sich der Aufwand für die erforderlichen Maßnahmen.

Im Bereich der Elektrodenfertigung muss aber eine strikte Trennung zwischen der Fertigung für Anode und Kathode vorliegen [7]. Eine Querkontamination mit Partikeln (siehe Abschnitt 3.2.4) gefährdet die Sicherheit der LIB im späteren Betrieb. Obwohl die einzelnen Prozessschritte der beiden Elektrodenarten (Anode, Kathode) die gleichen Umfeldanforderungen besitzen, müssen die Bereiche strikt getrennt werden. Trotz der erforderlichen Trennung sollten beide Fertigungen räumlich nebeneinander liegen, um die Vorteile der zusammenliegenden Infrastruktur besser nutzen zu können.

Um Betriebskosten der LIB-Fertigung möglichst zu minimieren, müssen Wände, Böden, Decken, Verrohrungen und deren Nahtstellen zum Trockenraum und das gesamte Umluftsystem wasserdampfdiffusionsdicht ausgeführt werden. Dadurch muss sowohl das Eindringen von feuchter Außenluft als auch das Entweichen von teuer aufbereiteter trockener Luft aus dem Trockenraum minimiert werden [7].

8.5.3 Wartung

Die Anlagen, die in den unterschiedlichen Prozessschritten eingesetzt werden, sind typischerweise komplex bis sehr komplex. Des Weiteren sollen die Anlagen möglichst ohne Pause den gesamten Tag über und an allen Tagen der Woche (24/7-Betrieb) produzieren. Das erfordert eine gezielte Wartung der Anlagen, die meist in der produktionsfreien Zeit durchgeführt wird. Gerade aber die Beseitigung von Havarien erfordert einen schnellen und sicheren Zugang zu den unterschiedlichen Bereichen der LIB-Fertigung. In diesem Fall sind Werkzeuge und Ersatzteile in die Bereiche mit besonderen Umfeldanforderungen einzubringen. Das erfordert entsprechende Schleusen und Bereitstellungsräume für diese Teile. So eine Anordnung der einzelnen Fertigungsanlagen unterstützt auch die effiziente Wartung und Instandhaltung während des laufenden Betriebs und während der produktionsfreien Zeit.

Im zentral zwischen den beiden Elektrodenfertigungen angeordneten Wartungsgang (siehe Bild 8.3) herrschen die gleichen Umfeldbedingungen wie in den Räumen der Fertigung selber. Im Schleusenbereich findet eine Reinigung der von außen einzubringenden Teile statt, sodass nur trockene und saubere Teile in den Wartungsgang hereinkommen. Vom Wartungsgang besteht ein einfacher Zugang zu den unterschiedlichen Fertigungsbereichen. Hierzu kann es auch erforderlich sein, dass in diesem Bereich Flurförderzeuge wie Gabelhubwagen oder Krane für den Transport oder die Handhabung großer und schwerer Anlagenkomponenten bewegt werden können. Es sind daher entsprechend tragfähige Böden und ausreichend große Tore sowie Schleusenräume vorzusehen.

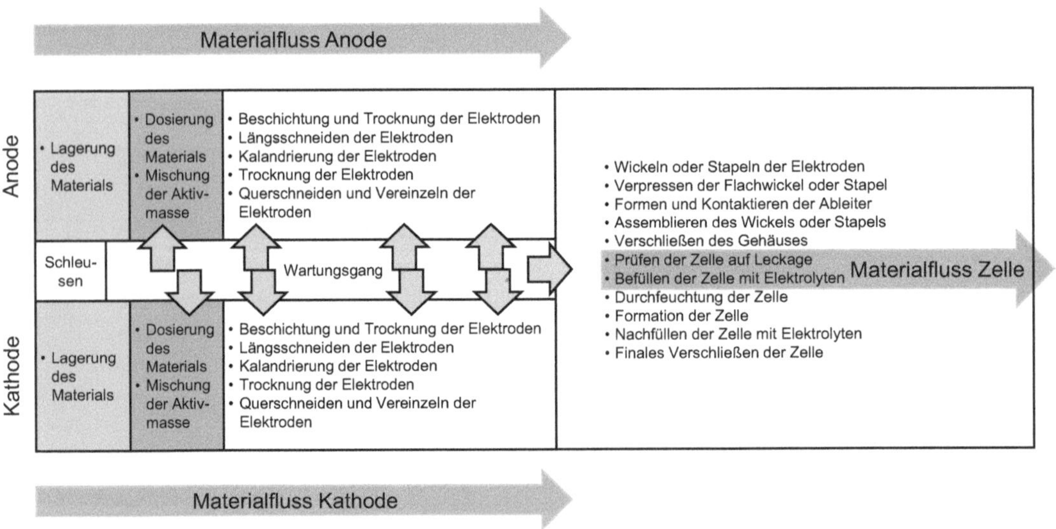

Bild 8.3 Prinzip-Layout

Bild 8.4 zeigt das Layout einer LIB-Fertigung für Verbundfolienzellen mit den unterschiedlichen Prozessschritten.

Bild 8.4 Layout der Zellfabrik, © Bild: Lyric Automation GmbH, Quelle: [8]

Für diese Fertigung wird eine Fertigungskapazität von 300 LIB pro Minute angegeben. Die Grundfläche beträgt 3030 m^2.

Bereiche, in denen mehrere Anlagen für denselben Prozessschritt angeordnet sind, sollen auch weiter unterteilt sein. Eine solche Unterteilung hilft, im Falle einer Havarie noch Teile der Fertigung weiter in Betrieb zu halten.

8.6 Flächenbedarf

Die Flächengliederung gemäß und gibt Auskunft über den Gesamtflächenbedarf einer LIB-Fertigung für eine erste Planung oder Investitionskostenabschätzung. Ausgehend von der Maschinenplatzfläche lassen sich die anderen notwendigen Flächenarten planerisch bestimmen. Eine Maschinenplatzfläche beschreibt die Grundfläche einer Maschine mit den dazugehörigen Flächenanteilen für Bedienung, Wartung und Sicherheitsabstände. Die Anlagengrundfläche bezeichnet die gesamte für den Betrieb einer Produktions- oder Betriebsanlage erforderliche Fläche. Sie umfasst neben der Maschinenplatzfläche auch alle angrenzenden Flächen für Verkehrswege, Lagerbereiche, Technikräume, Versorgungs- und Nebenbereiche, die für einen reibungslosen Anlagenbetrieb notwendig sind.

Tabelle 8.3 Vergleich der Flächenmodelle, Datenquellen: und [10]

Fläche	LIB-Fertigungs-Flächenmodell [9]			Allgemeines Flächenmodell [10]		
Maschinenplatzfläche	20 %			50 %		
Anlagengrundfläche	55 %					
Transportfläche				20 %		
Zwischenlagerfläche	20 %			20 %		
Zusatzfläche	5 %			10 %		
Produktionsfläche	**100 %**	**55 %**		**100 %**	**55 %**	
Verwaltungsfläche		15 %			15 %	
Versandfläche		30 %			3 %	
Lagerflächen					22 %	
Prüffeldfläche					3 %	
Sonstige Fläche					2 %	
Nutzfläche		**100 %**	**75 %**		**100 %**	**75 %**
Funktionsfläche			25 %			5 %
Nebenfläche						15 %
Sozialfläche						5 %
Nettogrundfläche			100 %			100 %

Typischerweise startet eine Flächenbedarfsplanung mit der Summe der Maschinenplatzflächen, die relativ einfach den technischen Beschreibungen der Anlagen zu entnehmen sind.

Das allgemeine Flächenmodell basiert auf Kenndaten einer Vielzahl unterschiedlicher Arten von Fertigungen für eine Vielzahl von Produkten (siehe Tabelle 8.3). Das LIB-Fertigungs-Flächenmodell berücksichtigt die Fließfertigung und ist auf eine LIB-Fertigung angepasst. Das LIB-Fertigungs-Flächenmodell berücksichtigt, dass in der LIB-Fertigung sehr viele große Anlagen stehen, deren Anteil an der Nettogrundfläche entsprechend höher ist als beim allgemeinen Flächenmodell. Das betrifft allerdings nur die Verteilung der Flächen innerhalb der Produktionsfläche.

Der Unterschied der beiden Flächenmodelle ist jedoch klein. Das Flächenmodell nach berücksichtigt die Besonderheiten der LIB-Fertigung und sollte daher für solche ersten Abschätzungen des Flächenbedarfs verwendet werden.

8.7 Einordnung der LIB-Fabrik

Für die Einordnung der LIB-Fabrik werden die Fabriktypen gemäß zugrunde gelegt. Es werden hierbei unterschiedliche Ebenen betrachtet. Es handelt sich dabei um

- Marktebene,
- Unternehmensebene,
- Prozessebene sowie
- Ressourcenebene.

Auf der Marktebene handelt es sich bei einer solchen LIB-Fabrik um eine meist auf einen Kunden ausgerichtete Fabrik, die sich primär an den Marktanforderungen orientiert. Typischerweise produziert eine solche Fertigung auch nur ein Produkt, einen LIB-Typ. Aspekte wie Wandlungsfähigkeit, Flexibilität oder Ähnliche finden bei der Auslegung keine Anwendung. Es handelt sich jedoch um eine High-Tech-Fabrik, die innovative Produkte herstellt und dafür fortschrittliche Produktionsprozesse einsetzt [1].

Auf Unternehmensebene handelt es sich um eine funktionale Fabrik, die typischerweise ein Produkt in sehr großer Stückzahl ohne Varianten mit einem linearen Materialfluss produziert. Auf der Ressourcenebene wird das als stoffflusseffiziente Fabrik bezeichnet.

Für die Einordnung auf der Prozessebene könnte die LIB-Fertigung als vernetzte Fabrik angesehen werden. Die Vernetzung basiert hierbei auf den netzartigen Zusammenhängen der einzelnen Prozessschritte mit den dazugehörigen Prozessparametern. Daher fokussiert dieses Buch auf die einzelnen Prozessschritte der LIB-Fertigung.

Aufgrund des sehr großen Energiebedarfs der LIB-Fertigung kann die Fabrik auf Ressourcenebene als energieflusseffiziente Fabrik angesehen werden. Allerdings ist der sehr hohe Energiebedarf der LIB-Fertigung entsprechend zu berücksichtigen (siehe Kapitel 7).

Die Ressourcenebene stellt für eine LIB-Fabrik das treffendste Merkmal. beschreibt eine solche Fabrik als einen Ort wissensbasierter, innovativer und ressourcenschonender (effizienter) Wertschöpfung von Gütern. Gemäß der Kostenverteilung aus Bild 2.30 oder aus Bild 2.31 ist das verwendete Material der größte Kostenblock. Daher wird der Materialverbrauch zunächst in den Betrachtungsfokus dieser Untersuchung gestellt. Daraus folgt, dass eine ressourceneffiziente LIB-Fertigung primär darauf fokussiert, den Materialverbrauch zu reduzieren.

Zur weiteren Einordnung der LIB-Fertigung soll das Produkt- und Stoff-/Materialkreislauf-Modell nach gemäß Tabelle 8.4 Anwendung finden. Das Modell gliedert die Fertigung in vier unterschiedliche Etappen. Für jede dieser Etappen sind dann Strategien definiert, die helfen, die Effizienz der Fertigung in unterschiedlichen Richtungen zu optimieren. Nicht alle der darin aufgeführten Etappen und Strategien lassen sich auf eine LIB-Fertigung direkt anwenden. Das Modell stellt jedoch eine Gliederung und eine Anregung für Optimierungen bei der Planung einer LIB-Fertigung zur Verfügung.

Tabelle 8.4 Produkt- und Stoff-/Materialkreislauf-Modell, Quelle: [1]

Etappe		Strategie
ressourcenschonende Produktgestaltung	1	umwelt- und wettbewerbsgerechte Produktgestaltung
	2	Verwertungs- und recyclinggerechte Konstruktion
	3	Materialauswahl
ressourcenschonende Prozess- und Technologiegestaltung	1	Einsparung von Rohstoffen
	2	Einsatz ressourceneffizienter Produktionstechniken
	3	optimale Gestaltung der Stoffströme und Logistikketten
	4	Montage- und Demontagefähigkeit
ressourcenschonende Prozess- und Technologiegestaltung	1	Einsparung von Rohstoffen
	2	Einsatz ressourceneffizienter Produktionstechniken
	3	optimale Gestaltung der Stoffströme und Logistikketten
	4	Montage- und Demontagefähigkeit
ressourcenschonende Recyclingkreisläufe	1	Gruppierung Abfalleinheiten
	2	Identifikation und Qualität der zu verwertenden Stoff-/Materialströme
	3	Erfüllung der technischen, ökologischen, ökonomischen, politischen Voraussetzungen

Der Strategiepunkt „Einsparung von Rohstoffen" entspricht der generellen Anforderung an die Herstellung von LIB. Da die Materialkosten, wie vorangehend beschrieben, der größte Kostenblock sind, ermöglicht eine Einsparung von Rohstoffen einen sehr großen Effekt auf die wirtschaftliche Fertigung und deren Kostensituation. Vergleichbares gilt für die Nutzung ressourcensparender Prozesse, wie sie Punkte des Modells fordern.

Ressourcenschonung bezeichnet den nachhaltigen und umweltverträglichen Umgang mit natürlichen Ressourcen. Dies umfasst Maßnahmen und Strategien, die darauf abzielen, den Verbrauch von Rohstoffen, Energie, Wasser und anderen natürlichen Gütern zu minimieren, indem deren Nutzung effizient gestaltet wird.

Ein Stoffstrom beschreibt den gesamten Weg, den Materialien, Rohstoffe oder Abfälle durch verschiedene Prozessschritte und Anlagen der Fertigung als Stationen nehmen. Die Stoffströme sind primär die Ströme der halbfertigen und fertigen LIB innerhalb der Fertigung. Die große Menge an LIB im Prozess innerhalb der einzelnen Prozessschritte erfordert eine Optimierung dieser Stoffströme. Die jeweiligen Abschnitte „Transport" bei der Beschreibung der einzelnen Prozessschritte nehmen Bezug auf diese Planungsaufgabe.

Die 2. Strategie der 4. Etappe des vorangehend genannten Modells sucht nach ressourcenschonenden Recyclingkreisläufen. Der Recyclingkreislauf beschreibt den kontinuierlichen Prozess, bei dem gebrauchte Materialien und Abfälle gesammelt, sortiert, aufbereitet und anschließend wieder in den Produktionsprozess integriert werden. Ziel dieses geschlossenen Kreislaufs ist es, den Verbrauch von Primärrohstoffen zu reduzieren, Energie zu sparen und Umweltbelastungen zu minimieren. Hierbei werden nicht nur mögliche Materialkreisläufe identifiziert, sondern das Kriterium „Recyclingkreislauf" auch auf die Energie erweitert.

Generelles Ziel ist es, Umweltbelastungen zu reduzieren, den ökologischen Fußabdruck zu verkleinern und zugleich die Grundlage für eine langfristige wirtschaftliche und gesellschaftliche Entwicklung zu sichern.

8.8 Transport und Zwischenlagerung

Die beschriebenen Prozessschritte finden nicht auf isoliert stehenden Anlagen statt. Die Anlagen sind durch Transporteinrichtungen miteinander verknüpft. Bei kleineren Fertigungen können das manuelle Transportvorrichtungen und Transportabläufe sein. Bei einer Großserienfertigung kommen nur automatisierte Transporteinrichtungen zum Einsatz.

Die unterschiedlichen Produktionskapazitäten der Anlagen der einzelnen Prozessschritte erfordern eine Entkopplung der einzelnen Anlagen im Prozessfluss. Diese Entkopplungsaufgabe erfüllt typischerweise ein Entkopplungspuffer zwischen den Anlagen. betrachtet Puffer innerhalb von Fertigungslinien als kritisch. Sie erhöhen die Durchlaufzeit der Produkte durch die Lagerzeit und erhöhen auch das im Fertigungsprozess gebundene Material. Das in der Quelle beschriebene Fließprinzip orientiert sich an einer schnellen, durchgängigen, an Lagermaterial armen Fertigung.

Das Fließprinzip lässt sich bei einer LIB-Fertigung nicht vollständig umsetzen. Die unterschiedlichen Taktzeiten oder Kapazitäten der einzelnen Anlagen erfordern Entkopplungspuffer. Das darin kurz eingelagerte Material hilft, Anlagenstillstände zu überbrücken. Allerdings muss die Kapazität dieser Entkopplungspuffer auf ein Minimum reduziert werden. Diese Forderung ergibt sich auch daraus, dass das im Entkopplungspuffer gelagerte Material möglichst wenig und kurz den Umfeldbedingungen ausgesetzt sein darf. Die Integration eines solchen Entkopplungspuffers in die Anlage für den jeweiligen Prozessschritt stellt eine Ausführungsform für diese Art der Verknüpfung dar. Der automatische Rollenwechsler bei Prozessschritten, die Material auf Transportrollen verarbeiten, stellt einen solchen Entkopplungspuffer dar. Da der Rollenwechsel mindestens zwei Aufnahmen für Transportrollen besitzt, kann von einer Transportrolle der Prozessschritt mit Material versorgt werden und die zweite Transportrolle ist in Bereitschaft. Nur während der kurzen Zeit des Wechsels der Transportrollen befindet sich nur eine Transportrolle im Rollenwechsler, die aber kurzfristig nachgeladen werden kann.

8.9 Lokale Absaugung an den Prozessquellen

In einer LIB-Fertigung entstehen potenziell gefährliche Stoffe – etwa feine Partikel (z. B. Lithium- oder Grafitstaub) sowie Lösungsmitteldämpfe und chemische Nebenprodukte, die während der Herstellung und Bearbeitung von Elektroden, dem Mischen von Suspensionsmaterialien und dem Beschichtungsprozess freigesetzt werden. Um sowohl den Explosionsschutz als auch den Gesundheitsschutz der Mitarbeiter zu gewährleisten, müssen speziell ausgelegte Absauganlagen installiert werden. Diese gefährlichen oder störenden Stoffe sind sicher aufzufangen und zu entfernen. Lokale Absauganlagen fangen Dämpfe oder Partikel direkt an der Entstehungsstelle auf. Diese frühzeitige und nahe Erfassung verhindert die Ausbreitung der Stoffe in den Anlagen des jeweiligen Prozessschrittes oder gar in den Produktionsräumen. Des Weiteren reduziert sie das Risiko von Gesundheitsgefahren und möglichen Explosionssituationen.

Absaugsysteme fangen lose Partikel oder Gase auf. Eine an die Partikelart und -größe angepasste Luftgeschwindigkeit gewährleistet eine effiziente Erfassung und Bewegung der Stoffe. Feste Partikel, wie sie beispielsweise beim Laserschneiden auftreten können, entfernen rotierende Bürsten, hinter denen entsprechende Absaugeinrichtungen angebracht sind.

Eine laminare Luftströmung kann Partikel über einen nicht so langen Transportweg, dafür aber sehr gerichtet und kontrolliert transportieren. Bei einer turbulenten Strömung bleiben die Partikel länger in der Schwebe in der Luft, doch die Partikel lassen sich nicht so gut kontrollieren und steuern.

Die zentralen Systeme sammeln die von lokalen Ansaugstellen erfasste Luft und leiten sie über umfangreiche Filteranlagen (z. B. Aktivkohle- und HEPA[1)]-Filter) in eine zentrale Abluftanlage. Aktivkohlefilter entfernen organische Lösungsmitteldämpfe und flüchtige organische Verbindungen. HEPA-Filter fangen feine Partikel aus der Luft auf.

[12] regelt die Behandlung dieser Abluft. Nach der ordnungsgemäßen Reinigung der Luft soll diese umweltgerecht ins Freie geführt werden. Da es sich aber bei den meisten Prozessschritten um Abluft handelt, die aus getrockneter Luft besteht, sollte diese Luft wieder in den Fertigungsbereich zurückgeführt werden (siehe Abschnitt 12.3).

---

[1] HEPA: **H**igh **E**fficient **P**articulate **A**ir (Filter), Hochleistungs-Schwebestofffilter

In Bereichen, in denen brennbare Dämpfe oder Stäube auftreten können, sind alle Komponenten der Absauganlagen explosionsgeschützt auszuführen. Sensoren zur Erfassung von Dampf- und Staubkonzentrationen helfen, frühzeitig potenzielle Gefahren zu erkennen und automatische Abschaltsysteme auszulösen.

8.10 Anlagenkapselung

Konventionelle Trockenräume bestehen aus einem geschlossenen Raum, der von den Mitarbeitern nur durch eine Schleuse betreten oder verlassen werden kann. Auch das Material muss ein- oder ausgeschleust werden. Eine Anlage zur Konditionierung und Reinigung der Luft versorgt den gesamten Raum mit den großen Volumen der benötigten konditionierten Luft. In der Größenordnung von 10- bis 15-mal pro Stunde sollte das komplette Luftvolumen im Trockenraum ausgetauscht werden. Ein Trocknungsaggregat (siehe Bild 4.7) trocknet die zugeführte Luft auf den für den Prozess zugelassenen Wert der Luftfeuchtigkeit.

Feuchtigkeit gelangt auf unterschiedlichen Wegen in den Trockenraum (siehe Bild 8.5). Rohmaterial, dessen Verpackung oder Zwischenprodukte nehmen in der Normalatmosphäre Feuchtigkeit auf, transportieren sie in den Trockenraum und verursachen durch die Abgabe der Feuchtigkeit im Trockenraum einen Feuchtigkeitseintrag. Der im Trockenraum arbeitende Mensch bedingt zusätzlich einen großen Feuchtigkeitseintrag durch das Ausatmen von Feuchtigkeit oder sein Schwitzen von ungefähr 110 g/h [13]. Getrocknete Luft tritt durch die Abgrenzungen oder Wände nach außen in den Bereich mit einer höheren relativen Luftfeuchtigkeit, was einen Verlust an getrockneter Luft darstellt. Feuchtigkeit dringt durch die Wände, Decke oder auch den Boden von außen nach innen in die Trockenräume. Der im Trockenraum ablaufende Prozessschritt kann auch Feuchtigkeit erzeugen und an die trockene Raumluft abgeben.

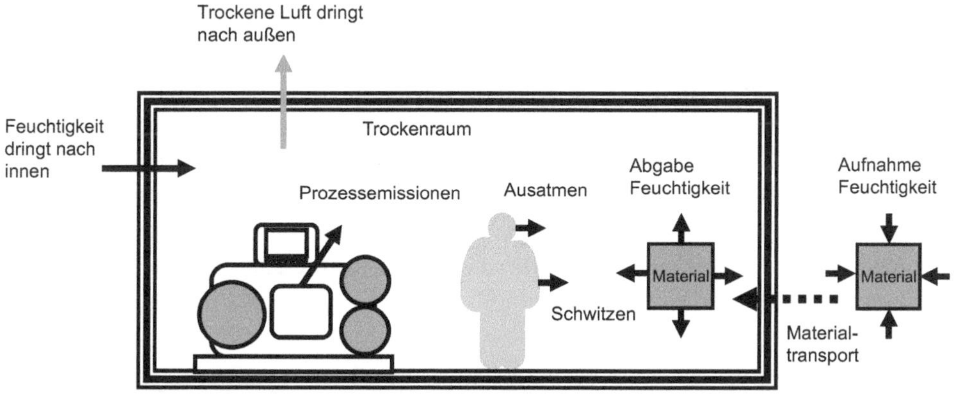

Bild 8.5 Feuchtigkeitseintrag in den Trockenraum

Bei einer maximalen relativen Luftfeuchtigkeit von 2 % lässt sich die Luftkonditionierung noch wirtschaftlich sinnvoll für einen großen Trockenraum (siehe Bild 8.6) für die Verarbeitung von NMC111-Materialien darstellen. Ein zunehmender Nickelgehalt, wie er sich in der Reihe der Materialien von NMC111, NMC523, NMC622, NMC811 oder NMC955 darstellt, erfordert immer geringere Luftfeuchtigkeit mit zunehmendem Nickelgehalt bei der Verarbeitung innerhalb der Prozessschritte. Damit vergrößert sich der für die Luftkonditionierung erforderliche Aufwand überproportional. Mit steigendem Nickelanteil reagiert die Aktivmasse empfindlicher mit in der Luft enthaltenem Wasser. Dies führt zu unerwünschten Austauschreaktionen. Solche Oberflächenreaktionen beeinträchtigen nicht nur die elektrochemische Leistung der Zelle, sondern können auch irreparable strukturelle Schäden verursachen. gibt für das Aktivmaterial NMC811 einen Taupunkt von –45 °C an. Das entspricht einer relativen Luftfeuchtigkeit von 0,48 %[2] (siehe Bild 4.6). Für größere Räume lässt sich eine solche geringe relative Luftfeuchtigkeit wirtschaftlich nicht darstellen.

Bild 8.6 Prinzip eines Trockenraumes

Statt der konventionellen Trockenräume, bei denen das gesamte Luftvolumen des Trockenraumes getrocknet wird, können Mini-Environments oder Anlagenkapselungen eingesetzt werden [15] [16]. Mini-Environments (siehe Bild 8.7) kapseln die Anlagen sehr eng, sodass sich ein Bediener beispielsweise nicht mehr darin aufhalten kann. Damit reduziert sich das Raumvolumen, dessen Luft aufwendig getrocknet und konditioniert werden muss. Damit ist nur eine kleinere Luftmenge bei gleicher Anzahl von Luftwechseln zu konditionieren. Die Materialzu- und -abführung geschieht auch durch Schleusen. Nachteilig ist, dass diese Anlagenkapselungen die Zugänglichkeit der Anlagen im Falle von Reparaturen oder Havariebehebung erschweren. Des Weiteren benötigt ein Mini-Environment zusätzlich Zeit nach der Havariebehebung, um die Luft im Mini-Environment wieder entsprechend zu konditionieren.

---

2 Die Umrechnung des Taupunkts in die relative Luftfeuchtigkeit gemäß Formel 13.1 und Formel 13.3 bezieht sich auf eine Lufttemperatur von 20 °C.

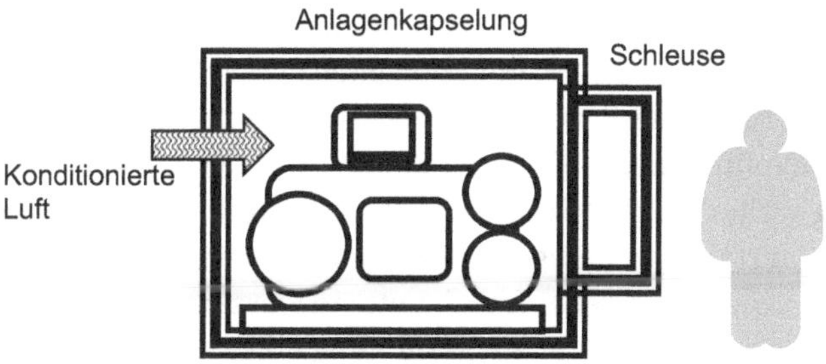

Bild 8.7 Prinzip einer Anlagenkapselung oder eines Mini-Environments

Ein solch kleineres Volumen einer Anlagenkapselung kann auch mit Schutzgas versehen werden, was die negative Beeinflussung der LIB-Materialien durch die Luft auch sehr stark reduziert. Ein konventioneller Trockenraum mit offenen Maschinen bietet diese Möglichkeit naturgemäß nicht.

Wird die Anlagenkapselung oder das Mini-Environment geöffnet, kontaminiert die einströmende Luft die konditionierte Atmosphäre in der Anlagenkapselung. Der Bediener behebt die Havarie und schließt die Anlagenkapselung wieder. Anschließend startet er den Prozess zur Konditionierung der Atmosphäre in der Anlagenkapselung. Der Innenraum der Kapselung wird mit entsprechend konditionierter Luft oder konditioniertem Gas gespült, bis wieder die ursprüngliche Atmosphäre in der Kapselung herrscht. Hierbei kann die Spülung mit einem stark erhöhten Luftdurchsatz erfolgen, was die dafür benötigte Zeit reduziert.

Bei dieser Vorgehensweise besteht immer das Risiko, dass nicht alle auf oder in der Anlage während der Havariebehebung abgelagerten Partikel herausgespült werden oder dass es in der Anlagenkapselung Bereiche gibt, die der Luftstrom nicht oder nur unzureichend erreicht. Des Weiteren benötigt der Spülprozess Zeit, was sich negativ auf die Kostensituation auswirkt. Der Bediener kann sich während der Havariebehebung ungehindert bewegen. Ersatzteile oder Werkzeuge stehen für die Ausführung der Arbeiten einfach bereit.

[17] berichtet, dass bei einem Mini-Environment mit einer Atmosphäre mit einem Taupunkt von –60 °C (rel. Luftfeuchtigkeit 0,08 %) versuchsweise die Tür geöffnet wurde. Der Taupunkt stieg instantan auf –35 °C (rel. Luftfeuchtigkeit 1,35 %). Nach einer Öffnungszeit von 1:30 Minuten wurde die Türe wieder verschlossen und der Innenraum des Mini-Environments mit dem Mehrfachen der üblichen Luftmenge gespült. Innerhalb von 2:50 Minuten sank der Taupunkt wieder auf –60 °C.

In der Zeit bis zum Erreichen des ursprünglichen Zustands der Luft im Mini-Environment kann die Produktion in dieser Anlage nicht laufen. Es handelt sich um eine Stillstandzeit der Anlage mit einem negativen Einfluss auf die Wirtschaftlichkeit der Fertigung. Des Weiteren ist zu prüfen, inwiefern das in der Anlage befindliche Material, das mit der nicht ausreichend konditionierten Luft in Kontakt kam, noch für die LIB-Produktion verwendet werden darf.

Eine Reduzierung des Volumens innerhalb der Anlagenkapselung kann dazu beitragen, diese Stillstandzeiten durch die Reduzierung der Spülzeiten zu reduzieren. Allerdings aufgrund der steigenden Fertigungskapazität und Fertigungsgeschwindigkeit der Anlagen steigt das Anlagenvolumen. Um dieses zu kompensieren und das Volumen innerhalb der Kapselung weiter zu reduzieren, können innerhalb der Anlagenkapselungen weitere dichte Unterteilungen eingebaut werden. Ein solches Konzept nutzt der Schiffbau, indem das Schiffsvolumen durch Schotte in wasserdichte Sektionen unterteilt wird. Gemäß dieser Analogie kann die Kapselung einer großen Anlage durch Abtrennungen in dichte Unterabteilungen aufgeteilt werden, die nur bei Bedarf geöffnet werden, um Zugang zu den Anlagenkomponenten zu erlangen. Damit erfordert ein solches Konzept einen geringere Spülzeit.

Diese interne Unterteilung der Anlagenkapselung kann nicht einfach wie in der schematischen Darstellung in Bild 8.8 gezeigt umgesetzt werden. Hierbei sind die anlagenspezifischen räumlichen Gegebenheiten zu berücksichtigen. Dieser konstruktive Ansatz ermöglicht es, das Volumen, das in Folge einer Havariebeseitigung gespült und konditioniert werden muss, zu reduzieren und auf die für das Arbeiten notwendigen Volumina in der Anlagenkapselung zu begrenzen.

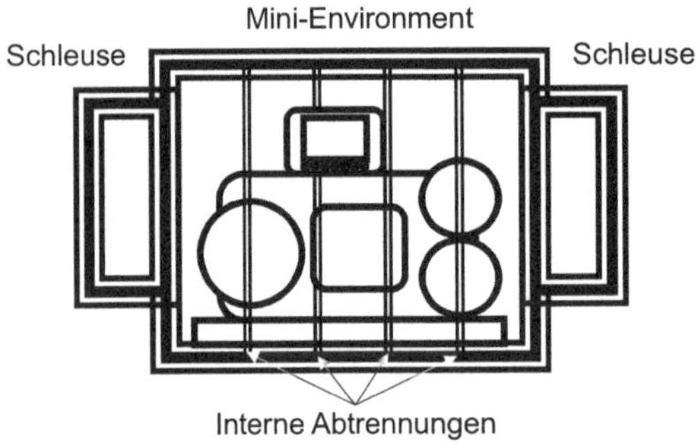

Bild 8.8
Anlagenkapselung mit interner Unterteilung – schematische Darstellung

8.10.1 Transportstrecke

Die Nutzung von Anlagenkapselungen erfordert auch den Schutz der A-S-K-Verbünde während des Transports von einem Prozessschritt zum nächsten. Für diesen Transport verlassen die A-S-K-Verbünde den geschützten und kontrollierten Raum der Anlagenkapselung und wären ohne Schutz oder Kapselung den Umfeldbedingungen außerhalb der Anlagenkapselung ausgesetzt. Beispielsweise könnten sie während des ungeschützten Transports Luftfeuchtigkeit aufnehmen. Die Transportstrecken könnten dafür auch als separate Mini-Environments ausgelegt werden (siehe Bild 8.9). Dieses Vorgehen empfiehlt sich bei eng nebeneinanderstehenden Anlagen.

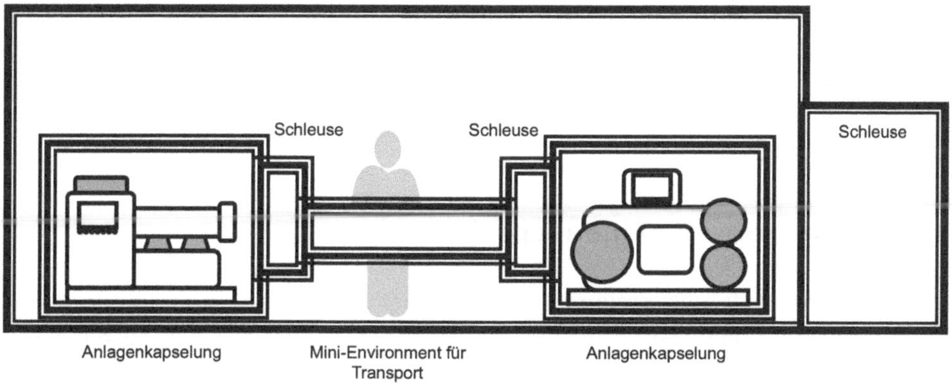

Bild 8.9 Transportstrecke als Mini-Environment – schematische Darstellung

Für größere Transportentfernungen könnte der gekapselte Transportbehälter als Mini-Environment ausgelegt werden (siehe Bild 8.10). Jeder Transportbehälter sichert die geforderten Umfeldbedingungen für die LIB für die Zeit des Transports oder der Pufferung auf der Transportstrecke. Der gekapselte Transportbehälter dockt dicht an die Anlagenkapselung der entsprechenden Anlage an und die Schleusenöffnungen in der Anlagenkapselung und im Transportbehälter öffnen sich. In diesem Falle vergrößert der Transportbehälter den konditionierten Arbeitsraum der Anlage.

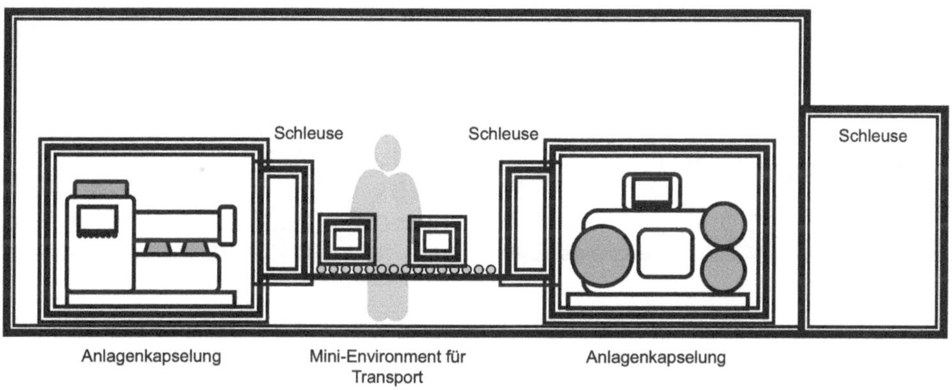

Bild 8.10 Gekapselte Transportbehälter als Mini-Environment – schematische Darstellung

Erfordert eine Havarie an einer gekapselten Anlage einen Eingriff durch den Bediener, würde eine Öffnung der Kapselung zu einer Kontamination der Atmosphäre darin führen. Theoretisch bestehen in der Situation mehrere prinzipielle Möglichkeiten.

Eine Konditionierung des gesamten Trockenraumes vor Beginn der Arbeiten zur Havariebehebung erzeugt eine Atmosphäre im Trockenraum, die der entspricht, die in der Anlagenkapselung herrscht. Das erfordert sehr viel Zeit und Aufwand, da ein sehr großes Luftvolumen zu konditionieren und zu spülen ist. Diese Vorgehensweise erlaubt es dem Bediener, ungehindert von allen Richtungen an der Anlage zu arbeiten. Die erforderlichen Werkzeuge und Ersatzteile lassen sich ungehindert bereithalten.

8.10.2 Temporäre Anlagenkapselung

Eine temporäre Anlagenkapselung für den Fall der Havariebehebung stellt in ihrem Inneren die Atmosphäre bereit, die in der Anlagenkapselung herrscht (siehe Bild 8.11). Sie besitzt eine solche Größe, dass sich der Anlagenbediener darin bewegen und die Tätigkeiten zur Havariebehebung ausführen kann. Das zu konditionierende Luftvolumen ist kleiner als für den Fall des Konditionierens des gesamten Trockenraumes. Die temporäre Anlagenkapselung lässt sich durch eine Schleuse betreten oder Ersatzteile und Werkzeuge lassen sich so zuführen. Allerdings schränkt der Raum der temporären Anlagenkapselung die Bewegungsmöglichkeiten des Bedieners ein. Durch standardisierte Bauteile für die temporäre Anlagenkapselung lässt sich der Zeitbedarf und Aufwand für deren Aufbau sehr stark reduzieren.

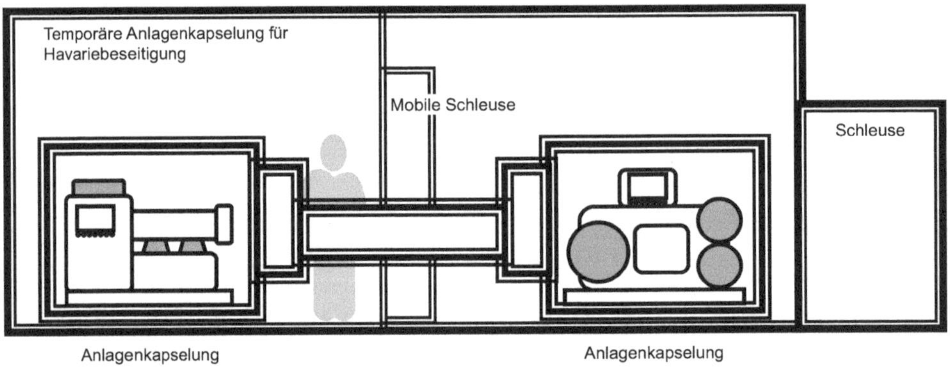

Bild 8.11 Temporäre Anlagenkapselung für Havariebehebung – schematische Darstellung

Bild 8.12 zeigt eine mögliche Ausführungsform einer solchen temporären Anlagenkapselung. Diese besteht aus zwei Gehäusehälften, die beispielsweise rollbar sind. An den Bodenkanten und an den Kanten zwischen den beiden Gehäusehälften befinden sich entsprechende Dichtungen. Die Gehäusehälften werden um die zu bearbeitende Anlage herum aufgestellt. Im Boden sind Verriegelungsvorrichtungen angebracht, die die jeweilige Gehäusehälfte fest am Boden halten und dafür sorgen, dass die Bodendichtungen ihre Funktion erfüllen können. Beide Gehäusehälften werden durch entsprechende Verschlüsse dicht miteinander verbunden. Die Anlagenkapselung besitzt eine Schleuse, durch die Mitarbeiter, Werkzeug oder Ersatzteile in den abgetrennten Bereich kommen können. Es sind weiterhin Anschlüsse für Energie und Medien vorgesehen. Leitungen mit sehr großem Querschnitt ermöglichen einen schnellen Luftaustausch.

Für die vorhandenen Transporteinrichtungen, die die Anlagen im Normalbetrieb verbinden, sind auch entsprechende Schleusen vorgesehen.

Für größere Anlagen kann die temporäre Anlagenkapselung beispielsweise auch aus einzelnen Wandpanelen bestehen, die vor Ort zu dem Gehäuse zusammengesetzt werden.

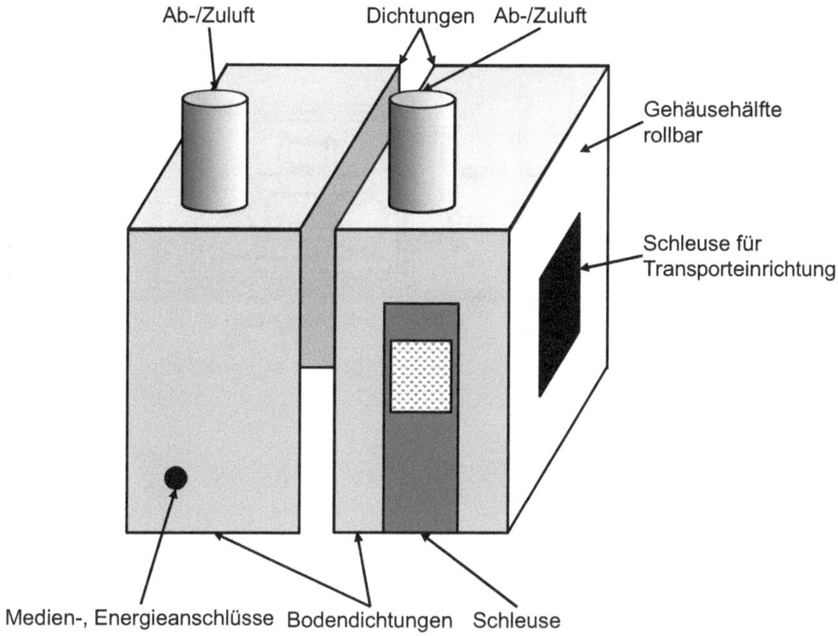

Bild 8.12 Konzeptdarstellung der temporären mobilen Anlagenkapselung

Das Konzept muss schon bei der Anlagen- und Raumplanung berücksichtigt werden, da es viele Schnittstellen zwischen der temporären Anlagenkapselung und dem Raum sowie der Anlage gibt. Dazu zählen die Verankerungspunkte im Boden, die Möglichkeit zum Anschluss der Anlagenkapselung an die Medien- und Energieversorgung und die Anschlüsse für die Zu- und Abluft.

8.10.3 Temporäre Raumtrennung

Bild 8.13 zeigt eine weitere Möglichkeit zur Schaffung der Abtrennung einer Anlage für die Beseitigung einer Havarie. Schon bei der Erstellung des Trockenraumes eingebrachte bewegliche Abtrennwände bieten die Möglichkeit einer Erweiterung der Anlagenkapselung. Das Abtrennen eines Bereiches des Trockenraumes kann die Atmosphäre dieses kleineren Bereiches auf das Niveau der Atmosphäre innerhalb der Anlagenkapselung bringen. Des Weiteren bietet der Bereich ausreichend Platz für den Bediener mit Werkzeug und Ersatzteilen zur Durchführung der erforderlichen Arbeiten. Die mobile Schleuse in den temporären Abtrennungen ermöglicht den Zutritt der Bediener und den Transport von Werkzeugen und Ersatzteilen.

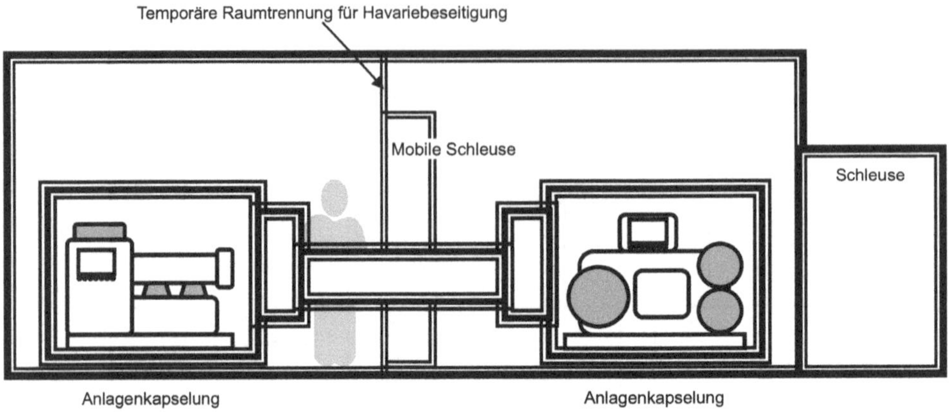

Bild 8.13 Temporäre Raumtrennung für Havariebeseitigung – schematische Darstellung

8.11 Anforderungen an Produktionsbereiche

Die Räume für eine Fertigung von LIB müssen den Reinraumanforderungen genügen. Diese Anforderungen hinsichtlich Partikelbelastung und Luftfeuchtigkeit werden in Abschnitt 8.5.2 beschrieben.

Insbesondere im Formations- und Ladebereich besteht eine höhere Brand- und Explosionsgefahr. Die Prozessschritte in diesen Bereichen bearbeiten funktionsfähige, aber ungeprüfte LIB, von denen naturgemäß Gefahren ausgehen. Die Räume sind daher durch entsprechende Feuerschutzwände sicher abzutrennen. Das stellt sicher, dass bei einer Havarie einer LIB nicht der gesamte Fertigungsbereich kontaminiert wird, was eine längere Reinigungsphase erfordert. Auf die Notwendigkeit entsprechender Rauchabzüge, Sprinkler, Detektionseinrichtungen oder Löschtechnik wird hier nur hingewiesen. Bei deren Auslegung sind die örtlichen Gegebenheiten und gesetzlichen Vorschriften zu beachten.

Aufgrund des hohen Energiebedarfs der Fertigung von LIB (siehe Kapitel 7) sind auch entsprechend dimensionierte Leitungen oder Versorgungstrassen erforderlich. Diese Trassen erfordern für ihre Kontrolle und Instandhalten auch einen entsprechenden Zugang.

Die sehr großen Anlagen einer solchen Großserien-Zellproduktion besitzen ein entsprechend hohes Gewicht, was in den Boden abgeleitet werden muss. Hier besteht die Herausforderung, dass die Bodenfläche einen Teil der Raumkapselung darstellt. Sie muss daher einerseits die Lasten sicher aufnehmen und andererseits auch sicherstellen, dass keine Feuchtigkeit dadurch eindringt. Des Weiteren sind die Anlagenfundamente von dem Gebäude zu entkoppeln, sodass die Anlagen keine Vibrationen auf das Gebäude oder den Trockenraum übertragen.

Doch auch die Instandhaltung stellt Anforderungen an die Gebäudestruktur. Das Bewegen großer Lasten erfordert entweder ausreichende Bodenlasten für den Einsatz mobiler Hebezeuge oder einen festinstallierten Kran. Solche Anforderungen basieren auf den speziellen Anlagen eines Prozessschrittes. Beispielsweise benötigt man für das Wechseln der Kalanderwalzen mit typischen Massen von mehr als einer Tonne einen entsprechenden Kran. Seine Aufgaben bestehen darin, die Kalanderteile von der Anlage wegzuheben und die Kalanderwalzen aus den Lagersitzen zu heben. Ein solcher Kran ist bei der Planung für die einzelnen Anlagen vorzusehen. Für die Auslegung der Raumhöhen des Trockenraumes sind die für die Instandhaltungsaufgabe erforderlichen Hebehöhen zu berücksichtigen. Des Weiteren müssen solche Anlagen für den Einsatz in der trockenen Atmosphäre geeignet sein. Bild 8.14 zeigt einen solchen Kran, der bei der Planung des Kalanders schon berücksichtigt wurde.

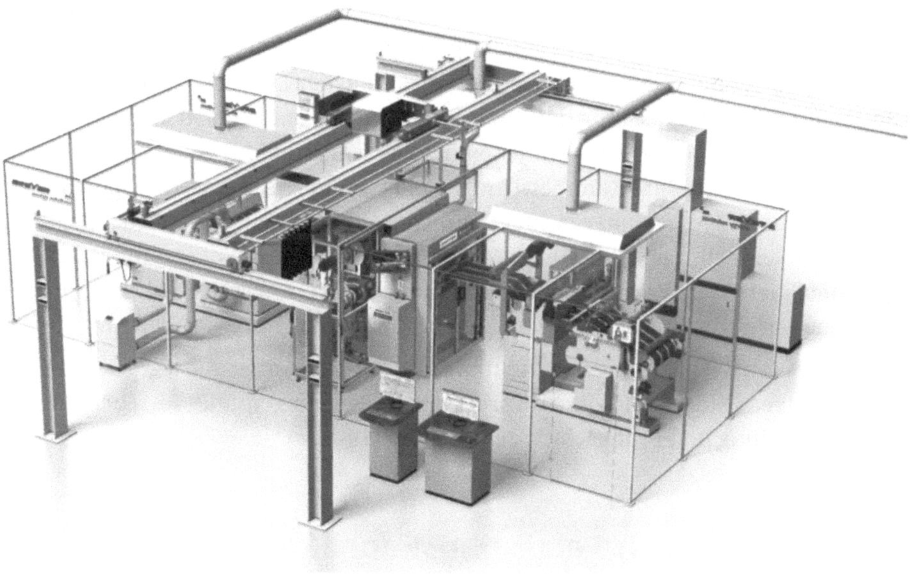

Bild 8.14 Kalander mit Kran, © Bild: Breyer GmbH Maschinenfabrik

8.12 Anforderungen an Lagerbereiche

Einige Prozessschritte der LIB-Produktion erfordern längere Aufenthalte der LIB im jeweiligen Bereich. Das trifft beispielsweise auf die Prozessschritte „Zelle durchfeuchten" (siehe Abschnitt 6.8), „Zelle formieren" (siehe Abschnitt 6.9) und „Zelle reifelagern" (siehe Abschnitt 6.13) zu. In diesen Bereichen halten sich die LIB mehrere Tage auf. Aus der langen Aufenthaltsdauer und der hohen Produktionsrate der Großserienfertigung ergibt sich eine große Anzahl von lagernden LIB. Auf Basis der Kapazitäten aus Abschnitt 8.5.1 ergibt sich ein Lagerplatzbedarf von 172.800 LIB pro Lagertag. Eine Anlage zur Reifelagerung von LIB über sechs Wochen erfordert damit ungefähr 7,3 Mio. Lagerplätze.

In allen drei vorangehend benannten Prozessschritten besteht die Möglichkeit, dass aus einer LIB Gas oder Flüssigkeit austritt. Die Gase müssen sicher abgesaugt, abgeleitet und gefiltert werden. Flüssigkeiten sind aufzufangen und zu entsorgen.

In den Anlagen der Prozessschritte „Zelle formieren" (siehe Abschnitt 6.9) und „Zelle reifelagern" (siehe Abschnitt 6.13) befinden sich voll funktionsfähige und geladene LIB. Damit besteht dort natürlich auch die Gefahr der Havarie einer LIB. Ein interner Kurzschluss innerhalb der LIB löst eine solche Havarie primär aus (siehe Abschnitt 3.2.9). Andere Versagensmechanismen sind auch vorstellbar, führen aber im Verlauf der Havarie zu den gleichen Auswirkungen. Das Innere der LIB erhitzt sich, der Elektrolyt verdampft, Gasdruck baut sich auf, eine exotherme Reaktion startet, die zu einem Zerlegen der LIB führen kann. In Abschnitt 3.4 werden diese Zusammenhänge und Abläufe beschrieben und Bild 3.3 zeigt die damit verbundene Temperaturänderung.

Die Begrenzung der durch eine Havarie auf das Umfeld der LIB einwirkende Kontaminierung erfordert eine Kapselung der LIB im jeweiligen Prozessschritt. Aus wirtschaftlichen Gründen kann natürlich nicht jede einzelne LIB individuell eingekapselt werden. Hier bieten sich größere Kammern an, in denen mindestens eine Transportpalette Platz findet. Eine solche Kammer besitzt dann eine entsprechende Sensorik, die Havarien beispielsweise durch das Detektieren eines Temperaturanstiegs innerhalb der Kammer detektiert. Des Weiteren ist jede Kammer mit einer Absaugung für eventuelle ausgetretene Gase oder Stäube sowie einer Feuerlöscheinrichtung ausgerüstet.

Es handelt sich um die Lagerung von funktionsfähigen LIB. Bei der Auslegung und beim Betrieb des Lagersystems sind die entsprechenden Regelungen und Vorschriften hinsichtlich Gefährdung und Brandschutz zu beachten [19].

8.13 Anpassung der Fertigungskapazität

Die Kundennachfrage nach Produkten mit LIB schwankt saisonal. Im Idealfall muss die Produktionsmenge von der Größenordnung her der Nachfragemenge nach den Produkten entsprechen. Das verdeutlicht der Absatz von Fahrzeugen mit Elektroantrieb, die LIB als Energiespeicher für den Antrieb benötigen. Bild 8.15 zeigt die Summe der Neuzulassungen von batterieelektrischen Fahrzeugen (BEV) und Hybridfahrzeugen (PHEV) in Deutschland im Jahr 2024. Die Schwankungen treffen mit zeitlichem Vorlauf auf die LIB-Produktion. Hierbei sind die Durchlaufzeiten in der LIB-Produktion und in der Fahrzeugproduktion zu berücksichtigen.

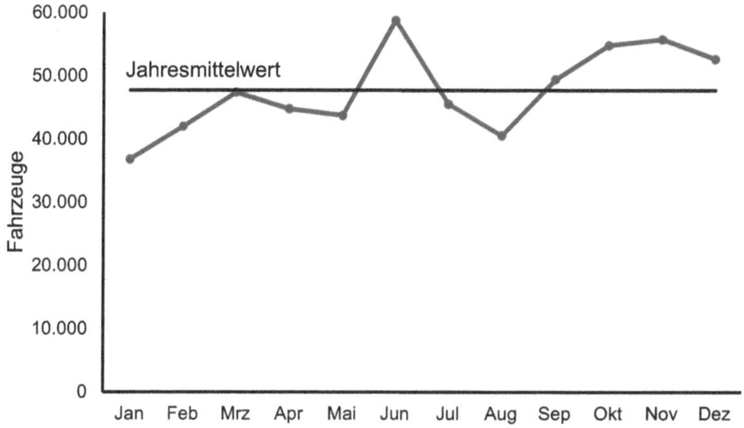

Bild 8.15 Absatz der Fahrzeuge mit Elektroantrieb: Markt in Deutschland im Jahr 2024, Datenquelle: [20]

Bezogen auf den Jahresmittelwert schwankt der Absatz zwischen +23,2 % und –22,7 %. Eine solche Schwankungsbreite der Nachfrage kann eine LIB-Produktion, die auf einen konstanten Durchsatz ausgelegt ist, nicht kompensieren. Der Produktionsprozess für LIB sollte möglichst konstant laufen. Natürlich kompensieren Lager für fertige LIB diese Nachfrageschwankungen. In einem solchen Lager ist aber sicherzustellen, dass die LIB unter konstanten Bedingungen lagern und ihr Zustand regelmäßig überprüft wird.

Bild 1.1 zeigt einen steigenden Bedarf an LIB über der Zeit. Die Zunahme der unterschiedlichen Anwendungsbereiche für LIB und damit der Anforderungen an die LIB im selben Zeitraum vergrößert die Anzahl der unterschiedlichen Varianten von LIB, die produziert werden müssen. Der Markt für LIB entwickelt sich immer mehr zu einem Variantenmarkt. In einer solchen Situation versucht der Anbieter eines Produktes anhand unterschiedlicher Produktausprägungen eine Vielzahl von Produkten anzubieten, die spezielle Kundengruppen oder Kundenbedürfnisse ansprechen [1].

Bleibt der Bedarf am Markt bei einer sich erhöhenden Anzahl der zu produzierenden Varianten gleich, so verringert sich zwangsläufig der Bedarf pro Variante. Das erfordert Anpassungen der Fertigungstechnik. Entweder produzieren Anlagen für eine Produktvariante bei geringerer Fertigungskapazität kontinuierlich oder Anlagen mit größerer Fertigungskapazität müssen periodisch umgerüstet werden. Solche Rüstvorgänge verursachen höhere Kosten, erhöhen den Ausschuss (Anfahrausschuss) und verlangsamen die Lernkurve.

Der Bedarf an LIB wird aber gemäß den unterschiedlichen Voraussagen weiter steigen, sodass die Steigerung des Bedarfs die Verringerung des Bedarfs pro Variante bei steigender Anzahl an Varianten kompensiert oder sogar überkompensiert. Bild 8.16 zeigt diesen Zusammenhang.

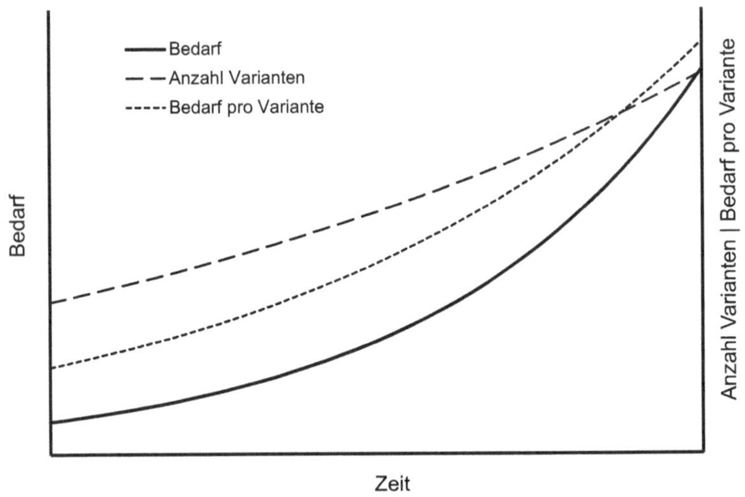

Bild 8.16 Zusammenhang zwischen der Steigerung des Marktbedarfs und der Steigerung der Anzahl von Produktvarianten – schematische Darstellung

Die Auslegung der LIB-Fertigung als Fließfertigung für nur eine Variante für sehr große Stückzahlen entspricht weiterhin den Marktanforderungen. Allerdings muss der Markt kontinuierlich beachtet werden. Ändern sich die Bedarfe oder steigt die Anzahl der Varianten der LIB sehr stark an, beeinflusst das die Auslegung der LIB-Fertigungen. Eine solche Marktveränderung erfordert auch für die LIB-Fertigung neue und neuartige Anlagen- und Fertigungskonzepte zur Sicherstellung der Wirtschaftlichkeit zukünftiger Fertigungen.

Literatur

[1] *Schenk, M./Wirth, S./Müller, E.:* Fabrikplanung und Fabrikbetrieb. Band 2. 2. Auflage. Springer Verlag, Berlin/Heidelberg 2014

[2] *Dombrowski, U./Ernst, S./Reimer, A.:* Fabrikplanung. In: *Dombrowski, U./Marx, S. (Hrsg.):* KlimaIng – Planung klimagerechter Fabriken. Springer Vieweg Verlag, Berlin 2018

[3] *Bockey, G./Heimes, H.:* Batterieproduktion. 10/2025. *https://battery-news.de/batterieproduktion* (abgerufen am 05.11.2024)

[4] *Hettersheimer, T./Thielmann, A./Neef, C./Möller, K.-C./Wolter, M./Lorentz, V./Gepp, M./Wenger, M./Prill, T./Zausch, J./Kitzler, P./Miller, M./Hagen, M./Fanz, P.:* Entwicklungsperspektiven für Zellformate von Lithium-Ionen-Batterien in der Elektromobilität. Fraunhofer-Allianz Batterien, Pfinztal 2017

[5] *Frerichs, T./Weber, M.:* Ressourceneffiziente Fertigungsprozesse dank Lean Management. *https://www.ingenieur.de/fachmedien/vdi-z/strategie-vdi-z/ressourceneffiziente-fertigungsprozesse-dank-lean-management/?utm_source=chatgpt.com* (abgerufen am 15.03.2025)

[6] Gabler Wirtschaftslexikon. Gabler, Wiesbaden 1988

[7] *Simon, R.:* Aufbau einer Fabrik zur Zellfertigung. Kapitel 19. In: *Korthauer, R. (Hrsg.):* Handbuch Lithium-Ionen-Batterien. Springer Vieweg, Berlin/Heidelberg 2013, S. 249 – 258

[8] *Guangdong Lyric Robot Automation Co., Ltd.:* Whole line solution for EV pouch battery cell. 2025. *https://en.lyric-robot.com/solutiondetail-5-2-47-1.html* (abgerufen am 25.02.2025)

[9] *Schünemann, J.-H.:* Modell zur Bewertung der Herstellkosten von Lithiumionenbatteriezellen. Sierke Verlag, Göttingen 2015

[10] *Schreiber, W.:* Über die Problematik der Massenfertigung von Messaufnehmern mit aufgeklebten Dehnungsmessstreifen. Herausgegeben von D. T. Braunschweig 1990

[11] *Womack, J. P./Jones, D. T./Roos, D.:* Die zweite Revolution in der Automobilindustrie. Konsequenzen aus der weltweiten Studie des Massachusetts Institute of Technology. 2. Auflage. Herausgegeben von E. C. Stotko. Campus Verlag, Frankfurt 1991

[12] *Deutsche Gesetzliche Unfallversicherung (DGUV):* Arbeitsplatzlüftung – Lufttechnische Maßnahmen (DGUV Regel 109-00). 04/2020. *https://publikationen.dguv.de/regelwerk/dguv-regeln/919/arbeitsplatz lueftung-lufttechnische-massnahmen* (abgerufen am 26.01.2025)

[13] *Heller, M./Turhan, H./Holöcher, N./Miggelt, M./Niggestich, M./Schöne, N./Janning, F./Wessel, S. D.:* Energieeffiziente und qualitätsorientierte Anlagenkonzepte für die Batteriezellfertigung. Fraunhofer-Einrichtung Forschungsfertigung Batteriezelle FFB, Münster 2023

[14] *Busà, C./Belekoukia, M./Loveridge, M. J.:* The effects of ambient storage conditions on the structural and electrochemical properties of NMC-811 cathodes for Li-ion batteries. In: Electrochimica Acta, Volume 366, 10 January 2021, 137358

[15] *Plocher, L./Heller, M./Ingendoh, B./Turhan, H./Burgard, M./Wennemar, S./Kampker, A./Kissling, M.:* Mini-Environments in Lithium-Ion Battery Cell Production. A Survey on Current State, Challenges and Trends. 5th Conference on Production Systems and Logistics 2023

[16] *Fraunhofer-Einrichtung Forschungsfertigung Batteriezelle FFB:* Wegweisende Konzepte für eine nachhaltige und ökonomische Batteriezellproduktion. 2023. *https://www.ffb.fraunhofer.de/de/news/publikationen/Whitepaper_Studien_Reporte/Whitepaper_zu_Mini_und_Makroenvironments.html* (abgerufen am 23.02.2025)

[17] *Heller, M./Miggelt, M.:* Mini-Environments in der LIB-Fertigung. Interview vom 13.08.2025

[18] *Deutsche Gesetzliche Unfallversicherung (DGUV):* FBFHB-018: Hinweise zum betrieblichen Brandschutz bei der Lagerung und Verwendung von Lithium-Ionen-Akkus. 19.06.2020. *https://publikationen.dguv.de/widgets/pdf/download/article/3863* (abgerufen am 05.03.2025)

[19] *Deutsche Gesetzliche Unfallversicherung (DGUV):* Brandschutz beim Umgang mit Lithium-Ionen-Batterien. DGUV Information 205-041. 02/2024. *https://publikationen.dguv.de/regelwerk/dguv-informationen/4668/brandschutz-beim-umgang-mit-lithium-ionen-batterien* (abgerufen am 05.03.2025)

[20] *Kraftfahrtbundesamt:* Neuzulassungen Alternative Antriebe – Monatsergebnisse. *https://www.kba.de/DE/Statistik/Produktkatalog/produkte/Fahrzeuge/fz28/fz28_gentab.html?nn=864666* (abgerufen am 28.05.2025)

[21] *RWTH Aachen/VDMA:* Produktionsprozess einer Lithium-Ionen-Batteriezelle. 2023

9 Der Faktor Mensch

Die Aussage „Menschen sind das wahre Vermögen eines Unternehmens“ bedeutet, dass das Wissen, die Fähigkeiten, die Kreativität und das Engagement der Mitarbeiter die wertvollste Ressource eines Unternehmens darstellen. Sie tragen direkt zur Innovationskraft, zur Produktivität und letztendlich zum langfristigen Erfolg des Unternehmens bei. Das spiegelt die Bilanz als Steuerungsinstrument des Unternehmens so nicht wider. Mitarbeiter sind unter dem Posten Personalkosten auf der Passiva-Seite der Bilanz verbucht.

Für eine erfolgreiche LIB-Fertigung sind die Menschen, die diese Fertigung betreiben, ein wichtiger Faktor. Das Wissen, die Fähigkeiten und die Motivation der Menschen tragen maßgeblich zur Produktivität und Wettbewerbsfähigkeit des Unternehmens bei. Eine effiziente, auf Qualität, Sicherheit und Effizienz ausgerichtete LIB-Fertigung bietet den Menschen daher Arbeits- und Entfaltungsmöglichkeiten.

Das Ursache-Wirkungs-Diagramm als Managementhilfsmittel nennt die folgenden vier Einflussbereiche:

- Mensch
- Maschine
- Material
- Methode

Die letzten drei Einflussbereiche „Maschine“, „Material“ und „Methode“ wurden in den vorangegangenen Kapiteln dieses Buches behandelt. Dieses Kapitel beschäftigt sich mit der Frage, welche Qualifikationen der Mitarbeiter für eine erfolgreiche LIB-Fertigung erforderlich sind. Naturgemäß hängen die erforderlichen Qualifikationen von der Rolle des Mitarbeiters und seinem Arbeitsplatz ab. Hierbei fokussiert sich dieses Buch auf die Qualifikationen im deutschsprachigen Raum.

Die Mehrzahl der Mitarbeiter bedient die Anlagen der LIB-Fertigung (= direktes Personal). Das können sowohl angelernte Kräfte als auch Facharbeiter sein. Ihre Hauptaufgabe besteht in der Bedienung der Anlagen, was auch die Beseitigung von Störungen beinhaltet. Teilweise schließt dies auch die Durchführung von Wartungsarbeiten durch den Maschinenbediener ein.

Logistikmitarbeiter sorgen dafür, dass das für die LIB-Produktion erforderliche Material in ausreichender Menge für die jeweiligen Prozessschritte angeliefert wird. Sie können auch Aufgaben im Bereich des Transportes von Zwischenprodukten übernehmen.

Die Mitarbeiter müssen über ein technisches Verständnis der Abläufe in den von ihnen bedienten Anlagen verfügen. Des Weiteren sind Kenntnisse über den gesamten Prozessablauf sehr sinnvoll, um die zahlreichen Fragestellungen an einer Anlage im Zusammenspiel mit den anderen Anlagen der davor- oder dahinterliegenden Prozessschritte zu klären. Persönliche Eigenschaften wie Prozessdisziplin und Sicherheitsbewusstsein bilden die Basis für eine erfolgreiche Arbeit in diesem Bereich.

In den an die LIB-Fertigung angeschlossenen Laboren, wie beispielsweise Wareneingangslabore oder Qualitätslabore, arbeiten Labortechniker oder Prüftechniker. Diese Mitarbeiter besitzen eine Technikerausbildung. Entsprechend ihrer Aufgabe besitzen sie tiefergehende Kenntnisse über den Prozess. Das können beispielsweise Kenntnisse zum Thema Materialwissenschaften oder Qualitätsmethoden sein.

Ingenieure mit dem entsprechenden Hochschulabschluss überwachen den Gesamtprozess der LIB-Herstellung sowie die Instandhaltung der Anlagen. Sie können dieser Überwachungsaufgabe beispielsweise in der Leitwarte der LIB-Fertigung nachgehen. Zu ihren Aufgaben gehört auch die weitere Optimierung der einzelnen Prozesse und Prozessschritte. Im Falle von Havarien, Störungen oder Abweichungen gehören sie zu den Mitarbeitern, die die notwendigen Daten und Informationen sammeln und Entscheidungen vorbereiten.

Die Anzahl der durch eine LIB-Fertigung zur Verfügung gestellten Arbeitsplätze beziehungsweise der Mitarbeiterbedarf wird in der Literatur bezogen auf die Kapazität der betrachteten Fertigung angegeben. Es handelt sich dabei natürlich um einen Durchschnittswert, der aber eine Orientierung zu dieser Fragestellung gibt. Für die in Deutschland geplanten LIB-Produktionsstätten gibt [1] solche Kennzahlen an (siehe Bild 9.1). Die Anzahl der indirekten Mitarbeiter wird in dieser Quelle pauschal mit 30 % abgeschätzt.

Die Verbesserung der Produktivität über der Zeit wird mit einer Lernkurve, der Zunahme der Automatisierung und der Fertigungskapazität begründet. Eine größere Beschichtungsbreite des Beschichters erhöht beispielsweise die Fertigungskapazität.

Der Bericht von [2] geht im Mittel von 100 MA/GWh aus. Er weist aber darauf hin, dass sehr effizient produzierende Fertigungen einen Mitarbeiterbedarf von 50 MA/GWh aufweisen. Der Mittelwert der Studie lag bei 130 MA/GWh und ihr Median betrug 95 MA/GWh.

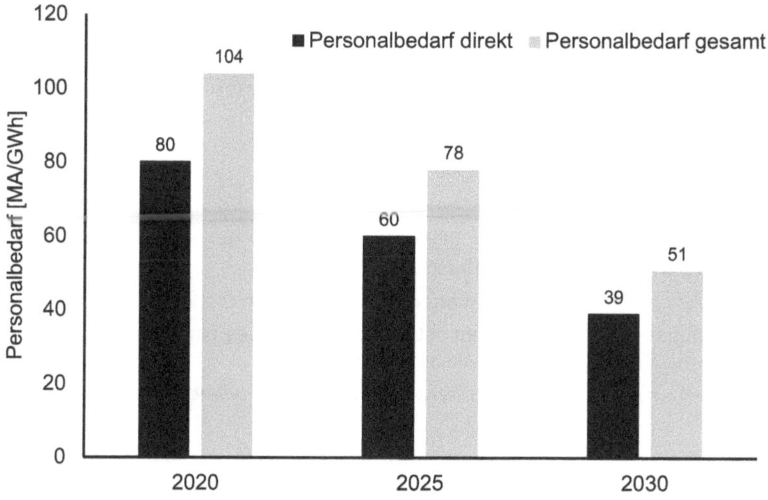

Bild 9.1 Personalbedarf in der LIB-Fertigung, in Anlehnung an [1]

Diese Angaben sind natürlich von der installierten Fertigungskapazität abhängig. [3] untersucht in den USA die veröffentlichten Fertigungskapazitäten mit der dazugehörigen Anzahl an Mitarbeitern. Auch hierbei ist klar ein Skaleneffekt zu erkennen. Mit zunehmender Fertigungskapazität reduziert sich die erforderliche Anzahl der Mitarbeiter für die Fertigung (siehe Bild 9.2).

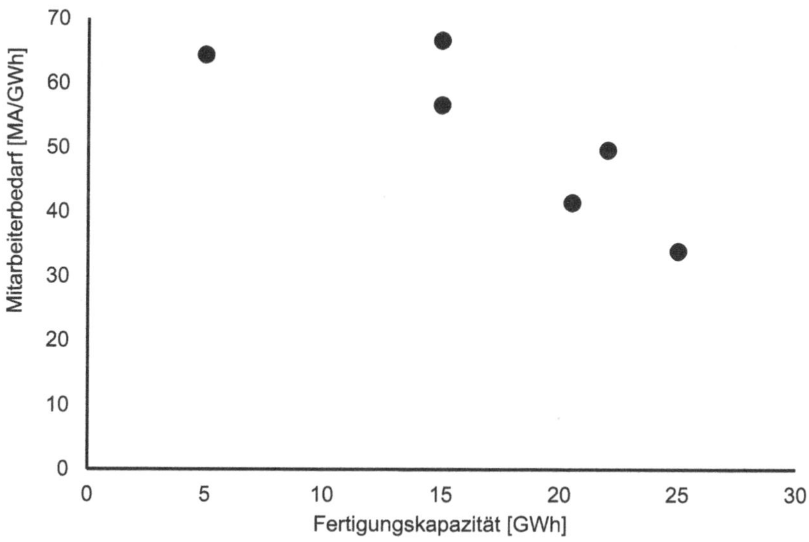

Bild 9.2 Mitarbeiterbedarf in Abhängigkeit von der Produktionskapazität, in Anlehnung an [3]

Das Kalkulationsmodell [4] für Kosten, Materialverbrauch und Flächenbedarf bestimmt auch den Personalbedarf für die jeweils abgebildete LIB-Fertigung. Hierbei ergibt sich naturgemäß ein linearer Anstieg des direkten und indirekten Personalbedarfs bei einer jeweiligen Verdopplung der Fertigungskapazität.

Literatur

[1] *Nationale Plattform Zukunft der Mobilität (Hrsg.):* Batterieproduktion für Deutschland und Europa. Bundesministerium für Verkehr und digitale Infrastruktur (BMVI), 2021

[2] *Erraia, J.:* Outlook for jobs creation in European battery industry. Menon Economics, 2022

[3] *Bui, A./Slowik, P.:* Powering the future. Assessment of U.S. light-duty vehicle battery manufacturing jobs by 2032. International Council on Clean Transportation, 2025

[4] *Schünemann, J.-H.:* Modell zur Bewertung der Herstellkosten von Lithiumionenbatteriezellen. Sierke Verlag, Göttingen 2015

10 Instandhaltung

Instandhaltung bezeichnet alle technischen und administrativen Maßnahmen während des Lebenszyklus eines Instandhaltungsobjektes zur Erhaltung des funktionsfähigen Zustands oder der Rückführung in diesen Zustand, damit es die von ihm geforderte Funktion wieder erfüllen kann (Sollzustand). Unter einem Instandhaltungsobjekt versteht man die technischen Anlagen oder deren Teile, an denen Instandhaltungsleistungen erbracht werden [1].

Zur Instandhaltung gehören die Inspektion, Wartung und Instandsetzung. Die Inspektion ist die Feststellung und Beurteilung des Istzustands einer Anlage. Die Wartung bezeichnet die geplanten oder präventiven Maßnahmen, die den Sollzustand der Anlage erhalten. Die Instandsetzung beschreibt die reaktive Wiederherstellung des Sollzustands einer Anlage nach einem Defekt oder Ausfall.

Bei den LIB-Produktionen handelt es sich um lineare Fließfertigungen mit komplexen, verketteten und teilweise parallelen Anlagen. Bild 8.2 zeigt die Struktur einer solchen Fertigung. Aufgrund der unterschiedlichen Kapazitäten der einzelnen Prozessschritte gibt es für jeden Prozessschritt eine unterschiedliche Anzahl von Fertigungsanlagen. Fällt die Anlage des Prozessschrittes A in Bild 8.2 aus, kann die gesamte Prozesskette nicht mehr mit den entsprechenden Zwischenprodukten versorgt werden. Die Produktion kommt zum Stillstand. Fällt jedoch eine Anlage des Prozessschrittes D aus, so reduziert sich nur die Fertigungskapazität der Gesamtfertigung.

10.1 Instandhaltungsziel

Das Ziel der Instandhaltung in der LIB-Fertigung besteht darin, den reibungslosen, sicheren und vorhersehbaren Betrieb der Produktionsanlagen zu gewährleisten und gleichzeitig geplante Ausfallzeiten sowie kostspielige Reparaturen zu minimieren sowie ungeplante Ausfallzeiten zu vermeiden.

Regelmäßige Wartungs- und Inspektionszyklen helfen dabei, Verschleiß und beginnende Defekte frühzeitig zu erkennen. Das reduziert oder vermeidet im Idealfall ungeplante Anlagenstillstände. Systematische Überprüfungen und rechtzeitiger Austausch verschlissener Komponenten pflegen die Anlagen und Maschinen optimal. Dies führt zu einer signifikanten Verlängerung der Nutzungsdauer der Anlagen und damit zu einer besseren Investitionsrendite.

Die Einhaltung strenger Qualitätsstandards in der LIB-Fertigung setzt stabile und verlässliche Prozesse voraus. Präventive Instandhaltung sorgt für konstante Produktionsparameter und die Vermeidung unerwarteter Störungen, die zu Qualitätsabweichungen führen könnten.

Durch die Reduzierung von Anlagenausfällen und den damit verbundenen teuren Reparaturen sinken die Betriebskosten der Fertigung. Zudem werden Produktionsabläufe planbarer und effizienter, was die Wettbewerbsfähigkeit des LIB-Herstellers erhöht.

Vorbeugende Wartungsmaßnahmen tragen immer dazu bei, potenzielle Sicherheitsrisiken frühzeitig zu identifizieren und zu beheben. Dies ist besonders wichtig in einem Fertigungsumfeld, in dem sowohl hohe elektrische als auch mechanische Belastungen an den Anlagenkomponenten auftreten können.

Insgesamt zielt die präventiv periodisch vorbeugende Instandhaltung darauf ab, die Zuverlässigkeit und Effizienz des gesamten Fertigungsprozesses zu maximieren und gleichzeitig die Risiken von Störungen, Produktionsausfällen und Sicherheitsvorfällen zu minimieren.

10.2 Instandhaltungsstrategie

Die Instandhaltungsstrategie bezeichnet die Instandhaltungsmethode oder Vorgehensweise, die angewendet wird, um die Instandhaltungsziele zu erreichen. [1] beschreibt die unterschiedlichen Instandhaltungsstrategien:

- reaktive Instandhaltung
- präventiv periodisch vorbeugende Instandhaltung
- präventiv zustandsabhängige Instandhaltung
- präventiv vorausschauende Instandhaltung

Reaktive Instandhaltung bedeutet, dass ein Ausfall eines Instandhaltungsobjektes den Zeitpunkt für die Instandsetzung bestimmt. Diese Strategie führt zu unvorhersehbaren Produktionsstillständen. Des Weiteren zeigt die Erfahrung, dass in einem solchen Fall die nicht planbare Verfügbarkeit von Personal und Ersatzteilen zu langen Verzögerungen führen kann. Ungeplante Stillstände des Produktionsprozesses führen in einigen Anlagen zu sehr hohen Verlusten. Dazu zählt beispielsweise der Beschichter, der bei einem Produktionsstillstand zuerst leergefahren werden muss. Der Trockner muss, bevor Arbeiten an ihm ausgeführt werden können, abkühlen. Diese Instandhaltungsstrategie der reaktiven Instandhaltung sollte bei einer LIB-Fertigung auf alle Fälle vermieden werden.

Präventiv periodisch vorbeugende Instandhaltung erfolgt nach festen zeit- oder ereignisbezogenen Nutzungsintervallen. Sie erfordert genaue Kenntnis über das Lebensdauerverhalten der einzelnen Komponenten. Meist besitzen die einzelnen Komponenten unterschiedliche Lebensdauern. Diese Strategie reduziert das Ausfallrisiko gegenüber der reaktiven Instandhaltung beträchtlich. Des Weiteren lassen sich die Arbeiten zeitlich und kapazitiv gut planen, was wiederum die Stillstandzeiten reduziert. Andererseits erhöhen sich die Kosten für die vorbeugenden Arbeiten. Die unterschiedlichen Lebensdauern einzelner Komponenten erfordern zur Reduzierung der Kosten die Durchführung der Arbeiten an allen Komponenten zur gleichen Zeit, wodurch teilweise Komponenten zu früh getauscht oder gewartet werden.

Die **präventiv zustandsabhängige Instandhaltung** basiert auf der Erfassung von den Anlagenzustand beschreibenden Informationen. Hierbei beginnen die Instandhaltungsarbeiten erst, wenn ein bestimmtes Verschleißmaß erreicht ist. Diese Vorgehensweise nutzt das Potenzial der einzelnen Komponenten sehr gut aus. Allerdings lassen sich die Instandhaltungsarbeiten nicht so gut planen und zusammenfassen, was den erforderlichen Aufwand dafür erhöht.

Bei der **präventiv vorausschauenden Instandhaltung** besteht das Ziel darin, bereits potenzielle und verdeckte Störungen früher zu erkennen und durch die Instandhaltungsarbeiten zu vermeiden. Diese Vorgehensweise erfordert die Kontrolle und Verfolgung sehr vieler unterschiedlicher Parameter und Messgrößen der einzelnen Anlagen.

Bei einer LIB-Fertigung handelt es sich um ein komplexes und vernetztes Produktionssystem mit teilweise sehr lange laufenden Prozessen und sehr unterschiedlichen Komponenten. Da ein solches System mit Komponenten mit sehr vielen unterschiedlichen Lebensdauern ausgestattet ist, würde eine präventiv zustandsabhängige Instandhaltung in Summe zu viele unterschiedliche Stillstandzeiten verursachen. Daher ist ein präventiv periodisch vorbeugendes Instandhaltungskonzept vorzuziehen. Das bedeutet, dass die gesamte Fertigung regelmäßig stillgesetzt wird, um dann die erforderlichen Inspektions- und Instandhaltungsarbeiten auszuführen. Standardisierte Checklisten, Wartungspläne und Komponententauschprozeduren, basierend auf Erfahrungswerten und Lieferantenvorgaben, helfen, die erforderlichen Instandhaltungsarbeiten innerhalb der festgelegten Stillstandzeit auszuführen. Die Arbeiten, der Personalbedarf und der Ersatzteilbedarf können somit gut geplant werden.

Die Erfassung der unterschiedlichen Parameter der einzelnen Prozessschritte kann für eine Abschätzung der Instandsetzungsaktivitäten genutzt werden. Verschleiß kann damit früher erkannt und geplant behandelt werden. Der Einsatz der Sensorik ermöglicht die kontinuierliche Überwachung der Anlagen. Auf Basis der Analyse der Daten der unterschiedlichen Parameter lassen sich Verschleißprozesse prognostizieren und gezielte Instandhaltungsmaßnahmen planen.

Eine schnelle sichere Instandhaltung erfordert Instandhaltungspersonal mit einer umfassenden Ausbildung oder Schulung, um die Arbeiten schnell und sicher ausführen zu können und um die Zusammenhänge innerhalb der Fertigung zu verstehen.

10.3 Instandhaltungskonzept

Der Abnutzungsvorrat beschreibt aus Sicht der Instandhaltung den verbleibenden Anteil an zulässiger Abnutzung, der in einer Anlage zu einem Zeitpunkt noch vorhanden ist, bevor ein kritischer Grenzwert erreicht wird, ab dem Leistungsfähigkeit oder Sicherheit gefährdet sind. Das lässt sich am Beispiel der Profilabnutzung von Fahrzeugreifen erklären. Die Differenz der aktuellen Profilstärke zu der minimal zulässigen Profilstärke kennzeichnet den Abnutzungsvorrat in diesem Beispiel. Im Falle der LIB-Fertigung kennzeichnen unterschiedliche Größen je nach Anlage den Abnutzungsvorrat.

Für alle Prozessschritte kann alternativ die Betriebszeit als Größe zur Bestimmung des Abnutzungsvorrates verwendet werden. Sie lässt sich in der Regel sehr einfach ermitteln. Des Weiteren lassen sich die Größen aus Tabelle 10.1 einfach über die Taktzeit in Betriebszeit der Anlage umrechnen.

Tabelle 10.1 Größen zur Beschreibung des Abnutzungsvorrates

Prozessschritt	Größe
Material dosieren (Abschnitt 5.2)	Menge des dosierten Materials
Aktivmaterial mischen (Abschnitt 5.3)	Menge des gemischten Materials Anzahl der Mischzyklen
Elektroden beschichten, trocknen (Abschnitt 5.4)	Länge der beschichteten Elektroden
Elektroden längs schneiden (Abschnitt 5.5)	Schnittlänge
Elektroden kalandrieren (Abschnitt 5.6)	Länge der kalandrierten Elektroden
Elektroden trocknen (Abschnitt 5.7)	Anzahl getrockneter Coils
Elektroden quer schneiden, vereinzeln (Abschnitt 5.8)	Schnittlänge Anzahl der vereinzelten Elektrodenblätter
Elektroden wickeln, stapeln (Abschnitt 6.1)	Anzahl der verarbeiteten Elektrodenblätter Menge verarbeiteter Separator Anzahl produzierter A-S-K-Verbunde
Flachwickel, Stapel verpressen (Abschnitt 6.2)	Anzahl prozessierter A-S-K-Verbunde
Ableiter formen, kontaktieren (Abschnitt 6.3)	Anzahl prozessierter A-S-K-Verbunde

Prozessschritt	Größe
Wickel, Stapel assemblieren (Abschnitt 6.4)	Anzahl prozessierter A-S-K-Verbunde
Gehäuse verschließen (Abschnitt 6.5)	Anzahl prozessierter LIB
Zelle auf Leckage prüfen (Abschnitt 6.6)	Anzahl prozessierter LIB Anzahl der n.i.O.-LIB
Zelle mit Elektrolyten befüllen (Abschnitt 6.7)	Anzahl prozessierter LIB Menge verfüllter Elektrolyt
Zelle durchfeuchten (Abschnitt 6.8)	Anzahl prozessierter LIB
Zelle formieren (Abschnitt 6.9)	Anzahl prozessierter LIB
Zelle mit Elektrolyten nachfüllen (Abschnitt 6.10)	Anzahl prozessierter LIB
Zelle final verschließen (Abschnitt 6.11)	Anzahl prozessierter LIB
Zelle prüfen (Abschnitt 6.12)	Anzahl prozessierter LIB
Zelle reifelagern (Abschnitt 6.13)	Anzahl prozessierter LIB

Die verbrauchte Energie ist ein Prozessparameter in den Prozessschritten. Sie kann zusätzlich zu den vorangehend aufgeführten Größen für jede Anlage während der Anlagenlaufzeit erfasst werden. Auch hieraus lassen sich Rückschlüsse auf den Zustand der Anlage ziehen. Diese Größe lässt sich auch noch in Bezug zur Betriebszeit der Anlage oder zum Produktionsvolumen berechnen. Das wäre ein Quotient aus der verbrauchten Energie bezogen auf die Betriebszeit oder bezogen auf das Produktionsvolumen. Die Länge der prozessierten Elektroden, die Anzahl der produzierten Elektroden oder A-S-K-Verbunde oder die Anzahl der produzierten LIB kennzeichnen beispielsweise das Produktionsvolumen der jeweiligen Anlage. Vergrößert sich beispielsweise der Quotient aus verbrauchter Energie zur Länge der beschichteten Elektroden im Prozessschritt „Elektroden beschichten, trocknen" (Abschnitt 5.4), so kann ab einem Grenzwert von einem Wartungsbedarf der Anlage ausgegangen werden.

Die in den unterschiedlichen Anlagen eingesetzten Betriebsstoffe besitzen auch individuelle zulässige Laufzeiten. Diese sind bei der Betrachtung aller Anlagen entsprechend mit zu berücksichtigen.

In der Realität weichen die Betriebszeiten der einzelnen Anlagen signifikant voneinander ab. Die Funktionen des Abbaus des Abnutzungsvorrates unterscheiden sich daher stark. Das zeigt Bild 10.1 für zwei Anlagen exemplarisch. In diesem Beispiel erfordert Anlage B früher eine Wartung als Anlage A. Finden jedoch an beiden Anlagen zum selben Zeitpunkt Instandhaltungsmaßnahmen statt, wird der Abnutzungsvorrat von Anlage A nicht vollständig ausgeschöpft. Die Instandhaltungsarbeiten starten vorzeitig, was einen wirtschaftlichen Nachteil mit sich bringt [1].

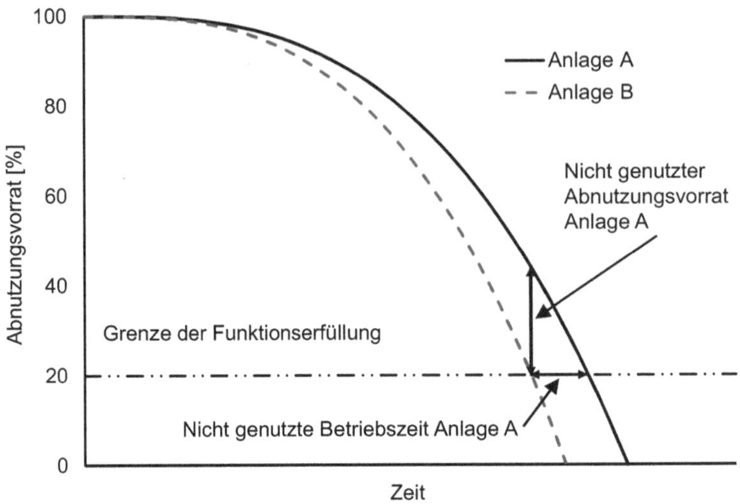

Bild 10.1 Vergleich des Abbaus des Abnutzungsvorrates zweier Anlagen, in Anlehnung an [1]

Die Zusammenlegung der Instandhaltungsarbeiten an beiden Anlagen zu einem Zeitpunkt und die damit verbundene verringerte Stillstandzeit der gesamten Fertigung kann diesen wirtschaftlichen Nachteil teilweise oder ganz kompensieren.

Eine LIB-Fertigung benötigt einen großen zeitlichen und materiellen Vorlauf für das Anfahren der Fertigung. Beim Beschichter und Trockner kann erst, nachdem die erste Beschichtung oder die Beschichtung nach einer Änderung der Einstellparameter fertiggestellt wurde, nach der teilweise sehr langen Trocknerstrecke vermessen und beurteilt werden. Das führt zu sehr langen Reaktionszeiten, bis die Anlage entsprechend stabil eingefahren ist und sicher mit einer konstant guten Qualität produzieren kann.

Aus diesem Grunde finden geplante Instandhaltungsarbeiten in einer LIB-Fertigung immer nach einem möglichst langen Zeitraum für die gesamte Fertigung statt. Ein typischer Zeitraum dafür beträgt ein Jahr. Für eine solche Betriebsstilllegung werden alle Anlagen zu einem definierten Zeitpunkt für eine Instandhaltungsperiode außer Betrieb genommen und stillgesetzt.

Während der Instandhaltungszeit führen die Mitarbeiter und eventuell auch Mitarbeiter der Anlagenhersteller an den Anlagen die zuvor geplanten Instandhaltungsarbeiten durch.

10.4 Instandhaltungsprojekt

Die Instandhaltung der Maschinen und Anlagen der LIB-Fertigung besitzt den klassischen Charakter eines Projektes. Konkrete Zielvorgaben, eine zeitliche Begrenzung, begrenzte Ressourcen, Größe und Komplexität sowie Einmaligkeit kennzeichnen ein Projekt im klassischen Sinn. Alle diese Merkmale mit Ausnahme der Einmaligkeit treffen auf die Instandhaltung der LIB-Fertigung zu. Daher kommen für die Planung, Kontrolle und Bewertung die Methoden des Projektmanagements zum Einsatz [2].

Die für die Instandhaltung erforderlichen Aktivitäten können daher in unterschiedliche Phasen strukturiert werden. Ein Abschlussmeilenstein schließt jede Phase ab. Der beschreibt einen Zustand der Arbeiten, der am Ende aller Aktivitäten der entsprechenden Phase erreicht sein muss. Ohne das Erreichen dieses Meilensteins kann die Folgephase nicht beginnen. Folgende Hauptphasen gliedern die Aktivitäten einer solchen Instandhaltung während eines Betriebsstillstands:

- Instandhaltungsplanung
- Instandhaltung der Anlagen
- Reinigung, Konditionierung der Anlagen und Räume
- Auswertung

Diese Phasen des Instandhaltungsprojektes folgen zeitlich hintereinander.

10.4.1 Instandhaltungsplanung

Planung beschreibt die Tätigkeit zur gedanklichen Vorwegnahme von Handlungsschritten, die zur Erreichung eines Ziels erforderlich sind. Grundlage für die Instandhaltungsarbeiten bilden die typischerweise vom Anlagenlieferanten mitgelieferten Wartungs- und Instandhaltungspläne. Sie beschreiben alle auszuführenden Instandhaltungsarbeiten an der jeweiligen Anlage. Eine weitere Basis für die Planung dieser Phase sind die Betriebsdaten der letzten Betriebsperioden. Dazu gehören auch Fehlerprotokolle, Fehlerberichte, Messdaten und andere Informationen. Diese Daten weisen auf zusätzliche Schwerpunkte für die geplanten Instandhaltungsarbeiten hin. Während dieser Phase sind die W-Fragen zu klären und zu beantworten: *Wer* macht *was, wann, wo, wie, womit*? Für jede Anlage wird festgelegt, welche geplanten Arbeiten auszuführen sind (siehe Bild 10.2).

Der Planung der Arbeiten folgt dann die Bestimmung der benötigten Komponenten, Austauschteile oder Betriebsstoffe sowie die Festlegung des internen und des externen Personals für die Arbeiten. Das ausgesuchte Personal sollte dann über die Arbeitsorte, die unterschiedlichen Arbeiten und über eventuelle Gefährdungen informiert werden. Neben diesen Sicherheitsunterweisungen können zusätzliche Gefährdungsbeurteilungen erforderlich sein [3].

Sind alle diese Aufgaben erfolgreich abgeschlossen, kann die nächste Projektphase begonnen werden.

Zur Instandhaltungsplanung kann auch die Durchführung definierter Diagnosen der laufenden Anlagen gehören.

Neben den Produktionsanlagen und Transporteinrichtungen in den einzelnen Prozessschritten erfordern die Abluftsysteme mit den dazugehörigen Filtersystemen und Abscheideanlagen regelmäßige Inspektionen und Instandhaltung.

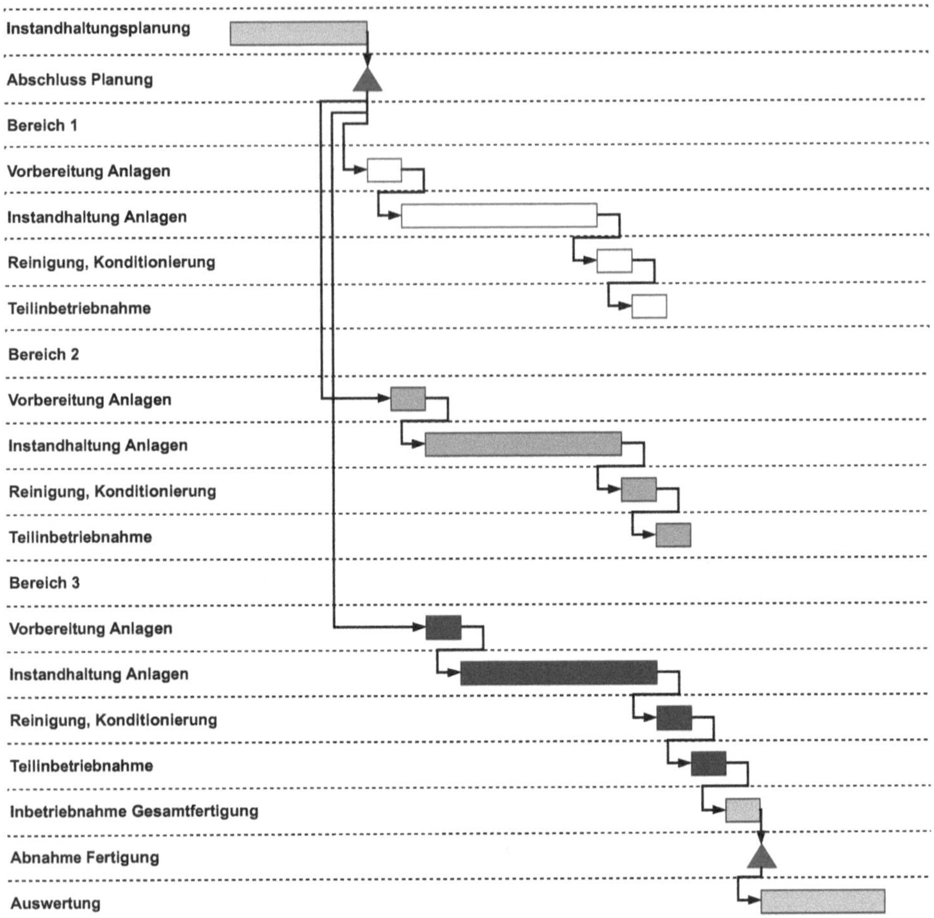

Bild 10.2 Musterablauf für die Instandhaltung

10.4.2 Vorbereitung der Anlagen

Zum vorbestimmten Zeitpunkt sind die Anlagen der Fertigungslinie kontrolliert leer zu fahren. Das bedeutet, dass einer Anlage kein Material mehr zugeführt wird. Anschließend kann die Anlage außer Betrieb gesetzt werden. Das bedeutet beispielsweise, dass Trockner abkühlen. Entsprechende Maßnahmen stellen sicher, dass von den Anlagen keine Gefahr für das Instandhaltungspersonal mehr ausgeht. Im Zuge der Vorbereitung der Anlagen können durchaus auch Reinigungsarbeiten ausgeführt werden. Hierbei ist jedoch darauf zu achten, dass der Zustand der Anlagen das ausführende Personal nicht gefährdet.

Da die gesamte Durchlaufzeit der kompletten Fertigung mehrere Tage beträgt, können die Instandhaltungsarbeiten abschnittsweise bei den Anlagen des ersten Prozessschrittes beginnen. Das bedeutet, dass die Außerbetriebsetzung der Anlagen nach und nach leergefahren werden müssen.

Inspektionen der Anlagen und Anlagenteile folgen anschließend. Hier prüfen entsprechend ausgebildete Mitarbeiter den Zustand der jeweiligen Anlage. Checklisten helfen, diese Inspektionen vollständig auszuführen. Die vorangehend beschriebenen Fehlerprotokolle oder Fehlerberichte unterstützen diese Tätigkeiten auch.

Zur Vorbereitung der Instandhaltung gehört auch, dass erforderliche Werkzeuge sowie Hilfsmittel wie beispielsweise Krane, Hubbühnen, Austauschteile vor Ort funktionsfähig bereitstehen. Des Weiteren ist festzulegen, in welchen Umfeldbedingungen (Temperatur, Luftfeuchtigkeit) die Instandhaltungsarbeiten auszuführen sind.

10.4.3 Instandhaltungsarbeit

Bei der Durchführung der Instandhaltungsarbeiten werden alle geplanten Instandhaltungsarbeiten ausgeführt, kontrolliert und dokumentiert. Hierzu zählt der Austausch von Verschleißteilen oder defekten oder verschlissenen Teilen, die Einstellung oder Justage von Komponenten und auch die Entfernung von Rückständen aus der Produktionszeit.

Die Anlagen zur Reinigung der Abluft inklusive der dazugehörigen Sensoren sind natürlich auch zu inspizieren und instand zu halten. Hier ist zu berücksichtigen, dass es sich bei den Rückständen in diesen Anlagen um Gefahrstoffe handeln kann (siehe Abschnitt 4.2). Diese Instandhaltungsarbeiten gewährleisten die dauerhafte Sicherheit und Funktionsfähigkeit dieser Anlagen und auch der Produktionsanlagen in den unterschiedlichen Prozessschritten.

Personal, was die Instandhaltungsarbeiten nicht durchgeführt hat, kontrolliert und dokumentiert die ausgeführten Instandhaltungsarbeiten. Das stellt ein Vier-Augen-Prinzip sicher.

Der Abschlussmeilenstein aller Instandhaltungsarbeiten beinhaltet die korrekte Ausführung der Instandhaltungsarbeiten, deren Kontrolle und Dokumentation.

10.4.4 Reinigung und Konditionierung

Die Instandhaltungsarbeiten verursachen Verunreinigungen der Räumlichkeiten und der Anlagen. Diese sind vollständig zu entfernen. Das ist die Voraussetzung für einen sicheren Anlagenbetrieb im Anschluss an die Instandhaltungsarbeiten.

Dauerten die Instandhaltungsarbeiten lange, sodass die Luftkonditionierung (Temperatur, Luftfeuchtigkeit) während dieser Zeit verändert wurde, dann müssen vor dem Beginn der LIB-Produktion das Umfeld und eventuelle Anlagenkapselungen entsprechend konditioniert werden. Das bedeutet, dass in den Räumen die geforderte Temperatur, Luftfeuchtigkeit und Partikelkonzentration herrschen muss.

Der Abschlussmeilenstein der Reinigung und Konditionierung erfordert, dass alle Räumlichkeiten, in denen die LIB-Fertigung durchgeführt wird, sauber und entsprechend den Anforderungen konditioniert sind. Erst dann kann die LIB-Produktion auf den einzelnen Anlagen starten.

10.4.5 Auswertung

Der während der Instandhaltungsarbeiten erfasste Zustand der Anlagen des jeweiligen Prozessschrittes und die ausgeführten Instandhaltungsarbeiten in Verbindung mit den verwendeten Ersatzteilen, Austauschteilen oder Betriebsstoffen sowie den während der Produktion erfassten Betriebsdaten bilden eine Informationsbasis für die nächsten Wartungsarbeiten. Die Auswertung dieser Informationen stellt fest, welche Komponenten einem höheren oder geringeren Verschleiß unterliegen. Die systematische Auswertung aller verfügbaren Daten aus in der Vergangenheit ausgeführten Instandhaltungsarbeiten, der während des Betriebs der Anlagen erfassten Daten und der Daten aus den durchgeführten Instandhaltungsarbeiten bildet die zentrale Basis für die Optimierung der Anlagen. Die Analyse und Interpretation dieser gesamten Informationsbasis bieten die Möglichkeit, Muster, Schwachstellen und Verbesserungspotenziale zu identifizieren, die als Grundlage für strategische und taktische Entscheidungen zukünftiger Instandhaltungsmaßnahmen sowie der kontinuierlichen Optimierung der Instandhaltungsprozesse dienen.

Die wesentlichen Zielsetzungen einer systematischen Auswertung bestehen darin,

- die Ursachen wiederkehrender Fehler oder Ausfälle zu identifizieren,
- den optimalen Zeitpunkt für präventive Maßnahmen zu bestimmen und
- das Instandhaltungsmanagement insgesamt effizienter zu gestalten.

Zur Sicherstellung einer hohen Datenqualität der erfassten Daten gehören Standardisierung und Validierung der Daten sowie die Identifikation von Ausreißern oder fehlerhaften Einträgen und Daten zur Erhöhung der Zuverlässigkeit. Die typischen Werkzeuge der quantitativen und der qualitativen Analysen kommen hierzu zum Einsatz. Zu den quantitativen Auswertungswerkzeugen gehören die statistische Auswertung, Trendanalyse oder Korrelationsanalyse. Qualitative Analysemethoden sind die Ursachenanalyse mit der Methode „Ask 5 times why“ oder Ishikawa-Diagramme sowie Expertenbefragungen und Workshops mit dem Produktionspersonal und dem Instandhaltungspersonal. Solche Methoden ermöglichen es, nicht nur die Symptome, sondern auch die tieferen Ursachen von Ausfällen oder Abweichungen systematisch aufzudecken und entsprechende Gegenmaßnahmen zu entwickeln.

Aus diesen zusammengetragenen Informationen und den darauf basierenden Ableitungen lassen sich Maßnahmen für die zukünftige Instandhaltung entwickeln. Dazu gehören präventive Instandhaltungsmaßnahmen oder die zustandsbasierte Instandhaltung. Des Weiteren lassen sich die Instandhaltungsintervalle für die einzelnen Komponenten anpassen oder der Weiterbildungsbedarf von Mitarbeitern ableiten.

Das Fabriklayout sollte daher die Anforderungen der Instandhaltung berücksichtigen und Vorkehrungen treffen, die Instandhaltungsarbeiten schnell und konfliktarm auszuführen. In Abschnitt 8.5.3 wird ein Prinzip-Layout beschrieben, was für eine schnelle und effiziente Instandhaltung geeignet ist. Das Layout ermöglicht den effizienten Zutritt für Personal und Material zu allen Bereichen der Fertigung.

Literatur

[1] *Freund, C.:* Die Instandhaltung im Wandel. Kapitel 1/Grundlagen der Instandhaltung. Kapitel 2. In: *Schenk, M. (Hrsg.):* Instandhaltung technischer Systeme. Methoden und Werkzeuge zur Gewährleistung eines sicheren und wirtschaftlichen Anlagenbetriebs. Springer Verlag, Heidelberg 2010

[2] *Madauss, B.:* Projektmanagement. Ein Handbuch für Industriebetriebe. 3. Auflage. Poeschel-Verlag, Stuttgart 1990

[3] *Deutsche Gesetzliche Unfallversicherung (DGUV):* DGUV Vorschrift 1 – Grundsätze der Prävention. Köln 2015. *https://www.bghm.de/arbeitsschuetzer/schriften-und-regelwerk/dguv-vorschriften/dguv-vorschrift-1/anlage-1/einleitung* (abgerufen am 29.10.2025)

11 Rückverfolgbarkeit

Rückverfolgbarkeit bedeutet im Falle der LIB-Produktion, dass jederzeit sicher festgestellt werden kann,

- wann, wo und durch wen die verbauten Materialien oder Komponenten gewonnen, hergestellt, verarbeitet, gelagert, transportiert und in die LIB verbracht wurden,
- wann, wo und durch wen die Komponenten der LIB produziert wurden, sowie
- wann, wo und durch wen die LIB hergestellt wurden.

Jedes bei der Herstellung der LIB verwendete Material muss in jedem Prozessschritt eindeutig gekennzeichnet sein und dem Zwischenprodukt sowie der fertigen LIB später eindeutig zuordenbar sein. Dies ist die Basis für die Rückverfolgbarkeit vom fertigen Produkt zurück zum verwendeten Material. Das bedeutet, dass jede Komponente der LIB entsprechende Kennzeichnungen tragen muss. Im Rahmen eines Dokumentationsprozesses, der parallel zum Produktionsprozess abläuft, sind die gespeicherten Informationen oder Daten zu jeder Komponente der späteren LIB zuzuordnen.

Nach ISO 9001:2015 (Kapitel 8.5.2, „Identifizierung und Rückverfolgbarkeit") muss eine Organisation geeignete Mittel zur eindeutigen Identifizierung von Produkten und Dienstleistungen bereitstellen, wenn dies zur Sicherstellung ihrer Konformität erforderlich ist, den Status der Produkte im Hinblick auf Überwachungs- und Messanforderungen während der gesamten Produktion kennzeichnen und bei geforderter Rückverfolgbarkeit die eindeutige Identifikation kontrollieren sowie dokumentierte Informationen aufbewahren, die die Rückverfolgbarkeit gewährleisten. Das gilt natürlich auch für die LIB-Produktion.

Ein Produktionssteuerungssystem steuert die Zuordnung eines Auftrags mit der Auftragskennzeichnung oder die Zuordnung einer Produktionscharge mit der Produktionschargenkennzeichnung in der richtigen Reihenfolge zum einzelnen Prozessschritt mit den dazugehörigen Anlagen. Die Anlagen der Prozessschritte liefern die Daten zu den einzelnen Parametern bezogen auf die jeweilige Produktionscharge oder der produzierten LIB zur Verknüpfung mit den Produktionschargenkennzeichnungen. Das Produktionssteuerungssystem kann damit die erfassten Daten den bearbeiteten Aufträgen oder Produktionschargen zuordnen. Eine weitere Detaillierung von Erfassung zu Zuordnung ermöglicht die Zuordnung jedes einzelnen Bauteils oder jeder Komponente der LIB zu den erfassten Daten der Parameter der Prozessschritte.

Hierbei ist zu berücksichtigen, dass die Menge der erfassten Daten aufgrund der großen Anzahl der einzelnen Teile der LIB sehr groß ist. Eine Beispiel-LIB, wie sie in Abschnitt 8.2 beschrieben wird, beinhaltet beispielsweise folgende Teile oder Komponenten:

- 80 Anoden
  - Grafit
  - Binder
  - Leitruß
  - Kupferfolie
- 79 Kathoden
  - Lithium-Metall-Oxid
  - Leitruß
  - Binder
  - Aluminiumfolie
- Lösungsmittel
- Elektrolyt
- 1 Separatorband
- 1 Gehäuse
- 1 Deckel mit Anschlüssen und Sicherheitseinrichtung
- 1 Verschluss der Befüllöffnung
- 1 Isolation

Die aufgeführten Komponenten sind jeder produzierten LIB zuzuordnen. Im Beispiel handelt es sich damit um mindestens 167 einzelne Komponenten, für die die Parameter in den jeweiligen Prozessschritten zu erfassen sind.

In der LIB-Fertigung werden eine umfassende Dokumentation und detaillierte Materialinformationen benötigt, um die Produktionsqualität, Sicherheit und Rückverfolgbarkeit zu gewährleisten. Diese Dokumentationen und Informationen betreffen Materialien wie Anoden, Kathoden, Elektrolyten und Separatoren. Im Folgenden sind die typischen Dokumentationsanforderungen und notwendigen Informationen beschrieben, ergänzt durch Quellenangaben.

Bild 11.1 und Bild 11.5 zeigen beispielhaft den Materialfluss zur Herstellung einer LIB mit den jeweiligen Daten der Parameter für die einzelnen Prozessschritte *DPn* und die Zwischenprodukte *DZn*. Die Variable *n* kennzeichnet den Prozessschritt. Die Daten der

Zwischenprodukte *DZn* setzen sich aus den Daten der Parameter für ein Produkt eines Prozessschrittes *DPn* und den Daten des Zwischenproduktes aus dem vorangegangenen Prozessschritt *DZ(n – 1)* zusammen. Der Index kennzeichnet, ob es sich um Daten zur Anode (A), Kathode (K), Folie (F), zum Elektrolyten (E) oder zum Bauteil (B) handelt.

Im Bereich der Elektrodenfertigung (siehe Bild 11.1) ändert sich die Art der Zuordnung der Parameter. Pulverförmige Materialien, wie beispielsweise Grafit, Binder, Leitruß, Kathodenaktivmasse, Additive, oder flüssige Materialien, wie beispielsweise Lösungsmittel oder Elektrolyten, werden in Chargen angeliefert und verarbeitet. Diese Materialien tragen als Kennzeichnung eine Lieferchargenkennung, die den Prozessdaten der LIB zugeordnet werden kann.

Eine Lieferchargenkennung kennzeichnet immer eine größere Menge Material, bei der dann von einer homogenen Verteilung der Eigenschaften in der Menge ausgegangen wird. Eine Anbringung der Kennzeichnung am Produkt ist auch aus nachvollziehbaren Gründen nicht umsetzbar. Nur der Transportbehälter trägt die Kennzeichnung.

Um eine spezifikations- und qualitätsgerechte LIB-Produktion sicherstellen zu können, werden die jeweiligen Materialzertifikate, Sicherheitsdatenblätter oder Safety Data Sheets (SDS) und Material Safety Data Sheets (MSDS) des zugelieferten Materials benötigt.

Ein Sicherheitsdatenblatt ist die moderne, international standardisierte Form eines Material Safety Data Sheets (MSDS). Es basiert auf dem global harmonisierten System (GHS) mit einheitlichen Formaten in 16 Abschnitten. Das SDS ist die rechtlich vorgeschriebene Form für die sichere Handhabung von Gefahrstoffen und Gemischen in der EU für alle Materialien, um Informationen zu Sicherheits- und Gesundheitsrisiken für die Fertigung bereitzustellen. Diese enthalten zusätzliche Details zu Lagerungsbedingungen und Handhabungsvorgaben.

Die genaue chemische Zusammensetzung und die physikalischen Eigenschaften des angelieferten Materials beeinflussen sowohl die Leistung und Sicherheit der LIB als auch die Verarbeitbarkeit in den einzelnen Prozessschritten maßgeblich. Diese Angaben sind in den Prüfprotokollen der Lieferung entsprechend zu dokumentieren und für die Nachverfolgbarkeit bereitzustellen. Des Weiteren gehören Angaben wie Chargenkennzeichnung und Produktionsdaten der Materialien zu den erforderlichen Daten.

Eine Zuordnung der Daten zu einer Produktionscharge findet in den Prozessschritten „Material lagern“ (siehe Abschnitt 5.1), „Material dosieren“ (siehe Abschnitt 5.2), „Aktivmaterial mischen“ (siehe Abschnitt 5.3) und zu Beginn im Prozessschritt „Elektroden beschichten und trocknen“ (siehe Abschnitt 5.4) statt.

Vergleichbares wie bei der Liefercharge gilt für auf Rollen angelieferte Materialien, wie Aluminium- oder Kupferfolie oder Separator, die dem Produktionsprozess zugeführt werden. Auch hier trägt die Rolle nur eine Rollenkennzeichnung, der die Prozessdaten des Herstellprozesses der Folie zugeordnet werden. Die Datenerfassung in den Prozessschritten „Elektroden beschichten und trocknen“ (siehe Abschnitt 5.4), „Elektroden längs schneiden“ (siehe Abschnitt 5.5), „Elektroden kalandrieren“ (siehe Abschnitt 5.6), „Elektroden nachtrocknen“ (siehe Abschnitt 5.7) und zu Beginn des Herstellprozesses „Elektroden quer schneiden, vereinzeln“ (siehe Abschnitt 5.8) ordnet die Rollenkennzeichnungen ihren Prozessdaten zu. Auch hierbei wird davon ausgegangen, dass die Verteilung der Eigenschaften, die durch die jeweiligen Parameter beschrieben werden, für jede Teilmenge der Folie einer Rolle zutrifft.

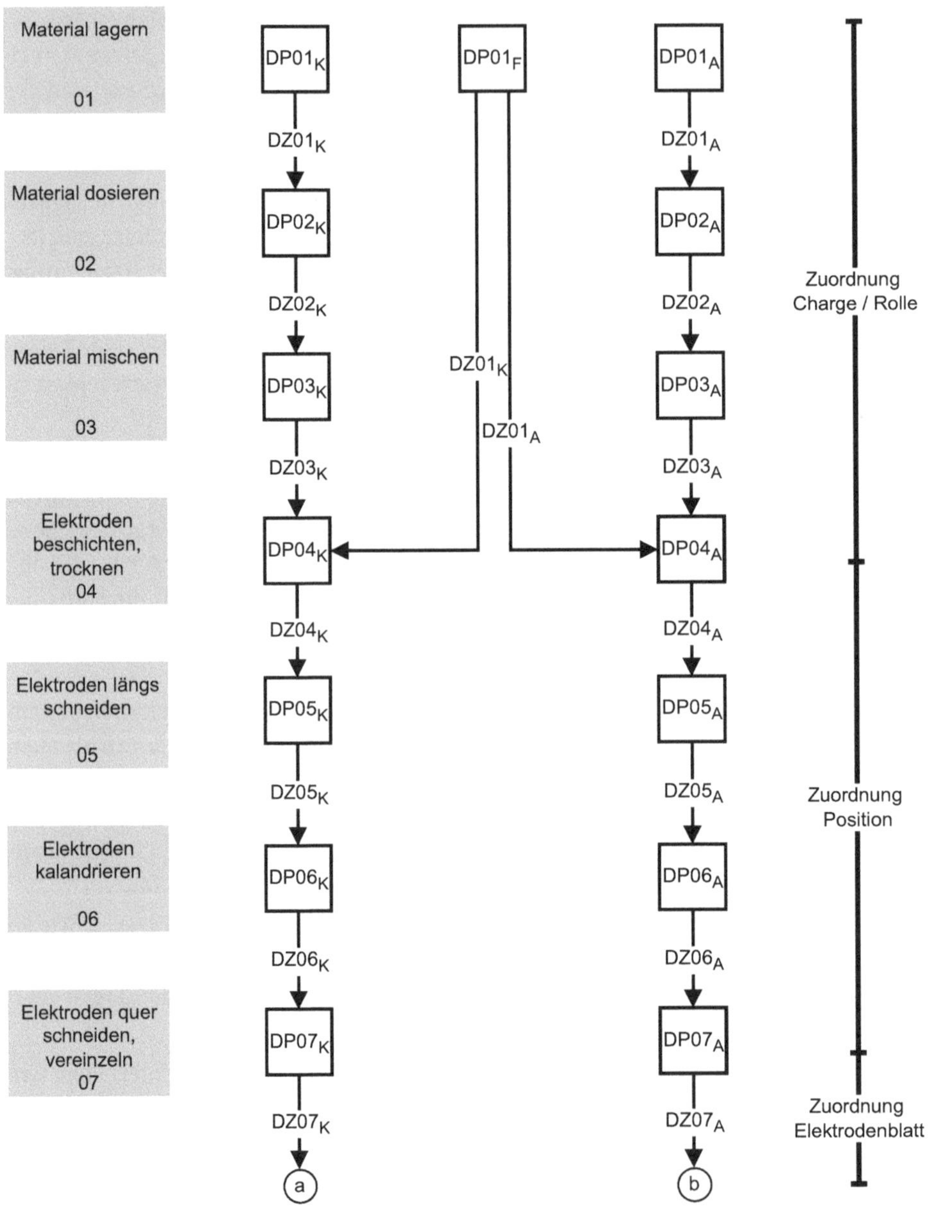

Bild 11.1 Datenstruktur der Elektrodenfertigung

In Abschnitt 4.1.6 werden die in Bild 11.1 und Bild 11.5 verwendeten Bezeichnungen und Zuordnungen der Daten erläutert.

Im Prozessschritt „Elektroden beschichten und trocknen“ (siehe Abschnitt 5.4) beschichtet die Anlage die Metallfolie mit der entsprechenden Beschichtungsmasse. Bei diesem Prozess treten Schwankungen der einzelnen Parameter des Prozessschrittes auf, die einen Einfluss auf die Eigenschaften jeder einzelnen Elektrode haben. Diese Eigenschaften der einzelnen Elektrode beeinflussen die spätere LIB. Der Parameter „Volumenstrom Paste“ soll hier als Beispiel dienen. Schwankungen auch innerhalb der zulässigen Toleranzen betreffen immer nur einen Bereich auf der Metallfolie. Bild 11.2 zeigt das beispielhaft. Die Prozessdaten *DP* werden der Position *x*, *y* auf der Metallfolie zugeordnet. In diesem Fall überspannt der Bereich für die Zuordnung die gesamte Breite der Bahn der Beschichtung. Damit lässt sich die Position des Bereichs in y-Richtung einfach bestimmen. Die Bestimmung der *x*-Position erfordert jedoch eine genaue Erfassung der Längsposition bei der Bearbeitung.

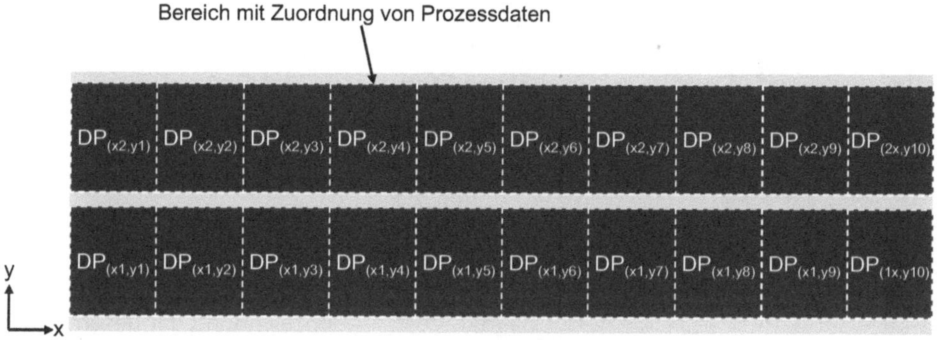

Bild 11.2 Zuordnung von Daten des Prozesses zur Position

Hier wird eine Herausforderung klar, die für die Zuordnung der Daten zu einer Position auf der Metallfolie von großer Bedeutung ist. Die Position des betreffenden Bereichs im Elektrodenband ist zuzuordnen und zu speichern. Die Position des betreffenden Bereiches wird relativ zu einer Startposition ermittelt. Diese Zuordnung funktioniert, solange alle Bereiche im Verbund des Metallbandes sind.

Zur ersten Lösung dieser Herausforderung wird auf den unbeschichteten Rand der Elektrode kontinuierlich ein eindeutiges Muster aufgebracht. Dieses Muster beinhaltet Informationen über die jeweilige aktuelle Position der Markierung auf dem Elektrodenband. Diese Markierung kann in späteren Herstellungsschritten teilweise abgeschnitten werden. Das geschieht beispielsweise beim Beschneiden der Elektrodenblätter der LIB zum Formen der Ableiter.

Um diesen Nachteil auszugleichen, werden auf der gesamten Fläche der Metallfolie Markierungen angebracht. Diese Muster kennzeichnen die Position in Längs- und Querrichtung der Folie. Typischerweise bringen Lasermarkierungssysteme solche Markierungen in hoher Geschwindigkeit und hoher Präzision auf. Allerdings verdeckt die aufgebrachte Beschichtungsmasse die Muster später im Beschichtungsprozess.

Bild 11.3 zeigt, dass alle unbeschichteten Bereiche der Metallfolie mit den unterschiedlichen Markierungen versehen sind. Im Prozessschritt „Elektroden beschichten und trocknen“ (siehe Abschnitt 5.4) ordnet die Prozesssteuerung die einzelnen Daten der Parameter der gekennzeichneten Position auf der Metallfolie zu. Hierbei ist es möglich, dass mehreren Kennzeichnungen dieselben Daten der Parameter zugeordnet werden. Der Prozessschritt „Elektroden quer schneiden, vereinzeln“ (siehe Abschnitt 5.8) löst den Zusammenhang des Elektrodenbandes auf. Das erfordert für jedes Elektrodenblatt eine verbleibende Kennzeichnung, mit der das Blatt als einzelnes Objekt jederzeit zu identifizieren ist.

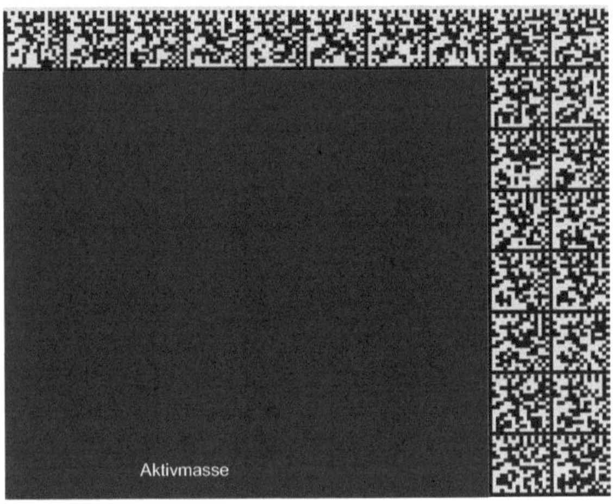

Bild 11.3
Kennzeichnung der gesamten Fläche der Metallfolie

Beim Ausschneiden der Ableiterfahnen trennt die Anlage einen Teil der Kennzeichnung ab. Es verbleibt nur eine Teilfläche der unbeschichteten Metallfolie an der Elektrode stehen. Dieser Bereich trägt dann die Markierungen, die die Elektrode eindeutig kennzeichnen.

Bild 11.4 zeigt vier Kennzeichnungen auf dem Ableiter. Es ist möglich, dass nicht alle der Kennzeichnungen vollständig auf dem verbliebenen Ableiter bleiben. Die Größe der Markierungen oder Kennzeichnungen ist daher so klein zu wählen, dass in jedem Fall mindestens eine Markierung vollständig auf dem Ableiter verbleibt. Allerdings darf die Kennzeichnung nicht zu klein ausfallen, damit sie immer noch automatisiert bei hoher Prozessgeschwindigkeit lesbar ist.

Jedes Elektrodenblatt ist damit einzeln individuell auf dem Elektrodenblatt gekennzeichnet. Das ermöglicht die Rückverfolgung von der einzelnen Elektrode auf das Elektrodenband. Im Prozessschritt „Elektroden stapeln oder wickeln“ (siehe Abschnitt 6.1) ordnet das Produktionssteuerungssystem die einzelnen Elektroden dem Stapel oder Wickel beziehungsweise dann schon direkt der LIB zu.

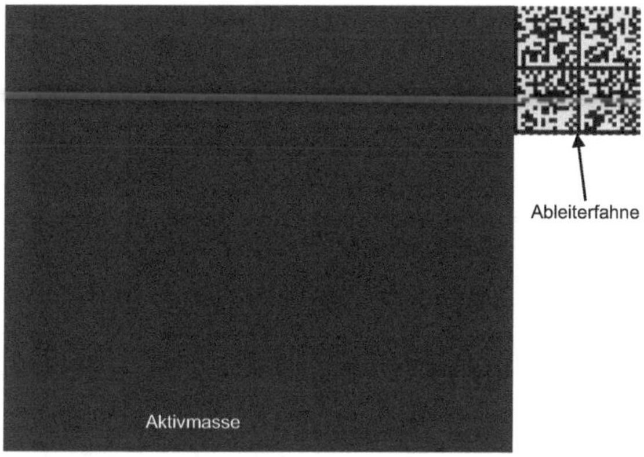

Bild 11.4 Verbliebene Kennzeichnung nach dem Vereinzeln der Elektrode

Im Prozessschritt „Elektroden formen und kontaktieren“ (siehe Abschnitt 6.3) zerstört der Fügeprozess die Markierungen auf den Ableiterfahnen. Die Zuordnung zum A-S-K-Verbund hat aber vorher stattgefunden, sodass eine Rückverfolgung möglich ist. Das System hat bis zu diesem Prozessschritt gespeichert, welche Elektrode mit welchen Daten zu den unterschiedlichen Parametern der davorliegenden Prozessschritte an welcher Position im Stapel beispielsweise verbaut wurde. Diese Vorgehensweise ermöglicht eine gute Rückverfolgbarkeit aller Parameter aller Komponenten des in dem Prozessschritt aufgebauten A-S-K-Verbunds bis zurück zu den Parametern der Rohmaterialien.

Des Weiteren befinden sich immer noch Markierungen unter der Aktivmasse. Im Falle einer späteren Havarie der LIB kann diese Markierung dann im Rahmen einer Untersuchung wieder lesbar gemacht werden.

Zukaufteile wie Gehäuseteile, Anschluss- oder Kontaktierungsteile kennzeichnet der jeweilige Lieferant mit einer eindeutigen Identifikation wie beispielsweise einer Seriennummer, der die bei der Herstellung der Teile relevanten Prozessparameter zugeordnet werden können. Diese Teile können eine Kennzeichnung tragen, wie beispielsweise einen Datamatrixcode, den Maschinen automatisch auslesen können.

Die Messwerte der Parameter der einzelnen Prozessschritte sind so zu erfassen, dass sie der späteren fertigen LIB zweifelsfrei zuzuordnen sind. Sie dienen so als Grundlage zur Steuerung der Prozessqualität und damit auch der späteren Produktqualität. Solche Daten bilden die Grundlage bei der Ermittlung von Abweichungen innerhalb des Prozesses bei den Zwischenprodukten.

Des Weiteren unterstützen die Daten die Fehlersuche beim Auftreten eines Vorfalls mit einer LIB aus der Fertigung. Damit besteht die Möglichkeit der Rückverfolgung. Diese Rückverfolgbarkeit sollte möglichst weiter im Detail die relevanten Informationen über den Prozess bereitstellen.

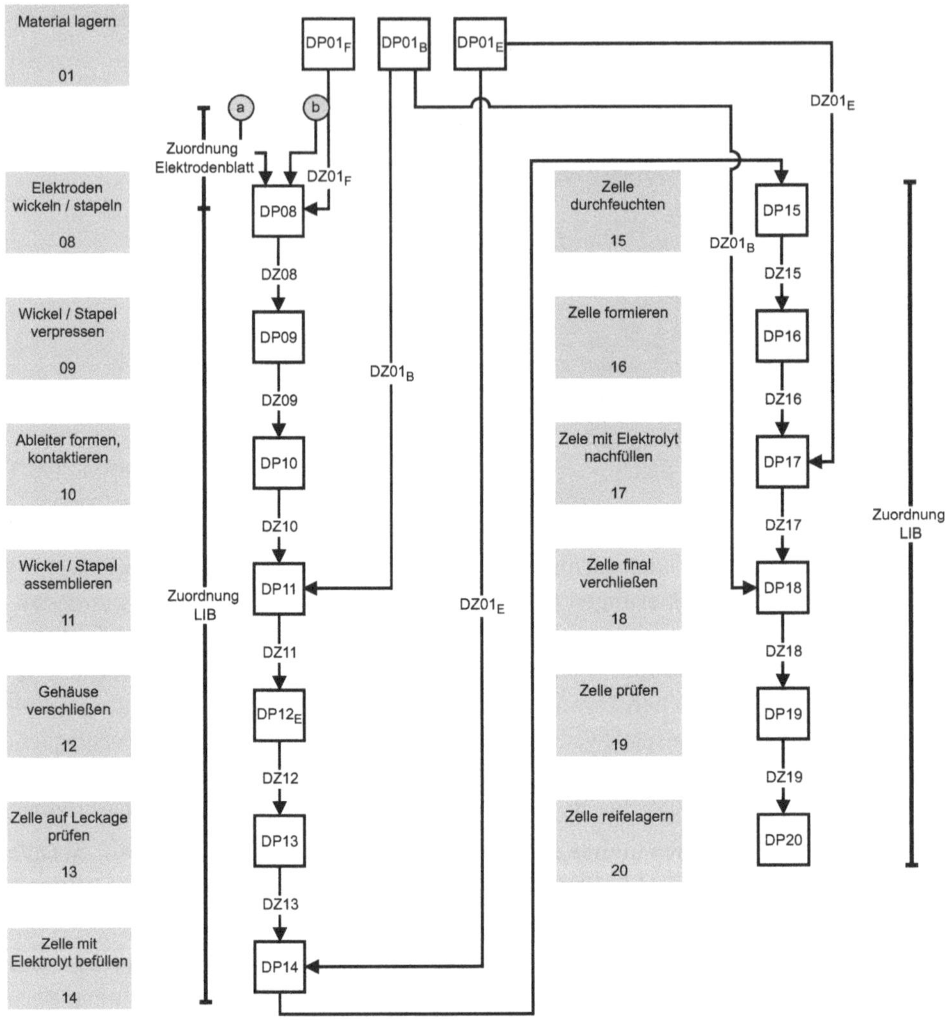

Bild 11.5 Datenstruktur der Zellfertigung

Die beschriebene Erfassung und Zuordnung der Daten der Parameter der unterschiedlichen Prozessschritte unterstützen die Erfüllung der Anforderungen der vorangehend zitierten ISO 9001 hinsichtlich der Bereitstellung und des ordnungsgemäßen Betriebs einer geeigneten Umgebung zur Durchführung der Prozesse (Kapitel 7.1.4 der ISO 9001), der erforderlichen Ressourcen zur Überwachung und Messung (Kapitel 7.1.5 der ISO 9001) oder der Steuerung der Prozesse. Zu der geeigneten Umgebung zur Durchführung der Prozesse gehören die für die Produktion verfügbaren Räumlichkeiten mit ihren speziellen Anforderungen. Dazu gehören beispielsweise Lagerräume, Trockenräume oder Reinräume. Zu den erforderlichen Ressourcen zur Überwachung gehört die Regelungstechnik, die gewährleistet, dass die vorher definierten

Parameter in den Räumen kontinuierlich innerhalb der vorgegebenen Grenzen erfasst und eingehalten werden.

Hieraus folgt weiterhin, dass die Daten des Umfeldes des jeweiligen Prozessschrittes auch zu den zuzuordnenden Daten zählen. Daten der Umfeldparameter wie beispielsweise Raumtemperatur oder Luftfeuchtigkeit gehören zu diesen Daten des Umfeldes.

Die Anforderungen an die LIB sind zu definieren. Das ist die übliche Vorgehensweise bei der Erstellung von Lasten- und Pflichtenheften. Dazu gehört natürlich auch die Definition der Anforderungen an die Zwischenprodukte. Das bedeutet, dass die Anforderungen für die relevanten Parameter in den einzelnen Prozessschritten und damit für die Zwischenprodukte festzulegen sind. Diese Vorgaben bestimmen die Toleranzgrenzen für die einzelnen Parameter, die in der Fertigung einzuhalten sind. Diese Festlegungen sind entscheidend dafür, ob ein Zwischenprodukt nach einem Prozessschritt weiterverarbeitet werden darf oder nicht.

Die ISO 9001 bestimmt weiterhin, dass Überwachungs- und Messtätigkeiten auf den entsprechenden Stufen der Produktion auszuführen sind, um sicher zu verifizieren, dass die Vorgaben oder Kriterien zur Steuerung von Prozessen für das Endprodukt, aber auch für die Zwischenprodukte, erfüllt werden.

Die in Kapitel 5 und Kapitel 6 dargestellten Parameter liefern solche Daten und Informationen, nach denen der Prozess in den jeweiligen Prozessschritten gesteuert werden kann. Sie stellen damit eine Voraussetzung für eine Erfüllung der Anforderungen der ISO 9001 dar.

An dieser Stelle muss jedoch darauf hingewiesen werden, dass die Erfassung der Daten der einzelnen Parameter der Prozessschritte technisch möglich und aus Sicht der Produktqualität sinnvoll ist, aber die Verarbeitung den Umgang mit einer sehr großen Datenmenge erfordert. Das ist bei der Planung und Auslegung der Systeme zu berücksichtigen. Für die vorangehend beschriebene Beispiel-LIB unter Berücksichtigung der Parameter aus Kapitel 5 und Kapitel 6 ergibt das mehr als 6800 Daten pro LIB. Hierin sind die jeweiligen Umfelddaten auch enthalten.

Im Idealfall erfassen die entsprechenden Systeme der Prozessschritte alle aufgeführten Parameter. Es kann aus wirtschaftlichen Gründen erforderlich sein, die Anzahl der Parameter zu reduzieren. Hierbei sind dann die individuellen Randbedingungen und Anforderungen der jeweiligen LIB und der Fertigung zu berücksichtigen.

Literatur

[1] Gabler Wirtschaftslexikon. Gabler, Wiesbaden 1988

[2] *Dahmen, C./Degen, F./Eckstein, M./Pouls, K./Walter, H./Ludwigs, R./Scheibe, A.:* Mastering ramp-up of battery production. 17. Oktober 2024. *www.ffb.fraunhofer.de/en/publications/White_papers_environment_reports_studies/Mastering_Ramp-up_of_Battery_Production.html* (abgerufen am 27.05.2025)

[3] *Pettinger, K.-H.:* Fertigungsprozesse von Lithium-Ionen-Zellen. Teil III, Kapitel 17/Prüfverfahren in der Fertigung. Teil III, Kapitel 20. In: *Korthauer, R. (Hrsg.):* Handbuch Lithium-Ionen-Batterien. Springer Vieweg, Berlin/Heidelberg 2013

12 Arbeitssicherheit

In den Prozessschritten, die nach der Formation der LIB folgen, kann man von fast voll funktionsfähigen, aber noch nicht abschließend geprüften LIB sprechen. Das bedeutet, dass durch unsachgemäße Behandlung der LIB, aber auch durch nicht erkannte zellinterne Defekte, Havarien auftreten können (siehe Kapitel 3). Solche Havarien stellen eine Gefährdung für die in der Produktion beschäftigten Mitarbeiter sowie die Anlagen dar [1].

12.1 Einführung

Bei der LIB-Herstellung handelt es sich zweifelsohne um einen industriellen Vorgang. Die dabei eingesetzten Anlagen, Werkzeuge und Hilfsmittel stellen Arbeits- oder Betriebsmittel im Sinne von § 2 der Betriebssicherheitsverordnung (BetrSichV) dar. Die gültigen Gesetze, Regeln und Verordnungen bezüglich der Arbeitssicherheit und des Gesundheitsschutzes finden daher für diese Fertigung Anwendung.

Betriebsmittel sind die materiellen Güter, die neben anderen Faktoren für die Produktion erforderlich sind, aber nicht Bestandteil des Produktes werden. Arbeitsmittel sind Gegenstände, die zur Durchführung der Arbeit von den Mitarbeitern benötigt werden [1]. Betriebsmittel werden zu Arbeitsmitteln im Sinne der Arbeitssicherheit, sobald ein Mitarbeiter in direkten Kontakt mit ihnen kommt.

Gemäß § 4 des Arbeitsschutzgesetzes (ArbSchG) hat der Arbeitgeber die Pflicht, Mitarbeiter vor psychischen und physischen Gefährdungen ihrer Gesundheit zu schützen. Gefahren sind an ihrer Quelle zu bekämpfen. Der Stand von Technik, Arbeitsmedizin und Hygiene sowie sonstige gesicherte arbeitswissenschaftliche Erkenntnisse sind zu berücksichtigen. Individuelle Schutzmaßnahmen sind nachrangig zu anderen Schutzmaßnahmen.

Die BetrSichV verpflichtet den Arbeitgeber vor der Verwendung der den Mitarbeitern zur Verfügung gestellten Arbeitsmittel, die eventuell davon oder damit auftretenden Gefährdungen in der Gefährdungsbeurteilung zu erfassen, zu beurteilen und daraus notwendige und geeignete Schutzmaßnahmen abzuleiten. Bei der Gefährdungsbeurteilung sind alle Gefährdungen im betrachteten Arbeitssystem einzubeziehen, die bei der Verwendung des Arbeitsmittels davon ausgehen. Ein Arbeitssystem ist eine organisatorische Einheit, in der Menschen, Maschinen und Arbeitsmittel zusammenwirken, um Arbeitsaufgaben zu erledigen. Es umfasst alle Elemente, die für die Ausführung einer Aufgabe benötigt werden. Gefährdungen können vom Arbeitsmittel selbst, vom Betriebsmittel, von der Arbeitsumgebung und von den Arbeitsgegenständen, an denen Tätigkeiten mit dem Arbeitsmittel durchgeführt werden, ausgehen.

Bei der Festlegung der Schutzmaßnahmen ist das STOP-Prinzip mit seiner Maßnahmenhierarchie zu beachten:

- **S**ubstitution
- **T**echnische Maßnahme
- **O**rganisatorische Maßnahme
- **P**ersönliche Schutzmaßnahme

Diese hierarchische Aufzählung beschreibt die Rangfolge von Schutzmaßnahmen. Der erste Schritt in der Maßnahmenhierarchie, die Substitution (**S**), zielt darauf ab, die Gefahrenquelle durch eine weniger gefährliche Alternative zu ersetzen. Diese Maßnahme hat die höchste Priorität, da sie das Risiko und die daraus resultierende Gefährdung direkt beseitigen kann.

Ist eine Substitution technisch nicht möglich, kommen technische Schutzmaßnahmen („Technische Maßnahmen (**T**)“) zum Einsatz. Sie beseitigen die Gefährdung nicht, sondern schirmen sie vom Menschen ab. Dies können etwa Schutzvorrichtungen an Maschinen oder Abzugssysteme zur Minimierung von Gefahren sein. Sind solche Maßnahmen technisch nicht umsetzbar, so können „Organisatorische Maßnahmen (**O**)“ zum Einsatz kommen. Diese Maßnahmen betreffen die Arbeitsorganisation, wie die Festlegung sicherer Arbeitszeiten und Zutrittsregelungen, oder die Einführung von Pausenregelungen, um die Exposition zu verringern.

Der letzte Schritt bei der Festlegung von Schutzmaßnahmen ist die persönliche Schutzausrüstung („Persönliche Schutzmaßnahmen (**P**)“). Dazu zählen beispielsweise Helme, Handschuhe, Sicherheitsschuhe oder Schutzbrillen. Die persönliche Schutzausrüstung wird nur dann eingesetzt, wenn alle anderen Maßnahmen nicht ausreichend sind.

Bei der Gefährdungsbeurteilung hat man die Gebrauchstauglichkeit von Arbeitsmitteln einschließlich der ergonomischen, alters- und alternsgerechten Gestaltung, die sicherheitsrelevanten einschließlich der ergonomischen Zusammenhänge zwischen Arbeitsplatz, Arbeitsmittel, Arbeitsverfahren, Arbeitsorganisation, Arbeitsablauf, Arbeitszeit und Arbeitsaufgabe, die physischen und psychischen Belastungen der Beschäftigten, die bei der Verwendung von Arbeitsmitteln auftreten, sowie vorhersehbare Betriebsstörungen und die Gefährdung bei Maßnahmen zu deren Beseitigung zu berücksichtigen und zu untersuchen.

Die Gefährdungsbeurteilung soll bereits in der Planungsphase vor der Auswahl und der Beschaffung jedes einzelnen Arbeitsmittels begonnen werden. Dabei sind insbesondere die Eignung des Arbeitsmittels für die geplante Verwendung im Arbeitssystem, die Arbeitsabläufe und -prozesse sowie die Arbeitsorganisation zu berücksichtigen. Diese initial groben Gefährdungsbeurteilungen werden im Laufe des Planungs- und Realisierungsprozesses kontinuierlich weiter detailliert. Das dokumentiert den fortschreitenden Erkenntnisstand hinsichtlich der Arbeitssicherheit.

Der Arbeitgeber hat sich die erforderlichen Informationen zu beschaffen, die für die Gefährdungsbeurteilung erforderlich sind. Dies beinhaltet Regeln und Erkenntnisse, Gebrauchs- und Betriebsanleitungen sowie die ihm zugänglichen Erkenntnisse aus der arbeitsmedizinischen Vorsorge.

§ 5 BetrSichV regelt, dass der Arbeitgeber den Mitarbeitern nur solche Arbeitsmittel zur Verfügung stellen und sie verwenden lassen darf, die unter Berücksichtigung der vorgesehenen Einsatzbedingungen bei der Verwendung im Arbeitssystem sicher sind, die für die Art der auszuführenden Arbeiten geeignet sind, den gegebenen Einsatzbedingungen und den vorhersehbaren Beanspruchungen angepasst sind und über die erforderlichen sicherheitsrelevanten Ausrüstungen verfügen. Eine Gefährdung der Mitarbeiter durch die Verwendung der Arbeitsmittel ist so gering wie möglich zu halten. Der Arbeitgeber darf nur solche Arbeitsmittel zur Verfügung stellen und verwenden lassen, die den für sie geltenden Rechtsvorschriften über Sicherheit und Gesundheitsschutz entsprechen.

Der Arbeitgeber hat gemäß § 3 ArbSchG die getroffenen und umgesetzten Maßnahmen des Arbeitsschutzes regelmäßig auf ihre Wirksamkeit zu überprüfen und erforderlichenfalls an sich ändernde Gegebenheiten anzupassen. Dabei hat er eine Verbesserung von Sicherheit und Gesundheitsschutz der Beschäftigten anzustreben.

Mit der einmaligen Erstellung einer Gefährdungsbeurteilung und der Festlegung und Umsetzung der darin festgelegten Maßnahmen endet die Pflicht zur Ermittlung und Beurteilung der Gefährdungen nicht. Die Gefährdungsbeurteilung ist regelmäßig und speziell nach dem Auftreten besonderer Ereignisse wie zum Beispiel Beinaheunfällen oder tatsächlichen Unfällen zu überprüfen und im Bedarfsfall anzupassen. Hierzu kann es erforderlich sein, entsprechende neue Maßnahmen zu definieren und umzusetzen.

Der Arbeitgeber muss seine Mitarbeiter über Sicherheit und Gesundheitsschutz bei der Arbeit in ihrem Arbeitsbereich oder an ihrem Arbeitsplatz unterweisen. Die Unterweisung muss vor der Aufnahme der Tätigkeit durch den Mitarbeiter durchgeführt werden. Des Weiteren ist die Unterweisung mindestens jährlich regelmäßig zu wiederholen und zu dokumentieren [2].

Nach der Maschinenverordnung müssen Maschinen oder Arbeitsmittel, die in Verkehr gebracht werden, mit einer gültigen Konformitätskennzeichnung nach 9. ProdSV versehen sein. Der Hersteller oder der Inverkehrbringer muss gemäß Verordnung ein dort beschriebenes Konformitätsbewertungsverfahren durchgeführt haben, um nachzuweisen, dass das Arbeitsmittel mit den Bestimmungen dieser Verordnung übereinstimmt.

Das Vorhandensein der erforderlichen Zertifikate muss im Zuge der Planung des Einsatzes des Arbeitsmittels überprüft und geklärt werden. Eine nachträgliche Zertifizierung ist meist mit sehr hohem zeitlichen und finanziellen Aufwand verbunden.

12.2 Gefahrstoffe

In Abschnitt 4.2 werden einige der bei der LIB-Fertigung verwendeten Gefahrstoffe aufgezählt. Diese Aufzählung ist exemplarisch und demzufolge nicht vollständig. Auch für die Verwendung von oder den Umgang mit Gefahrstoffen sind entsprechende Gefährdungsbeurteilungen durchzuführen und zu dokumentieren [3]. Zentrale Punkte einer solchen Gefährdungsbeurteilung gemäß Gefahrstoffverordnung (GefStoffV) sind im Folgenden aufgeführt.

Für den betrachteten Arbeitsbereich oder das betrachtete Arbeitssystem ist festzustellen, ob dort von Mitarbeitern Tätigkeiten mit Gefahrstoffen auszuführen sind. Die Verwendung und Lagerung der Gefahrstoffe inklusive deren Sicherheitsdatenblätter sind zu dokumentieren.

Die inhalativen, dermalen, oralen und physikalisch-chemischen Gefährdungen für alle Tätigkeiten der Mitarbeiter sind zu ermitteln und zu beurteilen.

Es sind Schutzmaßnahmen mit Bezug zum Grad der Gefährdung zu treffen. Hierbei ist das STOP-Konzept (siehe Abschnitt 12.1) zu beachten. Für bestimmte krebserzeugende Stoffe ist ein risikobezogenes Maßnahmenkonzept gemäß [4] zu erstellen.

Die Überprüfungen inklusive der Ergebnisse sind dauerhaft zu dokumentieren. Des Weiteren ist ein Expositionsverzeichnis bei KM-Stoffen[1)] der Kategorien 1A und 1B zu erstellen. KM-Stoffe der Kategorie 1A sind Stoffe, die bekanntermaßen beim Menschen karzinogen wirken. Stoffe der Kategorie 1B wirken wahrscheinlich beim Menschen karzinogen [5].

Die getroffenen Schutzmaßnahmen sind regelmäßig auf ihre Wirksamkeit zu überprüfen. Sind getroffene Schutzmaßnahmen nicht ausreichend wirksam oder veränderten sich die Gefährdungen, so sind neue Schutzmaßnahmen zu definieren und umzusetzen.

Für den Umgang mit den einzelnen Gefahrstoffen sind die Betriebsanweisungen für Gefahrstoffe zu erstellen und auszuhängen. Die Mitarbeiter sind regelmäßig zu un-

[1] KM-Stoffe sind Stoffe, die karzinogen (K) und/oder mutagen (M) sind.

terweisen, was zu dokumentieren ist. Bei Bedarf sind die Mitarbeiter regelmäßig hinsichtlich bestimmter Gefahrstoffe zu untersuchen. Ein regelmäßiges Biomonitoring der Mitarbeiter auf beispielsweise Nickel oder Kobalt kann Bestandteil der arbeitsmedizinischen Vorsorgeuntersuchungen sein.

Tabelle 12.1 listet Gefahrstoffe auf, die in einer LIB-Fertigung auftreten können. In Abschnitt 4.2 werden weitere Informationen zu diesen Stoffen geliefert.

Tabelle 12.1 Gefahrstoffe

Gefahrstoff	Abkürzung	Formel	CAS-Nr.	Quelle
Diethylcarbonat	DEC	$C_5H_{10}O_3$	105-58-8	[6]
Dimethylcarbonat	DMC	$C_3H_6O_3$	616-38-6	[7]
Ethylencarbonat	EC	$C_3H_4O_3$	96-49-1	[8]
Ethylmethylcarbonat	EMC	$C_4H_8O_3$	623-53-0	[9]
Kobalt		Co	7440-48-4	[4] [10] [11]
Lithiumhexafluorophosphat		$LiPF_6$	21324-40-3	[12]
Lithium-Nickel-Mangan-Kobalt-Oxid	NMC	$LiNi_xMn_yCo_zO_2$	346417-97-8	[13] [14]
Nickel		Ni	7440-02-0	[11] [15] [16]
N-Methyl-2-pyrrolidon	NMP	C_5H_9NO	872-50-4	[17]
Propylencarbonat	PC	$C_4H_6O_3$	108-32-7	[18]

12.3 Abluft und Fortluft

Bei den unterschiedlichen Prozessschritten bei der Herstellung von LIB treten Stäube auf. Das gilt beispielsweise für die Prozessschritte „Elektroden längs schneiden“ (siehe Abschnitt 5.5), „Elektroden quer schneiden, vereinzeln“ (siehe Abschnitt 5.8) oder „Elektroden wickeln oder stapeln“ (siehe Abschnitt 6.1).

Bei diesen Prozessschritten saugen entsprechende Absaugeinrichtungen die entstandenen Stäube oder Partikel möglichst am Entstehungsort ab. Da diese Prozessschritte im Trockenraum mit getrockneter Luft stattfinden, saugen die Absauganlagen diese getrocknete Luft ein. Die Trocknung der Luft erfordert jedoch einen sehr hohen Energieaufwand, was ihre Kosten sehr stark negativ beeinflusst (siehe Abschnitt 7.1). Bei einem Teil der Stäube, die sich in der Abluft befinden, handelt es sich um KMR-Stoffe[2] (siehe Abschnitt 4.2).

Abluft ist die aus dem Arbeitsraum oder Raum abgeführte Luft. Fortluft bezeichnet die ins Freie oder in die Umwelt ausgeblasene Luft.

Aus wirtschaftlichen Gründen darf diese trockene Abluft nicht einfach – wenn auch gereinigt – als Fortluft in die Umwelt abgegeben werden. Die als Ersatz im Trockenraum benötigte Zuluft wäre erneut vollständig zu trocknen, was wiederum einen hohen Energieaufwand erfordert. Da der jeweilige Prozessschritt jedoch KMR-Stoffe freisetzt, dürfte aus genereller Sicht die Fortluft aus dem Trockenraum, auch im gereinigten Zustand, nicht wieder als Zuluft in den Trockenraum zurückgeführt werden [19].

Im Falle der LIB-Produktion liegt die Emission der KMR-Stoffe in Form fester Partikel vor. Diese kontaminierte, getrocknete und gereinigte Fortluft der Absauganlagen darf bei Anwendung eines behördlich oder durch die Träger der gesetzlichen Unfallversicherung anerkannten Verfahrens in den Arbeitsraum zurückgeführt werden. Die Unverhältnismäßigkeit der Fortluftführung ist in diesem Fall schlüssig zu begründen und in der Gefährdungsbeurteilung festzuhalten.

Das bedeutet, dass Absaugeinrichtungen die Prozessluft mit der eventuellen Kontamination aus dem Trockenraum, beispielsweise von Saughebern, möglichst nahe am Entstehungsort auffangen und einer entsprechend zugelassenen Filteranlage zuführen (siehe Abschnitt 8.9).

12.4 Arbeitsbedingungen für Mitarbeiter im Trockenraum

Die niedrige relative Luftfeuchtigkeit in Trockenräumen kann zu verschiedenen gesundheitlichen Beschwerden bei den Mitarbeitern führen. Dazu zählen trockene Haut, Reizung der Atemwege oder Augenreizung. Der Mensch gibt in einem solchen Trockenraum Feuchtigkeit an die Umgebungsluft ab. Das bedeutet, dass er Feuchtigkeit verliert. Trockene Schleimhäute in Nase und Rachen steigern die Anfälligkeit für Infektionen. Die Austrocknung der Bindehaut der Augen verursacht Rötungen oder Brennen. Diese Symptome können die Konzentrationsfähigkeit und das allgemeine Wohlbefinden der Mitarbeiter beeinträchtigen [20].

Die Kompensation dieser negativen Auswirkungen des trockenen Klimas im Trockenraum auf die Mitarbeiter erfordert Maßnahmen. Es darf keine Zugluft durch die Be- und Entlüftung des Trockenraumes austreten. Die Mitarbeiter benötigen regelmäßige Pausen mit der Möglichkeit der ausreichenden Aufnahme von Flüssigkeit.

---

2 KMR-Stoffe sind Stoffe, die karzinogen (K), mutagen (M) und/oder fortpflanzungsgefährdend (R) sind.

12.5 Brandschutz

Die Anforderungen an den Brandschutz in einer LIB-Fertigung sind komplex und müssen sowohl die speziellen Eigenschaften der LIB als auch die Prozesse in der Fertigung berücksichtigen. LIB können in Folge von Überhitzung oder mechanischen Beschädigungen während des Herstellungsprozesses in einen Zustand des thermischen Durchgehens geraten, was zu intensiven Bränden und explosionsartigen Reaktionen führen kann. Die in den LIB eingesetzten Elektrolyten sind häufig entflammbar. Zudem können bei Fehlfunktionen giftige oder korrosive Gase freigesetzt werden. Prozessschritte bei der Herstellung wie Mischen, Löten, Schweißen können zu Funkenbildung oder einer lokalen Überhitzung führen, was zu einer Vorschädigung der Materialien, zur Schädigung der LIB oder zu einer Havarie führen kann.

Bei der Planung und Auslegung der Produktionseinrichtungen sind daher technische Brandschutzmaßnahmen zu berücksichtigen und umzusetzen. Bereiche, in denen mit der Verarbeitung von entzündlichen Stoffen oder aerosolhaltigen Stoffgemischen gearbeitet wird, müssen als explosionsgefährdete Bereiche ausgelegt werden. Hier kommen Konzepte wie Zonenklassifizierung und entsprechende Schutzmaßnahmen zum Einsatz.

Eine effektive Ablufttechnik für die Fortluft verhindert die Konzentration entzündlicher Dämpfe und reduziert so das Explosionsrisiko. Dabei sind redundante Systeme und regelmäßige Wartung der gesamten Zu- und Fortlufteinrichtungen unabdingbar [21].

Moderne Brandmeldesysteme, die frühzeitig auf Rauch, Hitze oder spezifische chemische Veränderungen reagieren, ermöglichen eine schnelle und sichere Erkennung von Bränden oder Zuständen, die kurzfristig zu Bränden oder Explosionen führen können. Die Löschanlagen sind für den speziellen Fall der LIB auszulegen. Hierzu wird auf [22] oder [23] verwiesen. Die Produktionsräume sollten aus Brandschutzaspekten durch feuerbeständige Wände und Decken in Zonen unterteilt werden. Diese Abtrennung begrenzt eine eventuelle Ausbreitung eines Feuers und, was noch bedeutend wichtiger ist, die Ausbreitung der Kontamination der Umgebung durch die aus der havarierenden LIB herauskommenden Stoffe. Neben der Gefährdung durch die Gefahrstoffe (siehe Abschnitt 3.3 und Abschnitt 4.2) verschmutzt austretender Kohlenstoff elektrische oder elektronische Geräte im direkten Umfeld. Der leitfähige Kohlenstoff verursacht beispielsweise Kurzschlüsse auf elektrischen Kontakten oder Leiterplatten.

Klar gekennzeichnete und jederzeit frei zugängliche Notausgänge aus den abgeschlossenen Räumen oder Trockenräumen ermöglichen eine schnelle und sichere Räumung oder Evakuierung. Des Weiteren sind gekennzeichnete Angriffswege für die Feuerwehr erforderlich.

Alle Mitarbeiter müssen regelmäßig zu den speziellen Brand- und Explosionsrisiken geschult werden. Dazu gehören auch Notfallübungen, in denen der Umgang mit Brandmeldeanlagen und Löschsystemen von den Mitarbeitern geübt wird. Die technischen Anlagen, wie Brandmelde- und Lüftungssysteme, müssen gemäß den Herstellervorgaben und gesetzlichen Vorschriften regelmäßig gewartet und inspiziert werden.

12.6 Strahlenschutz

In den unterschiedlichen Prozessschritten der LIB-Fertigung erzeugen Laser eine optische Strahlung, die für den Menschen eine Gefährdung darstellen kann. Die OSTrV regelt die erforderlichen Maßnahmen zum Schutz der Menschen. Dazu zählen die Erstellung und laufende Aktualisierung einer Gefährdungsbeurteilung für die unterschiedlichen Arbeitsbereiche oder Prozessschritte, die Bereitstellung einer fachkundigen Person oder eines Laserschutzbeauftragten, die Einhaltung der vorgeschriebenen Expositionsgrenzwerte sowie die Unterweisung der Beschäftigten.

Literatur

[1] Gabler Wirtschaftslexikon. Gabler, Wiesbaden 1988

[2] *Deutsche Gesetzliche Unfallversicherung (DGUV):* DGUV Vorschrift 1 – Grundsätze der Prävention. Köln 2015. *https://www.bghm.de/arbeitsschuetzer/schriften-und-regelwerk/dguv-vorschriften/dguv-vorschrift-1/anlage-1/einleitung* (abgerufen am 29.10.2025)

[3] *Ausschuss für Gefahrstoffe:* TRGS 400 – Gefährdungsbeurteilung für Tätigkeiten mit Gefahrstoffen. Ausgabe: Juli 2017. GMBl 2017, Nr. 36, S. 638. *https://www.baua.de/DE/Angebote/Regelwerk/TRGS/TRGS-400* (abgerufen am 02.12.2024)

[4] *Ausschuss für Gefahrstoffe:* TRGS 910 – Risikobezogenes Maßnahmenkonzept für Tätigkeiten mit krebserzeugenden Gefahrstoffen. Ausgabe: Februar 2014. GMBl 2014, Nr. 12, S. 258 – 270. *https://www.baua.de/DE/Angebote/Regelwerk/TRGS/TRGS-910* (abgerufen am 18.08.2024)

[5] *Berufsgenossenschaft der Bauwirtschaft:* Karzinogenität. *https://www.bgbau.de/themen/sicherheit-und-gesundheit/gefahrstoffe/sicherheitsdatenblatt/karzinogenitaet* (abgerufen am 02.12.2024)

[6] *Institut für Arbeitsschutz der Deutschen Gesetzlichen Unfallversicherung:* Diethylcarbonat. 2025. *https://gestis.dguv.de/data?name=023150* (abgerufen am 09.08.2025)

[7] *Institut für Arbeitsschutz der Deutschen Gesetzlichen Unfallversicherung*: Dimethylcarbonat. 2025. *https://gestis.dguv.de/data?name=510182* (abgerufen am 12.02.2025)

[8] *Institut für Arbeitsschutz der Deutschen Gesetzlichen Unfallversicherung:* Ethylencarbonat. 2025. *https://gestis.dguv.de/data?name=490120* (abgerufen am 12.02.2025)

[9] *Institut für Arbeitsschutz der Deutschen Gesetzlichen Unfallversicherung:* Ethylmethylcarbonat. 2025. *https://gestis.dguv.de/data?name=536339* (abgerufen am 09.08.2025)

[10] *Institut für Arbeitsschutz der Deutschen Gesetzlichen Unfallversicherung:* Cobalt, Pulver. 2025. *https://gestis.dguv.de/data?name=007270* (abgerufen am 12.02.2025)

[11] *Deutsche Gesetzliche Unfallversicherung (DGUV):* Liste der krebserzeugenden, keimzellmutagenen und reproduktionstoxischen Stoffe (KMR-Stoffe). 02/2021. *https://publikationen.dguv.de/forschung/ifa/allgemeine-informationen/3517/liste-der-krebserzeugenden-keimzellmutagenen-und-reproduktionstoxischen-stoffe-kmr-stoffe* (abgerufen am 12.02.2025)

[12] *Institut für Arbeitsschutz der Deutschen Gesetzlichen Unfallversicherung:* Lithiumhexafluorophosphat(1-). 2025. *https://gestis.dguv.de/data?name=132948* (abgerufen am 23.08.2025)

[13] *Sigma-Aldrich Chemie GmbH:* Lithium nickel manganese cobalt oxide. Safety Data Sheet according to Regulation (EC) No. 1907/2006. Version 6.14. Revision Date: 24.06.2025. Print Date: 02.11.2025. *https://www.sigmaaldrich.com/DE/en/sds/aldrich/761001?userType=undefined* (abgerufen am 17.07.2025)

[14] *Ossila Ltd.:* Lithium Nickel Manganese Cobalt Oxide (NMC811) Powder. Safety Data Sheet according to EC-Regulations 1907/2006 (Reach), 1272/2008 (CLP) & 2015/830. Last Review Date: 11/06/2025. Revision Date: 11/06/2025. Revision #: 2. *https://downloads.ossila.com/msds/nmc811.pdf* (abgerufen am 17.07.2025)

[15] *Institut für Arbeitsschutz der Deutschen Gesetzlichen Unfallversicherung:* Nickel, Pulver. 2025. *https://gestis.dguv.de/data?name=008230* (abgerufen am 12.02.2025)

[16] *Ausschuss für Gefahrstoffe:* TRGS 900 – Arbeitsplatzgrenzwerte. Ausgabe: Januar 2006. BArBl. Heft 1/2006 S. 41 – 55. *https://www.baua.de/DE/Angebote/Regelwerk/TRGS/TRGS-900.html* (abgerufen am 18.08.2024)

[17] *Europäische Kommission:* Verordnung (EU) 2018/588 der Kommission vom 18. April 2018 zur Änderung von Anhang XVII der Verordnung (EG) Nr. 1907/2006 des Europäischen Parlaments und des Rates zur Registrierung, Bewertung, Zulassung und Beschränkung chemischer Stoffe (REACH) in Bezug auf 1-Methyl-2-pyrrolidon. Brüssel 2018

[18] *Institut für Arbeitsschutz der Deutschen Gesetzlichen Unfallversicherung:* Propylencarbonat. 2025. *https://gestis.dguv.de/data?name=070730* (abgerufen am 12.02.2025)

[19] *Deutsche Gesetzliche Unfallversicherung (DGUV):* Arbeitsplatzlüftung – Lufttechnische Maßnahmen. DGUV Regel 109-002. 04/2020. *https://publikationen.dguv.de/regelwerk/dguv-regeln/919/arbeitsplatzlueftung-lufttechnische-massnahmen* (abgerufen am 26.01.2025)

[20] *Deutsche Gesetzliche Unfallversicherung (DGUV):* FBVW-501: Niedrige Luftfeuchte am Arbeitsplatz. 07/2020. *https://publikationen.dguv.de/regelwerk/publikationen-nach-fachbereich/verwaltung/klima-am-arbeitsplatz/3876/fbvw-501-niedrige-luftfeuchte-am-arbeitsplatz* (abgerufen am 26.01.2026)

[21] *Europäisches Parlament:* Leitlinie zur Anwendung der Richtlinie ATEX 2014/34/EU des Europäischen Parlaments und des Rates. 2020

[22] *Deutsche Gesetzliche Unfallversicherung (DGUV):* Brandschutz beim Umgang mit Lithium-Ionen-Batterien. DGUV Information 205-041. 02/2024. *https://publikationen.dguv.de/regelwerk/dguv-informationen/4668/brandschutz-beim-umgang-mit-lithium-ionen-batterien?c=15* (abgerufen am 15.04.2025)

[23] *National Fire Protection Association:* Standard for the Installation of Stationary Energy Storage Systems (NFPA 855). Quincy 2023

13 Fazit

Die Nachfrage nach LIB für unterschiedliche Anwendungsbereiche stieg in der näheren Vergangenheit sehr stark an. Diese Nachfrage wird künftig weiter zunehmen. Dies hat auch damit zu tun, dass die Anzahl der Bereiche, in denen LIB eingesetzt werden, stetig wächst. LIB werden beispielsweise in folgenden Bereichen eingesetzt:

- Hörgeräte
- Medizingeräte
- Consumerprodukte
- Industrieanwendungen
- Transport und Mobilität
- Kommunikationsgeräte
- Haushaltsgeräte
- schnurlose Werkzeuge
- Heimspeicher
- Großspeicher

Bei sehr vielen Geräten ermöglicht die Verwendung von LIB als Energiespeicher eine mobile und einfache Anwendung. Die LIB ermöglichen eine mobile Bereitstellung elektrischer Energie. Es kommen immer mehr Geräte auf den Markt, die mit LIB ausgestattet sind und die diese Energiespeicher für ihren Betrieb benötigen. Die Sinnhaftigkeit des LIB-Einsatzes in den unterschiedlichen Anwendungen steht hier nicht zur Diskussion.

LIB können je nach Anforderung unterschiedliche Eigenschaften besitzen. Zu den anwendungsindividuellen Eigenschaften zählen folgende:

- geometrische Größe
- Form
- Bauart
- Gehäuseart
- Kapazität
- Leistung
- Lebensdauer
- Sicherheit
- Kosten

Die verschiedenen Anforderungen an die LIB erfordern unterschiedliche Rohmaterialien oder Komponenten für den Bau und den Betrieb der LIB. Die Zunahme der Anwendungsbereiche und der anwendungsindividuellen LIB-Eigenschaften führen zu einer steigenden Variantenvielfalt in der LIB-Produktion.

Rundzellen oder zylindrische Zellen wie 18650 oder 21700 verfügen über eine robuste, standardisierte Bauweise. Eine große Bandbreite von Anwendungen nutzt diese Zellgehäuseform. LIB mit Verbundfoliengehäuse ermöglichen eine flache und leichte Bauweise. Ihre äußere Form lässt sich auf einfache Weise an die Anforderungen der jeweiligen Anwendung anpassen. Prismatische LIB sind strukturell robust und platzeffizient einsetzbar.

Die hohe Nachfrage erzwingt die Bereitstellung entsprechender Fertigungskapazitäten mit effizienten Prozessen und Abläufen. Gleichzeitig fordert der Markt sinkende Preise und damit sinkende Kosten der LIB. Der aktuell stark steigende Bedarf an unterschiedlichen LIB kompensiert die durch die Erhöhung der Variantenzahl theoretisch sinkende Anzahl der zu produzierenden LIB einer Art (d. h. einer Zellbauart, einer Zellbauform, einer Zellgehäusebauform oder einer Zellgehäusebauart).

Auch die Umweltaspekte der LIB-Fertigung treten zunehmend in den Fokus der Öffentlichkeit. Dazu gehört insbesondere der Energieverbrauch der Fertigung. Für die LIB-Fertigung ist kontinuierlich Energie bereitzustellen. Aus dieser Gesamtsituation heraus folgen zwangsläufig Herausforderungen für die Fertigungsanlagen und -einrichtungen:

- steigende Fertigungskapazität
- steigende Energieeffizienz
- steigende Qualität
- sinkender Ressourcenverbrauch

- sinkender Fertigungsausschuss
- weniger Abfall

Die Parameter der einzelnen Prozessschritte beschreiben den Zustand der LIB im jeweiligen Prozessschritt der Fertigung. Ihre konsequente Kontrolle und Registrierung bilden die Basis für eine LIB-Fertigung, die die vorangehend beschriebenen Herausforderungen erfolgreich meistert.

Eine LIB-Fertigung kann zwar als Fließfertigung betrachtet werden, aber die Zusammenhänge der Eigenschaften der Zwischenprodukte und der Parameter in den einzelnen Prozessschritten bilden ein komplexes Netzwerk. Besagtes Parameternetzwerk bildet die Basis für dieses Buch. Kapitel 5 und Kapitel 6 geben einen Überblick über diese Parameter.

Das Buch nutzt einen generischen oder verallgemeinerten Prozess aus unterschiedlichen Prozessschritten, der im Bedarfsfall an andere LIB-Eigenschaften oder firmenspezifische Vorgehensweisen angepasst werden kann. Das gilt auch für den Stand der Technik der einzelnen Anlagen. Gibt es bei der Anlagentechnik oder bei der Messtechnik einsetzbare Weiterentwicklungen, so sind diese in das Parameternetzwerk einzubeziehen.

Die verschiedenen in diesem Buch aufgeführten Parameter lassen sich heute teilweise noch nicht messtechnisch erfassen. Die Aufstellung bietet die Möglichkeit der Identifikation neuer Messtechniken mit den dazugehörigen Messsystemen, die daraufhin von den entsprechenden Spezialunternehmen entwickelt werden können.

Die in Abschnitt 14.9.1 für die Elektrodenfertigung und in Abschnitt 14.9.2 für die Zellfertigung dargestellten Ursache-Wirkungs-Diagramme können auf einfache Weise dabei helfen, Ursachen von Abweichungen in der Fertigung zu lokalisieren und Abhilfemaßnahmen zu definieren.

Dieses Buch zeigt, dass die Planung und der Betrieb einer LIB-Fertigung immer eine ganzheitliche Betrachtung der Hauptfaktoren Zellchemie, Anlage und Prozesse erfordert, um die gesteckten Ziele einer LIB-Fertigung hinsichtlich Qualität, Kosten und Liefertreue zu erreichen.

14 Anhang

14.1 Taupunktberechnung

Den Zusammenhang zwischen dem Taupunkt T_p und der relativen Luftfeuchtigkeit RL kann man mit der auf der Magnusgleichung basierenden Formel abschätzen [1].

$$T_{\mathrm{p}} = \frac{(b \cdot \alpha(T, RL))}{(a - \alpha(T, RL))} \tag{14.1}$$

Hierin ist

$$\alpha(T, RL) = \ln(\frac{RL}{100}) + \frac{a \cdot T}{b + T} \tag{14.2}$$

Dabei sind a und b die Magnus-Koeffizienten mit folgenden Werten: $a = 17{,}625$ und $b = 243{,}04\,°\mathrm{C}$. Formel 14.1 mit Formel 14.2 kann umgeformt werden, um die relative Luftfeuchtigkeit RL in Abhängigkeit des Taupunktes T_p zu berechnen.

$$RL = e^{\frac{a \cdot b \cdot (Tp - b)}{(b+T) \cdot (b+T_{\mathrm{p}})}} \tag{14.3}$$

14.2 Auslegung der Kalanderwalzen auf Hertzsche Pressung

Beim Kalander pressen zwei Kalanderwalzen aufeinander. Hierbei handelt es sich um eine Linienberührung zweier Zylinder, die eine Abplattung der Kalanderwalzen verursacht. Bild 14.1 zeigt diese Situation.

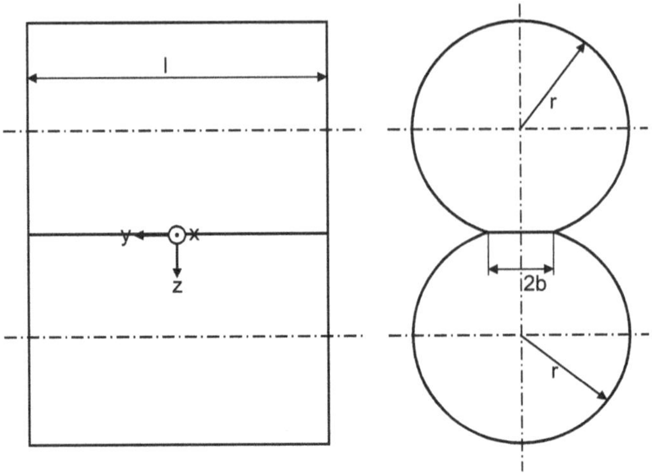

Bild 14.1 Hertzsche Pressung: Zylinder gegen Zylinder

Die maximale Beanspruchung des Kalanderwalzenmaterials wird anhand der maximalen Hertzschen Pressung aus Formel 14.4 ermittelt [2].

$$p_{\max} = \sqrt{\frac{F\,E}{\pi\, d_w\, l\,(1 - \upsilon^2)}} \tag{14.4}$$

Die Breite der Kontaktfläche b ergibt sich nach [3] zu

$$b = \sqrt{\frac{4\,F\,d_w(1 - \nu^2)}{\pi\, E\, l}} \tag{14.5}$$

Für die maximale Schubspannung als versagenskritische Größe gilt gemäß [4]

$$\tau_{\max} = 0{,}3 \cdot p_{\max} \tag{14.6}$$

Sie tritt in einer Tiefe von $0{,}78 \cdot b$ auf. Nach der Schubspannungshypothese gilt nach [3]

$$\sigma_{v\ \max} = 2 \cdot \tau_{\max} = 0{,}6 \cdot p_{\max} \tag{14.7}$$

Die Schubspannung verändert sich in Abhängigkeit der Tiefe z gemäß folgender Formel nach [4]:

$$\tau_{\max}(z) = p_{\max}\left[\frac{z}{b} - \frac{(z/b)^2}{\sqrt{1 + (z/b)^2}}\right] \tag{14.8}$$

14.3 Funktionsweise chromatisch-konfokaler Sensor

Ein chromatisch-konfokaler Sensor ist ein berührungsloses optisches Messsystem, das zur präzisen Abstandsmessung eingesetzt wird. Diese Sensoren arbeiten nach dem Prinzip der chromatischen Aberration und nutzen die Tatsache, dass unterschiedliche Wellenlängen des Lichtes unterschiedlich stark gebrochen werden.

Der Sensor verwendet ein Linsensystem, das das Licht in seine spektralen Komponenten aufteilt. Dadurch wird das Licht der unterschiedlichen Wellenlängen auf verschiedenen Tiefen fokussiert. Das bedeutet, dass jede Wellenlänge in einer bestimmten Entfernung zur Linse einen scharfen Fokuspunkt hat.

Trifft das Licht auf die Oberfläche des Messobjekts, wird nur eine Wellenlänge fokussiert auf der Oberfläche abgebildet und reflektiert (siehe Bild 14.2). Alle anderen Wellenlängen fokussieren vor oder hinter der Oberfläche und werden daher weniger stark reflektiert. Ihre Intensität ist signifikant geringer.

Das reflektierte Licht wird von einem Detektor im Sensor erfasst, der mithilfe eines Spektrometers die Wellenlänge des reflektierten Lichts analysiert. Das reflektierte Licht mit der größten Intensität, wie beispielhaft in Bild 14.3 dargestellt, gibt dabei Aufschluss über die Distanz zur Objektoberfläche.

Im Beispiel würde bei der Position 1 der zu messenden Oberfläche das Maximum der Intensität des reflektierten Lichtes im Frequenzbereich des blauen Lichtes liegen. Liegt die zu messende Oberfläche im Abstand, der durch die Position 2 beschrieben wird, liegt das Intensitätsmaximum im Bereich des grünen Lichtes und für die Position 3 liegt das Intensitätsmaximum im Bereich des roten Lichtes.

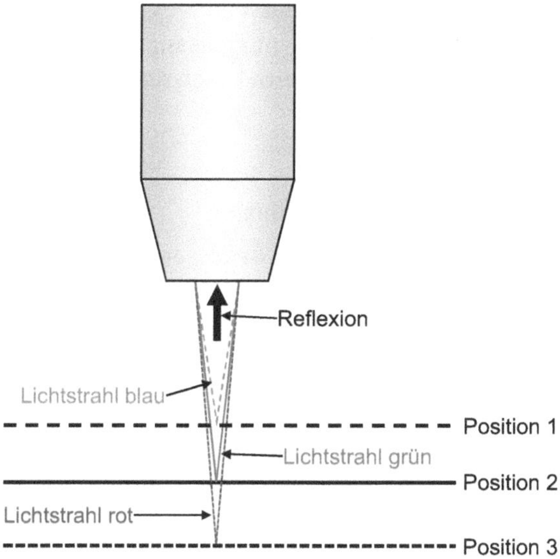

Bild 14.2
Funktionsweise des chromatisch-konfokalen Sensors für die Abstandsmessung

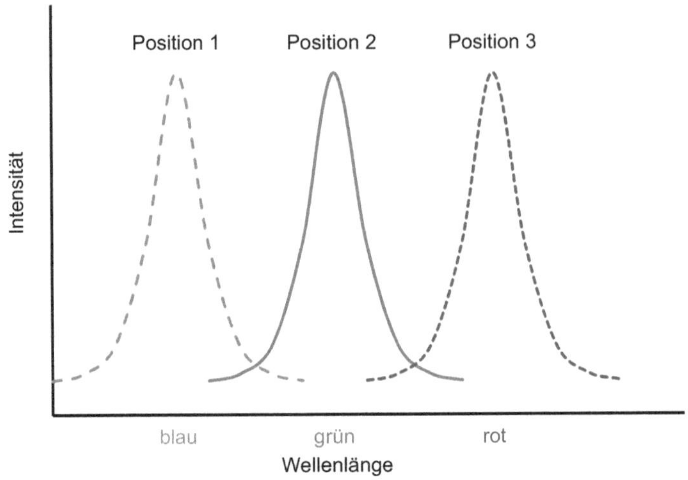

Bild 14.3 Verteilung der Intensität in Abhängigkeit der Wellenlänge

14.4 Funktionsweise Laser-Photothermie

Das Verfahren Laser-Photothermie zur Ermittlung der Restfeuchte beruht auf der Erfassung der Wärmeleitfähigkeit der Beschichtung. Trifft ein periodischer Laserimpuls auf die Oberfläche des Beschichtungsmaterials der Elektrode, bringt der Laserstrahl Energie in die Beschichtung ein, die die Beschichtung örtlich erwärmt. Eine Wärmewelle breitet sich in der Beschichtung aus. Diese Wärmewelle läuft durch die Beschichtung und wird reflektiert. Beim Austritt an der Oberfläche der Beschichtung emittiert die Wärmewelle eine Infrarotstrahlung. Ein entsprechend sensibler Sensor erfasst diese zurückgeleitete Infrarotstrahlung. Das Eingangssignal der Laserquelle und das Ausgangssignal des Infrarotsensors werden miteinander verglichen. Aus diesem Vergleich lassen sich zwei Messgrößen ableiten:

- Amplitude der zurückgeworfenen Strahlung
- Phasenverschiebung zwischen der Anregung und der Reflexion

In Bild 14.4 ist eine schematische Darstellung der Funktionsweise dieser Messmethode zu sehen.

Die Inhomogenitäten in der Beschichtung verursachen die geringen Abweichungen oder Schwankungen der Infrarotrückstrahlung, die als überlagerte Schwankungen im Messsignal zu erkennen sind.

Die Anwendung dieser Messmethode bei der Erfassung des Zustands einer Elektrode während deren Trocknung zeigt die Funktionsweise. Den Verlauf der beiden Messgrößen bei der Trocknung einer Elektrode zeigt Bild 14.5. Hierbei beziehen sich die Aussagen auf die Einteilung des Trocknungsprozesses in die fünf Stadien A bis E, die in Bild 5.17 dargestellt sind.

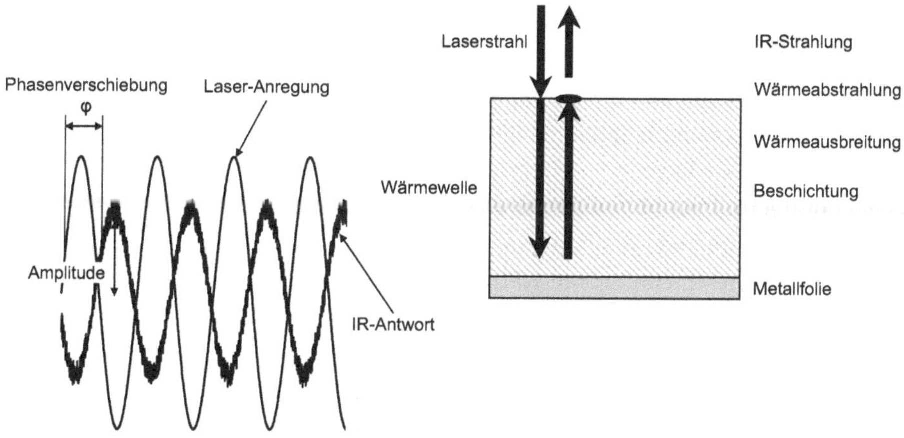

Bild 14.4 Laser-Photothermie – schematische Darstellung

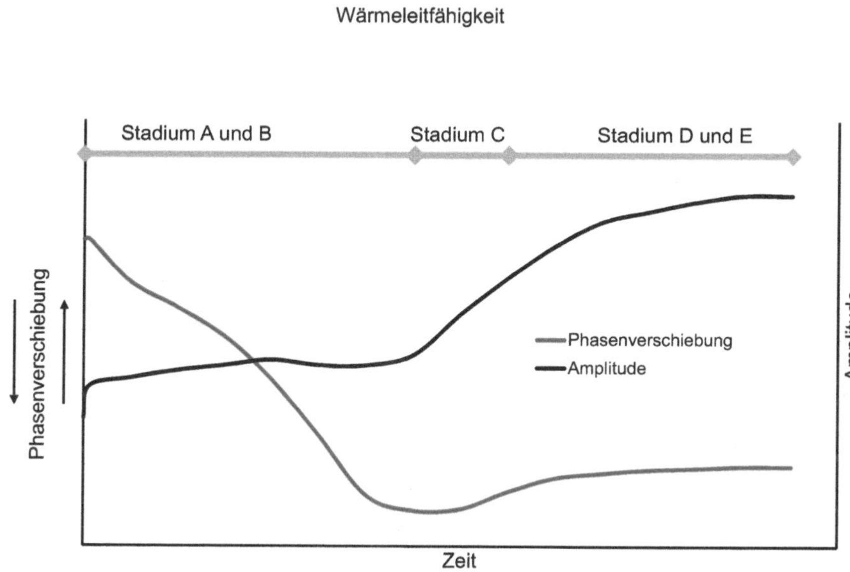

Bild 14.5 Ergebnis des Laser-Photothermie-Sensors – schematische Darstellung (Angabe der Stadien bezieht sich auf Bild 5.17)

Im feuchten Zustand der Beschichtung der Elektroden befindet sich in den Poren der Beschichtung das Lösungsmittel. Bild 5.17 links zeigt dies in den beiden Stadien A und B der Trocknung. In diesen Stadien verringert sich das Volumen der Beschichtung V_B, da sich das Volumen des Lösungsmittels V_L verringert. Die Dicke der Beschichtung verringert sich in diesen Stadien. Das Volumen des Aktivmaterials der Beschichtung V_M bleibt konstant.

Die ausgefüllten Poren ermöglichen eine schnellere Weiterleitung einer durch den Laser örtlich eingebrachten Wärme. Die Wärmeleitfähigkeit der Beschichtung erhöht sich während dieser Stadien, da sich der Volumenanteil des Lösungsmittels mit einer sehr geringen Wärmeleitfähigkeit kontinuierlich reduziert. Dadurch verringert sich die gemessene Phasenverschiebung φ_B der Laser-Photothermie-Messung.

Am Ende des Stadiums B kommt die Kompaktierung der Beschichtung zum Stillstand. Die Dicke verringert sich nicht weiter, die Poren sind jedoch noch vollständig mit Lösungsmittel gefüllt. Im Zuge der weiteren Trocknung verlässt weiteres Lösungsmittel die Beschichtung und Poren bleiben zurück.

Entleeren sich die Poren während der Trocknung, so bilden sich Hohlräume beziehungsweise Poren in der Beschichtung. Die Wärmeleitfähigkeit der Poren ohne Lösungsmittel ist geringer als die der Poren, wenn sie mit Lösungsmittel gefüllt sind. Durch die Trocknungsprozesse im Stadium C verringert sich die Wärmeleitfähigkeit der Beschichtung weiter und entsprechend steigt die ermittelte Phasenverschiebung.

Am Ende des Trocknungsprozesses (Stadium E) befindet sich kein Lösungsmittel mehr in der Beschichtung. Die Wärmeleitfähigkeit verändert sich in diesen Stadien kaum noch, weswegen sich die Phasenverschiebung auch nur geringfügig ändert.

Den Werten der Phasenverschiebung im Stadium C können Werte der Feuchtigkeit in der Beschichtung zugeordnet werden. Dieser Bereich ist in Bild 14.6 grau gekennzeichnet. Hierbei sind die Werte von den Eigenschaften der Beschichtungsmaterialien abhängig und individuell zu ermitteln.

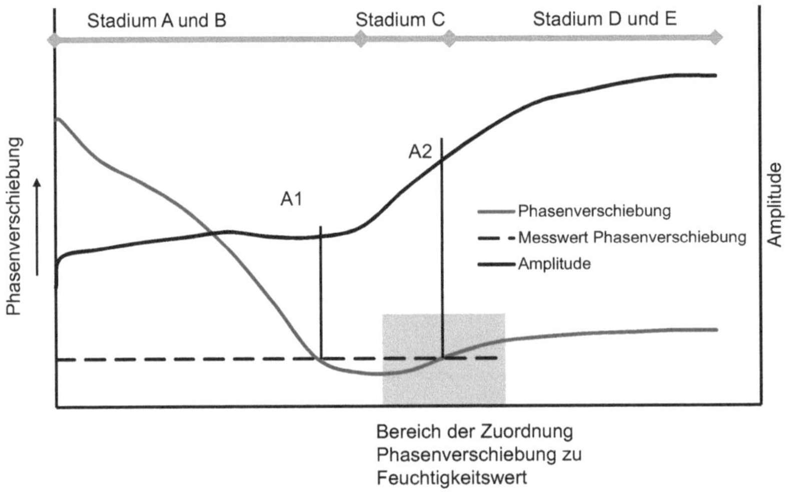

Bild 14.6 Zusammenhang zwischen Phasenverschiebung, Amplitude und Feuchtigkeitswerten

Es ist zu beachten, dass für diese Darstellung während des gesamten Zeitverlaufs der Trocknung einer Elektrode die Amplitude und Phasenverschiebung an einem Punkt erfasst wird. Für eine Prüfung während der Produktion misst das Messsystem eine Vielzahl von Stellen der sich bewegenden Elektrode. Das bedeutet, für eine Position auf der Elektrode ermittelt das Messsystem jeweils zwei Messwerte, die Phasenverschiebung und Amplitude.

Durch den V-förmigen Kurvenverlauf der Phasenverschiebung in den beiden Stadien B und C kann ein einzelner Wert der Phasenverschiebung nicht eindeutig einem Trocknungszustand zugeordnet werden. In dem Beispiel könnte der Wert der gemessenen Phasenverschiebung sowohl dem Stadium B als auch dem Stadium C zugeordnet werden. Durch die Auswertung der Amplitude, die gleichzeitig mit der Phasenverschiebung ermittelt wurde, kann das Stadium der Trocknung genau bestimmt werden. Zeigt die Amplitude den Wert A1, so befindet sich die Trocknung noch im Stadium B, bei einem Amplitudenwert A2 im Stadium C. Den einzelnen Bereichen der Messgrößen lassen sich Feuchtigkeitswerte zuordnen.

14.5 Größenordnungen Leckageraten

Zur Darstellung der unterschiedlichen Dimensionen eines Leckkanals gibt [5] die in Tabelle 14.1 dargestellten Werte an.

Tabelle 14.1 Größenordnung der Leckageraten und der Abmessungen eines Leckkanals, Datenquelle: [5]

Beschreibung, Klasse	Leckdurchmesser	Leckagerate		Entweichzeit einer Blase 1 cm^3
laufendes Wasser	1 mm	1 Pa $m^3 s^{-1}$	10 mbar L s^{-1}	0,1 Sekunden
tropfendes Wasser	0,1 mm	10^{-2} Pa $m^3 s^{-1}$	10^{-1} mbar L s^{-1}	10 Sekunden
wasserdicht	30 µm	10^{-4} Pa $m^3 s^{-1}$	10^{-3} mbar L s^{-1}	> 15 Minuten
bakteriendicht	10 µm	10^{-6} Pa $m^3 s^{-1}$	10^{-5} mbar L s^{-1}	> 1 Tag
virusdicht	3 µm	10^{-8} Pa $m^3 s^{-1}$	10^{-7} mbar L s^{-1}	> 100 Tage
gasdicht	0,8 µm	10^{-10} Pa $m^3 s^{-1}$	10^{-9} mbar L s^{-1}	> 30 Jahre
technisch dicht	0,1 µm	10^{-12} Pa $m^3 s^{-1}$	10^{-11} mbar L s^{-1}	> 1000 Jahre

Bei dieser Darstellung wird von idealisierten Voraussetzungen ausgegangen.

14.6 Ultraschallprüfung

Bei einer Ultraschallprüfung sendet ein Ultraschallsender eine Ultraschallwelle einer definierten Frequenz durch das zu prüfende Medium sowie dessen Umhausung. Die Welle durchquert das Material der Umhausung oder der Rohrleitung, das zu prüfende Medium, wie beispielsweise den Elektrolyten, die zweite Umhausung oder die Wand der Rohrleitung und trifft auf den Ultraschallempfänger. Die Zeit, die das Signal für die

Durchquerung der Strecke benötigt, wird gemessen. Diese Signallaufzeit t oder Time-of-Flight hängt von der Schallgeschwindigkeit der einzelnen Materialien ab. Formel 14.9 beschreibt den Zusammenhang zwischen der Schallgeschwindigkeit c, der Weglänge der Schallwelle s und der Signallaufzeit t. Im beschriebenen Messfall ändert sich die Strecke für die Schallwelle nicht, sondern bleibt konstant. Das bedeutet einen umgekehrt proportionalen Zusammenhang zwischen den beiden Variablen.

$$c = \frac{s}{t} \tag{14.9}$$

Die Schallgeschwindigkeit c beschreibt die Geschwindigkeit, mit der sich eine Schallwelle in einem Stoff ausbreitet, und ist ein charakteristisches Merkmal eines Stoffes, das sich typischerweise aus seinen Eigenschaften ergibt. Sie hängt von seinem Kompressionsmodul K und seiner Dichte ρ ab.

$$c = \sqrt{\frac{K}{\rho}} = \sqrt{\frac{K_\mathrm{m}}{\rho_\mathrm{m}}} \tag{14.10}$$

Für das Kompressionsmodul K_m oder die Dichte ρ_m einer Mischung unterschiedlicher Materialien können folgende Abschätzungen für n Inhaltsstoffe verwendet werden:

$$\frac{1}{K_\mathrm{m}} = \sum_{i=1}^{n} \frac{x_i}{K_i} \tag{14.11}$$

Der Wert x_i beschreibt den Anteil des jeweiligen Stoffes am Gemisch.

$$\rho_\mathrm{m} = \sum_{i=1}^{n} x_i \cdot \rho_i \tag{14.12}$$

Dichte und Kompressionsmodul einer Flüssigkeit sind voneinander abhängig, aber nicht in einer einfachen linearen Beziehung. Ohne weiter auf die Details einzugehen wird aber deutlich, dass sich die Schallgeschwindigkeit einer Flüssigkeit ändert, wenn sich beispielsweise der Anteil einer Komponente der Flüssigkeit ändert. Diese Änderung der Schallgeschwindigkeit kann mit dem beschriebenen Ultraschallmesssystem erfasst und ausgewertet werden.

Tabelle 14.2 Dichte der typischen organischen Lösungsmittel im Elektrolyten

Name	Abkürzung	Dichte	Quelle
Ethylencarbonat	EC	1,3214 g/cm^3	[6]
Dimethylcarbonat	DMC	1,07 g/cm^3	[7]
Ethylmethylcarbonat	EMC	1,0313 g/cm^3	[8]
Diethylcarbonat	DEC	0,97 g/cm^3	[9]
Propylencarbonat	PC	1,21 g/cm^3	[10]

Tabelle 14.2 zeigt die unterschiedlichen Dichten der Bestandteile des Elektrolyten. Es ist davon auszugehen, dass Veränderungen des Mischungsverhältnisses in der Größenordnung von ±20 ppm durch die Veränderung der Schallgeschwindigkeit der Mischung sicher erkannt werden.

14.7 Elektrochemische Impedanzspektroskopie (EIS)

Die elektrochemische Impedanzspektroskopie bestimmt die Impedanz der LIB durch das Aufprägen einer Wechselspannung und eines Wechselstroms. Die Impedanz $\underline{Z}$ bezeichnet den komplexen Wechselstromwiderstand des betrachteten Systems.

$$\underline{Z} = |\underline{Z}| \cdot e^{i\varphi} = \frac{\underline{U}}{\underline{I}} \quad (14.13)$$

Für die Beurteilung von LIB eignet sich aufgrund der Gleichspannungssituation der LIB insbesondere die galvanostatische Messmethode. Hierbei wird der LIB ein Wechselstrom $\underline{I}$ mit variabler Frequenz aufgeprägt und die Wechselspannungsantwort $\underline{Z}$ der LIB erfasst.

Für diese Impedanzmessung von LIB beschreibt [11] die folgenden qualitätsrelevanten Punkte:

- Messumgebung
  - konstante Temperatur der Umgebung
  - konstante Temperatur der LIB
  - ausreichende Akklimatisierung der LIB, Messgerät, Anschlussleitungen
  - Abwesenheit elektromagnetischer Störeinflüsse
- Messtechnik
  - korrekte Parametrisierung des Messgerätes
  - räumliche Trennung von Power-Leitung und Messleitung
  - gleiche Längen der jeweiligen Leiter
  - Einsatz eines Niedrigimpedanzkabels
  - korrekte Zuleitungstopologie (keine Leiterschleifen)
  - reproduzierbare Übergangswiderstände an den Kontaktstellen
  - niedrige Übergangswiderstände an den Kontaktstellen

Zwei typische Diagramme zeigen die erfassten Spektren, das Bode-Diagramm und das Nyquist-Diagramm. Das Bode-Diagramm zeigt die gemessene Impedanz der LIB bei unterschiedlichen Frequenzen. Bild 6.78 zeigt ein solches Bode-Diagramm einer LIB im Stadium vor dem Prozessschritt „Zelle formieren“ (Abschnitt 6.9). Das Nyquist-Diagramm zeigt den Realteil und der Imaginärteil der gemessenen Impedanz.

14.8 Zellformate

Bei den folgend aufgeführten Zellformaten handelt es sich um gängige Formate für LIB. Neben den hier beispielhaft aufgeführten existiert noch eine Vielzahl von Sonderformaten, die spezielle Anwendungen erfordern.

14.8.1 Rundzellen

Die Bezeichnungen der Zellformate der Rundzellen setzen sich typischerweise aus den Abmessungen der Zelle zusammen (siehe Tabelle 14.3). Die ersten beiden Ziffern der Formatbezeichnung der Rundzelle beschreiben den Durchmesser der Zelle in Millimetern und die weiteren drei Ziffern beschreiben die Höhe der Zelle in Zehntel Millimetern. Teilweise werden die Zellformate auch nur vierstellig angegeben. Dabei entfällt die letzte Ziffer. Die Höhenangabe bezieht sich dann auf Millimeter.

Tabelle 14.3 Formate von Rundzellen

Zellformat	Durchmesser [mm]	Höhe [mm]
18650	16	65
21700	21	70
26650	26	65
46800	46	80
71910	71	91

14.8.2 Prismatische Zellen

Die Formate der prismatischen Zellen sind teilweise in DIN SPEC 91252 genormt. Es existiert jedoch eine Vielzahl von Zellen mit abweichenden Dimensionen (siehe Tabelle 14.4).

Tabelle 14.4 Formate von prismatischen Zellen

Zellformat	Höhe [mm]	Breite [mm]	Tiefe [mm]
HEV	85	125	12,5
PHEV1	85	173	21
PHEV2	91	148	26,5
BEV1	115	173	32
BEV2	115	173	45
BYD Blade [12]	90	960	12

14.9 Ursache-Wirkungs-Diagramme

Die in diesem Buch zusammengefassten Parameter der einzelnen Prozessschritte lassen sich als Ursachen für Eigenschaftsänderungen der LIB auffassen. Es ist daher sinnvoll, sie in einem Ursache-Wirkungs-Diagramm zu visualisieren. Für die Elektrodenfertigung und die daran anschließende Zellfertigung wurde je ein solches Ursache-Wirkungs-Diagramm erstellt (siehe Bild 14.7 bis Bild 14.16). Aus Gründen der Übersichtlichkeit sind die beiden Diagramme noch weiter aufgeteilt.

14.9.1 Elektrodenfertigung

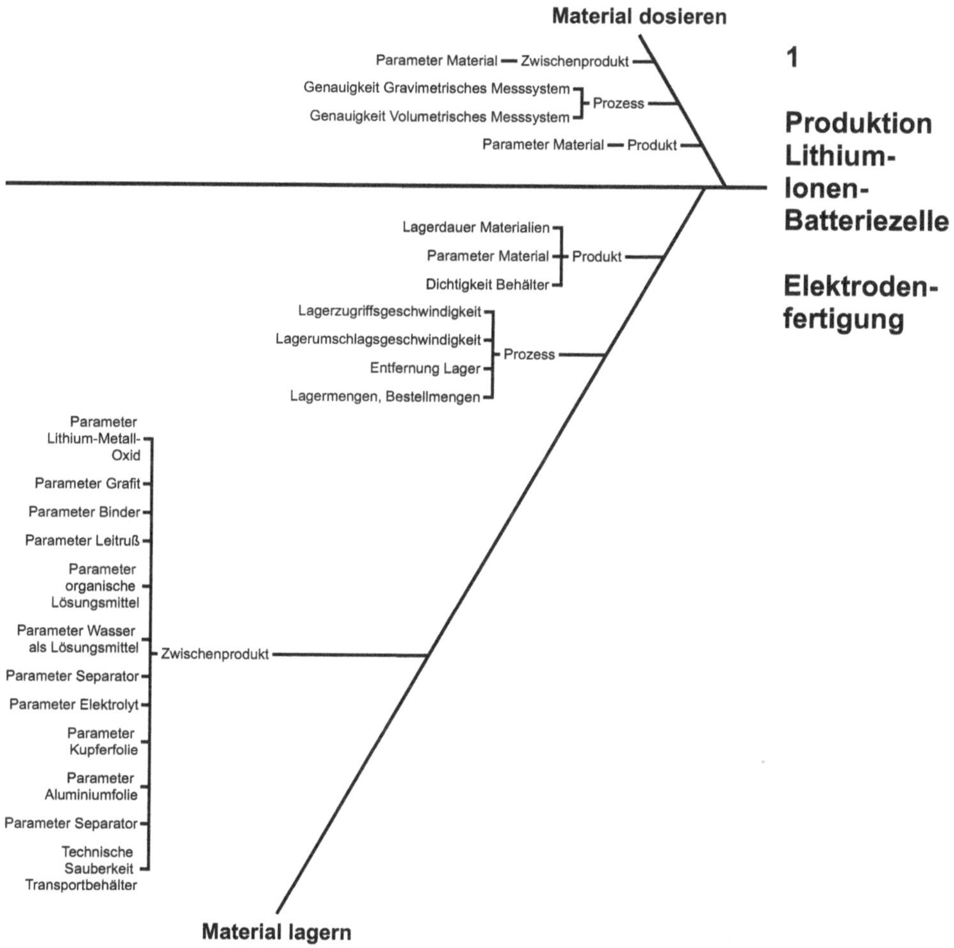

Bild 14.7 Ursache-Wirkungs-Diagramm der Elektrodenfertigung – Teil 1

Bild 14.8 Ursache-Wirkungs-Diagramm der Elektrodenfertigung – Teil 2

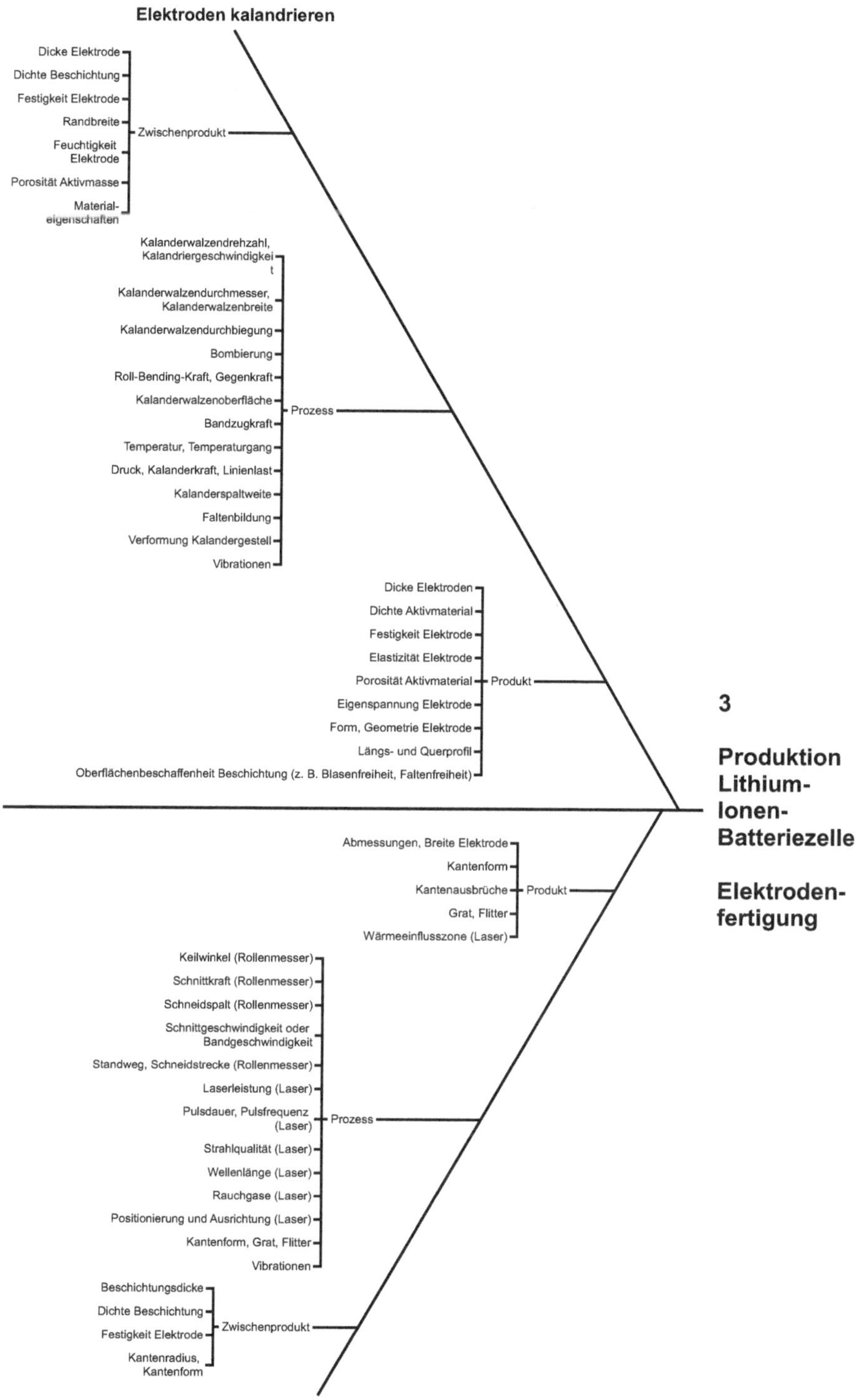

Bild 14.9 Ursache-Wirkungs-Diagramm der Elektrodenfertigung – Teil 3

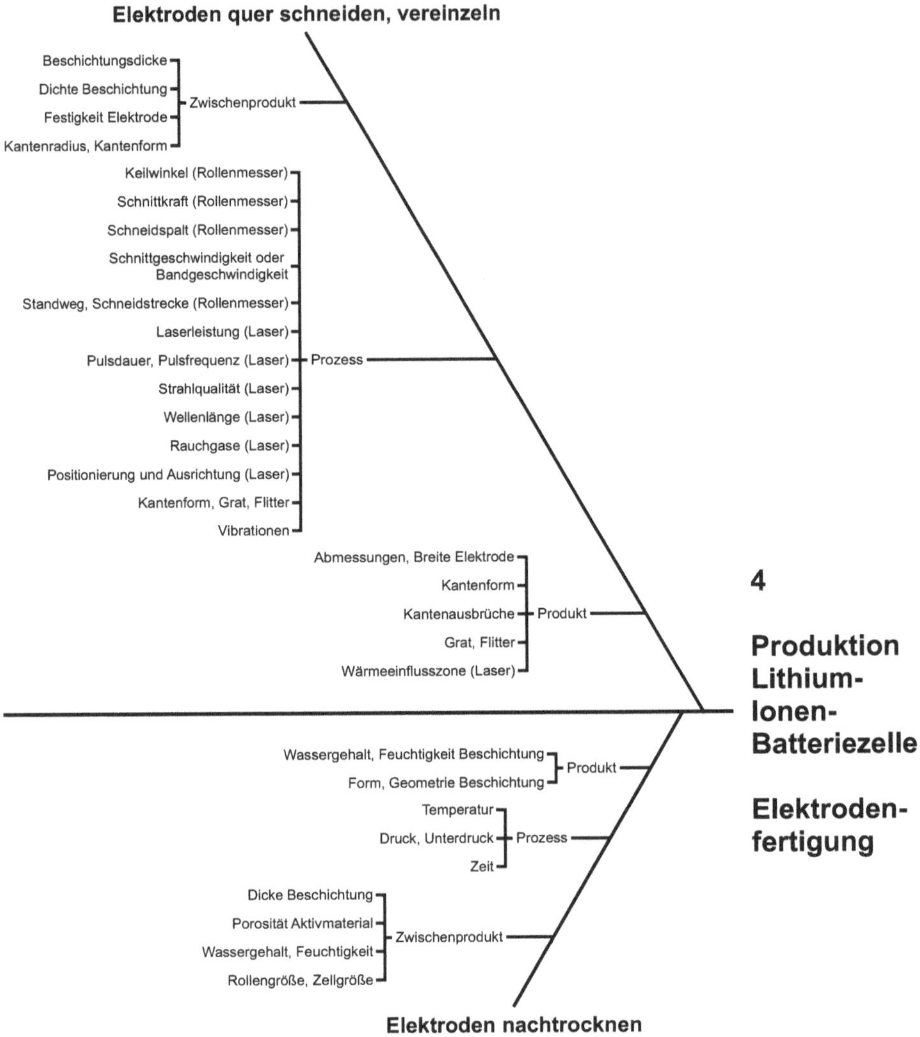

Bild 14.10 Ursache-Wirkungs-Diagramm der Elektrodenfertigung – Teil 4

14.9.2 Zellfertigung

Bild 14.11 Ursache-Wirkungs-Diagramm der Zellfertigung – Teil 1

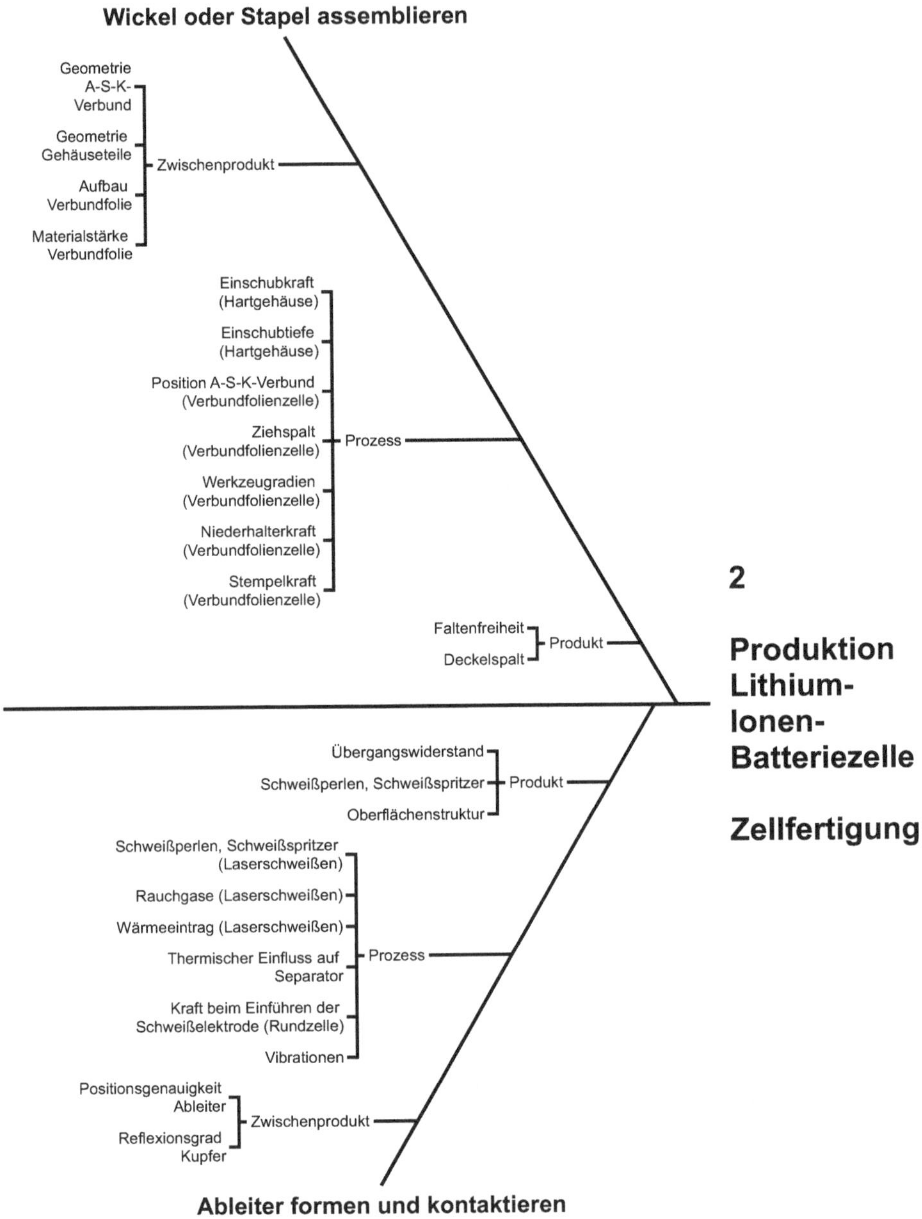

Bild 14.12 Ursache-Wirkungs-Diagramm der Zellfertigung – Teil 2

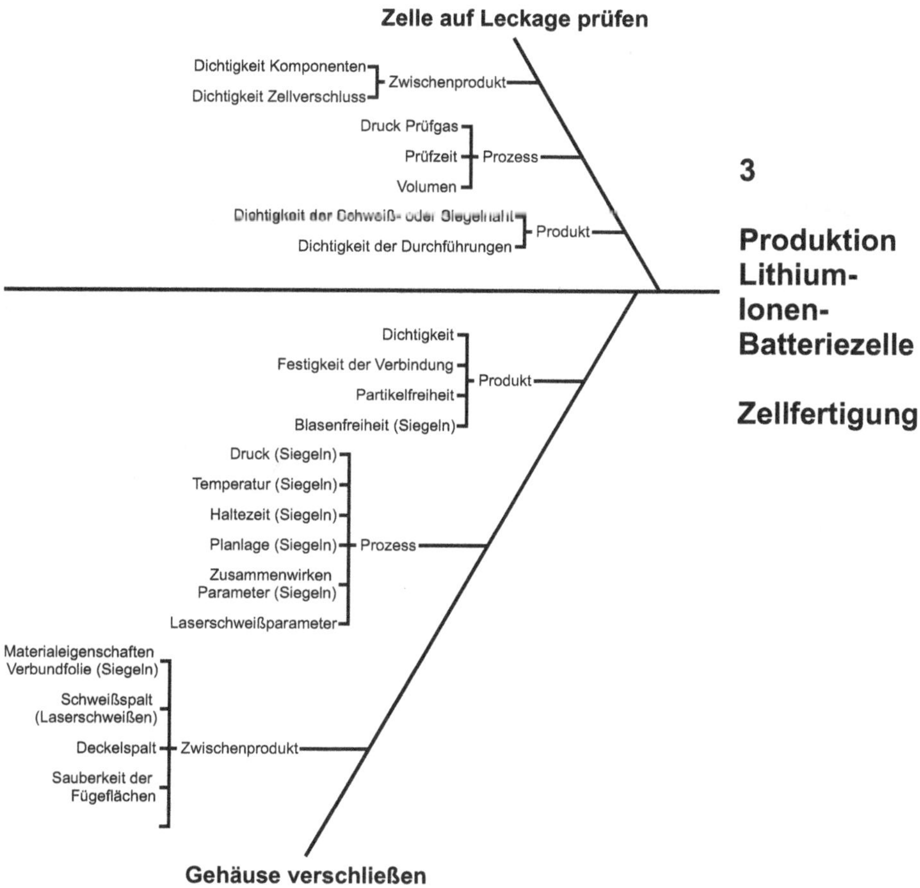

Bild 14.13 Ursache-Wirkungs-Diagramm der Zellfertigung – Teil 3

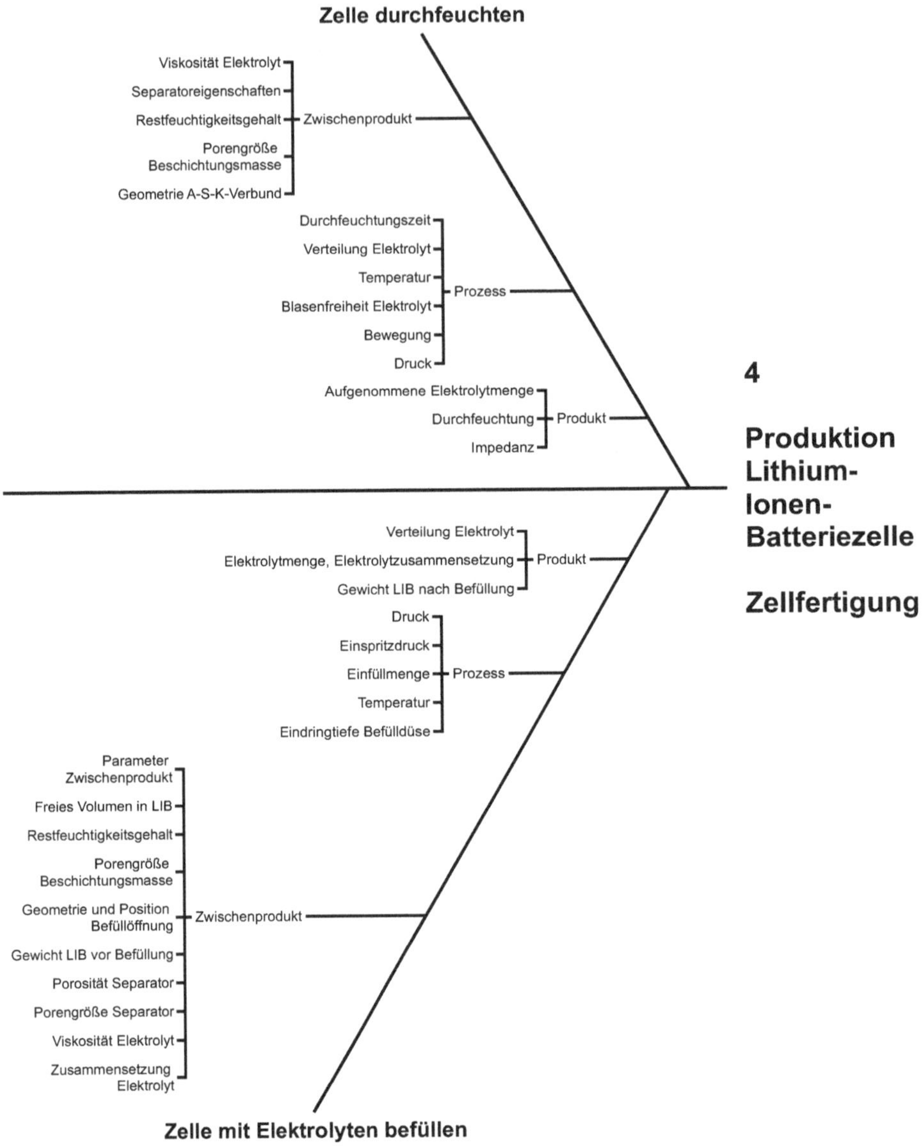

Bild 14.14 Ursache-Wirkungs-Diagramm der Zellfertigung – Teil 4

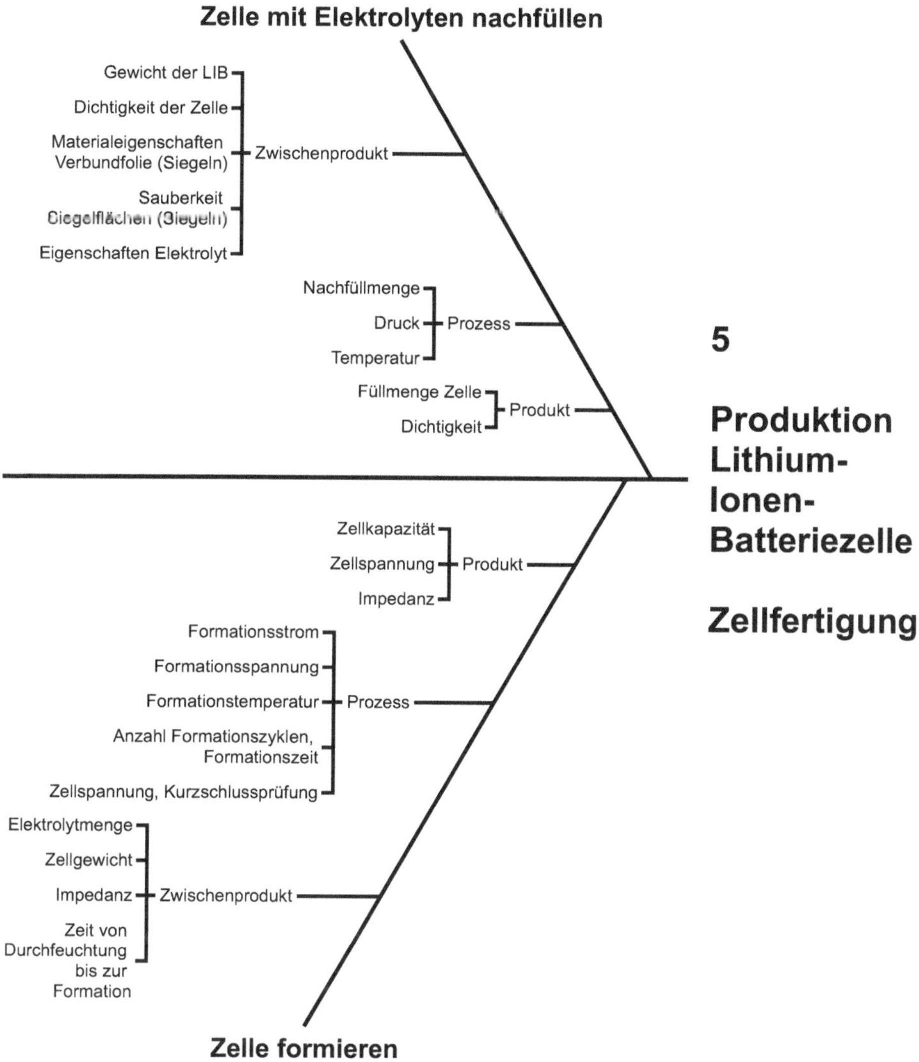

Bild 14.15 Ursache-Wirkungs-Diagramm der Zellfertigung – Teil 5

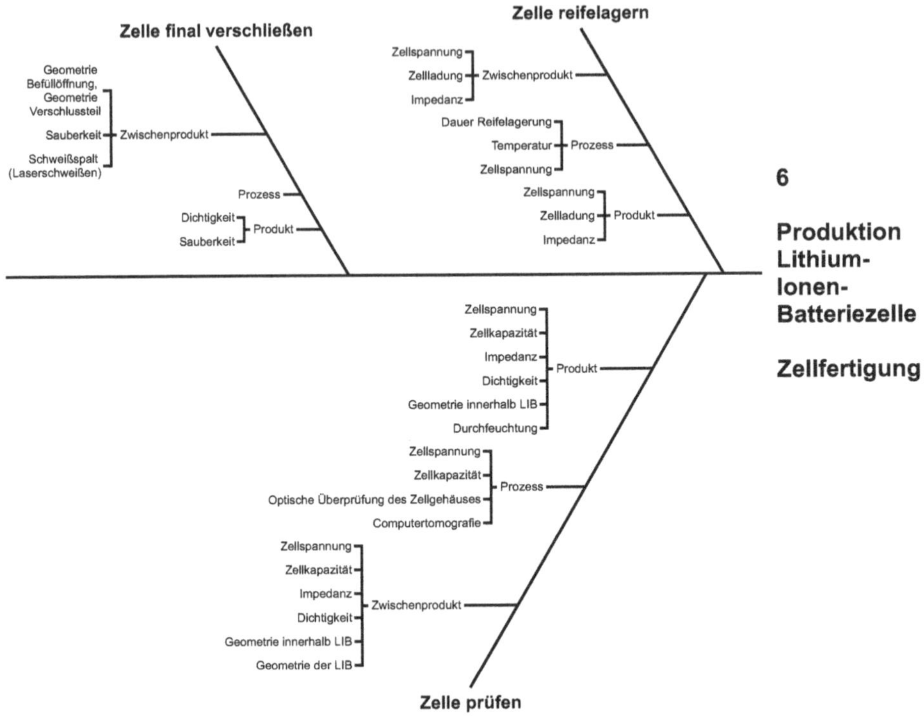

Bild 14.16 Ursache-Wirkungs-Diagramm der Zellfertigung – Teil 6

Literatur

[1] *Lawrence, M.:* The Relationship between Relative Humidity and the Dewpoint Temperature in Moist Air. Max-Planck-Institut für Chemie, Mainz 2004

[2] *Grote, F./Feldhusen, J. (Hrsg.):* Dubbel. Taschenbuch für den Maschinenbau. 23. Auflage. Springer Verlag, Berlin 2011

[3] *Decker, K.-H./Kabus, K.:* Decker Maschinenelemente. 21. Auflage. Carl Hanser Verlag, München 2024

[4] *Kirchner, E.:* Leistungsübertragung in Fahrzeuggetrieben. Springer, Berlin 2007

[5] *Pfeiffer Vacuum GmbH:* Lecksuche Kompendium. Asslar 2014

[6] *Institut für Arbeitsschutz der Deutschen Gesetzlichen Unfallversicherung:* Ethylencarbonat. 2025. *https://gestis.dguv.de/data?name=490120* (abgerufen am 12.02.2025)

[7] *Institut für Arbeitsschutz der Deutschen Gesetzlichen Unfallversicherung:* Dimethylcarbonat. 2025. *https://gestis.dguv.de/data?name=510182* (abgerufen am 12.02.2025)

[8] *Institut für Arbeitsschutz der Deutschen Gesetzlichen Unfallversicherung:* Ethylmethylcarbonat. 2025. *https://gestis.dguv.de/data?name=536339* (abgerufen am 09.08.2025)

[9] *Institut für Arbeitsschutz der Deutschen Gesetzlichen Unfallversicherung*: Diethylcarbonat. 2025. *https://gestis.dguv.de/data?name=023150* (abgerufen am 09.08.2025)

[10] *Institut für Arbeitsschutz der Deutschen Gesetzlichen Unfallversicherung:* Propylencarbonat. 2025. *https://gestis.dguv.de/data?name=070730* (abgerufen am 12.02.2025)

[11] *Schünemann, J.-H.:* Modell zur Bewertung der Herstellkosten von Lithiumionenbatteriezellen. Sierke Verlag, Göttingen 2015

[12] *Codi Energy:* BYD Blade Battery Cell. 13.01.2024. *codienergy.com/blogs-detail/byd-blade-battery-cell* (abgerufen am 25.04.2025)

[13] JOMESA Messsysteme GmbH: Partikelfallen. 2025. *https://www.jomesa.com/german/filter_archiving/Partikelfallen.html* (abgerufen am 23.07.2025)

[14] *Institut für Arbeitsschutz der Deutschen Gesetzlichen Unfallversicherung:* Fluorwasserstoffsäure. 2025. *https://gestis.dguv.de/data?name=520038* (abgerufen am 06.10.2024)

[15] *Institut für Klimaschutz, Energie und Mobilität e. V.:* Grundsätzlicher Aufbau einer Lithium-Ionen-Batterie. 14.06.2023. *https://www.forschungsinformationssystem.de/servlet/is/506095* (abgerufen am 27.07.2024)

[16] *Korthauer, R. (Hrsg.):* Handbuch Lithium-Ionen-Batterien. Springer Vieweg, Berlin/Heidelberg 2013

15 Übersicht der Formelzeichen

Formelzeichen	Einheit	Bedeutung
B_J	to	Jahresbedarf
C	LIB/h	Fertigungskapazität
D	mm	Dicke Elektrode oder Folie
E	N/mm^2	Elastizitätsmodul
F	N	Kraft
K_B	€	Bestell- und Lieferkosten
L	%	Lagerkostensatz
L_R	m	aufgewickelte Länge auf der Rolle
P	€/to	Einstandspreis
R_L	%	relative Luftfeuchtigkeit
Q	$Pa\ m^3 s^{-1}$	Leckagerate
T	°C	Raumtemperatur
U	mm	Umfang
V	m^3	Volumen
V_B	mm^3	Volumen Beschichtung
V_L	mm^3	Volumen Lösungsmittel
V_M	mm^3	Volumen Material
V_P	mm^3	Volumen Poren

Formelzeichen	Einheit	Bedeutung
a		Konstante = 17,625
b	°C	Konstante = 243,04 °C
d_a	mm	Außendurchmesser Transportrolle
d_i	mm	Innendurchmesser Transportrolle
d_{Kern}	mm	Durchmesser Wickelkern
d_w	mm	Durchmesser Walze
d_{Wickel}	mm	Außendurchmesser Wickel
f_A	Hz	Abtastfrequenz
l	mm	Kontaktlänge
p	Pa	Druck
$p_{z\,max}$	N/mm^2	maximale Hertzsche Pressung
t	s	Zeit
v	m/min	Bandgeschwindigkeit
α	1/K	Wärmeausdehnungskoeffizient
α_A		Ausdehnungskoeffizient A-S-K-Verbund beim Laden
α_U	rad	Umschlingungswinkel
β	°	Bahnwinkel
γ		Scherdehnung
$\dot{\gamma}$	1/s	Schergeschwindigkeit
μ		Reibbeiwert
υ		Querkontraktionszahl

16 Abkürzungsverzeichnis

Abkürzung	Beschreibung
ArbSchG	Gesetz über die Durchführung von Maßnahmen des Arbeitsschutzes zur Verbesserung der Sicherheit und des Gesundheitsschutzes der Beschäftigten bei der Arbeit (Arbeitsschutzgesetz)
ArbStättV	Verordnung über Arbeitsstätten
BetrSichV	Verordnung über Sicherheit und Gesundheitsschutz bei der Verwendung von Arbeitsmitteln (Betriebssicherheitsverordnung)
BEV	Battery Electric Vehicle
Co	Kobalt/Cobalt
CID	Current Interruption Device
DC	Dimethyl-Carbonat
DNEL	Derived No-Effect Level
EC	Ethylen-Carbonat
EIS	elektrochemische Impedanzspektroskopie
EoL	End of Life
GefStoffV	Gefahrstoffverordnung
GHS	Global Harmonisiertes System zur Einstufung und Kennzeichnung von Chemikalien
GS	Gefahrenstufe
HEPA	High-Efficiency Particulate Air/Arrestance
HF	Flusssäure

Abkürzung	Beschreibung
KM	karzinogen, mutagen
KMR	karzinogen, mutagen, reproduktionstoxisch
$LiPF_6$	Lithiumhexafluorophosphat
MSDS	Material Safety Data Sheet
NaCMC	Natrium-Carboxymethylcellulose
NMP	N-Methyl-2-pyrrolidon
N_2	Stickstoff
Ni	Nickel
OCV	Open Circuit Voltage
OPE	orientiertes Polyethylen
OPP	orientiertes Polypropylen
OSTrV	Verordnung zum Schutz der Beschäftigten vor Gefährdungen durch künstliche optische Strahlung (Arbeitsschutzverordnung zu künstlicher optischer Strahlung – OStrV)
PC	Propylen-Carbonat
PE	Polyethylen
PHEV	Plug-in Hybrid Electric Vehicle
PP	Polypropylen
PSO	Position Synchronized Output
PTC	Positive Temperature Coefficient
RHB	Roh-, Hilfs- und Betriebsstoffe
SBR	Styrol-Butadien-Kautschuk
SDS	Safety Data Sheet, Sicherheitsdatenblatt
SEI	Solid-Electrolyte Interphase
SoC	State of Charge
9. ProdSV	9. Verordnung zum Produktsicherheitsgesetz (Maschinenverordnung)

Index

Symbole

A

B

C

D

E

F

G

O

P

Q

R

S

T

Z